2023

数研出版編集部　編

数学Ⅲ　入試問題集

本書の構成

本書は，大正時代から連綿として発行されてきました数研出版伝統の大学入試問題集の1編で，2023年度の大学入試の問題から，数学Ⅲに該当する問題を集めて編集しました。

具体的な編集方針と構成は次の通りです。

(1) 2023年度の大学入試の各科目で出題された問題のうち，

数学Ⅲ

の範囲と認められるものを選定した。

(2) 収録問題は，標準的な問題が中心であるが，特に有名校の問題は，できるだけ載せるようにした。

(3) 入試問題は可能な限り多く集め，傾向を知るためにも，できるだけ多くの問題を取り入れるようにした。

(4) 問題の配列は，まず，内容・問題の形の別によって細かく分類し，次に易から難へ並べてある。したがって，問題の実質的内容（解法に要する知識など）については，前後していることもあり，また，一部難易のギャップが感じられるところもある。

(5) 「次の ☐ を埋めよ」などという設問の文章を省略した場合がある。また，選択肢の問題で「下記の … から選べ」という設問は「… を求めよ」と修正したり，「$a=$ アイ である」を「$a=$ ア☐ である」のように，☐ の設け方を変えたところもある。

(6) 問題によっては，その趣旨を変えない範囲で問題文に手を加えたりしたものがある。このような問題には，大学名の前に†印を入れた。

(7) 答については，巻末に，その数値と図，および必要に応じて略解を載せた。

(8) 分数形の空所補充の問題においては，符号は分子につけ，分母につけないこととした。例えば，$\dfrac{ア\square}{イ\square}$ に $-\dfrac{2}{3}$ と答える場合，$\dfrac{ア\,-2}{イ\,3}$ とした。

(9) 学習の便をはかるため，問題番号の左上に＊，○，◇，◆印を付けた。＊印はひととおりの学習ができるように選んだ問題で，出題頻度の高い問題は必ず含んでいる。＊印はなるべく省略せずに解いてほしい。また，○印は基本問題である。更に，◇印は解法や，計算上難しいと思われる問題であり，最初は省略して進んでもよい。なお，◆印は特に難しい問題であり，解けなくても決して悲観するには及ばない。

これらは，必要に応じて適宜利用してほしい。例えば，次のような利用方法が考えられる。

[1] 時間的余裕がない場合や，ひととおり演習した後に復習する場合などには＊印の問題だけを演習する。

[2] ＊印の問題を中心に演習し，自分の苦手とする項目の問題については全問演習する。

問　題　数

総数 …… 206

＊印 …… 93

○印 …… 42　　◇印 …… 19　　◆印 …… 1

2023年度大学入試分析（数学Ⅲ）

分野別出題比率

弊社が収集した大学入試問題（本書未掲載問題を含む）*のうち，数学Ⅲの範囲と認められるものについて，各分野の出題の割合は次の表の通りである。

＊主要大学95校（国立49校，公立10校，私立他36校）の入試問題を収集。

	複素数平面	曲線と関数	数列と極限	微分法とその応用	積分法とその応用	計
2021	14.3 %	5.0 %	10.0 %	22.0 %	48.7 %	100 %
2022	14.3 %	4.3 %	10.1 %	19.6 %	51.7 %	100 %
2023	15.8 %	2.4 %	9.2 %	21.7 %	50.8 %	100 %

・例年通り，「積分法とその応用」の分野の出題率が最も高い。その中でも面積・体積の内容を含む問題が多く，同分野の約6割を占めていた。今後の入試においても，出題の中心になるであろう。

・「複素数平面」の分野は，昨年と同程度の出題率となっている。また，次の項目別出題傾向の中でも取り上げているように，数学ⅠⅡＡＢや数学Ⅲの他の分野との融合問題も多数出題されており，今後もこの傾向は続くと思われる。

・「曲線と関数」の分野の出題率は例年に比べてさらに低くなった。特に関数分野の問題は数問しか見られなかった。この分野は，微分法や積分法との融合問題として出題されるケースもある。

項目別出題傾向

以下，注目される項目の傾向について説明する。

「1　複素数の計算」について

問題**8**〔上智大・理工〕は確率（数学Ａ）との融合問題，問題**12**〔東京工大〕は確率（数学Ａ）および数列（数学Ｂ）との融合問題である。

「2　複素数平面と図形」について

問題**21**〔宮崎大・教育〕，問題**34**〔長崎大・医〕など，同一直線上にあるための条件を扱う問題や，問題**22**〔佐賀大・理工，医〕，問題**23**〔岐阜大・理系〕，問題**24**〔横浜国大・理工，都市科学〕，問題**29**〔和歌山県立医大・医，薬〕，問題**31**〔熊本大・理系〕など，正三角形となるための条件を扱う問題が多く見られた。

・複素数平面については，この項目の問題**1**～**34**以外にも，数学Ⅲの他の分野との融合問題が見られ，問題**44**〔北海道大・理系〕，問題**50**〔関西大・システム理工，環境都市工，化学生命工〕，問題**51**〔関西学院大・理系〕，問題**99**〔茨城大・理〕，問題**144**〔徳島大・医，歯，薬〕などで扱いがある。

「3　2次曲線」について

2次曲線については，この項目の問題 **35**〜**37** 以外にも，問題 **39**〔近畿大・理工〕，問題 **158**〔大阪工大〕，問題 **193**〔京都府立医大〕，問題 **194**〔早稲田大・人間科学〕で扱いがある。

「4　媒介変数，極座標」について

媒介変数，極座標については，この項目の問題 **38**〜**39** 以外にも，問題 **80**〔京都府立医大〕，問題 **156**〔関西大・理系〕，問題 **169**〔熊本大・医〕，問題 **171**〔九州大・理系〕，問題 **172**〔神戸大・理系〕，問題 **174**〔旭川医大〕，問題 **187**〔大分大・理工〕，問題 **188**〔名古屋工大・工〕，問題 **204**〔立命館大・理工，情報理工，生命科学〕などで扱いがある。曲線そのものを問う問題は少なく，曲線に囲まれた部分の面積や，それを回転させてできる立体の体積を求める問題が多く出題された。

「Ⅲ　数列と極限」について

フィボナッチ数列が背景にある問題が問題 **52**〔旭川医大・医〕と問題 **63**〔立命館大・理工，情報理工，生命科学〕で出題された。

その他の注目すべき問題

- 問題 **80**〔京都府立医大〕直線 ℓ が接線であるための必要十分条件について考える問題。法線ベクトルを用いた考察が必要。
- 問題 **109**〔大阪大・理系〕点Pを通る接線の本数がちょうど4本になるときの，点Pの存在範囲を求める問題。方程式が異なる4つの実数解をもつための条件を考える。
- 問題 **114**〔北海道大・理，工(後期)〕e との大小を判定する問題。2016年に東京大理系数学第1問で類題が出題されている。
- 問題 **127**〔東京工大〕定積分の値の整数部分を求める問題。上からの評価と下からの評価が必要。
- 問題 **141**〔浜松医大〕磁気共鳴画像法 (MRI) で，画像の濃淡を表す関数が背景にある。
- 問題 **151**〔上智大〕e^x のマクローリン展開に関する不等式を利用して，近似値を調べる問題。
- 問題 **176**〔東北大・理系〕線分の通過領域の面積を求める問題。図形の分割，等積変形を利用して計算量を減らす工夫が求められる。
- 問題 **198**〔東京工大〕四角形の穴の空いた円柱を2つ交差させたときの共通部分の体積を求める問題。
- 問題 **201**〔東京大〕条件を満たす線分，あるいは折れ線の通過領域の体積を求める問題。体積を求める立体を条件から把握することが非常に難しい。

目　次

学校別問題索引

1．数字は問題番号を示す。

2．大学の分類（国，公，私立，その他）

◎印 …… 国立大学　〇印 …… 公立大学

無印 …… 私立大学　△印 …… 文部科学省所管外の大学校

◀ な 行 ▶

◀ は 行 ▶

◀ ま 行 ▶

◀ や 行 ▶

◀ ら 行 ▶

◀ わ 行 ▶

I 複素数平面

1 複素数の計算

°**1** iを虚数単位とする。

(1) 複素数 $\dfrac{3+15i}{3+2i}$ を極形式で表せ。ただし，偏角 θ は $0\leqq\theta<2\pi$ を満たすとする。
〔23 学習院大・理〕

*(2) 複素数 $\alpha=1+i$，$\beta=\sqrt{3}-i$ について，$\dfrac{\alpha}{\beta}$ の絶対値 $\left|\dfrac{\alpha}{\beta}\right|$ および偏角 $\theta=\arg\dfrac{\alpha}{\beta}$ を求めよ。ただし，$0\leqq\theta<2\pi$ とする。

〔23 東京都市大・理工，建築都市デザイン，情報工〕

°**2** iを虚数単位とする。$(3-\sqrt{3}\,i)^n$ が実数となる最小の正の整数 n を求めよ。
〔23 東京都市大・理工，建築都市デザイン，情報工〕

°**3** 複素数 $\alpha=\dfrac{4i}{1-i}$ を極形式 $\alpha=r(\cos\theta+i\sin\theta)$ $(r>0,\ 0\leqq\theta<2\pi)$ で表すと，$\theta=$ ア［　］である。複素数 α^n が実数になるような自然数 n のうち，最も小さいものは $n=$ イ［　］である。このとき，$\alpha^n=$ ウ［　］である。
〔23 関西学院大・理系〕

°***4** 虚数単位を i とする。

(1) 複素数 $-64i$ を極形式で表せ。

(2) 方程式 $z^3=-64i$ を満たす複素数 z をすべて求めよ。
〔23 日本女子大・理〕

5 $z=2+i$ とおく。複素数平面上の 3 点 O(0)，A(z)，B(z^{-1}) を頂点とする三角形 OAB の面積を求めよ。ただし，i は虚数単位とする。〔23 立教大・理〕

6　i を虚数単位とし，相異なる 3 つの複素数 α，β，γ の間に等式 $-2i\alpha+(1+2i)\beta-\gamma=0$ が成り立つとする。このとき，$\dfrac{\gamma-\alpha}{\beta-\alpha}$ の偏角を θ とすると，$\cos\theta$ の値は ア［　］である。さらに，$|\beta-\alpha|=2$ が成り立つとすると，複素数平面上の 3 点 A(α)，B(β)，C(γ) を頂点とする三角形 ABC の外接円の半径は イ［　］である。　〔23 福岡大・工〕

***7**　n を自然数とする。z を 0 でない複素数とし，

$$S=z^{-2n}+z^{-2n+2}+z^{-2n+4}+\cdots\cdots+z^{-2}+1+z^{2}+\cdots\cdots+z^{2n-4}+z^{2n-2}+z^{2n}$$

とする。

(1)　$z^{-1}S-zS$ を計算せよ。

(2)　i を虚数単位とし，θ を実数とする。$z=\cos\theta+i\sin\theta$ のとき，自然数 k に対して，$z^{-k}+z^{k}$ の実部と $z^{-k}-z^{k}$ の虚部を θ と k を用いて表せ。

(3)　θ を実数とし，$\sin\theta\neq0$ とする。次の等式を証明せよ。

$$1+2\sum_{k=1}^{n}\cos 2k\theta=\frac{\sin(2n+1)\theta}{\sin\theta}$$

〔23 茨城大・理〕

8　次の 6 つの複素数が 1 つずつ書かれた 6 枚のカードがある。

$$\frac{1}{2},\ 1,\ 2,\ \cos\frac{\pi}{6}+i\sin\frac{\pi}{6},\ \cos\frac{\pi}{3}+i\sin\frac{\pi}{3},\ \cos\frac{\pi}{2}+i\sin\frac{\pi}{2}$$

これらから無作為に 3 枚選び，カードに書かれた 3 つの複素数を掛けた値に対応する複素数平面上の点を P とする。

(1)　点 P が虚軸上にある確率を求めよ。

(2)　点 P の原点からの距離が 1 である確率を求めよ。　〔23 上智大・理工〕

9　i を虚数単位とし，$w=\cos\left(\dfrac{\pi}{12}\right)+i\sin\left(\dfrac{\pi}{12}\right)$ とする。2 つの条件 $0\leqq k\leqq23$，$w^{k}=-1$ を同時に満たす整数 k は ア［　］である。条件 $0\leqq k_1<k_2\leqq23$ を満たす整数 k_1，k_2 のうち，w^{k_1}，w^{k_2} の実部がともに $\dfrac{1}{2}$ となるものは $k_1=$ イ［　］，$k_2=$ ウ［　］である。2 つの条件 $0\leqq m\leqq23$，$w^{m}+(\overline{w})^{m}<1$ を同時に満たす整数 m は エ［　］個あり，2 つの条件 $0\leqq n\leqq23$，$|w^{n}-2|\leqq\sqrt{3}$ を同時に満たす整数 n は オ［　］個ある。ただし，w と共役な複素数を $\overline{w}$ で表す。

〔23 同志社大・文化情報，生命医科学，スポーツ健康科学〕

*10 複素数zが，$2z^4+(1-\sqrt{5})z^2+2=0$ を満たしているとき，次の問いに答えよ。

(1) $z^{10}=1$ が成り立つことを示せ。

(2) $z+z^3+z^5+z^7+z^9$ の値を求めよ。

(3) $\cos\dfrac{\pi}{5}\cos\dfrac{2\pi}{5}=\dfrac{1}{4}$ が成り立つことを示せ。 〔23 山口大・理，工，教育〕

*11 実数 $a=\dfrac{\sqrt{5}-1}{2}$ に対して，整式 $f(x)=x^2-ax+1$ を考える。

(1) 整式 $x^4+x^3+x^2+x+1$ は $f(x)$ で割り切れることを示せ。

(2) 方程式 $f(x)=0$ の虚数解であって虚部が正のものをαとする。αを極形式で表せ。ただし，$r^5=1$ を満たす実数rが $r=1$ のみであることは，認めて使用してよい。

(3) (2)の虚数αに対して，$\alpha^{2023}+\alpha^{-2023}$ の値を求めよ。 〔23 東北大・理系〕

◇12 実数が書かれた3枚のカード $\boxed{0}$，$\boxed{1}$，$\boxed{\sqrt{3}}$ から，無作為に2枚のカードを順に選び，出た実数を順に実部と虚部にもつ複素数を得る操作を考える。正の整数nに対して，この操作をn回繰り返して得られるn個の複素数の積をz_nで表す。

(1) $|z_n|<5$ となる確率 P_n を求めよ。

(2) ${z_n}^2$ が実数となる確率 Q_n を求めよ。 〔23 東京工大〕

2 複素数平面と図形

○*13 iを虚数単位とする。複素数平面において，点zが，2点0，iを結ぶ線分の垂直二等分線上を動くとき，$w=\dfrac{2z-1}{iz+1}$ を満たす点wの描く図形を求めよ。

〔23 愛媛大・理，医，工〕

○14 iを虚数単位とし，2つの複素数α，βが $\alpha^3=\beta^3$ を満たすとする。

ただし，$0<\arg\dfrac{\beta}{\alpha}<\pi$ とする。このとき，$\left|\dfrac{\beta}{\alpha}\right|=$ ア$\boxed{}$ であり，

$\dfrac{\beta}{\alpha}=$ イ$\boxed{}+$ウ$\boxed{}\,i$ である。ただし，イ$\boxed{}$，ウ$\boxed{}$ は実数とする。また，

複素数zが等式 $|z-2|=2$ を満たすとき，複素数 $w=1+\dfrac{\beta}{\alpha}z$ が表す点は複素数平面上の円 $|w-$エ$\boxed{}|=2$ 上にある。 〔23 大阪工大〕

°**15**　複素数平面上に異なる3点 $P_1(z_1)$, $P_2(z_2)$, $P_3(z_3)$ がある。複素数 z_1, z_2, z_3 が次の3つの条件を満たすとする。

条件1：$z_1{}^2+z_2{}^2-z_1z_2=0$　　条件2：$|z_1|=\sqrt{2}$　　条件3：$z_3=z_1+z_2$

このとき，$|z_2|$ は ア□ である。また，この3つの条件を満たす $P_1(z_1)$, $P_2(z_2)$, $P_3(z_3)$ を頂点とする三角形の面積は イ□ になる。†〔23 防衛医大〕

***16**　式 $4z^2+4z-\sqrt{3}\,i=0$ を満たす複素数 z は2つある。それらを α, β とする。ただし i は虚数単位である。α, β に対応する複素数平面上の点をそれぞれ P, Q とすると，線分 PQ の長さは ア□ であり，PQ の中点の座標は (イ□, ウ□) である。また，線分 PQ の垂直二等分線の傾きは エ□ である。

〔23 慶応大・医〕

17　i は虚数単位とする。

(1)　z_1, z_2 を異なる2つの複素数とするとき，$\dfrac{1+iz_1}{z_1+i} \neq \dfrac{1+iz_2}{z_2+i}$ となることを示せ。ただし，$z_1 \neq -i$, $z_2 \neq -i$ とする。

(2)　w を i 以外の複素数とするとき，$\dfrac{1+iz}{z+i}=w$ かつ $z \neq -i$ を満たす複素数 z が存在することを示せ。

(3)　$-i$ 以外の複素数 z について，z の虚部が b となることと，$w=\dfrac{1+iz}{z+i}$ が $\left|w-\dfrac{i}{2}\right|=\dfrac{1}{2}$ を満たすことが同値になるように実数 b を定めよ。

〔23 鹿児島大・理系〕

***18**　(1)　4次方程式 $x^4-2x^3+3x^2-2x+1=0$ を解け。

(2)　複素数平面上の $\triangle$ABC の頂点を表す複素数をそれぞれ α, β, γ とする。

$$(\alpha-\beta)^4+(\beta-\gamma)^4+(\gamma-\alpha)^4=0$$

が成り立つとき，$\triangle$ABC はどのような三角形になるか答えよ。

〔23 九州大・理系〕

***19** t を実数とし，$0<t<1$ を満たすとする。

$$z=-t^3+t^3i,\ w=t-2+ti$$

とし，複素数平面において z，w を表す点をそれぞれP，Qとする。また，複素数平面において0を表す点をOとし，3点O，P，Qを頂点とする三角形の面積を S とする。

(1) z，w の絶対値 $|z|$，$|w|$ をそれぞれ求めよ。

(2) $\dfrac{w}{z}=a+bi$ を満たす実数 a，b を求めよ。

(3) $\angle \mathrm{POQ}=\theta$ $(0\leqq\theta\leqq\pi)$ とする。$\cos\theta$ および $\sin\theta$ を求めよ。

(4) S を求めよ。

(5) $0<t<1$ の範囲で t を変化させたときの S の最大値と，そのときの t の値を求めよ。 〔23 埼玉大・理，工〕

20 i を虚数単位とする。-8 の3乗根のうち虚部が正のものを α とすると，α の虚部は ア□ である。次に，複素数 β，γ は2つの条件 $|\beta-\gamma|=4\sqrt{3}$，$4\alpha+(\sqrt{3}-2+i)\beta=(\sqrt{3}+2+i)\gamma$ を同時に満たすとする。このとき，複素数平面上の3点 $\mathrm{A}(\alpha)$，$\mathrm{B}(\beta)$，$\mathrm{C}(\gamma)$ を頂点とする △ABC を考えると，∠A の大きさは イ□，∠B の大きさは ウ□，$|\alpha-\gamma|=$ エ□，△ABC の外接円の半径は オ□ である。 〔23 同志社大〕

21 複素数平面上の原点Oを中心とする半径1の円周を C とする。C 上に異なる2点 $\mathrm{P_1}(z_1)$，$\mathrm{P_2}(z_2)$ をとり，C 上にない1点 $\mathrm{P_3}(z_3)$ をとる。さらに，

$$w_1=\frac{1}{z_1},\ w_2=\frac{1}{z_2},\ w_3=\frac{1}{z_3}$$

とおき，複素数 w_1，w_2，w_3 と対応する点をそれぞれ $\mathrm{Q_1}$，$\mathrm{Q_2}$，$\mathrm{Q_3}$ とする。また，i を虚数単位とする。

(1) $z_1=\dfrac{1+\sqrt{3}\,i}{2}$，$z_2=\dfrac{-\sqrt{3}+i}{2}$，$z_3=\dfrac{z_1+z_2}{2}$ のとき，w_1，w_2，w_3 をそれぞれ $a+bi$ (a，b は実数) の形で求めよ。

(2) $\angle \mathrm{P_1OP_2}$ が直角であるとき，$\mathrm{P_3}$ が線分 $\mathrm{P_1P_2}$ 上にあれば，$\angle \mathrm{Q_1Q_3Q_2}$ も直角であることを示せ。 〔23 宮崎大・教育〕

***22** a, b, c, d は実数とし, $x^4+ax^3+bx^2+cx+d$ を $f(x)$ とおく。4次方程式 $f(x)=0$ が2つの実数解 $\sqrt{6}$, $-\sqrt{6}$ および2つの虚数解 α, β をもつとする。

(1) 整式 $f(x)$ は x^2-6 で割り切れることを示せ。

(2) $\alpha+\beta$, $\alpha\beta$, c, d を a, b を用いて表せ。

(3) 複素数平面上において点 $\mathrm{A}(\alpha)$, $\mathrm{B}(\beta)$, $\mathrm{C}(-\sqrt{6})$ が同一直線上にあるとき, a の値を求めよ。

(4) (3)において, さらに点 $\mathrm{A}(\alpha)$, $\mathrm{B}(\beta)$, $\mathrm{D}(\sqrt{6})$ が正三角形の3つの頂点となるとき, b の値を求めよ。 〔23 佐賀大・理工, 医〕

23 Oを原点とする複素数平面上で, $\mathrm{OA}=\sqrt{3}$ となる点Aをとる。点AをOを中心として $\dfrac{\pi}{3}$ だけ回転した点をBとする。このとき, 正三角形となる△OABの頂点A, Bを表す複素数をそれぞれ α, β とする。また, 辺ABの中点をM, △OABの重心をGとする。

(1) 点Mと点Gを表す複素数を, それぞれ α, β を用いて表せ。

(2) β を α を用いて表せ。

(3) 点Gを表す複素数の実部が正, 虚部が $-\dfrac{\sqrt{3}}{3}$ であるとき, $\alpha+\beta$ の虚部を求めよ。さらに, $\alpha+\beta$ の実部を求めよ。 〔23 岐阜大・理系〕

24 複素数平面上に3点 $\mathrm{A}(\alpha)$, $\mathrm{B}(\beta)$, $\mathrm{C}(\gamma)$ を頂点とする正三角形ABCがある。 〔23 横浜国大・理工, 都市科学〕

(1) $\gamma=(1-v)\alpha+v\beta$ (v は複素数) と表すとき, v をすべて求めよ。

(2) 三角形ABCの重心を $\mathrm{G}(z)$ とする。α, β, γ が次の条件 (∗) を満たしながら動くとき, $|z|$ の最大値を求めよ。

$$(*) \quad \begin{cases} |\alpha|=1,\ \beta=\alpha^2,\ |\gamma|\geqq 1, \\ \alpha \text{の偏角}\ \theta\ \text{は}\ 0<\theta\leqq\dfrac{\pi}{2}\ \text{の範囲にある。} \end{cases}$$

***25** $z\neq-1$ を満たす複素数 z について

$$\text{(条件)}\quad \frac{z-3-4i}{z+1}\ \text{は純虚数である}$$

を考える。ただし, i は虚数単位である。

(1) 実数 z で (条件) を満たすものを求めよ。

(2) (条件) を満たし, かつ $|z+1|=2$ を満たす複素数 z_1, z_2 を求めよ。また, z_1, z_2 について, それぞれの偏角 θ_1, θ_2 を答えよ。ただし, $0\leqq\theta_1<2\pi$, $0\leqq\theta_2<2\pi$ とし, z_1, z_2 の解答の順序は問わない。 〔23 学習院大・文, 理〕

26　i を虚数単位とする。複素数平面に関する次の問いに答えよ。

(1)　等式 $|z+2|=2|z-1|$ を満たす点 z の全体が表す図形は円であることを示し，その円の中心と半径を求めよ。

(2)　等式 $\{|z+2|-2|z-1|\}|z+6i|=3\{|z+2|-2|z-1|\}|z-2i|$ を満たす点 z の全体が表す図形を S とする。このとき S を複素数平面上に図示せよ。

(3)　点 z が (2) における図形 S 上を動くとき，$w=\dfrac{1}{z}$ で定義される点 w が描く図形を複素数平面上に図示せよ。　〔23 筑波大・理系〕

***27**　複素数平面上の点 z が原点を中心とする半径 1 の円周上を動くとし，$w=-\dfrac{2(2z-i)}{z+1}$ $(z \neq -1)$ とする。ただし，i は虚数単位とする。

(1)　$z=i$ のときの w の実部と虚部を求めよ。

(2)　z を w を用いて表せ。

(3)　点 w の描く図形を複素数平面上に図示せよ。

(4)　$|w|$ の最小値とそれを与える z を求めよ。　〔23 新潟大・理系〕

28　i は虚数単位とする。複素数平面上で，以下の（条件 1）を満たす点 z 全体の表す図形を Z，（条件 2）を満たす点 w 全体の表す図形を W とする。

（条件 1）　z の実部を x とするとき，$|z-2-i|=\sqrt{5-2x}$ が成り立つ。

（条件 2）　$|w-1-\sqrt{2}-i|=|w-2|$

図形 W と実軸の交点を $\mathrm{A}(\alpha)$ とする。

(1)　図形 Z はどのような図形か答えよ。

(2)　α の値を求めよ。

(3)　図形 Z と図形 W の交点を複素数で表したとき，それらの複素数すべての和を β とする。β の値を求めよ。

(4)　(3) で求めた複素数 β が表す点を B とする。点 B を，点 A を中心として $\dfrac{2}{3}\pi$ だけ回転した点を C とするとき，△ABC の重心を表す複素数を求めよ。

〔23 東京農工大〕

***29**　z を複素数とし，z，z^2，z^3 が表す複素数平面上の点をそれぞれ A，B，C とする。これらは互いに異なり，また AB＝AC であるとする。

(1)　上の条件を満たす z 全体を考えたとき，A はどのような図形を描くか。

(2)　A，B，C を結んだ図形が直角二等辺三角形になる z を求めよ。

(3)　A，B，C を結んだ図形が正三角形になる z を求め，そのときの三角形 ABC を図示せよ。　〔23 和歌山県立医大・医，薬〕

***30**　実数係数の4次方程式 $x^4-px^3+qx^2-rx+s=0$ は相異なる複素数 α，$\overline{\alpha}$，β，$\overline{\beta}$ を解にもち，それらはすべて複素数平面において，点1を中心とする半径1の円周上にあるとする。ただし，$\overline{\alpha}$，$\overline{\beta}$ はそれぞれ α，β と共役な複素数を表す。

(1)　$\alpha+\overline{\alpha}=\alpha\overline{\alpha}$ を示せ。

(2)　$t=\alpha+\overline{\alpha}$，$u=\beta+\overline{\beta}$ とおく。p，q，r，s をそれぞれ t と u で表せ。

(3)　座標平面において，点 $(p,\ s)$ のとりうる範囲を図示せよ。

†〔23 名古屋大・理系〕

31　α，β を複素数とし，複素数平面上の3点 O(0)，A(α)，B(β) が三角形をなすとする。点Aを点Oを中心として $\dfrac{\pi}{3}$ だけ回転した点をP，点Oを点Bを中心として $\dfrac{\pi}{3}$ だけ回転した点をQ，点Bを点Aを中心として $\dfrac{\pi}{3}$ だけ回転した点をRとする。△POA，△QBO，△RAB の重心をそれぞれG，H，Iとする。

(1)　3点P，Q，Rを表す複素数のそれぞれを α，β を用いて表せ。

(2)　3点G，H，Iを表す複素数のそれぞれを α，β を用いて表せ。

(3)　3点G，H，Iが三角形をなすとき，△GHI が正三角形かどうか判定せよ。

〔23 熊本大・理系〕

***32**　複素数平面上に2点 A(1)，B($\sqrt{3}i$) がある。ただし，i は虚数単位である。複素数 z に対し $w=\dfrac{3}{z}$ で表される点 w を考える。

(1)　$z=1$，$\dfrac{1+\sqrt{3}i}{2}$，$\sqrt{3}i$ のときの w をそれぞれ計算せよ。

(2)　実数 t に対し $z=(1-t)+t\sqrt{3}i$ とする。$\alpha=\dfrac{3-\sqrt{3}i}{2}$ について，αz の実部を求め，さらに $(w-\alpha)\overline{(w-\alpha)}$ を求めよ。

(3)　w と原点を結んでできる線分 L を考える。z が線分 AB 上を動くとき，線分 L が通過する範囲を図示し，その面積を求めよ。

〔23 早稲田大・基幹理工，創造理工，先進理工〕

33　i は虚数単位を表すものとする。複素数 z に関する方程式

$z=\left(\cos\dfrac{\pi}{3}-i\sin\dfrac{\pi}{3}\right)\overline{z}$ の表す複素数平面上の図形を ℓ とする。

(1)　ℓ は直線であることを証明せよ。

(2)　直線 ℓ に関して複素数 w と対称な点を w の式で表せ。

(3)　複素数 z に対して，z を点 1 を中心に反時計回りに $\dfrac{2\pi}{3}$ 回転した点を z_1 とし，次に z_1 を原点を中心に反時計回りに $\dfrac{2\pi}{3}$ 回転した点を z_2 とする。さらに，直線 ℓ に関して z_2 と対称な点を $f(z)$ とする。$f(z)$ を z の式で表せ。

(4)　$f(z)$ は (3) のとおりとする。複素数 z に関する方程式

$f(z)=-z-\dfrac{3}{2}-\dfrac{\sqrt{3}}{2}i$ の表す複素数平面上の図形を図示せよ。

〔23 大阪公大・理系〕

◇34　複素数平面上に原点Oを中心とする単位円 C があり，2 点 $\mathrm{A}(z_1)$，$\mathrm{B}(z_2)$ は，円 C の周上にある。$z_1=\cos\alpha+i\sin\alpha$，$z_2=\cos\beta+i\sin\beta$，$0<\alpha<\dfrac{\pi}{2}<\beta<\pi$ とするとき，次の問いに答えよ。ただし，i は虚数単位である。

(1)　z_1 と z_2 の積 z_1z_2 および和 z_1+z_2 を，それぞれ極形式で表せ。

(2)　$w=\dfrac{2z_1z_2}{z_1+z_2}$ で表される点を $\mathrm{P}(w)$ とするとき，w を極形式で表せ。また，原点O，点 $\mathrm{P}(w)$，点 $\mathrm{D}(z_1+z_2)$ の 3 点は，同一直線上にあることを示せ。

(3)　直線 AP は，円 C の接線であることを示せ。

(4)　直線 AB に関して点Pと対称な点を $\mathrm{Q}(v)$ とする。点Qが円 C の周上にあるとき，β を α の式で表せ。

〔23 長崎大・医〕

Ⅱ　曲線と関数

3　2 次 曲 線

°**35**　座標平面において，方程式 $9x^2+4y^2-18x+16y-11=0$ の表す楕円の長軸の長さは ア［　］であり，焦点の座標は イ［　］である。　〔23 福岡大・工〕

***36**　座標平面において，楕円 $x^2+\dfrac{y^2}{6}=1$ 上の点 $\left(\dfrac{\sqrt{30}}{6},\ -1\right)$ における接線 ℓ の方程式は $y=$ ア［　］である。この直線 ℓ が楕円 $\dfrac{x^2}{a^2}+y^2=1$ $(a>0)$ にも接しているとき，$a=$ イ［　］である。　〔23 成蹊大・理工〕

37　a，b を $a^2+b^2>1$ かつ $b\neq0$ を満たす実数の定数とする。座標空間の点 $\mathrm{A}(a,\ 0,\ b)$ と点 $\mathrm{P}(x,\ y,\ 0)$ をとる。点 $\mathrm{O}(0,\ 0,\ 0)$ を通り直線 AP と垂直な平面を α とし，平面 α と直線 AP との交点を Q とする。

(1)　$(\overrightarrow{\mathrm{AP}}\cdot\overrightarrow{\mathrm{AO}})^2=|\overrightarrow{\mathrm{AP}}|^2|\overrightarrow{\mathrm{AQ}}|^2$ が成り立つことを示せ。

(2)　$|\overrightarrow{\mathrm{OQ}}|=1$ を満たすように点 $\mathrm{P}(x,\ y,\ 0)$ が xy 平面上を動くとき，点 P の軌跡を求めよ。　†〔23 大阪大・理系〕

4　媒介変数，極座標

°**38**　極方程式 $r=\dfrac{3}{1+2\sin\theta}$ で表された曲線の漸近線のうち，傾きが正のものを直交座標に関する方程式で表すと $y=$［　］である。

〔23 関西大・システム理工，環境都市工，化学生命工〕

*39 座標平面において，θを媒介変数として，$x=\dfrac{\sqrt{3}}{\cos\theta}$，$y=\sqrt{2}\tan\theta$で表される曲線$C$の方程式は$\dfrac{x^2}{{}^{ア}\boxed{}}-\dfrac{y^2}{{}^{イ}\boxed{}}=1$である。

曲線C上の点Pと直線ℓ：$y=3x+\dfrac{3}{2}$の距離をdとする。dの最小値は${}^{ウ}\boxed{}$であり，このときのPの座標は$({}^{エ}\boxed{},\ {}^{オ}\boxed{})$である。

直線$y=3x+k$と曲線Cが異なる2点Q，Rで交わるとき，定数kのとりうる値の範囲は$k<{}^{カ}\boxed{}$，${}^{キ}\boxed{}<k$である。

この範囲でkを動かしたとき，線分QRの中点の軌跡は，直線$y={}^{ク}\boxed{}x$の$x<{}^{ケ}\boxed{}$，${}^{コ}\boxed{}<x$の部分となる。〔23 近畿大・理工(推薦)〕

5 分数関数・無理関数

°40 分数関数$y=\dfrac{6x-1}{2x-1}$のグラフの漸近線は2直線$x={}^{ア}\boxed{}$，$y={}^{イ}\boxed{}$である。〔23 千葉工大〕

Ⅲ　数列と極限

6　数列の極限

°*41　n を自然数とする。和 $S_n=\sum_{k=1}^{n}(2k-1)3^{k-1}$ を求めると，$S_n=$ ア$\boxed{}$ であり，

$\lim_{n\to\infty}\frac{S_n}{S_{n+1}}=$ イ$\boxed{}$ である。　〔23 福岡大・工〕

42　関数 $f(x)=\sin 3x+\sin x$ について，次の問いに答えよ。

(1)　$f(x)=0$ を満たす正の実数 x のうち，最小のものを求めよ。

(2)　正の整数 m に対して，$f(x)=0$ を満たす正の実数 x のうち，m 以下のものの個数を $p(m)$ とする。極限値 $\lim_{m\to\infty}\frac{p(m)}{m}$ を求めよ。〔23 東北大・理系〕

*43　座標平面上に3点 O$(0,\ 0)$，A$(3,\ 6)$，B$(-5,\ 0)$ がある。点 P_1，P_2，P_3，…… を $\mathrm{P}_1=\mathrm{A}$，$\overrightarrow{\mathrm{OP}_{n+1}}=\overrightarrow{\mathrm{OP}_n}-\frac{\overrightarrow{\mathrm{OP}_n}\cdot\overrightarrow{\mathrm{AB}}}{120}\overrightarrow{\mathrm{AB}}$ $(n=1,\ 2,\ 3,\ \cdots\cdots)$ で定めるとき，次の問いに答えよ。

(1)　$|\overrightarrow{\mathrm{AB}}|^2$，$\overrightarrow{\mathrm{OA}}\cdot\overrightarrow{\mathrm{AB}}$ の値をそれぞれ求めよ。

(2)　自然数 n に対して，$u_n=\overrightarrow{\mathrm{OP}_n}\cdot\overrightarrow{\mathrm{AB}}$ とおく。u_{n+1} を u_n を用いて表せ。また，u_n を n の式で表せ。

(3)　自然数 n に対して，実数 t_n は $\overrightarrow{\mathrm{OP}_n}=\overrightarrow{\mathrm{OA}}+t_n\overrightarrow{\mathrm{AB}}$ を満たすとする。t_n を n の式で表せ。

(4)　2以上の自然数 n に対して，$\triangle \mathrm{OBP}_n$ の面積を S_n とする。極限 $\lim_{n\to\infty}S_n$ を求めよ。　〔23 同志社大・文化情報，生命医科学，スポーツ健康科学〕

44 複素数平面上における図形 C_1, C_2, ……, C_n, …… は次の条件(A)と(B)を満たすとする。ただし, i は虚数単位とする。

(A) C_1 は原点Oを中心とする半径2の円である。

(B) 自然数 n に対して, z が C_n 上を動くとき $2w=z+1+i$ で定まる w の描く図形が C_{n+1} である。

(1) すべての自然数 n に対して, C_n は円であることを示し, その中心を表す複素数 α_n と半径 r_n を求めよ。

(2) C_n 上の点とOとの距離の最小値を d_n とする。このとき, d_n を求めよ。また, $\lim_{n\to\infty} d_n$ を求めよ。 〔23 北海道大・理系〕

***45** n を自然数とする。

(1) すべての n に対して, 不等式 $n<\left(\frac{3}{2}\right)^n$ が成り立つことを示せ。

(2) $\lim_{n\to\infty} n\left(\frac{3}{5}\right)^n=0$ が成り立つことを示せ。

(3) すべての n に対して, 不等式 $\frac{n(n+1)}{2}<3\left(\frac{3}{2}\right)^n-3$ が成り立つことを示せ。

(4) $\lim_{n\to\infty} n^2\left(\frac{3}{5}\right)^n=0$ が成り立つことを示せ。 〔23 静岡大・情報, 理, 工〕

7 無限級数

°*46 数列 $\{a_n\}$ の初項から第 n 項までの和が $S_n=n^3+3n^2+2n$ であるとする。このとき $\sum_{n=1}^{\infty}\frac{1}{a_n}$ を求めよ。 〔23 立教大〕

47 数列 $\{a_n\}$ が $a_1=2$, $5(n+1)a_{n+1}-na_n=4$ ($n=1$, 2, 3, ……) を満たすとする。$b_n=na_n-1$ とおくと数列 $\{b_n\}$ は等比数列であり, 公比 r は, $r=$ ア□ である。数列 $\{a_n\}$ の一般項を求めると, $a_n=\frac{\text{イ}\square}{n}$ ($n=1$, 2, 3, ……) であり, 無限級数 $\sum_{n=1}^{\infty}(2na_{2n}-na_n)$ の和は, $\sum_{n=1}^{\infty}(2na_{2n}-na_n)=$ ウ□ である。 〔23 大阪工大(推薦)〕

°**48**　${}_nC_r$ を n 個から r 個取る組合せの総数とする。無限級数 $\displaystyle\sum_{n=1}^{\infty}\frac{1}{{}_{n+1}C_2}$ の和は

ア□ である。また，極限 $\displaystyle\lim_{n\to\infty}\frac{{}_{2n+2}C_{n+1}}{{}_{2n}C_n}$ は イ□ である。

〔23 関西大・システム理工，環境都市工，化学生命工〕

***49**　n を自然数とする。5 個の赤玉と n 個の白玉が入った袋がある。袋から玉を取り出し，取り出した玉は袋に戻さない。袋から 1 個ずつ球を取り出していくとき，6 回目が赤玉で袋の中の赤玉がなくなる確率を $p(n)$ とする。

(1)　$p(n)$ を二項係数を用いて表せ。

(2)　$p(n)=A\left(\dfrac{1}{{}_{n+4}C_4}-\dfrac{1}{{}_{n+5}C_4}\right)$ となる定数 A を求めよ。

(3)　$S_n=p(1)+p(2)+\cdots\cdots+p(n)$ とおくとき，$\displaystyle\lim_{n\to\infty}S_n$ を求めよ。

〔23 大分大・医〕

50　$\log_{10}2=0.3010$ とし，i を虚数単位とする。

$x^4+4=0$ の解のうち実部と虚部がともに正であるものを α とおくと，$\alpha=$ ア□ である。このとき，$|\alpha^n|>10^{100}$ となる最小の自然数 n は イ□ である。α^n が実数であるための必要十分条件は n が ウ□ の倍数であることであり，さらに，$\alpha^n>10^{100}$ となる自然数 n のうち最小のものは エ□ である。

また，自然数 n について α^{-n} の実部を a_n とおく。このとき，自然数 k について $a_{4k-3}=$ オ□ (カ□ $)^k$ であり，無限級数 $\displaystyle\sum_{k=1}^{\infty}a_{4k-3}$ の和は キ□ である。

〔23 関西大・システム理工，環境都市工，化学生命工〕

***51** 複素数平面上に点 z_1，z_2，……，z_n，…… がある。$z_1=0$ である。また，$z_{n+1}=\dfrac{1+i}{2}z_n+1$ $(n=1,\ 2,\ \cdots\cdots)$ が成り立っている。複素数 α は $\alpha=\dfrac{1+i}{2}\alpha+1$ を満たすとする。

(1) z_3 および α の値を求めよ。また，α^{20} の値を求めよ。

(2) $|z_1-z_2|+|z_2-z_3|+\cdots\cdots=\sum_{n=1}^{\infty}|z_n-z_{n+1}|$ の値を求めよ。

(3) $a_n=|z_n-\alpha|$ $(n=1,\ 2,\ \cdots\cdots)$ とおくとき，数列 $\{a_n\}$ が満たす漸化式を導き，$\{a_n\}$ の一般項を求めよ。

(4) 複素数 $\dfrac{z_{n+1}-\alpha}{z_n-\alpha}$ の偏角 $\arg\dfrac{z_{n+1}-\alpha}{z_n-\alpha}$ を θ $(0<\theta<2\pi)$ とするとき，θ を求めよ。また，3 点 α，z_n，z_{n+1} を頂点とする三角形の面積を S_n $(n=1,\ 2,\ \cdots\cdots)$ とする。数列 $\{S_n\}$ の一般項を求めよ。

〔23 関西学院大・理系〕

◇52 投げたときに表が出る確率と裏が出る確率が等しい硬貨がある。この硬貨を繰り返し投げ，3 回連続して同じ面が出るまで続けるゲームをする。n を自然数とし，n 回目，$n+1$ 回目，$n+2$ 回目に 3 回連続して表が出てゲームが終了するときの場合の数を a_n とおく。

(1) a_1，a_2，a_3，a_4，a_5 をそれぞれ求めよ。

(2) $F_1=1$，$F_2=1$，$F_{n+2}=F_n+F_{n+1}$ $(n=1,\ 2,\ 3,\ \cdots\cdots)$ で定められた数列 $\{F_n\}$ の一般項は，$F_n=\dfrac{1}{\sqrt{5}}\left\{\left(\dfrac{1+\sqrt{5}}{2}\right)^n-\left(\dfrac{1-\sqrt{5}}{2}\right)^n\right\}$ で与えられる。このとき，級数 $\sum_{n=1}^{\infty}\dfrac{F_n}{2^n}$ の和を求めよ。

(3) n 回目，$n+1$ 回目，$n+2$ 回目に 3 回連続して表が出てゲームが終了する確率を P_n とおく。(2) の結果を用いて，級数 $\sum_{n=1}^{\infty}P_n$ の和を求めよ。

〔23 旭川医大〕

8 漸化式と極限 (1)

°**53** $a_1=0$，$b_1=6$ とし，$a_{n+1}=\dfrac{a_n+b_n}{2}$，$b_{n+1}=a_n$ $(n\geqq 1)$ で定まる a_n，b_n を用いて，平面上の点 $\mathrm{P}_n(a_n,\ b_n)$ $(n=1,\ 2,\ 3,\ \cdots\cdots)$ を定める。

(1) 点 P_n は常に直線 $y=$ ア□$x+$ イ□ 上にある。

(2) n を限りなく大きくするとき，点 P_n は点 (ウ□，エ□) に限りなく近づく。

〔23 上智大・経，理工〕

54 a，b を異なる実数とし，実数 α，β は $\beta<0<\alpha$ を満たすとする。2つの数列 $\{a_n\}$，$\{b_n\}$ を条件 $a_1=a$，$b_1=b$，$a_{n+1}=\alpha a_n+\beta b_n$，$b_{n+1}=\beta a_n+\alpha b_n$ によって定めるとき，$\displaystyle\lim_{n\to\infty}\frac{a_n}{b_n}=$ □ である。

〔23 福岡大・医〕

*__55__ 正の数列 x_1，x_2，x_3，……，x_n，…… は以下を満たすとする。

$$x_1=8,\ x_{n+1}=\sqrt{1+x_n}\quad (n=1,\ 2,\ 3,\ \cdots\cdots)$$

(1) x_2，x_3，x_4 をそれぞれ求めよ。

(2) すべての $n\geqq 1$ について $(x_{n+1}-\alpha)(x_{n+1}+\alpha)=x_n-\alpha$ となる定数 α で，正であるものを求めよ。

(3) α を (2) で求めたものとする。すべての $n\geqq 1$ について $x_n>\alpha$ であることを，n に関する数学的帰納法で示せ。

(4) 極限値 $\displaystyle\lim_{n\to\infty}x_n$ を求めよ。

〔23 立教大・理〕

56 数列 $\{a_n\}$，$\{b_j\}$ が次のように与えられているとする。ただし，r は正の定数とする。

$$a_1=r^2-12r,\ a_{n+1}=ra_n+(r-1)r^{2n+1}\quad (n=1,\ 2,\ 3,\ \cdots\cdots)$$

$$b_1=-29,\ b_{j+1}-b_j=\frac{6}{1-4j^2}\quad (j=1,\ 2,\ 3,\ \cdots\cdots)$$

(1) a_2，a_3 を求めよ。さらに，n と r を用いて一般項 a_n を表す式を予想し，その予想が正しいことを数学的帰納法で証明せよ。

(2) 一般項 b_j を j を用いて表せ。

(3) n を与えたとき，$a_n<b_j<a_{n+1}$ となる j が無限に多く存在するような r の範囲を n を用いて表せ。

〔23 三重大・医，工〕

***57**　数列 $\{a_n\}$ を

$$a_1=2,\ a_{n+1}=\left(\frac{n^6(n+1)}{{a_n}^3}\right)^2 \quad (n=1,\ 2,\ 3,\ \cdots\cdots)$$

により定める。また

$$b_n=\log_2\frac{a_n}{n^2} \quad (n=1,\ 2,\ 3,\ \cdots\cdots)$$

とおく。必要ならば，$\displaystyle\lim_{n\to\infty}\frac{n\log_2 n}{6^{2n}}=0$ であることを用いてよい。

(1)　b_1，b_2 を求めよ。

(2)　数列 $\{b_n\}$ は等比数列であることを示せ。

(3)　$\displaystyle\lim_{n\to\infty}\frac{1}{6^{2n}}\sum_{k=1}^{n}\log_2 k=0$ であることを示せ。

(4)　極限値 $\displaystyle\lim_{n\to\infty}\frac{1}{6^{2n}}\sum_{k=1}^{n}\log_2 a_{2k}$ を求めよ。　〔23 広島大・理系〕

58　α を実数とする。数列 $\{a_n\}$ が

$$a_1=\alpha,\ a_{n+1}=|a_n-1|+a_n-1 \quad (n=1,\ 2,\ 3,\ \cdots\cdots)$$

で定められるとき，次の問いに答えよ。

(1)　$\alpha\leqq 1$ のとき，数列 $\{a_n\}$ の収束，発散を調べよ。

(2)　$\alpha>2$ のとき，数列 $\{a_n\}$ の収束，発散を調べよ。

(3)　$1<\alpha<\dfrac{3}{2}$ のとき，数列 $\{a_n\}$ の収束，発散を調べよ。

(4)　$\dfrac{3}{2}\leqq\alpha<2$ のとき，数列 $\{a_n\}$ の収束，発散を調べよ。〔23 九州大・理系〕

9　漸化式と極限 (2)

***59**　通常のさいころを用いた次の試行を考える。

　1個のさいころを投げて，5以上の目が出たらコインを2枚獲得し，4以下の目が出たらコインを1枚獲得する。

上の試行を n 回行った後に獲得したコインの合計枚数が偶数である確率を p_n とするとき，次の問いに答えよ。ただし，n は正の整数とする。

(1)　p_2 と p_3 の値を求めよ。

(2)　p_{n+1} を p_n を用いて表せ。

(3)　数列 $\{p_n\}$ の一般項 p_n を求めよ。

(4)　極限値 $\displaystyle\lim_{n\to\infty}p_n$ を求めよ。　〔23 日本女子大・理〕

60 すべての項が有理数である数列 $\{a_n\}$，$\{b_n\}$ は次のように定義されるものとする。

$$\left(\frac{1+5\sqrt{3}}{10}\right)^n = a_n+\sqrt{3}\,b_n \quad (n=1,\ 2,\ 3,\ \cdots\cdots)$$

ここで，a_{n+1}，b_{n+1} はそれぞれ a_n，b_n と有理数 A，B，C，D を用いて，$a_{n+1}=Aa_n+Bb_n$，$b_{n+1}=Ca_n+Db_n$ と表すことができ，このとき

$A+B+C+D$ は ア□ である $(n \geqq 1)$。また，$\displaystyle\lim_{n\to\infty}\sum_{i=1}^{n} a_i$ は イ□ となる。

〔23 防衛医大〕

61 0から3までの数字を1つずつ書いた4枚のカードがある。この中から1枚のカードを取り出し，数字を確認してからもとへ戻す。これを n 回繰り返したとき，取り出されたカードの数字の総和を S_n で表す。S_n が3で割り切れる確率を p_n とし，S_n を3で割ると1余る確率を q_n とするとき，次の問いに答えよ。

(1) p_2 および q_2 の値を求めよ。

(2) p_{n+1} および q_{n+1} を p_n，q_n を用いて表せ。

(3) p_n および q_n を n を用いて表せ。また，極限値 $\displaystyle\lim_{n\to\infty} p_n$ および $\displaystyle\lim_{n\to\infty} q_n$ を求めよ。

〔23 佐賀大・理工，医〕

***62** xyz 空間において，3点 $(0,\ 0,\ 0)$，$(1,\ 0,\ 0)$，$(0,\ 1,\ 0)$ を通る平面 π_1 と，3点 $(1,\ 0,\ 0)$，$(0,\ 1,\ 0)$，$(0,\ 0,\ 1)$ を通る平面 π_2 を考える。$x_0=1$，$y_0=2$，$z_0=-2$ として，点 $\mathrm{P}_0(x_0,\ y_0,\ z_0)$ から始めて，次の手順で順に点 $\mathrm{P}_1(x_1,\ y_1,\ z_1)$，$\mathrm{P}_2(x_2,\ y_2,\ z_2)$，…… を決める。

- k が偶数のとき，π_1 上の点で点 $\mathrm{P}_k(x_k,\ y_k,\ z_k)$ からの距離が最小となるものを $\mathrm{P}_{k+1}(x_{k+1},\ y_{k+1},\ z_{k+1})$ とする。
- k が奇数のとき，π_2 上の点で点 $\mathrm{P}_k(x_k,\ y_k,\ z_k)$ からの距離が最小となるものを $\mathrm{P}_{k+1}(x_{k+1},\ y_{k+1},\ z_{k+1})$ とする。

(1) π_2 に直交するベクトルのうち，長さが1で x 成分が正のもの $\overrightarrow{n_2}$ を求めよ。

(2) x_{k+1}，y_{k+1}，z_{k+1} をそれぞれ x_k，y_k，z_k を用いて表せ。

(3) $\displaystyle\lim_{k\to\infty} x_k$，$\displaystyle\lim_{k\to\infty} y_k$，$\displaystyle\lim_{k\to\infty} z_k$ を求めよ。

〔23 東京医歯大・医〕

◇**63**　n，k を自然数とする。和が n となる k 以下の自然数の並べ方の総数を $F_k(n)$ で表す。例えば，$k=2$，$n=3$ のときには

2，1　　1，2　　1，1，1

の 3 つの並べ方があるので，$F_2(3)=3$ である。

(1)　引き続き $k=2$ の場合を考える。$n=4$ のときには

2，2　　2，1，1　　1，2，1　　ア□　　イ□

の 5 つの並べ方があるので，$F_2(4)=5$ である。また，$n=5$ のときには

2，1，2　　1，2，2　　1，1，1，2

2，2，1　　2，1，1，1　　1，2，1，1　　ア□，1　　イ□，1

の 8 つの並べ方があるので，$F_2(5)=8$ である。さらに，$F_2(7)=$ウ□ である。

(2)　$k=3$ の場合を考えると，$F_3(5)=$エ□，$F_3(6)=$オ□，$F_3(10)=274$，$F_3(11)=504$，$F_3(12)=927$，$F_3(13)=$カ□ である。

(3)　$k=2$ の場合に次の関係式

$$\begin{cases} F_2(n+2)-{}^{キ}\square F_2(n+1)={}^{ク}\square\{F_2(n+1)-{}^{キ}\square F_2(n)\} \\ F_2(n+2)-{}^{ク}\square F_2(n+1)={}^{キ}\square\{F_2(n+1)-{}^{ク}\square F_2(n)\} \end{cases}$$

が成り立つ。(ただし キ□>ク□ とする。)

$$\lim_{n\to\infty}\frac{F_2(n+1)}{F_2(n)}={}^{ケ}\square$$

である。

(4)　$F_n(n)=$コ□ である。　　〔23 立命館大・理工，情報理工，生命科学〕

Ⅳ　微分法とその応用

10　関数の極限と連続

°**64**　(1)　極限 $\lim_{x\to0}\dfrac{\tan 3x}{\sin 5x}$ を求めよ。

〔23 東京都市大・理工，建築都市デザイン，情報工〕

*(2)　極限値 $\lim_{x\to0}\dfrac{\sin 2x}{\log_2(x+2)-1}$ を求めよ。　〔23 福島県立医大・保健科学〕

°***65**　2 つの実数 a，b に対して，等式 $\lim_{x\to3}\dfrac{\sqrt{x+1}-a}{x-3}=b$ が成り立つとき，a の値は ア□ であり，b の値は イ□ である。　〔23 福岡大・理，工〕

°**66**　極限 $\lim_{x\to\infty}(\sqrt{2x^2+3x}-ax)$ が有限な値となるように定数 a の値を定め，その極限値を求めよ。　〔23 東京都市大・理工，建築都市デザイン，情報工〕

***67**　以下の極限値を求めよ。

(1)　$\lim_{x\to0}\dfrac{2x^2+\sin x}{x^2-\pi x}$　　(2)　$\lim_{x\to-\pi}\dfrac{2x^2+\sin x}{x^2-\pi x}$

(3)　$\lim_{x\to\infty}\dfrac{\sin x}{x^2}$　　(4)　$\lim_{x\to\infty}\dfrac{2x^2+\sin x}{x^2-\pi x}$

(5)　$\lim_{x\to\infty}\dfrac{2x^2\sin x-\cos^2 x+1}{x^3(x-\pi)}$　〔23 岩手大・理工〕

11　導　　関　　数

°**68**　(1)　関数 $f(x)=\cos\sqrt{x+1}$ の導関数は，$f'(x)=$□ である。

〔23 宮崎大・工〕

*(2)　関数 $f(x)=\dfrac{x^2}{\log x}$ の導関数は，$f'(x)=$□ である。　〔23 宮崎大・工〕

°**69** (1) $f(x)=\sin^3 x$ のとき，$f'\left(\dfrac{\pi}{3}\right)=\boxed{}$ である。 〔23 千葉工大〕

*(2) e を自然対数の底とする。関数 $f(x)=e^{-3x}$ は等式

$$f''(x)-2f'(x)+15f(x)=\boxed{}e^{-3x}$$

を満たす。 〔23 千葉工大〕

***70** n は自然数とする。関数 $f(x)=x^2e^{2x}$ の n 次導関数 $f^{(n)}(x)$ について次の等式が成り立つことを証明せよ。

$$f^{(n)}(x)=2^{n-2}\{4x^2+4nx+n(n-1)\}e^{2x}$$

〔23 津田塾大・学芸〕

71 関数 $f(x)=e^{\sqrt{3}x}\cos 3x$ の第 50 次導関数を $f^{(50)}(x)$ とする。三角関数の合成を考えることにより，方程式 $f^{(50)}(x)=0$ の $0\leqq x\leqq 2\pi$ における解をすべて求めよ。 〔23 福島県立医大・医〕

72 以下は関数 $f(x)$，$g(x)$ の性質について記述したものである。それぞれについて，実数の定数 a，b，c，d，e，h の値を具体的に求め，関数 $f(x)$，$g(x)$ を式で示せ。

(1) $f(x)$ は次の性質や条件をもつ。

(i) $f(x)=x^3+ax^2+bx+c$ である。

(ii) $x=-2$ は方程式 $f(x)=0$ の解である。

(iii) $f(3)=-25$ である。

(iv) $f(x)$ は $x=3$ で極小値をとる。

(2) $g(x)$ は次の性質や条件をもつ。

(i) $g(x)=d\sin ex+h$ または $g(x)=d\cos ex+h$ のどちらか一方であり，$d>0$，$e>0$ である。

(ii) $0<x<10$ のとき $g'(x)<0$ である。

(iii) $10<x<20$ のとき $g'(x)>0$ である。

(iv) $g(x)$ の最大値は 5，最小値は 1 である。

〔23 公立鳥取環境大・環境，経営〕

***73**　θ を $0 \leqq \theta < \pi$ を満たす実数とする。関数 $f(x)$，$g(x)$ を

$$f(x)=e^{x\cos\theta}\cos(x\sin\theta),\ g(x)=e^{x\cos\theta}\sin(x\sin\theta)$$

とおく。

(1)　$f'(x)=e^{x\cos\theta}\cos(^{ア}\square)$，$f''(x)=e^{x\cos\theta}\cos(^{イ}\square)$ である。

$f(x)$ の原始関数を $F(x)$ とすると，$F(x)=e^{x\cos\theta}\cos(^{ウ}\square)+C$（$C$は積分定数）である。

ただし，

$$x\sin\theta \leqq {}^{ア}\square < x\sin\theta+2\pi$$

$$x\sin\theta \leqq {}^{イ}\square < x\sin\theta+2\pi$$

$$x\sin\theta-2\pi < {}^{ウ}\square \leqq x\sin\theta$$

である。

(2)　$\theta={}^{エ}\square$ のとき，すべての実数 x に対して等式 $f'(x)=f(x)$ が成立する。

$\theta={}^{エ}\square$ または $\theta={}^{オ}\square$ のとき，すべての実数 x に対して等式

$f^{(3)}(x)=f(x)$ が成立する。

(3)　$f'(x)$，$g'(x)$ を $f(x)$ と $g(x)$ を用いて表すと，

$$f'(x)={}^{カ}\square f(x)+{}^{キ}\square g(x)$$

$$g'(x)={}^{ク}\square f(x)+{}^{ケ}\square g(x)$$

である。(注：$^{カ}\square$，$^{キ}\square$，$^{ク}\square$，$^{ケ}\square$ は x を含まない。)

$\theta \neq {}^{エ}\square$ とする。複素数 α，β について，すべての実数 x に対して等式

$$f'(x)+\alpha g'(x)=\beta\{f(x)+\alpha g(x)\}$$

が成立するとき，$(\alpha,\ \beta)=(^{コ}\square,\ ^{サ}\square)$ または $(\alpha,\ \beta)=(^{シ}\square,\ ^{ス}\square)$ である。

〔23 立命館大・理系〕

◇74　以下の文章を読んで後の問いに答えよ。

三角関数 $\cos x$，$\sin x$ については加法定理が成立するが，逆に加法定理を満たす関数はどのようなものがあるだろうか。実数全体を定義域とする実数値関数 $f(x)$，$g(x)$ が以下の条件を満たすとする。

(A)　すべての x，y について $f(x+y)=f(x)f(y)-g(x)g(y)$

(B)　すべての x，y について $g(x+y)=f(x)g(y)+g(x)f(y)$

(C)　$f(0)\neq 0$

(D)　$f(x)$，$g(x)$ は $x=0$ で微分可能で $f'(0)=0$，$g'(0)=1$

①条件(A)，(B)，(C)から $f(0)=1$，$g(0)=0$ がわかる。以上のことから②$f(x)$，$g(x)$ はすべての x の値で微分可能で，$f'(x)=-g(x)$，$g'(x)=f(x)$ が成立することが示される。③上のことから $\{f(x)+ig(x)\}(\cos x-i\sin x)=1$ であることが，実部と虚部を調べることによりわかる。ただし i は虚数単位である。よって条件(A)，(B)，(C)，(D)を満たす関数は三角関数 $f(x)=\cos x$，$g(x)=\sin x$ であることが示される。

さらに，a，b を実数で $b\neq 0$ とする。このとき条件(D)をより一般的な

(D)′　$f(x)$，$g(x)$ は $x=0$ で微分可能で $f'(0)=a$，$g'(0)=b$

におきかえて，条件(A)，(B)，(C)，(D)′ を満たす $f(x)$，$g(x)$ はどのような関数になるか考えてみる。この場合でも，条件(A)，(B)，(C)から $f(0)=1$，$g(0)=0$ が上と同様にわかる。ここで

$$p(x)=e^{-\frac{a}{b}x}f\left(\frac{x}{b}\right),\ q(x)=e^{-\frac{a}{b}x}g\left(\frac{x}{b}\right)$$

とおくと，④条件(A)，(B)，(C)，(D)において，$f(x)$ を $p(x)$ に，$g(x)$ を $q(x)$ におきかえた条件が満たされる。すると前半の議論により，$p(x)$，$q(x)$ がまず求まり，このことを用いると $f(x)=$ ア［　］，$g(x)=$ イ［　］が得られる。

(1)　下線部①について，$f(0)=1$，$g(0)=0$ となることを示せ。

(2)　下線部②について，$f(x)$ がすべての x の値で微分可能な関数であり，$f'(x)=-g(x)$ となることを示せ。

(3)　下線部③について，下線部①，下線部②の事実を用いることにより，$\{f(x)+ig(x)\}(\cos x-i\sin x)=1$ となることを示せ。

(4)　下線部④について，条件(B)，(D)において，$f(x)$ を $p(x)$ に，$g(x)$ を $q(x)$ におきかえた条件が満たされることを示せ。つまり $p(x)$ と $q(x)$ が，

(B)　すべての x，y について $q(x+y)=p(x)q(y)+q(x)p(y)$

(D)　$p(x)$，$q(x)$ は $x=0$ で微分可能で $p'(0)=0$，$q'(0)=1$

を満たすことを示せ。また空欄 ア[　　]，イ[　　] に入る関数を求めよ。

〔23 九州大・理系〕

12　接線・法線

°*75　a，b を実数とする。関数 $f(x)=\dfrac{x+10}{x^2+7x+14}$ について，曲線 $y=f(x)$ 上の点 $(0,\ f(0))$ における接線の方程式が $y=ax+b$ であるとき，$a=$ ア[　　]，$b=$ イ[　　] である。

〔23 愛媛大・理系〕

°76　直線 $y=4x+k$ が曲線 $y=\tan x\ \left(0<x<\dfrac{\pi}{2}\right)$ に接するとき，定数 k の値を求めよ。

〔23 東京都市大・理工，建築都市デザイン，情報工〕

*77　$a>0$ とする。座標平面で関数 $y=\dfrac{1}{x^a}$ のグラフ上の点 $(1,\ 1)$ における接線が x 軸と交わる点をA，y 軸と交わる点をBとし，原点をOとする。三角形OAB の面積を $S(a)$ とする。

(1)　$S(a)$ を求めよ。

(2)　$S(a)$ の最小値とそのときの a の値を求めよ。

〔23 琉球大・理系〕

78　曲線 $y=\dfrac{1}{2}e^{4x}+\dfrac{1}{2}$ 上の点 P$(0,\ 1)$ における接線を ℓ とする。

直線 ℓ の方程式は $y=$ ア[　　] であり，点 $\left(-\dfrac{1}{4},\ \dfrac{9}{8}\right)$ と直線 ℓ の距離 d は，$d=$ イ[　　] である。

直線 ℓ と x 軸の交点をA，曲線 $C: y=-2x^2-x+1\ (x\geqq 0)$ と x 軸の交点をBとすると，線分 AB，線分 AP および曲線 C で囲まれた図形の面積 S の値は，$S=$ ウ[　　] である。

〔23 大阪工大(推薦)〕

***79**　定数 a は正の実数とする。$x \geqq 1$ で定義された関数 $f(x)=a\sqrt{x^2-1}$ を考える。また，点 $(t,\ f(t))$（ただし，$t>1$）における曲線 $y=f(x)$ の接線を ℓ とする。a，t のうち必要なものを用いて，次の問いに答えよ。

(1)　接線 ℓ の方程式を答えよ。

(2)　接線 ℓ と x 軸の交点の x 座標を答えよ。

(3)　接線 ℓ と直線 $y=ax$ の交点の座標を答えよ。

(4)　接線 ℓ と x 軸，および直線 $y=ax$ で囲まれた部分の面積 $S(t)$ を答えよ。

(5)　極限 $\lim_{t \to \infty} S(t)$ を答えよ。　〔23 大阪公大・工(中期)〕

◇80　関数 $f(t)$，$g(t)$ は微分可能でその導関数は連続であり，導関数 $f'(t)$，$g'(t)$ の値は同時に 0 になることはないとする。

xy 平面上で媒介変数 t を用いて $x=f(t)$，$y=g(t)$ と表される曲線 C を考える。C 上に点 $\mathrm{P}(f(t_0),\ g(t_0))$ をとる。ただし $t \neq t_0$ ならば $(f(t),\ g(t)) \neq (f(t_0),\ g(t_0))$ を満たすとする。P を通る直線 ℓ を考える。C 上に P と異なる点 $\mathrm{Q}(f(t),\ g(t))$ をとり，Q から ℓ に垂線を下ろし，ℓ との交点を H とする。ただし，Q が ℓ 上にあるときは H=Q とする。

(1)　$\vec{n}$ は大きさ 1 の ℓ に垂直なベクトルとする。$|\overrightarrow{\mathrm{QH}}|=|\vec{n}\cdot\overrightarrow{\mathrm{PQ}}|$ であることを証明せよ。

(2)　ℓ が P における C の接線であるための必要十分条件は，$\lim_{t \to t_0} \dfrac{|\overrightarrow{\mathrm{QH}}|}{|\overrightarrow{\mathrm{PQ}}|}=0$ であることを証明せよ。　〔23 京都府立医大〕

13　関数の値の変化

°81　(1)　関数 $f(x)=\dfrac{x^3+18x^2-2x-4}{x+2}$ の極値をすべて求めよ。

〔23 岩手大・教育〕

*(2)　関数 $f(t)=a\cos^3 t+\cos^2 t$ が $t=\dfrac{\pi}{4}$ で極値をとるとき，a の値を求めよ。

〔23 立教大・理〕

°***82**　a，b を定数とし，関数 $f(x)=\dfrac{ax+b}{x^2+1}$ が $x=-2$ で極値 -1 をとるとする。

(1)　a，b の値を求めよ。

(2)　$f(x)$ の増減を調べ，極値をすべて求めよ。

(3)　極限 $\lim_{x\to\infty} f(x)$ および $\lim_{x\to-\infty} f(x)$ を求めよ。

(4)　$y=f(x)$ のグラフをかけ。

〔23 東京都市大・理工，建築都市デザイン，情報工〕

83　2 つの関数 $f(x)=(x-1)(x-4)^2$，$g(x)=|(x-1)(x-4)|(x-4)$ について，次の問いに答えよ。

(1)　$y=f(x)$ の増減，極値，グラフの凹凸および変曲点を調べ，そのグラフの概形をかけ。

(2)　$x=4$ における $g(x)$ の微分係数 $g'(4)$ を微分係数の定義にしたがって求めよ。

(3)　実数 c に対して，方程式 $g(x)=c$ の実数解の個数を求めよ。

(4)　定積分 $\int_0^2 g(x)dx$ の値を求めよ。　〔23 静岡大・情報，理，工〕

***84**　関数 $f(x)=\log(2x)$ $(x>0)$ について，曲線 $y=f(x)$ 上の 2 点 $\mathrm{P}(a,\ \log(2a))$，$\mathrm{Q}(a+h,\ \log(2(a+h)))$ における法線をそれぞれ ℓ_{P}，ℓ_{Q} とする。ただし，$a>0$，$a+h>0$，$h\neq 0$ とする。

(1)　微分係数 $f'(a)$ を求めよ。

(2)　ℓ_{P}，ℓ_{Q} の方程式を求めよ。

(3)　ℓ_{P} と ℓ_{Q} の交点をRとし，その座標を $(x_{\mathrm{R}},\ y_{\mathrm{R}})$ とする。このとき，極限値 $A=\lim_{h\to 0} x_{\mathrm{R}}$ および $B=\lim_{h\to 0} y_{\mathrm{R}}$ を求めよ。

(4)　(3)で求めた B に対して，B が最大となるときの a の値を求めよ。ただし，最大値は求めなくてよい。

〔23 大阪工大〕

85　関数 $f(x)=2^x-x+\dfrac{1}{2}$ に対し，xy 平面上の曲線 $y=f(x)$ を C とする。また，整数 n に対し，$n \leqq x \leqq n+1$ の範囲にある C 上の点のうち，y 座標が整数であるものの個数を $A(n)$ とする。ただし，log は自然対数，e は自然対数の底とする。

(1)　導関数 $f'(x)$ を求めよ。ただし，$2^x=e^{(\log 2)x}$ であることを用いてよい。

(2)　$x \geqq 1$ において，$f'(x)>0$ であることを証明せよ。ただし，$2<e<3$ であることを用いてよい。

(3)　$A(1)$ と $A(2)$ を求めよ。

(4)　1 以上の整数 n に対し，$A(n)$ を n で表せ。

(5)　x 座標と y 座標がともに整数であるような C 上の点の座標を求めよ。また，そのような点がただ 1 つだけ存在することを証明せよ。

〔23 京都産大・理，情報理工〕

***86**　右の図のように，xy 座標平面上に，原点Oを中心とする単位円周上の動点 $\mathrm{P}(\cos\theta,\ \sin\theta)$ $(0 \leqq \theta \leqq 2\pi)$ と x 軸上の動点 $\mathrm{Q}(x,\ 0)$ $(x>0)$ がある。2 点 P，Q 間の距離は a $(a>1)$ で一定とし，定点 $\mathrm{A}(a+1,\ 0)$ と動点 $\mathrm{Q}(x,\ 0)$ の 2 点間の距離を $f(\theta)$ とするとき，次の問いに答えよ。

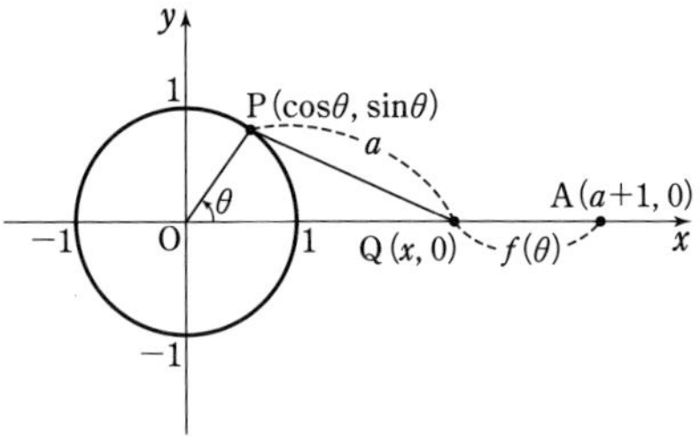

(1)　$f(0)$，$f\left(\dfrac{\pi}{2}\right)$，$f(\pi)$ の値をそれぞれ求めよ。

(2)　点Qの x 座標を a，θ を用いて表せ。

(3)　$f(\theta)$ を a，θ を用いて表し，$f(\theta)$ の導関数 $f'(\theta)$ を求め，$f(\theta)$ の増減を調べよ。

(4)　極限値 $\displaystyle\lim_{\theta \to 0}\frac{f(\theta)}{\theta^2}$ を求めよ。

〔23 長崎大〕

87　微分可能な関数 $f(x)$ に対し，関数 $g(t)$ を以下で定める。$y=f(x)$ のグラフの点 $(t-1,\ f(t-1))$ における接線と直線 $x=t$ との交点の y 座標を $g(t)$ とする。

(1)　a を定数とする。$f(x)=x^4+ax^2$ のとき，$g(t)$ を求めよ。

(2)　$f(x)$ を (1) の通りとする。$f(x)\geqq g(x)$ がすべての実数 x で成り立つような a の条件を求めよ。

(3)　n を 2 以上の自然数とし，$f(x)=x^n$ のときの $g(x)$ を $g_n(x)$ とする。方程式 $g_n(x)=0$ の解を求めよ。また，$n\geqq 3$ のとき，$g_n'(x)$ を $g_{n-1}(x)$ で表せ。

(4)　$g_n(x)$ を (3) の通りとする。$n\geqq 3$ のとき，関数 $y=g_n(x)$ が極大値をもつための n の条件と，そのときの極大値を求めよ。　〔23 中央大・理工〕

14　最大・最小

°**88**　$0\leqq t\leqq\dfrac{\pi}{2}$ の範囲で，関数 $f(t)=\sin 2t+2\sin t$ は $t=$ ア□ で最大値 イ□ をとる。　〔23 立教大・理〕

°**89**　関数 $y=(e^x-3e^{-x})^2-4(e^x-3e^{-x})+4$ を考える。y の最小値は ア□ であり，そのときの x の値は イ□ である。　〔23 南山大・理工〕

*__90__　関数 $f(x)=-x-1+\sqrt{4x+1}\ (x\geqq 0)$ について，$f(x)\geqq 0$ であるための必要十分条件は $0\leqq x\leqq$ ア□ であり，また，$f(x)$ の最大値は イ□ である。
〔23 愛媛大・理系〕

91　a を正の定数，$x>0$ であるとし，次の 2 つの関数を考える。

$$f(x)=\frac{1}{\sqrt{2\pi x}}e^{-\frac{a}{2x}},\quad g(x)=\log f(x)$$

ただし，e を自然対数の底とし，log は自然対数とする。

(1)　$g(x)$ を求めよ。

(2)　$g(x)$ が最大となる x の値を求めよ。

(3)　$f(x)$ の最大値とそのときの x の値を求めよ。

〔23 滋賀大・データサイエンス〕

***92**　$\dfrac{\pi}{12} \leqq x \leqq \dfrac{\pi}{3}$ を満たす x に対して，関数 $f(x)$ を

$$f(x)=(1-\tan x+2\tan^2 x-3\tan^3 x)\left(1-\frac{1}{\tan x}+\frac{2}{\tan^2 x}-\frac{3}{\tan^3 x}\right)$$

によって定める。$t=\tan x+\dfrac{1}{\tan x}$ とおくとき，次の問いに答えよ。

(1)　t のとりうる値の範囲を求めよ。

(2)　$f(x)$ を t を用いて表せ。

(3)　$f(x)$ の最大値と最小値，およびそのときの x の値をそれぞれ求めよ。

〔23 関西大・総合情報〕

93　座標平面の原点をOとし，2点 $\mathrm{A}(\cos\alpha,\ \sin\alpha)$，$\mathrm{B}\left(1+\dfrac{\cos\alpha}{2},\ -\dfrac{\sin\alpha}{2}\right)$ を考える。ただし，$0<\alpha<\pi$ とする。

(1)　直線OAと点Bの距離 d を求め，$d>0$ であることを示せ。

(2)　△OAB の面積 S の最大値とそのときの α を求めよ。

〔23 福島県立医大・医(推薦)〕

***94**　空間内に4点 O(0, 0, 0)，A(1, 0, 0)，B(0, 1, 0)，C(0, 0, 1) をとる。時刻 $t=0$ から $t=1$ まで3点P，Q，Rは次のように動くものとする。

- $t=0$ に3点は点Oを出発する。
- 動点Pは線分OA上を速さ1で点Aに向かって動く。
- 動点Qは線分OB上を速さ $\dfrac{1}{2}$ で点Bに向かって動く。
- 動点Rは線分OC上を速さ2で動く。$t=\dfrac{1}{2}$ までは点Cへ向かって動き，$t=\dfrac{1}{2}$ 以後は点Cから点Oに向かって動く。

時刻 t における三角形PQRの面積を $S(t)$ とする。

(1)　$S(t)$ を求めよ。

(2)　$S(t)$ を最大にする t の値を求めよ。

〔23 琉球大・理系〕

***95**　a を実数とし，xy 平面において，2つの曲線 C_1：$y=x\log x\left(x>\dfrac{1}{e}\right)$ と

C_2：$y=(x-a)^2-\dfrac{1}{4}$ を考える。ここで $e=2.718\cdots\cdots$ は自然対数の底である。

C_1 上の点 $(t,\ t\log t)$ における C_1 の接線が C_2 に接するとする。

(1)　点 $(t,\ t\log t)$ における C_1 の接線の方程式を求めよ。

(2)　a を t を用いて表せ。

(3)　実数 t の値が $t>\dfrac{1}{e}$ の範囲を動くとき，a の最小値を求めよ。

〔23 埼玉大・理，工(後期)〕

96　中心がO，半径が1の円の円周上に点A，Bがある。$\angle\mathrm{AOB}=\alpha$ とおく。ただし，$0<\alpha<\dfrac{\pi}{2}$ とする。扇形 OAB に内接する長方形 CDEF を考える。ここで，点Cは線分 OB 上にあり，点Dと点Eは線分 OA 上にあり，点Fは弧 AB 上にある。$\angle\mathrm{AOF}=\theta$ とおく。

(1)　線分 CD の長さを θ を用いて表せ。また，線分 DE の長さを α と θ を用いて表せ。

(2)　長方形 CDEF の面積が $\dfrac{1}{2\sin\alpha}\cos(2\theta-\alpha)-\dfrac{\cos\alpha}{2\sin\alpha}$ と表されることを示せ。

(3)　α を固定したまま θ を $0<\theta<\alpha$ の範囲で動かすとき，(2)の面積が最大になるような θ の値とそのときの面積を α を用いて表せ。

〔23 島根大・人間科学，生物資源科学〕

***97**　次の関数 $f(x)$ の最大値と最小値を求めよ。

$$f(x)=e^{-x^2}+\frac{1}{4}x^2+1+\frac{1}{e^{-x^2}+\frac{1}{4}x^2+1}\quad(-1\leqq x\leqq 1)$$

ただし，e は自然対数の底であり，その値は $e=2.71\cdots\cdots$ である。

〔23 京都大・理系〕

98　座標平面に2点 $\mathrm{A}(-3,\ -2)$，$\mathrm{B}(1,\ -2)$ をとる。また点Pが円 $x^2+y^2=1$ 上を動くとし，$S=\mathrm{AP}^2+\mathrm{BP}^2$，$T=\dfrac{\mathrm{BP}^2}{\mathrm{AP}^2}$ とおく。

(1)　点Pの座標を $(x,\ y)$ とするとき，S を x，y の1次式として表せ。

(2)　S の最小値と S を最小にする点Pの座標を求めよ。

(3)　T の最小値と T を最小にする点Pの座標を求めよ。　〔23 中央大・理工〕

***99**　i を虚数単位とし，$0 \leqq \theta < 2\pi$ とする。$z=\cos\theta+i\sin\theta$ とし，z，z^2，z^3 の虚部はすべて正であるとする。複素数平面において，7 点 A(1)，B(z)，C(z^2)，D(z^3)，E$\left(\dfrac{1}{z^3}\right)$，F$\left(\dfrac{1}{z^2}\right)$，G$\left(\dfrac{1}{z}\right)$ を頂点とする七角形 ABCDEFG の面積を $S(\theta)$ とする。

(1)　θ のとりうる値の範囲を求めよ。

(2)　$S(\theta)$ を求めよ。

(3)　$S(\theta)$ が最大となる θ の値を求めよ。　〔23 茨城大・理(後期)〕

100　関数 $f(x)$ を $f(x)=-1+x-|x|+|x-2|$ とし，$y=f(x)$ のグラフを C とする。

(1)　C の概形をかけ。

(2)　a を実数とするとき，C と直線 $y=ax$ との共有点の個数を求めよ。

(3)　(2)の共有点の個数が 2 個以上であるような a に対し，C と直線 $y=ax$ で囲まれた部分の面積を $S(a)$ とする。$S(a)$ の最小値とそれをとる a を求めよ。　〔23 和歌山県立医大・医，薬〕

15　方程式への応用

***101**　関数 $f(x)=\log(2x^2-2x+1)-2\log x$ $(x>0)$ について，次の問いに答えよ。

(1)　$f(x)$ を微分せよ。

(2)　$f(x)$ の増減を調べ，極値を求めよ。

(3)　方程式 $f(x)=k$ が異なる 2 つの実数解をもつような定数 k の値の範囲を求めよ。　〔23 大阪工大(推薦)〕

102　関数 $f(x)=\dfrac{x^3-x^2+1}{x^3}$ について，次の問いに答えよ。

(1)　極限 $\displaystyle\lim_{x\to\infty}f(x)$，$\displaystyle\lim_{x\to-\infty}f(x)$，$\displaystyle\lim_{x\to+0}f(x)$，$\displaystyle\lim_{x\to-0}f(x)$ を求めよ。

(2)　$f(x)$ の増減を調べ，$y=f(x)$ のグラフをかけ。

(3)　k を実数とする。x に関する方程式 $f(x)=k$ が異なる 3 つの実数解をもつような k の範囲を求めよ。

〔23 東京都市大・理工，建築都市デザイン，情報工〕

***103**　k は定数とし，$f(x)=x^2-kx$ とする。

(1)　2 つの文字 a，b を含む整式 $f(a)-f(b)$ を因数分解せよ。

(2)　関数 $g(x)=x+\sqrt{1-x^2}$ $(-1\leqq x\leqq 1)$ のグラフをかけ。

(3)　曲線 $y=f(x)$ と曲線 $y=f(\sqrt{1-x^2})$ $(-1\leqq x\leqq 1)$ の共有点の個数を求めよ。　〔23 津田塾大・学芸〕

104　n を正の偶数とし，$f(x)=1+\sum_{k=1}^{n}\frac{x^k}{k!}$ とする。さらに，$g(x)=f(x)e^{-x}$ とする。

⑴　導関数 $g'(x)$ を求めよ。

⑵　$x<0$ のとき，$g(x)>1$ であることを示せ。

⑶　方程式 $f(x)=0$ は実数解をもたないことを示せ。〔23 高知大・理工，医〕

***105**　$f(x)=xe^x$，$g(x)=x^2e^x$ とする。ただし，e は自然対数の底である。$f(x)$，$g(x)$ の第 n 次導関数をそれぞれ $f^{(n)}(x)$，$g^{(n)}(x)$ ($n=1$，2，3，……) とする。

⑴　$f^{(1)}(x)$，$f^{(2)}(x)$，$f^{(3)}(x)$ を求めよ。

⑵　$f^{(n)}(x)$ を推測し，それが正しいことを数学的帰納法を用いて証明せよ。また，曲線 $y=f^{(n)}(x)$ と x 軸の共有点の個数を求めよ。

⑶　$g^{(n)}(x)$ は，実数 p_n，q_n を用いて $g^{(n)}(x)=(x^2+p_nx+q_n)e^x$ と表せることを数学的帰納法を用いて示せ。

⑷　$g^{(n)}(x)$ を求めよ。また，曲線 $y=g^{(n)}(x)$ と x 軸の共有点の個数を求めよ。

〔23 岐阜大・理系〕

***106**　⑴　方程式 $e^x=\frac{2x^3}{x-1}$ の負の実数解の個数を求めよ。

⑵　$y=x(x^2-3)$ と $y=e^x$ のグラフの $x<0$ における共有点の個数を求めよ。

⑶　a を正の実数とし，関数 $f(x)=x(x^2-a)$ を考える。$y=f(x)$ と $y=e^x$ のグラフの $x<0$ における共有点は1個のみであるとする。このような a がただ1つ存在することを示せ。〔23 名古屋大・理系〕

107　e は自然対数の底を表す。

⑴　k を実数の定数とし，$f(x)=xe^{-x}$ とおく。方程式 $f(x)=k$ の異なる実数解の個数を求めよ。ただし，$\lim_{x\to\infty}f(x)=0$ を用いてもよい。

⑵　$xye^{-(x+y)}=c$ を満たす正の実数 x，y の組がただ1つ存在するときの実数 c の値を求めよ。

⑶　$xye^{-(x+y)}=\frac{3}{e^4}$ を満たす正の実数 x，y を考えるとき，y のとりうる値の最大値とそのときの x の値を求めよ。†〔23 北海道大・理系〕

◇**108**　n を自然数とし，x を正の実数，t を実数とする。このとき，次式で定まる x の関数 $f_n(x)$ と t の関数 $g(t)$ について，次の問いに答えよ。

$$f_n(x)=\frac{1}{x}\sin\left(\frac{\pi}{(2n+1)^2}x^2\right),\quad g(t)=(1-2t^2)\sin t-t\cos t$$

ただし，必要ならば，$3<\pi<4$ であることを証明なしに用いてよい。

(1)　関数 $g(t)$ を t で微分して，導関数 $g'(t)$ を求めよ。

(2)　(1)の $g'(t)$ に対して，t の方程式 $g'(t)=0$ を考える。$0<t<\dfrac{5}{2}\pi$ の範囲において，この方程式の実数解の個数を求めよ。

(3)　t の方程式 $g(t)=0$ を考える。$0<t<\dfrac{5}{2}\pi$ の範囲において，この方程式の実数解の個数を求めよ。

(4)　$t=\dfrac{\pi}{(2n+1)^2}x^2$ とおいたとき，$x^3\dfrac{d^2}{dx^2}f_n(x)$ を $g(t)$ を用いて表せ。

(5)　曲線 $y=f_n(x)$ の変曲点が $0<x<5$ の範囲にただ1つ存在するような自然数 n の値をすべて求めよ。　〔23 同志社大〕

◇**109**　Pを座標平面上の点とし，点Pの座標を $(a,\ b)$ とする。$-\pi\leqq t\leqq\pi$ の範囲にある実数 t のうち，曲線 $y=\cos x$ 上の点 $(t,\ \cos t)$ における接線が点Pを通るという条件を満たすものの個数を $N(\mathrm{P})$ とする。$N(\mathrm{P})=4$ かつ $0<a<\pi$ を満たすような点Pの存在範囲を座標平面上に図示せよ。

†〔23 大阪大・理系〕

16　不等式への応用

°**110**　$x>0$ のとき，不等式 $\log(1+x)<x-\dfrac{x^2}{2}+\dfrac{x^3}{3}$ が成り立つことを証明せよ。ただし，対数は自然対数とする。　〔23 長崎大〕

*__111__　正の実数 x に対して $f(x)=(\log_2 x)^2-x$ と定める。以下では，e は自然対数の底を表すものとする。また，$2<e<3$ が成り立つことを用いてよい。

(1)　$f(2^m)=0$ を満たす自然数 m を2つ求めよ。

(2)　x が $x>e$ を満たすとき，$f''(x)<0$ であることを示せ。ただし，$f''(x)$ は $f(x)$ の第2次導関数を表す。

(3)　$f(n)>0$ を満たす自然数 n の個数を求めよ。　〔23 学習院大・理〕

***112** (1)　x を実数とするとき，不等式 $x \leqq e^{x-1}$ が成り立つことを示せ。

(2)　t_1，t_2 と x_1，x_2 を正の実数とするとき，不等式

$$x_1{}^{t_1} x_2{}^{t_2} \leqq e^{(t_1 x_1 + t_2 x_2) - (t_1 + t_2)}$$

が成り立つことを示せ。

(3)　t_1，t_2，……，t_n と x_1，x_2，……，x_n を正の実数とし，

$$t_1 + t_2 + \cdots\cdots + t_n = 1 \text{ かつ } t_1 x_1 + t_2 x_2 + \cdots\cdots + t_n x_n = 1$$

を満たすものとする。このとき不等式 $x_1{}^{t_1} x_2{}^{t_2} \cdots\cdots x_n{}^{t_n} \leqq 1$ が成り立つことを示せ。

(4)　t_1，t_2，……，t_n と y_1，y_2，……，y_n を正の実数とし，$t_1 + t_2 + \cdots\cdots + t_n = 1$ を満たすものとする。

$$a = t_1 y_1 + t_2 y_2 + \cdots\cdots + t_n y_n$$

とおく。このとき不等式

$$\left(\frac{y_1}{a}\right)^{t_1} \left(\frac{y_2}{a}\right)^{t_2} \cdots\cdots \left(\frac{y_n}{a}\right)^{t_n} \leqq 1,$$

$$y_1{}^{t_1} y_2{}^{t_2} \cdots\cdots y_n{}^{t_n} \leqq t_1 y_1 + t_2 y_2 + \cdots\cdots + t_n y_n$$

が成り立つことを示せ。　〔23 埼玉大・理，工(後期)〕

113　e を自然対数の底とし，π を円周率とする。

(1)　$e \leqq x < y$ のとき，不等式 $y \log x > x \log y$ が成り立つことを証明せよ。

(2)　3 つの数 $3^{2\sqrt{2}\pi}$，$\pi^{6\sqrt{2}}$，$2^{\frac{9}{2}\pi}$ の大小関係を明らかにせよ。〔23 群馬大・医〕

◇114　以下で e は自然対数の底である。必要ならば $\displaystyle\lim_{x \to \infty}\left(1 + \frac{1}{x}\right)^x = e$ を用いてもよい。

(1)　$t > 0$ のとき，e と $\left(1 + \dfrac{1}{t}\right)^t$ の大小を判定し，その結果が正しいことを示せ。

(2)　$t > 0$ のとき，$e^{1 - \frac{1}{2t}}$ と $\left(1 + \dfrac{1}{t}\right)^t$ の大小を判定し，その結果が正しいことを示せ。　〔23 北海道大・理，工(後期)〕

◇115 関数 $f(x)=e^{-x}$ を考える。

(1) 正の実数 x に対して，次の不等式を示せ。

$$1-x<f(x)<1-x+\frac{x^2}{2}$$

2 以上の整数 n，N（ただし $N\geqq n$）に対して $S_{n,N}=\sum_{k=n}^{N}\frac{1}{k^2-1}f\left(\frac{1}{k}\right)$ とおく。

(2) 2 以上の整数 n，N（ただし $N\geqq n$）に対して，次の不等式を示せ。

$$\frac{1}{n}-\frac{1}{N+1}<S_{n,N}<\left(\frac{1}{n}-\frac{1}{N+1}\right)\left\{1+\frac{1}{2n(n-1)}\right\}$$

(3) 各 n に対して，極限値 $\lim_{N\to\infty}S_{n,N}$ は存在し，その極限値を S_n とおく。S_9 の小数第 3 位まで（小数第 4 位切り捨て）を求めよ。

〔23 横浜国大・理工，都市科学〕

17 微分法の種々の問題

○*116 (1) $f(x)=x^4$ とする。$f(x)$ の $x=a$ における微分係数を，定義に従って求めよ。

(2) $g(x)=|x|\sqrt{x^2+1}$ とする。$g(x)$ が $x=0$ で微分可能でないことを証明せよ。

(3) 閉区間 $[0,\ 1]$ 上で定義された連続関数 $h(x)$ が，開区間 $(0,\ 1)$ で微分可能であり，この区間で常に $h'(x)<0$ であるとする。このとき，$h(x)$ が区間 $[0,\ 1]$ で減少することを，平均値の定理を用いて証明せよ。

〔23 慶応大・理工〕

V　積分法とその応用

18　不 定 積 分

°**117**　次の不定積分を求めよ。

(1) $\displaystyle\int\frac{x^2}{\sqrt{x-1}}dx$　〔23 岩手大・理工〕

(2) $\displaystyle\int\frac{\sin x}{1-\cos^2 x}dx$　〔23 宮崎大・工〕

19　定　積　分

118　次の定積分を求めよ。

(1) $\displaystyle\int_{-2}^{0}\log(x+3)dx$　〔23 宮崎大・工〕

(2) $\displaystyle\int_{0}^{\frac{\pi}{2}}\sin^2 x\cos^5 x\,dx$　〔23 東京都市大・理工，建築都市デザイン，情報工〕

(3) $\displaystyle\int_{1}^{4}\sqrt{x}\log(x^2)dx$　〔23 京都大・理系〕

*__119__　$\displaystyle\int_{-\frac{\pi}{3}}^{\frac{\pi}{3}}(x+\tan x)dx=$ ア□ であり，$\displaystyle\int_{-\frac{\pi}{3}}^{\frac{\pi}{3}}|x+\tan x|dx=$ イ□ である。

〔23 愛媛大・理系〕

120　数列 $\{a_n\}$ の各項は正の数であり，次の 2 つの条件を満たす。

$$a_1=2,\ a_{n+1}=3\int_{0}^{a_n}x\sqrt{a_n{}^2-x^2}\,dx\quad(n=1,\ 2,\ 3,\ \cdots\cdots)$$

定積分 $\displaystyle\int_{0}^{a_n}x\sqrt{a_n{}^2-x^2}\,dx$ を a_n を用いて表すと ア□ である。さらに，$\log a_n=b_n$ とおき，数列 $\{b_n\}$ の一般項を求めると $b_n=$ イ□ である。

〔23 関西大・システム理工，環境都市工，化学生命工〕

121　a，b を定数とする。すべての実数 x で連続な関数 $f(x)$ について，等式

$$\int_{a}^{b}f(x)dx=\int_{a}^{b}f(a+b-x)dx$$

が成り立つことを証明せよ。また，定積分 $\displaystyle\int_{1}^{2}\frac{x^2}{x^2+(3-x)^2}dx$ を求めよ。

〔23 長崎大〕

***122**　関数 $f(x)=e^{-x}\sin 2x$ について，次の問いに答えよ。

(1)　$f(x)$ の導関数を求めよ。

(2)　$I=\int_0^{\frac{\pi}{2}} f(x)dx$ とすると $I=2\int_0^{\frac{\pi}{2}} e^{-x}\cos 2x\,dx$ となることを示せ。

(3)　定積分 $\int_0^{\frac{\pi}{2}} f(x)dx$ を求めよ。　〔23 群馬大・情報〕

123　関数 $f(x)=\sqrt{3}\sin\left(\frac{2x}{3}\right)-\cos\left(\frac{2x}{3}\right)$ $(0\leqq x\leqq 2\pi)$ について考える。

(1)　$f(x)\geqq 0$ となる x の値の範囲を求めよ。

(2)　定積分 $\int_0^{2\pi} f(x)dx$ の値を求めよ。

(3)　定積分 $\int_0^{2\pi} |f(x)|dx$ の値を求めよ。　〔23 摂南大・理工〕

***124**　t は正の実数とする。

(1)　関数 $f(x)=2tx^2e^{-tx^2}$ の極値を求めよ。

(2)　定積分 $\int_1^{\sqrt{t}} 4tx(1-tx^2)e^{-tx^2}\log x\,dx$ の値を t を用いて表せ。

(3)　(2)で求めた値を $g(t)$ とおく。$1<t<4$ のとき，不等式
$g(t)>(t^{\frac{5}{2}}-t^2+1)e^{-t^2}-e^{-t}$ が成り立つことを示せ。　〔23 熊本大・理系〕

125　$f(x)=e^{2x}-4e^x+3$ とする。

(1)　関数 $f(x)$ を微分せよ。

(2)　$g(x)=\frac{1}{f(x)}$ とする。関数 $g(x)$ の増減を調べて，$g(x)$ の極値を求めよ。

(3)　$\frac{t}{t^2-4t+3}=\frac{A}{t-1}+\frac{B}{t-3}$ が t についての恒等式となるような定数 A，B を求めよ。

(4)　$e^x=t$ とおいて，置換積分法を用いて，$\int_{\log 4}^{\log 5}\frac{e^{2x}}{f(x)}dx$ の値を求めよ。

〔23 大阪工大〕

***126**　(1)　等式 $(\tan\theta)'=\dfrac{1}{\cos^2\theta}$ を示せ。また，定積分 $\displaystyle\int_0^{\frac{\pi}{4}}\frac{1}{\cos^2\theta}d\theta$ の値を求めよ。

(2)　等式 $\dfrac{\cos\theta}{1+\sin\theta}+\dfrac{\cos\theta}{1-\sin\theta}=\dfrac{2}{\cos\theta}$ を示せ。また，定積分 $\displaystyle\int_0^{\frac{\pi}{6}}\frac{1}{\cos\theta}d\theta$ の値を求めよ。

(3)　定積分 $\displaystyle\int_0^{\frac{\pi}{6}}\frac{1}{\cos^3\theta}d\theta$ の値を求めよ。　〔23 佐賀大・理工，医〕

◇127　実数 $\displaystyle\int_0^{2023}\frac{2}{x+e^x}dx$ の整数部分を求めよ。　〔23 東京工大〕

20　定積分で表された関数 (1)

°128　条件 $f'(x)+\displaystyle\int_0^1 f(t)dt=2e^{2x}-e^x$ かつ $f(0)=0$ を満たす関数 $f(x)$ を求めよ。ただし，$f'(x)$ は $f(x)$ の導関数を表す。　〔23 学習院大・文，理〕

129　e を自然対数の底とする。自然数 n に対して，$S_n=\displaystyle\int_1^e(\log x)^n dx$ とする。

(1)　S_1 の値を求めよ。

(2)　すべての自然数 n に対して，

$S_n=a_ne+b_n$，ただし a_n，b_n はいずれも整数

と表せることを証明せよ。　〔23 上智大・理工〕

***130**　$f(x)=\displaystyle\int_0^{\frac{\pi}{2}}|x-t|\cos t\,dt$ $(0\leqq x\leqq\pi)$ とする。

(1)　不定積分 $\displaystyle\int t\cos t\,dt$ を求めよ。

(2)　$\dfrac{\pi}{2}<x\leqq\pi$ のとき，$f(x)$ を求めよ。

(3)　$0\leqq x\leqq\dfrac{\pi}{2}$ のとき，$f(x)$ を求めよ。

(4)　関数 $f(x)$ の増減を調べ，最大値と最小値を求めよ。　〔23 大阪工大〕

***131**　$n=1,\ 2,\ 3,\ \cdots\cdots$ に対し，$I_n=\int_0^{\frac{\pi}{4}}\tan^{n-1}x\,dx$ とおく。

(1)　I_n+I_{n+2} を n の式で表せ。

(2)　$I_n<\dfrac{1}{n}$ を示せ。

(3)　次の等式を示せ。

$$I_1-(-1)^nI_{2n+1}=\frac{1}{1}-\frac{1}{3}+\frac{1}{5}-\frac{1}{7}+\cdots\cdots+(-1)^{n-1}\frac{1}{2n-1}$$

(4)　(2) と (3) を利用して，次の等式を示せ。

$$\frac{\pi}{4}=\frac{1}{1}-\frac{1}{3}+\frac{1}{5}-\frac{1}{7}+\cdots\cdots+(-1)^{n-1}\frac{1}{2n-1}+\cdots\cdots$$

〔23 中央大・理工〕

132　関数 $f(x)$ を $f(x)=\tan^2x-(\sqrt{3}-1)\tan x-\sqrt{3}$ とする。

(1)　$\tan x=t$ とおくとき，$f(x)$ を t の式で表せ。さらに，その t の式を $g(t)$ とするとき，不等式 $g(t)\leqq 0$ を t について解け。

(2)　(1) の t について，導関数 $\dfrac{dt}{dx}$ を求めよ。

(3)　$\tan x=t$ とおきかえることにより，定積分 $\displaystyle\int_{-\frac{\pi}{3}}^{\frac{\pi}{3}}\frac{f(x)}{\cos^2x}dx$ を計算せよ。

(4)　定積分 $\displaystyle\int_{-\frac{\pi}{4}}^{\frac{\pi}{3}}\frac{|f(x)|}{\cos^2x}dx$ を計算せよ。

(5)　次の等式を満たす関数 $h(x)$ がある。

$$h(x)=\frac{f(x)}{\cos^2x}+\int_{-\frac{\pi}{3}}^{\frac{\pi}{3}}h(x)\tan x\,dx$$

このとき，定積分 $\displaystyle\int_{-\frac{\pi}{3}}^{\frac{\pi}{3}}h(x)\tan x\,dx$ の値を求めよ。　〔23 南山大・理工〕

***133**　e は自然対数の底である。

(1)　関数 $f(x)$ は $x>0$ において以下を満たす。

$$f(x)=(\log x)^2-\int_1^e f(t)\,dt$$

このとき，$f(x)$ を求めよ。

(2)　定積分 $\displaystyle\int_{\log\frac{\pi}{4}}^{\log\frac{\pi}{2}}\frac{e^{2x}}{\{\sin(e^x)\}^2}dx$ を求めよ。

〔23 横浜国大・理工，都市科学(後期)〕

◇134　m と n を自然数とし，$a_{m,n}=\int_{-1}^{1}(x-1)^m(x+1)^n dx$ とする。

(1)　$a_{m,1}$ を，m を用いて表せ。

(2)　$a_{m,n}$ を，m と n と $a_{m,n-1}$ を用いて表せ。

(3)　$a_{m,n}$ を，m と n を用いて表せ。　〔23 札幌医大・医(推薦)〕

21　定積分で表された関数 (2)

°135　$f(x)=\int_{1}^{x} te^{-2t}dt$ とすると，$f(x)=$ ア□ である。また，$\lim_{x\to\infty} f(x)=$ イ□ である。　〔23 摂南大・理工〕

***136**　負でない整数 $n=0,\ 1,\ 2,\ \cdots\cdots$ と正の実数 $x>0$ に対し，

$I_n=\dfrac{1}{n!}\int_0^x t^n e^{-t}dt$ とおく。

(1)　$I_0,\ I_1$ を求めよ。

(2)　$n=1,\ 2,\ 3,\ \cdots\cdots$ に対し，I_n と I_{n-1} の関係式を求めよ。

(3)　$I_n\ (n=0,\ 1,\ 2,\ \cdots\cdots)$ を求めよ。　〔23 鳥取大・医，工〕

137　開区間 $(0,\ 1)$ で定義された2つの関数

$$f(x)=\int_{x^2}^{1}\frac{\log t}{t}dt,\qquad g(x)=\int_{x^2}^{1}\frac{\log t}{\sqrt{t}}dt$$

を考える。

(1)　関数 $f(x)$ および $g(x)$ を求めよ。

(2)　x の関数 $\dfrac{g(x)}{f(x)}$ は開区間 $(0,\ 1)$ で増加することを示せ。

〔23 京都工繊大・工芸科学〕

***138**　$|x|<1$ となる x に対して関数 $S(x)$ を $S(x)=\int_0^x \dfrac{dt}{\sqrt{1-t^2}}$ として定義する。

(1)　$\lim_{x\to 0}\dfrac{S(x)}{x}$ を求めよ。

(2)　$S\left(\dfrac{1}{\sqrt{2}}\right)$ を求めよ。

(3)　不定積分 $\int\dfrac{t}{\sqrt{1-t^2}}dt$ を求めよ。

(4)　定積分 $\int_0^{\frac{1}{\sqrt{2}}} S(x)dx$ を求めよ。　〔23 横浜市大・理，データサイエンス，医〕

139　nを自然数，aを$1<a<2$を満たす定数とし，xの関数$f_n(x)$を

$$\sum_{k=1}^{n} f_k(x)=a^x\{1-(1-a^x)^n\}$$

によって定める。例えば，$n=1$のとき

$$\sum_{k=1}^{1} f_k(x)=f_1(x)=a^x\{1-(1-a^x)\}=a^{2x}$$

である。

(1)　関数$f_2(x)$を求めよ。

(2)　関数$f_n(x)$を求めよ。

(3)　定積分$I_n=\int_0^1 f_n(x)dx$について，$t=1-a^x$とおく。このとき，$\dfrac{dx}{dt}$をa，tを用いて表せ。また，I_nをa，nを用いて表せ。

(4)　(3)のI_nについて，和$\sum_{k=1}^{n} I_k$を求めよ。また，極限$\lim_{n\to\infty}\sum_{k=1}^{n} I_k$を求めよ。

〔23 関西大・理系〕

140　a，bを正の実数，pをaより小さい正の実数とし，すべての実数xについて

$$\int_p^{f(x)} \frac{a}{u(a-u)}du=bx,\ \ 0<f(x)<a$$

かつ$f(0)=p$を満たす関数$f(x)$を考える。

(1)　$f(x)$をa，b，pを用いて表せ。

(2)　$f(-1)=\dfrac{1}{2}$，$f(1)=1$，$f(3)=\dfrac{3}{2}$のとき，a，b，pを求めよ。

(3)　(2)のとき，$\lim_{x\to-\infty} f(x)$と$\lim_{x\to\infty} f(x)$を求めよ。　〔23 東京医歯大・医〕

***141**　医療で使われる技術の1つとして，磁気共鳴画像法 (MRI) がある。MRIは画像の濃淡を表す関数，例えば

$$M(x)=\lim_{n\to\infty} I_n(x)\quad (x\text{は実数})$$

を用いて体内の様子を可視化する技術である。ここで，$I_n(x)$は

$$I_n(x)=\int_0^n e^{-t}\cos(tx)dt\quad (n=1,\ 2,\ 3,\ \cdots\cdots)$$

である。

(1)　定積分$I_n(x)$を求めよ。

(2)　極限$M(x)=\lim_{n\to\infty} I_n(x)$を求めよ。

(3)　関数$y=M(x)$について，増減，極限，グラフの凹凸および変曲点を調べて，そのグラフをかけ。

〔23 浜松医大〕

◇**142**　実数全体を定義域とする微分可能な関数 $f(x)$ は，常に $f(x)>0$ であり，等式

$$f(x)=1+\int_0^x e^t(1+t)f(t)dt$$

を満たしている。

(1)　$f(0)$ を求めよ。

(2)　$\log f(x)$ の導関数 $\{\log f(x)\}'$ を求めよ。

(3)　関数 $f(x)$ を求めよ。

(4)　方程式 $f(x)=\dfrac{1}{\sqrt{2}}$ を解け。　〔23 滋賀医大〕

22　定積分と級数

***143**　関数 $f(x)=\dfrac{\cos x}{3+2\sin x}$ $(0\leqq x\leqq 2\pi)$ に対して

$$F(x)=\int_0^x f(t)dt \quad (0\leqq x\leqq 2\pi)$$

とおく。

(1)　$F(x)$ を求めよ。さらに，$F(x)$ の最小値とそのときの x の値を求めよ。

(2)　$f(x)$ の最大値を求めよ。ただし，最大値を与える x の値は求めなくてよい。

(3)　$f(x)$ が最大となる x の値を α とする。このとき，極限

$$\lim_{n\to\infty}\frac{\alpha}{n}\sum_{k=1}^{n} f\left(\frac{k}{n}\alpha\right)F\left(\frac{k}{n}\alpha\right)$$

を求めよ。　〔23 関西大・システム理工，環境都市工，化学生命工〕

144　n を 2 以上の整数とする。複素数平面上の 4 点を O(0)，A(1)，B(i)，C(-1) とする。AC を直径として点Bを含む半円を考える。弧 AC を n 等分する分点を点Aに近い方から順に P_1，P_2，……，P_{n-1} とし，$A=P_0$，$C=P_n$ とおく。ただし，i は虚数単位とする。

(1)　$\triangle OP_1P_2$ の面積が $\dfrac{1}{4}$ になるとき，点 P_1 を表す複素数 α および点 P_2 を表す複素数 β を求めよ。

(2)　$0<k<n$ に対して，$AP_k\leqq CP_k$ を満たす $\triangle AP_kC$ の 2 辺の長さの和 AP_k+CP_k が $\sqrt{6}$ になるとき，$\dfrac{k}{n}$ の値を求めよ。

(3)　$0<k<n$ に対して，$\triangle AP_kC$ の面積を S_k とするとき，

$\lim_{n\to\infty}\frac{S_1+S_2+\cdots\cdots+S_{n-1}}{n}$ を求めよ。

(4)　点Bを原点Oを中心として $\frac{\pi}{3}$ だけ回転した点を表す複素数を z とする。

z の2023乗を求めよ。　〔23 徳島大・医，歯，薬〕

145　自然数 $k=1,\ 2,\ 3,\ \cdots\cdots$ と $n=1,\ 2,\ 3,\ \cdots\cdots$ に対して，$\theta_k(n)$ を，

$\theta_k(n)=\left(1-\frac{k}{n}\right)\frac{\pi}{2}$ で定め，座標平面上の円 C_n と直線 $L_{k,n}$ をそれぞれ，

$$C_n : x^2+y^2=\frac{1}{n^2},\ \ L_{k,n} : x\sin\theta_k(n)-y\cos\theta_k(n)=0$$

とする。C_n と $L_{k,n}$ との2つの交点のうち，x 座標が大きい方の交点の x 座標を $x_k(n)$ とする。

(1)　$n\geqq k$ のときの $x_k(n)$ を求めよ。

(2)　次の空欄に当てはまる数または数式を求めよ。

自然数 m に対して，$A_t(m)$ $(t=0,\ 1,\ 2,\ \cdots\cdots)$ を，

$$A_t(m)=\sum_{k=1}^{m}x_k(k+t)$$

とし，B_N $(N=1,\ 2,\ 3,\ \cdots\cdots)$ を，

$$B_N=\sum_{t=0}^{N-1}A_t(N-t)$$

とする。このとき，$A_1(1)=\frac{ア\boxed{}}{4}$，$A_2(1)=\frac{イ\boxed{}}{6}$ となる。

また，$B_2-B_1=\frac{ウ\boxed{}}{4}$，$B_3-B_2=\frac{エ\boxed{}}{6}$ となる。

さらに，$N=2,\ 3,\ 4,\ \cdots\cdots$ に対して，

$$B_N-B_{N-1}=\frac{1}{N}\sum_{k=1}^{N}{}^{オ}\boxed{}$$

となる。

(3)　(2)で定めた B_N $(N=1,\ 2,\ 3,\ \cdots\cdots)$ について，$\lim_{N\to\infty}(B_N-B_{N-1})$ の値を求めよ。　〔23 宮崎大・医〕

23　定積分と不等式

***146**　実数 a, b は $1<a<b$ を満たすとする。$0 \leqq x \leqq 1$ で定義された関数

$$f(x)=\frac{1}{2}(a^x b^{1-x}+a^{1-x}b^x)$$

に対して，次の問いに答えよ。ただし，log は自然対数とする。

(1)　1 ではない正の実数 c に対して $(c^x)'=c^x \log c$ であることを，対数微分法を用いて示せ。

(2)　第 1 次導関数 $f'(x)$ および第 2 次導関数 $f''(x)$ をそれぞれ求めよ。

(3)　関数 $f(x)$ の増減を調べ，最大値と最小値を求めよ。

(4)　定積分 $\displaystyle\int_0^1 f(x)dx$ を求めよ。

(5)　次の不等式が成り立つことを示せ。

$$\sqrt{ab} \leqq \frac{b-a}{\log b-\log a} \leqq \frac{a+b}{2}$$

〔23 静岡大・情報，理，工(後期)〕

147　数列 $\{a_n\}$ は次を満たす。

$$a_1=1,\ a_2=1,\ a_{n+1}=\frac{1}{a_n}+a_{n-1} \quad (n=2,\ 3,\ 4,\ \cdots\cdots)$$

(1)　a_3, a_4, a_5 を求めよ。

(2)　$n \geqq 3$ のとき，$1<a_n<n$ を示せ。

(3)　$\displaystyle\lim_{n\to\infty} a_{2n+1}=\infty$ を示せ。

〔23 徳島大・医，歯，薬〕

***148**　(1)　α は $\alpha>1$ を満たす実数とする。2 以上の自然数 n に対して，不等式

$$1-\frac{1}{(n+1)^{\alpha-1}} \leqq (\alpha-1)\sum_{k=1}^{n}\frac{1}{k^\alpha} \leqq \alpha-\frac{1}{n^{\alpha-1}}$$

が成り立つことを示せ。

(2)　3 以上の自然数 n に対して，不等式

$$\frac{3}{2}-\log 3 \leqq \sum_{k=1}^{n}\frac{1}{k}-\log n \leqq 1$$

が成り立つことを示せ。ただし，$\log x$ は x の自然対数である。

〔23 北海道大・理，工(後期)〕

*149　(1)　正の整数kに対し，$A_k=\int_{\sqrt{k\pi}}^{\sqrt{(k+1)\pi}}|\sin(x^2)|\,dx$ とおく。次の不等式が成り立つことを示せ。

$$\frac{1}{\sqrt{(k+1)\pi}}\leqq A_k\leqq\frac{1}{\sqrt{k\pi}}$$

(2)　正の整数nに対し，$B_n=\frac{1}{\sqrt{n}}\int_{\sqrt{n\pi}}^{\sqrt{2n\pi}}|\sin(x^2)|\,dx$ とおく。極限 $\lim_{n\to\infty}B_n$ を求めよ。　〔23 東京大・理系〕

150　nを2以上の自然数とする。

(1)　$0\leqq x\leqq 1$ のとき，次の不等式が成り立つことを示せ。

$$\frac{1}{2}x^n\leqq(-1)^n\left\{\frac{1}{x+1}-1-\sum_{k=2}^{n}(-x)^{k-1}\right\}\leqq x^n-\frac{1}{2}x^{n+1}$$

(2)　$a_n=\sum_{k=1}^{n}\frac{(-1)^{k-1}}{k}$ とするとき，次の極限値を求めよ。

$$\lim_{n\to\infty}(-1)^n n(a_n-\log 2)$$

〔23 大阪大・理系〕

◇151　eを自然対数の底とする。$e=2.718\cdots\cdots$ である。

(1)　$0\leqq x\leqq 1$ において不等式

$$1+x\leqq e^x\leqq 1+2x$$

が成り立つことを示せ。

(2)　nを自然数とするとき，$0\leqq x\leqq 1$ において，不等式

$$\sum_{k=0}^{n}\frac{x^k}{k!}\leqq e^x\leqq\sum_{k=0}^{n}\frac{x^k}{k!}+\frac{x^n}{n!}$$

が成り立つことを示せ。

(3)　$0\leqq x\leqq 1$ を定義域とする関数 $f(x)$ を $f(x)=\begin{cases}1 & (x=0)\\ \frac{e^x-1}{x} & (0<x\leqq 1)\end{cases}$ と定義する。(2)の不等式を利用して，定積分 $\int_0^1 f(x)\,dx$ の近似値を小数第3位まで求め，求めた近似値と真の値との誤差が 10^{-3} 以下である理由を説明せよ。

〔23 上智大・経，理工〕

24　面　積 (1)

°**152**　曲線 C：$y=\log x$ 上の点 $(a,\ \log a)$ $(a>1)$ での接線 ℓ を考える。

(1)　ℓ の方程式を求めよ。

(2)　ℓ が原点を通るとき，a の値を求めよ。

(3)　定積分 $\displaystyle\int_1^e \log x\,dx$ を求めよ。

(4)　(2) のとき，C と ℓ と x 軸とで囲まれた部分の面積 S を求めよ。

〔23 南山大・理工〕

*__153__　$f(x)=(\log x)^2-\log x-2$ とする。

(1)　曲線 $y=f(x)$ と x 軸の交点の x 座標を求めよ。

(2)　$f(x)$ の極値を求めよ。

(3)　不定積分 $\displaystyle\int(\log x)^2 dx$ を求めよ。

(4)　曲線 $y=f(x)$ と x 軸で囲まれた部分の面積を求めよ。　〔23 大同大〕

*__154__　k を実数とし，xy 平面上の 2 つの曲線

$$C_1：y=\sin x\quad(0\leqq x\leqq\pi)$$
$$C_2：y=k+\cos x\quad(0\leqq x\leqq\pi)$$

を考える。C_1 の接線で傾きが $-\dfrac{1}{2}$ のものを ℓ とする。さらに，ℓ は C_2 上の点 $(t,\ k+\cos t)$ $\left(0<t<\dfrac{\pi}{2}\right)$ において C_2 と接するものとする。

(1)　ℓ と C_1 の接点の x 座標を求めよ。

(2)　t および k を求めよ。

(3)　C_1 と C_2 の共有点を $\mathrm{P}(a,\ b)$ とする。P の y 座標 b を求めよ。

(4)　$\mathrm{P}(a,\ b)$ は (3) のものとする。C_1 と x 軸で囲まれた図形のうち，x 座標が a 以下である部分の面積を求めよ。　〔23 埼玉大・理，工〕

155　n を正の整数とする。xy 平面において，次の2つの曲線 C_1，C_2 を考える。

$$C_1：y=(\cos x)^n \quad \left(0 \leqq x \leqq \frac{\pi}{2}\right)$$

$$C_2：y=(\sin x)^n \quad \left(0 \leqq x \leqq \frac{\pi}{2}\right)$$

(1)　C_1 と C_2 の交点の座標を求めよ。

(2)　$n=4$ のとき，C_1，C_2 と y 軸で囲まれる部分の面積を求めよ。

(3)　$n=8$ のとき，C_1，C_2 と y 軸で囲まれる部分の面積を求めよ。

〔23 横浜国大・理工，都市科学〕

***156**　t を媒介変数として，$x=t^2+3t$，$y=4-t^2$ $(|t| \leqq 1)$ で表される曲線を C とする。

(1)　$\dfrac{dy}{dx}$ を t を用いて表すと，$\dfrac{dy}{dx}=$ ア□ である。また，曲線 C 上の点の y 座標の最大値は イ□，最小値は ウ□ である。

(2)　曲線 C の接線のうち，傾きが $\dfrac{1}{2}$ のものの方程式は $y=\dfrac{1}{2}x+$ エ□ である。

(3)　曲線 C 上の点 $(t^2+3t,\ 4-t^2)$ における C の法線が原点 $\mathrm{O}(0,\ 0)$ を通るような t の値は小さい方から，オ□，カ□ である。

(4)　曲線 C と直線 $y=3$ で囲まれた図形の面積は キ□ である。

〔23 関西大・理系〕

***157**　$f(x)=x+2+\dfrac{2}{x-1}$ $(x \neq 1)$ とする。

(1)　関数 $y=f(x)$ の増減，極値，グラフと x 軸との交点，グラフの凹凸，変曲点，漸近線を調べ，グラフの概形をかけ。

(2)　k を実数の定数とする。方程式 $f(x)=k$ の異なる実数解の個数を求めよ。

(3)　曲線 $y=\log f(x)$ $(x>1)$ と直線 $y=\log 6$ で囲まれた部分の面積 S を求めよ。ただし，対数は自然対数とする。

〔23 茨城大・理〕

***158**　$b>0$ とする。座標平面上の曲線 $C:\dfrac{x^2}{2}+\dfrac{y^2}{b^2}=1$ は2点 $(0,\ \sqrt{3})$, $(0,\ -\sqrt{3})$ からの距離の和が $2\sqrt{5}$ となる点の軌跡として表される楕円であるとする。

(1)　定数 b の値を求めよ。

(2)　$x=\sqrt{2}\sin\theta$ とおいて，置換積分法を用いて，$\displaystyle\int_0^1\sqrt{2-x^2}\,dx$ の値を求めよ。

(3)　$k>0$ とする。直線 $y=-\dfrac{\sqrt{10}}{2}x+k$ が曲線 C の接線となるとき，k の値と接点の x 座標を求めよ。

(4)　(3)で求めた接点の x 座標を p とする。曲線 C で囲まれた図形を A とするとき，直線 $x=p$ は A を2つの図形に分ける。2つの図形の面積をそれぞれ S_1, S_2 $(S_1>S_2)$ とするとき，S_1-S_2 を求めよ。　〔23 大阪工大〕

159　$0\leqq x\leqq\pi$ において，関数 $f(x)=\sin 2x\cos x$ と関数 $g(x)=\sin x$ を考える。

(1)　2つの曲線 $y=f(x)$ と $y=g(x)$ の共有点は4つある。共有点の x 座標を小さい順に並べると ア☐，イ☐，ウ☐，エ☐ となる。

(2)　$f(x)$ が極値をとる x の値は3つ存在し，それらを小さい順に α_1, α_2, α_3 としたとき，$\cos\alpha_1=$ オ☐，$\cos\alpha_2=$ カ☐，$\cos\alpha_3=$ キ☐ である。

(3)　2つの曲線 $y=f(x)$ と $y=g(x)$ で囲まれた面積について，

ア☐ $\leqq x\leqq$ イ☐ における面積は ク☐，

イ☐ $\leqq x\leqq$ ウ☐ における面積は ケ☐，

ウ☐ $\leqq x\leqq$ エ☐ における面積は コ☐

である。　〔23 立命館大・理工，情報理工，生命科学〕

***160**　関数 $f(x)=x\sqrt{6-x^2}$ $(-\sqrt{6}\leqq x\leqq\sqrt{6})$ に対し，xy 平面上の曲線 $y=f(x)$ を C とする。また，$f(x)$ が最大値をとるときの x の値を a とする。

(1)　導関数 $f'(x)$ を求めよ。

(2)　$f(x)$ の増減を調べ (凹凸は調べなくてもよい)，C の概形をかけ。また，a の値と $f(a)$ の値をそれぞれ求めよ。

(3)　定積分 $\displaystyle\int_0^a f(x)dx$ の値を求めよ。

(4)　点 $(a,\ f(a))$ における C の接線を ℓ とする。ℓ と曲線 $y=|f(x)|$ で囲まれた部分の面積 S を求めよ。　〔23 京都産大・理，情報理工〕

***161**　関数 $f(x)=e^{2x}+e^{-2x}-4$，$g(x)=e^x+e^{-x}$ に対して，2 つの曲線 C_1，C_2 を

$$C_1 : y=f(x),\ C_2 : y=g(x)$$

とする。

(1)　$g(x)$ の最小値を求めよ。

(2)　$t=e^x+e^{-x}$ とおくとき，$f(x)$ を t を用いて表せ。

(3)　C_1 と C_2 の共有点の y 座標を求めよ。

(4)　$f(x) \leqq g(x)$ となる x の値の範囲を求めよ。

(5)　C_1 と C_2 で囲まれた図形の面積 S を求めよ。　〔23 立教大・理〕

162　平面上で不等式 $e^x+e^{-x}-4 \leqq y \leqq 4-e^x-e^{-x}$ が定める領域を D とする。

(1)　D の概形を図示せよ。

(2)　D の面積を求めよ。

(3)　点 $(x,\ y)$ が D 内を動くとき，$x+y$ の最小値と最大値を求めよ。また，最小値を与える x，y，および最大値を与える x，y を求めよ。

〔23 学習院大・文，理〕

163　関数 $f(x)=x^3e^{-x^2}$ について，次の問いに答えよ。ただし，e は自然対数の底とする。必要ならば $\displaystyle\lim_{x\to\infty}\frac{x^3}{e^{x^2}}=0$ を用いてもよい。

(1)　関数 $f(x)$ の増減を調べ，極値を求めよ。

(2)　$a>0$ とする。方程式 $e^{x^2}-ax^3=0$ の実数解の個数を求めよ。

(3)　曲線 $y=f(x)$ と x 軸および直線 $x=2$ で囲まれた図形の面積を求めよ。

〔23 静岡大・理〕

164　$x \geqq 0$ で定義される 2 つの曲線 $y=x^a$ と $y=e^{bx}$ が点Pにおいて接している。a，b は正の実数とし，$a \leqq e$ である。e は自然対数の底とする。

(1)　点Pの座標を a のみを用いて表せ。また，点Pがとりうる範囲を xy 平面に図示せよ。

(2)　$y=e^{bx}$ が $y=\sqrt{2x}$ と点Qにおいて接している。このとき，a の値と点Qの座標を求めよ。

(3)　a が(2)で求めた値のとき，$y=x^a$ と $y=e^{bx}$ と $y=\sqrt{2x}$ に囲まれた領域の面積 S を求めよ。　〔23 九州大・工(後期)〕

***165**　$f(x)=\dfrac{2x^2-x-1}{x^2+2x+2}$ とする。

(1)　$\displaystyle\lim_{x\to-\infty} f(x)$ および $\displaystyle\lim_{x\to\infty} f(x)$ を求めよ。

(2)　導関数 $f'(x)$ を求めよ。

(3)　関数 $y=f(x)$ の最大値と最小値を求めよ。

(4)　曲線 $y=f(x)$ と x 軸で囲まれた部分の面積を求めよ。〔23 徳島大・理系〕

***166**　関数 $f(x)=\dfrac{x}{1+x^2}$ および座標平面上の原点Oを通る曲線 $C：y=f(x)$ について，次の問いに答えよ。

(1)　$f(x)$ の導関数 $f'(x)$ および第2次導関数 $f''(x)$ を求めよ。

(2)　直線 $y=ax$ が曲線 C にOで接するときの定数 a の値を求めよ。また，このとき，$x>0$ において，$ax>f(x)$ が成り立つことを示せ。

(3)　関数 $f(x)$ の増減，極値，曲線 C の凹凸，変曲点および漸近線を調べて，曲線 C の概形をかけ。

(4)　(2)で求めた a の値に対し，曲線 C と直線 $y=ax$ および直線 $x=\sqrt{3}$ で囲まれた部分の面積 S を求めよ。　〔23 宮崎大・工〕

167　実数 x に対して関数 $f(x)$ を $f(x)=e^{x-2}$ で定め，正の実数 x に対して関数 $g(x)$ を $g(x)=\log x+2$ で定める。また $y=f(x)$，$y=g(x)$ のグラフをそれぞれ C_1，C_2 とする。

(1)　$f(x)$ と $g(x)$ がそれぞれ互いの逆関数であることを示せ。

(2)　直線 $y=x$ と C_1 が2点で交わることを示せ。ただし，必要なら $2<e<3$ を証明しないで用いてよい。

(3)　直線 $y=x$ と C_1 との2つの交点の x 座標を α，β とする。ただし $\alpha<\beta$ とする。直線 $y=x$ と C_1，C_2 をすべて同じ xy 平面上に図示せよ。

(4)　C_1 と C_2 で囲まれる図形の面積を(3)の α と β の多項式で表せ。

〔23 早稲田大・基幹理工，創造理工，先進理工〕

168 n を 2 以上の自然数とする。$x>0$ において関数 $f_n(x)$ を，$f_n(x)=x^{n-1}e^{-x}$ と定義する。また，関数 $f_n(x)$ の最大値を m_n とする。

(1) m_n を n を用いて表せ。

(2) $x>0$ であるとき，$xf_n(x)\leqq m_{n+1}$ が成り立つことを利用して，極限値 $\lim\limits_{x\to\infty}f_n(x)$ を求めよ。

a を正の実数とするとき，x に関する方程式 $x=ae^x$ …… ① を考える。

(3) 方程式 ① における正の実数解の個数を調べよ。

以下，方程式 ① が，相異なる 2 つの正の実数解 α，β をもち，$\beta-\alpha=\log 2$ を満たす場合を考える。

(4) α，β，a を求めよ。

(5) xy 平面上において $y=f_2(x)$ と $y=a$ で囲まれた領域の面積を求めよ。

〔23 札幌医大・医〕

169 xy 平面上に点 $\mathrm{P}(\cos\theta,\ \sin\theta)$ をとり，θ が $-\dfrac{\pi}{2}\leqq\theta\leqq\dfrac{\pi}{2}$ の範囲を動くとする。点Aは y 軸上の点で，y 座標が負であり，$\mathrm{AP}=2$ を満たす。点Qは $\overrightarrow{\mathrm{AQ}}=4\overrightarrow{\mathrm{AP}}$ を満たす点とする。

(1) 点Qの座標を θ を用いて表せ。

(2) 点Qの x 座標の最大値と最小値および y 座標の最大値と最小値をそれぞれ求めよ。

(3) 点Qの軌跡と y 軸で囲まれた図形の面積を求めよ。〔23 熊本大・医〕

***170** xy 平面上の曲線 $C：y=\dfrac{1}{x}\ (x>0)$ を考える。

(1) 点 $\left(t,\ \dfrac{1}{t}\right)\ (t>0)$ における C の法線の方程式を求めよ。

(2) 点 $(k,\ k)$ を通る C の法線が直線 $y=x$ の他にちょうど 2 本存在するような実数 k の範囲を求めよ。

(3) 点 $\left(\dfrac{5}{2},\ \dfrac{5}{2}\right)$ を通る C の法線であって，$y=x$ と異なるものは 2 本ある。これら 2 本の法線と C で囲まれた図形の面積を求めよ。〔23 埼玉大・理，工〕

171　xy 平面上の曲線 C を，媒介変数 t を用いて次のように定める。

$$x=t+2\sin^2 t,\ \ y=t+\sin t\quad (0<t<\pi)$$

(1)　曲線 C に接する直線のうち y 軸と平行なものがいくつあるか求めよ。

(2)　曲線 C のうち $y\leqq x$ の領域にある部分と直線 $y=x$ で囲まれた図形の面積を求めよ。　〔23 九州大・理系〕

***172**　媒介変数表示 $x=\sin t,\ y=\cos\left(t-\dfrac{\pi}{6}\right)\sin t\ (0\leqq t\leqq\pi)$ で表される曲線を C とする。

(1)　$\dfrac{dx}{dt}=0$ または $\dfrac{dy}{dt}=0$ となる t の値を求めよ。

(2)　C の概形を xy 平面上にかけ。

(3)　C の $y\leqq 0$ の部分と x 軸で囲まれた図形の面積を求めよ。

〔23 神戸大・理系〕

***173**　a を実数とし，$f(x)=xe^{-|x|}$，$g(x)=ax$ とおく。

(1)　$f(x)$ の増減を調べ，$y=f(x)$ のグラフの概形をかけ。ただし，$\displaystyle\lim_{x\to\infty}xe^{-x}=0$ は証明なしに用いてよい。

(2)　$0<a<1$ のとき，曲線 $y=f(x)$ と直線 $y=g(x)$ で囲まれた 2 つの部分の面積の和を求めよ。　〔23 琉球大・理系〕

174　k を正の実数とし，原点を O とする座標平面上で媒介変数 t を用いて

$$x=f(t)=e^{kt}\cos t,\ \ y=g(t)=e^{kt}\sin t$$

と表される曲線 C を考える。曲線 C 上の点 P の座標を $(a,\ b)$ とし，$ka\neq b$ を満たすものとする。

(1)　点 $\mathrm{P}(a,\ b)$ における接線 ℓ の傾きを $a,\ b,\ k$ を用いて表せ。

(2)　(1) で求めた接線 ℓ 上に点 P と異なる任意の点 $\mathrm{Q}(x,\ y)$ をとる。ベクトル $\overrightarrow{\mathrm{OP}}$ とベクトル $\overrightarrow{\mathrm{PQ}}$ とのなす角を θ とするとき，$|\cos\theta|$ を k を用いて表せ。

(3)　$\tan\alpha=k\ \left(0<\alpha<\dfrac{\pi}{2}\right)$ とする。関数 $f(t)$ は $\alpha\leqq t\leqq\dfrac{\pi}{2}$ の範囲で減少関数であることを示せ。

(4)　α を (3) で定めた数とし，$x_1=f(\beta)\ \left(\alpha<\beta<\dfrac{\pi}{2}\right)$ とする。このとき，x 軸，y 軸，直線 $x=x_1$，および曲線 C の $\beta\leqq t\leqq\dfrac{\pi}{2}$ の部分によって囲まれる図形の面積を求めよ。　〔23 旭川医大〕

◇**175**　$f(x)=e^x+3e^{-x}$ とし，曲線 $C：y=f(x)$ を考える。曲線 C 上の点 $(t,\ f(t))$ における接線を ℓ_t とする。ただし，必要ならば，$1<\log 3<2$ であることを証明なしに用いてよい。

(1)　不等式 $|f'(t)|\leqq 2$ を満たす実数 t のとりうる値の範囲 I を求めよ。

(2)　ℓ_t の y 切片を v とする。実数 t が(1)で求めた範囲 I 全体を動くとき，v の最大値と最小値を求めよ。

(3)　$|f'(t)|\leqq 2$，かつ，ℓ_t が点 $(1,\ w)$ を通るような実数 t が存在するとする。このとき，実数 w のとりうる値の範囲を求めよ。

(4)　次の条件(i)，(ii)を満たす点 $(p,\ q)$ 全体からなる領域を D とする。D の面積を求めよ。

(i)　$0\leqq p\leqq 1$

(ii)　$|f'(t)|\leqq 2$，かつ，ℓ_t が点 $(p,\ q)$ を通るような実数 t が存在する。

〔23 同志社大・文化情報，生命医科学，スポーツ健康科学〕

◇**176**　関数 $f(x)=-\dfrac{1}{2}x-\dfrac{4}{6x+1}$ について，次の問いに答えよ。

(1)　曲線 $y=f(x)$ の接線で，傾きが1であり，かつ接点の x 座標が正であるものの方程式を求めよ。

(2)　座標平面上の2点 $\mathrm{P}(x,\ f(x))$，$\mathrm{Q}(x+1,\ f(x)+1)$ を考える。x が $0\leqq x\leqq 2$ の範囲を動くとき，線分PQが通過してできる図形 S の概形をかけ。また S の面積を求めよ。　〔23 東北大・理系〕

25　面　　積 (2)

***177**　$f(x)=\dfrac{1}{1+e^{-x}}$ とし，曲線 $y=f(x)$ を C とする。

(1)　曲線 C の変曲点Pの座標を求めよ。

(2)　曲線 C の点Pにおける接線 ℓ の方程式を求めよ。また，直線 ℓ と直線 $y=1$ の交点の x 座標 a を求めよ。

(3)　b を(2)で求めた a より大きい実数とする。曲線 C と直線 $y=1$，$x=a$，$x=b$ で囲まれた部分の面積 $S(b)$ を求めよ。

(4)　$\displaystyle\lim_{b\to\infty}S(b)$ を求めよ。　〔23 中央大・理工〕

178　$f(x)=x^{-2}e^{x}$ $(x>0)$ とし，曲線 $y=f(x)$ を C とする。また h を正の実数とする。さらに，正の実数 t に対して，曲線 C，2 直線 $x=t$，$x=t+h$，および x 軸で囲まれた図形の面積を $g(t)$ とする。

(1)　$g'(t)$ を求めよ。

(2)　$g(t)$ を最小にする t がただ 1 つ存在することを示し，その t を h を用いて表せ。

(3)　(2) で得られた t を $t(h)$ とする。このとき極限値 $\lim_{h\to+0} t(h)$ を求めよ。

〔23 筑波大・理系〕

179　$\log x$ は x の自然対数を表す。

(1)　$a>1$ を満たす定数 a と，区間 $\frac{1}{a}\leqq x\leqq a$ において連続な関数 $f(x)$ に対して，等式

$$\int_{\frac{1}{a}}^{a}\frac{f(x)}{1+x^2}dx=\int_{\frac{1}{a}}^{a}\frac{f\left(\frac{1}{x}\right)}{1+x^2}dx$$

が成り立つことを示せ。

(2)　定積分 $I=\int_{\frac{1}{\sqrt{3}}}^{\sqrt{3}}\frac{1+x}{x(1+x^2)}dx$ の値を求めよ。

(3)　関数 $g(x)=\frac{\log x}{1+x^2}$ は，区間 $0<x\leqq\sqrt{e}$ において常に増加することを示せ。

(4)　(3) の関数 $g(x)$ に対して，$y=g(x)$ $(x>0)$ のグラフを C とする。曲線 C と x 軸および直線 $x=\frac{1}{\sqrt{e}}$ で囲まれた部分の面積を S_1 とし，曲線 C と x 軸および直線 $x=\sqrt{e}$ で囲まれた部分の面積を S_2 とする。このとき，S_1 と S_2 は等しいことを示せ。

〔23 宮崎大・医〕

180　aを正の実数とする。関数 $f(x)=e^{ax}$ を考え，自然数nに対し，連立不等式 $\begin{cases} 0\leqq x\leqq n \\ 0\leqq y\leqq f(x) \end{cases}$ の表す xy 平面内の領域を D_n とする。D_n の点 $(x,\ y)$ のうち，xとyがともに整数であるものの個数を $S(n)$ とし，また，D_n の面積を $T(n)$ とする。

(1)　自然数nに対し，$T(n)$ を求めよ。

(2)　自然数nに対し，$R(n)=\sum_{k=0}^{n} f(k)$ とおく。極限 $\lim_{n\to\infty}\frac{R(n)}{e^{an}}$ を求めよ。

(3)　極限 $\lim_{n\to\infty}\frac{S(n)}{T(n)}$ を求めよ。ただし，$\lim_{n\to\infty}\frac{n}{e^{an}}=0$ であることを証明なしに用いてよい。　〔23 京都工繊大・工芸科学〕

***181**　nを自然数，aを正の定数とする。関数 $f(x)$ は等式
$f(x)=x+\frac{1}{n}\int_0^x f(t)dt$ を満たし，関数 $g(x)$ は $g(x)=ae^{-\frac{x}{n}}+a$ とする。2つの曲線 $y=f(x)$ と $y=g(x)$ はある1点を共有し，その点における2つの曲線の接線が直交するとき，次の問いに答えよ。ただし，eは自然対数の底とする。

(1)　$h(x)=e^{-\frac{x}{n}}f(x)$ とおくとき，導関数 $h'(x)$ と $h(x)$ を求めよ。

(2)　aをnを用いて表せ。

(3)　2つの曲線 $y=f(x)$，$y=g(x)$ と y 軸で囲まれた部分の面積を S_n とするとき，極限値 $\lim_{n\to\infty}\frac{S_1+S_2+\cdots\cdots+S_n}{n^3}$ を求めよ。　〔23 東京慈恵会医大〕

26 体　　積

°182　$f(x)=x+2\sin x\ (0\leqq x\leqq 2\pi)$ とし，曲線 $y=f(x)$ と x 軸および直線 $x=2\pi$ で囲まれた部分をDとする。

(1)　$f(x)$ の極値を求めよ。

(2)　Dの面積を求めよ。

(3)　不定積分 $\int x\sin x\,dx$ を求めよ。

(4)　Dを x 軸の周りに1回転してできる回転体の体積を求めよ。〔23 大同大〕

°183　関数 $y=e^x\sin x$ は $x=a\ (0<a<\pi)$ において極値をとる。このとき，$a=$ ア[　　] である。また，曲線 $y=e^x\sin x\ (0\leqq x\leqq a)$ と直線 $x=a$ および x 軸によって囲まれた図形を x 軸の周りに1回転してできる立体の体積Vは，$V=$ イ[　　] である。　†〔23 早稲田大・人間科学〕

***184**　$x>0$ で定義された曲線 $C: y=(\log x)^2$ を考える。

(1)　a を正の実数とするとき，点 $\mathrm{P}(a,\ (\log a)^2)$ における曲線 C の接線 L の方程式を求めよ。

(2)　$a>1$ のとき，接線 L と x 軸の交点の x 座標が最大となる場合の a の値 a_0 を求めよ。

(3)　a の値が(2)の a_0 に等しいとき，直線 L の $y\geqq 0$ の部分と曲線 C と x 軸で囲まれた部分を，x 軸の周りに1回転させてできる図形の体積を求めよ。

〔23 鹿児島大・理系〕

***185**　関数 $f(x)=\dfrac{x^2+3x+a}{x+2}$ は $x=0$ で極値をとるとする。曲線 $C: y=f(x)$ と直線 $\ell: y=4$ を考える。

(1)　定数 a の値を定めよ。

(2)　関数 $f(x)$ の極値をすべて求めよ。

(3)　曲線 C と直線 ℓ のすべての交点の x 座標を求めよ。

(4)　曲線 C と直線 ℓ で囲まれた部分の面積 S を求めよ。

(5)　曲線 C と直線 ℓ で囲まれた部分を直線 ℓ の周りに1回転させてできる立体の体積 V を求めよ。

〔23 関西学院大〕

186　a，b を実数とし，$f(x)=x+a\sin x$，$g(x)=b\cos x$ とする。

(1)　定積分 $\displaystyle\int_{-\pi}^{\pi} f(x)g(x)dx$ を求めよ。

(2)　不等式

$$\int_{-\pi}^{\pi}\{f(x)+g(x)\}^2dx \geqq \int_{-\pi}^{\pi}\{f(x)\}^2dx$$

が成り立つことを示せ。

(3)　曲線 $y=|f(x)+g(x)|$，2直線 $x=-\pi$，$x=\pi$，および x 軸で囲まれた図形を x 軸の周りに1回転させてできる回転体の体積を V とする。このとき不等式

$$V \geqq \frac{2}{3}\pi^2(\pi^2-6)$$

が成り立つことを示せ。さらに，等号が成立するときの a，b を求めよ。

〔23 筑波大・理系〕

***187**　曲線 C を媒介変数 θ を用いて $\begin{cases} x=3\cos\theta \\ y=\sin 2\theta \end{cases}$ $\left(0 \leqq \theta \leqq \dfrac{\pi}{2}\right)$ と表す。

(1)　曲線 C 上の点で，y 座標の値が最大となる点の座標 $(x,\ y)$ を求めよ。また，曲線 C 上の点で，y 座標の値が最小となる点の座標 $(x,\ y)$ をすべて求めよ。

(2)　曲線 C と x 軸で囲まれた図形の面積 S を求めよ。

(3)　曲線 C と x 軸で囲まれた図形を x 軸の周りに1回転してできる回転体の体積 V を求めよ。　〔23 大分大・理工〕

***188**　座標平面上の曲線 C を次で定める。

$$C:\begin{cases} x=\theta-2\sin\theta \\ y=2-2\cos\theta \end{cases} \quad (0 \leqq \theta \leqq 2\pi)$$

(1)　曲線 C 上の点Pの x 座標の値の範囲を求めよ。

(2)　曲線 C と x 軸で囲まれた図形の面積 S を求めよ。

(3)　(2)の図形を x 軸の周りに1回転させてできる立体の体積 V を求めよ。

〔23 名古屋工大・工〕

***189**　$-1<x<1$ を定義域とする関数 $f(x)=\dfrac{1}{1-x^2}$ について，次の問いに答えよ。

(1)　原点から曲線 $C: y=f(x)$ に引いた2本の接線それぞれの方程式を求めよ。

(2)　C と(1)の2本の接線で囲まれてできる図形 D の面積を求めよ。

(3)　D を y 軸の周りに1回転させてできる立体の体積を求めよ。

〔23 香川大・理系〕

190　a，b を実数の定数とする。座標平面において，曲線 $y=-x^2$ を，x 軸方向に a，y 軸方向に b だけ平行移動して得られる曲線を C とし，直線 $y=x$ を ℓ とする。

(1)　曲線 C が直線 ℓ と x 軸の両方に接するとする。定数 a，b の値を求めよ。また，曲線 C，直線 ℓ，および x 軸で囲まれた部分の面積 S を求めよ。

(2)　$a=2$，$b=4$ とする。曲線 C の法線で，原点を通るものの方程式をすべて求めよ。

(3)　$a=2$，$b=4$ とする。曲線 C と直線 ℓ で囲まれた部分を，y 軸の周りに1回転してできる立体の体積 V を求めよ。　〔23 茨城大・理(後期)〕

191　s，t を実数とし，x の関数 $f(x)=3sx^4+35tx^2+15$ を考える。

(1)　積分 $I=\int_0^1 \{f(x)\}^2 dx$ を計算し，s，t を用いて答えよ。

(2)　(1)の I が最小となる s と t の値を答えよ。

(3)　s と t が(2)で求めた値のとき，直線 $y=15$ と曲線 $y=f(x)$ で囲まれた部分を y 軸の周りに 1 回転させてできる立体の体積 V を答えよ。

〔23 大阪公大・工(中期)〕

***192**　xy 平面上において，曲線 C：$y=\sqrt{x}$ と，直線 ℓ：$y=x$ を考える。

(1)　C と ℓ で囲まれる図形の面積を求めよ。

(2)　曲線 C 上の点 $\mathrm{P}(x,\ \sqrt{x})$ $(0 \leqq x \leqq 1)$ に対し，点 P から直線 ℓ に下ろした垂線と，直線 ℓ との交点を Q とする。線分 PQ の長さを x を用いて表せ。

(3)　C と ℓ で囲まれる図形を直線 ℓ の周りに 1 回転してできる立体の体積を求めよ。

〔23 鳥取大・医，工〕

193　a，b は $0<b<1<a$ を満たす実数とする。xy 平面上で方程式 $\dfrac{x^2}{a^2}+\dfrac{y^2}{a^2-1}=1$ で表される楕円を C とする。C と同じ焦点をもち，点 $(b,\ 0)$ を通る双曲線を D とする。C と D の共有点のうち第 1 象限にあるものを P とし，その x 座標を s とする。C で囲まれる部分と領域 $0 \leqq x \leqq s$ との共通部分を K とし，直線 $x=s$ と D で囲まれる部分を L とする。K と L を x 軸の周りに 1 回転してできる立体の体積をそれぞれ V_K，V_L とする。

(1)　s を a，b を用いて表せ。

(2)　点 P における C の接線と D の接線は垂直であることを証明せよ。

(3)　V_K を a，b を用いて表せ。

(4)　$s=1$ であるとき，極限 $\displaystyle\lim_{a\to\infty}\frac{V_L}{V_K}$ を求めよ。

〔23 京都府立医大〕

***194**　座標空間に点 C(0, 1, 1) を中心とする半径1の球面 S がある。点 P(0, 0, 3) から S に引いた接線と xy 平面との交点をQとする。
$\overrightarrow{\mathrm{PC}}\cdot\overrightarrow{\mathrm{PQ}}=t|\overrightarrow{\mathrm{PQ}}|$ と表すとき，$t=$ ア□ である。点Qは楕円上にあり，この楕円を

$$\frac{(x+b)^2}{a}+\frac{(y+d)^2}{c}=1$$

とするとき，$a=$ イ□，$b=$ ウ□，$c=$ エ□，$d=$ オ□ である。
また，点Pに点光源があるとき，球面 S で光が当たる部分を点Rが動く。ただし，球面 S は光を通さない。このとき，線分 PR が通過してできる図形の体積は，カ□ である。　†〔23 早稲田大・人間科学〕

195　xyz 空間において，3点 A(2, 1, 2)，B(0, 3, 0)，C(0, −3, 0) を頂点とする三角形 ABC を考える。

(1)　∠BAC を求めよ。
(2)　$0\leqq h\leqq 2$ に対し，線分 AB，AC と平面 $x=h$ との交点をそれぞれ P，Q とする。点 P，Q の座標を求めよ。
(3)　$0\leqq h\leqq 2$ に対し，点 $(h,\ 0,\ 0)$ と線分 PQ の距離を h で表せ。ただし，点と線分の距離とは，点と線分上の点の距離の最小値である。
(4)　三角形 ABC を x 軸の周りに1回転させ，そのときに三角形が通過する点全体からなる立体の体積を求めよ。

〔23 早稲田大・基幹理工，創造理工，先進理工〕

***196**　xyz 空間内で4点 (0, 0, 0)，(1, 0, 0)，(1, 1, 0)，(0, 1, 0) を頂点とする正方形の周および内部を K とし，K を x 軸の周りに1回転させてできる立体を K_x，K を y 軸の周りに1回転させてできる立体を K_y とする。さらに，K_x と K_y の共通部分を L とし，K_x と K_y の少なくともどちらか一方に含まれる点全体からなる立体を M とする。

(1)　K_x の体積を求めよ。
(2)　平面 $z=t$ が K_x と共有点をもつような実数 t の値の範囲を答えよ。また，このとき，K_x を平面 $z=t$ で切った断面積 $A(t)$ を求めよ。
(3)　平面 $z=t$ が L と共有点をもつような実数 t の値の範囲を答えよ。また，このとき，L を平面 $z=t$ で切った断面積 $B(t)$ を求めよ。
(4)　L の体積を求めよ。
(5)　M の体積を求めよ。　〔23 京都産大・理，情報理工〕

◇197　次の条件(a)，(b)を満たす凸多面体を考える。

(a)　面は正三角形または正方形である。

(b)　合同な2つの面は辺を共有しない。

(1)　1つの頂点を共有する面の数は4であることを証明せよ。

(2)　正三角形と正方形の面の数をそれぞれ求めよ。

(3)　正八面体を平面で何回か切断することで条件(a)，(b)を満たす凸多面体が得られる。どのように切断するのか説明せよ。

(4)　(3)の切断で得られる凸多面体をFとし，Fの1辺の長さは1とする。Fのすべての正三角形の面に接する球をBとする。BとFの共通部分の体積を求めよ。　〔23 京都府立医大〕

◇198　xyz 空間において，x 軸を軸とする半径2の円柱から，$|y|<1$ かつ $|z|<1$ で表される角柱の内部を取り除いたものをAとする。また，Aをx軸の周りに45°回転してからz軸のまわりに90°回転したものをBとする。AとBの共通部分の体積を求めよ。　〔23 東京工大〕

◇199　$0<b<a$ とする。xy 平面において，原点を中心とする半径rの円Cと点$(a,\ 0)$を中心とする半径bの円Dが2点で交わっている。

(1)　半径rの満たすべき条件を求めよ。

(2)　CとDの交点のうちy座標が正のものをPとする。Pのx座標 $h(r)$ を求めよ。

(3)　点 $\mathrm{Q}(r,\ 0)$ と点 $\mathrm{R}(a-b,\ 0)$ をとる。Dの内部にあるCの弧PQ，線分QR，および線分RPで囲まれる図形をAとする。xyz 空間においてAをx軸の周りに1回転して得られる立体の体積 $V(r)$ を求めよ。ただし，答えに $h(r)$ を用いてもよい。

(4)　$V(r)$ の最大値を与えるrを求めよ。また，そのrを $r(a)$ とおいたとき，$\displaystyle\lim_{a\to\infty}(r(a)-a)$ を求めよ。　〔23 名古屋大・理系〕

◇200　Oを原点とする xyz 空間において，点Pと点Qは次の3つの条件(a)，(b)，(c)を満たしている。

(a)　点Pは x 軸上にある。

(b)　点Qは yz 平面上にある。

(c)　線分OPと線分OQの長さの和は1である。

点Pと点Qが条件(a)，(b)，(c)を満たしながらくまなく動くとき，線分PQが通過してできる立体の体積を求めよ。　〔23 京都大・理系〕

◆201　Oを原点とする座標空間において，不等式 $|x|\leqq 1$，$|y|\leqq 1$，$|z|\leqq 1$ の表す立方体を考える。その立方体の表面のうち，$z<1$ を満たす部分を S とする。

以下，座標空間内の2点A，Bが一致するとき，線分ABは点Aを表すものとし，その長さを0と定める。

(1)　座標空間内の点Pが次の条件(i)，(ii)をともに満たすとき，点Pが動きうる範囲 V の体積を求めよ。

(i)　$\mathrm{OP}\leqq\sqrt{3}$

(ii)　線分OPと S は，共有点をもたないか，点Pのみを共有点にもつ。

(2)　座標空間内の点Nと点Pが次の条件(iii)，(iv)，(v)をすべて満たすとき，点Pが動きうる範囲 W の体積を求めよ。必要ならば，$\sin\alpha=\dfrac{1}{\sqrt{3}}$ を満たす実数 α $\left(0<\alpha<\dfrac{\pi}{2}\right)$ を用いてよい。

(iii)　$\mathrm{ON}+\mathrm{NP}\leqq\sqrt{3}$

(iv)　線分ONと S は共有点をもたない。

(v)　線分NPと S は，共有点をもたないか，点Pのみを共有点にもつ。

〔23 東京大・理系〕

27　種々の量の計算

***202**　座標平面上を運動する点 $\mathrm{P}(x,\ y)$ の時刻 t における x 座標，y 座標がそれぞれ $x=t^2-2t$，$y=\dfrac{t^3}{3}-t^2$ であるとする。このとき，

$\left(\dfrac{dx}{dt}\right)^2+\left(\dfrac{dy}{dt}\right)^2=(t^2-2t+{}^{ア}\boxed{})^2$ であり，$\left(\dfrac{d^2x}{dt^2}\right)^2+\left(\dfrac{d^2y}{dt^2}\right)^2={}^{イ}\boxed{}$ である。

よって，点Pの加速度の大きさが最小となる時刻は $t={}^{ウ}\boxed{}$ であり，$t=0$ から $t={}^{ウ}\boxed{}$ までに点Pが動く道のり s の値は，$s={}^{エ}\boxed{}$ である。

〔23 大阪工大〕

203　関数 $f(t)=t-\sin t$ について，次の問いに答えよ。

(1)　数直線上を運動する点Pの時刻 t における速度 v が $v=tf(t)$ であるとする。$t=0$ におけるPの座標が 0 であるとき，$t=\dfrac{\pi}{2}$ のときのPの座標を求めよ。

(2)　数直線上を運動する点Qの時刻 t における速度 v が $v=-6f\left(2t-\dfrac{2}{3}\pi\right)$ であるとする。$t=0$ から $t=\dfrac{\pi}{2}$ までの間にQが動く道のりを求めよ。

〔23 東京農工大〕

***204**　(1)　関数 $f(t)=\log(t+\sqrt{t^2+1})$ の導関数は $f'(t)={}^{ア}\boxed{}$ である。また，関数 $g(t)=t\sqrt{t^2+1}+\log(t+\sqrt{t^2+1})$ の導関数は $g'(t)={}^{イ}\boxed{}$ である。

(2)　媒介変数 θ を用いて定義される曲線

$$C:\begin{cases}x=\cos^4\theta\\ y=\sin^4\theta\end{cases}\quad\left(0\leqq\theta\leqq\frac{\pi}{2}\right)$$

を考える。曲線 C 上の点で最も原点に近い点の座標は $({}^{ウ}\boxed{},\ {}^{エ}\boxed{})$ である。次に，曲線 C の長さ L を求める。$\dfrac{dx}{d\theta}$，$\dfrac{dy}{d\theta}$ を $\cos\theta$，$\sin\theta$ を用いて表すと $\dfrac{dx}{d\theta}={}^{オ}\boxed{}$，$\dfrac{dy}{d\theta}={}^{カ}\boxed{}$ であるから，L は

$$L=4\int_0^{\frac{\pi}{2}}\cos\theta\sin\theta\sqrt{\cos^4\theta+\sin^4\theta}\,d\theta$$

である。$s=\sin^2\theta$ とおいて置換積分法を用いると $L=2\displaystyle\int_0^1\sqrt{{}^{キ}\boxed{}}\,ds$ となる。さらに(1)を利用して $L={}^{ク}\boxed{}$ が得られる。

〔23 立命館大・理工，情報理工，生命科学〕

205　右の図のように，原点Oを中心とし，$y \geqq 0$ に存在する半径1の半円に巻きつけられた糸をひっぱりながら動かす。糸の一端は点 $\mathrm{A}(-1,\ 0)$ に固定され，動かす方の端である点Pは，はじめ点 $\mathrm{B}(\sqrt{2},\ 0)$ にある。点Pが反時計回りに動くとき，次に x 軸に重なるまでの点Pの描く曲線 C の長さを求めよ。

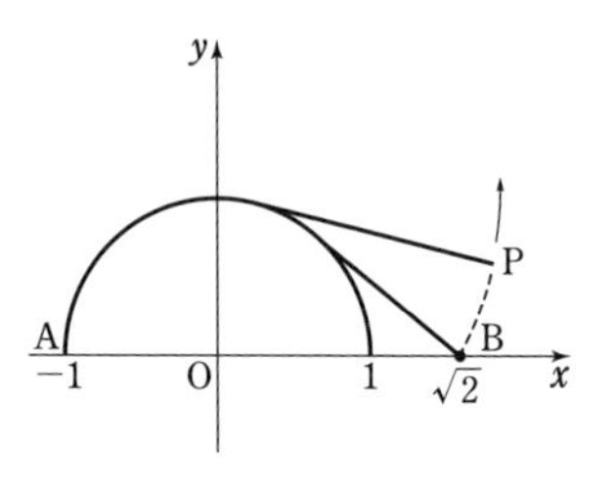

〔23 名古屋市大・医〕

206　π を円周率とする。$f(x)=x^2(x^2-1)$ とし，$f(x)$ の最小値を m とする。

(1)　$m=$ ア□ である。

(2)　$y=f(x)$ で表される曲線を y 軸の周りに1回転させてできる曲面でできた器に，y 軸上方から静かに水を注ぐ。

(i)　水面が $y=a$ (ただし $m \leqq a \leqq 0$) のときの水面の面積は イ□ である。

(ii)　水面が $y=0$ になったときの水の体積は ウ□ である。

(iii)　上方から注ぐ水が単位時間あたり一定量であるとする。水面が $y=0$ に達するまでは，水面の面積は，水を注ぎ始めてからの時間の エ□ 乗に比例して大きくなる。

(iv)　水面が $y=2$ になったときの水面の面積は オ□ であり，水の体積は カ□ である。

〔23 上智大〕

答と略解

1．問題の要求している答の数値・図などをあげ，略解，略証は［　］に入れて付した。ただし，［　］の中は，本文・答にない文字でも，断らずに用いたので注意してほしい。また，［　］の中は答案形式ではない。また，証明問題では一部，その略証を省いたところもある。
2．［　］内において，特に断りがない限り，S，V はそれぞれ面積，体積を表すものとする。

1 (1) $3\sqrt{2}\left(\cos\dfrac{\pi}{4}+i\sin\dfrac{\pi}{4}\right)$

(2) $\left|\dfrac{\alpha}{\beta}\right|=\dfrac{\sqrt{2}}{2}$，$\theta=\dfrac{5}{12}\pi$

$\Big[$(2) $\dfrac{\alpha}{\beta}$

$=\dfrac{\sqrt{2}}{2}\left\{\cos\left(\dfrac{\pi}{4}+\dfrac{\pi}{6}\right)+i\sin\left(\dfrac{\pi}{4}+\dfrac{\pi}{6}\right)\right\}\Big]$

2 $n=6$

$\Big[3-\sqrt{3}\,i=2\sqrt{3}\left\{\cos\left(-\dfrac{\pi}{6}\right)+i\sin\left(-\dfrac{\pi}{6}\right)\right\}$

よって $(3-\sqrt{3}\,i)^n$

$=(2\sqrt{3})^n\left\{\cos\left(-\dfrac{n\pi}{6}\right)+i\sin\left(-\dfrac{n\pi}{6}\right)\right\}$

実数になるための条件は $\sin\left(-\dfrac{n\pi}{6}\right)=0\Big]$

3 (ア) $\dfrac{3}{4}\pi$　(イ) 4　(ウ) -64

$\Big[\alpha^n=(2\sqrt{2})^n\left(\cos\dfrac{3}{4}n\pi+i\sin\dfrac{3}{4}n\pi\right)$

実数になるための条件は $\sin\dfrac{3}{4}n\pi=0\Big]$

4 (1) $64\left(\cos\dfrac{3}{2}\pi+i\sin\dfrac{3}{2}\pi\right)$

(2) $z=4i$，$-2\sqrt{3}-2i$，$2\sqrt{3}-2i$

［(2) $z=r(\cos\theta+i\sin\theta)$ とおくと

$z^3=r^3(\cos 3\theta+i\sin 3\theta)$

よって $r^3(\cos 3\theta+i\sin 3\theta)$

$=64\left(\cos\dfrac{3}{2}\pi+i\sin\dfrac{3}{2}\pi\right)$

$r^3=64$，$3\theta=\dfrac{3}{2}\pi+2k\pi$（$k$ は整数）］

5 $\dfrac{2}{5}$

$\Big[\dfrac{z}{z^{-1}}=z^2=5\left(\dfrac{3}{5}+\dfrac{4}{5}i\right)=5(\cos\alpha+i\sin\alpha)$

ただし，α は $\cos\alpha=\dfrac{3}{5}$，$\sin\alpha=\dfrac{4}{5}$ を満たす。

$\triangle\mathrm{OAB}=\dfrac{1}{2}\cdot|z||z^{-1}|\sin\alpha\Big]$

6 (ア) $\dfrac{1}{\sqrt{5}}$　(イ) $\sqrt{5}$

［$\gamma=-2i\alpha+(1+2i)\beta$ から

$\dfrac{\gamma-\alpha}{\beta-\alpha}=\dfrac{(1+2i)(\beta-\alpha)}{\beta-\alpha}=1+2i$

$\dfrac{\gamma-\alpha}{\beta-\alpha}=\sqrt{5}\left(\dfrac{1}{\sqrt{5}}+\dfrac{2}{\sqrt{5}}i\right)$

$\angle\mathrm{ABC}=\dfrac{\pi}{2}$ から，辺 AC は △ABC の外接円の直径］

7 (1) $z^{-1}S-zS=z^{-2n-1}-z^{2n+1}$

(2) $z^{-k}+z^k$ の実部 $2\cos k\theta$，

$z^{-k}-z^k$ の虚部 $-2\sin k\theta$

$\Big[$(3) $1+2\sum\limits_{k=1}^{n}\cos 2k\theta=1+\sum\limits_{k=1}^{n}(z^{-2k}+z^{2k})=S$

また，(1) より $(z^{-1}-z)S=z^{-2n-1}-z^{2n+1}$

$-2i\sin\theta\cdot S=-2i\sin(2n+1)\theta$

$\sin\theta\neq 0$ であるから $S=\dfrac{\sin(2n+1)\theta}{\sin\theta}\Big]$

8 (1) $\dfrac{3}{10}$　(2) $\dfrac{2}{5}$

$\Big[$(1) 3つの複素数の偏角の和が $\dfrac{\pi}{2}+n\pi$

（n は整数）

(2) 3つの複素数の絶対値の積が 1］

9 (ア) 12　(イ) 4　(ウ) 20　(エ) 15　(オ) 9

$\Big[$(エ) $w^m+(\overline{w})^m=2\cos\left(\dfrac{m}{12}\pi\right)$

よって $\cos\left(\dfrac{m}{12}\pi\right)<\dfrac{1}{2}$

(オ) $\left|\cos\left(\dfrac{n}{12}\pi\right)+i\sin\left(\dfrac{n}{12}\pi\right)-2\right|\leqq\sqrt{3}$

$\left\{\cos\left(\dfrac{n}{12}\pi\right)-2\right\}^2+\sin^2\left(\dfrac{n}{12}\pi\right)\leqq 3$

よって $\cos\left(\dfrac{n}{12}\pi\right)\geqq\dfrac{1}{2}\Big]$

10 (2) 0

[(1) $z^4=\frac{\sqrt{5}-1}{2}z^2-1$ から

$z^8=\left(\frac{\sqrt{5}-1}{2}z^2-1\right)^2$

$=\frac{3-\sqrt{5}}{2}z^4-(\sqrt{5}-1)z^2+1$

$=-z^2+\frac{\sqrt{5}-1}{2}$

よって $z^{10}=z^8\cdot z^2=\left(-z^2+\frac{\sqrt{5}-1}{2}\right)z^2=1$

(2) $z+z^3+z^5+z^7+z^9=\frac{z\{(z^2)^5-1\}}{z^2-1}$

(3) $z+z^3+z^5+z^7+z^9=0$ の両辺を z^5 で割ると $z^4+\frac{1}{z^4}+z^2+\frac{1}{z^2}+1=0$

$\frac{1}{z}=\bar{z}$ であるから

$z^4+\overline{z^4}+z^2+\overline{z^2}+1=0$

これに $z=\cos\frac{\pi}{5}+i\sin\frac{\pi}{5}$ を代入する]

11 (2) $\alpha=\cos\frac{2}{5}\pi+i\sin\frac{2}{5}\pi$

(3) $-\frac{1+\sqrt{5}}{2}$

[(1) $x^4+x^3+x^2+x+1$ を $f(x)=x^2-ax+1$ で割ったときの商を $Q(x)$, 余りを $R(x)$ とすると $Q(x)=x^2+(a+1)x+a(a+1)$

$R(x)=a(a^2+a-1)x-(a^2+a-1)$

(2) (1) から $x^4+x^3+x^2+x+1=f(x)Q(x)$

両辺に $(x-1)$ を掛けると

$x^5-1=(x-1)f(x)Q(x)$

$x^5=1$ を満たす実数 x が $x=1$ のみであることから, 方程式 $f(x)=0$ の 2 つの解はいずれも虚数。

$f(x)=0$ は係数が実数の 2 次方程式であるから, 2 つの虚数解は共役な複素数。

虚部が正のものを α とすると

$\alpha=\cos\theta+i\sin\theta\ (0<\theta<\pi)$ とおける]

12 (1) $P_n=\frac{2n^2+1}{3^n}$

(2) $Q_n=\frac{1}{3}\left(\frac{1}{2}\right)^{n-1}+\frac{1}{3}$

[得られる 6 個の複素数は

$i,\ \sqrt{3}i,\ 1,\ 1+\sqrt{3}i,\ \sqrt{3},\ \sqrt{3}+i$ …… ①

(1) 1 回の操作で得られる複素数の絶対値が 1 である事象を A, 1 以外である事象を B とすると $P(A)=\frac{1}{3}$, $P(B)=\frac{2}{3}$

$n\geqq 2$ のとき, $|z_n|<5$ となるのは, 次のいずれかの場合である。

[1] A が n 回

[2] A が $(n-1)$ 回, B が 1 回

[3] A が $(n-2)$ 回, B が 2 回

(2) ① の偏角は順に $\frac{\pi}{2}$, $\frac{\pi}{2}$, 0, $\frac{\pi}{3}$, 0, $\frac{\pi}{6}$

${z_n}^2$ の偏角を θ_n とおき, θ_{n+1} と θ_n の関係を調べる。

${z_n}^2$ が実数であるとき, ${z_{n+1}}^2$ が実数となるときの確率は $\frac{2}{3}$

${z_n}^2$ が実数でないとき, ${z_{n+1}}^2$ が実数となるときの確率は $\frac{1}{6}$

よって $Q_{n+1}=\frac{2}{3}Q_n+\frac{1}{6}(1-Q_n)$]

13 点 -1 を中心とする半径 $\sqrt{5}$ の円。
ただし, 点 $-2i$ を除く

[$|z|=|z-i|$ に $z=\frac{i(w+1)}{w+2i}$ を代入する]

14 (ア) 1 (イ) $-\frac{1}{2}$ (ウ) $\frac{\sqrt{3}}{2}$ (エ) $\sqrt{3}i$

[(エ) $z=\frac{\alpha}{\beta}(w-1)$ を $|z-2|=2$ に代入する]

15 (ア) $\sqrt{2}$ (イ) $\frac{\sqrt{3}}{2}$

[${z_1}^2+{z_2}^2-z_1z_2=0$ の両辺を ${z_1}^2(\neq 0)$ で割ると $\frac{z_2}{z_1}$ についての 2 次方程式が得られる。
条件 3 から, 四角形 $OP_1P_3P_2$ は平行四辺形]

16 (ア) $\sqrt{2}$ (イ) $-\frac{1}{2}$ (ウ) 0 (エ) $-\sqrt{3}$

[解と係数の関係により $\alpha+\beta=-1$,

$\alpha\beta=-\frac{\sqrt{3}}{4}i$]

17 (3) $b=1$

[(1) $z_2-z_1\neq 0$ であるから

$\frac{1+iz_1}{z_1+i}-\frac{1+iz_2}{z_2+i}=\frac{2(z_2-z_1)}{(z_1+i)(z_2+i)}\neq 0$

(2) $\frac{1+iz}{z+i}=w$ かつ $z \neq -i$

$\Longleftrightarrow z=\frac{-iw+1}{w-i}$ かつ $z \neq -i$

$z=\frac{-iw+1}{w-i}$ が $\frac{1+iz}{z+i}=w$ かつ $z \neq -i$ を満たす複素数 z

(3) $w=\frac{1+iz}{z+i}$ を $\left|w-\frac{i}{2}\right|=\frac{1}{2}$ に代入して変形すると $|z-3i|=|z+i|$

z は 2 点 $3i$, $-i$ を結ぶ線分の垂直二等分線を描く]

18 (1) $x=\frac{1\pm\sqrt{3}\,i}{2}$ (2) 正三角形

[(1) 方程式の両辺を x^2 で割って整理すると

$\left(x+\frac{1}{x}-1\right)^2=0$

$x+\frac{1}{x}-1=0$ から $x^2-x+1=0$

(2) $(\beta-\alpha)^4+\{(\beta-\alpha)-(\gamma-\alpha)\}^4+(\gamma-\alpha)^4=0$ の両辺を $(\beta-\alpha)^4$ で割って, $\frac{\gamma-\alpha}{\beta-\alpha}=z$ とすると $1+(1-z)^4+z^4=0$

整理して $z^4-2z^3+3z^2-2z+1=0$

よって $\frac{\gamma-\alpha}{\beta-\alpha}=\frac{1\pm\sqrt{3}\,i}{2}$

$=\cos\left(\pm\frac{\pi}{3}\right)+i\sin\left(\pm\frac{\pi}{3}\right)$]

19 (1) $|z|=\sqrt{2}\,t^3$, $|w|=\sqrt{2}\sqrt{t^2-2t+2}$

(2) $a=\frac{1}{t^3}$, $b=\frac{1-t}{t^3}$

(3) $\cos\theta=\frac{1}{\sqrt{t^2-2t+2}}$, $\sin\theta=\frac{1-t}{\sqrt{t^2-2t+2}}$

(4) $S=t^3(1-t)$ (5) 最大値は $\frac{27}{256}$, $t=\frac{3}{4}$

[(3) $\frac{w}{z}$ の偏角を α とすると, (2) より $a>0$, $b>0$ であるから, $0<\alpha<\frac{\pi}{2}$ を満たす。

よって $\theta=\alpha$

$\frac{w}{z}=r(\cos\theta+i\sin\theta)$ $(r>0)$

$r=\left|\frac{w}{z}\right|=\frac{|w|}{|z|}=\frac{\sqrt{t^2-2t+2}}{t^3}$

(5) $S'=t^2(3-4t)$

$0<t<1$ における, S の増減を調べる]

20 (ア) $\sqrt{3}$ (イ) $\frac{\pi}{2}$ (ウ) $\frac{\pi}{12}$

(エ) $3\sqrt{2}-\sqrt{6}$ (オ) $2\sqrt{3}$

[(イ) $\frac{\gamma-\alpha}{\beta-\alpha}$ を調べるために, $z=\beta-\alpha$, $w=\gamma-\alpha$ とおき, z と w の関係式を導くと

$(\sqrt{3}-2+i)z=(\sqrt{3}+2+i)w$

この関係式より, $\frac{w}{z}$ を計算する。

(ウ) $\tan\frac{\pi}{12}$ を計算してみる

(エ) $|\alpha-\gamma|=4\sqrt{3}\sin\frac{\pi}{12}$

(オ) 線分 BC は △ABC の外接円の直径]

21 (1) $w_1=\frac{1}{2}-\frac{\sqrt{3}}{2}i$, $w_2=-\frac{\sqrt{3}}{2}-\frac{1}{2}i$, $w_3=\frac{1-\sqrt{3}}{2}-\frac{1+\sqrt{3}}{2}i$

[(2) $\angle P_1OP_2$ が直角であるとき, $\frac{z_2}{z_1}=xi$ (x は 0 でない実数) と表される。

P_3 が線分 P_1P_2 上にあるとき, $\frac{z_2-z_3}{z_1-z_3}=y$ (y は負の実数) と表される。

このとき

$\frac{w_2-w_3}{w_1-w_3}=\frac{z_1}{z_2}\cdot\frac{z_3-z_2}{z_3-z_1}=\frac{y}{xi}=-\frac{y}{x}i$]

22 (2) $\alpha+\beta=-a$, $\alpha\beta=b+6$, $c=-6a$, $d=-6b-36$

(3) $a=2\sqrt{6}$ (4) $b=8$

[(1) $f(\sqrt{6})=0$, $f(-\sqrt{6})=0$ より, 整式 $f(x)$ は $x-\sqrt{6}$ かつ $x+\sqrt{6}$ で割り切れる。

(3) $\frac{\beta-(-\sqrt{6})}{\alpha-(-\sqrt{6})}$ が実数

(4) A, B, C が同一直線上にあることに注意すると, △ABD が正三角形になるための条件は $AC=\frac{1}{\sqrt{3}}CD=2\sqrt{2}$]

23 (1) 点M $\frac{\alpha+\beta}{2}$, 点G $\frac{\alpha+\beta}{3}$

(2) $\beta=\left(\frac{1}{2}+\frac{\sqrt{3}}{2}i\right)\alpha$

(3) 虚部 $-\sqrt{3}$, 実部 $\sqrt{6}$

$\left[(3)\ \dfrac{\alpha+\beta}{3}=k-\dfrac{\sqrt{3}}{3}i\ (k>0)\right.$ と表されるから $\alpha+\beta=3k-\sqrt{3}\,i$

また，Gは線分 OM を 2：1 に内分するから

$\mathrm{OG}=\dfrac{2}{3}\mathrm{OM}=1$

よって，$\left|\dfrac{\alpha+\beta}{3}\right|=1$ から k の値を求める］

24 (1) $v=\dfrac{1}{2}\pm\dfrac{\sqrt{3}}{2}i$　(2) $\dfrac{2}{\sqrt{3}}$

［(1) $\gamma=(1-v)\alpha+v\beta$ を v について整理すると $\gamma-\alpha=v(\beta-\alpha)$　よって $v=\dfrac{\gamma-\alpha}{\beta-\alpha}$

(2) ABの中点をMとすると，3点O，M，Gは一直線上にある。

$\mathrm{OM}=\cos\dfrac{\theta}{2}$，$\mathrm{MG}=\dfrac{\sqrt{3}}{3}\sin\dfrac{\theta}{2}$

よって $|z|=\mathrm{OM}+\mathrm{MG}=\dfrac{2}{\sqrt{3}}\sin\left(\dfrac{\theta}{2}+\dfrac{\pi}{3}\right)$］

25 (1) $z=3$

(2) $z_1=\dfrac{-1-\sqrt{7}}{2}+\dfrac{1+\sqrt{7}}{2}i$,

$z_2=\dfrac{-1+\sqrt{7}}{2}+\dfrac{1-\sqrt{7}}{2}i$,

$\theta_1=\dfrac{3}{4}\pi$，$\theta_2=\dfrac{7}{4}\pi$

$\Big(z_1=\dfrac{-1+\sqrt{7}}{2}+\dfrac{1-\sqrt{7}}{2}i$,

$z_2=\dfrac{-1-\sqrt{7}}{2}+\dfrac{1+\sqrt{7}}{2}i$,

$\theta_1=\dfrac{7}{4}\pi$，$\theta_2=\dfrac{3}{4}\pi$ でもよい$\Big)$

［(2) $\dfrac{z-3-4i}{z+1}+\overline{\left(\dfrac{z-3-4i}{z+1}\right)}=0$ を変形すると $|z-1-2i|=2\sqrt{2}$ であるから，z は点 $1+2i$ を中心とする半径 $2\sqrt{2}$ の円を描く。ただし，2点 -1，$3+4i$ は含まない。

また，$|z+1|=2$ を満たすとき，z は点 -1 を中心とする半径2の円を描く。

複素数 z_1，z_2 は2つの円の交点］

26 (1) 中心は点2，半径は2

(2)〔図〕

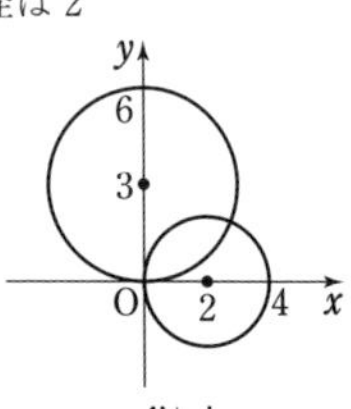

(3)〔図〕

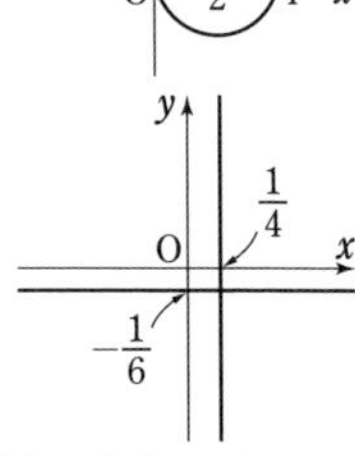

［(1) 両辺を2乗して整理すると $|z-2|=2$

(2) $|z+2|=2|z-1|$ または

$|z+6i|=3|z-2i|$

(3) $|z+2|=2|z-1|$，$|z+6i|=3|z-2i|$ に

$z=\dfrac{1}{w}$ を代入する］

27 (1) 実部は -1，虚部は -1

(2) $z=\dfrac{-w+2i}{w+4}$

(3)〔図〕

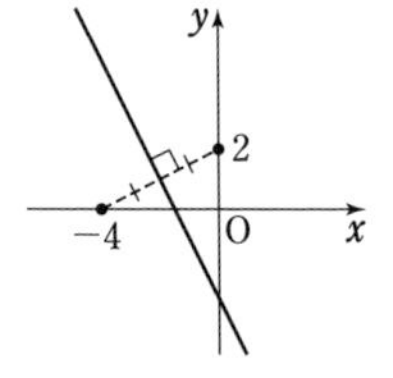

(4) 最小値は $\dfrac{3\sqrt{5}}{5}$,

$z=\dfrac{9+40i}{41}$

［(4) (3)で描いた直線を ℓ，ℓ と垂直で原点を通る直線を m とすると，$|w|$ が最小になるときの点 w は，2直線 ℓ，m の交点に等しい］

28 (1) 点 $1+i$ を中心とする半径 $\sqrt{2}$ の円

(2) $\alpha=2+\sqrt{2}$　(3) $\beta=2+2i$

(4) $\dfrac{12+5\sqrt{2}-2\sqrt{3}}{6}+\dfrac{2-\sqrt{6}}{6}i$

［(1)(2)(3) xy 平面上の方程式で考える。

(4) 点Cを表す複素数を γ とすると

$\gamma-\alpha=\left(\cos\dfrac{2}{3}\pi+i\sin\dfrac{2}{3}\pi\right)(\beta-\alpha)$］

29 (1) 点 -1 を中心とする半径1の円。ただし，原点は除く。

(2) $z=-1\pm i$

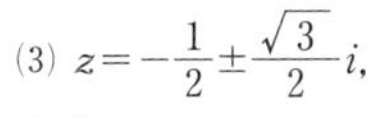

(3) $z=-\dfrac{1}{2}\pm\dfrac{\sqrt{3}}{2}i$，〔図〕

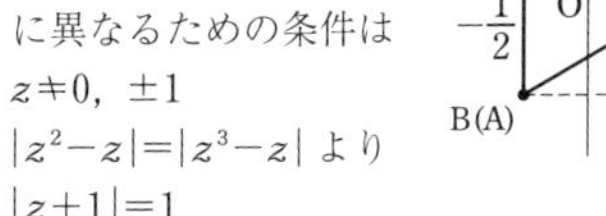

[(1) A，B，C が互いに異なるための条件は $z\neq 0,\ \pm 1$

$|z^2-z|=|z^3-z|$ より $|z+1|=1$

(2) $\dfrac{z^3-z}{z^2-z}=\cos\left(\pm\dfrac{\pi}{2}\right)+i\sin\left(\pm\dfrac{\pi}{2}\right)$

(複号同順)

(3) $\dfrac{z^3-z}{z^2-z}=\cos\left(\pm\dfrac{\pi}{3}\right)+i\sin\left(\pm\dfrac{\pi}{3}\right)$

(複号同順)]

30 (2) $p=t+u$，

$q=tu+t+u$，

$r=2tu$，$s=tu$

(3)〔図〕，境界線を含まない

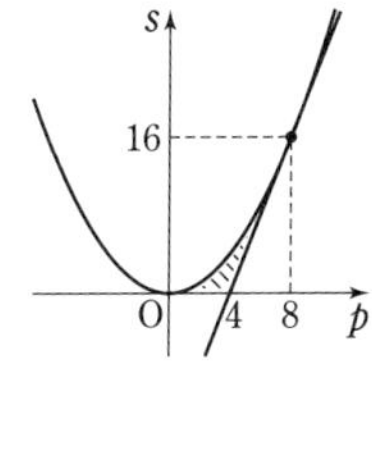

[(1) $|\alpha-1|=1$ を満たすから，これを変形する。

(3) $0<\dfrac{\alpha+\overline{\alpha}}{2}<2$，$0<\dfrac{\beta+\overline{\beta}}{2}<2$ であるから

$0<t<4$，$0<u<4$

(2) より，t，u は $X^2-pX+s=0$ の2つの解。α，$\overline{\alpha}$，β，$\overline{\beta}$ が点1を中心とする半径1の円周上にあるための条件は，2次方程式 $X^2-pX+s=0$ が $0<X<4$ の範囲に異なる2つの実数解をもつことである]

31 (1) Pは $\left(\dfrac{1}{2}+\dfrac{\sqrt{3}}{2}i\right)\alpha$，

Qは $\left(\dfrac{1}{2}-\dfrac{\sqrt{3}}{2}i\right)\beta$，

Rは $\left(\dfrac{1}{2}-\dfrac{\sqrt{3}}{2}i\right)\alpha+\left(\dfrac{1}{2}+\dfrac{\sqrt{3}}{2}i\right)\beta$

(2) Gは $\left(\dfrac{1}{2}+\dfrac{\sqrt{3}}{6}i\right)\alpha$，Hは $\left(\dfrac{1}{2}-\dfrac{\sqrt{3}}{6}i\right)\beta$，

Iは $\left(\dfrac{1}{2}-\dfrac{\sqrt{3}}{6}i\right)\alpha+\left(\dfrac{1}{2}+\dfrac{\sqrt{3}}{6}i\right)\beta$

(3) 正三角形である

[(3) 3点G，H，Iを表す複素数をそれぞれ z_1，z_2，z_3 とする。

$\left(\cos\dfrac{\pi}{3}+i\sin\dfrac{\pi}{3}\right)(z_2-z_1)$，$z_3-z_1$ をそれぞれ α，β で表し，

$z_3-z_1=\left(\cos\dfrac{\pi}{3}+i\sin\dfrac{\pi}{3}\right)(z_2-z_1)$ が成り立つことを示す]

32 (1) 順に 3，$\dfrac{3(1-\sqrt{3}\,i)}{2}$，$-\sqrt{3}\,i$

(2) αz の実部 $\dfrac{3}{2}$，$(w-\alpha)\overline{(w-\alpha)}=3$

(3)〔図〕，境界線を含む，

面積 $\dfrac{3(\pi+\sqrt{3})}{2}$

[(3) z が線分AB上を動くとき

$z=(1-t)+t\sqrt{3}\,i\ (0\leqq t\leqq 1)$ と表される。

(2) より $|w-\alpha|=\sqrt{3}$

w は α を中心とする半径 $\sqrt{3}$ の円上を動く。

$0\leqq\arg z\leqq\dfrac{\pi}{2}$，$\arg w=\arg\dfrac{3}{z}=-\arg z$

から $-\dfrac{\pi}{2}\leqq\arg w\leqq 0$]

33 (2) $\left(\dfrac{1}{2}-\dfrac{\sqrt{3}}{2}i\right)\overline{w}$

(3) $f(z)=\left(\dfrac{1}{2}+\dfrac{\sqrt{3}}{2}i\right)\overline{z}-\dfrac{3}{2}-\dfrac{\sqrt{3}}{2}i$

(4)〔図〕

[(1) $z=x+yi$ (x，y は実数) として，与えられた方程式に代入する。

(2) ℓ に関して w と対称な点を w' とする。w，w' を原点を中心として，$\dfrac{\pi}{6}$ だけ回転させた点を，w_1，w_2 とすると，2点 w_1，w_2 は実軸に関して対称であるから $w_2=\overline{w_1}$]

34 (1) $z_1z_2=\cos(\alpha+\beta)+i\sin(\alpha+\beta)$

z_1+z_2

$=2\cos\dfrac{\beta-\alpha}{2}\left(\cos\dfrac{\alpha+\beta}{2}+i\sin\dfrac{\alpha+\beta}{2}\right)$

(2) $w=\dfrac{1}{\cos\dfrac{\beta-\alpha}{2}}\left(\cos\dfrac{\alpha+\beta}{2}+i\sin\dfrac{\alpha+\beta}{2}\right)$

(4) $\beta=\alpha+\dfrac{2}{3}\pi$

[(2) $\arg w=\arg(z_1+z_2)=\dfrac{\alpha+\beta}{2}$

(3) $\dfrac{w-z_1}{z_1}=\dfrac{-z_1+z_2}{z_1+z_2}$

$-z_1+z_2$, $-z_1$ で表される点を E, F とすると，四角形 OADB, FOBE は合同なひし形であるから OD⊥OE

よって $\dfrac{w-z_1}{z_1}$ は純虚数

(4) 線分 AB と線分 PQ の中点が一致するから，$\dfrac{z_1+z_2}{2}=\dfrac{w+v}{2}$ より

$v=z_1+z_2-w=\dfrac{{z_1}^2+{z_2}^2}{z_1+z_2}$

点Qが円C上にあるための条件は $|v|=1$

よって $|{z_1}^2+{z_2}^2|=|z_1+z_2|$]

35 (ア) 6 (イ) $(1,\ -2\pm\sqrt{5})$

[与えられた方程式を変形すると

$\dfrac{(x-1)^2}{4}+\dfrac{(y+2)^2}{9}=1$]

36 (ア) $\sqrt{30}x-6$ (イ) $\dfrac{\sqrt{42}}{6}$

[(ア) $\dfrac{\sqrt{30}}{6}x-\dfrac{1}{6}y=1$

(イ) 直線 ℓ の方程式を $\dfrac{x^2}{a^2}+y^2=1$ に代入して得られる x の 2 次方程式が重解をもつ]

37 (2) $-1<b<1$ かつ $b\neq0$ のとき

双曲線 $\dfrac{\left(x-\dfrac{a}{1-b^2}\right)^2}{\dfrac{b^2(a^2+b^2-1)}{(1-b^2)^2}}-\dfrac{y^2}{\dfrac{b^2}{1-b^2}}=1$；

$b=\pm1$ のとき 放物線 $y^2=-\dfrac{2}{a}x+1+\dfrac{1}{a^2}$；

$b<-1$, $1<b$ のとき

楕円 $\dfrac{\left(x+\dfrac{a}{b^2-1}\right)^2}{\dfrac{b^2(a^2+b^2-1)}{(b^2-1)^2}}+\dfrac{y^2}{\dfrac{b^2}{b^2-1}}=1$

[(1) 直線 AP と平面 α は垂直であるから

$\overrightarrow{OQ}\cdot\overrightarrow{AP}=0$ すなわち $\overrightarrow{AP}\cdot\overrightarrow{AO}=\overrightarrow{AP}\cdot\overrightarrow{AQ}$

また，3 点 A, Q, P が同一直線上に存在するから $\overrightarrow{AP}\cdot\overrightarrow{AQ}=\pm|\overrightarrow{AP}||\overrightarrow{AQ}|$

(2) $\overrightarrow{AP}=(x-a,\ y,\ -b)$,

$\overrightarrow{AO}=(-a,\ 0,\ -b)$, $|\overrightarrow{AQ}|^2=|\overrightarrow{AO}|^2-|\overrightarrow{OQ}|^2$

と (1) から

$(-ax+a^2+b^2)^2$

$=\{(x-a)^2+y^2+b^2\}(a^2+b^2-1)$

整理して

$(b^2-1)x^2+2ax+(a^2+b^2-1)y^2=a^2+b^2$

$b^2-1>0$, $b^2-1=0$, $b^2-1<0$ の 3 つの場合に分ける]

38 $\dfrac{\sqrt{3}}{3}x+2$

[与式より $r=-2r\sin\theta+3$

これと $y=r\sin\theta$, $x^2+y^2=r^2$ から

$x^2+y^2=(-2y+3)^2$]

39 (ア) 3 (イ) 2 (ウ) $\dfrac{7\sqrt{10}}{20}$ (エ) $-\dfrac{9}{5}$

(オ) $-\dfrac{2}{5}$ (カ) -5 (キ) 5 (ク) $\dfrac{2}{9}$ (ケ) $-\dfrac{9}{5}$

(コ) $\dfrac{9}{5}$

[ℓ と傾きが等しく，Cと接する直線は 2 本存在する。dの最小値は，ℓ からそれらに引いた垂線の長さのうち，小さい方に等しい。

また，直線 $y=3x+k$ とCが異なる 2 点で交わるとき，その交点の x 座標を α, β として，解と係数の関係を利用する]

40 (ア) $\dfrac{1}{2}$ (イ) 3

[$y=\dfrac{6x-1}{2x-1}=3+\dfrac{1}{x-\dfrac{1}{2}}$]

41 (ア) $(n-1)\cdot3^n+1$ (イ) $\dfrac{1}{3}$

[S_n-3S_n を考える]

42 (1) $\dfrac{\pi}{2}$ (2) $\dfrac{2}{\pi}$

[(1) 3倍角の公式を用いる。

(2) 2以上の正の整数mに対して，

$\dfrac{k\pi}{2} \leqq m < \dfrac{(k+1)}{2}\pi$ を満たす正の整数kがただ1つ存在するとき，$f(x)=0$ を満たす正の実数xのうち，m以下のものは(1)より

$x=\dfrac{\pi}{2}$，$\dfrac{2\pi}{2}$，$\dfrac{3\pi}{2}$，……，$\dfrac{k\pi}{2}$ のk個あるから $p(m)=k$]

43 (1) $|\overrightarrow{\mathrm{AB}}|^2=100$，$\overrightarrow{\mathrm{OA}}\cdot\overrightarrow{\mathrm{AB}}=-60$

(2) $u_{n+1}=\dfrac{1}{6}u_n$，$u_n=-60\cdot\left(\dfrac{1}{6}\right)^{n-1}$

(3) $t_n=\dfrac{3}{5}\left\{1-\left(\dfrac{1}{6}\right)^{n-1}\right\}$ (4) 6

[(3) $\overrightarrow{\mathrm{OP}_{n+1}}-\overrightarrow{\mathrm{OP}_n}=\dfrac{1}{2}\cdot\left(\dfrac{1}{6}\right)^{n-1}\overrightarrow{\mathrm{AB}}$ から

$n \geqq 2$ のとき $\overrightarrow{\mathrm{OP}_n}=\overrightarrow{\mathrm{OP}_1}+\sum_{k=1}^{n-1}\dfrac{1}{2}\cdot\left(\dfrac{1}{6}\right)^{k-1}\overrightarrow{\mathrm{AB}}$]

44 (1) $\alpha_n=(1+i)\left\{1-\left(\dfrac{1}{2}\right)^{n-1}\right\}$，

$r_n=\left(\dfrac{1}{2}\right)^{n-2}$

(2) $\sqrt{2}$

[(1) 数学的帰納法を用いて示す。$n=k$ のとき，C_k が中心 α_k，半径 r_k の円であると仮定すると，$|z-\alpha_k|=r_k$ が成り立つ。

$z=2w-1-i$ を $|z-\alpha_k|=r_k$ に代入すると，

$\left|w-\dfrac{1+i+\alpha_k}{2}\right|=\dfrac{1}{2}r_k$ が成り立つから，

$n=k+1$ のときも C_n は円である]

45 [(1) $n=k$ $(k \geqq 2)$ のとき $k<\left(\dfrac{3}{2}\right)^k$ が成り立つと仮定する。$n=k+1$ について

$\left(\dfrac{3}{2}\right)^{k+1}-(k+1)=\dfrac{3}{2}\left(\dfrac{3}{2}\right)^k-(k+1)$

$>\dfrac{3}{2}k-(k+1)=\dfrac{k}{2}-1$

(2) (1)から，$0<n\left(\dfrac{3}{5}\right)^n<\left(\dfrac{3}{2}\right)^n\left(\dfrac{3}{5}\right)^n=\left(\dfrac{9}{10}\right)^n$

(3) (1)より $k<\left(\dfrac{3}{2}\right)^k$ が成り立つから，辺々これらの和をとると

$1+2+\cdots\cdots+n<\dfrac{3}{2}+\left(\dfrac{3}{2}\right)^2+\cdots\cdots+\left(\dfrac{3}{2}\right)^n$

(4) (3)から，$n^2<6\left(\dfrac{3}{2}\right)^n-n-6$

よって，$0<n^2\left(\dfrac{3}{5}\right)^n<\left\{6\left(\dfrac{3}{2}\right)^n-n-6\right\}\left(\dfrac{3}{5}\right)^n$]

46 $\dfrac{1}{3}$

[$n \geqq 2$ のとき $a_n=S_n-S_{n-1}$]

47 (ア) $\dfrac{1}{5}$ (イ) $\left(\dfrac{1}{5}\right)^{n-1}+1$ (ウ) $-\dfrac{25}{24}$

48 (ア) 2 (イ) 4

[(イ) $\displaystyle\lim_{n\to\infty}\frac{{}_{2n+2}\mathrm{C}_{n+1}}{{}_{2n}\mathrm{C}_n}$

$=\displaystyle\lim_{n\to\infty}\left\{\frac{(2n+2)!}{(n+1)!(n+1)!}\times\frac{n!n!}{(2n)!}\right\}$]

49 (1) $\dfrac{5}{{}_{n+5}\mathrm{C}_5}$ (2) $\dfrac{25}{4}$ (3) $\dfrac{5}{4}$

[(2) $\dfrac{1}{{}_{n+4}\mathrm{C}_4}-\dfrac{1}{{}_{n+5}\mathrm{C}_4}=\dfrac{4!n!}{(n+4)!}-\dfrac{4!(n+1)!}{(n+5)!}$

$=\dfrac{4\cdot 4!n!}{(n+5)!}$

(3) (2)を用いると $S_n=\dfrac{25}{4}\left(\dfrac{1}{{}_5\mathrm{C}_4}-\dfrac{1}{{}_{n+5}\mathrm{C}_4}\right)$

$=\dfrac{25}{4}\left\{\dfrac{1}{5}-\dfrac{24}{(n+5)(n+4)(n+3)(n+2)}\right\}$]

50 (ア) $1+i$ (イ) 665 (ウ) 4 (エ) 672

(オ) -2 (カ) $-\dfrac{1}{4}$ (キ) $\dfrac{2}{5}$

[(ウ) $\alpha^n=(\sqrt{2})^n\left(\cos\dfrac{n\pi}{4}+i\sin\dfrac{n\pi}{4}\right)$ であるから，α^n が実数であるための必要十分条件は $\sin\dfrac{n\pi}{4}=0$]

51 (1) $z_3=\dfrac{3+i}{2}$，$\alpha=1+i$，$\alpha^{20}=-1024$

(2) $2+\sqrt{2}$ (3) $a_{n+1}=\dfrac{1}{\sqrt{2}}a_n$，$a_n=\left(\dfrac{1}{\sqrt{2}}\right)^{n-2}$

(4) $\theta=\dfrac{\pi}{4}$，$S_n=\left(\dfrac{1}{2}\right)^n$

[(4) 複素数 α，z_n，z_{n+1} の表す点をそれぞれ A，B，C とすると $\angle\mathrm{BAC}=\dfrac{\pi}{4}$]

52 (1) $a_1=1$，$a_2=1$，$a_3=2$，$a_4=3$，$a_5=5$

(2) 2 (3) $\dfrac{1}{2}$

[(3) $a_1=1$，$a_2=1$ と $a_{n+2}=a_{n+1}+a_n$ から $a_n=F_n$]

53 (ア) -2 (イ) 6 (ウ) 2 (エ) 2

54 -1

[2つの漸化式の和と差を考える]

55 (1) $x_2=3$, $x_3=2$, $x_4=\sqrt{3}$

(2) $\alpha=\dfrac{1+\sqrt{5}}{2}$ (4) $\dfrac{1+\sqrt{5}}{2}$

[(3) $n=k+1$ のとき (2) より

$(x_{k+1}-\alpha)(x_{k+1}+\alpha)=x_k-\alpha>0$

$x_{k+1}+\alpha>0$ であるから，$x_{k+1}-\alpha>0$]

56 (1) $a_2=r^4-12r^2$, $a_3=r^6-12r^3$

(2) $b_j=\dfrac{3}{2j-1}-32$

(3) $n=1$ のとき $2^2\leqq r\leqq 2^3$,

$n\geqq 2$ のとき $2^{\frac{3}{n+1}}<r\leqq 2^{\frac{3}{n}}$

[(1) $a_n=r^{2n}-12r^n$ を数学的帰納法を用いて示す。

$n=k+1$ のとき

$a_{k+1}=ra_k+(r-1)r^{2k+1}$

$=r(r^{2k}-12r^k)+(r-1)r^{2k+1}$

$=r^{2k+2}-12r^{k+1}=r^{2(k+1)}-12r^{k+1}$]

57 (1) $b_1=1$, $b_2=-6$ (4) $-\dfrac{6}{35}$

[(2) b_{n+1} を考える。

(3) $\log_2 x$ は単調に増加するから

$\log_2 k\leqq\log_2 n$

よって $\displaystyle\sum_{k=1}^{n}\log_2 k\leqq\sum_{k=1}^{n}\log_2 n=n\log_2 n$

ゆえに $0\leqq\dfrac{1}{6^{2n}}\displaystyle\sum_{k=1}^{n}\log_2 k\leqq\dfrac{n\log_2 n}{6^{2n}}$]

58 (1) 0 に収束する

(2) 正の無限大に発散する

(3) 0 に収束する

(4) 0 に収束する

[(1) $a_n\leqq 1$ のとき

$a_{n+1}=-(a_n-1)+a_n-1=0$

$\alpha\leqq 1$ のとき，2 以上のすべての自然数 n に対して，$a_n=0$ となることを数学的帰納法を用いて示す。

$a_k=0$ が成り立つと仮定すると，$n=k+1$ のとき

$a_{k+1}=|a_k-1|+a_k-1=-(0-1)+0-1=0$

(2) $a_n\geqq 1$ のとき

$a_{n+1}=a_n-1+a_n-1=2a_n-2$

$\alpha>2$ ならば，すべての自然数 n に対して，$a_n>2$ が成り立つことを数学的帰納法を用いて示す。

$a_k>2$ が成り立つと仮定すると，$n=k+1$ のとき $a_{k+1}=2a_k-2>2\cdot 2-2=2$

(3) $1<\alpha<\dfrac{3}{2}$ のとき，$a_2=2(\alpha-1)$ より

$0<a_2<1$ である。

(4) $\dfrac{3}{2}\leqq\alpha<2$ のとき，すべての自然数 n に対して，$a_n\geqq 1$ であると仮定し，背理法を用いる]

59 (1) $p_2=\dfrac{5}{9}$, $p_3=\dfrac{13}{27}$

(2) $p_{n+1}=-\dfrac{1}{3}p_n+\dfrac{2}{3}$

(3) $p_n=\dfrac{1}{2}\left\{1+\left(-\dfrac{1}{3}\right)^n\right\}$ (4) $\dfrac{1}{2}$

[(2) 1回のさいころを投げて，コインを 2 枚獲得する事象をA，コインを 1 枚獲得する事象をBとする。

試行を $(n+1)$ 回行った後に，コインの合計枚数が偶数になるのは，次の 2 通りである。

[1] 試行を n 回行った後に，コインの合計枚数が偶数になり，かつ $(n+1)$ 回目にAが起こる場合

[2] 試行を n 回行った後に，コインの合計枚数が奇数になり，かつ $(n+1)$ 回目にBが起こる場合]

60 (ア) $\dfrac{11}{5}$ (イ) 14

[(イ) 数列 $\{a_n-\sqrt{3}\,b_n\}$ を考える]

61 (1) $p_2=\dfrac{3}{8}$, $q_2=\dfrac{5}{16}$

(2) $p_{n+1}=\dfrac{1}{4}p_n+\dfrac{1}{4}$, $q_{n+1}=\dfrac{1}{4}q_n+\dfrac{1}{4}$

(3) $p_n=\dfrac{1}{6}\cdot\left(\dfrac{1}{4}\right)^{n-1}+\dfrac{1}{3}$,

$q_n=-\dfrac{1}{12}\cdot\left(\dfrac{1}{4}\right)^{n-1}+\dfrac{1}{3}$, $\displaystyle\lim_{n\to\infty}p_n=\dfrac{1}{3}$,

$\displaystyle\lim_{n\to\infty}q_n=\dfrac{1}{3}$

[(3) p_n について (2) で求めた漸化式を変形すると $p_{n+1}-\dfrac{1}{3}=\dfrac{1}{4}\left(p_n-\dfrac{1}{3}\right)$

q_n について (2) で求めた漸化式を変形すると

$q_{n+1}-\dfrac{1}{3}=\dfrac{1}{4}\left(q_n-\dfrac{1}{3}\right)$]

62 (1) $\overrightarrow{n_2}=\dfrac{1}{\sqrt{3}}(1,\ 1,\ 1)$

(2) k が偶数のとき $x_{k+1}=x_k$, $y_{k+1}=y_k$, $z_{k+1}=0$

k が奇数のとき $x_{k+1}=\dfrac{1}{3}(2x_k-y_k-z_k+1)$,

$y_{k+1}=\dfrac{1}{3}(-x_k+2y_k-z_k+1)$,

$z_{k+1}=\dfrac{1}{3}(-x_k-y_k+2z_k+1)$

(3) $\lim\limits_{k\to\infty}x_k=0$, $\lim\limits_{k\to\infty}y_k=1$, $\lim\limits_{k\to\infty}z_k=0$

[(1) A$(1,\ 0,\ 0)$, B$(0,\ 1,\ 0)$, C$(0,\ 0,\ 1)$ とすると $\overrightarrow{n_2}\perp\pi_2$ より $\overrightarrow{n_2}\perp\overrightarrow{\mathrm{AB}}$, $\overrightarrow{n_2}\perp\overrightarrow{\mathrm{AC}}$

(2) k について偶数と奇数の場合に分ける]

63 (ア) 1, 1, 2 (イ) 1, 1, 1, 1 (ウ) 21

(エ) 13 (オ) 24 (カ) 1705 (キ) $\dfrac{1+\sqrt{5}}{2}$

(ク) $\dfrac{1-\sqrt{5}}{2}$ (ケ) $\dfrac{1+\sqrt{5}}{2}$ (コ) 2^{n-1}

[(1) $F_2(7)=F_2(5)+F_2(6)$

(2) $F_3(5)=F_3(2)+F_3(3)+F_3(4)$

(3) 隣接3項間漸化式となる]

64 (1) $\dfrac{3}{5}$ (2) $4\log 2$

[(1) $\lim\limits_{x\to 0}\dfrac{\tan 3x}{\sin 5x}$

$=\lim\limits_{x\to 0}\dfrac{3}{5}\cdot\dfrac{\sin 3x}{3x}\cdot\dfrac{1}{\cos 3x}\cdot\dfrac{5x}{\sin 5x}$

(2) $\dfrac{\sin 2x}{\log_2(x+2)-1}$

$=2\cdot\dfrac{\sin 2x}{2x}\cdot\dfrac{2}{\log_2\left(1+\dfrac{x}{2}\right)^{\frac{2}{x}}}$]

65 (ア) 2 (イ) $\dfrac{1}{4}$

[$\lim\limits_{x\to 3}(x-3)=0$ であるから

$\lim\limits_{x\to 3}(\sqrt{x+1}-a)=0$

$\lim\limits_{x\to 3}\dfrac{\sqrt{x+1}-2}{x-3}$

$=\lim\limits_{x\to 3}\dfrac{(\sqrt{x+1}-2)(\sqrt{x+1}+2)}{(x-3)(\sqrt{x+1}+2)}$]

66 $a=\sqrt{2}$, 極限値 $\dfrac{3\sqrt{2}}{4}$

[$a\leqq 0$ のとき, $\lim\limits_{x\to\infty}(\sqrt{2x^2+3x}-ax)=\infty$ であり, 有限な値とならない。

$a>0$ のとき

$\lim\limits_{x\to\infty}(\sqrt{2x^2+3x}-ax)=\lim\limits_{x\to\infty}\dfrac{(2-a^2)x^2+3x}{\sqrt{2x^2+3x}+ax}$

$=\lim\limits_{x\to\infty}\dfrac{(2-a^2)x+3}{\sqrt{2+\dfrac{3}{x}}+a}$

これが有限な値になるための条件は

$2-a^2=0$]

67 (1) $-\dfrac{1}{\pi}$ (2) 1 (3) 0 (4) 2 (5) 0

[(3) $-1\leqq\sin x\leqq 1$ から $-\dfrac{1}{x^2}\leqq\dfrac{\sin x}{x^2}\leqq\dfrac{1}{x^2}$

はさみうちの原理を用いる。

(5) (与式)$=\lim\limits_{x\to\infty}\dfrac{\sin x}{x^2}\cdot\dfrac{2x^2+\sin x}{x^2-\pi x}$]

68 (1) $-\dfrac{\sin\sqrt{x+1}}{2\sqrt{x+1}}$

(2) $\dfrac{x(2\log x-1)}{(\log x)^2}$

[(1) $f'(x)=-\sin\sqrt{x+1}\cdot(\sqrt{x+1})'$

(2) $f'(x)=\dfrac{(x^2)'\cdot\log x-x^2\cdot(\log x)'}{(\log x)^2}$]

69 (1) $\dfrac{9}{8}$ (2) 30

[(1) $f'(x)=3\sin^2 x\cos x$

(2) $f'(x)=-3e^{-3x}$, $f''(x)=9e^{-3x}$]

70 [数学的帰納法を利用する。

$f^{(n)}(x)=2^{n-2}\{4x^2+4nx+n(n-1)\}e^{2x}$ …… ①

$n=1$ のとき, $f^{(1)}(x)=2^{-1}(4x^2+4x)e^{2x}$ から ① は成り立つ。

$n=k$ (k は自然数) のとき, ① が成り立つ, すなわち

$f^{(k)}(x)=2^{k-2}\{4x^2+4kx+k(k-1)\}e^{2x}$

と仮定し, 両辺を x で微分すると

$f^{(k+1)}(x)=2^{k-1}(4x+2k)e^{2x}$

$+2^{k-1}\{4x^2+4kx+k(k-1)\}e^{2x}$

$=2^{k-1}\{4x^2+4(k+1)x+(k+1)k\}e^{2x}$]

71 $x=\frac{5}{18}\pi$, $\frac{11}{18}\pi$, $\frac{17}{18}\pi$, $\frac{23}{18}\pi$, $\frac{29}{18}\pi$, $\frac{35}{18}\pi$

[$f^{(1)}(x)=\sqrt{3}e^{\sqrt{3}x}(\cos 3x-\sqrt{3}\sin 3x)$

$f^{(2)}(x)=-6e^{\sqrt{3}x}(\cos 3x+\sqrt{3}\sin 3x)$

$f^{(3)}(x)=-24\sqrt{3}e^{\sqrt{3}x}\cos 3x=-24\sqrt{3}f(x)$

よって $f^{(50)}(x)=-24\sqrt{3}f^{(47)}(x)$

$=(-24\sqrt{3})^2 f^{(44)}(x)$

$=\cdots\cdots=(-24\sqrt{3})^{16}f^{(2)}(x)$

$f^{(50)}(x)=0$ の解は，$f^{(2)}(x)=0$ の解に等しい]

72 (1) $a=-3$, $b=-9$, $c=2$,

$f(x)=x^3-3x^2-9x+2$

(2) $d=2$, $e=\frac{\pi}{10}$, $h=3$,

$g(x)=2\cos\frac{\pi}{10}x+3$

[(1) $f(-2)=0$ から $4a-2b+c=8$

$f(3)=-25$ から $9a+3b+c=-52$

$f'(3)=0$ から $6a+b=-27$

(2) $g(x)=d\sin ex+h$, $g(x)=d\cos ex+h$ のいずれの場合も，$g(x)$ の最大値は $d+h$，最小値は $-d+h$]

73 (ア) $x\sin\theta+\theta$ (イ) $x\sin\theta+2\theta$

(ウ) $x\sin\theta-\theta$ (エ) 0 (オ) $\frac{2}{3}\pi$ (カ) $\cos\theta$

(キ) $-\sin\theta$ (ク) $\sin\theta$ (ケ) $\cos\theta$ (コ) i

(サ) $\cos\theta+i\sin\theta$ (シ) $-i$ (ス) $\cos\theta-i\sin\theta$

((コ) $-i$ (サ) $\cos\theta-i\sin\theta$ (シ) i

(ス) $\cos\theta+i\sin\theta$ でもよい)

[(ウ) $e^{x\cos\theta}\cos(x\sin\theta-\theta)$ の導関数が

$f(x)=e^{x\cos\theta}\cos(x\sin\theta)$

(コ)〜(ス)

$(\cos\theta+\alpha\sin\theta)f(x)+(-\sin\theta+\alpha\cos\theta)g(x)$

$=\beta f(x)+\alpha\beta g(x)$

これがすべての実数 x に対して成立するとき

$\cos\theta+\alpha\sin\theta=\beta$, $-\sin\theta+\alpha\cos\theta=\alpha\beta$

β を消去して整理すると $(\alpha^2+1)\sin\theta=0$

よって $\alpha=\pm i$]

74 (4) (ア) $e^{ax}\cos bx$ (イ) $e^{ax}\sin bx$

[(1) 条件(A), (B)に，$x=y=0$ を代入すると

$f(0)=\{f(0)\}^2-\{g(0)\}^2$, $g(0)\{2f(0)-1\}=0$

(2) $f'(x)=\lim_{h\to 0}\frac{f(x+h)-f(x)}{h}$

$=\lim_{h\to 0}\frac{f(x)f(h)-g(x)g(h)-f(x)}{h}$

$=\lim_{h\to 0}\left\{f(x)\cdot\frac{f(h)-f(0)}{h}-g(x)\cdot\frac{g(h)-g(0)}{h}\right\}$

$=f(x)f'(0)-g(x)g'(0)$

(3) $\{f(x)+ig(x)\}(\cos x-i\sin x)$

$=\{f(x)\cos x+g(x)\sin x\}$

$+i\{g(x)\cos x-f(x)\sin x\}$

$F(x)=f(x)\cos x+g(x)\sin x$,

$G(x)=g(x)\cos x-f(x)\sin x$ とおいて，

$F'(x)=0$, $G'(x)=0$ を示す。

$F(x)$, $G(x)$ が定数関数であることから

$F(x)=1$, $G(x)=0$ が得られる。

(4) (B) $q(x+y)=e^{-\frac{a}{b}(x+y)}g\left(\frac{x+y}{b}\right)$

$=e^{-\frac{a}{b}x}f\left(\frac{x}{b}\right)\cdot e^{-\frac{a}{b}y}g\left(\frac{y}{b}\right)$

$+e^{-\frac{a}{b}x}g\left(\frac{x}{b}\right)\cdot e^{-\frac{a}{b}y}f\left(\frac{y}{b}\right)$

$=p(x)q(y)+q(x)p(y)$

(D) $p'(0)=\lim_{h\to 0}\frac{p(h)-p(0)}{h}$

$=\frac{e^0}{b}\cdot f'(0)+e^0\cdot\left(-\frac{a}{b}\right)\cdot f(0)=\frac{a}{b}-\frac{a}{b}=0$

$q'(0)=\lim_{h\to 0}\frac{q(h)-q(0)}{h}$

$=\frac{e^0}{b}\cdot g'(0)+e^0\cdot\left(-\frac{a}{b}\right)\cdot g(0)=1-0=1$

(ア), (イ) $p(x)$, $q(x)$ は条件(A), (B), (C), (D)を満たすから $p(x)=\cos x$, $q(x)=\sin x$

よって $e^{-\frac{a}{b}x}f\left(\frac{x}{b}\right)=\cos x$,

$e^{-\frac{a}{b}x}g\left(\frac{x}{b}\right)=\sin x$]

75 (ア) $-\frac{2}{7}$ (イ) $\frac{5}{7}$

76 $k=-\frac{4}{3}\pi+\sqrt{3}$

[接点の座標を $(t, \tan t)$ $\left(0<t<\frac{\pi}{2}\right)$ とする。

接線の方程式は $y=\frac{1}{\cos^2 t}x-\frac{t}{\cos^2 t}+\tan t$

これが直線 $y=4x+k$ と一致する]

77 (1) $S(a)=\dfrac{(a+1)^2}{2a}$ (2) 最小値 2, $a=1$

[(1) $f(x)=\dfrac{1}{x^a}$ とすると $f'(x)=-\dfrac{a}{x^{a+1}}$

接線の方程式は $y=-ax+a+1$

(2) $S(a)=\dfrac{a}{2}+\dfrac{1}{2a}+1$

相加平均と相乗平均の大小関係を利用する]

78 (ア) $2x+1$ (イ) $\dfrac{\sqrt{5}}{8}$ (ウ) $\dfrac{13}{24}$

[(イ) $d=\dfrac{\left|2\cdot\left(-\dfrac{1}{4}\right)-\dfrac{9}{8}+1\right|}{\sqrt{2^2+(-1)^2}}$

(ウ) $S=\dfrac{1}{2}\cdot\dfrac{1}{2}\cdot1+\displaystyle\int_0^{\frac{1}{2}}(-2x^2-x+1)dx$]

79 (1) $y=\dfrac{at}{\sqrt{t^2-1}}x-\dfrac{a}{\sqrt{t^2-1}}$ (2) $\dfrac{1}{t}$

(3) $(t+\sqrt{t^2-1},\ a(t+\sqrt{t^2-1}))$

(4) $S(t)=\dfrac{a(t+\sqrt{t^2-1})}{2t}$ (5) $\displaystyle\lim_{t\to\infty}S(t)=a$

[(1) $f'(x)=a\cdot\dfrac{2x}{2\sqrt{x^2-1}}=\dfrac{ax}{\sqrt{x^2-1}}$

(5) $\displaystyle\lim_{t\to\infty}S(t)=\lim_{t\to\infty}\dfrac{a}{2}\left(1+\sqrt{1-\dfrac{1}{t^2}}\right)$]

80 [(1) $\vec{n}=(a,\ b)$ とおくと $|\vec{n}|=1$

$\vec{n}\cdot\overrightarrow{\mathrm{PQ}}=a\{f(t)-f(t_0)\}+b\{g(t)-g(t_0)\}$

直線 ℓ の方程式は

$a\{x-f(t_0)\}+b\{y-g(t_0)\}=0$

$|\overrightarrow{\mathrm{QH}}|=\dfrac{|a\{f(t)-f(t_0)\}+b\{g(t)-g(t_0)\}|}{\sqrt{a^2+b^2}}$

$=|a\{f(t)-f(t_0)\}+b\{g(t)-g(t_0)\}|=|\vec{n}\cdot\overrightarrow{\mathrm{PQ}}|$

(2) まず，ℓ がPにおける C の接線であるとき，

$\displaystyle\lim_{t\to t_0}\dfrac{|\overrightarrow{\mathrm{QH}}|}{|\overrightarrow{\mathrm{PQ}}|}=0$ が成り立つことを示す。

ℓ の法線ベクトルの1つを $\vec{n'}$ とすると

$\vec{n'}=(g'(t_0),\ -f'(t_0))$

$\vec{n}=\pm\dfrac{\vec{n'}}{|\vec{n'}|}$ から

$\displaystyle\lim_{t\to t_0}\dfrac{|\overrightarrow{\mathrm{QH}}|}{|\overrightarrow{\mathrm{PQ}}|}=\lim_{t\to t_0}\dfrac{|\vec{n}\cdot\overrightarrow{\mathrm{PQ}}|}{|\overrightarrow{\mathrm{PQ}}|}$

$\displaystyle=\pm\dfrac{1}{|\vec{n'}|}\times\lim_{t\to t_0}\dfrac{|\vec{n'}\cdot\overrightarrow{\mathrm{PQ}}|}{|\overrightarrow{\mathrm{PQ}}|}$

よって，$\displaystyle\lim_{t\to t_0}\dfrac{|\vec{n'}\cdot\overrightarrow{\mathrm{PQ}}|}{|\overrightarrow{\mathrm{PQ}}|}=0$ を示せばよい。

次に，$\displaystyle\lim_{t\to t_0}\dfrac{|\overrightarrow{\mathrm{QH}}|}{|\overrightarrow{\mathrm{PQ}}|}=0$ であるとき，ℓ がPにおける C の接線であることを示す。

$\displaystyle\lim_{t\to t_0}\dfrac{|\vec{n}\cdot\overrightarrow{\mathrm{PQ}}|}{|\overrightarrow{\mathrm{PQ}}|}$

$\displaystyle=\lim_{t\to t_0}\dfrac{|a\{f(t)-f(t_0)\}+b\{g(t)-g(t_0)\}|}{\sqrt{\{f(t)-f(t_0)\}^2+\{g(t)-g(t_0)\}^2}}$

$=\dfrac{|af'(t_0)+bg'(t_0)|}{\sqrt{\{f'(t_0)\}^2+\{g'(t_0)\}^2}}=0$

$af'(t_0)+bg'(t_0)=0$ より，$\vec{n}$ はPにおける C の接線に直交する]

81 (1) $x=0$ で極小値 -2 (2) $a=-\dfrac{2\sqrt{2}}{3}$

[(1) $f'(x)=\dfrac{2x(x+6)^2}{(x+2)^2}$

(2) $f'(t)=-\sin t\cos t(3a\cos t+2)$]

82 (1) $a=4,\ b=3$

(2) $x=-2$ で極小値 -1，$x=\dfrac{1}{2}$ で極大値 4

(3) $\displaystyle\lim_{x\to\infty}f(x)=0,\ \lim_{x\to-\infty}f(x)=0$

(4)〔図〕

[(1) $f(x)$ が $x=-2$ で極値 -1 をとるとき

$f(-2)=-1$,

$f'(-2)=0$

また，$f'(x)$ の符号が $x=-2$ の前後で変わることを確かめる。

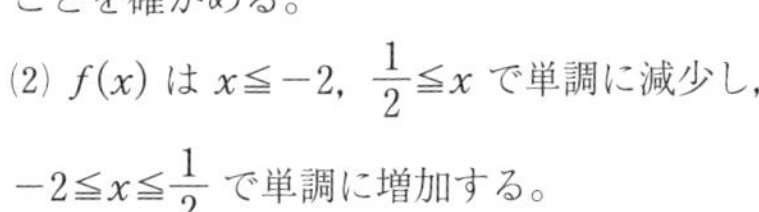

(2) $f(x)$ は $x\leqq-2$, $\dfrac{1}{2}\leqq x$ で単調に減少し，

$-2\leqq x\leqq\dfrac{1}{2}$ で単調に増加する。

(3) $f(x)=\dfrac{4x+3}{x^2+1}=\dfrac{\dfrac{4}{x}+\dfrac{3}{x^2}}{1+\dfrac{1}{x^2}}$]

83 (1)〔図〕

(2) $g'(4)=0$

(3) $c<-4$, $0<c$ のとき1個；

$c=-4$, 0 のとき2個；

$-4<c<0$ のとき3個

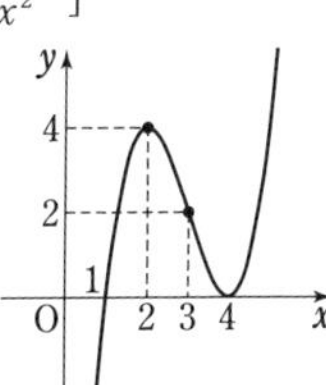

(4) $-\frac{19}{2}$

[(2) $\lim_{h\to 0}\frac{g(4+h)-g(4)}{h}=\lim_{h\to 0}|(3+h)h|=0$

(4) $\int_0^2 g(x)dx=\int_0^1 g(x)dx+\int_1^2 g(x)dx$

$=\int_0^1 (x-1)(x-4)^2dx$

$+\int_1^2\{-(x-1)(x-4)^2\}dx$]

84 (1) $f'(a)=\frac{1}{a}$

(2) $\ell_{\mathrm{P}}: y=-ax+a^2+\log(2a)$

$\ell_{\mathrm{Q}}: y=-(a+h)x+(a+h)^2+\log(2(a+h))$

(3) $A=2a+\frac{1}{a}$, $B=-a^2+\log(2a)-1$

(4) $a=\frac{1}{\sqrt{2}}$

[(3) $x_{\mathrm{R}}=2a+h+\frac{1}{h}\log\left(1+\frac{h}{a}\right)$

$\frac{h}{a}=k$ とおくと

$\frac{1}{h}\log\left(1+\frac{h}{a}\right)=\frac{1}{a}\log(1+k)^{\frac{1}{k}}$

$h\longrightarrow 0$ のとき，$k\longrightarrow 0$ であるから

$\lim_{h\to 0}\frac{1}{h}\log\left(1+\frac{h}{a}\right)=\lim_{k\to 0}\frac{1}{a}\log(1+k)^{\frac{1}{k}}$

$=\frac{1}{a}\log e=\frac{1}{a}$ を利用する。

また，$B=\lim_{h\to 0}y_{\mathrm{R}}=\lim_{h\to 0}\{-ax_{\mathrm{R}}+a^2+\log(2a)\}$

(4) $g(a)=-a^2+\log(2a)-1$ とおくと

$g'(a)=-\frac{(\sqrt{2}a+1)(\sqrt{2}a-1)}{a}$]

85 (1) $f'(x)=2^x\log 2-1$

(3) $A(1)=1$, $A(2)=3$

(4) $A(n)=2^n-1$ (5) $(-1,\ 2)$

[(2) $f''(x)=2^x(\log 2)^2>0$ から，$f'(x)$ は単調に増加する。

$f'(1)=2\log 2-1=\log 4-1>0$

よって，$x\geqq 1$ のとき $f'(x)\geqq f'(1)>0$

(3) $1\leqq x\leqq 2$ の範囲に，$f(x)=2$ となる x が 1 個，$2\leqq x\leqq 3$ の範囲に，$f(x)=3$, $f(x)=4$, $f(x)=5$ となる x が 1 個ずつ存在する。

(4) $n\leqq x\leqq n+1$ の範囲に

$f(x)=2^n-n+1$, $f(x)=2^n-n+2$, ……, $f(x)=2^{n+1}-(n+1)$ となる x が 1 個ずつ存在する。

(5) [1] $n\geqq 1$ のとき，$f(n)$ は整数でない

[2] $f(0)=\frac{3}{2}$ [3] $f(-1)=2$

[4] $n\leqq -2$ のとき，$0<2^n\leqq\frac{1}{4}$ から

$\frac{1}{2}<2^n+\frac{1}{2}\leqq\frac{3}{4}$

$2^n+\frac{1}{2}$ は整数でないことから，$f(n)$ も整数でない]

86 (1) $f(0)=0$, $f\left(\frac{\pi}{2}\right)=a+1-\sqrt{a^2-1}$, $f(\pi)=2$

(2) $x=\cos\theta+\sqrt{a^2-\sin^2\theta}$

(3) $f(\theta)=a+1-\cos\theta-\sqrt{a^2-\sin^2\theta}$

$f'(\theta)=\sin\theta\cdot\frac{\sqrt{a^2-\sin^2\theta}+\cos\theta}{\sqrt{a^2-\sin^2\theta}}$

$0\leqq\theta\leqq\pi$ で単調に増加し，$\pi\leqq\theta\leqq 2\pi$ で単調に減少する。

(4) $\frac{a+1}{2a}$

[(3) $\sqrt{a^2-\sin^2\theta}+\cos\theta=x>0$ から，

$f'(\theta)=0$ とすると $\sin\theta=0$ すなわち $\theta=\pi$

(4) $\lim_{\theta\to 0}\frac{f(\theta)}{\theta^2}=\lim_{\theta\to 0}\left\{\left(\frac{\sin\theta}{\theta}\right)^2\right.$

$\left.\times\frac{2(a+1)}{(a+1-\cos\theta+\sqrt{a^2-\sin^2\theta})(1+\cos\theta)}\right\}$]

87 (1) $g(t)=t^4+(a-6)t^2+8t-a-3$

(2) $a\geqq -\frac{1}{3}$

(3) 解は $x=1$, $1-n$，関係式は

$g_n'(x)=ng_{n-1}(x)$

(4) 条件は n が奇数，極大値は $(1-n)^{n-1}$

[点 $(t-1,\ f(t-1))$ における接線の方程式は $y-f(t-1)=f'(t-1)\{x-(t-1)\}$

これに $x=t$ を代入して整理すると

$g(t)=f'(t-1)+f(t-1)$

(2) $f(x)\geqq g(x)$ から $6x^2-8x+a+3\geqq 0$

(4) n が奇数のときと偶数のときの場合に分けて考える]

88 (ア) $\frac{\pi}{3}$ (イ) $\frac{3\sqrt{3}}{2}$

89 (ア) 0 (イ) $\log 3$

[$t=e^x-3e^{-x}$ とする]

90 (ア) 2 (イ) $\dfrac{1}{4}$

91 (1) $g(x)=-\dfrac{1}{2}\log(2\pi x)-\dfrac{a}{2x}$

(2) $x=a$ (3) $x=a$ で最大値 $\dfrac{1}{\sqrt{2\pi ea}}$

92 (1) $2\leqq t\leqq 4$ (2) $f(x)=-3t^3+5t^2+5$

(3) $x=\dfrac{\pi}{4}$ で最大値 1,

$x=\dfrac{\pi}{12}$ で最小値 -107

[(1) $t=\dfrac{\sin x}{\cos x}+\dfrac{\cos x}{\sin x}=\dfrac{2}{\sin 2x}$

(2) $t^2=\tan^2 x+\dfrac{1}{\tan^2 x}+2$,

$t^3=\tan^3 x+\dfrac{1}{\tan^3 x}+3\left(\tan x+\dfrac{1}{\tan x}\right)$]

93 (1) $d=\sin\alpha(1+\cos\alpha)$

(2) $\alpha=\dfrac{\pi}{3}$ で最大値 $\dfrac{3\sqrt{3}}{8}$

[(2) (1)から, $S=\dfrac{1}{2}\cdot\mathrm{OA}\cdot d$]

94 (1) $0\leqq t\leqq\dfrac{1}{2}$ のとき $S(t)=\dfrac{\sqrt{21}}{4}t^2$;

$\dfrac{1}{2}\leqq t\leqq 1$ のとき $S(t)=\dfrac{1}{4}t\sqrt{21t^2-40t+20}$

(2) $t=\dfrac{15-\sqrt{15}}{21}$

[(1) 点Rの座標について, $0\leqq t\leqq\dfrac{1}{2}$ と

$\dfrac{1}{2}\leqq t\leqq 1$ の場合に分けて考える]

95 (1) $y=(\log t+1)x-t$

(2) $a=-\dfrac{1}{4}(\log t+1)+\dfrac{4t-1}{4(\log t+1)}$ (3) $\dfrac{1}{2}$

[(2) $(x-a)^2-\dfrac{1}{4}=(\log t+1)x-t$ の判別式

を D とすると $D=0$

(3) $f(t)=-\dfrac{1}{4}(\log t+1)+\dfrac{4t-1}{4(\log t+1)}$ とす

ると $f'(t)=\dfrac{-\log t(\log t-4t+2)}{4t(\log t+1)^2}$]

96 (1) $\mathrm{CD}=\sin\theta$, $\mathrm{DE}=\cos\theta-\dfrac{\sin\theta}{\tan\alpha}$

(3) $\theta=\dfrac{\alpha}{2}$ で最大値 $\dfrac{1-\cos\alpha}{2\sin\alpha}$

[(2) $S=\mathrm{CD}\cdot\mathrm{DE}$

$=\sin\theta\left(\cos\theta-\dfrac{\cos\alpha\sin\theta}{\sin\alpha}\right)$

$=\dfrac{1}{\sin\alpha}(\sin\theta\cos\theta\sin\alpha-\sin^2\theta\cos\alpha)$

$=\dfrac{1}{\sin\alpha}\left(\dfrac{1}{2}\sin 2\theta\sin\alpha-\dfrac{1-\cos 2\theta}{2}\cos\alpha\right)$

$=\dfrac{1}{2\sin\alpha}(\cos 2\theta\cos\alpha+\sin 2\theta\sin\alpha-\cos\alpha)$

さらに加法定理を用いる]

97 最大値 $\dfrac{5}{2}$, 最小値 $\dfrac{4+5e}{4e}+\dfrac{4e}{4+5e}$

[$t=e^{-x^2}+\dfrac{1}{4}x^2+1$ とおくと $f(x)=t+\dfrac{1}{t}$

$t=g(x)$ とすると $g(-x)=g(x)$ より, $g(x)$ は偶関数であるから, $0\leqq x\leqq 1$ の範囲を考える。

$g'(x)<0$ から t のとりうる値の範囲は

$g(1)\leqq t\leqq g(0)$ すなわち $\dfrac{4+5e}{4e}\leqq t\leqq 2$]

98 (1) $S=4x+8y+20$

(2) $\mathrm{P}\left(-\dfrac{1}{\sqrt{5}}, -\dfrac{2}{\sqrt{5}}\right)$ で最小値

$-4\sqrt{5}+20$

(3) $\mathrm{P}\left(\dfrac{3}{5}, -\dfrac{4}{5}\right)$ で最小値 $\dfrac{1}{9}$

[(2) $x=\cos\theta$, $y=\sin\theta$ とおくと

$S=4\sqrt{5}\sin(\theta+\alpha)+20$

ただし, $\sin\alpha=\dfrac{1}{\sqrt{5}}$, $\cos\alpha=\dfrac{2}{\sqrt{5}}$

(3) (1)と同様に $x^2+y^2=1$ であるから

$T=\dfrac{\mathrm{BP}^2}{\mathrm{AP}^2}=\dfrac{(x-1)^2+(y+2)^2}{(x+3)^2+(y+2)^2}$

$=\dfrac{-x+2y+3}{3x+2y+7}$

$x=\cos\theta$, $y=\sin\theta$ として, T の増減を調べる]

99 (1) $0<\theta<\dfrac{\pi}{3}$

(2) $S(\theta)=3\sin\theta-\dfrac{1}{2}\sin 6\theta$ (3) $\theta=\dfrac{2}{7}\pi$

[(2) $z=\overline{\left(\dfrac{1}{z}\right)}$, $z^2=\overline{\left(\dfrac{1}{z^2}\right)}$, $z^3=\overline{\left(\dfrac{1}{z^3}\right)}$ である

から, 点Bと点G, 点Cと点F, 点Dと点Eはそれぞれ実軸に関して対称な点である。

七角形 ABCDEFG の形状について

$0<\theta \leqq \frac{\pi}{6}$ と $\frac{\pi}{6}<\theta<\frac{\pi}{3}$ の場合に分けて考える]

100 (1)〔図〕

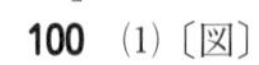

(2) $a<-\frac{1}{2}$, $1\leqq a$ のとき 1 個；

$a=-\frac{1}{2}$ のとき 2 個；

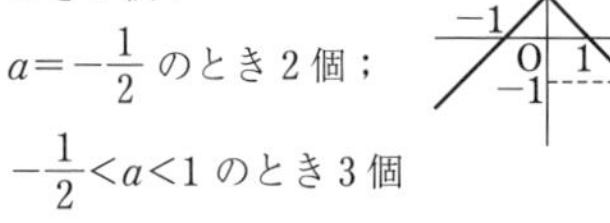

$-\frac{1}{2}<a<1$ のとき 3 個

(3) $a=\frac{-3+\sqrt{5}}{2}$ で最小値 $\sqrt{5}-1$

[(1) x, $x-2$ の正負に着目して場合分けをする。

(2) 直線 $y=ax$ の傾きに着目して場合分けをする]

101 (1) $f'(x)=\frac{2x-2}{x(2x^2-2x+1)}$

(2) $x=1$ で極小値 0，極大値は存在しない

(3) $0<k<\log 2$

[(3) $y=f(x)$ のグラフと直線 $y=k$ が 2 個の共有点をもつような定数 k の値の範囲を求める]

102 (1) 順に 1, 1, ∞, −∞

(2)〔図〕

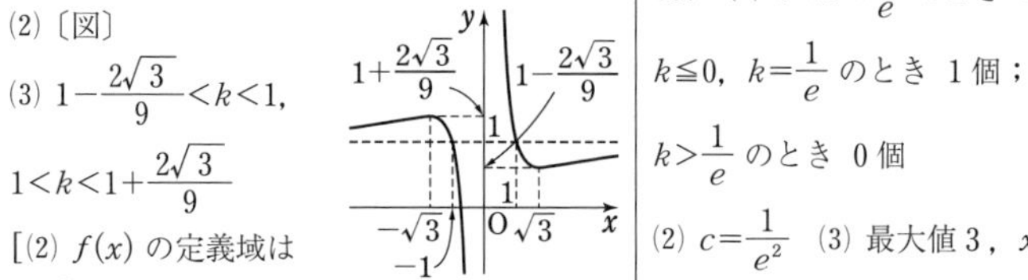

(3) $1-\frac{2\sqrt{3}}{9}<k<1$, $1<k<1+\frac{2\sqrt{3}}{9}$

[(2) $f(x)$ の定義域は $x \neq 0$

また，(1)から，漸近線は直線 $x=0$ と直線 $y=1$]

103 (1) $(a-b)(a+b-k)$

(2)〔図〕

(3) $k<-1$, $\sqrt{2}\leqq k$ のとき 1 個；

$-1\leqq k<1$ のとき 2 個；

$1\leqq k<\sqrt{2}$ のとき 3 個

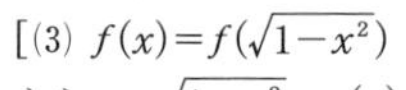

[(3) $f(x)=f(\sqrt{1-x^2})$ から $x=\sqrt{1-x^2}$, $g(x)=k$]

104 (1) $g'(x)=-\frac{x^n e^{-x}}{n!}$

[(2) n は正の偶数であるから，$x<0$ のとき $g'(x)=-\frac{x^n e^{-x}}{n!}<0$

(3) $x\geqq 0$ と $x<0$ で場合分けを行う]

105 (1) $f^{(1)}(x)=e^x+xe^x=(x+1)e^x$,

$f^{(2)}(x)=e^x+(x+1)e^x=(x+2)e^x$,

$f^{(3)}(x)=e^x+(x+2)e^x=(x+3)e^x$

(2) 1 個

(4) $g^{(n)}(x)=\{x^2+2nx+n(n-1)\}e^x$, 2 個

[(2) $f^{(n)}(x)=(x+n)e^x$ と推測できる。

$f^{(k+1)}(x)=e^x+(x+k)e^x=(x+k+1)e^x$

(3) $g^{(k+1)}(x)=(2x+p_k)e^x+(x^2+p_kx+q_k)e^x$
$=\{x^2+(p_k+2)x+p_k+q_k\}e^x$]

106 (1) 1 個 (2) 2 個

[(3) $y=x(x^2-a)$ と $y=e^x$ のグラフの $x<0$ における共有点の個数は，方程式 $x(x^2-a)=e^x$ の負の実数解の個数と一致する。

この負の実数解が 1 個のみであるとき，(2)のグラフから，a は $h(\alpha)=\alpha^2-\frac{e^\alpha}{\alpha}$ のただ 1 つ存在する]

107 (1) $0<k<\frac{1}{e}$ のとき 2 個；

$k\leqq 0$, $k=\frac{1}{e}$ のとき 1 個；

$k>\frac{1}{e}$ のとき 0 個

(2) $c=\frac{1}{e^2}$ (3) 最大値 3，$x=1$

[(2) $xye^{-(x+y)}=xe^{-x}ye^{-y}=f(x)f(y)$

(3) $0<f(x)$ であるから $f(y)=\frac{3}{e^4}\cdot\frac{1}{f(x)}$

$\frac{1}{f(x)}\geqq e$ より $\frac{3}{e^3}\leqq f(y)\leqq\frac{1}{e}$]

108 (1) $g'(t)=-t(3\sin t+2t\cos t)$

(2) 2 個 (3) 2 個 (4) $x^3\frac{d^2}{dx^2}f_n(x)=2g(t)$

(5) $n=2$

[(2) $t=\frac{\pi}{2}$, $\frac{3}{2}\pi$ のとき，$\cos t=0$ であるから $0<t<\frac{5}{2}\pi$, $t\neq\frac{\pi}{2}$, $\frac{3}{2}\pi$ の範囲を考える

と $g'(t)=-3t\cos t\left(\tan t+\frac{2}{3}t\right)$

$g'(t)=0$ とすると $\tan t=-\frac{2}{3}t$

(4) $a=\frac{\pi}{(2n+1)^2}$ とすると

$f_n(x)=\frac{1}{x}\sin(ax^2)$

$\frac{d}{dx}f_n(x)=-\frac{1}{x^2}\sin(ax^2)+2a\cos(ax^2)$,

$\frac{d^2}{dx^2}f_n(x)$

$=\frac{2-4a^2x^4}{x^3}\sin(ax^2)-\frac{2a}{x}\cos(ax^2)$

(5) $0<x<5$ の範囲において，$g(t)$ の符号が1回だけ変化するような自然数 n の値を求めればよい]

109 〔図〕境界線は $b=-1$ の $\frac{\pi}{2}+1<a<\pi$ の部分のみ含み，他は含まない。

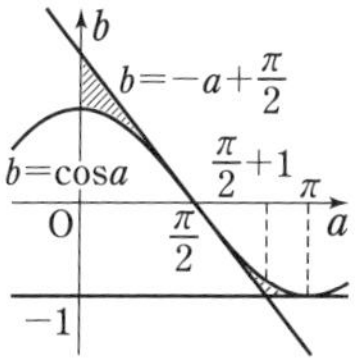

[$N(\mathrm{P})=4$ かつ $0<a<\pi$ を満たすとき，$0<a<\pi$ で $b=(t-a)\sin t+\cos t$ を満たす実数 t が $-\pi\leqq t\leqq\pi$ にちょうど4個存在すればよい。

$g(t)=(t-a)\sin t+\cos t$ とすると，点Pの存在範囲は，$0<a<\pi$ において，関数 $y=g(t)$ のグラフと直線 $y=b$ の共有点の個数がちょうど4個になるときの a，b の値の範囲である]

110 [$f(x)=x-\frac{x^2}{2}+\frac{x^3}{3}-\log(1+x)$ とおくと $x>0$ のとき $f'(x)=\frac{x^3}{1+x}>0$，また $f(0)=0$]

111 (1) $m=2,\ 4$ (3) 11個

[(2) $f'(x)=\frac{2}{(\log 2)^2}\cdot\frac{\log x}{x}-1$,

$f''(x)=\frac{2(1-\log x)}{x^2(\log 2)^2}$

$x>e$ のとき，$\log x>1$]

112 [(1) $f(x)=e^{x-1}-x$ として，$f(x)$ の増減を調べる。

(2) $x_1>0$，$x_2>0$ であるから，(1) より

$0<x_1\leqq e^{x_1-1}$，$0<x_2\leqq e^{x_2-1}$

$t_1>0$，$t_2>0$ であるから

$0<x_1{}^{t_1}\leqq e^{t_1(x_1-1)}$，$0<x_2{}^{t_2}\leqq e^{t_2(x_2-1)}$

(3) (2) で示した不等式を用いる。

(4) $a>0$ より $\frac{t_1y_1}{a}+\frac{t_2y_2}{a}+\cdots\cdots+\frac{t_ny_n}{a}=1$

$x_i=\frac{y_i}{a}$ として，(3) を用いて示す]

113 (2) $\pi^{6\sqrt{2}}<3^{2\sqrt{2}\pi}<2^{\frac{9}{2}\pi}$

[(1) $f(x)=\frac{\log x}{x}$ とすると，$e\leqq x<y$ から $f(x)>f(y)$

(2) $e\leqq 3<\pi$ であるから，(1) の不等式で $x=3$，$y=\pi$ を代入すると $\log 3^{2\sqrt{2}\pi}>\log\pi^{6\sqrt{2}}$

$e\leqq 2\sqrt{2}<3$ であるから，(1) の不等式で $x=2\sqrt{2}$，$y=3$ を代入すると

$3\log 2\sqrt{2}>2\sqrt{2}\log 3$]

114 (1) $\left(1+\frac{1}{t}\right)^t<e$ (2) $\left(1+\frac{1}{t}\right)^t>e^{1-\frac{1}{2t}}$

[(1) $f(t)=t\log\left(1+\frac{1}{t}\right)-1$ として，$t>0$ のとき $f(t)<0$ を示す。

$f'(t)=\log\left(1+\frac{1}{t}\right)-\frac{1}{t+1}$,

$f''(t)=-\frac{1}{t(t+1)^2}$

$t>0$ より $f''(t)<0$ であるから $f'(t)>0$

また $\lim_{t\to\infty}f(t)=0$ から $f(t)<0$

(2) $g(t)=t\log\left(1+\frac{1}{t}\right)-\left(1-\frac{1}{2t}\right)$ として，$t>0$ のとき $g(t)>0$ を示す

$g'(t)=\log\left(1+\frac{1}{t}\right)-\frac{1}{t+1}-\frac{1}{2t^2}$,

$g''(t)=\frac{2t+1}{t^3(t+1)^2}$

$t>0$ より $g''(t)>0$ であるから $g'(t)<0$

また $\lim_{t\to\infty}g(t)=0$ から $g(t)>0$]

115 (3) 0.111

[(1) $g(x)=f(x)-(1-x)$,

$h(x)=\left(1-x+\frac{x^2}{2}\right)-f(x)$ としてそれぞれ増減を調べる。

(2) (1) から，$n \leqq k$ となる整数 k について，

$1-\frac{1}{k}<f\left(\frac{1}{k}\right)<1-\frac{1}{k}+\frac{1}{2k^2}$ が成り立つ。

$1-\frac{1}{k}<f\left(\frac{1}{k}\right)$ について

$\frac{1}{k^2-1}\left(1-\frac{1}{k}\right)<\frac{1}{k^2-1}f\left(\frac{1}{k}\right)$

$f\left(\frac{1}{k}\right)<1-\frac{1}{k}+\frac{1}{2k^2}$ について

$\frac{1}{k^2-1}f\left(\frac{1}{k}\right)<\frac{1}{k^2-1}\left(1-\frac{1}{k}+\frac{1}{2k^2}\right)$ を考える]

116 (1) $4a^3$

[(2) $\lim_{h\to+0}\frac{g(0+h)-g(0)}{h}$

$\neq\lim_{h\to-0}\frac{g(0+h)-g(0)}{h}$ を示す。

(3) $0\leqq a<b\leqq 1$ を満たす任意の実数 a，b に対して，$h(a)>h(b)$ が成り立つことを示す]

117 C は積分定数とする。

(1) $\frac{2}{15}\sqrt{x-1}(3x^2+4x+8)+C$

(2) $\frac{1}{2}\log\frac{1-\cos x}{1+\cos x}+C$

[(1) $\sqrt{x-1}=t$ とおく]

118 (1) $3\log 3-2$ (2) $\frac{8}{105}$

(3) $\frac{64}{3}\log 2-\frac{56}{9}$

[(1) $\log(x+3)=(x+3)'\log(x+3)$]

119 (ア) 0 (イ) $\frac{\pi^2}{9}+2\log 2$

[(ア) $f(x)=x+\tan x$ とすると

$f(-x)=-x-\tan x=-f(x)$

(イ) $|f(-x)|=|-f(x)|=|f(x)|$]

120 (ア) $\frac{1}{3}{a_n}^3$ (イ) $3^{n-1}\log 2$

[(ア) $\sqrt{{a_n}^2-x^2}=t$ とおく

(イ) $\log a_n=b_n$ であるから

$b_{n+1}=\log a_{n+1}=\log {a_n}^3=3\log a_n=3b_n$]

121 $\frac{1}{2}$

[$a+b-x=t$ とおくと $dx=-dt$

$\int_a^b f(a+b-x)dx$ において $a=1$，$b=2$ とすると $\int_1^2 f(x)dx=\int_1^2 f(3-x)dx$

さらに，$f(x)=\frac{x^2}{x^2+(3-x)^2}$ とおくと

$f(3-x)=\frac{(3-x)^2}{(3-x)^2+x^2}$]

122 (1) $f'(x)=e^{-x}(2\cos 2x-\sin 2x)$

(3) $\frac{2}{5}(e^{-\frac{\pi}{2}}+1)$

[(2) $e^{-x}\sin 2x=(-e^{-x})'\sin 2x$ を利用する]

123 (1) $\frac{\pi}{4}\leqq x\leqq\frac{7}{4}\pi$ (2) $3\sqrt{3}$

(3) $12-3\sqrt{3}$

[(1) $f(x)=\sqrt{3}\sin\left(\frac{2}{3}x\right)-\cos\left(\frac{2}{3}x\right)$

$=2\sin\left(\frac{2}{3}x-\frac{\pi}{6}\right)$

(3) (1) より $0\leqq x<\frac{\pi}{4}$，$\frac{7}{4}\pi<x\leqq 2\pi$ のとき

$f(x)<0$，また，$\frac{\pi}{4}\leqq x\leqq\frac{7}{4}\pi$ のとき

$f(x)\geqq 0$]

124 (1) $x=\pm\frac{1}{\sqrt{t}}$ で極大値 $\frac{2}{e}$，$x=0$ で極小値 0

(2) $t^2e^{-t^2}\log t+e^{-t^2}-e^{-t}$

[(3) $g(t)-\{(t^{\frac{5}{2}}-t^2+1)e^{-t^2}-e^{-t}\}$

$=(\log t-\sqrt{t}+1)t^2e^{-t^2}$

$1<t<4$ のとき，$t^2e^{-t^2}>0$ であるから，

$h(t)=\log t-\sqrt{t}+1$ とおくと，$1<t<4$ のとき $h(t)>0$ を示せばよい]

125 (1) $f'(x)=2e^{2x}-4e^x$

(2) $x=\log 2$ で極大値 -1

(3) $A=-\frac{1}{2}$，$B=\frac{3}{2}$

(4) $\frac{1}{2}\log 6$

[(2) $g'(x)=\frac{-f'(x)}{\{f(x)\}^2}=\frac{-2e^x(e^x-2)}{(e^x-1)^2(e^x-3)^2}$

(4) $e^x=t$ とすると $dx=\frac{1}{t}dt$

$\int_{\log 4}^{\log 5}\frac{e^{2x}}{e^{2x}-4e^x+3}dx=\int_4^5\frac{t}{t^2-4t+3}dt$ であるから，(3) を利用する]

126 (1) 1 (2) $\frac{1}{2}\log 3$

(3) $\frac{1}{3}+\frac{1}{4}\log 3$

[(1) $(\tan\theta)'=\left(\frac{\sin\theta}{\cos\theta}\right)'$

(2) $\frac{\cos\theta}{1+\sin\theta}+\frac{\cos\theta}{1-\sin\theta}=\frac{2\cos\theta}{1-\sin^2\theta}$]

127 1

[$1<\int_0^{2023}\frac{2}{x+e^x}dx<2$ を示す。

$x\geqq 0$ のとき，$0<\frac{1}{x+e^x}\leqq\frac{1}{e^x}$ であるから

$\int_0^{2023}\frac{2}{x+e^x}dx\leqq\int_0^{2023}\frac{2}{e^x}dx$

また，$x\geqq 0$ のとき，$e^x\geqq x+1$ であるから

$x+e^x\leqq(e^x-1)+e^x=2e^x-1$

よって $\frac{2}{x+e^x}\geqq\frac{2}{2e^x-1}$

ゆえに $\int_0^{2023}\frac{2}{x+e^x}dx\geqq\int_0^{2023}\frac{2}{2e^x-1}dx$]

128 $f(x)=e^{2x}-e^x-\frac{1}{3}(e-1)^2x$

[$\int_0^1 f(t)dt=a$ とおくと

$f(x)=e^{2x}-e^x-ax+C$]

129 (1) 1

[(2) $n=k+1$ のとき

$S_{k+1}=\int_1^e(\log x)^{k+1}dx$

$=\Big[x(\log x)^{k+1}\Big]_1^e-(k+1)\int_1^e x(\log x)^k\cdot\frac{1}{x}dx$

$=e-(k+1)S_k=e-(k+1)(a_ke+b_k)$

$=\{1-(k+1)a_k\}e-(k+1)b_k$]

130 (1) $t\sin t+\cos t+C$ (Cは積分定数)

(2) $x-\frac{\pi}{2}+1$ (3) $-x-2\cos x+\frac{\pi}{2}+1$

(4) $x=\frac{\pi}{6}$ で最小値 $\frac{\pi}{3}+1-\sqrt{3}$，

$x=\pi$ で最大値 $\frac{\pi}{2}+1$

[(3) $0\leqq t\leqq x$，$x<t\leqq\frac{\pi}{2}$ の場合に分けて考える]

131 (1) $\frac{1}{n}$

[(2) $0<x\leqq\frac{\pi}{4}$ において，$\tan^{n+1}x>0$ であるから $\int_0^{\frac{\pi}{4}}\tan^{n+1}x\,dx>0$ すなわち $I_{n+2}>0$

(3) $(I_1+I_3)-(I_3+I_5)+\cdots\cdots$
$+(-1)^{n-1}(I_{2n-1}+I_{2n+1})$ を考える。

(4) (2)から，$\lim_{n\to\infty}(-1)^{n-1}I_{2n+1}$ の値を求めて，(3)の両辺について $n\longrightarrow\infty$ の極限を考える]

132 (1) $f(x)=t^2-(\sqrt{3}-1)t-\sqrt{3}$，
$-1\leqq t\leqq\sqrt{3}$ (2) $\frac{1}{\cos^2 x}$

(3) $2\sqrt{3}-6$ (4) $\frac{3\sqrt{3}+5}{3}$ (5) $2\sqrt{3}-6$

[(3) 偶関数，奇関数の性質を利用する。

(4) $\tan x=t$ とおく。

(5) $\int_{-\frac{\pi}{3}}^{\frac{\pi}{3}}h(x)\tan x\,dx=a$ とおく]

133 (1) $f(x)=\frac{e-2}{e}$ (2) $\frac{\pi}{4}+\frac{1}{2}\log 2$

[(2) $e^x=t$ とおくと

$\int_{\log\frac{\pi}{4}}^{\log\frac{\pi}{2}}\frac{e^{2x}}{\{\sin(e^x)\}^2}dx=\int_{\frac{\pi}{4}}^{\frac{\pi}{2}}\frac{t}{\sin^2 t}dt$

さらに，$\frac{\pi}{2}-t=u$ とおく]

134 (1) $a_{m,1}=\frac{(-2)^{m+2}}{(m+2)(m+1)}$

(2) $a_{m,n}=\frac{2n}{m+n+1}a_{m,n-1}$

(3) $a_{m,n}=\frac{(-1)^m\cdot 2^{m+n+1}m!n!}{(m+n+1)!}$

[(2) $(x-1)^{m+1}(x+1)^{n-1}$
$=(x-1)^m(x+1)^{n-1}(x-1)$
$=(x-1)^m(x+1)^{n-1}\{(x+1)-2\}$
$=(x-1)^m(x+1)^n-2(x-1)^m(x+1)^{n-1}$]

135 (ア) $-\frac{1}{2}xe^{-2x}-\frac{1}{4}e^{-2x}+\frac{3}{4}e^{-2}$

(イ) $\frac{3}{4}e^{-2}$

[$f(x)=\int_1^x t\left(-\frac{1}{2}e^{-2t}\right)'dt$

$=\left[-\frac{1}{2}te^{-2t}\right]_1^x+\int_1^x\frac{1}{2}e^{-2t}dt$]

136 (1) $I_0=1-e^{-x}$, $I_1=1-(x+1)e^{-x}$

(2) $I_n=I_{n-1}-\dfrac{1}{n!}x^ne^{-x}$

(3) $I_n=1-\dfrac{1}{e^x}\left(1+x+\dfrac{x^2}{2!}+\cdots\cdots+\dfrac{x^n}{n!}\right)$

[(2) $n\geqq1$ のとき

$I_n=\dfrac{1}{n!}\displaystyle\int_0^x t^n(-e^{-t})'\,dt$

$=\dfrac{1}{n!}\Big[-t^ne^{-t}\Big]_0^x+\dfrac{1}{(n-1)!}\displaystyle\int_0^x t^{n-1}e^{-t}dt$

$=-\dfrac{1}{n!}x^ne^{-x}+I_{n-1}$

(3) $n\geqq1$ のとき $I_n=I_0+\displaystyle\sum_{k=1}^{n}\left(-\dfrac{1}{k!}x^ke^{-x}\right)$]

137 (1) $f(x)=-2(\log x)^2$,
$g(x)=-4x\log x+4x-4$

[(1) $f(x)=\left[\dfrac{1}{2}(\log t)^2\right]_{x^2}^1$

$g(x)=\left[2t^{\frac{1}{2}}\log t\right]_{x^2}^1-\displaystyle\int_{x^2}^1 2t^{\frac{1}{2}}\cdot\dfrac{1}{t}dt$

(2) $h(x)=\dfrac{g(x)}{f(x)}$ とおくと

$h(x)=2\cdot\dfrac{x\log x-x+1}{(\log x)^2}$

$h'(x)=2\cdot\dfrac{x(\log x)^2-2x\log x+2x-2}{x(\log x)^3}$

さらに，$k(x)=x(\log x)^2-2x\log x+2x-2$
とおいて，$0<x<1$ で $k(x)<0$,
$x(\log x)^3<0$ であるから $h'(x)>0$]

138 (1) 1 (2) $\dfrac{\pi}{4}$

(3) $-\sqrt{1-t^2}+C$ (Cは積分定数)

(4) $\dfrac{\pi}{4\sqrt{2}}+\dfrac{1}{\sqrt{2}}-1$

[(1) $\displaystyle\lim_{x\to0}\dfrac{S(x)}{x}=\lim_{x\to0}\dfrac{S(x)-S(0)}{x-0}=S'(0)$

(2) $t=\sin\theta$ とおく。

(3) $\displaystyle\int\dfrac{t}{\sqrt{1-t^2}}dt$

$=\displaystyle\int(1-t^2)^{-\frac{1}{2}}(1-t^2)'\cdot\left(-\dfrac{1}{2}\right)dt$

(4) $\displaystyle\int_0^{\frac{1}{\sqrt{2}}}S(x)dx=\int_0^{\frac{1}{\sqrt{2}}}(x)'S(x)dx$

$=\Big[xS(x)\Big]_0^{\frac{1}{\sqrt{2}}}-\displaystyle\int_0^{\frac{1}{\sqrt{2}}}xS'(x)dx$]

139 (1) $f_2(x)=a^{2x}(1-a^x)$

(2) $f_n(x)=a^{2x}(1-a^x)^{n-1}$

(3) $\dfrac{dx}{dt}=\dfrac{1}{(t-1)\log a}$,

$I_n=\dfrac{1}{\log a}\left\{\dfrac{(1-a)^{n+1}}{n+1}-\dfrac{(1-a)^n}{n}\right\}$

(4) $\displaystyle\sum_{k=1}^{n}I_k=\dfrac{1}{\log a}\left\{\dfrac{(1-a)^{n+1}}{n+1}+a-1\right\}$,

$\displaystyle\lim_{n\to\infty}\sum_{k=1}^{n}I_k=\dfrac{a-1}{\log a}$

[(2) $n\geqq2$ とすると

$f_n(x)=\displaystyle\sum_{k=1}^{n}f_k(x)-\sum_{k=1}^{n-1}f_k(x)$

(3) $I_n=\displaystyle\int_0^{1-a}(1-t)^2\cdot t^{n-1}\cdot\dfrac{dt}{(t-1)\log a}$

$=\dfrac{1}{\log a}\displaystyle\int_0^{1-a}(t^n-t^{n-1})dt$

$=\dfrac{1}{\log a}\left[\dfrac{t^{n+1}}{n+1}-\dfrac{t^n}{n}\right]_0^{1-a}$]

140 (1) $f(x)=\dfrac{ape^{bx}}{pe^{bx}+a-p}$

(2) $a=2$, $b=\dfrac{1}{2}\log3$, $p=\sqrt{3}-1$

(3) $\displaystyle\lim_{x\to-\infty}f(x)=0$, $\displaystyle\lim_{x\to\infty}f(x)=2$

[(1) $\displaystyle\int_p^{f(x)}\dfrac{a}{u(a-u)}du=\int_p^{f(x)}\left(\dfrac{1}{u}+\dfrac{1}{a-u}\right)du$

$=\Big[\log|u|-\log|a-u|\Big]_p^{f(x)}$

$=\log\dfrac{(a-p)f(x)}{p\{a-f(x)\}}$

(2) $f(-1)=\dfrac{1}{2}$ から $e^b=\dfrac{(2a-1)p}{a-p}$ …… ②

$f(1)=1$ から $e^b=\dfrac{a-p}{(a-1)p}$ …… ③

$f(3)=\dfrac{3}{2}$ から $e^{3b}=\dfrac{3(a-p)}{(2a-3)p}$ …… ④

②×③ から $e^{2b}=\dfrac{2a-1}{a-1}$

④÷③ から $e^{2b}=\dfrac{3(a-1)}{2a-3}$

よって $\dfrac{2a-1}{a-1}=\dfrac{3(a-1)}{2a-3}$

(3) $b=\dfrac{1}{2}\log3>0$ であるから

$\displaystyle\lim_{x\to-\infty}e^{bx}=0$, $\displaystyle\lim_{x\to\infty}e^{-bx}=0$]

141 (1) $I_n(x)$
$=\dfrac{1}{x^2+1}\{-e^{-n}\cos(nx)+xe^{-n}\sin(nx)+1\}$

(2) $M(x)=\dfrac{1}{x^2+1}$

(3) 〔図〕

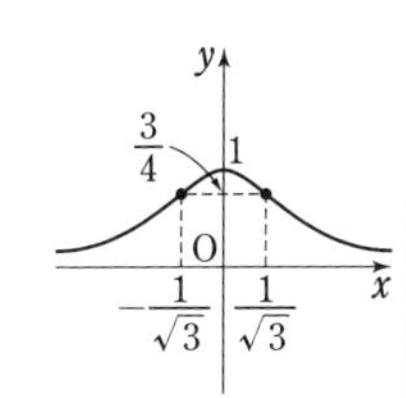

[(1) $J_n(x)=\int_0^n e^{-t}\sin(tx)dt$ とおく。
$I_n(x)=-e^{-n}\cos(nx)+1-xJ_n(x)$ …… ①
$J_n(x)=-e^{-n}\sin(nx)+xI_n(x)$ …… ②
② を ① に代入する。
(2) $-1\leqq\cos(nx)\leqq1$, $-1\leqq\sin(nx)\leqq1$ から
$-\dfrac{1}{e^n}\leqq\dfrac{\cos(nx)}{e^n}\leqq\dfrac{1}{e^n}$,
$-\dfrac{1}{e^n}\leqq\dfrac{\sin(nx)}{e^n}\leqq\dfrac{1}{e^n}$
$\lim\limits_{n\to\infty}\left(-\dfrac{1}{e^n}\right)=\lim\limits_{n\to\infty}\dfrac{1}{e^n}=0$ から，はさみうちの原理により
$\lim\limits_{n\to\infty}\dfrac{\cos(nx)}{e^n}=\lim\limits_{n\to\infty}\dfrac{\sin(nx)}{e^n}=0$
(3) $y=\dfrac{1}{x^2+1}$ から
$y'=-\dfrac{2x}{(x^2+1)^2}$, $y''=\dfrac{2(3x^2-1)}{(x^2+1)^3}$]

142 (1) 1 (2) $\{\log f(x)\}'=e^x(1+x)$
(3) $f(x)=e^{xe^x}$ (4) $x=-2\log2$, $-\log2$
[(4) $f(x)=\dfrac{1}{\sqrt{2}}$ から $xe^x=\dfrac{1}{2}\log\dfrac{1}{2}$
$s=e^x$ $(s>0)$ とおくと
$s\log s=\dfrac{1}{2}\log\dfrac{1}{2}$ …… ①
$g(s)=s\log s$ $(s>0)$ とおくと，
$g\left(\dfrac{1}{2}\right)=\dfrac{1}{2}\log\dfrac{1}{2}$, $g\left(\dfrac{1}{4}\right)=\dfrac{1}{2}\log\dfrac{1}{2}$ から，
$s=\dfrac{1}{4}$, $\dfrac{1}{2}$ は ① を満たす。
① を満たす s が $s=\dfrac{1}{4}$, $\dfrac{1}{2}$ だけであることを確かめる。
$g(s)$ の増減を調べると，$0<s<\dfrac{1}{e}$ で単調に減少し，$\dfrac{1}{e}<s$ で単調に増加する。
よって，① を満たす s は，$s=\dfrac{1}{4}$, $\dfrac{1}{2}$ だけであることが確かめられる]

143 (1) $F(x)=\dfrac{1}{2}\log\dfrac{3+2\sin x}{3}$,
最小値 $-\dfrac{1}{2}\log3$, $x=\dfrac{3}{2}\pi$

(2) $\dfrac{\sqrt{5}}{5}$ (3) $\dfrac{1}{8}\left(\log\dfrac{5}{9}\right)^2$

[(1) $F(x)=\int_0^x\dfrac{1}{2}\cdot\dfrac{(3+2\sin t)'}{3+2\sin t}dt$
$=\left[\dfrac{1}{2}\log|3+2\sin t|\right]_0^x$
(2) $f'(x)=-\dfrac{3\sin x+2}{(3+2\sin x)^2}$
(3) $I=\lim\limits_{n\to\infty}\dfrac{\alpha}{n}\sum\limits_{k=1}^{n}f\left(\dfrac{k}{n}\alpha\right)F\left(\dfrac{k}{n}\alpha\right)$ とおくと
$I=\int_0^1\alpha f(\alpha x)F(\alpha x)dx$
$=\left[\dfrac{1}{2}\{F(\alpha x)\}^2\right]_0^1$]

144 (1) $\alpha=\dfrac{\sqrt{3}}{2}+\dfrac{1}{2}i$, $\beta=\dfrac{1}{2}+\dfrac{\sqrt{3}}{2}i$

(2) $\dfrac{1}{6}$ (3) $\dfrac{2}{\pi}$ (4) $\dfrac{\sqrt{3}}{2}-\dfrac{1}{2}i$

[(1) $\dfrac{1}{2}\sin\dfrac{\pi}{n}=\dfrac{1}{4}$ から $n=6$
(2) $\angle\mathrm{ACP}_k=\dfrac{1}{2}\angle\mathrm{AOP}_k=\dfrac{k}{2n}\pi$ から
$\mathrm{AP}_k=2\sin\dfrac{k}{2n}\pi$, $\mathrm{CP}_k=2\cos\dfrac{k}{2n}\pi$
$\mathrm{AP}_k+\mathrm{CP}_k=\sqrt{6}$ であるから
$2\sqrt{2}\sin\left(\dfrac{k}{2n}\pi+\dfrac{\pi}{4}\right)=\sqrt{6}$
(3) $S_k=\dfrac{1}{2}\mathrm{AP}_k\cdot\mathrm{CP}_k=\sin\dfrac{k}{n}\pi$
$\lim\limits_{n\to\infty}\dfrac{S_1+S_2+\cdots\cdots+S_{n-1}}{n}=\lim\limits_{n\to\infty}\dfrac{1}{n}\sum\limits_{k=1}^{n-1}S_k$
$=\lim\limits_{n\to\infty}\dfrac{1}{n}\sum\limits_{k=1}^{n}\sin\dfrac{k}{n}\pi=\int_0^1\sin\pi x\,dx$]

145 (1) $\dfrac{1}{n}\sin\dfrac{k\pi}{2n}$

(2) (ア) $\sqrt{2}$ (イ) 1 (ウ) $2+\sqrt{2}$ (エ) $3+\sqrt{3}$

(オ) $\sin\dfrac{k\pi}{2N}$

(3) $\dfrac{2}{\pi}$

[(2) (ウ)～(オ) $B_1=\sum_{t=0}^{0}A_t(1-t)=A_0(1)=x_1(1)$

$B_2=\sum_{t=0}^{1}A_t(2-t)=A_0(2)+A_1(1)$

$=x_1(1)+x_2(2)+x_1(2)$

$B_3=\sum_{t=0}^{2}A_t(3-t)=A_0(3)+A_1(2)+A_2(1)$

$=x_1(1)+x_2(2)+x_3(3)+x_1(2)+x_2(3)+x_1(3)$

よって $B_2-B_1=x_2(2)+x_1(2)$

$B_3-B_2=x_3(3)+x_2(3)+x_1(3)$

$B_N-B_{N-1}=\sum_{t=0}^{N-1}A_t(N-t)-\sum_{t=0}^{N-2}A_t(N-1-t)$

$=\sum_{t=0}^{N-2}\{A_t(N-t)-A_t(N-1-t)\}+A_{N-1}(1)$

$=\sum_{t=0}^{N-2}\left\{\sum_{k=1}^{N-t}x_k(k+t)-\sum_{k=1}^{N-1-t}x_k(k+t)\right\}+x_1(N)$

$=\sum_{t=0}^{N-2}x_{N-t}(N)+x_1(N)=\sum_{t=0}^{N-1}x_{N-t}(N)$

$=\sum_{k=1}^{N}x_k(N)$

(3) (与式)$=\lim_{N\to\infty}\dfrac{1}{N}\sum_{k=1}^{N}\sin\left(\dfrac{\pi}{2}\cdot\dfrac{k}{N}\right)$

$=\int_0^1\sin\dfrac{\pi}{2}x\,dx$]

146 (2) $f'(x)$

$=\dfrac{1}{2}\left\{b\left(\dfrac{a}{b}\right)^x-a\left(\dfrac{b}{a}\right)^x\right\}\log\dfrac{a}{b}$,

$f''(x)=\dfrac{1}{2}\left\{b\left(\dfrac{a}{b}\right)^x+a\left(\dfrac{b}{a}\right)^x\right\}\left(\log\dfrac{a}{b}\right)^2$

(3) $x=0$, 1 で最大値 $\dfrac{a+b}{2}$,

$x=1$ で最小値 $\sqrt{ab}$

(4) $\dfrac{b-a}{\log b-\log a}$

[(1) $y=c^x$ とおいて，両辺の自然対数をとると $\log y=x\log c$

両辺を x で微分して $\dfrac{y'}{y}=\log c$

$y'=y\log c=c^x\log c$

(2) $f(x)=\dfrac{1}{2}\left\{b\left(\dfrac{a}{b}\right)^x+a\left(\dfrac{b}{a}\right)^x\right\}$ から

$f'(x)=\dfrac{1}{2}\left\{b\left(\dfrac{a}{b}\right)^x\log\dfrac{a}{b}+a\left(\dfrac{b}{a}\right)^x\log\dfrac{b}{a}\right\}$

$f''(x)$

$=\dfrac{1}{2}\left\{b\left(\dfrac{a}{b}\right)^x\log\dfrac{a}{b}-a\left(\dfrac{b}{a}\right)^x\log\dfrac{b}{a}\right\}\log\dfrac{a}{b}$

(3) $f'(x)=0$ とすると $b\left(\dfrac{a}{b}\right)^x-a\left(\dfrac{b}{a}\right)^x=0$

よって $x=\dfrac{1}{2}$

(4) $\int_0^1 f(x)dx=\dfrac{1}{2}\int_0^1\left\{b\left(\dfrac{a}{b}\right)^x+a\left(\dfrac{b}{a}\right)^x\right\}dx$

$=\dfrac{1}{2}\left[\dfrac{b}{\log\dfrac{a}{b}}\left(\dfrac{a}{b}\right)^x+\dfrac{a}{\log\dfrac{b}{a}}\left(\dfrac{b}{a}\right)^x\right]_0^1$

(5) $0\leqq x\leqq 1$ のとき $\sqrt{ab}\leqq f(x)\leqq\dfrac{a+b}{2}$

$\int_0^1\sqrt{ab}\,dx\leqq\int_0^1 f(x)dx\leqq\int_0^1\dfrac{a+b}{2}dx$]

147 (1) $a_3=2$, $a_4=\dfrac{3}{2}$, $a_5=\dfrac{8}{3}$

[(2) 数学的帰納法を用いる。

$n=3$ のとき，$a_3=2$ から $1<a_3<3$

$n=4$ のとき，$a_4=\dfrac{3}{2}$ から $1<a_4<4$

$k\geqq 4$ として，$1<a_{k-1}<k-1$, $1<a_k<k$ と仮定すると，$n=k+1$ のとき $a_{k+1}=\dfrac{1}{a_k}+a_{k-1}$

$\dfrac{1}{k}<\dfrac{1}{a_k}<1$, $1<a_{k-1}<k-1$ から

$\dfrac{1}{k}+1<\dfrac{1}{a_k}+a_{k-1}<k$

よって $\dfrac{1}{k}+1<a_{k+1}<k$

(3) $a_{n+1}=\dfrac{1}{a_n}+a_{n-1}$ ($n=2$, 3, 4……) から

$a_{2n+1}-a_{2n-1}=\dfrac{1}{a_{2n}}$ ($n=1$, 2, 3……)

よって $\sum_{k=2}^{n}(a_{2k+1}-a_{2k-1})=\sum_{k=2}^{n}\dfrac{1}{a_{2k}}$

$a_{2n+1}-a_3=\dfrac{1}{a_4}+\dfrac{1}{a_6}+\cdots\cdots+\dfrac{1}{a_{2n}}$

(2) の結果より $\frac{1}{a_4}+\frac{1}{a_6}+\cdots\cdots+\frac{1}{a_{2n}}$

$>\frac{1}{4}+\frac{1}{6}+\cdots\cdots+\frac{1}{2n}$

$=\frac{1}{2}\left(\frac{1}{2}+\frac{1}{3}+\cdots\cdots+\frac{1}{n}\right)$

よって $a_{2n+1}>\frac{1}{2}\left(1+\frac{1}{2}+\cdots\cdots+\frac{1}{n}\right)$

ここで，$1+\frac{1}{2}+\cdots\cdots+\frac{1}{n}>\log(n+1)$ を示すことで $a_{2n+1}>\frac{1}{2}\log(n+1)$ を得る。

$\lim_{n\to\infty}\frac{1}{2}\log(n+1)=\infty$ から

$\lim_{n\to\infty}a_{2n+1}=\infty$]

148 [(1) $k\leqq x\leqq k+1$，$\alpha>1$ のとき

$\frac{1}{(k+1)^\alpha}\leqq\frac{1}{x^\alpha}\leqq\frac{1}{k^\alpha}$

$\int_k^{k+1}\frac{1}{(k+1)^\alpha}dx\leqq\int_k^{k+1}\frac{1}{x^\alpha}dx\leqq\int_k^{k+1}\frac{1}{k^\alpha}dx$

$\frac{1}{(k+1)^\alpha}\leqq\int_k^{k+1}\frac{1}{x^\alpha}dx\leqq\frac{1}{k^\alpha}$

$\sum_{k=1}^{n}\int_k^{k+1}\frac{1}{x^\alpha}dx\leqq\sum_{k=1}^{n}\frac{1}{k^\alpha}$ から

$1-\frac{1}{(n+1)^{\alpha-1}}\leqq(\alpha-1)\sum_{k=1}^{n}\frac{1}{k^\alpha}$ を示す。

また，$\sum_{k=1}^{n-1}\frac{1}{(k+1)^\alpha}\leqq\sum_{k=1}^{n-1}\int_k^{k+1}\frac{1}{x^\alpha}dx$ から

$(\alpha-1)\sum_{k=1}^{n}\frac{1}{k^\alpha}\leqq\alpha-\frac{1}{n^{\alpha-1}}$ を示す。

(2) $k\leqq x\leqq k+1$ のとき，(1) と同様に考えて

$\frac{1}{k+1}\leqq\int_k^{k+1}\frac{1}{x}dx\leqq\frac{1}{k}$

$\sum_{k=1}^{n-1}\frac{1}{k+1}\leqq\sum_{k=1}^{n-1}\int_k^{k+1}\frac{1}{x}dx$ から

$\sum_{k=1}^{n}\frac{1}{k}-\log n\leqq1$ を示す。

$\sum_{k=3}^{n}\int_k^{k+1}\frac{1}{x}dx\leqq\sum_{k=3}^{n}\frac{1}{k}$ から

$\frac{3}{2}-\log3\leqq\sum_{k=1}^{n}\frac{1}{k}-\log n$ を示す]

149 (2) $\frac{2(\sqrt{2}-1)}{\sqrt{\pi}}$

[(1) $x^2=t$ とおくと，$2x\,dx=dt$ より

$A_k=\int_{k\pi}^{(k+1)\pi}\frac{|\sin t|}{2\sqrt{t}}dt$

$\frac{|\sin t|}{2\sqrt{(k+1)\pi}}\leqq\frac{|\sin t|}{2\sqrt{t}}\leqq\frac{|\sin t|}{2\sqrt{k\pi}}$ が成り立つ

から，$I_k=\int_{k\pi}^{(k+1)\pi}|\sin t|dt$ とおくと

$\frac{I_k}{2\sqrt{(k+1)\pi}}\leqq A_k\leqq\frac{I_k}{2\sqrt{k\pi}}$

また $I_k=\left|\int_{k\pi}^{(k+1)\pi}\sin t\,dt\right|=2$

(2) $B_n=\frac{1}{\sqrt{n}}\sum_{k=n}^{2n-1}A_k$ が成り立つ。

$S_n=\frac{1}{\sqrt{n}}\sum_{k=n}^{2n-1}\frac{1}{\sqrt{(k+1)\pi}}$,

$T_n=\frac{1}{\sqrt{n}}\sum_{k=n}^{2n-1}\frac{1}{\sqrt{k\pi}}$

とおくと $S_n\leqq B_n\leqq T_n$

はさみうちの原理を利用する]

150 (2) $-\frac{1}{2}$

[(1) $(-1)^n\left\{\frac{1}{x+1}-1-\sum_{k=2}^{n}(-x)^{k-1}\right\}$

$=(-1)^n\left[\frac{1}{x+1}-1-\frac{-x\{1-(-x)^{n-1}\}}{1-(-x)}\right]$

$=\frac{x^n}{x+1}$

$\frac{1}{2}x^n$，$\frac{x^n}{x+1}$，$x^n-\frac{1}{2}x^{n+1}$ の大小関係を調べる。

(2) $\int_0^1\frac{1}{2}x^n dx$

$\leqq\int_0^1(-1)^n\left\{\frac{1}{x+1}-1-\sum_{k=2}^{n}(-x)^{k-1}\right\}dx$

$\leqq\int_0^1\left(x^n-\frac{1}{2}x^{n+1}\right)dx$

各辺を計算すると

$\frac{1}{2(n+1)}\leqq(-1)^n(\log2-a_n)$

$\leqq\frac{1}{n+1}-\frac{1}{2(n+2)}$

$-\frac{n}{n+1}+\frac{n}{2(n+2)}\leqq(-1)^n n(a_n-\log2)$

$\leqq-\frac{n}{2(n+1)}$

はさみうちの原理を利用する]

151 (3) 1.318

[(1) $g(x)=e^x-(1+x)$ とおくと
$g'(x)=e^x-1$
$0\leqq x\leqq 1$ のとき，$g'(x)\geqq 0$ から，
$g(x)$ は $0\leqq x\leqq 1$ で単調に増加する。
$g(0)=0$ から，$0\leqq x\leqq 1$ のとき $g(x)\geqq 0$
$h(x)=1+2x-e^x$ とおいて，同様に $0\leqq x\leqq 1$ における $h(x)$ の増減を調べ，$h(x)\geqq 0$ を示す。
(2) 数学的帰納法を用いる。
$n=1$ のとき，$1+x\leqq e^x\leqq 1+2x$ となる。
(1)の結果から，これは成り立つ。
$n=l$ のとき，$\displaystyle\sum_{k=0}^{l}\frac{x^k}{k!}\leqq e^x\leqq\sum_{k=0}^{l}\frac{x^k}{k!}+\frac{x^l}{l!}$ と仮定する。$A_n(x)=e^x-\displaystyle\sum_{k=0}^{n}\frac{x^k}{k!}$，
$B_n(x)=\displaystyle\sum_{k=0}^{n}\frac{x^k}{k!}+\frac{x^n}{n!}-e^x$ とおくと，
$n=l+1$ のとき，$A_{l+1}'(x)=e^x-\displaystyle\sum_{k=0}^{l}\frac{x^k}{k!}\geqq 0$
$B_{l+1}'(x)=\displaystyle\sum_{k=0}^{l}\frac{x^k}{k!}+\frac{x^l}{l!}-e^x\geqq 0$
$A_{l+1}(x)$，$B_{l+1}(x)$ は $0\leqq x\leqq 1$ で単調に増加し，$A_{l+1}(0)=0$，$B_{l+1}(0)=0$ から，
$A_{l+1}(x)\geqq 0$，$B_{l+1}(x)\geqq 0$
(3) (2)から $\displaystyle\sum_{k=1}^{n}\frac{x^k}{k!}\leqq e^x-1\leqq\sum_{k=1}^{n}\frac{x^k}{k!}+\frac{x^n}{n!}$
$0<x\leqq 1$ のとき，各辺を x で割ると
$\displaystyle\sum_{k=1}^{n}\frac{x^{k-1}}{k!}\leqq\frac{e^x-1}{x}\leqq\sum_{k=1}^{n}\frac{x^{k-1}}{k!}+\frac{x^{n-1}}{n!}$
$\displaystyle\sum_{k=1}^{n}\int_0^1\frac{x^{k-1}}{k!}dx\leqq\int_0^1 f(x)dx$
$\displaystyle\leqq\sum_{k=1}^{n}\int_0^1\frac{x^{k-1}}{k!}dx+\int_0^1\frac{x^{n-1}}{n!}dx$
よって
$\displaystyle\sum_{k=1}^{n}\frac{1}{k\cdot k!}\leqq\int_0^1 f(x)dx\leqq\sum_{k=1}^{n}\frac{1}{k\cdot k!}+\frac{1}{n\cdot n!}$
この不等式を用いて，$\displaystyle\int_0^1 f(x)dx$ の近似値を求めるとき，誤差は $\dfrac{1}{n\cdot n!}$ 以下になるから，
$\dfrac{1}{n\cdot n!}<10^{-3}$ を満たす最小の n は $n=6$
$\displaystyle\sum_{k=1}^{6}\frac{1}{k\cdot k!}=1.3178\cdots\cdots$，
$\displaystyle\sum_{k=1}^{6}\frac{1}{k\cdot k!}+\frac{1}{6\cdot 6!}=1.3181\cdots\cdots$ であるから，
近似値は 1.318
真の値は，1.3178…… 以上 1.3181…… 以下であるから，近似値と真の値との誤差は 10^{-3} 以下]

152 (1) $y=\dfrac{x}{a}+\log a-1$ (2) $a=e$ (3) 1
(4) $\dfrac{e}{2}-1$

153 (1) e^2，$\dfrac{1}{e}$ (2) $x=\sqrt{e}$ で極小値 $-\dfrac{9}{4}$
(3) $x(\log x)^2-2x\log x+2x+C$（$C$は積分定数）
(4) $e^2+\dfrac{5}{e}$

154 (1) $\dfrac{2}{3}\pi$ (2) $t=\dfrac{\pi}{6}$，$k=\dfrac{\pi}{4}$
(3) $b=\dfrac{\pi+\sqrt{32-\pi^2}}{8}$ (4) $\dfrac{\pi+8-\sqrt{32-\pi^2}}{8}$
[(3) C_1 と C_2 の共有点が $\mathrm{P}(a,\ b)$ であるから $b=\sin a$，$b=\dfrac{\pi}{4}+\cos a$
すなわち $\sin a=b$，$\cos a=b-\dfrac{\pi}{4}$
これと $\cos^2 a+\sin^2 a=1$ から a を消去し，bを求める]

155 (1) $\dfrac{\pi}{4}$ (2) $\dfrac{1}{2}$ (3) $\dfrac{5}{12}$
[(2) $\cos^4 x-\sin^4 x$
$=(\cos^2 x+\sin^2 x)(\cos^2 x-\sin^2 x)=1\cdot\cos 2x$
を利用する。
(3) $\cos^8 x-\sin^8 x$
$=(\cos^4 x+\sin^4 x)(\cos^4 x-\sin^4 x)$
$=\{(\cos^2 x+\sin^2 x)^2-2\cos^2 x\sin^2 x\}\cos 2x$
$=\left(1-\dfrac{1}{2}\sin^2 2x\right)\cos 2x$
を利用する]

156 (ア) $-\dfrac{2t}{2t+3}$ (イ) 4 (ウ) 3 (エ) $\dfrac{35}{8}$
(オ) $\dfrac{-9+\sqrt{65}}{8}$ (カ) 0 (キ) 4

[㈠ $\dfrac{dy}{dx}=\dfrac{dy}{dt}\cdot\dfrac{dt}{dx}$ を利用

㈥㈦ 曲線 C 上の点 $(t^2+3t,\ 4-t^2)$ における C の法線の方程式は

$(2t+3)\{x-(t^2+3t)\}-2t\{y-(4-t^2)\}=0$

㈧ $\displaystyle\int_{-2}^{4}(y-3)\,dx$ を計算する]

157 (1)〔図〕

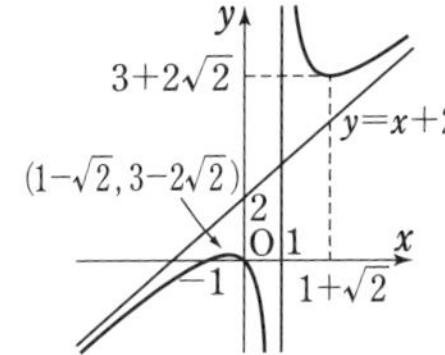

(2) $k<3-2\sqrt{2}$, $3+2\sqrt{2}<k$ のとき 2個;
$k=3\pm2\sqrt{2}$ のとき 1個;
$3-2\sqrt{2}<k<3+2\sqrt{2}$ のとき 0個

(3) $\log 3-3\log 2+1$

[(2) 方程式 $f(x)=k$ の異なる実数解の個数は, $y=f(x)$ のグラフと直線 $y=k$ の共有点の個数に等しい。

(3) $x>1$ において $f(x)$ と $\log f(x)$ の増減が一致することを利用して, グラフの概形をかく]

158 (1) $b=\sqrt{5}$ (2) $\dfrac{\pi}{4}+\dfrac{1}{2}$

(3) $k=\sqrt{10}$, 接点の x 座標は 1

(4) $\sqrt{10}\left(\dfrac{\pi}{2}+1\right)$

[(3) $\dfrac{x^2}{2}+\dfrac{y^2}{5}=1$ の両辺を x で微分して

$x+\dfrac{2}{5}y\cdot\dfrac{dy}{dx}=0$

接点の座標を $(s,\ t)$ とすると, この点における接線の傾きが $-\dfrac{\sqrt{10}}{2}$ であるから

$s+\dfrac{2}{5}t\cdot\left(-\dfrac{\sqrt{10}}{2}\right)=0$]

159 ㈠ 0 ㈡ $\dfrac{\pi}{4}$ ㈢ $\dfrac{3}{4}\pi$ ㈣ π

㈥ $\dfrac{\sqrt{6}}{3}$ ㈦ 0 ㈧ $-\dfrac{\sqrt{6}}{3}$ ㈨ $\dfrac{\sqrt{2}-1}{3}$

㈩ $\dfrac{2\sqrt{2}}{3}$ (コ) $\dfrac{\sqrt{2}-1}{3}$

[㈥㈦㈧ $f'(x)=2(3\cos^2 x-2)\cos x$ より,

$f'(x)=0$ とすると $\cos x=\pm\dfrac{\sqrt{6}}{3}$, 0

$0\leqq\alpha_1<\alpha_2<\alpha_3\leqq\pi$ であるから,

$\cos\alpha_3<\cos\alpha_2<\cos\alpha_1$ に注意する]

160 (1) $f'(x)=\dfrac{2(3-x^2)}{\sqrt{6-x^2}}$

(2) $a=\sqrt{3}$, $f(a)=3$,
〔図〕

(3) $2\sqrt{6}-\sqrt{3}$

(4) $S=8\sqrt{3}-4\sqrt{6}$

[(4) $|f(-x)|$

$=|-x\sqrt{6-(-x)^2}|$

$=|x\sqrt{6-x^2}|$

$=|f(x)|$

より, $y=|f(x)|$ のグラフは y 軸に関して対称であるから, 面積は

$2\displaystyle\int_0^{\sqrt{3}}\{3-f(x)\}\,dx$]

161 (1) 2 (2) t^2-6 (3) 3

(4) $\log\dfrac{3-\sqrt{5}}{2}\leqq x\leqq\log\dfrac{3+\sqrt{5}}{2}$

(5) $8\log\dfrac{3+\sqrt{5}}{2}-\sqrt{5}$

[(1) $g'(x)=e^x-e^{-x}$ より, $g(x)$ の増減を考える。また, 相加平均と相乗平均の大小関係を利用することもできる]

162 (1)〔図〕,
境界線を含む

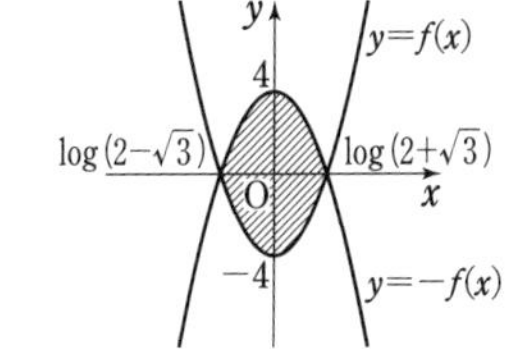

(2) $16\log(2+\sqrt{3})-8\sqrt{3}$

(3) $x=\log\dfrac{-1+\sqrt{5}}{2}$, $y=\sqrt{5}-4$ で

最小値 $\log\dfrac{-1+\sqrt{5}}{2}+\sqrt{5}-4$,

$x=-\log\dfrac{-1+\sqrt{5}}{2}$, $y=-\sqrt{5}+4$ で

最大値 $-\log\dfrac{-1+\sqrt{5}}{2}-\sqrt{5}+4$

[(3) $x+y=k$ とおくと $y=-x+k$
これは傾きが -1，y 切片が k の直線を表す。この直線を ℓ とすると，k はDと ℓ が第1象限で接するときに最大となり，第3象限で接するときに最小になる]

163 (1) 極小値 $-\dfrac{3\sqrt{6}}{4}e^{-\frac{3}{2}}$，極大値 $\dfrac{3\sqrt{6}}{4}e^{-\frac{3}{2}}$

(2) $0<a<\dfrac{2\sqrt{6}}{9}e^{\frac{3}{2}}$ のとき 0個；
$a=\dfrac{2\sqrt{6}}{9}e^{\frac{3}{2}}$ のとき 1個；
$\dfrac{2\sqrt{6}}{9}e^{\frac{3}{2}}<a$ のとき 2個

(3) $\dfrac{e^4-5}{2e^4}$

[(2) $a>0$，$e^{x^2}-ax^3=0$ より $x^3e^{-x^2}=\dfrac{1}{a}$
よって，$e^{x^2}-ax^3=0$ の異なる実数解の個数と，$y=f(x)$ のグラフと直線 $y=\dfrac{1}{a}$ の共有点の個数は等しい]

164 (1) $\mathrm{P}(e,\ e^a)$，〔図〕
(2) $a=1$，$\mathrm{Q}\left(\dfrac{e}{2},\ \sqrt{e}\right)$
(3) $\dfrac{1}{2}e^2-\dfrac{2}{3}e\sqrt{e}-\dfrac{2}{3}$

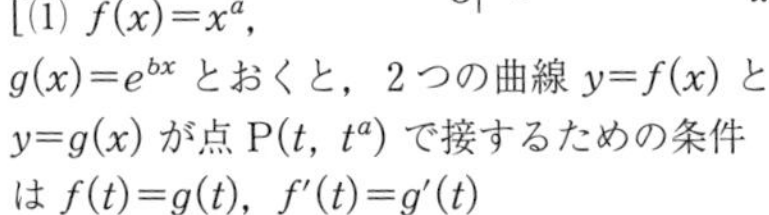

[(1) $f(x)=x^a$，
$g(x)=e^{bx}$ とおくと，2つの曲線 $y=f(x)$ と $y=g(x)$ が点 $\mathrm{P}(t,\ t^a)$ で接するための条件は $f(t)=g(t)$，$f'(t)=g'(t)$
(2) $h(x)=\sqrt{2x}$ とおくと，(1)と同様に2つの曲線 $y=g(x)$ と $y=h(x)$ が点 $\mathrm{Q}(s,\ \sqrt{2s})$ で接するための条件は $g(s)=h(s)$，$g'(s)=h'(s)$]

165 (1) $\displaystyle\lim_{x\to-\infty}f(x)=2$，$\displaystyle\lim_{x\to\infty}f(x)=2$
(2) $f'(x)=\dfrac{5x(x+2)}{(x^2+2x+2)^2}$
(3) 最大値 $\dfrac{9}{2}$，最小値 $-\dfrac{1}{2}$
(4) $5\log2-3$

[(4) $\dfrac{2x^2-x-1}{x^2+2x+2}=\dfrac{2(x^2+2x+2)-5(x+1)}{x^2+2x+2}$
$=2-\dfrac{5(x+1)}{x^2+2x+2}$
を利用し，定積分を計算する]

166 (1) $f'(x)=\dfrac{1-x^2}{(1+x^2)^2}$，
$f''(x)=\dfrac{2x(x^2-3)}{(1+x^2)^3}$
(2) $a=1$ (3)〔図〕
(4) $S=\dfrac{3}{2}-\log2$

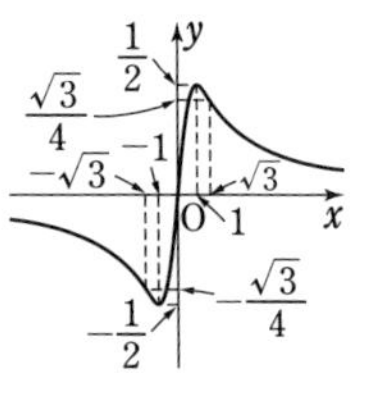

[(2) (1)より，曲線Cの原点Oにおける接線の傾きは $f'(0)=1$
よって，直線 $y=ax$ が曲線Cに原点Oで接するとき $a=f'(0)=1$
$x-f(x)=x-\dfrac{x}{1+x^2}=\dfrac{x(1+x^2-1)}{1+x^2}$
$=\dfrac{x^3}{1+x^2}$
$x>0$ のとき，$\dfrac{x^3}{1+x^2}>0$ であるから
$x>f(x)$]

167 (3)〔図〕
(4) $\beta^2-\alpha^2-2(\beta-\alpha)$

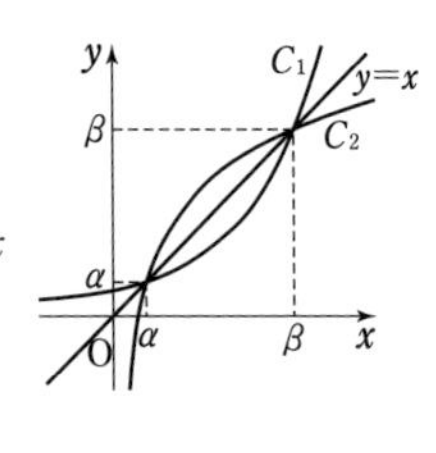

[(1) $f(g(x))$
$=e^{\log x+2-2}=e^{\log x}=x$
$g(f(x))$
$=\log e^{x-2}+2$
$=(x-2)+2=x$
$f(x)$ と $g(x)$ はそれぞれ互いの逆関数。
(2) $h(x)=f(x)-x$ とおくと $h(x)$ は $x\leqq2$ で単調に減少し，$x\geqq2$ で単調に増加する。
また，$h(0)=e^{-2}>0$，$h(2)=-1<0$，
$h(4)=e^2-4>2^2-4=0$ であり，$h(x)$ は連続であるから，$h(x)=0$ となる x が $0<x<2$，$2<x<4$ の範囲に1つずつ存在する。
(4) C_1 と C_2 に囲まれた図形は，直線 $y=x$ に関して対称であるから，求める面積を S とすると
$S=2\displaystyle\int_\alpha^\beta(x-e^{x-2})dx=\beta^2-\alpha^2-2(e^{\beta-2}-e^{\alpha-2})$
α，β は方程式 $e^{x-2}=x$ の解であるから
$e^{\alpha-2}=\alpha$，$e^{\beta-2}=\beta$ を利用する]

168 (1) $m_n=(n-1)^{n-1}e^{-(n-1)}$
(2) $\lim_{x\to\infty}f_n(x)=0$
(3) $0<a<e^{-1}$ のとき 2 個；
$a=e^{-1}$ のとき 1 個；
$e^{-1}<a$ のとき 0 個
(4) $\alpha=\log 2$，$\beta=2\log 2$，$a=\dfrac{1}{2}\log 2$
(5) $\dfrac{1}{4}-\dfrac{1}{2}(\log 2)^2$
[(2) $x>0$ において $0<xf_n(x)\leqq m_{n+1}$ が成り立つから $0<f_n(x)\leqq\dfrac{m_{n+1}}{x}$
はさみうちの原理を利用する。
(3) $x=ae^x$ より $xe^{-x}=a$
すなわち $f_2(x)=a$ であるから，① の異なる正の実数解の個数は，$y=f_2(x)$ のグラフと直線 $y=a$ の $x>0$ における共有点の個数に等しい]

169 (1) $\mathrm{Q}(4\cos\theta,\ 3\sqrt{3+\sin^2\theta}+\sin\theta)$
(2) x 座標は最大値 4，最小値 0
y 座標は最大値 7，最小値 $2\sqrt{6}$
(3) 2π
[(1) $\mathrm{A}(0,\ a)$ $(a<0)$ とおくと，$\mathrm{AP}=2$ から
$\cos^2\theta+(\sin\theta-a)^2=4$
これを解いて $a=\sin\theta-\sqrt{3+\sin^2\theta}$
また，$\overrightarrow{\mathrm{AQ}}=4\overrightarrow{\mathrm{AP}}$ から $\overrightarrow{\mathrm{OQ}}=-3\overrightarrow{\mathrm{OA}}+4\overrightarrow{\mathrm{OP}}$
(2) 点Qの y 座標について
$y=3\sqrt{3+\sin^2\theta}+\sin\theta$ とおいて増減を調べる]

170 (1) $y=t^2x-t^3+\dfrac{1}{t}$ (2) $k>2$
(3) $\dfrac{15}{4}-2\log 2$
$\left[\right.$(1) $y'=-\dfrac{1}{x^2}$ より，点 $\left(t,\ \dfrac{1}{t}\right)$ における法線の傾きは t^2
よって，この点における法線の方程式は
$y-\dfrac{1}{t}=t^2(x-t)$
(2) (1) で求めた法線が点 $(k,\ k)$ を通るとすると $k=t^2k-t^3+\dfrac{1}{t}$
すなわち $(t^2-1)(t^2-tk+1)=0$
$t=1$ のとき，法線の方程式は $y=x$ となるから $t\neq 1$
さらに，$t>0$ より $t\neq -1$ であるから
$t^2-1\neq 0$
よって $t^2-tk+1=0$
この 2 次方程式が $t>0$ の範囲に $t\neq 1$ を満たす異なる 2 つの実数解をもつような k の範囲を求める]

171 (1) 2 つ (2) $\dfrac{2}{3}\pi-\dfrac{\sqrt{3}}{2}$
[(1) $x=t+2\sin^2 t=t+1-\cos 2t$ より
$\dfrac{dx}{dt}=1+2\sin 2t$
曲線 C の接線が y 軸に平行なとき $\dfrac{dx}{dt}=0$ であるから $1+2\sin 2t=0$
(2) $y\leqq x$ より $t+\sin t\leqq t+2\sin^2 t$
これを解いて $\dfrac{\pi}{6}\leqq t\leqq\dfrac{5}{6}\pi$
よって，曲線 C のうち $y\leqq x$ の領域にあるのは $\dfrac{\pi}{6}\leqq t\leqq\dfrac{5}{6}\pi$ の部分である]

172 (1) $t=\dfrac{\pi}{3},\ \dfrac{\pi}{2},\ \dfrac{5}{6}\pi$
(2)〔図〕
(3) $\dfrac{\sqrt{3}}{12}$

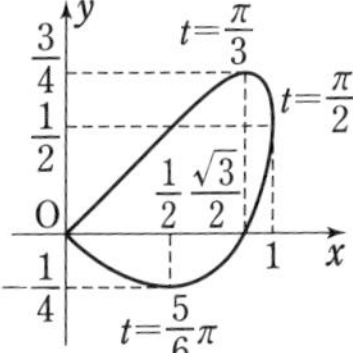

173 (1)〔図〕

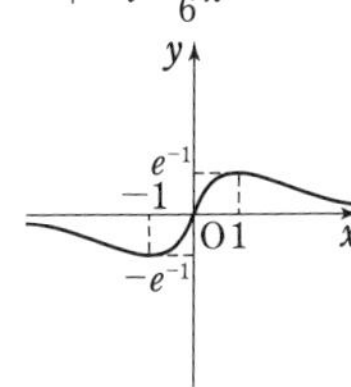

(2) $2a\log a-2(a-1)-a(\log a)^2$
$\left[\right.$(1) $f(x)=\begin{cases}xe^{-x} & (x\geqq 0)\\ xe^{x} & (x<0)\end{cases}$ であるから
$f'(x)=\begin{cases}e^{-x}(1-x) & (x>0)\\ e^{x}(1+x) & (x<0)\end{cases}$
$x<0$，$x\geqq 0$ に分けて増減を考える。
(2) $y=f(x)$，$y=g(x)$ のグラフが原点に関して対称であることに注意すると，求める面積は $2\displaystyle\int_0^{-\log a}\{f(x)-g(x)\}\,dx$]

174 (1) $\dfrac{kb+a}{ka-b}$ (2) $|\cos\theta|=\dfrac{k}{\sqrt{k^2+1}}$

(4) $\dfrac{1}{4k}(e^{k\pi}-e^{2k\beta})+\dfrac{1}{4}e^{2k\beta}\sin 2\beta$

[(3) $\tan\alpha=k$, $0<\alpha<\dfrac{\pi}{2}$ より

$\sin\alpha=\dfrac{k}{\sqrt{k^2+1}}$, $\cos\alpha=\dfrac{1}{\sqrt{k^2+1}}$

よって

$f'(t)=e^{kt}\sqrt{k^2+1}$

$\times\left(\dfrac{k}{\sqrt{k^2+1}}\cos t-\dfrac{1}{\sqrt{k^2+1}}\sin t\right)$

$=-e^{kt}\sqrt{k^2+1}(\sin t\cos\alpha-\cos t\sin\alpha)$

$=-e^{kt}\sqrt{k^2+1}\sin(t-\alpha)$

$\alpha\leqq t\leqq\dfrac{\pi}{2}$, $0<\alpha<\dfrac{\pi}{2}$ より $0\leqq t-\alpha<\dfrac{\pi}{2}$ であるから $\sin(t-\alpha)\geqq 0$

よって, $\alpha\leqq t\leqq\dfrac{\pi}{2}$ において $f'(t)\leqq 0$]

175 (1) $0\leqq t\leqq\log 3$

(2) $t=0$ で最大値 4, $t=\log 3$ で最小値 $4-2\log 3$

(3) $2\leqq w\leqq e+3e^{-1}$

(4) $e-3e^{-1}-1+\dfrac{1}{2}(\log 3)^2$

[(4) $0\leqq p\leqq 1$ を1つ固定して考える。

ℓ_t が点 $(p,\ q)$ を通るとき

$q=(e^t-3e^{-t})(p-t)+e^t+3e^{-t}$

t が $0\leqq t\leqq\log 3$ を満たすとき, q のとりうる値の範囲を調べる]

176 (1) $y=x-\dfrac{7}{4}$

(2)〔図〕, 境界線を含む。面積は

$\dfrac{237}{52}-\dfrac{4}{3}\log 2$

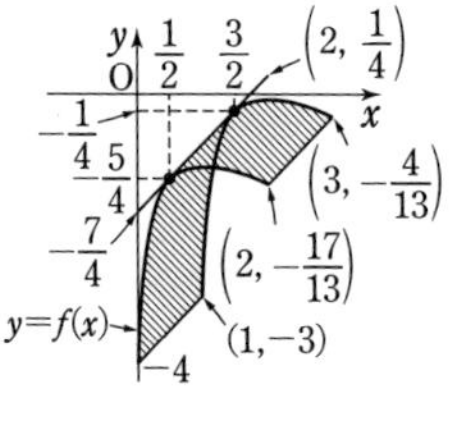

[(2) $y=f(x)$ のグラフを x 軸方向に1, y 軸方向に1だけ平行移動させたグラフを表す関数を $y=g(x)$ とすると, 点Qはこの曲線上に存在する]

177 (1) $\mathrm{P}\left(0,\ \dfrac{1}{2}\right)$ (2) $y=\dfrac{1}{4}x+\dfrac{1}{2}$, $a=2$

(3) $\log\dfrac{1+e^{-2}}{1+e^{-b}}$ (4) $\log(1+e^{-2})$

178 (1) $g'(t)=\dfrac{\{(e^h-1)t^2-2ht-h^2\}e^t}{t^2(t+h)^2}$

(2) $t=\dfrac{h(1+\sqrt{e^h})}{e^h-1}$ (3) 2

[(2) $t^2(t+h)^2>0$ かつ $e^t>0$ より, $g'(t)$ の符号は $(e^h-1)t^2-2ht-h^2$ の符号と一致する。

$H(t)=(e^h-1)t^2-2ht-h^2$ とおき, $H(t)=0$ とすると, $h>0$ より $e^h-1>0$ であり,

$t>0$ から $t=\dfrac{h(1+\sqrt{e^h})}{e^h-1}$

よって, $\alpha=\dfrac{h(1+\sqrt{e^h})}{e^h-1}$ とおくと, $H(t)$ の符号は α の前後で負から正に変化する。

$g(t)$ の増減表は次のようになる。

t	0	…	α	…
$g'(t)$	／	−	0	+
$g(t)$	／	↘	最小	↗

ゆえに, $g(t)$ を最小にする t はただ1つ存在する。

(3) $\displaystyle\lim_{h\to+0}\frac{e^h-1}{h}=1$ を利用する]

179 (2) $\dfrac{1}{2}\log 3+\dfrac{\pi}{6}$

[(1) $x=\dfrac{1}{t}$ とおくと

$$\int_{\frac{1}{a}}^{a}\frac{f\left(\frac{1}{x}\right)}{1+x^2}dx=\int_{a}^{\frac{1}{a}}\frac{f(t)}{1+\left(\frac{1}{t}\right)^2}\cdot\left(-\frac{1}{t^2}\right)\cdot dt$$

$$=\int_{\frac{1}{a}}^{a}\frac{f(t)}{t^2+1}dt=\int_{\frac{1}{a}}^{a}\frac{f(x)}{1+x^2}dx$$

よって $\displaystyle\int_{\frac{1}{a}}^{a}\frac{f(x)}{1+x^2}dx=\int_{\frac{1}{a}}^{a}\frac{f\left(\frac{1}{x}\right)}{1+x^2}dx$

(2) (1)で示した等式において, $a=\sqrt{3}$, $f(x)=1+\dfrac{1}{x}$ とすれば

$$I=\int_{\frac{1}{\sqrt{3}}}^{\sqrt{3}}\frac{1+x}{x(1+x^2)}dx=\int_{\frac{1}{\sqrt{3}}}^{\sqrt{3}}\frac{1+\frac{1}{x}}{1+x^2}dx$$

$$=\int_{\frac{1}{\sqrt{3}}}^{\sqrt{3}}\frac{f(x)}{1+x^2}dx=\int_{\frac{1}{\sqrt{3}}}^{\sqrt{3}}\frac{f\left(\frac{1}{x}\right)}{1+x^2}dx$$

$=\int_{\frac{1}{\sqrt{3}}}^{\sqrt{3}}\frac{1+x}{1+x^2}dx$

(3) $g'(x)=\frac{1+x^2-2x^2\log x}{x(1+x^2)^2}$ より

$h(x)=1+x^2-2x^2\log x$ とおくと

$h'(x)=-4x\log x$

$0<x\leqq 1$ で $-2x^2\log x\geqq 0$,

$1<x\leqq\sqrt{e}$ で $h'(x)<0$ かつ $h(\sqrt{e})=1>0$

であるから，$0<x\leqq\sqrt{e}$ において $h(x)>0$

である。

また，$x(1+x^2)^2>0$ より $g'(x)>0$ であるから，$0<x\leqq\sqrt{e}$ において $g(x)$ は単調に増加する。

(4) $S_1=-\int_{\frac{1}{\sqrt{e}}}^{1}g(x)dx$，$S_2=\int_1^{\sqrt{e}}g(x)dx$

よって $S_2-S_1=\int_{\frac{1}{\sqrt{e}}}^{1}g(x)dx+\int_1^{\sqrt{e}}g(x)dx$

$=\int_{\frac{1}{\sqrt{e}}}^{\sqrt{e}}\frac{\log x}{1+x^2}dx$

(1) の等式において $a=\sqrt{e}$，$f(x)=\log x$

とすると $\int_{\frac{1}{\sqrt{e}}}^{\sqrt{e}}\frac{\log x}{1+x^2}dx=\int_{\frac{1}{\sqrt{e}}}^{\sqrt{e}}\frac{-\log x}{1+x^2}dx$

すなわち $\int_{\frac{1}{\sqrt{e}}}^{\sqrt{e}}\frac{\log x}{1+x^2}dx=-\int_{\frac{1}{\sqrt{e}}}^{\sqrt{e}}\frac{\log x}{1+x^2}dx$

ゆえに $\int_{\frac{1}{\sqrt{e}}}^{\sqrt{e}}\frac{\log x}{1+x^2}dx=0$

したがって，$S_2-S_1=0$ であるから $S_1=S_2$]

180 (1) $T(n)=\frac{1}{a}(e^{an}-1)$

(2) $\frac{e^a}{e^a-1}$ (3) $\frac{ae^a}{e^a-1}$

[(2) $f(k)=e^{ak}=(e^a)^k$ であるから

$R(n)=\sum_{k=0}^{n}(e^a)^k=\frac{(e^a)^{n+1}-1}{e^a-1}$

(3) 実数 x に対して，x を超えない最大の整数を $[x]$ で表すと，$[x]\leqq x<[x]+1$ から，$x-1<[x]\leqq x$ である。

D_n の点 $(x,\ y)$ は $0\leqq x\leqq n$ を満たす。

この範囲にある整数の 1 つを k $(0\leqq k\leqq n)$ とおく。

直線 $x=k$ 上の $0\leqq y\leqq f(k)$ の範囲にある格子点の個数を b_k とおくと $b_k=[f(k)]+1$

よって，$f(k)<b_k\leqq f(k)+1$ である。

これを $k=0,\ 1,\ \cdots\cdots,\ n$ として各辺足し合わせると $\sum_{k=0}^{n}f(k)<\sum_{k=0}^{n}b_k\leqq\sum_{k=0}^{n}\{f(k)+1\}$

ここで，(2) と $\sum_{k=0}^{n}b_k=S(n)$ であるから

$R(n)<S(n)\leqq R(n)+n+1$

$e^{an}>0$ から

$\frac{R(n)}{e^{an}}<\frac{S(n)}{e^{an}}\leqq\frac{R(n)}{e^{an}}+\frac{n}{e^{an}}+\frac{1}{e^{an}}$

はさみうちの原理を利用する]

181 (1) $h'(x)=e^{-\frac{x}{n}}$，$h(x)=-ne^{-\frac{x}{n}}+n$

(2) $a=n$ (3) $\frac{2}{3}\{1-\sqrt{2}+\log(1+\sqrt{2})\}$

[(1) $h(x)=e^{-\frac{x}{n}}f(x)$ より

$h'(x)=e^{-\frac{x}{n}}\left\{-\frac{1}{n}f(x)+f'(x)\right\}$

$f(x)=x+\frac{1}{n}\int_0^x f(t)dt$ の両辺を x で微分すると $f'(x)=1+\frac{1}{n}f(x)$

よって $h'(x)=e^{-\frac{x}{n}}\left\{-\frac{1}{n}f(x)+1+\frac{1}{n}f(x)\right\}$

$=e^{-\frac{x}{n}}$

$h(x)=\int h'(x)dx=\int e^{-\frac{x}{n}}dx=-ne^{-\frac{x}{n}}+C$

(Cは積分定数)

$f(x)=x+\frac{1}{n}\int_0^x f(t)dt$ に $x=0$ を代入して

$f(0)=0$，$h(0)=e^0f(0)=0$，$h(0)=-n+C$

であるから $C=n$]

182 (1) $x=\frac{2}{3}\pi$ で極大値 $\frac{2}{3}\pi+\sqrt{3}$，

$x=\frac{4}{3}\pi$ で極小値 $\frac{4}{3}\pi-\sqrt{3}$ (2) $2\pi^2$

(3) $-x\cos x+\sin x+C$ (Cは積分定数)

(4) $\frac{4}{3}\pi^2(2\pi^2-1)$

183 (ア) $\frac{3}{4}\pi$ (イ) $\frac{3e^{\frac{3}{2}\pi}-1}{8}\pi$

184 (1) $y=\frac{2\log a}{a}x+(\log a)^2-2\log a$

(2) $a_0=e$ (3) $\left(\frac{53}{6}e-24\right)\pi$

［(2) (1)で求めたLの方程式に $y=0$ を代入して整理すると

$\left(\frac{2}{a}x+\log a-2\right)\log a=0$

$\log a\neq 0$ より $\frac{2}{a}x+\log a-2=0$

すなわち $x=\frac{a(2-\log a)}{2}$

$g(a)=\frac{a(2-\log a)}{2}$ とおき，$a>1$ における増減を調べる］

185 (1) $a=6$ (2) $x=-4$ で極大値 -5，$x=0$ で極小値 3 (3) -1，2

(4) $\frac{15}{2}-8\log 2$ (5) $(57-80\log 2)\pi$

［(1) $f'(x)=\frac{x^2+4x+6-a}{(x+2)^2}$

$f(x)$ は $x=0$ で極値をとるから $f'(0)=0$

よって $\frac{6-a}{4}=0$］

186 (1) 0

［(1) $f(-x)g(-x)$

$=\{-x+a\sin(-x)\}\{b\cos(-x)\}$

$=-(x+a\sin x)b\cos x=-f(x)g(x)$

よって，$f(x)g(x)$ は奇関数であるから

$\int_{-\pi}^{\pi}f(x)g(x)dx=0$

(2) (1)より

$\int_{-\pi}^{\pi}\{f(x)+g(x)\}^2dx-\int_{-\pi}^{\pi}\{f(x)\}^2dx$

$=\int_{-\pi}^{\pi}\{g(x)\}^2dx$

$-\pi\leqq x\leqq\pi$ において $\{g(x)\}^2\geqq 0$ であるから

$\int_{-\pi}^{\pi}\{g(x)\}^2dx\geqq 0$

(3) (2)より

$V=\pi\int_{-\pi}^{\pi}\{f(x)+g(x)\}^2dx$

$\geqq\pi\int_{-\pi}^{\pi}\{f(x)\}^2dx=\frac{2}{3}\pi^4+4\pi^2a+\pi^2a^2$

$=\pi^2(a+2)^2+\frac{2}{3}\pi^2(\pi^2-6)$

$\geqq\frac{2}{3}\pi^2(\pi^2-6)$

等号が成立するのは，(2)から，

$\int_{-\pi}^{\pi}\{g(x)\}^2dx=0$ かつ $\pi(a+2)^2=0$ のとき］

187 (1) y座標の値が最大となる点は $\left(\frac{3\sqrt{2}}{2},\ 1\right)$，最小となる点は $(3,\ 0)$，$(0,\ 0)$

(2) $S=2$ (3) $V=\frac{8}{5}\pi$

188 (1) $\frac{\pi}{3}-\sqrt{3}\leqq x\leqq\frac{5}{3}\pi+\sqrt{3}$

(2) $S=8\pi$ (3) $V=28\pi^2$

［(2) 曲線Cの $0\leqq\theta\leqq\frac{\pi}{3}$ の部分のyを y_1，$\frac{\pi}{3}\leqq\theta\leqq\pi$ の部分のyを y_2 とし，面積を求める図形が直線 $x=\pi$ に関して対称であることを利用すると $\frac{S}{2}=\int_{\frac{\pi}{3}-\sqrt{3}}^{\pi}y_2dx-\int_{\frac{\pi}{3}-\sqrt{3}}^{0}y_1dx$

(3) (2)と同様に，直線 $x=\pi$ に関する対称性を利用すると

$\frac{V}{2}=\pi\int_{\frac{\pi}{3}-\sqrt{3}}^{\pi}{y_2}^2dx-\pi\int_{\frac{\pi}{3}-\sqrt{3}}^{0}{y_1}^2dx$］

189 (1) $y=\pm\frac{3\sqrt{3}}{2}x$

(2) $\log(2+\sqrt{3})-\frac{\sqrt{3}}{2}$ (3) $\left(\log\frac{3}{2}-\frac{1}{3}\right)\pi$

［(1) $f'(x)=\frac{2x}{(1-x^2)^2}$ より，曲線C上の点 $\left(t,\ \frac{1}{1-t^2}\right)$ における接線の方程式は

$y-\frac{1}{1-t^2}=\frac{2t}{(1-t^2)^2}(x-t)$

これが原点を通るから，$x=0$，$y=0$ を代入する］

190 (1) $a=\frac{1}{4}$，$b=0$，$S=\frac{1}{96}$

(2) $y=-\frac{1}{4}x$，$y=\frac{2\pm\sqrt{2}}{2}x$ (3) $V=\frac{27}{2}\pi$

［(1) 曲線Cの方程式は $f(x)=-(x-a)^2+b$ とおける。

Cはx軸に接するから $b=0$

直線 ℓ との接点のx座標を t とおくと

$f(t)=t$ かつ $f'(t)=1$

(2) $f'(x)=-2(x-2)$

$f'(0)=4\neq 0$ であるから，曲線Cの原点における法線は直線 $x=0$ ではない。

したがって，原点を通る曲線Cの法線の方程式は $y=mx$ とおける。

この法線と曲線Cの共有点のx座標を求めると $-x^2+4x=mx$
これを解いて $x=0$, $-m+4$
よって, $mf'(0)=-1$, $mf'(-m+4)=-1$ からmを求める]

191 (1) $s^2+245t^2+30st+18s+350t+225$
(2) $s=21$, $t=-2$ (3) $\dfrac{3500}{243}\pi$
[(2) $I=s^2+6(5t+3)s+245t^2+350t+225$
$=\{s+3(5t+3)\}^2+20(t+2)^2+64$
よって, Iは $s+3(5t+3)=0$ かつ $t+2=0$ で最小値をとる。
(3) $y=63x^4-70x^2+15$ とおくと
$63x^4-70x^2+15-y=0$ より
$x^2=\dfrac{5}{9}\pm\dfrac{\sqrt{280+63y}}{63}$
$y=f(x)$ の $0\leqq x\leqq\dfrac{\sqrt{5}}{3}$ の部分を x_1,
$\dfrac{\sqrt{5}}{3}\leqq x\leqq\dfrac{\sqrt{10}}{3}$ の部分を x_2 とおくと
${x_1}^2=\dfrac{5}{9}-\dfrac{\sqrt{280+63y}}{63}$,
${x_2}^2=\dfrac{5}{9}+\dfrac{\sqrt{280+63y}}{63}$
ゆえに $V=\pi\displaystyle\int_{-\frac{40}{9}}^{15}{x_2}^2dy-\pi\int_{-\frac{40}{9}}^{15}{x_1}^2dy$]

192 (1) $\dfrac{1}{6}$ (2) $\dfrac{\sqrt{x}-x}{\sqrt{2}}$ (3) $\dfrac{\sqrt{2}}{60}\pi$
[(2) PQの長さは点Pと直線 $y=x$ の距離に等しいから $\mathrm{PQ}=\dfrac{|\sqrt{x}-x|}{\sqrt{1^2+1^2}}=\dfrac{|\sqrt{x}-x|}{\sqrt{2}}$
(3) 点Pと直線 $y=x$ に関して対称な点P′をとると $\mathrm{P'}(\sqrt{x},\ x)$
点Qは線分PP′の中点であるから
$\mathrm{Q}\left(\dfrac{x+\sqrt{x}}{2},\ \dfrac{x+\sqrt{x}}{2}\right)$
$\mathrm{OQ}=t\ (0\leqq t\leqq\sqrt{2})$ とおくと
$t=\dfrac{\sqrt{2}(x+\sqrt{x})}{2}$
よって, 求める体積は $\pi\displaystyle\int_0^{\sqrt{2}}\mathrm{PQ}^2dt$]

193 (1) $s=ab$
(3) $V_K=\dfrac{\pi ab(a^2-1)(3-b^2)}{3}$ (4) $\dfrac{1}{3}$
[(1) 楕円Cの焦点のx座標のうち, 正のものは $\sqrt{a^2-(a^2-1)}=1$
Dの焦点の座標はCの焦点の座標と等しいから $(\pm1,\ 0)$
$b<1$ であり, Dは点 $(b,\ 0)$, $(-b,\ 0)$ を通るから, Dを表す方程式は $\dfrac{x^2}{b^2}-\dfrac{y^2}{c^2}=1$ と表される。
Dの焦点のx座標が ±1 であるから
$b^2+c^2=1$
よって $c^2=1-b^2$
(2) $\mathrm{P}(ab,\ \sqrt{(a^2-1)(1-b^2)})$ より
点PにおけるCの接線の方程式は
$\dfrac{ab}{a^2}x+\dfrac{\sqrt{(a^2-1)(1-b^2)}}{a^2-1}y=1$
点PにおけるDの接線の方程式は
$\dfrac{ab}{b^2}x-\dfrac{\sqrt{(a^2-1)(1-b^2)}}{1-b^2}y=1$
よって
$\dfrac{ab}{a^2}\cdot\dfrac{ab}{b^2}+\dfrac{\sqrt{(a^2-1)(1-b^2)}}{a^2-1}$
$\times\left\{-\dfrac{\sqrt{(a^2-1)(1-b^2)}}{1-b^2}\right\}=1-1=0$]

194 (ア) 2 (イ) 3 (ウ) 0 (エ) 4 (オ) -2
(カ) $\dfrac{6\sqrt{5}-10}{15}\pi$
[(ア) $\overrightarrow{\mathrm{PC}}\cdot\overrightarrow{\mathrm{PQ}}=(\overrightarrow{\mathrm{PH}}+\overrightarrow{\mathrm{HC}})\cdot\overrightarrow{\mathrm{PQ}}$
$=\overrightarrow{\mathrm{PH}}\cdot\overrightarrow{\mathrm{PQ}}+\overrightarrow{\mathrm{HC}}\cdot\overrightarrow{\mathrm{PQ}}$
$=|\overrightarrow{\mathrm{PH}}||\overrightarrow{\mathrm{PQ}}|\cos0+0$
$=|\overrightarrow{\mathrm{PH}}||\overrightarrow{\mathrm{PQ}}|$
また $|\overrightarrow{\mathrm{PH}}|=\sqrt{|\overrightarrow{\mathrm{PC}}|^2-|\overrightarrow{\mathrm{CH}}|^2}$
$=\sqrt{(\sqrt{5})^2-1^2}=2$
よって $\overrightarrow{\mathrm{PC}}\cdot\overrightarrow{\mathrm{PQ}}=2|\overrightarrow{\mathrm{PQ}}|$
(カ) yz 平面での断面を考える]

195 (1) $\dfrac{\pi}{2}$
(2) $\mathrm{P}(h,\ 3-h,\ h)$, $\mathrm{Q}(h,\ -3+2h,\ h)$
(3) $0\leqq h\leqq\dfrac{3}{2}$ のとき h;
$\dfrac{3}{2}\leqq h\leqq2$ のとき $\sqrt{5h^2-12h+9}$
(4) $\dfrac{17}{2}\pi$

[(1) $\overrightarrow{AB}\cdot\overrightarrow{AC}=(-2)^2+2\cdot(-4)+(-2)^2=0$
(3) 点 $(h,\ 0,\ 0)$ と線分 PQ の距離は，
$0\leqq h\leqq\dfrac{3}{2}$ のとき，$(h,\ 0,\ 0)$ から PQ に引いた垂線の長さと等しい。
$\dfrac{3}{2}\leqq h\leqq 2$ のとき，QH の長さと等しい。
(4) 立体の $x=h$ における断面は，線分 PQ を点 $(h,\ 0,\ 0)$ を中心に 1 回転させた図形に等しい]

196 (1) π (2) $-1\leqq t\leqq 1$，$A(t)=2\sqrt{1-t^2}$
(3) $-1\leqq t\leqq 1$，$B(t)=1-t^2$ (4) $\dfrac{4}{3}$
(5) $2\pi-\dfrac{4}{3}$
[(2) 平面 $z=t$ が K_x と共有点をもつとき，yz 平面上の領域 $y^2+z^2\leqq 1$ と直線 $z=t$ が共有点をもつから $-1\leqq t\leqq 1$
t を $-1\leqq t\leqq 1$ で 1 つ固定すると，K_x を平面 $z=t$ で切った断面は
$y^2+t^2\leqq 1$ かつ $0\leqq x\leqq 1$
すなわち
$-\sqrt{1-t^2}\leqq y\leqq\sqrt{1-t^2}$ かつ $0\leqq x\leqq 1$
で表される領域。
(3) (2) と同様にして，K_y を平面 $z=t$ で切った断面は
$-\sqrt{1-t^2}\leqq x\leqq\sqrt{1-t^2}$ かつ $0\leqq y\leqq 1$
これと K_x の断面の共通部分の面積が $B(t)$
(5) Mの体積は，K_x と K_y の体積の和から，共通部分であるLの体積を引いて求められる]

197 (2) 正三角形 8 枚，正方形 6 枚
(4) $\left(\dfrac{3\sqrt{2}}{2}-\dfrac{16\sqrt{6}}{27}\right)\pi$
[(1) 1 つの頂点を共有する正三角形と正方形の面の数をそれぞれ a，b とすると，凸多面体より，1 つの頂点に集まる内角の和が 360° 未満である。
よって $60°\times a+90°\times b<360°$
すなわち $2a+3b<12$
a，b は 0 以上の整数，$a+b\geqq 3$ より
$(a,\ b)=(0,\ 3),\ (1,\ 2),\ (1,\ 3),\ (2,\ 1),\ (2,\ 2),\ (3,\ 0),\ (3,\ 1),\ (4,\ 0),\ (4,\ 1),\ (5,\ 0)$
条件 (b) を満たすのは $(a,\ b)=(2,\ 2)$
よって，1 つの頂点を共有する面の数は
$a+b=4$
(3) 正八面体の各頂点に集まる 4 本の辺の中点を通る平面で切断し，四角錐を 6 つ切り取ると，条件を満たす凸多面体が得られる]

198 $60-4\sqrt{3}-\dfrac{16\sqrt{2}}{3}-\left(\dfrac{8}{3}+4\sqrt{2}\right)\pi$
[A，B は xy 平面に関して対称であるから，$z\geqq 0$ の範囲で考える。A の yz 平面での切り口を S_A，B の zx 平面での切り口を S_B とする。
S_A は $y^2+z^2\leqq 4$ で表される領域から y 軸，直線 $y=\pm 1$，$z=1$ で囲まれる部分を除いた領域であり，S_B は $x^2+z^2\leqq 4$ で表される領域から x 軸，直線 $z=\pm x+\sqrt{2}$ で囲まれた領域を除いた部分である。
平面 $z=t$ における断面積を考える。
yz 平面，zx 平面それぞれにおいて，直線 $z=t$ が S_A，S_B と共有点をもつ範囲を考えると次の 3 つの場合に分けられる。
[1] $0\leqq t\leqq 1$ のとき
S_A と直線 $z=t$ の共通部分は
$-\sqrt{4-t^2}\leqq y\leqq -1$ または $1\leqq y\leqq\sqrt{4-t^2}$
S_B と直線 $z=t$ の共通部分は
$-\sqrt{4-t^2}\leqq x\leqq t-\sqrt{2}$ または
$-t+\sqrt{2}\leqq x\leqq\sqrt{4-t^2}$
断面積 $S_1(t)$ は
$S_1(t)=4\{\sqrt{4-t^2}-(\sqrt{2}-t)\}(\sqrt{4-t^2}-1)$
[2] $1\leqq t\leqq\sqrt{2}$ のとき
S_A と平面 $z=t$ の共通部分は
$-\sqrt{4-t^2}\leqq y\leqq\sqrt{4-t^2}$
S_B と平面 $z=t$ の共通部分は
$-\sqrt{4-t^2}\leqq x\leqq t-\sqrt{2}$ または
$-t+\sqrt{2}\leqq x\leqq\sqrt{4-t^2}$
断面積 $S_2(t)$ は
$S_2(t)=4\{4-t^2-(\sqrt{2}-t)\sqrt{4-t^2}\}$
[3] $\sqrt{2}\leqq t\leqq 2$ のとき
S_A と平面 $z=t$ の共通部分は
$-\sqrt{4-t^2}\leqq y\leqq\sqrt{4-t^2}$
S_B と平面 $z=t$ の共通部分は
$-\sqrt{4-t^2}\leqq x\leqq\sqrt{4-t^2}$

断面積 $S_3(t)$ は $S_3(t)=4(4-t^2)$
よって，求める体積をVとすると
$\frac{V}{2}=\int_0^1 S_1(t)dt+\int_1^{\sqrt{2}} S_2(t)dt+\int_{\sqrt{2}}^2 S_3(t)dt$]

199 (1) $a-b<r<a+b$
(2) $h(r)=\frac{r^2+a^2-b^2}{2a}$
(3) $V(r)$
$=\frac{\pi}{3}(r-h(r))\{2r^2-(a-b)(r+h(r))\}$
(4) $r(a)=\frac{3a^2+2ab+b^2}{3a+b}$,
$\lim_{a\to\infty}(r(a)-a)=\frac{b}{3}$
[(1) 円 C, D の中心間の距離は a であるから，この2円が2点で交わるとき
$|r-b|<a<r+b$]

200 $\frac{2}{15}\pi$
[点Pが $x\geqq0$ の範囲を動く場合を考える。
$P(p,\ 0,\ 0)$ $(0\leqq p\leqq1)$ とおき，p を1つ固定する。$OP=p$ であるから，$OQ=1-p$ である。
このとき，点Qは原点中心，半径 $1-p$ の yz 平面上の円周上を動く。
よって，線分PQの x 軸に関する対称性から，線分PQが xy 平面上に存在するときの通過領域を考え，その領域を x 軸の周りに1回転させてできる立体の体積を求める。
$P(p,\ 0)$，$Q(0,\ 1-p)$ であるから，線分PQの方程式は
$(1-p)x+py-p(1-p)=0$ $(0\leqq x\leqq p)$
$p=0$ のとき，この方程式は直線 $x=0$ $(0\leqq y\leqq1)$ を表す。
$0<p\leqq1$ のとき，$0\leqq x\leqq p$ を満たす x を1つ固定すると，線分PQの方程式は
$y=\left(1-\frac{1}{p}\right)x+1-p$
p が $x\leqq p\leqq1$ の範囲で変化するときの y の範囲は $0\leqq y\leqq(1-\sqrt{x})^2$
$p=0$ のとき，$x=0$ $(0\leqq y\leqq1)$ であり，これは $0\leqq y\leqq(1-\sqrt{x})^2$ に含まれるから，
$0\leqq p\leqq1$ のとき $0\leqq y\leqq(1-\sqrt{x})^2$
点Pが $x\leqq0$ の範囲を動くときも同様に考えられるから，求める体積は
$2\pi\int_0^1\{(1-\sqrt{x})^2\}^2dx$]

201 (1) $\frac{2\sqrt{3}}{3}\pi+\frac{20}{3}$
(2) $\frac{20}{3}+\pi\left(8+\frac{2\sqrt{3}}{3}-9\sqrt{2}\alpha\right)$
[(1) 条件(i)より，点Pは原点が中心で半径 $\sqrt{3}$ の球Bの内部または表面に存在する。
このとき，条件(ii)について考える。
不等式 $|x|\leqq1$, $|y|\leqq1$, $|z|\leqq1$ の表す立方体をUとすると，UはBに内接している。
点PがUに含まれるとき，条件(ii)は満たされる。
よって，点PがUに含まれないときを考えると，線分OPはUの表面のうち，Sでない部分，すなわち不等式 $|x|\leqq1$, $|y|\leqq1$, $z=1$ で表される正方形Fと共有点をもつ。
特に，線分OPがFの1辺と共有点をもつときの点Pの存在範囲を考える。
(2) NをOにとることで，(1)の2つの条件をともに満たす点Pは(2)の3つの条件をすべて満たすから，$V\subset W$ である。
よって，Pが $W\cap\overline{V}$ に含まれるときを考えると，条件(iii), (iv)を満たすNが存在するとき，条件(iii), (iv)を満たす N′ が正方形Fの周上にとれるから，Fの周上にNが存在するときについて考える。
$W\cap\overline{V}$ の体積は，(1)で考えた，線分OPがFの1辺と共有点をもつときの点Pの存在範囲を，Fの1辺の周りに $\frac{3}{4}\pi$ だけ回転させた部分の体積]

202 (ア) 2 (イ) $4t^2-8t+8$ (ウ) 1 (エ) $\frac{4}{3}$
[点 $(x,\ y)$ の時刻 t における加速度の大きさは $\sqrt{\left(\frac{d^2x}{dt^2}\right)^2+\left(\frac{d^2y}{dt^2}\right)^2}$]

203 (1) $\dfrac{\pi^3}{24}-1$ (2) $\dfrac{5}{6}\pi^2-6$

[(1) 時刻 t における点Pの座標を $x(t)$ とすると $x'(t)=v=tf(t)$, $x(0)=0$

ここで $\displaystyle\int_0^{\frac{\pi}{2}}x'(t)dt=x\left(\frac{\pi}{2}\right)-x(0)$ より

$\displaystyle x\left(\frac{\pi}{2}\right)=\int_0^{\frac{\pi}{2}}x'(t)dt+x(0)=\int_0^{\frac{\pi}{2}}tf(t)dt$

(2) t が0から $\dfrac{\pi}{2}$ までの間にQが動く道のりは $\displaystyle\int_0^{\frac{\pi}{2}}|v|dt=\int_0^{\frac{\pi}{2}}\left|-6f\left(2t-\frac{2}{3}\pi\right)\right|dt$

$\displaystyle=6\int_0^{\frac{\pi}{2}}\left|f\left(2t-\frac{2}{3}\pi\right)\right|dt$

$t\leqq\dfrac{\pi}{3}$ で常に $f\left(2t-\dfrac{2}{3}\pi\right)\leqq0$, $t\geqq\dfrac{\pi}{3}$ で常に $f\left(2t-\dfrac{2}{3}\pi\right)\geqq0$ であるから

$\displaystyle 6\int_0^{\frac{\pi}{2}}\left|f\left(2t-\frac{2}{3}\pi\right)\right|dt$

$\displaystyle=6\left\{-\int_0^{\frac{\pi}{3}}f\left(2t-\frac{2}{3}\pi\right)dt+\int_{\frac{\pi}{3}}^{\frac{\pi}{2}}f\left(2t-\frac{2}{3}\pi\right)dt\right\}$]

204 (ア) $\dfrac{1}{\sqrt{t^2+1}}$ (イ) $2\sqrt{t^2+1}$ (ウ) $\dfrac{1}{4}$

(エ) $\dfrac{1}{4}$ (オ) $-4\sin\theta\cos^3\theta$ (カ) $4\sin^3\theta\cos\theta$

(キ) $2s^2-2s+1$ (ク) $1+\dfrac{\sqrt{2}}{2}\log(\sqrt{2}+1)$

[(ウ)(エ) 曲線 C 上の点 $(\cos^4\theta,\ \sin^4\theta)$ と原点の距離は
$\sqrt{(\cos^4\theta)^2+(\sin^4\theta)^2}=\sqrt{\cos^8\theta+\sin^8\theta}$
$\cos^8\theta+\sin^8\theta=(\cos^2\theta)^4+(\sin^2\theta)^4$
$=(\cos^2\theta)^4+(1-\cos^2\theta)^4$
$\cos^2\theta=a$ とおくと
$\cos^8\theta+\sin^8\theta=a^4+(1-a)^4$ であり,
$0\leqq\theta\leqq\dfrac{\pi}{2}$ より $0\leqq a\leqq1$
$r(a)=a^4+(1-a)^4$ とおき, $r(a)$ が $0\leqq a\leqq1$ において最小となる a の値を求める]

205 $\dfrac{21}{32}\pi^2+\dfrac{5}{4}\pi$

[糸を動かす前の半円と糸の接点をC, 糸を動かしたときの半円と糸の接点をQとし, $\angle\mathrm{BOQ}=\theta\left(\dfrac{\pi}{4}\leqq\theta\leqq\pi\right)$ とおく。

x 軸の正の向きと $\overrightarrow{\mathrm{QP}}$ のなす角は $\theta-\dfrac{\pi}{2}$

また $\mathrm{QP}=\overset{\frown}{\mathrm{CQ}}+\mathrm{BC}=\theta-\dfrac{\pi}{4}+1$ であるから

$\overrightarrow{\mathrm{QP}}=\left(\left(\theta-\dfrac{\pi}{4}+1\right)\cos\left(\theta-\dfrac{\pi}{2}\right),\right.$
$\left.\left(\theta-\dfrac{\pi}{4}+1\right)\sin\left(\theta-\dfrac{\pi}{2}\right)\right)$

よって

$\overrightarrow{\mathrm{OP}}=\left(\left(\theta-\dfrac{\pi}{4}+1\right)\sin\theta+\cos\theta,\right.$
$\left.-\left(\theta-\dfrac{\pi}{4}+1\right)\cos\theta+\sin\theta\right)$

$\theta=\pi$ のとき $\mathrm{P}\left(-1,\ \dfrac{3}{4}\pi+1\right)$ であり, そこから糸を x 軸と重なるまで動かすとき, 糸の端が通過する部分は, $\mathrm{R}\left(-1,\ \dfrac{3}{4}\pi+1\right)$, $\mathrm{S}\left(-\dfrac{3}{4}\pi-2,\ 0\right)$ とおくと, 扇形 ARS の弧である。

よって $\begin{cases}x=\left(\theta-\dfrac{\pi}{4}+1\right)\sin\theta+\cos\theta\\ y=-\left(\theta-\dfrac{\pi}{4}+1\right)\cos\theta+\sin\theta\end{cases}$ とすると, 曲線 C の長さは

$\displaystyle L=\int_{\frac{\pi}{4}}^{\pi}\sqrt{\left(\frac{dx}{d\theta}\right)^2+\left(\frac{dy}{d\theta}\right)^2}\,d\theta+\left(\frac{3}{4}\pi+1\right)\cdot\frac{\pi}{2}$]

206 (ア) $-\dfrac{1}{4}$ (イ) $\pi\sqrt{4a+1}$ (ウ) $\dfrac{\pi}{6}$ (エ) $\dfrac{1}{3}$

(オ) 2π (カ) $\dfrac{10}{3}\pi$

[(イ) $-\dfrac{1}{4}\leqq a\leqq0$ のとき, p, q を方程式 $x^2(x^2-1)=a$ すなわち $x^4-x^2-a=0$ の解とする。
ただし, $0\leqq p\leqq q$ である。

このとき，水面の面積は $\pi q^2-\pi p^2$ と表される。
$p\leqq q$ であるから，解の公式により
$p^2=\dfrac{1-\sqrt{4a+1}}{2}$，$q^2=\dfrac{1+\sqrt{4a+1}}{2}$
(エ) 水面が $y=a\ \left(-\dfrac{1}{4}\leqq a\leqq 0\right)$ のときの水面の面積を S，体積を V とすると
$S=\pi\sqrt{4a+1}$，
$V=\displaystyle\int_{-\frac{1}{4}}^{a}\pi\sqrt{4y+1}\,dy=\frac{\pi}{6}(4a+1)^{\frac{3}{2}}$
単位時間当たりに注がれる水の量を v，水を注ぎ始めてからの時間を T とすると，注がれた水の体積は vT
$V=vT$ となるときを考えると
$\dfrac{\pi}{6}(4a+1)^{\frac{3}{2}}=vT$
$4a+1=\left(\dfrac{S}{\pi}\right)^2$ であるから $\dfrac{\pi}{6}\left(\dfrac{S}{\pi}\right)^3=vT$
S について解くと $S=(6\pi^2v)^{\frac{1}{3}}T^{\frac{1}{3}}$]

2023年版
第1刷　2023年8月1日　発行

共通テストの解答について

数研出版のHPでは，共通テスト本試験数学Ⅰ・数学A，数学Ⅱ・数学Bの問題の設問別分析と解説を公開しています。学習の際の参考にしてください。

https://www.chart.co.jp/subject/sugaku/hen_tsushin/kyoutsu.html

※ Webページへのアクセスにはネットワーク接続が必要となり，通信料が発生する可能性があります。

ISBN978-4-410-14168-3

※解答・解説は数研出版株式会社が作成したものです。

2023

数学Ⅲ

入試問題集

編　者　数研出版編集部
発行者　星野 泰也
発行所　**数研出版株式会社**
〒101-0052 東京都千代田区神田小川町2丁目3番地3
〔振替〕00140-4-118431
〒604-0861 京都市中京区烏丸通竹屋町上る大倉町205番地
〔電話〕代表 (075)231-0161
ホームページ　https://www.chart.co.jp
印刷　創栄図書印刷株式会社

乱丁本・落丁本はお取り替えいたします。　230701
本書の一部または全部を許可なく複写・複製すること，および本書の解説書，解答書ならびにこれに類するものを無断で作成することを禁じます。

微　分　法

26　導関数・微分法　（cは定数）

・微分係数　$f'(a)=\lim_{h\to 0}\dfrac{f(a+h)-f(a)}{h}$

・導関数　$f'(x)=\lim_{h\to 0}\dfrac{f(x+h)-f(x)}{h}$

・定数倍　$(cu)'=cu'$

・和　$(u+v)'=u'+v'$

・積　$(uv)'=u'v+uv'$

・商　$\left(\dfrac{u}{v}\right)'=\dfrac{u'v-uv'}{v^2}$

27　微分可能と連続

関数 $f(x)$ が $x=a$ で微分可能ならば，$x=a$ で連続である。

28　基本的な関数の微分

・$(c)'=0$　（cは定数）
$(x^\alpha)'=\alpha x^{\alpha-1}$　（αは実数）

・三角関数の微分
$(\sin x)'=\cos x$　　$(\cos x)'=-\sin x$
$(\tan x)'=\dfrac{1}{\cos^2 x}$

・対数関数，指数関数の微分
$(\log|x|)'=\dfrac{1}{x}$，$(\log_a|x|)'=\dfrac{1}{x\log a}$

・$(e^x)'=e^x$，　$(a^x)'=a^x\log a$　（$a>0$，$a\neq 1$）

29　いろいろな関数の微分

・合成関数の微分　$y=f(u)$，$u=g(x)$ のとき
$$\frac{dy}{dx}=\frac{dy}{du}\cdot\frac{du}{dx}=f'(u)g'(x)$$

・逆関数の微分
$$\frac{dy}{dx}=\frac{1}{\dfrac{dx}{dy}}\qquad\left(\frac{dx}{dy}\neq 0\right)$$

・対数微分法　与えられた関数を y とおいて両辺の対数をとり，両辺を x で微分

・媒介変数で表された関数の微分
$x=f(t)$，$y=g(t)$ のとき
$$\frac{dy}{dx}=\frac{dy}{dt}\Big/\frac{dx}{dt}=\frac{g'(t)}{f'(t)}\qquad\left(\frac{dx}{dt}\neq 0\right)$$

・陰関数の微分　$F(x, y)=0$ のとき，y を x の関数とみて両辺を x で微分
y が x の関数のとき
$$\frac{d}{dx}f(y)=\frac{d}{dy}f(y)\cdot\frac{dy}{dx}$$

30　第 n 次導関数

$f''(x)=\{f'(x)\}'$，　$f'''(x)=\{f''(x)\}'$

微分法の応用

31　接線・法線

・$y=f(x)$ 上の点 $(a, f(a))$ における接線
$y-f(a)=f'(a)(x-a)$

・$y=f(x)$ 上の点 $(a, f(a))$ における法線
$y-f(a)=-\dfrac{1}{f'(a)}(x-a)$

32　平均値の定理

・関数 $f(x)$ が閉区間$[a,\ b]$ で連続，開区間(a, b)で微分可能ならば，
$$\frac{f(b)-f(a)}{b-a}=f'(c),\ a<c<b$$
を満たす実数 c が存在する。

33　関数の変化とグラフ

・増減
$f'(x)>0$ である区間で $f(x)$ は単調に増加
$f'(x)<0$ である区間で $f(x)$ は単調に減少
$f'(x)=0$ である区間で $f(x)$ は定数

・極大・極小
極大　$f(x)$ が増加から減少に移る点
極小　$f(x)$ が減少から増加に移る点
$f'(a)=0$，$f''(a)>0$ ならば
　　$f(a)$ は極小値
$f'(a)=0$，$f''(a)<0$ ならば
　　$f(a)$ は極大値

・凹凸
$f''(x)>0$ である区間で $y=f(x)$ は下に凸
$f''(x)<0$ である区間で $y=f(x)$ は上に凸

・変曲点
$f(x)$ が下に凸から上に凸に変わる点
または
$f(x)$ が上に凸から下に凸に変わる点

・漸近線
$\lim_{x\to a\pm 0}f(x)=\pm\infty$ のとき　$x=a$
$\lim_{x\to\pm\infty}\{f(x)-(ax+b)\}=0$ のとき
　　$y=ax+b$
（符号はいずれか1つが成立すればよい。）

・曲線のかき方
対称性，軸との交点，曲線の存在範囲，増減，極値，凹凸，変曲点，不連続点，漸近線　などを調べる。

34　近似式

・$|h|$が十分小さいとき
$f(a+h)\fallingdotseq f(a)+f'(a)h$

・$|x|$が十分小さいとき
$f(x)\fallingdotseq f(0)+f'(0)x$

2023

数学 III 入試問題集

解答編

数研出版
https://www.chart.co.jp

2023　数学Ⅲ　入試問題集
解　答　編

1　(1)　$\dfrac{3+15i}{3+2i}=\dfrac{3(1+5i)(3-2i)}{(3+2i)(3-2i)}=\dfrac{3(3-2i+15i+10)}{9+4}$

$=\dfrac{3(13+13i)}{13}=3(1+i)=3\sqrt{2}\left(\dfrac{1}{\sqrt{2}}+\dfrac{1}{\sqrt{2}}i\right)$

$=3\sqrt{2}\left(\cos\dfrac{\pi}{4}+i\sin\dfrac{\pi}{4}\right)$

(2)　$\alpha=\sqrt{2}\left(\dfrac{1}{\sqrt{2}}+\dfrac{1}{\sqrt{2}}i\right)=\sqrt{2}\left(\cos\dfrac{\pi}{4}+i\sin\dfrac{\pi}{4}\right)$

$\beta=2\left(\dfrac{\sqrt{3}}{2}-\dfrac{1}{2}i\right)=2\left\{\cos\left(-\dfrac{\pi}{6}\right)+i\sin\left(-\dfrac{\pi}{6}\right)\right\}$

よって　　$\dfrac{\alpha}{\beta}=\dfrac{\sqrt{2}}{2}\left\{\cos\left(\dfrac{\pi}{4}+\dfrac{\pi}{6}\right)+i\sin\left(\dfrac{\pi}{4}+\dfrac{\pi}{6}\right)\right\}=\dfrac{\sqrt{2}}{2}\left(\cos\dfrac{5}{12}\pi+i\sin\dfrac{5}{12}\pi\right)$

したがって　　$\left|\dfrac{\alpha}{\beta}\right|=\dfrac{\sqrt{2}}{2}$，$\theta=\arg\dfrac{\alpha}{\beta}=\dfrac{5}{12}\pi$

2　　$3-\sqrt{3}\,i=2\sqrt{3}\left(\dfrac{\sqrt{3}}{2}-\dfrac{1}{2}i\right)=2\sqrt{3}\left\{\cos\left(-\dfrac{\pi}{6}\right)+i\sin\left(-\dfrac{\pi}{6}\right)\right\}$

よって　　$(3-\sqrt{3}\,i)^n=(2\sqrt{3})^n\left\{\cos\left(-\dfrac{n\pi}{6}\right)+i\sin\left(-\dfrac{n\pi}{6}\right)\right\}$

$(3-\sqrt{3}\,i)^n$ が実数になるための条件は　　$\sin\left(-\dfrac{n\pi}{6}\right)=0$

ゆえに　　$-\dfrac{n\pi}{6}=k\pi$　(k は整数)

したがって　　$n=-6k$

求める最小の正の整数 n は，$k=-1$ のときで　　$n=6$

3　　$\alpha=\dfrac{4i}{1-i}=\dfrac{4\left(\cos\dfrac{\pi}{2}+i\sin\dfrac{\pi}{2}\right)}{\sqrt{2}\left\{\cos\left(-\dfrac{\pi}{4}\right)+i\sin\left(-\dfrac{\pi}{4}\right)\right\}}$

$=2\sqrt{2}\left\{\cos\left(\dfrac{\pi}{2}+\dfrac{\pi}{4}\right)+i\sin\left(\dfrac{\pi}{2}+\dfrac{\pi}{4}\right)\right\}=2\sqrt{2}\left(\cos\dfrac{3}{4}\pi+i\sin\dfrac{3}{4}\pi\right)$

よって　$\theta = {}^{ア}\dfrac{3}{4}\pi$

また　$\alpha^n = (2\sqrt{2})^n\left(\cos\dfrac{3}{4}n\pi + i\sin\dfrac{3}{4}n\pi\right)$

α^n が実数になるとき　$\sin\dfrac{3}{4}n\pi = 0$

ゆえに　$\dfrac{3}{4}n\pi = k\pi$ (k は自然数)　　よって　$n = \dfrac{4}{3}k$

ゆえに，n が最も小さい自然数になるのは，$k=3$ のときであるから　$n = {}^{イ}4$

このとき　$\alpha^n = \alpha^4 = (2\sqrt{2})^4(\cos 3\pi + i\sin 3\pi) = {}^{ウ}-64$

4 (1)　$-64i = 64\left(\cos\dfrac{3}{2}\pi + i\sin\dfrac{3}{2}\pi\right)$

(2)　$z = r(\cos\theta + i\sin\theta)$ …… ① とおくと　$z^3 = r^3(\cos 3\theta + i\sin 3\theta)$

よって，(1) から　$r^3(\cos 3\theta + i\sin 3\theta) = 64\left(\cos\dfrac{3}{2}\pi + i\sin\dfrac{3}{2}\pi\right)$

両辺の絶対値と偏角を比較すると　$r^3 = 64$，$3\theta = \dfrac{3}{2}\pi + 2k\pi$ (k は整数)

$r > 0$ であるから　$r = 4$ …… ②

また　$\theta = \dfrac{\pi}{2} + \dfrac{2}{3}k\pi$

$0 \leqq \theta < 2\pi$ の範囲で考えると，$k=0$，1，2 であるから　$\theta = \dfrac{\pi}{2}$，$\dfrac{7}{6}\pi$，$\dfrac{11}{6}\pi$ …… ③

②，③ を ① に代入すると

$$z = 4\left(\cos\frac{\pi}{2} + i\sin\frac{\pi}{2}\right),\ 4\left(\cos\frac{7}{6}\pi + i\sin\frac{7}{6}\pi\right),\ 4\left(\cos\frac{11}{6}\pi + i\sin\frac{11}{6}\pi\right)$$

すなわち　$z = 4i$，$-2\sqrt{3} - 2i$，$2\sqrt{3} - 2i$

別解　$(4i)^3 = -64i$ から　$z^3 = (4i)^3$　　よって　$\left(\dfrac{z}{4i}\right)^3 = 1$

$\dfrac{z}{4i}$ は 1 の 3 乗根に等しいから　$\dfrac{z}{4i} = 1$，$\dfrac{-1 \pm \sqrt{3}i}{2}$

したがって　$z = 4i$，$-2\sqrt{3} - 2i$，$2\sqrt{3} - 2i$

5　$\dfrac{z}{z^{-1}} = z^2 = (2+i)^2 = 3 + 4i = 5\left(\dfrac{3}{5} + \dfrac{4}{5}i\right) = 5(\cos\alpha + i\sin\alpha)$

ただし，α は $\cos\alpha = \dfrac{3}{5}$，$\sin\alpha = \dfrac{4}{5}$ を満たす。

よって，$\angle \mathrm{AOB}=\alpha$ であるから　　$\triangle \mathrm{OAB}=\dfrac{1}{2}\cdot|z||z^{-1}|\sin\alpha=\dfrac{1}{2}|z|\cdot\dfrac{1}{|z|}\cdot\dfrac{4}{5}=\dfrac{2}{5}$

6　$\gamma=-2i\alpha+(1+2i)\beta$ から

$$\frac{\gamma-\alpha}{\beta-\alpha}=\frac{-2i\alpha+(1+2i)\beta-\alpha}{\beta-\alpha}=\frac{(1+2i)\beta-(1+2i)\alpha}{\beta-\alpha}=\frac{(1+2i)(\beta-\alpha)}{\beta-\alpha}=1+2i$$

$|1+2i|=\sqrt{5}$ であるから　　$\dfrac{\gamma-\alpha}{\beta-\alpha}=\sqrt{5}\left(\dfrac{1}{\sqrt{5}}+\dfrac{2}{\sqrt{5}}i\right)$

したがって，$\dfrac{\gamma-\alpha}{\beta-\alpha}$ の偏角を θ とすると　　$\cos\theta=$ ア $\dfrac{1}{\sqrt{5}}$

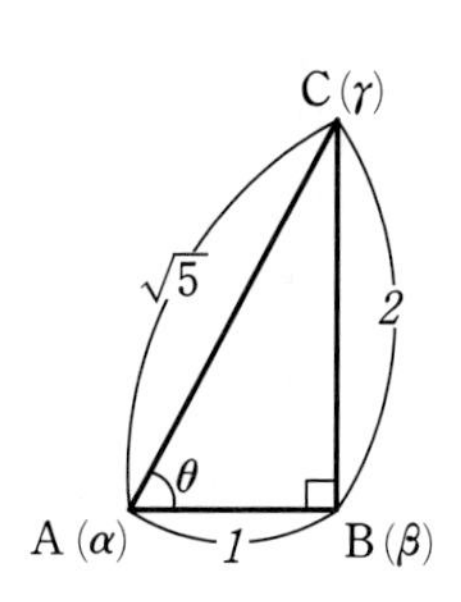

よって，$\angle \mathrm{ABC}=\dfrac{\pi}{2}$ であるから，辺 AC は △ABC の外接円の直径である。

したがって，$|\beta-\alpha|=2$ のとき，求める外接円の半径は

$$\frac{1}{2}|\gamma-\alpha|=\frac{2\sqrt{5}}{2}=\text{イ}\ \sqrt{5}$$

7　(1)　$z^{-1}S=z^{-2n-1}+z^{-2n+1}+\cdots\cdots+z^{2n-3}+z^{2n-1}$

$zS=z^{-2n+1}+z^{-2n+3}+\cdots\cdots+z^{2n-1}+z^{2n+1}$

よって　　$z^{-1}S-zS=z^{-2n-1}-z^{2n+1}$

(2)　$z=\cos\theta+i\sin\theta$ のとき

$$z^{-k}+z^{k}=\cos(-k\theta)+i\sin(-k\theta)+\cos k\theta+i\sin k\theta=2\cos k\theta$$

よって，$z^{-k}+z^{k}$ の実部は　　$2\cos k\theta$

また　　$z^{-k}-z^{k}=\cos(-k\theta)+i\sin(-k\theta)-(\cos k\theta+i\sin k\theta)=-2i\sin k\theta$

よって，$z^{-k}-z^{k}$ の虚部は　　$-2\sin k\theta$

(3)　(2) より　　$1+2\displaystyle\sum_{k=1}^{n}\cos 2k\theta=1+\sum_{k=1}^{n}(z^{-2k}+z^{2k})$

$$=z^{-2n}+z^{-2n+2}+\cdots\cdots+z^{2n-2}+z^{2n}=S\quad\cdots\cdots①$$

また，(1) より　　$(z^{-1}-z)S=z^{-2n-1}-z^{2n+1}$

(2) より，$z^{-k}-z^{k}=-2i\sin k\theta$ であるから　　$-2i\sin\theta\cdot S=-2i\sin(2n+1)\theta$

$\sin\theta\neq0$ であるから　　$S=\dfrac{\sin(2n+1)\theta}{\sin\theta}$　……②

よって，①，② から　　$1+2\displaystyle\sum_{k=1}^{n}\cos 2k\theta=\dfrac{\sin(2n+1)\theta}{\sin\theta}$

8　$\frac{1}{2}$，1，2，$\cos\frac{\pi}{6}+i\sin\frac{\pi}{6}$，$\cos\frac{\pi}{3}+i\sin\frac{\pi}{3}$，$\cos\frac{\pi}{2}+i\sin\frac{\pi}{2}$ の書かれたカード

をそれぞれ A，B，C，D，E，F とする。

6 枚のカードから 3 枚を選ぶ方法は　　${}_6C_3=20$（通り）

(1)　$\arg\frac{1}{2}=\arg 1=\arg 2=0$

点 P が虚軸上にあるのは，カードに書かれた 3 つの複素数の偏角の和が $\frac{\pi}{2}+n\pi$

（n は整数）になるときで，次の [1]，[2] のいずれかの場合である。

　[1]　A，B，C から 2 枚と F を選ぶ

　[2]　A，B，C から 1 枚と D，E を選ぶ

[1] の場合の数は　　${}_3C_2=3$（通り）

[2] の場合の数は　　${}_3C_1=3$（通り）

よって，求める確率は　　$\frac{3+3}{20}=\frac{3}{10}$

(2)　$|1|=\left|\cos\frac{\pi}{6}+i\sin\frac{\pi}{6}\right|=\left|\cos\frac{\pi}{3}+i\sin\frac{\pi}{3}\right|=\left|\cos\frac{\pi}{2}+i\sin\frac{\pi}{2}\right|=1$

点 P の原点からの距離が 1 となるのは，カードに書かれた 3 つの複素数の絶対値の積が 1 になるときで，次の [1]，[2] のいずれかの場合である。

　[1]　B，D，E，F から 3 枚を選ぶ

　[2]　B，D，E，F から 1 枚と A，C を選ぶ

[1] の場合の数は　　${}_4C_3=4$（通り）

[2] の場合の数は　　${}_4C_1=4$（通り）

よって，求める確率は　　$\frac{4+4}{20}=\frac{2}{5}$

9　$w=\cos\left(\frac{\pi}{12}\right)+i\sin\left(\frac{\pi}{12}\right)$ から　　$w^k=\cos\left(\frac{k}{12}\pi\right)+i\sin\left(\frac{k}{12}\pi\right)$

$w^k=-1$ から　　$\cos\left(\frac{k}{12}\pi\right)+i\sin\left(\frac{k}{12}\pi\right)=\cos\pi+i\sin\pi$

偏角を比較して　　$\frac{k}{12}\pi=(2p+1)\pi$（$p$ は整数）　　すなわち　　$k=12(2p+1)$

$0\leqq k\leqq 23$ であるから　　$p=0$　　　よって　　$k={}^{ア}12$

また，整数 l に対して $w^l=\cos\left(\frac{l}{12}\pi\right)+i\sin\left(\frac{l}{12}\pi\right)$ であり w^l の実部が $\frac{1}{2}$ となるとき

$$\cos\left(\frac{l}{12}\pi\right)=\frac{1}{2}$$

よって　$\frac{l}{12}\pi=\frac{\pi}{3}+2q\pi$，$\frac{5}{3}\pi+2r\pi$　(q，r は整数)

$l=4+24q$，$20+24r$

したがって，$0\leqq l\leqq 23$ のとき，$q=0$，$r=0$ で　$l=4$，20

ゆえに，条件 $0\leqq k_1<k_2\leqq 23$ を満たす整数 k_1，k_2 のうち，w^{k_1}，w^{k_2} の実部がともに $\frac{1}{2}$ となるものは　$k_1=$ [イ]4，$k_2=$ [ウ]20

また　$w^m+(\overline{w})^m=\cos\left(\frac{m}{12}\pi\right)+i\sin\left(\frac{m}{12}\pi\right)+\cos\left(-\frac{m}{12}\pi\right)+i\sin\left(-\frac{m}{12}\pi\right)$

$$=2\cos\left(\frac{m}{12}\pi\right)$$

$w^m+(\overline{w})^m<1$ より，$2\cos\left(\frac{m}{12}\pi\right)<1$ であるから　$\cos\left(\frac{m}{12}\pi\right)<\frac{1}{2}$

$0\leqq m\leqq 23$ のとき，$0\leqq\frac{m}{12}\pi\leqq\frac{23}{12}\pi$ であるから　$\frac{\pi}{3}<\frac{m}{12}\pi<\frac{5}{3}\pi$

よって　$4<m<20$

したがって，求める整数 m の個数は　$19-5+1=$ [エ]15 (個)

$|w^n-2|\leqq\sqrt{3}$ のとき，$|w^n-2|^2\leqq 3$ であるから

$$\left\{\cos\left(\frac{n}{12}\pi\right)-2\right\}^2+\sin^2\left(\frac{n}{12}\pi\right)\leqq 3$$

$$5-4\cos\left(\frac{n}{12}\pi\right)\leqq 3$$

よって　$\cos\left(\frac{n}{12}\pi\right)\geqq\frac{1}{2}$

$0\leqq n\leqq 23$ のとき，$\cos\left(\frac{n}{12}\pi\right)<\frac{1}{2}$ を満たす整数 n は 15 個であるから，求める整数 n の個数は　$24-15=$ [オ]9 (個)

10 (1)　$2z^4+(1-\sqrt{5})z^2+2=0$ ……① とする。

① より，$z^4=\frac{\sqrt{5}-1}{2}z^2-1$ であるから

$$z^8=(z^4)^2=\left(\frac{\sqrt{5}-1}{2}z^2-1\right)^2=\frac{3-\sqrt{5}}{2}z^4-(\sqrt{5}-1)z^2+1$$

$$=\frac{3-\sqrt{5}}{2}\left(\frac{\sqrt{5}-1}{2}z^2-1\right)-(\sqrt{5}-1)z^2+1=-z^2+\frac{\sqrt{5}-1}{2}$$

よって　$z^{10}=z^8\cdot z^2=\left(-z^2+\dfrac{\sqrt{5}-1}{2}\right)z^2=-z^4+\dfrac{\sqrt{5}-1}{2}z^2$

$$=-\left(\frac{\sqrt{5}-1}{2}z^2-1\right)+\frac{\sqrt{5}-1}{2}z^2=1$$

(2)　$z^2=1$ は ① を満たさないから　$z^2 \neq 1$

すなわち　$z \neq \pm 1$

よって　$z+z^3+z^5+z^7+z^9=\dfrac{z\{(z^2)^5-1\}}{z^2-1}$

$$=\frac{z(z^{10}-1)}{z^2-1}=0$$

(3)　$z=0$ は ① を満たさないから　$z \neq 0$

$z+z^3+z^5+z^7+z^9=0$ の両辺を z^5 で割ると　$\dfrac{1}{z^4}+\dfrac{1}{z^2}+1+z^2+z^4=0$

すなわち　$z^4+\dfrac{1}{z^4}+z^2+\dfrac{1}{z^2}+1=0$　…… ②

また，$|z|^2=z\overline{z}=1$ であるから　$\dfrac{1}{z}=\overline{z}$

② から　$z^4+(\overline{z})^4+z^2+(\overline{z})^2+1=0$

$$z^4+\overline{z^4}+z^2+\overline{z^2}+1=0 \quad \cdots\cdots ③$$

ここで，$z=\cos\dfrac{\pi}{5}+i\sin\dfrac{\pi}{5}$ は $z^{10}=1$ の解であるから，③ を満たす。

このとき $z^4=\cos\dfrac{4}{5}\pi+i\sin\dfrac{4}{5}\pi$，$z^2=\cos\dfrac{2}{5}\pi+i\sin\dfrac{2}{5}\pi$ であるから，③ より

$$2\cos\frac{4}{5}\pi+2\cos\frac{2}{5}\pi+1=0$$

$$2\left(\cos\frac{4}{5}\pi+\cos\frac{2}{5}\pi\right)+1=0$$

$$2\times 2\cos\frac{3}{5}\pi\cos\frac{\pi}{5}+1=0$$

$\cos\dfrac{3}{5}\pi=\cos\left(\pi-\dfrac{2}{5}\pi\right)=-\cos\dfrac{2\pi}{5}$ であるから

$$-4\cos\frac{2\pi}{5}\cos\frac{\pi}{5}+1=0$$

よって　$\cos\dfrac{\pi}{5}\cos\dfrac{2\pi}{5}=\dfrac{1}{4}$

別解　$z=\cos\dfrac{\pi}{5}+i\sin\dfrac{\pi}{5}$ とする。

点 1, z, z^2, ……, z^9 は単位円に内接する正十角形の頂点である。

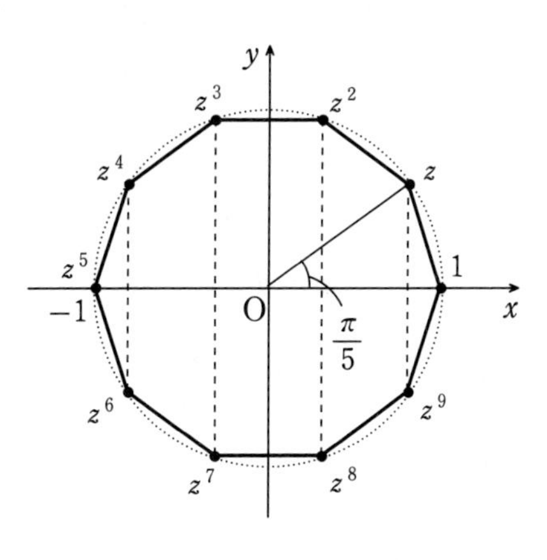

z と z^9, z^2 と z^8 はそれぞれ共役な複素数であるから

$$\frac{z+z^9}{2}=\cos\frac{\pi}{5},\quad \frac{z^2+z^8}{2}=\cos\frac{2\pi}{5}$$

よって, $z^{10}=1$ を満たすから

$$\cos\frac{\pi}{5}\cos\frac{2\pi}{5}=\frac{(z+z^9)(z^2+z^8)}{4}$$
$$=\frac{z^3+z^9+z^{11}+z^{17}}{4}$$
$$=\frac{z+z^3+z^7+z^9}{4}$$

(2) より, z は $z+z^3+z^5+z^7+z^9=0$ を満たすから　　$\cos\dfrac{\pi}{5}\cos\dfrac{2\pi}{5}=\dfrac{-z^5}{4}=\dfrac{1}{4}$

11　(1)　整式 $x^4+x^3+x^2+x+1$ を $f(x)=x^2-ax+1$ で割ったときの商を $Q(x)$, 余りを $R(x)$ として, それぞれ計算すると

$$Q(x)=x^2+(a+1)x+a(a+1)$$
$$R(x)=a(a^2+a-1)x-(a^2+a-1)$$

ここで, $a=\dfrac{\sqrt{5}-1}{2}$ であるから　　$2a+1=\sqrt{5}$

両辺を 2 乗して　　$(2a+1)^2=5$　　　　整理すると　　$a^2+a-1=0$

よって, $R(x)=0$ であるから, 整式 $x^4+x^3+x^2+x+1$ は $f(x)$ で割り切れる。

(2)　(1) の結果から　　$x^4+x^3+x^2+x+1=f(x)Q(x)$

両辺に $(x-1)$ を掛けると　　$x^5-1=(x-1)f(x)Q(x)$

よって, $f(x)=0$ の解 α は $x^5-1=0$ すなわち $x^5=1$ の虚数解である。

$x^5=1$ を満たす実数 x が $x=1$ のみであることから, 方程式 $f(x)Q(x)=0$ の解はすべて虚数, すなわち方程式 $f(x)=0$ の 2 つの解はいずれも虚数である。

また, $f(x)=0$ は係数が実数の 2 次方程式であるから, 2 つの虚数解は共役な複素数である。

よって, 虚部が正のものを α とすると, $\alpha^5=1$ より　　$|\alpha|^5=1$

よって　　$|\alpha|=1$

したがって，$\alpha=\cos\theta+i\sin\theta$ $(0<\theta<\pi)$ とおける。

$\alpha^5=1$ を満たすから　　$\cos5\theta+i\sin5\theta=\cos0+i\sin0$

偏角を比較すると　　$5\theta=2k\pi$ （k は整数）　　すなわち　　$\theta=\frac{2}{5}k\pi$

ここで，$f(x)=0$ において，解と係数の関係により

$$\alpha+\overline{\alpha}=a$$

$$2\cos\theta=\frac{\sqrt{5}-1}{2}$$

すなわち　　$\cos\theta=\frac{\sqrt{5}-1}{4}$

よって，$\cos\theta>0$ であるから　　$0<\theta<\frac{\pi}{2}$

したがって，これを満たすのは，$k=1$ すなわち $\theta=\frac{2}{5}\pi$ のときである。

ゆえに　　$\alpha=\cos\frac{2}{5}\pi+i\sin\frac{2}{5}\pi$

参考　2次方程式 $f(x)=0$ の判別式を D とすると

$$D=(-a)^2-4\cdot1=a^2-4=\left(\frac{\sqrt{5}-1}{2}\right)^2-4=-\frac{5+\sqrt{5}}{2}$$

$D<0$ であることからも，$f(x)=0$ は2つの異なる虚数解をもつことがわかる。

(3)　$\alpha^5=1$ を利用して

$$\alpha^{2023}+\alpha^{-2023}=\alpha^{5\cdot405-2}+\frac{1}{\alpha^{5\cdot405-2}}=\alpha^2+\frac{1}{\alpha^2}=\left(\alpha+\frac{1}{\alpha}\right)^2-2$$

$$=(\alpha+\overline{\alpha})^2-2=a^2-2=\left(\frac{\sqrt{5}-1}{2}\right)^2-2=-\frac{1+\sqrt{5}}{2}$$

12　1回の操作で得られる複素数は

$$i,\ \sqrt{3}i,\ 1,\ 1+\sqrt{3}i,\ \sqrt{3},\ \sqrt{3}+i \quad \cdots\cdots①$$

の6通りであり，どの複素数が得られるかは同様に確からしい。

(1)　1回の操作で得られる複素数の絶対値が1である事象を A，1以外である事象を B とすると　　$P(A)=\frac{1}{3}$，$P(B)=\frac{2}{3}$

$n=1$ のとき，A，B のどちらが起こっても $|z_n|<5$ となるから　　$P_1=1$

$n\geqq2$ のとき，$|z_n|<5$ となるのは，次のいずれかの場合である。

[1]　A が n 回

[2] A が $(n-1)$ 回，B が 1 回

[3] A が $(n-2)$ 回，B が 2 回

よって

$$P_n=\left(\frac{1}{3}\right)^n+{}_n\mathrm{C}_1\left(\frac{1}{3}\right)^{n-1}\left(\frac{2}{3}\right)^1+{}_n\mathrm{C}_2\left(\frac{1}{3}\right)^{n-2}\left(\frac{2}{3}\right)^2=\frac{1+2n+2n(n-1)}{3^n}=\frac{2n^2+1}{3^n}$$

$P_1=1$ であるから，これは $n=1$ のときにも成り立つ。

したがって　$P_n=\dfrac{2n^2+1}{3^n}$

(2) ①の偏角は順に　$\dfrac{\pi}{2}$，$\dfrac{\pi}{2}$，0，$\dfrac{\pi}{3}$，0，$\dfrac{\pi}{6}$

${z_n}^2$ の偏角を θ_n とすると，θ_{n+1} は次のいずれかである。

[1] $\theta_{n+1}=\theta_n+2\cdot0=\theta_n$

[2] $\theta_{n+1}=\theta_n+2\cdot\dfrac{\pi}{2}=\theta_n+\pi$

[3] $\theta_{n+1}=\theta_n+2\cdot\dfrac{\pi}{3}=\theta_n+\dfrac{2}{3}\pi$

[4] $\theta_{n+1}=\theta_n+2\cdot\dfrac{\pi}{6}=\theta_n+\dfrac{\pi}{3}$

また，θ_n は　$k\pi$，$k\pi+\dfrac{\pi}{3}$，$k\pi+\dfrac{2}{3}\pi$ (k は整数)　のいずれかの値をとる。

よって

$\theta_n=k\pi$ のとき，${z_{n+1}}^2$ が実数となるのは，[1]，[2] のいずれかの場合で，その確率は

$$\frac{2}{6}+\frac{2}{6}=\frac{2}{3}$$

$\theta_n=k\pi+\dfrac{\pi}{3}$ のとき，${z_{n+1}}^2$ が実数となるのは，[3] の場合で，その確率は　$\dfrac{1}{6}$

$\theta_n=k\pi+\dfrac{2}{3}\pi$ のとき，${z_{n+1}}^2$ が実数となるのは，[4] の場合で，その確率は　$\dfrac{1}{6}$

したがって

${z_n}^2$ が実数であるとき，${z_{n+1}}^2$ が実数となるときの確率は　$\dfrac{2}{3}$

${z_n}^2$ が実数でないとき，${z_{n+1}}^2$ が実数となるときの確率は　$\dfrac{1}{6}$

ゆえに　$Q_{n+1}=\dfrac{2}{3}Q_n+\dfrac{1}{6}(1-Q_n)$

$$Q_{n+1}=\frac{1}{2}Q_n+\frac{1}{6}$$

$$Q_{n+1}-\frac{1}{3}=\frac{1}{2}\left(Q_n-\frac{1}{3}\right)$$

$Q_1=\dfrac{2}{3}$ であるから　　$Q_n-\dfrac{1}{3}=\dfrac{1}{3}\left(\dfrac{1}{2}\right)^{n-1}$　　　　よって　　$Q_n=\dfrac{1}{3}\left(\dfrac{1}{2}\right)^{n-1}+\dfrac{1}{3}$

13　点 z が2点0，i を結ぶ線分の垂直二等分線上を動くから　　$|z|=|z-i|$　……①

$w=\dfrac{2z-1}{iz+1}$ から

$$(iz+1)w=2z-1$$
$$(iw-2)z=-w-1$$
$$(w+2i)z=i(w+1)$$

$w=-2i$ はこの等式を満たさないから　　$w\neq-2i$　　　　よって　　$z=\dfrac{i(w+1)}{w+2i}$

これを①に代入すると

$$\left|\frac{i(w+1)}{w+2i}\right|=\left|\frac{i(w+1)}{w+2i}-i\right|$$
$$|i|\left|\frac{w+1}{w+2i}\right|=|i|\left|\frac{1-2i}{w+2i}\right|$$
$$|w+1|=|1-2i|$$

$|1-2i|=\sqrt{5}$ であるから　　$|w+1|=\sqrt{5}$

したがって，点 w は点 -1 を中心とする半径 $\sqrt{5}$ の円を描く。

ただし，点 $-2i$ を除く。

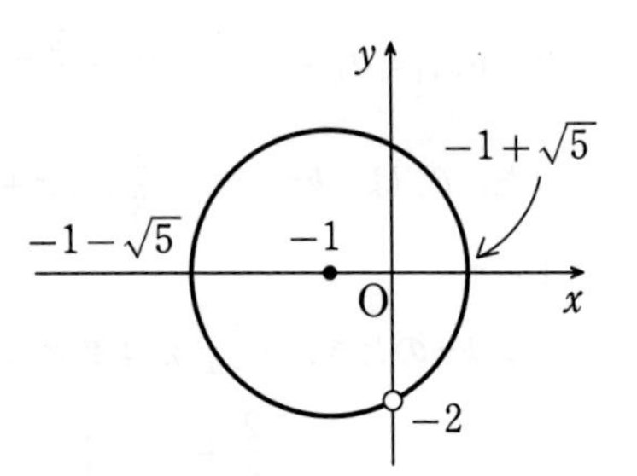

14　$\alpha^3=\beta^3$ から　　$\left(\dfrac{\beta}{\alpha}\right)^3=1$　……①

よって　　$\left|\dfrac{\beta}{\alpha}\right|^3=1$　　　　すなわち　$\left|\dfrac{\beta}{\alpha}\right|=$ ${}^{ア}1$

$\arg\dfrac{\beta}{\alpha}=\theta$ $(0<\theta<\pi)$ とおくと　　$\dfrac{\beta}{\alpha}=\cos\theta+i\sin\theta$　……②

よって　　$\left(\dfrac{\beta}{\alpha}\right)^3=\cos3\theta+i\sin3\theta$

1を極形式で表すと　　$1=\cos0+i\sin0$

①より　　$\cos3\theta+i\sin3\theta=\cos0+i\sin0$

両辺の偏角を比較すると　　$3\theta=2k\pi$ (k は整数)　　　　ゆえに　　$\theta=\dfrac{2}{3}k\pi$

$0<\theta<\pi$ であるから　　$k=1$　　　　よって　　$\theta=\dfrac{2}{3}\pi$

②から　　$\dfrac{\beta}{\alpha}=\cos\dfrac{2}{3}\pi+i\sin\dfrac{2}{3}\pi={}^{イ}-\dfrac{1}{2}+{}^{ウ}\dfrac{\sqrt{3}}{2}i$

また，$w=1+\dfrac{\beta}{\alpha}z$ から　　$z=\dfrac{\alpha}{\beta}(w-1)$

$|z-2|=2$ に代入すると　　$\left|\dfrac{\alpha}{\beta}(w-1)-2\right|=2$

すなわち　　$\left|\dfrac{\alpha}{\beta}\left\{(w-1)-2\cdot\dfrac{\beta}{\alpha}\right\}\right|=2$

$$\left|\frac{\alpha}{\beta}\right|\left|w-1-2\left(-\frac{1}{2}+\frac{\sqrt{3}}{2}i\right)\right|=2$$

$\left|\dfrac{\alpha}{\beta}\right|=1$ であるから　　$|w-\sqrt{3}\,i|=2$

したがって，点 w は複素数平面上の円 $|w-{}^{エ}\sqrt{3}\,i|=2$ 上にある。

15　$|z_1|=\sqrt{2}$ から　　$z_1\neq 0$

$z_1{}^2+z_2{}^2-z_1z_2=0$ の両辺を $z_1{}^2$ で割ると　　$1+\left(\dfrac{z_2}{z_1}\right)^2-\dfrac{z_2}{z_1}=0$

すなわち　　$\left(\dfrac{z_2}{z_1}\right)^2-\dfrac{z_2}{z_1}+1=0$

よって　　$\dfrac{z_2}{z_1}=\dfrac{1\pm\sqrt{3}\,i}{2}=\cos\left(\pm\dfrac{\pi}{3}\right)+i\sin\left(\pm\dfrac{\pi}{3}\right)$　(複号同順)

点 $P_2(z_2)$ は原点 O を中心として，点 $P_1(z_1)$ を $\dfrac{\pi}{3}$ または $-\dfrac{\pi}{3}$ だけ回転した点である。

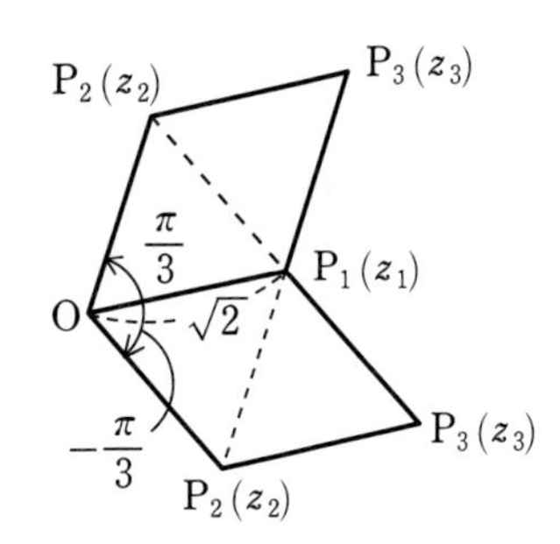

したがって　　$|z_2|=|z_1|={}^{ア}\sqrt{2}$

また，条件 3 から，四角形 $OP_1P_3P_2$ は平行四辺形であり，各点の位置関係は右の図のようになる。

$\triangle P_1P_2P_3$ は 1 辺が $\sqrt{2}$ の正三角形であるから，

その面積は　　$\dfrac{1}{2}\cdot(\sqrt{2})^2\cdot\sin\dfrac{\pi}{3}={}^{イ}\dfrac{\sqrt{3}}{2}$

16　z についての 2 次方程式 $4z^2+4z-\sqrt{3}\,i=0$ の解が α，β であるから，解と係数の関係により　　$\alpha+\beta=-1$，$\alpha\beta=-\dfrac{\sqrt{3}}{4}i$

よって

$$(\beta-\alpha)^2=(\alpha+\beta)^2-4\alpha\beta=(-1)^2-4\left(-\frac{\sqrt{3}}{4}i\right)=1+\sqrt{3}i=2\left(\cos\frac{\pi}{3}+i\sin\frac{\pi}{3}\right)$$

ここで，$\beta-\alpha=r(\cos\theta+i\sin\theta)$ とおく。

ただし，$r>0$，$0\leqq\theta<2\pi$ とする。

$(\beta-\alpha)^2=r^2(\cos2\theta+i\sin2\theta)$ であるから　$r^2(\cos2\theta+i\sin2\theta)=2\left(\cos\frac{\pi}{3}+i\sin\frac{\pi}{3}\right)$

両辺の絶対値と偏角を比較すると　　$r^2=2$，$2\theta=\frac{\pi}{3}+2k\pi$（$k$ は整数）

$r>0$ であるから　　$r=\sqrt{2}$　　　　また　　$\theta=\frac{\pi}{6}+k\pi$

したがって，線分 PQ の長さは　　$|\beta-\alpha|=$ ア$\sqrt{2}$

$\frac{\alpha+\beta}{2}=-\frac{1}{2}$ であるから，PQ の中点の座標は　　$\left(\text{イ}-\frac{1}{2},\ \text{ウ}0\right)$

$0\leqq\theta<2\pi$ であるから　　$k=0,\ 1$　　　　よって　　$\theta=\frac{\pi}{6},\ \frac{7}{6}\pi$

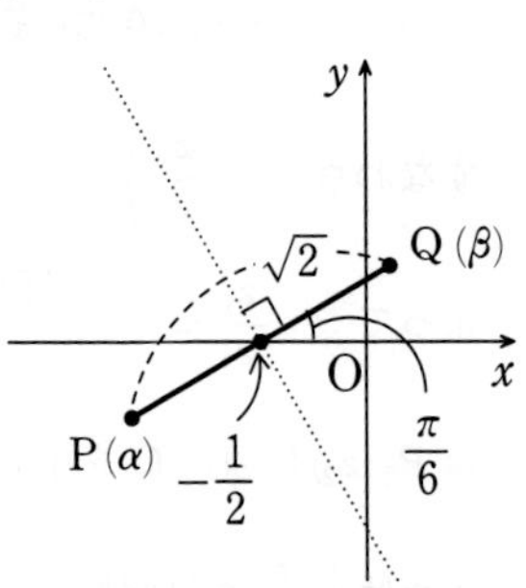

[1]　$\theta=\frac{\pi}{6}$ のとき　　$\beta-\alpha=\sqrt{2}\left(\cos\frac{\pi}{6}+i\sin\frac{\pi}{6}\right)$

2点 P，Q は右の図のような位置にある。

よって，線分 PQ の垂直二等分線の傾きは

$$\tan\left(\frac{\pi}{6}+\frac{\pi}{2}\right)=\tan\frac{2}{3}\pi=-\sqrt{3}$$

[2]　$\theta=\frac{7}{6}\pi$ のとき　　$\beta-\alpha=\sqrt{2}\left(\cos\frac{7}{6}\pi+i\sin\frac{7}{6}\pi\right)$

2点 P，Q は，[1] の P，Q を入れ替えた位置にある。

よって，このときも垂直二等分線の傾きは　　$-\sqrt{3}$

[1]，[2] から，求める傾きは　　エ$-\sqrt{3}$

別解　（ア）～（ウ）

$4z^2+4z-\sqrt{3}i=0$ から

$$(2z+1)^2=1+\sqrt{3}i$$

$$(2z+1)^2=2\left(\cos\frac{\pi}{3}+i\sin\frac{\pi}{3}\right)$$

$$(2z+1)^2=\left\{\sqrt{2}\left(\cos\frac{\pi}{6}+i\sin\frac{\pi}{6}\right)\right\}^2$$

$$2z+1=\pm\sqrt{2}\left(\cos\frac{\pi}{6}+i\sin\frac{\pi}{6}\right)$$

$$z=-\frac{1}{2}\pm\frac{\sqrt{2}}{2}\left(\cos\frac{\pi}{6}+i\sin\frac{\pi}{6}\right)$$

$\alpha=-\frac{1}{2}-\frac{\sqrt{2}}{2}\left(\cos\frac{\pi}{6}+i\sin\frac{\pi}{6}\right)$，$\beta=-\frac{1}{2}+\frac{\sqrt{2}}{2}\left(\cos\frac{\pi}{6}+i\sin\frac{\pi}{6}\right)$ としても一般性を失わないから　　$\beta-\alpha=\sqrt{2}\left(\cos\frac{\pi}{6}+i\sin\frac{\pi}{6}\right)$，$\frac{\alpha+\beta}{2}=-\frac{1}{2}$

よって　　$\mathrm{PQ}=|\beta-\alpha|={}^{ア}\sqrt{2}$

PQ の中点の座標は　　$\left({}^{イ}-\frac{1}{2},\ {}^{ウ}0\right)$

17 (1)　$\frac{1+iz_1}{z_1+i}-\frac{1+iz_2}{z_2+i}=\frac{(1+iz_1)(z_2+i)-(1+iz_2)(z_1+i)}{(z_1+i)(z_2+i)}=\frac{2(z_2-z_1)}{(z_1+i)(z_2+i)}$

z_1，z_2 は異なる複素数であるから　　$z_2-z_1\neq 0$

よって　　$\frac{2(z_2-z_1)}{(z_1+i)(z_2+i)}\neq 0$　　　　したがって　　$\frac{1+iz_1}{z_1+i}\neq\frac{1+iz_2}{z_2+i}$

(2)　$\frac{1+iz}{z+i}=w$ かつ $z\neq -i$

$\iff$ $1+iz=(z+i)w$ かつ $z\neq -i$

$\iff$ $(w-i)z=-iw+1$ かつ $z\neq -i$

$w\neq i$ であるから

$\iff$ $z=\frac{-iw+1}{w-i}$ かつ $z\neq -i$

ここで，$z=\frac{-iw+1}{w-i}$ のとき，$z+i=\frac{-iw+1+i(w-i)}{w-i}=\frac{2}{w-i}\neq 0$ であるから

$z\neq -i$

よって，$z=\frac{-iw+1}{w-i}$ が $\frac{1+iz}{z+i}=w$ かつ $z\neq -i$ を満たす複素数 z である。

(3)　$w=\frac{1+iz}{z+i}$ が $\left|w-\frac{i}{2}\right|=\frac{1}{2}$ を満たすとき　　$\left|\frac{1+iz}{z+i}-\frac{i}{2}\right|=\frac{1}{2}$

すなわち　　$\left|\frac{2(1+iz)-i(z+i)}{2(z+i)}\right|=\frac{1}{2}$

$$\frac{|iz+3|}{2|z+i|}=\frac{1}{2}$$

$$|iz+3|=|z+i|$$

$$|z-3i|=|z+i|$$

よって，点 z は2点 $3i$，$-i$ を結ぶ線分の垂直二等分線，すなわち，点 i を通り実軸に平行な直線を描く。

したがって　　$b=1$

18　(1)　$x^4-2x^3+3x^2-2x+1=0$

$x=0$ は解ではないから，両辺を x^2 で割ると　　$x^2-2x+3-\dfrac{2}{x}+\dfrac{1}{x^2}=0$

ゆえに　　$\left(x+\dfrac{1}{x}\right)^2-2\left(x+\dfrac{1}{x}\right)+1=0$

$\left(x+\dfrac{1}{x}-1\right)^2=0$

よって　　$x+\dfrac{1}{x}-1=0$　　　すなわち　　$x^2-x+1=0$

これを解くと　　$x=\dfrac{1\pm\sqrt{3}\,i}{2}$

(2)　$(\alpha-\beta)^4+(\beta-\gamma)^4+(\gamma-\alpha)^4=0$ から　　$(\beta-\alpha)^4+\{(\beta-\alpha)-(\gamma-\alpha)\}^4+(\gamma-\alpha)^4=0$

$\beta-\alpha\neq 0$ であるから，両辺を $(\beta-\alpha)^4$ で割ると　　$1+\left\{1-\left(\dfrac{\gamma-\alpha}{\beta-\alpha}\right)\right\}^4+\left(\dfrac{\gamma-\alpha}{\beta-\alpha}\right)^4=0$

$\dfrac{\gamma-\alpha}{\beta-\alpha}=z$ とすると　　$1+(1-z)^4+z^4=0$

整理して　　$z^4-2z^3+3z^2-2z+1=0$

(1) より，$z=\dfrac{1\pm\sqrt{3}\,i}{2}$ であるから

$$\frac{\gamma-\alpha}{\beta-\alpha}=\frac{1\pm\sqrt{3}\,i}{2}=\cos\left(\pm\frac{\pi}{3}\right)+i\sin\left(\pm\frac{\pi}{3}\right)\quad\text{(複号同順)}$$

よって　　$\left|\dfrac{\gamma-\alpha}{\beta-\alpha}\right|=\dfrac{|\gamma-\alpha|}{|\beta-\alpha|}=\dfrac{\mathrm{AC}}{\mathrm{AB}}=1$　　　ゆえに　　$\mathrm{AB}=\mathrm{AC}$

また，$\arg\dfrac{\gamma-\alpha}{\beta-\alpha}=\pm\dfrac{\pi}{3}$ であるから　　$\angle\mathrm{BAC}=\dfrac{\pi}{3}$

したがって，$\triangle\mathrm{ABC}$ は正三角形になる。

19　(1)　$z=t^3(-1+i)$ $(0<t<1)$ であるから　　$|z|=|t^3|\sqrt{(-1)^2+1^2}=\sqrt{2}\,t^3$

また　　$|w|=\sqrt{(t-2)^2+t^2}=\sqrt{2t^2-4t+4}=\sqrt{2}\sqrt{t^2-2t+2}$

(2)　$\dfrac{w}{z}=\dfrac{t-2+ti}{t^3(-1+i)}=\dfrac{(t-2+ti)(-1-i)}{t^3(-1+i)(-1-i)}=\dfrac{1+(1-t)i}{t^3}$

よって　　$a=\dfrac{1}{t^3}$，$b=\dfrac{1-t}{t^3}$

(3)　$\dfrac{w}{z}$ の偏角を α とする。

$0<t<1$ であるから，(2) より　　$a>0$，$b>0$

よって，$0<\alpha<\dfrac{\pi}{2}$ を満たす。

したがって，$\theta=\alpha$ であるから $\dfrac{w}{z}=r(\cos\theta+i\sin\theta)$ $(r>0)$ と表される。

$\left|\dfrac{w}{z}\right|=\dfrac{|w|}{|z|}=\dfrac{\sqrt{t^2-2t+2}}{t^3}$ であるから　　$r=\dfrac{\sqrt{t^2-2t+2}}{t^3}$

ゆえに　　$\cos\theta=\dfrac{a}{r}=\dfrac{1}{\sqrt{t^2-2t+2}}$，$\sin\theta=\dfrac{b}{r}=\dfrac{1-t}{\sqrt{t^2-2t+2}}$

(4)　$S=\dfrac{1}{2}|z||w|\sin\theta=\dfrac{1}{2}\cdot\sqrt{2}\,t^3\cdot\sqrt{2}\sqrt{t^2-2t+2}\cdot\dfrac{1-t}{\sqrt{t^2-2t+2}}=t^3(1-t)$

(5)　$S'=3t^2(1-t)+t^3\cdot(-1)=t^2(3-4t)$

$S'=0$ とすると，$0<t<1$ より　　$t=\dfrac{3}{4}$

$0<t<1$ における，S の増減表は右のようになる。

t	0	$\cdots$	$\dfrac{3}{4}$	$\cdots$	1
S'	／	$+$	0	$-$	／
S	／	↗	最大	↘	／

よって，S は $t=\dfrac{3}{4}$ で最大となり，最大値は

$$\left(\frac{3}{4}\right)^3\left(1-\frac{3}{4}\right)=\frac{27}{256}$$

20　-8 の 3 乗根は方程式 $x^3=-8$ の解であるから　　$x^3+8=0$

すなわち　　$(x+2)(x^2-2x+4)=0$　　　　よって　　$x=-2$，$1\pm\sqrt{3}\,i$

α の虚部は正であるから　　$\alpha=1+\sqrt{3}\,i$

よって，α の虚部は　　ア$\sqrt{3}$

次に，$4\alpha+(\sqrt{3}-2+i)\beta=(\sqrt{3}+2+i)\gamma$ ……① とする。

$\angle$A の大きさを求めるために $\dfrac{\gamma-\alpha}{\beta-\alpha}$ の値を調べる。

$z=\beta-\alpha$，$w=\gamma-\alpha$ とおき，① に $\beta=z+\alpha$，$\gamma=w+\alpha$ を代入すると

$$4\alpha+(\sqrt{3}-2+i)(z+\alpha)=(\sqrt{3}+2+i)(w+\alpha)$$

整理すると　　$(\sqrt{3}-2+i)z=(\sqrt{3}+2+i)w$

よって　$\dfrac{w}{z}=\dfrac{\sqrt{3}-2+i}{\sqrt{3}+2+i}=\dfrac{(\sqrt{3}-2+i)(\sqrt{3}+2-i)}{(\sqrt{3}+2+i)(\sqrt{3}+2-i)}=\dfrac{(\sqrt{3})^2-(2-i)^2}{(\sqrt{3}+2)^2-i^2}$

$$=\frac{3-(4-4i-1)}{7+4\sqrt{3}+1}=\frac{4i}{8+4\sqrt{3}}=\frac{i}{2+\sqrt{3}}=(2-\sqrt{3})i$$

したがって　$\dfrac{\gamma-\alpha}{\beta-\alpha}=(2-\sqrt{3})\left(\cos\dfrac{\pi}{2}+i\sin\dfrac{\pi}{2}\right)$

よって，右の図のように，点Cは点Bを点Aを中心として $\dfrac{\pi}{2}$ だけ回転し，点Aからの距離を $(2-\sqrt{3})$ 倍にした点である。

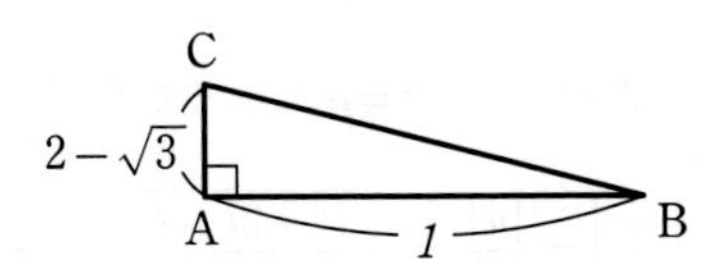

よって，∠Aの大きさは　$^{イ}\dfrac{\pi}{2}$

また　$\tan\dfrac{\pi}{12}=\tan\left(\dfrac{\pi}{3}-\dfrac{\pi}{4}\right)=\dfrac{\tan\dfrac{\pi}{3}-\tan\dfrac{\pi}{4}}{1+\tan\dfrac{\pi}{3}\tan\dfrac{\pi}{4}}=\dfrac{\sqrt{3}-1}{1+\sqrt{3}}=2-\sqrt{3}$

よって，∠Bの大きさは　$^{ウ}\dfrac{\pi}{12}$

さらに

$$|\alpha-\gamma|=4\sqrt{3}\sin\frac{\pi}{12}=4\sqrt{3}\sin\left(\frac{\pi}{3}-\frac{\pi}{4}\right)=4\sqrt{3}\left(\sin\frac{\pi}{3}\cos\frac{\pi}{4}-\cos\frac{\pi}{3}\sin\frac{\pi}{4}\right)$$

$$=4\sqrt{3}\left(\frac{\sqrt{3}}{2\sqrt{2}}-\frac{1}{2\sqrt{2}}\right)={}^{エ}3\sqrt{2}-\sqrt{6}$$

$\angle A=\dfrac{\pi}{2}$ であるから，線分BCは△ABCの外接円の直径である。

したがって，その半径は　$\dfrac{1}{2}BC=\dfrac{1}{2}|\beta-\gamma|={}^{オ}2\sqrt{3}$

21　(1)　$w_1=\dfrac{1}{z_1}=\dfrac{2}{1+\sqrt{3}i}=\dfrac{2(1-\sqrt{3}i)}{(1+\sqrt{3}i)(1-\sqrt{3}i)}=\dfrac{2(1-\sqrt{3}i)}{4}=\dfrac{1}{2}-\dfrac{\sqrt{3}}{2}i$

$$w_2=\frac{1}{z_2}=\frac{2}{-\sqrt{3}+i}=\frac{2(-\sqrt{3}-i)}{(-\sqrt{3}+i)(-\sqrt{3}-i)}=\frac{2(-\sqrt{3}-i)}{4}=-\frac{\sqrt{3}}{2}-\frac{1}{2}i$$

$$z_3=\frac{z_1+z_2}{2}=\frac{1}{2}\left(\frac{1+\sqrt{3}i}{2}+\frac{-\sqrt{3}+i}{2}\right)=\frac{1-\sqrt{3}+(1+\sqrt{3})i}{4}$$

よって

$$w_3=\frac{1}{z_3}=\frac{4}{1-\sqrt{3}+(1+\sqrt{3})i}=\frac{4\{(1-\sqrt{3})-(1+\sqrt{3})i\}}{\{(1-\sqrt{3})+(1+\sqrt{3})i\}\{(1-\sqrt{3})-(1+\sqrt{3})i\}}$$

$$=\frac{4\{(1-\sqrt{3})-(1+\sqrt{3})i\}}{(1-\sqrt{3})^2+(1+\sqrt{3})^2}=\frac{4\{(1-\sqrt{3})-(1+\sqrt{3})i\}}{4-2\sqrt{3}+4+2\sqrt{3}}$$

$$=\frac{1-\sqrt{3}}{2}-\frac{1+\sqrt{3}}{2}i$$

(2)　$\angle P_1OP_2$ が直角であるとき，$\dfrac{z_2}{z_1}$ は純虚数であるから $\dfrac{z_2}{z_1}=xi$ (x は 0 でない実数) と表される。

また，P_1，P_2，P_3 は異なる点で，P_3 が線分 P_1P_2 上にあるとき，$\dfrac{z_2-z_3}{z_1-z_3}$ は負の実数となる。

よって，$\dfrac{z_2-z_3}{z_1-z_3}=y$ (y は負の実数) と表される。

このとき　$$\frac{w_2-w_3}{w_1-w_3}=\frac{\dfrac{1}{z_2}-\dfrac{1}{z_3}}{\dfrac{1}{z_1}-\dfrac{1}{z_3}}=\frac{z_1}{z_2}\cdot\frac{z_3-z_2}{z_3-z_1}=\frac{z_1}{z_2}\cdot\frac{z_2-z_3}{z_1-z_3}=\frac{y}{xi}=-\frac{y}{x}i$$

したがって，$\dfrac{w_2-w_3}{w_1-w_3}$ は純虚数となるから，$\angle Q_1Q_3Q_2$ も直角である。

22　(1)　4 次方程式 $f(x)=0$ が 2 つの実数解 $\sqrt{6}$，$-\sqrt{6}$ をもつから

$$f(\sqrt{6})=0,\ f(-\sqrt{6})=0$$

よって，整式 $f(x)$ は $x-\sqrt{6}$ かつ $x+\sqrt{6}$ で割り切れる。

したがって，整式 $f(x)$ は $(x-\sqrt{6})(x+\sqrt{6})$ すなわち x^2-6 で割り切れる。

(2)　$f(x)=0$ は 2 つの虚数解 α，β をもつから

$$f(x)=(x^2-6)(x-\alpha)(x-\beta)=(x^2-6)\{x^2-(\alpha+\beta)x+\alpha\beta\}$$

$$=x^4-(\alpha+\beta)x^3+(\alpha\beta-6)x^2+6(\alpha+\beta)x-6\alpha\beta$$

と表せる。

よって，$f(x)=x^4+ax^3+bx^2+cx+d$ と係数を比較して

$$a=-(\alpha+\beta),\ b=\alpha\beta-6,\ c=6(\alpha+\beta),\ d=-6\alpha\beta$$

したがって　$\alpha+\beta=-a$，$\alpha\beta=b+6$，$c=-6a$，$d=-6b-36$

(3)　複素数平面上において点 $A(\alpha)$，$B(\beta)$，$C(-\sqrt{6})$ が同一直線上にあるとき，

$\dfrac{\beta-(-\sqrt{6})}{\alpha-(-\sqrt{6})}$ が実数となる。

$\dfrac{\beta+\sqrt{6}}{\alpha+\sqrt{6}}=p$ (p は実数) とおくと　$\beta+\sqrt{6}=p(\alpha+\sqrt{6})$

(2) より，$\beta=-\alpha-a$ であるから　　$-\alpha-a+\sqrt{6}=p(\alpha+\sqrt{6})$

すなわち　　$(p+1)\alpha+a+(p-1)\sqrt{6}=0$

α は虚数，$p+1$，$a+(p-1)\sqrt{6}$ は実数であるから　　$p+1=0$

よって　　$p=-1$

また，$a+(p-1)\sqrt{6}=0$ であるから　　$a-2\sqrt{6}=0$

よって　　$a=2\sqrt{6}$

(4)　$f(x)=0$ は係数が実数の方程式であり，虚数解は α，β だけであることから，α と β は共役な複素数である。

α の虚部が正としても一般性を失わない。

A，B，C が同一直線上にあることから，

A，B，D は右の図のような位置にある。

$\triangle$ABD が正三角形になるための条件は

$$\mathrm{AC}=\frac{1}{\sqrt{3}}\mathrm{CD}=\frac{2\sqrt{6}}{\sqrt{3}}=2\sqrt{2}$$

よって　　$\alpha=-\sqrt{6}+2\sqrt{2}\,i$

　　　　　$\beta=-\sqrt{6}-2\sqrt{2}\,i$

したがって　　$b=\alpha\beta-6=(-\sqrt{6}+2\sqrt{2}\,i)(-\sqrt{6}-2\sqrt{2}\,i)-6=8$

別解　(3) について

α と β は共役な複素数で，A，B，C が同一直線上にあることから，A，B，C は (4) の図のような位置にある。

よって　　$\dfrac{\alpha+\beta}{2}=-\sqrt{6}$

　　　　　$\alpha+\beta=-2\sqrt{6}$

したがって　　$a=-(\alpha+\beta)=2\sqrt{6}$

23　(1)　点 M は辺 AB の中点であるから，M を表す複素数は　　$\dfrac{\alpha+\beta}{2}$

また，点 G は $\triangle$OAB の重心であるから，G を表す複素数は　　$\dfrac{\alpha+\beta}{3}$

(2)　点 A を O を中心として $\dfrac{\pi}{3}$ だけ回転した点が B であるから

$$\beta=\left(\cos\frac{\pi}{3}+i\sin\frac{\pi}{3}\right)\alpha=\left(\frac{1}{2}+\frac{\sqrt{3}}{2}i\right)\alpha$$

(3) 点Gを表す複素数の実部が正，虚部が $-\dfrac{\sqrt{3}}{3}$ であるから

$$\frac{\alpha+\beta}{3}=k-\frac{\sqrt{3}}{3}i \quad (k>0)$$

と表される。

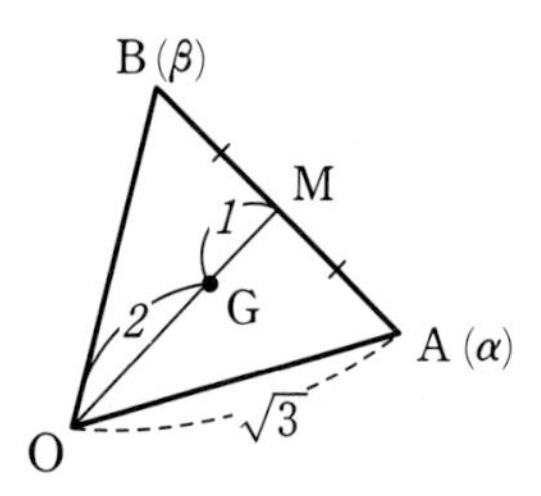

このとき，$\alpha+\beta=3k-\sqrt{3}\,i$ であるから，$\alpha+\beta$ の虚部は

$$-\sqrt{3}$$

また，$\mathrm{OA}=\sqrt{3}$ であるから　　$\mathrm{OM}=\dfrac{\sqrt{3}}{2}\mathrm{OA}=\dfrac{3}{2}$

点Gは線分OMを2：1に内分する点であるから　　$\mathrm{OG}=\dfrac{2}{3}\mathrm{OM}=1$

よって，$\left|\dfrac{\alpha+\beta}{3}\right|=1$ から　　$|\alpha+\beta|=3$

したがって　　$\sqrt{(3k)^2+(-\sqrt{3})^2}=3$

両辺を2乗して整理すると　　$k^2=\dfrac{2}{3}$

$k>0$ であるから　　$k=\dfrac{\sqrt{6}}{3}$

ゆえに，$\alpha+\beta$ の実部は　　$3k=\sqrt{6}$

別解 ($\alpha+\beta$ の実部の求め方)

$\alpha+\beta=3k-\sqrt{3}\,i$ に，$\beta=\left(\dfrac{1}{2}+\dfrac{\sqrt{3}}{2}i\right)\alpha$ を代入すると　　$\left(\dfrac{3}{2}+\dfrac{\sqrt{3}}{2}i\right)\alpha=3k-\sqrt{3}\,i$

よって　　$\alpha=\dfrac{3k-\sqrt{3}\,i}{\dfrac{3}{2}+\dfrac{\sqrt{3}}{2}i}$

$|\alpha|=\sqrt{3}$ であるから　　$\left|\dfrac{3k-\sqrt{3}\,i}{\dfrac{3}{2}+\dfrac{\sqrt{3}}{2}i}\right|=\sqrt{3}$

$$\frac{|3k-\sqrt{3}\,i|}{\left|\dfrac{3}{2}+\dfrac{\sqrt{3}}{2}i\right|}=\sqrt{3}$$

$\left|\dfrac{3}{2}+\dfrac{\sqrt{3}}{2}i\right|=\sqrt{3}$ であるから　　$|3k-\sqrt{3}\,i|=3$

よって，$\sqrt{(3k)^2+(-\sqrt{3})^2}=3$ から　　$k=\dfrac{\sqrt{6}}{3}$

ゆえに，$\alpha+\beta$ の実部は　　$3k=\sqrt{6}$

24　(1)　$\gamma=(1-v)\alpha+v\beta$ から　　$\gamma-\alpha=v(\beta-\alpha)$

$\alpha\neq\beta$ であるから　　$v=\dfrac{\gamma-\alpha}{\beta-\alpha}$

△ABCは正三角形であるから　　$|\gamma-\alpha|=|\beta-\alpha|$ かつ $\arg\dfrac{\gamma-\alpha}{\beta-\alpha}=\pm\dfrac{\pi}{3}$

よって　　$v=\cos\left(\pm\dfrac{\pi}{3}\right)+i\sin\left(\pm\dfrac{\pi}{3}\right)=\dfrac{1}{2}\pm\dfrac{\sqrt{3}}{2}i$　(複号同順)

(2)　$\alpha=\cos\theta+i\sin\theta$ であるから　　$\beta=\alpha^2=\cos 2\theta+i\sin 2\theta$

よって，$|\beta|=1$，$\arg\beta=2\theta$ であり，$|\gamma|\geqq 1$ であるから，3点A，B，Cは右の図のような位置にある。

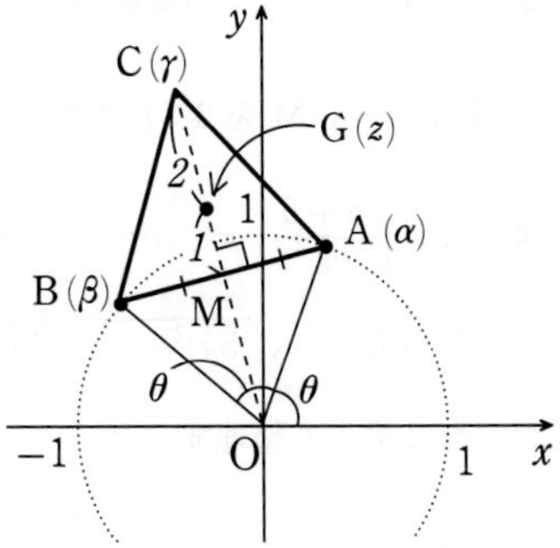

ABの中点をMとすると，△OABは，OA＝OBの二等辺三角形であるから，3点O，M，Gは一直線上にある。

$$\mathrm{OM}=\mathrm{AO}\cos\frac{\theta}{2}=\cos\frac{\theta}{2}$$

$$\mathrm{MG}=\frac{1}{3}\mathrm{CM}=\frac{\sqrt{3}}{3}\mathrm{AM}=\frac{\sqrt{3}}{3}\cdot\mathrm{AO}\sin\frac{\theta}{2}$$

$$=\frac{\sqrt{3}}{3}\sin\frac{\theta}{2}$$

よって　　$|z|=\mathrm{OM}+\mathrm{MG}=\cos\dfrac{\theta}{2}+\dfrac{\sqrt{3}}{3}\sin\dfrac{\theta}{2}=\dfrac{2}{\sqrt{3}}\sin\left(\dfrac{\theta}{2}+\dfrac{\pi}{3}\right)$

$0<\theta\leqq\dfrac{\pi}{2}$ であるから　　$\dfrac{\pi}{3}<\dfrac{\theta}{2}+\dfrac{\pi}{3}\leqq\dfrac{7}{12}\pi$

よって，$|z|$ は $\dfrac{\theta}{2}+\dfrac{\pi}{3}=\dfrac{\pi}{2}$ すなわち $\theta=\dfrac{\pi}{3}$ で，最大値 $\dfrac{2}{\sqrt{3}}$ をとる。

25　$\dfrac{z-3-4i}{z+1}$ が純虚数であるから

$\dfrac{z-3-4i}{z+1}+\overline{\left(\dfrac{z-3-4i}{z+1}\right)}=0$ ……①，$z-3-4i\neq 0$ すなわち $z\neq 3+4i$ ……②

を満たす。

(1)　z は実数であるから　　$\overline{z}=z$　　　よって，① から　$\dfrac{z-3-4i}{z+1}+\dfrac{z-3+4i}{z+1}=0$

整理すると　　$2z-6=0$　　　したがって　　$z=3$

これは，② を満たす。

(2)　① から　$\dfrac{z-3-4i}{z+1}+\dfrac{\overline{z}-3+4i}{\overline{z}+1}=0$

$$(z-3-4i)(\overline{z}+1)+(\overline{z}-3+4i)(z+1)=0$$

展開して整理すると

$$z\overline{z}-(1-2i)z-(1+2i)\overline{z}-3=0$$

$$\{z-(1+2i)\}\{\overline{z}-(1-2i)\}-(1+2i)(1-2i)-3=0$$

$$(z-1-2i)(\overline{z}-1+2i)=8$$

$$(z-1-2i)\overline{(z-1-2i)}=8$$

$$|z-1-2i|^2=8$$

よって　$|z-1-2i|=2\sqrt{2}$

したがって，z は点 $1+2i$ を中心とする半径 $2\sqrt{2}$ の円を描く。

ただし，2 点 -1，$3+4i$ は含まない。

また，$|z+1|=2$ を満たすとき，z は点 -1 を中心とする半径 2 の円を描く。

よって，複素数 z_1，z_2 は 2 つの円の交点である。

ただし，偏角が小さいほうを z_1 とする。

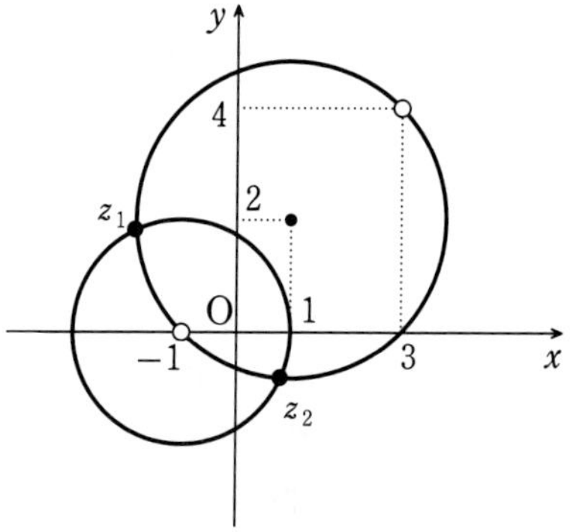

2 つの円の方程式を xy 平面で考えると

$$(x-1)^2+(y-2)^2=8$$

$$(x+1)^2+y^2=4 \quad \cdots\cdots ③$$

であるから，それぞれ展開して各辺を引くと　$-4x-4y=0$

よって　$y=-x$

これと ③ を連立して解くと　$x=\dfrac{-1\pm\sqrt{7}}{2}$，$y=\dfrac{1\mp\sqrt{7}}{2}$　(複号同順)

よって　$z_1=\dfrac{-1-\sqrt{7}}{2}+\dfrac{1+\sqrt{7}}{2}i$，$z_2=\dfrac{-1+\sqrt{7}}{2}+\dfrac{1-\sqrt{7}}{2}i$

また，2 つの交点は直線 $y=-x$ 上にあるから，求めるそれぞれの偏角は

$$\theta_1=\frac{3}{4}\pi,\quad \theta_2=\frac{7}{4}\pi$$

注　$z_1=\dfrac{-1+\sqrt{7}}{2}+\dfrac{1-\sqrt{7}}{2}i$，$z_2=\dfrac{-1-\sqrt{7}}{2}+\dfrac{1+\sqrt{7}}{2}i$，$\theta_1=\dfrac{7}{4}\pi$，$\theta_2=\dfrac{3}{4}\pi$ でもよい。

26 (1) $|z+2|=2|z-1|$ の両辺を 2 乗すると　$|z+2|^2=4|z-1|^2$

すなわち　$(z+2)\overline{(z+2)}=4(z-1)\overline{(z-1)}$

$$(z+2)(\overline{z}+2)=4(z-1)(\overline{z}-1)$$

両辺を展開して整理すると

$$z\overline{z}-2z-2\overline{z}=0$$

$$(z-2)(\overline{z}-2)=4$$

$$|z-2|^2=4$$

よって　$|z-2|=2$

したがって，点 z の全体が表す図形は円であり，その円の中心は点 2，半径は 2 である。

(2) 与えられた等式を整理すると　$\{|z+2|-2|z-1|\}\{|z+6i|-3|z-2i|\}=0$

よって，$|z+2|=2|z-1|$ ……① または $|z+6i|=3|z-2i|$ ……② が成り立つ。

また，①，② がそれぞれ成り立つときに，点 z の全体が表す図形を S_1，S_2 とする。

(1) より，S_1 は点 2 を中心とする半径 2 の円である。

② が成り立つとき

$$|z+6i|^2=9|z-2i|^2$$

$$(z+6i)\overline{(z+6i)}=9(z-2i)\overline{(z-2i)}$$

$$(z+6i)(\overline{z}-6i)=9(z-2i)(\overline{z}+2i)$$

両辺を展開して整理すると

$$z\overline{z}+3iz-3i\overline{z}=0$$

$$(z-3i)(\overline{z}+3i)=9$$

$$|z-3i|^2=9$$

よって　$|z-3i|=3$

したがって，S_2 は点 $3i$ を中心とする半径 3 の円である。

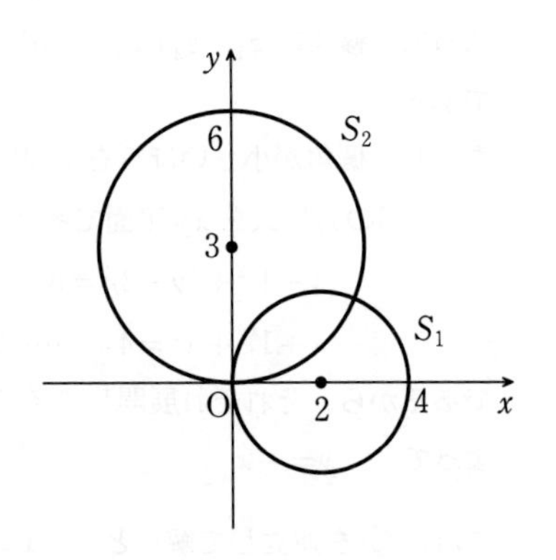

ゆえに，S を図示すると，右の図のようになる。

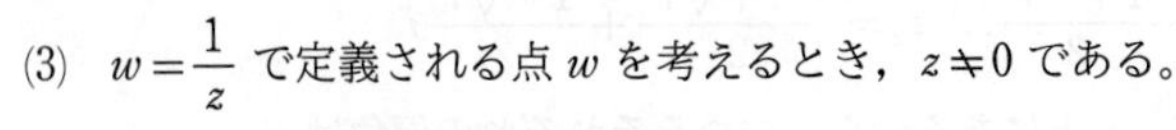

(3) $w=\dfrac{1}{z}$ で定義される点 w を考えるとき，$z\neq 0$ である。

また，$w\neq 0$ である。

[1] 点 z が原点を除く S_1 上にあるとき

① に $z=\dfrac{1}{w}$ を代入して　$\left|\dfrac{1}{w}+2\right|=2\left|\dfrac{1}{w}-1\right|$

よって　$|2w+1|=2|w-1|$

ゆえに　$\left|w+\dfrac{1}{2}\right|=|w-1|$

したがって，点 w は2点 $-\frac{1}{2}$，1を結ぶ線分の垂直二等分線，すなわち，点 $\frac{1}{4}$ を通り，実軸に垂直な直線を描く。

これは $w \neq 0$ を満たす。

[2]　点 z が原点を除く S_2 上にあるとき

②に $z=\frac{1}{w}$ を代入して　　$\left|\frac{1}{w}+6i\right|=3\left|\frac{1}{w}-2i\right|$

よって　　$|6iw+1|=3|2iw-1|$

ゆえに　　$\left|w-\frac{1}{6}i\right|=\left|w+\frac{1}{2}i\right|$

したがって，点 w は2点 $\frac{1}{6}i$，$-\frac{1}{2}i$ を結ぶ線分の垂直二等分線，すなわち，点 $-\frac{1}{6}i$ を通り，虚軸に垂直な直線を描く。

これは $w \neq 0$ を満たす。

[1]，[2] から点 w が描く図形は右のようになる。

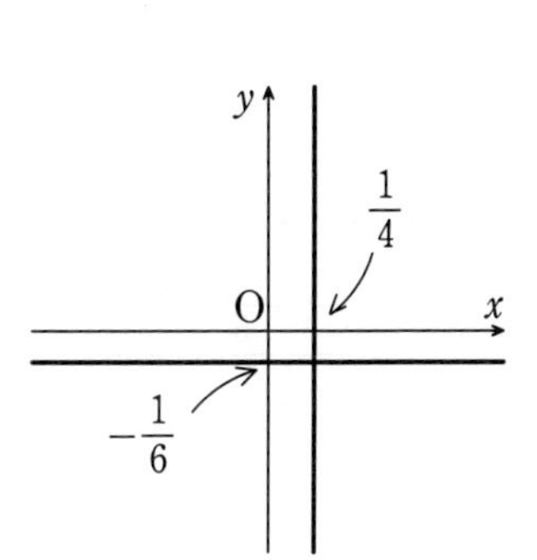

27　(1)　$z=i$ のとき

$$w=-\frac{2(2i-i)}{i+1}=-\frac{2i}{1+i}=-\frac{2i(1-i)}{(1+i)(1-i)}=-\frac{2+2i}{2}=-1-i$$

よって，w の実部は -1，虚部は -1 である。

(2)　$w=-\frac{2(2z-i)}{z+1}$ から　　$(z+1)w=-2(2z-i)$

すなわち　　$(w+4)z=-w+2i$

$w=-4$ はこの等式を満たさないから　　$w \neq -4$

よって　　$z=\frac{-w+2i}{w+4}$　……①

(3)　点 z は原点を中心とする半径1の円周上を動くから　　$|z|=1$

①を代入すると　　$\left|\frac{-w+2i}{w+4}\right|=1$

すなわち　　$|w-2i|=|w+4|$

よって，点 w は2点 $2i$，-4 を結ぶ線分の垂直二等分線を描く。

したがって，図示すると右のようになる。

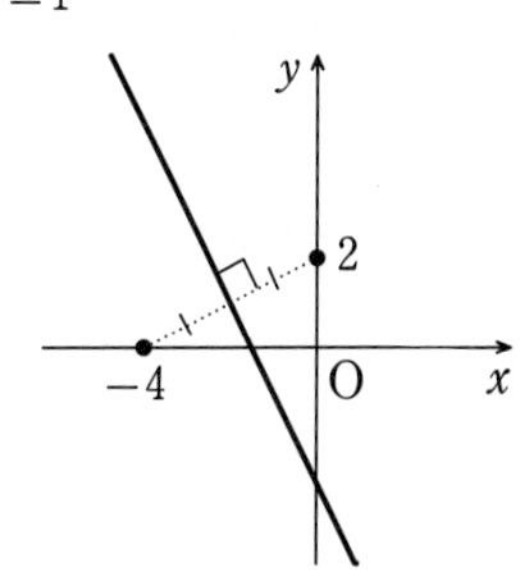

(4)　(3) で描いた直線を ℓ とする。

$|w|$ の最小値は原点 O と直線 ℓ の距離である。

ℓ の方程式を x，y を用いて表すと　$y-1=-2(x+2)$　すなわち　$y=-2x-3$

また，ℓ と垂直で原点を通る直線を m とすると，m の方程式は　$y=\dfrac{1}{2}x$

2 直線 ℓ，m の交点の座標は　$\left(-\dfrac{6}{5},\ -\dfrac{3}{5}\right)$

よって，$w=-\dfrac{6}{5}-\dfrac{3}{5}i$ のとき，$|w|$ は最小となり，最小値は

$$\sqrt{\left(-\frac{6}{5}\right)^2+\left(-\frac{3}{5}\right)^2}=\sqrt{\frac{45}{25}}=\frac{3\sqrt{5}}{5}$$

また，このときの z は，① から

$$z=\frac{-\left(-\frac{6}{5}-\frac{3}{5}i\right)+2i}{-\frac{6}{5}-\frac{3}{5}i+4}=\frac{6+13i}{14-3i}=\frac{(6+13i)(14+3i)}{(14-3i)(14+3i)}=\frac{45+200i}{205}=\frac{9+40i}{41}$$

28　(1)　x のとりうる値の範囲は，$5-2x\geqq 0$ から　$x\leqq\dfrac{5}{2}$　……①

z の虚部を y とおくと，$z=x+yi$ から　$|(x-2)+(y-1)i|=\sqrt{5-2x}$

両辺を 2 乗すると　$(x-2)^2+(y-1)^2=5-2x$

すなわち　$x^2-2x+(y-1)^2=1$

$(x-1)^2+(y-1)^2=2$　……②

これが成り立つならば $x\leqq 1+\sqrt{2}<\dfrac{5}{2}$ となり，常に ① を満たす。

よって，図形 Z は　点 $1+i$ を中心とする半径 $\sqrt{2}$ の円

(2)　$w=x+yi$ (x，y は実数) とおくと，(条件 2) より

$$|(x-1-\sqrt{2})+(y-1)i|=|(x-2)+yi|$$

両辺を 2 乗すると　$(x-1-\sqrt{2})^2+(y-1)^2=(x-2)^2+y^2$

整理すると　$(1-\sqrt{2})x-y+\sqrt{2}=0$　……③

③ に $y=0$ を代入すると　$x=\dfrac{\sqrt{2}}{\sqrt{2}-1}=2+\sqrt{2}$　よって　$\alpha=2+\sqrt{2}$

(3)　③ から　$y=(1-\sqrt{2})x+\sqrt{2}$

これを ② に代入すると

$$(x-1)^2+\{(1-\sqrt{2})x+\sqrt{2}-1\}^2=2$$

$$(x-1)^2+\{(1-\sqrt{2})(x-1)\}^2=2$$
$$\{1+(1-\sqrt{2})^2\}(x-1)^2=2$$
$$(4-2\sqrt{2})(x-1)^2=2$$

よって　$(x-1)^2=\dfrac{1}{2-\sqrt{2}}$　　ゆえに　$(x-1)^2=1+\dfrac{\sqrt{2}}{2}$

したがって　$x^2-2x-\dfrac{\sqrt{2}}{2}=0$　……④

2次方程式④の2つの解を p, q とすると，図形 Z と図形 W の交点は

$$p+\{(1-\sqrt{2})p+\sqrt{2}\}i,\ q+\{(1-\sqrt{2})q+\sqrt{2}\}i$$

と表される。

解と係数の関係から，$p+q=2$ であることを利用すると

$$\beta=p+\{(1-\sqrt{2})p+\sqrt{2}\}i+q+\{(1-\sqrt{2})q+\sqrt{2}\}i$$
$$=p+q+\{(1-\sqrt{2})(p+q)+2\sqrt{2}\}i=2+\{(1-\sqrt{2})\cdot 2+2\sqrt{2}\}i=2+2i$$

別解　図形 Z は点 $1+i$ を中心とする半径 $\sqrt{2}$ の円であり，図形 W は2点 $1+\sqrt{2}+i$, 2 を結ぶ線分の垂直二等分線である。

Z は2点 $1+\sqrt{2}+i$, 2 を通ることから，W は Z の中心 $1+i$ を通る。

よって，図形 Z と図形 W の交点を z_1, z_2 とすると，$\beta=z_1+z_2$ であるから，4点0, z_1, z_2, β は平行四辺形の頂点である。

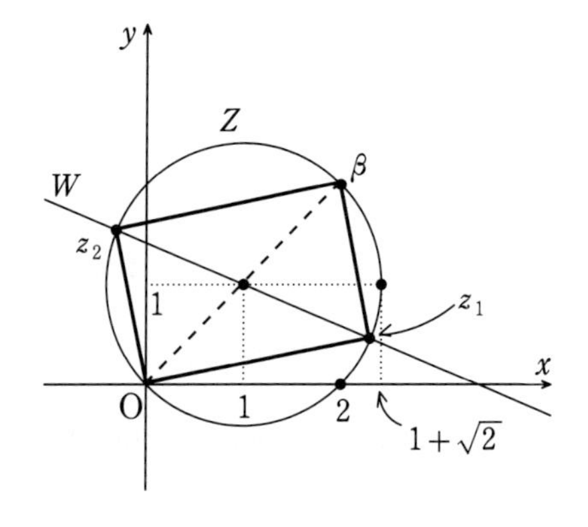

平行四辺形の対角線はそれぞれの中点で交わるから　$\beta=2(1+i)=2+2i$

(4)　点Cを表す複素数を γ とおくと

$$\gamma-\alpha=\left(\cos\frac{2}{3}\pi+i\sin\frac{2}{3}\pi\right)(\beta-\alpha)=\frac{-1+\sqrt{3}i}{2}(\beta-\alpha)$$

よって　$\gamma=\dfrac{3-\sqrt{3}i}{2}\alpha+\dfrac{-1+\sqrt{3}i}{2}\beta$

したがって，△ABCの重心を表す複素数は

$$\frac{\alpha+\beta+\gamma}{3}=\frac{1}{3}\left(\frac{5-\sqrt{3}i}{2}\alpha+\frac{1+\sqrt{3}i}{2}\beta\right)=\frac{5-\sqrt{3}i}{6}(2+\sqrt{2})+\frac{1+\sqrt{3}i}{6}(2+2i)$$
$$=\frac{12+5\sqrt{2}-2\sqrt{3}}{6}+\frac{2-\sqrt{6}}{6}i$$

29 (1)　A，B，C が互いに異なるための条件は

$z \neq z^2$ から　$z \neq 0,\ 1$　　$z \neq z^3$ から　$z \neq 0,\ \pm 1$　　$z^2 \neq z^3$ から　$z \neq 0,\ 1$

よって　　$z \neq 0,\ \pm 1$

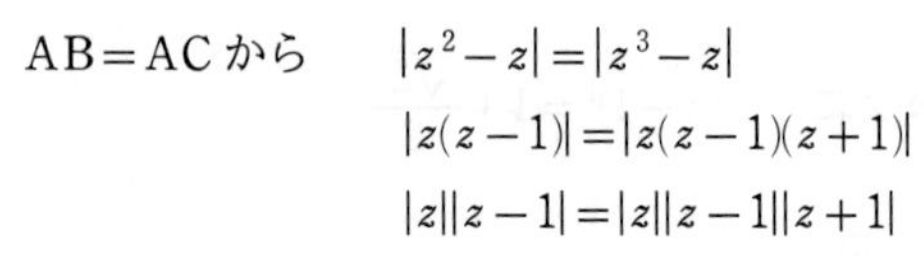

AB＝AC から　　$|z^2 - z| = |z^3 - z|$

$$|z(z-1)| = |z(z-1)(z+1)|$$

$$|z||z-1| = |z||z-1||z+1|$$

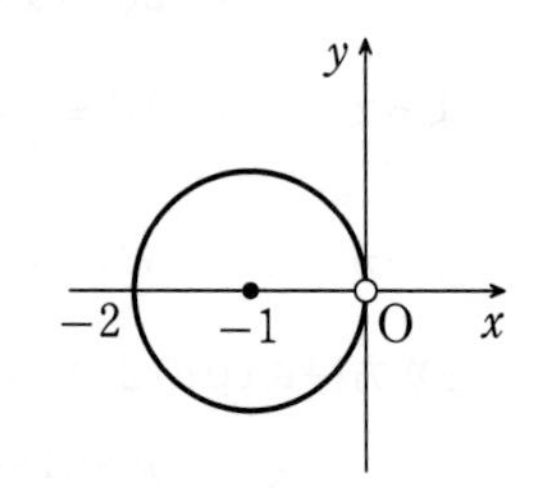

$z \neq 0$，$z \neq 1$ であるから　　$|z+1| = 1$

よって，点 A は点 -1 を中心とする半径 1 の円を描く。

ただし，$z \neq 0$ であるから，原点を除く。

(2)　AB＝AC であるから，A，B，C を結んだ図形が直角二等辺三角形になるための条件は　　　$\angle \mathrm{BAC} = \dfrac{\pi}{2}$

よって，点 C は点 B を点 A を中心として，$\dfrac{\pi}{2}$ または $-\dfrac{\pi}{2}$ だけ回転した点であるから

$$\frac{z^3 - z}{z^2 - z} = \cos\left(\pm\frac{\pi}{2}\right) + i\sin\left(\pm\frac{\pi}{2}\right) \quad \text{(複号同順)}$$

すなわち　　$\dfrac{z(z+1)(z-1)}{z(z-1)} = \pm i$

整理すると　　$z + 1 = \pm i$　　　　ゆえに　　$z = -1 \pm i$

(3)　AB＝AC であるから，A，B，C を結んだ図形が正三角形になるための条件は

$$\angle \mathrm{BAC} = \frac{\pi}{3}$$

よって，点 C は点 B を点 A を中心として，$\dfrac{\pi}{3}$ または $-\dfrac{\pi}{3}$ だけ回転した点であるから

$$\frac{z^3 - z}{z^2 - z} = \cos\left(\pm\frac{\pi}{3}\right) + i\sin\left(\pm\frac{\pi}{3}\right) \quad \text{(複号同順)}$$

すなわち　　$z + 1 = \dfrac{1}{2} \pm \dfrac{\sqrt{3}}{2}i$　　　　ゆえに　　$z = -\dfrac{1}{2} \pm \dfrac{\sqrt{3}}{2}i$

[1]　$z = -\dfrac{1}{2} + \dfrac{\sqrt{3}}{2}i$ のとき

$$z^2 = -\frac{1}{2} - \frac{\sqrt{3}}{2}i,\quad z^3 = 1$$

[2]　$z = -\dfrac{1}{2} - \dfrac{\sqrt{3}}{2}i$ のとき

$$z^2 = -\frac{1}{2} + \frac{\sqrt{3}}{2}i,\quad z^3 = 1$$

したがって，三角形 ABC は右の図のようになる。

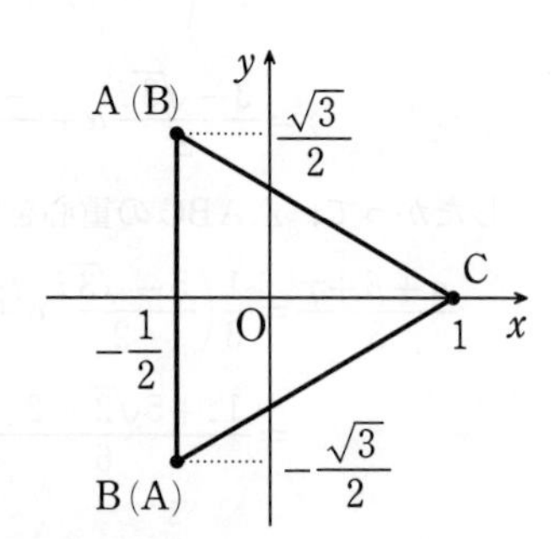

30 (1)　点 α は点 1 を中心とする半径 1 の円周上にあるから，$|\alpha-1|=1$ を満たす。

よって　$|\alpha-1|^2=1$

$(\alpha-1)(\overline{\alpha-1})=1$

$(\alpha-1)(\overline{\alpha}-1)=1$

展開して整理すると　$\alpha+\overline{\alpha}=\alpha\overline{\alpha}$

(2)　(1) から　$\alpha+\overline{\alpha}=\alpha\overline{\alpha}=t$　　同様に　$\beta+\overline{\beta}=\beta\overline{\beta}=u$

また，4 次方程式の解が α，$\overline{\alpha}$，β，$\overline{\beta}$ であるから

$$x^4-px^3+qx^2-rx+s=(x-\alpha)(x-\overline{\alpha})(x-\beta)(x-\overline{\beta}) \quad \cdots\cdots ①$$

は x についての恒等式である。

① の右辺は　$(x-\alpha)(x-\overline{\alpha})(x-\beta)(x-\overline{\beta})=\{x^2-(\alpha+\overline{\alpha})x+\alpha\overline{\alpha}\}\{x^2-(\beta+\overline{\beta})x+\beta\overline{\beta}\}$

$$=(x^2-tx+t)(x^2-ux+u)$$

$$=x^4-(t+u)x^3+(tu+t+u)x^2-2tux+tu$$

と変形できる。

係数を比較すると　$p=t+u$，$q=tu+t+u$，$r=2tu$，$s=tu$

(3)　α，$\overline{\alpha}$，β，$\overline{\beta}$ はすべて相異なる複素数で，点 1 を中心とする半径 1 の円周上にあるから

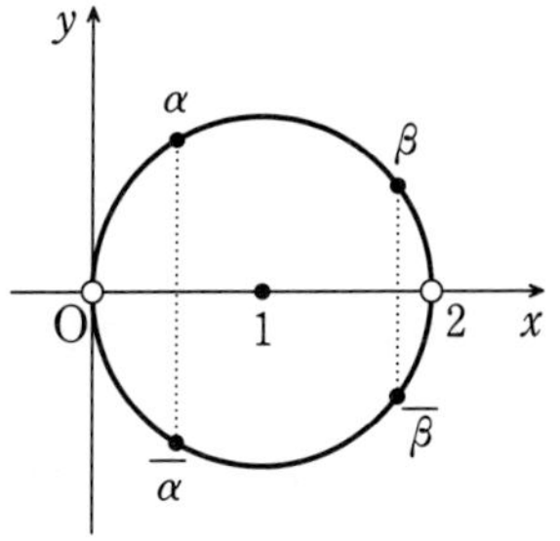

$$0<\frac{\alpha+\overline{\alpha}}{2}<2,\ 0<\frac{\beta+\overline{\beta}}{2}<2$$

すなわち　$0<\alpha+\overline{\alpha}<4$，$0<\beta+\overline{\beta}<4$

よって　$0<t<4$，$0<u<4$

α，$\overline{\alpha}$，β，$\overline{\beta}$ が相異なる複素数であることから　$t \neq u$

また，(2) より，t，u は X の 2 次方程式 $X^2-pX+s=0$ の 2 つの解である。

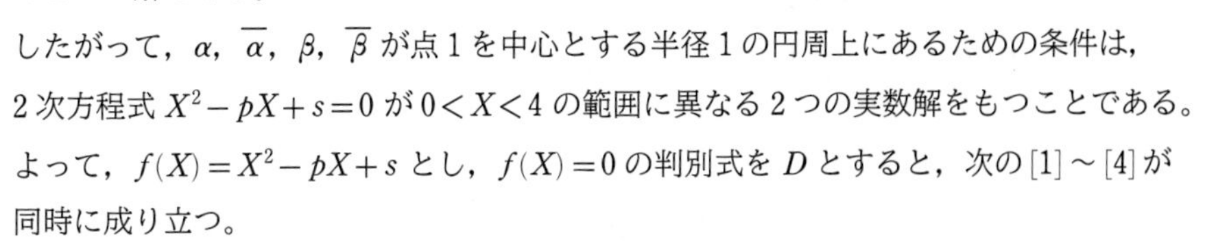

したがって，α，$\overline{\alpha}$，β，$\overline{\beta}$ が点 1 を中心とする半径 1 の円周上にあるための条件は，2 次方程式 $X^2-pX+s=0$ が $0<X<4$ の範囲に異なる 2 つの実数解をもつことである。

よって，$f(X)=X^2-pX+s$ とし，$f(X)=0$ の判別式を D とすると，次の [1] ~ [4] が同時に成り立つ。

[1]　$D>0$　　[2]　軸について　$0<\dfrac{p}{2}<4$

[3]　$f(0)>0$　　[4]　$f(4)>0$

[1]　$D=(-p)^2-4s=p^2-4s$

$D>0$ から　$p^2-4s>0$　よって　$s<\frac{1}{4}p^2$

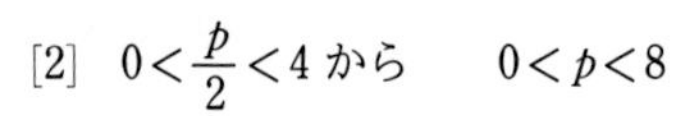

[2]　$0<\frac{p}{2}<4$ から　$0<p<8$

[3]　$f(0)>0$ から　$s>0$

[4]　$f(4)>0$ から　$-4p+s+16>0$

よって　$s>4p-16$

したがって，点 $(p,\ s)$ のとりうる範囲は右の図の斜線部分のようになる。ただし，境界線を含まない。

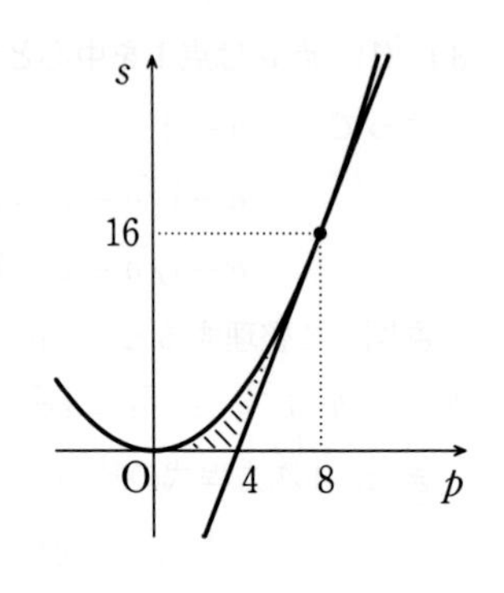

31　(1)　P，Q，R が表す複素数をそれぞれ $p,\ q,\ r$ とする。

P は点 A を点 O を中心として $\frac{\pi}{3}$ だけ回転した点であるから

$$p=\left(\cos\frac{\pi}{3}+i\sin\frac{\pi}{3}\right)\alpha=\left(\frac{1}{2}+\frac{\sqrt{3}}{2}i\right)\alpha$$

Q は点 O を点 B を中心として $\frac{\pi}{3}$ だけ回転した点であるから

$$q-\beta=\left(\cos\frac{\pi}{3}+i\sin\frac{\pi}{3}\right)(0-\beta)\qquad\text{よって}\quad q=\left(\frac{1}{2}-\frac{\sqrt{3}}{2}i\right)\beta$$

R は点 B を点 A を中心として $\frac{\pi}{3}$ だけ回転した点であるから

$$r-\alpha=\left(\cos\frac{\pi}{3}+i\sin\frac{\pi}{3}\right)(\beta-\alpha)\qquad\text{よって}\quad r=\left(\frac{1}{2}-\frac{\sqrt{3}}{2}i\right)\alpha+\left(\frac{1}{2}+\frac{\sqrt{3}}{2}i\right)\beta$$

(2)　3 点 G，H，I を表す複素数をそれぞれ $z_1,\ z_2,\ z_3$ とする。

G は △POA の重心であるから

$$z_1=\frac{p+0+\alpha}{3}=\frac{1}{3}\left\{\left(\frac{1}{2}+\frac{\sqrt{3}}{2}i\right)\alpha+0+\alpha\right\}=\left(\frac{1}{2}+\frac{\sqrt{3}}{6}i\right)\alpha$$

H は △QBO の重心であるから

$$z_2=\frac{q+\beta+0}{3}=\frac{1}{3}\left\{\left(\frac{1}{2}-\frac{\sqrt{3}}{2}i\right)\beta+\beta+0\right\}=\left(\frac{1}{2}-\frac{\sqrt{3}}{6}i\right)\beta$$

I は △RAB の重心であるから

$$z_3=\frac{r+\alpha+\beta}{3}=\frac{1}{3}\left\{\left(\frac{1}{2}-\frac{\sqrt{3}}{2}i\right)\alpha+\left(\frac{1}{2}+\frac{\sqrt{3}}{2}i\right)\beta+\alpha+\beta\right\}$$

$$=\left(\frac{1}{2}-\frac{\sqrt{3}}{6}i\right)\alpha+\left(\frac{1}{2}+\frac{\sqrt{3}}{6}i\right)\beta$$

(3)　$\left(\cos\frac{\pi}{3}+i\sin\frac{\pi}{3}\right)(z_2-z_1)=\left(\frac{1}{2}+\frac{\sqrt{3}}{2}i\right)\left\{\left(\frac{1}{2}-\frac{\sqrt{3}}{6}i\right)\beta-\left(\frac{1}{2}+\frac{\sqrt{3}}{6}i\right)\alpha\right\}$

$$=\left(\frac{1}{2}+\frac{\sqrt{3}}{6}i\right)\beta-\frac{\sqrt{3}}{3}i\alpha$$

$$z_3-z_1=\left\{\left(\frac{1}{2}-\frac{\sqrt{3}}{6}i\right)\alpha+\left(\frac{1}{2}+\frac{\sqrt{3}}{6}i\right)\beta\right\}-\left(\frac{1}{2}+\frac{\sqrt{3}}{6}i\right)\alpha$$

$$=\left(\frac{1}{2}+\frac{\sqrt{3}}{6}i\right)\beta-\frac{\sqrt{3}}{3}i\alpha$$

3点G，H，Iが三角形をなすとき，$z_1\neq z_2$，$z_1\neq z_3$ であるから

$$z_2-z_1\neq 0,\quad z_3-z_1\neq 0$$

よって　$z_3-z_1=\left(\cos\frac{\pi}{3}+i\sin\frac{\pi}{3}\right)(z_2-z_1)$

したがって，GH＝GI，$\angle\mathrm{HGI}=\frac{\pi}{3}$ が成り立つから，△GHIは正三角形である。

32　(1)　$z=1$ のとき　$w=3$

$z=\frac{1+\sqrt{3}i}{2}$ のとき　$w=\frac{6}{1+\sqrt{3}i}=\frac{6(1-\sqrt{3}i)}{(1+\sqrt{3}i)(1-\sqrt{3}i)}=\frac{3(1-\sqrt{3}i)}{2}$

$z=\sqrt{3}i$ のとき　$w=\frac{3}{\sqrt{3}i}=-\sqrt{3}i$

(2)　$\alpha z=\frac{3-\sqrt{3}i}{2}\cdot\{(1-t)+t\sqrt{3}i\}=\frac{3}{2}(1-t)-\frac{\sqrt{3}}{2}(1-t)i+\frac{3\sqrt{3}}{2}ti+\frac{3}{2}t$

$$=\frac{3}{2}+\left(2\sqrt{3}t-\frac{\sqrt{3}}{2}\right)i=\frac{3}{2}+\sqrt{3}\left(2t-\frac{1}{2}\right)i$$

よって，αz の実部は　$\frac{3}{2}$

また　$(w-\alpha)\overline{(w-\alpha)}=(w-\alpha)(\overline{w}-\overline{\alpha})=\left(\frac{3}{z}-\alpha\right)\left(\frac{3}{\overline{z}}-\overline{\alpha}\right)$

$$=\frac{9}{|z|^2}-\frac{3\overline{\alpha}}{z}-\frac{3\alpha}{\overline{z}}+|\alpha|^2=\frac{9}{|z|^2}-\frac{3(\alpha z+\overline{\alpha z})}{|z|^2}+|\alpha|^2$$

ここで，αz の実部が $\frac{3}{2}$ であるから　$\alpha z+\overline{\alpha z}=2\cdot\frac{3}{2}=3$

また　$|\alpha|^2=\left(\frac{3}{2}\right)^2+\left(-\frac{\sqrt{3}}{2}\right)^2=\frac{9}{4}+\frac{3}{4}=3$

よって　$(w-\alpha)\overline{(w-\alpha)}=\frac{9}{|z|^2}-\frac{3\cdot 3}{|z|^2}+3=3$

(3)　z が線分 AB 上を動くとき

$$z=(1-t)+t\sqrt{3}\,i \quad (0\leqq t\leqq 1)$$

と表される。

z の偏角のとりうる範囲は　　$0\leqq \arg z\leqq \dfrac{\pi}{2}$

このとき，(2) より　　$|w-\alpha|^2=3$

すなわち　　$|w-\alpha|=\sqrt{3}$

よって，z が線分 AB 上を動くとき，w は点 α を中心とする半径 $\sqrt{3}$ の円上を動く。

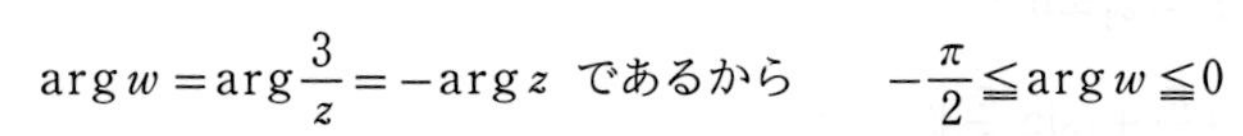

$\arg w=\arg\dfrac{3}{z}=-\arg z$ であるから　　$-\dfrac{\pi}{2}\leqq \arg w\leqq 0$

よって，w が動いてできる図形は，右の図の太線部分のようになる。

したがって，線分 L が通過する範囲は，右の図の斜線部分のようになる。

ただし，境界線を含む。

ゆえに，求める面積は

$$\frac{1}{2}\cdot 3\cdot\sqrt{3}+\frac{1}{2}\pi\cdot(\sqrt{3})^2=\frac{3(\pi+\sqrt{3})}{2}$$

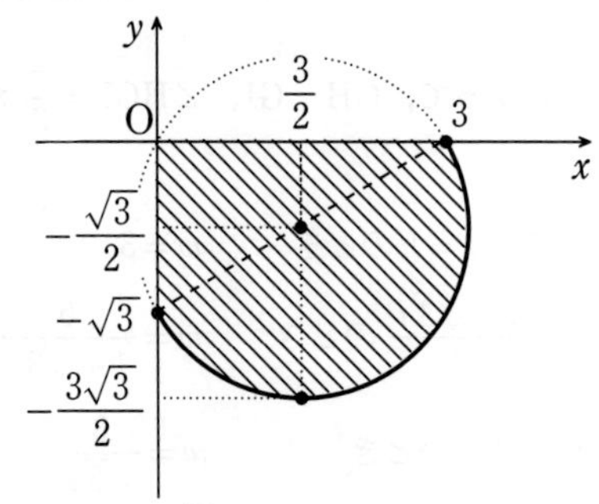

[参考]　(1) で $z=1$，$\dfrac{1+\sqrt{3}\,i}{2}$，$\sqrt{3}\,i$ のとき $w=3$，$\dfrac{3(1-\sqrt{3}\,i)}{2}$，$-\sqrt{3}\,i$ であることからも，w が動いてできる図形が，図の太線部分のようになることが確かめられる。

33　$R(\theta)=\cos\theta+i\sin\theta$ (θ は実数) とすると

$$\overline{R(\theta)}=R(-\theta),\quad R(\theta_1)R(\theta_2)=R(\theta_1+\theta_2)$$

が成り立つ。

(1)　$z=x+yi$ (x，y は実数) とすると

$$x+yi=\left(\cos\frac{\pi}{3}-i\sin\frac{\pi}{3}\right)(x-yi)$$

$$x+yi=\left(\frac{1}{2}-\frac{\sqrt{3}}{2}i\right)(x-yi)$$

$$x+yi=\left(\frac{1}{2}x-\frac{\sqrt{3}}{2}y\right)+\left(-\frac{\sqrt{3}}{2}x-\frac{1}{2}y\right)i$$

x，y は実数であるから　　$x=\dfrac{1}{2}x-\dfrac{\sqrt{3}}{2}y$，$y=-\dfrac{\sqrt{3}}{2}x-\dfrac{1}{2}y$

よって　　$y=-\dfrac{1}{\sqrt{3}}x$

したがって，ℓ は直線である。

(2)　直線 ℓ に関して w と対称な点を w' とする。

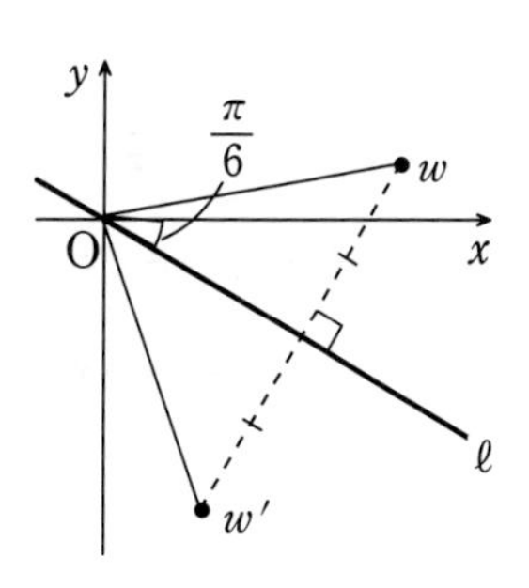

w，w' を原点を中心として，$\dfrac{\pi}{6}$ だけ回転させた点を，w_1，w_2 とすると

$$w_1=R\left(\frac{\pi}{6}\right)w,\quad w_2=R\left(\frac{\pi}{6}\right)w'$$

ここで，2 点 w_1，w_2 は実軸に関して対称であるから

$$w_2=\overline{w_1}$$

$$R\left(\frac{\pi}{6}\right)w'=\overline{R\left(\frac{\pi}{6}\right)w}$$

$$R\left(\frac{\pi}{6}\right)w'=R\left(-\frac{\pi}{6}\right)\overline{w}$$

両辺に $R\left(-\dfrac{\pi}{6}\right)$ を掛けて　　$R\left(-\dfrac{\pi}{6}\right)R\left(\dfrac{\pi}{6}\right)w'=\left\{R\left(-\dfrac{\pi}{6}\right)\right\}^2\overline{w}$

よって　　$R(0)w'=R\left(-\dfrac{\pi}{6}-\dfrac{\pi}{6}\right)\overline{w}$

ゆえに　　$w'=R\left(-\dfrac{\pi}{3}\right)\overline{w}$

したがって　　$w'=\left(\dfrac{1}{2}-\dfrac{\sqrt{3}}{2}i\right)\overline{w}$

(3)　$\dfrac{z_1-1}{z-1}=R\left(\dfrac{2}{3}\pi\right)$，$\dfrac{z_2}{z_1}=R\left(\dfrac{2}{3}\pi\right)$ であるから

$$z_1=R\left(\frac{2}{3}\pi\right)(z-1)+1$$

$$z_2=R\left(\frac{2}{3}\pi\right)z_1=R\left(\frac{2}{3}\pi\right)\left\{R\left(\frac{2}{3}\pi\right)(z-1)+1\right\}=R\left(\frac{4}{3}\pi\right)(z-1)+R\left(\frac{2}{3}\pi\right)$$

(2) より，$f(z)=R\left(-\dfrac{\pi}{3}\right)\overline{z_2}$ であるから

$$f(z)=R\left(-\frac{\pi}{3}\right)\overline{\left\{R\left(\frac{4}{3}\pi\right)(z-1)+R\left(\frac{2}{3}\pi\right)\right\}}$$

$$=R\left(-\frac{\pi}{3}\right)\left\{R\left(-\frac{4}{3}\pi\right)(\overline{z}-1)+R\left(-\frac{2}{3}\pi\right)\right\}=R\left(-\frac{5}{3}\pi\right)(\overline{z}-1)+R(-\pi)$$

$$=\left(\frac{1}{2}+\frac{\sqrt{3}}{2}i\right)(\overline{z}-1)-1=\left(\frac{1}{2}+\frac{\sqrt{3}}{2}i\right)\overline{z}-\frac{3}{2}-\frac{\sqrt{3}}{2}i$$

(4)　(3) と $f(z)=-z-\dfrac{3}{2}-\dfrac{\sqrt{3}}{2}i$ より

$$\left(\frac{1}{2}+\frac{\sqrt{3}}{2}i\right)\overline{z}-\frac{3}{2}-\frac{\sqrt{3}}{2}i=-z-\frac{3}{2}-\frac{\sqrt{3}}{2}i$$

$$\left(\frac{1}{2}+\frac{\sqrt{3}}{2}i\right)\overline{z}=-z \quad \cdots\cdots ②$$

(1) と同様に，$z=x+yi$ (x，y は実数) として，② に代入すると

$$\left(\frac{1}{2}+\frac{\sqrt{3}}{2}i\right)(x-yi)=-x-yi$$

$$\left(\frac{1}{2}x+\frac{\sqrt{3}}{2}y\right)+\left(\frac{\sqrt{3}}{2}x-\frac{1}{2}y\right)i=-x-yi$$

x，y は実数であるから

$$\frac{1}{2}x+\frac{\sqrt{3}}{2}y=-x,\quad \frac{\sqrt{3}}{2}x-\frac{1}{2}y=-y$$

よって　　$y=-\sqrt{3}\,x$

ゆえに，方程式 $f(z)=-z-\dfrac{3}{2}-\dfrac{\sqrt{3}}{2}i$ の表す図形は，直線 $y=-\sqrt{3}\,x$ であり，右の図のようになる。

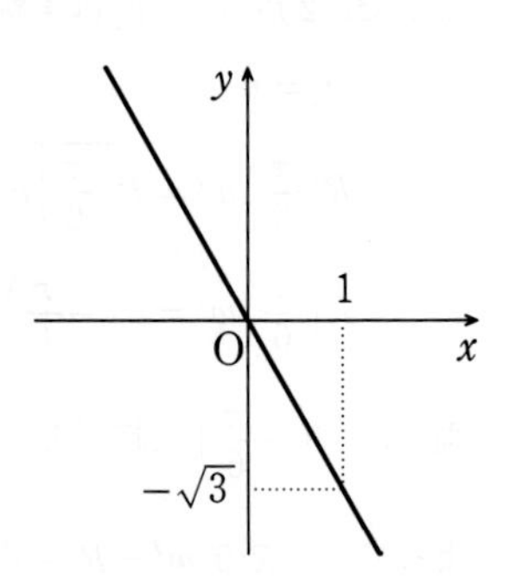

34　(1)　$z_1=\cos\alpha+i\sin\alpha$，$z_2=\cos\beta+i\sin\beta$ から

$$z_1z_2=\cos(\alpha+\beta)+i\sin(\alpha+\beta)$$

また　　$z_1+z_2=\cos\alpha+\cos\beta+i(\sin\alpha+\sin\beta)$

$$=2\cos\frac{\alpha+\beta}{2}\cos\frac{\alpha-\beta}{2}+2i\sin\frac{\alpha+\beta}{2}\cos\frac{\alpha-\beta}{2}$$

$$=2\cos\frac{\beta-\alpha}{2}\left(\cos\frac{\alpha+\beta}{2}+i\sin\frac{\alpha+\beta}{2}\right) \quad \cdots\cdots ①$$

$0<\beta-\alpha<\pi$ より $0<\dfrac{\beta-\alpha}{2}<\dfrac{\pi}{2}$ であるから　　$\cos\dfrac{\beta-\alpha}{2}>0$

よって，① は z_1+z_2 の極形式である。

(2)　$w=\dfrac{2z_1z_2}{z_1+z_2}=\dfrac{2\{\cos(\alpha+\beta)+i\sin(\alpha+\beta)\}}{2\cos\dfrac{\beta-\alpha}{2}\left(\cos\dfrac{\alpha+\beta}{2}+i\sin\dfrac{\alpha+\beta}{2}\right)}$

$$=\frac{1}{\cos\dfrac{\beta-\alpha}{2}}\left(\cos\frac{\alpha+\beta}{2}+i\sin\frac{\alpha+\beta}{2}\right) \quad \cdots\cdots ②$$

①，② から　　$\arg w=\arg(z_1+z_2)=\dfrac{\alpha+\beta}{2}$

よって，3 点 O，P，D は同一直線上にある。

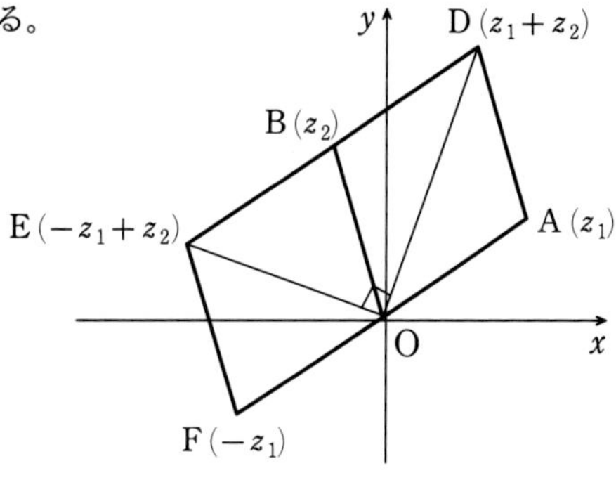

(3) $\dfrac{w-z_1}{z_1}=\dfrac{\dfrac{2z_1z_2}{z_1+z_2}-z_1}{z_1}$

$=\dfrac{2z_1z_2-z_1(z_1+z_2)}{z_1(z_1+z_2)}$

$=\dfrac{-z_1+z_2}{z_1+z_2}$

ここで，$-z_1+z_2$，$-z_1$ で表される点を E，F とすると，四角形 OADB，FOBE は合同なひし形である。

∠BOD＝∠AOD，∠BOE＝∠FOE より

$$\angle \mathrm{DOE}=\angle \mathrm{BOD}+\angle \mathrm{BOE}=\frac{1}{2}(\angle \mathrm{AOB}+\angle \mathrm{BOF})=\frac{\pi}{2}$$

よって，OD⊥OE であるから，$\dfrac{-z_1+z_2}{z_1+z_2}$ すなわち $\dfrac{w-z_1}{z_1}$ は純虚数である。

したがって，AP⊥OA であり，A は C 上にあるから，直線 AP は円 C の接線である。

別解 $\mathrm{AP}=|w-z_1|=\left|\dfrac{2z_1z_2}{z_1+z_2}-z_1\right|$

$=\left|\dfrac{z_1(z_2-z_1)}{z_1+z_2}\right|=\dfrac{|z_1||z_2-z_1|}{|z_1+z_2|}$

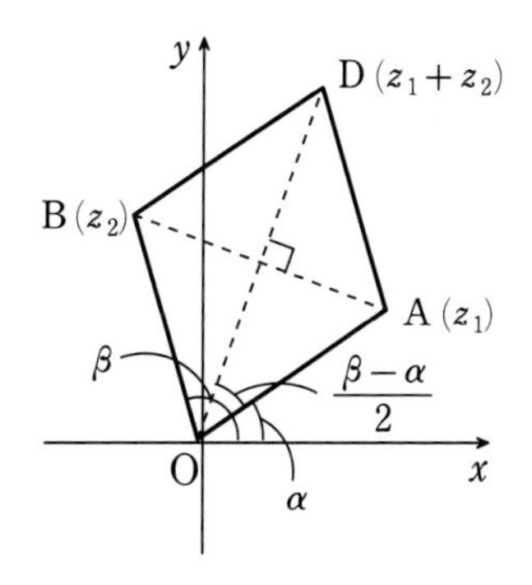

ここで

$|z_2-z_1|=2\mathrm{OA}\sin\dfrac{\beta-\alpha}{2}=2\sin\dfrac{\beta-\alpha}{2}$

$|z_1+z_2|=2\mathrm{OA}\cos\dfrac{\beta-\alpha}{2}=2\cos\dfrac{\beta-\alpha}{2}$

であるから　$\mathrm{AP}=\dfrac{1\cdot 2\sin\dfrac{\beta-\alpha}{2}}{2\cos\dfrac{\beta-\alpha}{2}}=\tan\dfrac{\beta-\alpha}{2}$

よって　$\mathrm{OA}^2+\mathrm{AP}^2=1+\tan^2\dfrac{\beta-\alpha}{2}=\dfrac{1}{\cos^2\dfrac{\beta-\alpha}{2}}$

$\mathrm{OP}^2=|w|^2=\dfrac{1}{\cos^2\dfrac{\beta-\alpha}{2}}$

$\mathrm{OA}^2+\mathrm{AP}^2=\mathrm{OP}^2$ が成り立つから　AP⊥OA

したがって，A は C 上にあるから，直線 AP は円 C の接線である。

(4)　(2) より，点 P は直線 OD 上にあり，AB⊥OD であるから，点 Q も直線 OD 上にある。

よって，線分 AB と線分 PQ の中点が一致するから　$\dfrac{z_1+z_2}{2}=\dfrac{w+v}{2}$

したがって　$v=z_1+z_2-w=z_1+z_2-\dfrac{2z_1z_2}{z_1+z_2}=\dfrac{z_1{}^2+z_2{}^2}{z_1+z_2}$

点 Q が円 C 上にあるための条件は　$|v|=1$　　よって　$\left|\dfrac{z_1{}^2+z_2{}^2}{z_1+z_2}\right|=1$

すなわち　$|z_1{}^2+z_2{}^2|=|z_1+z_2|$

ここで　$z_1{}^2+z_2{}^2=\cos 2\alpha+i\sin 2\alpha+\cos 2\beta+i\sin 2\beta$

$=2\cos(\beta-\alpha)\{\cos(\alpha+\beta)+i\sin(\alpha+\beta)\}$

よって　$|2\cos(\beta-\alpha)|=2\cos\dfrac{\beta-\alpha}{2}$

すなわち　$\left|2\cos^2\dfrac{\beta-\alpha}{2}-1\right|=\cos\dfrac{\beta-\alpha}{2}$

$\cos\dfrac{\beta-\alpha}{2}=t$ とおくと，$0<\dfrac{\beta-\alpha}{2}<\dfrac{\pi}{2}$ より　$0<t<1$

よって，この範囲における $|2t^2-1|=t$ ……③ の解を求める。

[1]　$0<t\leqq\dfrac{1}{\sqrt{2}}$ のとき

③ から　$-(2t^2-1)=t$　　整理すると　$2t^2+t-1=0$

すなわち　$(2t-1)(t+1)=0$

$t=-1,\ \dfrac{1}{2}$

$0<t\leqq\dfrac{1}{\sqrt{2}}$ であるから　$t=\dfrac{1}{2}$

[2]　$\dfrac{1}{\sqrt{2}}<t<1$ のとき

③ から　$2t^2-1=t$　　整理すると　$2t^2-t-1=0$

すなわち　$(2t+1)(t-1)=0$

$t=-\dfrac{1}{2},\ 1$

これは $\dfrac{1}{\sqrt{2}}<t<1$ を満たさない。

したがって，$\cos\dfrac{\beta-\alpha}{2}=\dfrac{1}{2}$ より　$\dfrac{\beta-\alpha}{2}=\dfrac{\pi}{3}$　　ゆえに　$\beta=\alpha+\dfrac{2}{3}\pi$

35　与えられた方程式を変形すると　$9(x-1)^2+4(y+2)^2=36$

$$\frac{(x-1)^2}{4}+\frac{(y+2)^2}{9}=1$$

これは楕円 $\dfrac{x^2}{2^2}+\dfrac{y^2}{3^2}=1$ ……① を x 軸方向に 1，y 軸方向に -2 だけ平行移動したものである。

① の長軸の長さは　$2\cdot 3=6$

焦点の座標は　$(0,\ \pm\sqrt{9-4})$　　すなわち　$(0,\ \pm\sqrt{5})$

したがって，求める長軸の長さは ${}^{ア}6$，焦点の座標は ${}^{イ}(1,\ -2\pm\sqrt{5})$

36　接線 ℓ の方程式は　$\dfrac{\sqrt{30}}{6}x+\dfrac{-1}{6}y=1$　　すなわち　$y={}^{ア}\sqrt{30}\,x-6$

これを $\dfrac{x^2}{a^2}+y^2=1$ に代入して　$\dfrac{x^2}{a^2}+(\sqrt{30}\,x-6)^2=1$

整理して　$\left(\dfrac{1}{a^2}+30\right)x^2-12\sqrt{30}\,x+35=0$

この x についての 2 次方程式が重解をもつから，判別式を D とすると　$D=0$

$$\frac{D}{4}=(-6\sqrt{30})^2-\left(\frac{1}{a^2}+30\right)\cdot 35=30-\frac{35}{a^2}$$

$D=0$ から　$30-\dfrac{35}{a^2}=0$　　これを解いて　$a=\pm\dfrac{\sqrt{42}}{6}$

$a>0$ であるから　$a={}^{イ}\dfrac{\sqrt{42}}{6}$

37　(1)　2 点 O，Q は平面 α 上にあり，直線 AP と平面 α は垂直であるから　$\overrightarrow{\mathrm{OQ}}\perp\overrightarrow{\mathrm{AP}}$

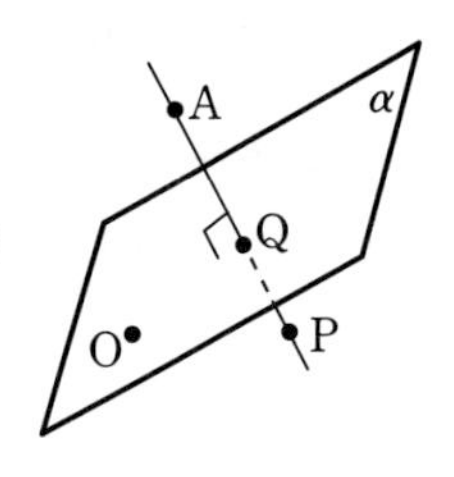

よって　$\overrightarrow{\mathrm{OQ}}\cdot\overrightarrow{\mathrm{AP}}=0$　　すなわち　$(\overrightarrow{\mathrm{AQ}}-\overrightarrow{\mathrm{AO}})\cdot\overrightarrow{\mathrm{AP}}=0$

したがって　$\overrightarrow{\mathrm{AP}}\cdot\overrightarrow{\mathrm{AO}}=\overrightarrow{\mathrm{AP}}\cdot\overrightarrow{\mathrm{AQ}}$　…… ①

また，Q は直線 AP 上にあるから

$$\overrightarrow{\mathrm{AP}}\cdot\overrightarrow{\mathrm{AQ}}=\pm|\overrightarrow{\mathrm{AP}}||\overrightarrow{\mathrm{AQ}}|\quad\cdots\cdots ②$$

①，② より　$\overrightarrow{\mathrm{AP}}\cdot\overrightarrow{\mathrm{AO}}=\pm|\overrightarrow{\mathrm{AP}}||\overrightarrow{\mathrm{AQ}}|$

ゆえに　$(\overrightarrow{\mathrm{AP}}\cdot\overrightarrow{\mathrm{AO}})^2=|\overrightarrow{\mathrm{AP}}|^2|\overrightarrow{\mathrm{AQ}}|^2$　…… ③

(2)　$\overrightarrow{\mathrm{AP}}=(x-a,\ y,\ -b)$，$\overrightarrow{\mathrm{AO}}=(-a,\ 0,\ -b)$ から

$\overrightarrow{\mathrm{AP}}\cdot\overrightarrow{\mathrm{AO}}=-ax+a^2+b^2$，$|\overrightarrow{\mathrm{AP}}|^2=(x-a)^2+y^2+b^2$，$|\overrightarrow{\mathrm{AO}}|^2=a^2+b^2$

また，$|\overrightarrow{OQ}|=1$，$\angle AQO=90^\circ$ から　　$|\overrightarrow{AQ}|^2=|\overrightarrow{AO}|^2-|\overrightarrow{OQ}|^2=a^2+b^2-1$

よって，③ から

$$(-ax+a^2+b^2)^2=\{(x-a)^2+y^2+b^2\}(a^2+b^2-1)$$

$$a^2x^2-2a(a^2+b^2)x+(a^2+b^2)^2=(a^2+b^2-1)x^2-2a(a^2+b^2-1)x$$
$$+a^2(a^2+b^2-1)+(a^2+b^2-1)y^2+b^2(a^2+b^2-1)$$

整理して　　$(b^2-1)x^2+2ax+(a^2+b^2-1)y^2=a^2+b^2$　…… ④

[1]　$b^2-1<0$ すなわち $-1<b<1$ かつ $b\neq 0$ のとき

④ の両辺に -1 を掛けて

$$(1-b^2)x^2-2ax-(a^2+b^2-1)y^2=-(a^2+b^2)$$

$$(1-b^2)\left(x-\frac{a}{1-b^2}\right)^2-(a^2+b^2-1)y^2=\frac{b^2(a^2+b^2-1)}{1-b^2}$$

$a^2+b^2-1>0$ より，両辺を $\dfrac{b^2(a^2+b^2-1)}{1-b^2}$ で割って

$$\frac{\left(x-\dfrac{a}{1-b^2}\right)^2}{\dfrac{b^2(a^2+b^2-1)}{(1-b^2)^2}}-\frac{y^2}{\dfrac{b^2}{1-b^2}}=1$$

$1-b^2>0$ かつ $a^2+b^2-1>0$ であるから，この方程式は双曲線を表す。

[2]　$b^2-1=0$ すなわち $b=\pm 1$ のとき

④ から　　$2ax+a^2y^2=a^2+1$　　　すなわち　　$a^2y^2=-2ax+a^2+1$

このとき，$a^2+1>1$ より　　$a^2>0$

よって，$a\neq 0$ であるから　　$y^2=-\dfrac{2}{a}x+1+\dfrac{1}{a^2}$

この方程式は放物線を表す。

[3]　$b^2-1>0$ すなわち $b<-1$，$1<b$ のとき

④ から　　$(b^2-1)\left(x-\dfrac{a}{b^2-1}\right)^2+(a^2+b^2-1)y^2=\dfrac{b^2(a^2+b^2-1)}{b^2-1}$

$a^2+b^2-1>0$ より，両辺を $\dfrac{b^2(a^2+b^2-1)}{b^2-1}$ で割って

$$\frac{\left(x-\dfrac{a}{b^2-1}\right)^2}{\dfrac{b^2(a^2+b^2-1)}{(b^2-1)^2}}+\frac{y^2}{\dfrac{b^2}{b^2-1}}=1$$

$b^2-1>0$ かつ $a^2+b^2-1>0$ であるから，この方程式は楕円を表す。

[1]～[3] より，点 P の軌跡は

$-1<b<1$ かつ $b\neq0$ のとき　　双曲線 $\dfrac{\left(x-\dfrac{a}{1-b^2}\right)^2}{\dfrac{b^2(a^2+b^2-1)}{(1-b^2)^2}}-\dfrac{y^2}{\dfrac{b^2}{1-b^2}}=1$

$b=\pm1$ のとき　　放物線 $y^2=-\dfrac{2}{a}x+1+\dfrac{1}{a^2}$

$b<-1$，$1<b$ のとき　　楕円 $\dfrac{\left(x+\dfrac{a}{b^2-1}\right)^2}{\dfrac{b^2(a^2+b^2-1)}{(b^2-1)^2}}+\dfrac{y^2}{\dfrac{b^2}{b^2-1}}=1$

である。

38　$r=\dfrac{3}{1+2\sin\theta}$

$r(1+2\sin\theta)=3$

$r=-2r\sin\theta+3$

これに $r\sin\theta=y$ を代入して　　$r=-2y+3$

両辺を 2 乗して　　$r^2=(-2y+3)^2$

これに $r^2=x^2+y^2$ を代入して　　$x^2+y^2=(-2y+3)^2$

ゆえに　　$x^2+y^2-4y^2+12y=9$

$x^2-3(y-2)^2=-3$

$\dfrac{x^2}{(\sqrt{3})^2}-(y-2)^2=-1$

よって，与えられた曲線は双曲線であり，その漸近線のうち傾きが正であるものは

$\dfrac{x}{\sqrt{3}}-(y-2)=0$　　　すなわち　　$y=\dfrac{\sqrt{3}}{3}x+2$

39　$x=\dfrac{\sqrt{3}}{\cos\theta}$，$y=\sqrt{2}\tan\theta$ から　　$\dfrac{1}{\cos\theta}=\dfrac{x}{\sqrt{3}}$，$\tan\theta=\dfrac{y}{\sqrt{2}}$

$1+\tan^2\theta=\dfrac{1}{\cos^2\theta}$ であるから　　$1+\dfrac{y^2}{2}=\dfrac{x^2}{3}$　　よって　　$\dfrac{x^2}{{}^{ア}3}-\dfrac{y^2}{{}^{イ}2}=1$

ℓ と傾きが等しく，C と接する直線は 2 本存在し，それらを m_1，m_2 とする。

このとき，d の最小値は，ℓ から m_1，m_2 にそれぞれ引いた垂線の長さのうち，小さい方に等しい。

よって，直線 $y=3x+k$ と C が接するときを考える。

$y=3x+k$ を $\dfrac{x^2}{3}-\dfrac{y^2}{2}=1$ に代入して整理すると　$25x^2+18kx+3k^2+6=0$　…… ①

x の 2 次方程式 ① の判別式を D とすると　$\dfrac{D}{4}=(9k)^2-25(3k^2+6)=6(k+5)(k-5)$

① が重解をもつとき，$D=0$ であるから　$k=\pm 5$

m_1：$y=3x+5$，m_2：$y=3x-5$ とする。

これらが ℓ を平行移動したものであることに注意すると，図より，ℓ から m_1，m_2 にそれぞれ引いた垂線の長さは，m_1 に引いたときの方が小さい。

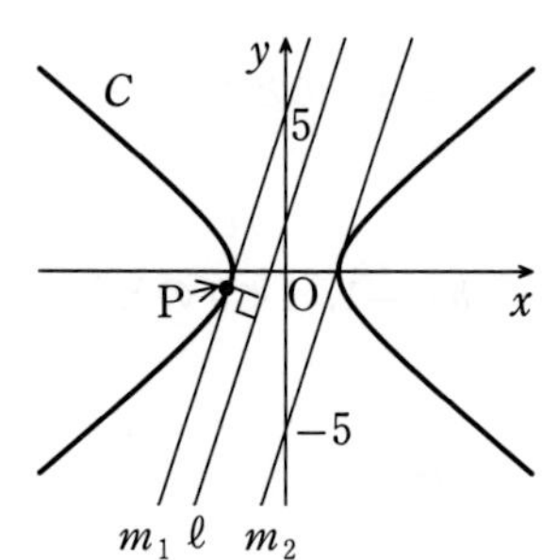

よって，① に $k=5$ を代入して整理すると

$(5x+9)^2=0$　　よって　$x=-\dfrac{9}{5}$

これを $y=3x+5$ に代入して　$y=-\dfrac{2}{5}$

よって，d の最小値は直線 ℓ：$6x-2y+3=0$ と点 $\left(-\dfrac{9}{5},\ -\dfrac{2}{5}\right)$ の距離に等しいから

$$\frac{\left|6\cdot\left(-\frac{9}{5}\right)-2\cdot\left(-\frac{2}{5}\right)+3\right|}{\sqrt{6^2+(-2)^2}}=\frac{7}{2\sqrt{10}}={}^{ウ}\frac{7\sqrt{10}}{20}$$

また　$\mathrm{P}\left({}^{エ}-\dfrac{9}{5},\ {}^{オ}-\dfrac{2}{5}\right)$

次に，直線 $y=3x+k$ と C が異なる 2 点で交わるとき，$D>0$ であるから

$k<{}^{カ}-5$，${}^{キ}5<k$　…… ②

このとき，x の 2 次方程式 ① の 2 つの実数解を α，β とおくと，解と係数の関係により　$\alpha+\beta=-\dfrac{18}{25}k$

線分 QR の中点を $\mathrm{M}(X,\ Y)$ とすると

$X=\dfrac{\alpha+\beta}{2}=-\dfrac{9}{25}k$　…… ③　　　$Y=\dfrac{3(\alpha+\beta)}{2}+k=-\dfrac{2}{25}k$　…… ④

ここで，②，③ より　$X<-\dfrac{9}{5}$，$\dfrac{9}{5}<X$

③，④ から k を消去して　$Y=\dfrac{2}{9}X$

よって，点 M は直線 $y=\dfrac{2}{9}x$ の $x<-\dfrac{9}{5}$，$\dfrac{9}{5}<x$ の部分にある。

逆に，この図形上の任意の点に対し，②，③，④ を同時に満たす k が存在する。

したがって，求める軌跡は　　直線 $y={}^{ク}\dfrac{2}{9}x$ の $x<{}^{ケ}-\dfrac{9}{5}$，${}^{コ}\dfrac{9}{5}<x$ の部分

40　$y=\dfrac{6x-1}{2x-1}=\dfrac{3x-\frac{1}{2}}{x-\frac{1}{2}}=\dfrac{3\left(x-\frac{1}{2}\right)+1}{x-\frac{1}{2}}=3+\dfrac{1}{x-\frac{1}{2}}$

$y=3+\dfrac{1}{x-\frac{1}{2}}$ のグラフは，$y=\dfrac{1}{x}$ のグラフを x 軸方向に $\dfrac{1}{2}$，y 軸方向に 3 だけ平行移動したものである。

よって，漸近線は　　$x=\dfrac{1}{2}$，$y=3$

41　$n\geqq 2$ のとき

$$S_n=1\cdot1+3\cdot3^1+5\cdot3^2+\cdots\cdots+(2n-1)\cdot3^{n-1}$$
$$3S_n=\qquad 1\cdot3^1+3\cdot3^2+\cdots\cdots+(2n-3)\cdot3^{n-1}+(2n-1)\cdot3^n$$

であるから，辺々引くと　　$-2S_n=1+2\cdot3^1+2\cdot3^2+\cdots\cdots+2\cdot3^{n-1}-(2n-1)\cdot3^n$

$$=2\cdot3^0+2\cdot3^1+\cdots\cdots+2\cdot3^{n-1}-(2n-1)\cdot3^n-1$$
$$=\frac{2(3^n-1)}{3-1}-(2n-1)\cdot3^n-1=-2(n-1)\cdot3^n-2$$

$S_1=1$ より，これは $n=1$ のときにも成り立つ。

よって　　$S_n={}^{ア}(n-1)\cdot3^n+1$

したがって　　$\displaystyle\lim_{n\to\infty}\frac{S_n}{S_{n+1}}=\lim_{n\to\infty}\frac{(n-1)\cdot3^n+1}{n\cdot3^{n+1}+1}=\lim_{n\to\infty}\frac{\left(1-\frac{1}{n}\right)+\frac{1}{n\cdot3^n}}{3+\frac{1}{n\cdot3^n}}={}^{イ}\frac{1}{3}$

42　(1)　3 倍角の公式により

$$f(x)=\sin3x+\sin x=3\sin x-4\sin^3x+\sin x=4\sin x-4\sin^3x$$
$$=4\sin x(1-\sin^2x)=4\sin x(1+\sin x)(1-\sin x)$$

よって，$f(x)=0$ とすると　　$\sin x=0$，±1

ゆえに，$f(x)=0$ を満たす正の実数 x は，$x=\dfrac{n\pi}{2}$ $(n=1,\ 2,\ \cdots\cdots)$ と表せる。

したがって，$f(x)=0$ を満たす正の実数 x のうち，最小のものは　　$x=\dfrac{\pi}{2}$

(2)　2 以上の正の整数 m に対して，$\dfrac{k\pi}{2} \leqq m < \dfrac{k+1}{2}\pi$ を満たす正の整数 k がただ 1 つ存在する。

このとき，$f(x)=0$ を満たす正の実数 x のうち，m 以下のものは (1) より，

$x=\dfrac{\pi}{2},\ \dfrac{2\pi}{2},\ \dfrac{3\pi}{2},\ \cdots\cdots,\ \dfrac{k\pi}{2}$ の k 個あるから　　$p(m)=k$

$\dfrac{k\pi}{2} \leqq m < \dfrac{k+1}{2}\pi$ について　$\dfrac{k\pi}{2} \leqq m$ から $k \leqq \dfrac{2m}{\pi}$，$m < \dfrac{k+1}{2}\pi$ から $k+1 > \dfrac{2m}{\pi}$

よって　　$\dfrac{2m}{\pi}-1 < k \leqq \dfrac{2m}{\pi}$　　　　ゆえに　　$\dfrac{2}{\pi}-\dfrac{1}{m} < \dfrac{p(m)}{m} \leqq \dfrac{2}{\pi}$

$\displaystyle\lim_{m\to\infty}\left(\frac{2}{\pi}-\frac{1}{m}\right)=\frac{2}{\pi}$ であるから　　$\displaystyle\lim_{n\to\infty}\frac{p(m)}{m}=\frac{2}{\pi}$

別解　(1) から，$f(x)=0$ を満たす正の実数 x は　　$x=\dfrac{n\pi}{2}$　$(n=1,\ 2,\ \cdots\cdots)$

よって，$0 < x \leqq m$ を満たす n は，$\dfrac{2m}{\pi}$ 以下の自然数である。

すなわち　　$n=1,\ 2,\ \cdots\cdots,\ \left[\dfrac{2m}{\pi}\right]$

ただし，$[y]$ は y を超えない最大の整数を表す。　　　　ゆえに　　$p(m)=\left[\dfrac{2m}{\pi}\right]$

ここで，$\dfrac{2m}{\pi}-1 < \left[\dfrac{2m}{\pi}\right] \leqq \dfrac{2m}{\pi}$ と表せるから

$m>0$ のとき　　$\dfrac{2}{\pi}-\dfrac{1}{m} < \dfrac{p(m)}{m} \leqq \dfrac{2}{\pi}$

$\displaystyle\lim_{m\to\infty}\left(\frac{2}{\pi}-\frac{1}{m}\right)=\frac{2}{\pi}$ であるから　　$\displaystyle\lim_{m\to\infty}\frac{p(m)}{m}=\frac{2}{\pi}$

43　(1)　$\overrightarrow{\mathrm{AB}}=(-8,\ -6)$ より　　$|\overrightarrow{\mathrm{AB}}|^2=(-8)^2+(-6)^2=100$

$\overrightarrow{\mathrm{OA}}\cdot\overrightarrow{\mathrm{AB}}=3\cdot(-8)+6\cdot(-6)=-60$

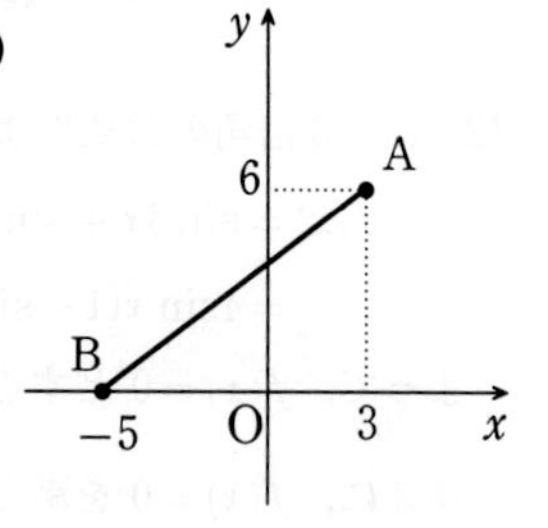

(2)　$u_{n+1}=\overrightarrow{\mathrm{OP}_{n+1}}\cdot\overrightarrow{\mathrm{AB}}=\left(\overrightarrow{\mathrm{OP}_n}-\dfrac{\overrightarrow{\mathrm{OP}_n}\cdot\overrightarrow{\mathrm{AB}}}{120}\overrightarrow{\mathrm{AB}}\right)\cdot\overrightarrow{\mathrm{AB}}$

$=\overrightarrow{\mathrm{OP}_n}\cdot\overrightarrow{\mathrm{AB}}-\dfrac{\overrightarrow{\mathrm{OP}_n}\cdot\overrightarrow{\mathrm{AB}}}{120}|\overrightarrow{\mathrm{AB}}|^2=u_n-\dfrac{u_n}{120}\cdot 100$

よって　　$u_{n+1}=\dfrac{1}{6}u_n$

$u_1=\overrightarrow{\mathrm{OP}_1}\cdot\overrightarrow{\mathrm{AB}}=\overrightarrow{\mathrm{OA}}\cdot\overrightarrow{\mathrm{AB}}=-60$ であるから，数列 $\{u_n\}$ は初項 -60，公比 $\dfrac{1}{6}$ の等比数

列である。

したがって　　$u_n=-60\cdot\left(\frac{1}{6}\right)^{n-1}$

(3)　$\overrightarrow{\mathrm{OP}_{n+1}}-\overrightarrow{\mathrm{OP}_n}=-\frac{\overrightarrow{\mathrm{OP}_n}\cdot\overrightarrow{\mathrm{AB}}}{120}\overrightarrow{\mathrm{AB}}=-\frac{u_n}{120}\overrightarrow{\mathrm{AB}}=\frac{1}{2}\cdot\left(\frac{1}{6}\right)^{n-1}\overrightarrow{\mathrm{AB}}$

であるから，$n\geqq 2$ のとき

$$\overrightarrow{\mathrm{OP}_n}=\overrightarrow{\mathrm{OP}_1}+\sum_{k=1}^{n-1}\frac{1}{2}\cdot\left(\frac{1}{6}\right)^{k-1}\overrightarrow{\mathrm{AB}}=\overrightarrow{\mathrm{OA}}+\frac{\frac{1}{2}\left\{1-\left(\frac{1}{6}\right)^{n-1}\right\}}{1-\frac{1}{6}}\overrightarrow{\mathrm{AB}}$$

$$=\overrightarrow{\mathrm{OA}}+\frac{3}{5}\left\{1-\left(\frac{1}{6}\right)^{n-1}\right\}\overrightarrow{\mathrm{AB}}$$

これは $n=1$ のときにも成り立つ。

よって　　$t_n=\frac{3}{5}\left\{1-\left(\frac{1}{6}\right)^{n-1}\right\}$

(4)　$\triangle\mathrm{OBP}_n$ の面積 S_n について，点 B は x 軸上の点であり，OB$=5$ であるから，点 P_n の y 座標を考える。

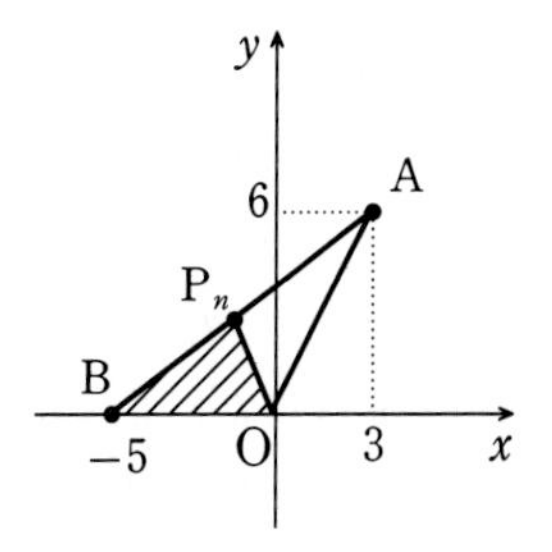

(3) より　　$\overrightarrow{\mathrm{OP}_n}=(3,\ 6)+t_n(-8,\ -6)$

よって　　$S_n=\frac{1}{2}\cdot5\cdot(6-6t_n)=15-15t_n$

ここで，$n\longrightarrow\infty$ のとき，$t_n\longrightarrow\frac{3}{5}$ であるから

$$\lim_{n\to\infty}S_n=15-15\cdot\frac{3}{5}=6$$

44　(1)　すべての自然数 n に対して，C_n は円であることを数学的帰納法を用いて示す。

[1]　$n=1$ のとき　　(A) より，C_1 は円である。

[2]　$n=k$ のとき，C_k が中心 α_k，半径 r_k の円であると仮定すると，$|z-\alpha_k|=r_k$ が成り立つ。

このとき，(B) より $2w=z+1+i$ であるから　　$z=2w-1-i$

これを $|z-\alpha_k|=r_k$ に代入すると　　$|2w-1-i-\alpha_k|=r_k$

$$\left|w-\frac{1+i+\alpha_k}{2}\right|=\frac{1}{2}r_k$$

これと条件 (B) から，C_{k+1} は中心 $\frac{1+i+\alpha_k}{2}$，半径 $\frac{1}{2}r_k$ の円である。

ゆえに，$n=k+1$ のときにも C_n は円である。

以上より，すべての自然数 n に対して C_n は円である。

また，$\alpha_{n+1}=\dfrac{1+i+\alpha_n}{2}$ より　　$\{\alpha_{n+1}-(1+i)\}=\dfrac{1}{2}\{\alpha_n-(1+i)\}$

ここで，$\alpha_1-(1+i)=-(1+i)$ であるから，数列 $\{\alpha_n-(1+i)\}$ は初項 $-(1+i)$，公比 $\dfrac{1}{2}$ の等比数列である。

よって　　$\alpha_n=-(1+i)\left(\dfrac{1}{2}\right)^{n-1}+(1+i)=(1+i)\left\{1-\left(\dfrac{1}{2}\right)^{n-1}\right\}$

また，$r_{k+1}=\dfrac{1}{2}r_k$ であるから，数列 $\{r_n\}$ は初項 2，公比 $\dfrac{1}{2}$ の等比数列である。

よって　　$r_n=2\left(\dfrac{1}{2}\right)^{n-1}=\left(\dfrac{1}{2}\right)^{n-2}$

(2)　原点 O との距離が最小となる円 C_n 上の点を z_n とすると，3 点 O，z_n，α_n は一直線上にある。

[1]　原点 O が円 C_n の外部にあるとき

右の図のような位置関係となる。

d_n は原点 O と点 α_n の距離から，円 C_n の半径 r_n を引いたものである。

よって　　$d_n=||\alpha_n|-r_n|$

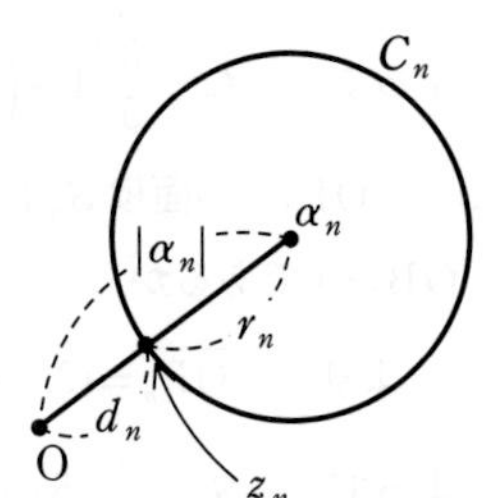

[2]　原点 O が円 C_n の内部または周上にあるとき

右の図のような位置関係となる。

d_n は円 C_n の半径 r_n から，原点 O と点 α_n の距離を引いたものである。

よって　　$d_n=|r_n-|\alpha_n||$

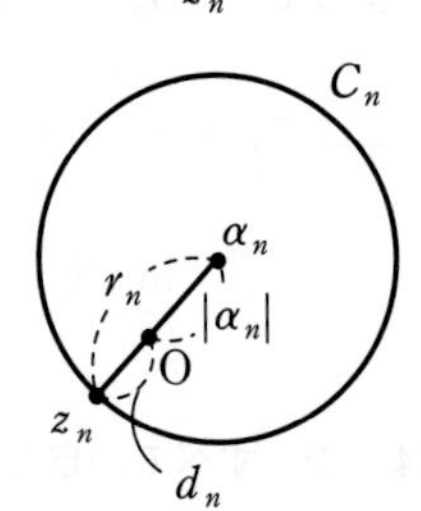

[1]，[2] から　$d_n=||\alpha_n|-r_n|=\left|\sqrt{2}\left\{1-\left(\dfrac{1}{2}\right)^{n-1}\right\}-2\left(\dfrac{1}{2}\right)^{n-1}\right|$

$=\left|\sqrt{2}-(\sqrt{2}-2)\left(\dfrac{1}{2}\right)^{n-1}\right|$

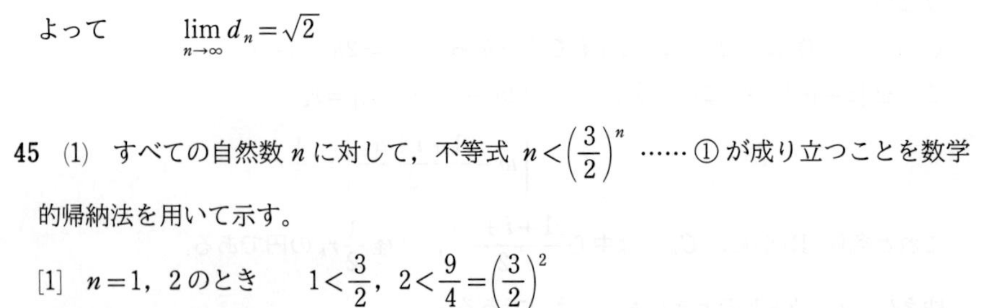

よって　　$\displaystyle\lim_{n\to\infty}d_n=\sqrt{2}$

45　(1)　すべての自然数 n に対して，不等式 $n<\left(\dfrac{3}{2}\right)^n$ ……① が成り立つことを数学的帰納法を用いて示す。

[1]　$n=1$，2 のとき　　$1<\dfrac{3}{2}$，$2<\dfrac{9}{4}=\left(\dfrac{3}{2}\right)^2$

よって，$n=1$，2 のとき ① が成り立つ。

[2]　$n=k\ (k\geqq 2)$ のとき ① が成り立つ，すなわち $k<\left(\frac{3}{2}\right)^k$ が成り立つと仮定する。

このとき　$\left(\frac{3}{2}\right)^{k+1}-(k+1)=\frac{3}{2}\left(\frac{3}{2}\right)^k-(k+1)>\frac{3}{2}k-(k+1)=\frac{k}{2}-1$

$k\geqq 2$ のとき，$\frac{k}{2}-1\geqq 0$ であるから　$k+1<\left(\frac{3}{2}\right)^{k+1}$

よって，$n=k+1$ のときにも ① が成り立つ。

以上より，すべての自然数 n に対して，$n<\left(\frac{3}{2}\right)^n$ が成り立つ。

(2)　$n>0$，$\left(\frac{3}{5}\right)^n>0$ であるから，(1) より　$0<n\left(\frac{3}{5}\right)^n<\left(\frac{3}{2}\right)^n\left(\frac{3}{5}\right)^n=\left(\frac{9}{10}\right)^n$

$\lim_{n\to\infty}\left(\frac{9}{10}\right)^n=0$ であるから　$\lim_{n\to\infty}n\left(\frac{3}{5}\right)^n=0$

(3)　(1) より，$k=1$，2，……，n に対して，$k<\left(\frac{3}{2}\right)^k$ が成り立つから，これらの和をとると　$1+2+\cdots\cdots+n<\frac{3}{2}+\left(\frac{3}{2}\right)^2+\cdots\cdots+\left(\frac{3}{2}\right)^n$

右辺は初項 $\frac{3}{2}$，公比 $\frac{3}{2}$，項数 n の等比数列の和であるから

$$\frac{n(n+1)}{2}<\frac{\frac{3}{2}\left\{\left(\frac{3}{2}\right)^n-1\right\}}{\frac{3}{2}-1}=3\left(\frac{3}{2}\right)^n-3$$

(4)　(3) より　$n^2<6\left(\frac{3}{2}\right)^n-n-6$

$n>0$，$\left(\frac{3}{5}\right)^n>0$ であるから　$0<n^2\left(\frac{3}{5}\right)^n<\left\{6\left(\frac{3}{2}\right)^n-n-6\right\}\left(\frac{3}{5}\right)^n$

すなわち　$0<n^2\left(\frac{3}{5}\right)^n<6\left(\frac{9}{10}\right)^n-n\left(\frac{3}{5}\right)^n-6\left(\frac{3}{5}\right)^n$

ここで　$\lim_{n\to\infty}6\left(\frac{9}{10}\right)^n=0$，$\lim_{n\to\infty}6\left(\frac{3}{5}\right)^n=0$

また，(2) から　$\lim_{n\to\infty}n\left(\frac{3}{5}\right)^n=0$　　したがって　$\lim_{n\to\infty}n^2\left(\frac{3}{5}\right)^n=0$

46　$n\geqq 2$ のとき

$a_n=S_n-S_{n-1}=(n^3+3n^2+2n)-\{(n-1)^3+3(n-1)^2+2(n-1)\}=3n^2+3n$

$a_1=S_1=6$ から，これは $n=1$ のときにも成り立つ。

よって　$\dfrac{1}{a_n}=\dfrac{1}{3n^2+3n}=\dfrac{1}{3n(n+1)}=\dfrac{1}{3}\left(\dfrac{1}{n}-\dfrac{1}{n+1}\right)$

ここで，$T_n=\displaystyle\sum_{k=1}^{n}\dfrac{1}{a_k}$ とおくと

$$T_n=\frac{1}{3}\left\{\left(1-\frac{1}{2}\right)+\left(\frac{1}{2}-\frac{1}{3}\right)+\cdots\cdots+\left(\frac{1}{n}-\frac{1}{n+1}\right)\right\}=\frac{1}{3}\left(1-\frac{1}{n+1}\right)$$

ゆえに　$\displaystyle\sum_{n=1}^{\infty}\frac{1}{a_n}=\lim_{n\to\infty}T_n=\frac{1}{3}(1-0)=\frac{1}{3}$

47　$b_n=na_n-1$ から　$na_n=b_n+1$

よって　$(n+1)a_{n+1}=b_{n+1}+1$

これを $5(n+1)a_{n+1}-na_n=4$ に代入すると　$5(b_{n+1}+1)-(b_n+1)=4$

ゆえに　$b_{n+1}=\dfrac{1}{5}b_n$

したがって，数列 $\{b_n\}$ は公比 $r=$ ${}^{ア}\dfrac{1}{5}$ の等比数列である。

また，$b_1=a_1-1=1$ であるから　$b_n=\left(\dfrac{1}{5}\right)^{n-1}$　よって　$\left(\dfrac{1}{5}\right)^{n-1}=na_n-1$

ゆえに　$a_n=\dfrac{{}^{イ}\left(\dfrac{1}{5}\right)^{n-1}+1}{n}$

したがって　$\displaystyle\sum_{n=1}^{\infty}(2na_{2n}-na_n)=\sum_{n=1}^{\infty}\left\{\frac{1}{5}\cdot\left(\frac{1}{25}\right)^{n-1}-\left(\frac{1}{5}\right)^{n-1}\right\}$

ここで，$\displaystyle\sum_{n=1}^{\infty}\left\{\frac{1}{5}\cdot\left(\frac{1}{25}\right)^{n-1}\right\}$ は，初項 $\dfrac{1}{5}$，公比 $\dfrac{1}{25}$ の無限等比級数であり，

$\displaystyle\sum_{n=1}^{\infty}\left(\frac{1}{5}\right)^{n-1}$ は，初項 1，公比 $\dfrac{1}{5}$ の無限等比級数である。

公比について，$\left|\dfrac{1}{25}\right|<1$，$\left|\dfrac{1}{5}\right|<1$ であるから，この 2 つの無限等比級数はともに収

束して　$\displaystyle\sum_{n=1}^{\infty}\left\{\frac{1}{5}\cdot\left(\frac{1}{25}\right)^{n-1}\right\}=\frac{\frac{1}{5}}{1-\frac{1}{25}}=\frac{5}{24}$，$\displaystyle\sum_{n=1}^{\infty}\left(\frac{1}{5}\right)^{n-1}=\frac{1}{1-\frac{1}{5}}=\frac{5}{4}$

よって　$\displaystyle\sum_{n=1}^{\infty}(2na_{2n}-na_n)=\sum_{n=1}^{\infty}\left\{\frac{1}{5}\cdot\left(\frac{1}{25}\right)^{n-1}\right\}-\sum_{n=1}^{\infty}\left(\frac{1}{5}\right)^{n-1}=\frac{5}{24}-\frac{5}{4}=$ ${}^{ウ}-\dfrac{25}{24}$

48 $_{n+1}C_2=\dfrac{n(n+1)}{2}$ であるから，$\displaystyle\sum_{n=1}^{\infty}\frac{1}{_{n+1}C_2}$ の第 n 項までの部分和を S_n とすると

$$S_n=\sum_{k=1}^{n}\frac{1}{_{k+1}C_2}=\sum_{k=1}^{n}\frac{2}{k(k+1)}=2\sum_{k=1}^{n}\left(\frac{1}{k}-\frac{1}{k+1}\right)$$

$$=2\left\{\left(\frac{1}{1}-\frac{1}{2}\right)+\left(\frac{1}{2}-\frac{1}{3}\right)+\cdots\cdots+\left(\frac{1}{n}-\frac{1}{n+1}\right)\right\}$$

$$=2\left(1-\frac{1}{n+1}\right)$$

よって　$\displaystyle\lim_{n\to\infty}S_n=\lim_{n\to\infty}2\left(1-\frac{1}{n+1}\right)=2$　　ゆえに　$\displaystyle\sum_{n=1}^{\infty}\frac{1}{_{n+1}C_2}=^{ア}2$

また　$$\lim_{n\to\infty}\frac{_{2n+2}C_{n+1}}{_{2n}C_n}=\lim_{n\to\infty}\left\{\frac{(2n+2)!}{(n+1)!\{(2n+2)-(n+1)\}!}\times\frac{n!(2n-n)!}{(2n)!}\right\}$$

$$=\lim_{n\to\infty}\left\{\frac{(2n+2)!}{(n+1)!(n+1)!}\times\frac{n!n!}{(2n)!}\right\}$$

$$=\lim_{n\to\infty}\frac{(2n+2)(2n+1)}{(n+1)(n+1)}=\lim_{n\to\infty}\frac{2(2n+1)}{n+1}$$

$$=\lim_{n\to\infty}\frac{2\left(2+\frac{1}{n}\right)}{1+\frac{1}{n}}=^{イ}4$$

49 (1)　赤玉，白玉をそれぞれすべて区別して考える。

5 個の赤玉と n 個の白玉が入った袋から 1 個ずつ 6 回取り出すから，取り出し方の総数は　$_{n+5}P_6$ 通り

また，5 回目までに 4 個の赤玉と 1 個の白玉を取り出すから，その取り出し方の総数は

$_5C_4\cdot n\cdot 5!$ 通り

よって，求める確率は

$$p(n)=\frac{_5C_4\cdot n\cdot 5!}{_{n+5}P_6}=\frac{5\cdot 5!n}{\frac{(n+5)!}{(n-1)!}}=\frac{5\cdot 5!n!}{(n+5)!}=5\cdot\frac{5!\{(n+5)-5\}!}{(n+5)!}=\frac{5}{_{n+5}C_5}$$

(2)　$$\frac{1}{_{n+4}C_4}-\frac{1}{_{n+5}C_4}=\frac{4!n!}{(n+4)!}-\frac{4!(n+1)!}{(n+5)!}=\frac{4!n!\{(n+5)-(n+1)\}}{(n+5)!}=\frac{4\cdot 4!n!}{(n+5)!}$$

よって，$p(n)=A\left(\dfrac{1}{_{n+4}C_4}-\dfrac{1}{_{n+5}C_4}\right)$ となるとき　$\dfrac{5\cdot 5!n!}{(n+5)!}=A\cdot\dfrac{4\cdot 4!n!}{(n+5)!}$

ゆえに　$A=\dfrac{25}{4}$

(3)　(2) より

$$S_n=\frac{25}{4}\left\{\left(\frac{1}{{}_5C_4}-\frac{1}{{}_6C_4}\right)+\left(\frac{1}{{}_6C_4}-\frac{1}{{}_7C_4}\right)+\cdots\cdots+\left(\frac{1}{{}_{n+4}C_4}-\frac{1}{{}_{n+5}C_4}\right)\right\}$$

$$=\frac{25}{4}\left(\frac{1}{{}_5C_4}-\frac{1}{{}_{n+5}C_4}\right)=\frac{25}{4}\left\{\frac{1}{5}-\frac{4!(n+1)!}{(n+5)!}\right\}$$

$$=\frac{25}{4}\left\{\frac{1}{5}-\frac{24}{(n+5)(n+4)(n+3)(n+2)}\right\}$$

したがって　$\displaystyle\lim_{n\to\infty}S_n=\lim_{n\to\infty}\frac{25}{4}\left\{\frac{1}{5}-\frac{24}{(n+5)(n+4)(n+3)(n+2)}\right\}=\frac{25}{4}\left(\frac{1}{5}-0\right)=\frac{5}{4}$

50　(1)　方程式 $x^4+4=0$ の解を $x=r(\cos\theta+i\sin\theta)$ $(r>0,\ 0\leqq\theta<2\pi)$ とすると

$$r^4(\cos 4\theta+i\sin 4\theta)=4(\cos\pi+i\sin\pi)$$

絶対値と偏角を比較すると，整数 m を用いて $r^4=4,\ 4\theta=\pi+2m\pi$ と表される。

$r>0,\ 0\leqq\theta<2\pi$ であるから

$$r=\sqrt{2},\ \theta=\frac{2m+1}{4}\pi\quad(m=0,\ 1,\ 2,\ 3)$$

よって　$r=\sqrt{2},\ \theta=\dfrac{\pi}{4},\ \dfrac{3}{4}\pi,\ \dfrac{5}{4}\pi,\ \dfrac{7}{4}\pi$

以上より，$x^4+4=0$ の解のうち，実部と虚部がともに正であるものは

$$\alpha=\sqrt{2}\left(\cos\frac{\pi}{4}+i\sin\frac{\pi}{4}\right)={}^{ア}1+i$$

このとき，$|\alpha^n|=|\alpha|^n=(\sqrt{2})^n$ であるから，$|\alpha^n|>10^{100}$ のとき　$(\sqrt{2})^n>10^{100}$

両辺の常用対数をとると　$\log_{10}(\sqrt{2})^n>100$

ゆえに　$n\log_{10}2^{\frac{1}{2}}>100$

$$\frac{1}{2}n\log_{10}2>100$$

$$n>\frac{200}{\log_{10}2}=\frac{200}{0.3010}=664.45\cdots\cdots$$

よって，求める最小の自然数 n は　$n={}^{イ}665$

また　$\alpha^n=(\sqrt{2})^n\left(\cos\dfrac{n\pi}{4}+i\sin\dfrac{n\pi}{4}\right)$

α^n が実数であるための必要十分条件は $\sin\dfrac{n\pi}{4}=0$，すなわち，n が ${}^{ウ}4$ の倍数であることである。

ここで，整数 p を用いて，$n=4p$ とすると　$\alpha^{4p}=(\sqrt{2})^{4p}\cos p\pi$

$\alpha^{4p}>0$ のとき，$\cos p\pi>0$ から，p は偶数であり，自然数 q を用いて，$p=2q$ と表せるから　$\alpha^{8q}=(\sqrt{2})^{8q}=16^q$

よって，$\alpha^n>10^{100}$ となるとき　$16^q>10^{100}$

両辺の常用対数をとると　$q\log_{10}16>100$

ゆえに　$4q\log_{10}2>100$　すなわち　$0.3010q>25$

したがって　$q>83.05\cdots\cdots$

よって，$16^q>10^{100}$ を満たす最小の自然数 q は　$q=84$

$n=4p=8q$ であるから，求める自然数 n のうち，最小のものは　$n=8\cdot84={}^{エ}672$

また　$\alpha^{-n}=(\sqrt{2})^{-n}\left\{\cos\left(-\frac{n}{4}\pi\right)+i\sin\left(-\frac{n}{4}\pi\right)\right\}$

よって，α^{-n} の実部 a_n は　$a_n=(\sqrt{2})^{-n}\cos\left(-\frac{n}{4}\pi\right)$

ゆえに　$a_{4k-3}=(\sqrt{2})^{-4k+3}\cos\left(-\frac{4k-3}{4}\pi\right)=2\sqrt{2}\left(\frac{1}{4}\right)^k\cos\left(\frac{3}{4}\pi-k\pi\right)$

$$=-2\left(\frac{1}{4}\right)^k\cdot(-1)^k={}^{オ}-2\left({}^{カ}-\frac{1}{4}\right)^k$$

よって　$\sum_{k=1}^{\infty}a_{4k-3}=\sum_{k=1}^{\infty}\left\{-2\left(-\frac{1}{4}\right)^k\right\}=\frac{\frac{1}{2}}{1-\left(-\frac{1}{4}\right)}={}^{キ}\frac{2}{5}$

51 (1)　$z_2=\frac{1+i}{2}z_1+1=1$，$z_3=\frac{1+i}{2}z_2+1=\frac{1+i}{2}+1=\frac{3+i}{2}$

また，$\alpha=\frac{1+i}{2}\alpha+1$ であるから　$\frac{1-i}{2}\alpha=1$

よって　$\alpha=\frac{2}{1-i}=\frac{2(1+i)}{(1-i)(1+i)}=1+i$　ゆえに　$\alpha=\sqrt{2}\left(\cos\frac{\pi}{4}+i\sin\frac{\pi}{4}\right)$

したがって　$\alpha^{20}=(\sqrt{2})^{20}\left(\cos\frac{\pi}{4}+i\sin\frac{\pi}{4}\right)^{20}=1024(\cos5\pi+i\sin5\pi)=-1024$

(2)　$z_{n+1}=\frac{1+i}{2}z_n+1$ より，$z_{n+2}=\frac{1+i}{2}z_{n+1}+1$ であるから，辺々引いて

$$z_{n+1}-z_{n+2}=\frac{1+i}{2}(z_n-z_{n+1})$$

両辺の絶対値を考えると　$|z_{n+1}-z_{n+2}|=\left|\frac{1+i}{2}\right||z_n-z_{n+1}|$

ゆえに　$|z_{n+1}-z_{n+2}|=\frac{1}{\sqrt{2}}|z_n-z_{n+1}|$

よって，数列 $\{|z_n - z_{n+1}|\}$ は等比数列であるから，$\displaystyle\sum_{n=1}^{\infty}|z_n - z_{n+1}|$ は初項 $|z_1 - z_2| = 1$，

公比 $\dfrac{1}{\sqrt{2}}$ の無限等比級数である。

公比について $\left|\dfrac{1}{\sqrt{2}}\right| < 1$ であるから，この無限等比級数は収束して，その和は

$$\frac{1}{1-\left(\frac{1}{\sqrt{2}}\right)} = 2+\sqrt{2}$$

(3)　$z_{n+1} = \dfrac{1+i}{2}z_n + 1$ と，$\alpha = \dfrac{1+i}{2}\alpha + 1$ から，辺々引いて　$z_{n+1} - \alpha = \dfrac{1+i}{2}(z_n - \alpha)$

両辺の絶対値を考えると　$|z_{n+1} - \alpha| = \dfrac{1}{\sqrt{2}}|z_n - \alpha|$

よって　$a_{n+1} = \dfrac{1}{\sqrt{2}}a_n$

数列 $\{a_n\}$ $(n=1,\ 2,\ \cdots\cdots)$ は初項 $a_1 = |z_1 - \alpha| = \sqrt{2}$，公比 $\dfrac{1}{\sqrt{2}}$ の等比数列であるから　$a_n = \sqrt{2}\cdot\left(\dfrac{1}{\sqrt{2}}\right)^{n-1} = \left(\dfrac{1}{\sqrt{2}}\right)^{n-2}$

(4)　(3) より，$a_n \neq 0$ から，すべての自然数 n に対して　$|z_n - \alpha| \neq 0$

$z_n - \alpha \neq 0$ より，$z_{n+1} - \alpha = \dfrac{1+i}{2}(z_n - \alpha)$ であるから

$$\frac{z_{n+1}-\alpha}{z_n-\alpha} = \frac{1+i}{2} = \frac{1}{\sqrt{2}}\left(\cos\frac{\pi}{4} + i\sin\frac{\pi}{4}\right)$$

したがって，$\dfrac{z_{n+1}-\alpha}{z_n-\alpha}$ の偏角 $\theta\ (0 < \theta < 2\pi)$ は　$\theta = \dfrac{\pi}{4}$

複素数 α，z_n，z_{n+1} の表す点をそれぞれ A，B，C とすると　$\angle\mathrm{BAC} = \dfrac{\pi}{4}$

よって，三角形の面積 S_n は

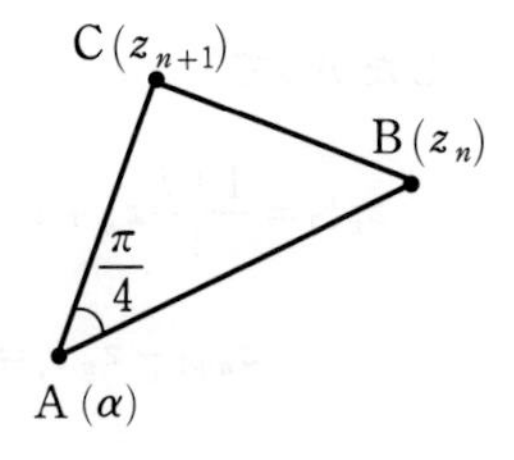

$$S_n = \frac{1}{2}|z_n - \alpha||z_{n+1} - \alpha|\cdot\sin\frac{\pi}{4}$$

$$= \frac{1}{2}a_n a_{n+1}\cdot\frac{1}{\sqrt{2}} = \left(\frac{1}{\sqrt{2}}\right)^2\left(\frac{1}{\sqrt{2}}\right)^{n-2}\left(\frac{1}{\sqrt{2}}\right)^{n-1}\cdot\frac{1}{\sqrt{2}}$$

$$= \left(\frac{1}{\sqrt{2}}\right)^{2n} = \left(\frac{1}{2}\right)^n$$

52 (1) 表を ○，裏を × で表すとき，出た面を左から順に ○×○…… のように並べると，出た面と ○×○…… の列は一対一に対応する。

1，2，3 回目に ○ が出て，ゲームが終了するとき　○○○　の 1 通り

よって　　$a_1=1$

2，3，4 回目に ○ が出て，ゲームが終了するとき　×○○○　の 1 通り

よって　　$a_2=1$

3，4，5 回目に ○ が出て，ゲームが終了するとき　××○○○，○×○○○　の 2 通り

よって　　$a_3=2$

4，5，6 回目に ○ が出て，ゲームが終了するとき　○○×○○○，○××○○○，×○×○○○　の 3 通り

よって　　$a_4=3$

5，6，7 回目に ○ が出て，ゲームが終了するとき

○○××○○○，××○×○○○，×○○×○○○，×○××○○○，○×○×○○○　の 5 通り

よって　　$a_5=5$

(2) $\dfrac{F_n}{2^n}=\dfrac{1}{2^n}\cdot\dfrac{1}{\sqrt{5}}\left\{\left(\dfrac{1+\sqrt{5}}{2}\right)^n-\left(\dfrac{1-\sqrt{5}}{2}\right)^n\right\}=\dfrac{1}{\sqrt{5}}\left\{\left(\dfrac{1+\sqrt{5}}{4}\right)^n-\left(\dfrac{1-\sqrt{5}}{4}\right)^n\right\}$

よって　　$\displaystyle\sum_{n=1}^{\infty}\frac{F_n}{2^n}=\frac{1}{\sqrt{5}}\sum_{n=1}^{\infty}\left\{\left(\frac{1+\sqrt{5}}{4}\right)^n-\left(\frac{1-\sqrt{5}}{4}\right)^n\right\}$

ここで，$\displaystyle\sum_{n=1}^{\infty}\left(\frac{1+\sqrt{5}}{4}\right)^n$ は初項 $\dfrac{1+\sqrt{5}}{4}$，公比 $\dfrac{1+\sqrt{5}}{4}$ の無限等比級数であり，

$\displaystyle\sum_{n=1}^{\infty}\left(\frac{1-\sqrt{5}}{4}\right)^n$ は初項 $\dfrac{1-\sqrt{5}}{4}$，公比 $\dfrac{1-\sqrt{5}}{4}$ の無限等比級数である。

公比について，$2<\sqrt{5}<3$ から　　$\dfrac{3}{4}<\dfrac{1+\sqrt{5}}{4}<1$，$-\dfrac{1}{2}<\dfrac{1-\sqrt{5}}{4}<-\dfrac{1}{4}$

ゆえに，この 2 つの無限等比級数はともに収束する。

したがって

$$\sum_{n=1}^{\infty}\frac{F_n}{2^n}=\frac{1}{\sqrt{5}}\left(\frac{\frac{1+\sqrt{5}}{4}}{1-\frac{1+\sqrt{5}}{4}}-\frac{\frac{1-\sqrt{5}}{4}}{1-\frac{1-\sqrt{5}}{4}}\right)=\frac{1}{\sqrt{5}}\left(\frac{1+\sqrt{5}}{3-\sqrt{5}}-\frac{1-\sqrt{5}}{3+\sqrt{5}}\right)$$

$$=\frac{(1+\sqrt{5})(3+\sqrt{5})-(1-\sqrt{5})(3-\sqrt{5})}{\sqrt{5}(3-\sqrt{5})(3+\sqrt{5})}=\frac{8\sqrt{5}}{4\sqrt{5}}=2$$

(3) $n+2$，$n+3$，$n+4$ 回目に ○ が出て，ゲームが終了するとき，次の 2 通りがある。

[1]　1，2 回目が ○○ または ×× のとき

3 回目は，1，2 回目と異なる記号である。

このとき，3 回目以降の $n+2$ 個の並びは，条件を満たす $n+2$ 個の並びと一致する。

よって，このような $n+4$ 個の列の総数は　　a_n 個

[2]　1，2 回目が ○× または ×○ のとき

2 回目以降の $n+3$ 個の並びは，条件を満たす $n+3$ 個の並びと一致する。

よって，このような $n+3$ 個の列の総数は　　a_{n+1} 個

[1]，[2] から　　$a_{n+2}=a_{n+1}+a_n$

また，$a_1=1$，$a_2=1$ より，すべての自然数に対して　　$a_n=F_n$

$n+2$ 回硬貨を投げたときの，面の出方の総数は 2^{n+2} 通りであるから

$$P_n=\frac{a_n}{2^{n+2}}=\frac{1}{4}\cdot\frac{F_n}{2^n}$$

したがって，(2) より　　$\displaystyle\sum_{n=1}^{\infty}P_n=\frac{1}{4}\sum_{n=1}^{\infty}\frac{F_n}{2^n}=\frac{1}{4}\cdot 2=\frac{1}{2}$

53　(1)　$b_{n+1}=a_n$ であるから　　$a_{n+2}=\dfrac{a_{n+1}+b_{n+1}}{2}=\dfrac{a_{n+1}+a_n}{2}$

すなわち　　$a_{n+2}+\dfrac{1}{2}a_{n+1}=a_{n+1}+\dfrac{1}{2}a_n$

よって　　$a_{n+1}+\dfrac{1}{2}a_n=a_n+\dfrac{1}{2}a_{n-1}=\cdots\cdots=a_2+\dfrac{1}{2}a_1$

ここで，$a_2=\dfrac{a_1+b_1}{2}=3$ であるから　　$a_n+\dfrac{1}{2}a_{n-1}=3$　$(n\geqq 2)$

ゆえに　　$a_n+\dfrac{1}{2}b_n=3$　　　　すなわち　　$b_n=-2a_n+6$

$a_1=0$，$b_1=6$ であるから，すべての自然数 n について，$b_n=-2a_n+6$ は成り立つ。

したがって，点 $\mathrm{P}_n(a_n,\ b_n)$ は常に直線 $y=$ ア$-2x+$ イ6 上にある。

(2)　$a_{n+1}+\dfrac{1}{2}a_n=3$ を変形すると　　$a_{n+1}-2=-\dfrac{1}{2}(a_n-2)$

よって，数列 $\{a_n-2\}$ は初項 -2，公比 $-\dfrac{1}{2}$ の等比数列である。

ゆえに　$a_n=2-2\cdot\left(-\dfrac{1}{2}\right)^{n-1}$　　したがって　$\displaystyle\lim_{n\to\infty}a_n=\lim_{n\to\infty}\left\{2-2\cdot\left(-\frac{1}{2}\right)^{n-1}\right\}=2$

また，$b_n=-2a_n+6$ であるから　　$\displaystyle\lim_{n\to\infty}b_n=\lim_{n\to\infty}(-2a_n+6)=2$

以上より，n を限りなく大きくするとき，点 P_n は点 (ウ2，エ2) に限りなく近づく。

54　$a_{n+1}=\alpha a_n+\beta b_n$，$b_{n+1}=\beta a_n+\alpha b_n$ をそれぞれ①，②とする。

また，$n\longrightarrow\infty$ の極限を考えるから，n は十分大きな数とする。

①＋② より　$a_{n+1}+b_{n+1}=(\alpha+\beta)(a_n+b_n)$

$a_1+b_1=a+b$ であるから，数列 $\{a_n+b_n\}$ は初項 $a+b$，公比 $\alpha+\beta$ の等比数列である。

よって　$a_n+b_n=(a+b)(\alpha+\beta)^{n-1}$　……③

①－② より　$a_{n+1}-b_{n+1}=(\alpha-\beta)(a_n-b_n)$

$a_1-b_1=a-b$ であるから，数列 $\{a_n-b_n\}$ は初項 $a-b$，公比 $\alpha-\beta$ の等比数列である。

よって　$a_n-b_n=(a-b)(\alpha-\beta)^{n-1}$　……④

(③＋④)÷2 より　$a_n=\dfrac{1}{2}\{(a+b)(\alpha+\beta)^{n-1}+(a-b)(\alpha-\beta)^{n-1}\}$

(③－④)÷2 より　$b_n=\dfrac{1}{2}\{(a+b)(\alpha+\beta)^{n-1}-(a-b)(\alpha-\beta)^{n-1}\}$

ゆえに　$$\frac{a_n}{b_n}=\frac{(a+b)(\alpha+\beta)^{n-1}+(a-b)(\alpha-\beta)^{n-1}}{(a+b)(\alpha+\beta)^{n-1}-(a-b)(\alpha-\beta)^{n-1}}=\frac{(a+b)\left(\dfrac{\alpha+\beta}{\alpha-\beta}\right)^{n-1}+(a-b)}{(a+b)\left(\dfrac{\alpha+\beta}{\alpha-\beta}\right)^{n-1}-(a-b)}$$

$\beta<0<\alpha$ から　$-\alpha+\beta<\alpha+\beta<\alpha-\beta$

すなわち　$-(\alpha-\beta)<\alpha+\beta<\alpha-\beta$

$\alpha-\beta>0$ であるから　$-1<\dfrac{\alpha+\beta}{\alpha-\beta}<1$

よって　$\displaystyle\lim_{n\to\infty}\left(\frac{\alpha+\beta}{\alpha-\beta}\right)^{n-1}=0$　　したがって　$\displaystyle\lim_{n\to\infty}\frac{a_n}{b_n}=-\frac{a-b}{a-b}=-1$

55　(1)　$x_2=\sqrt{1+x_1}=3$，$x_3=\sqrt{1+x_2}=2$，$x_4=\sqrt{1+x_3}=\sqrt{3}$

(2)　$x_{n+1}=\sqrt{1+x_n}$ から　${x_{n+1}}^2=1+x_n$

また，$(x_{n+1}-\alpha)(x_{n+1}+\alpha)=x_n-\alpha$ より　${x_{n+1}}^2-\alpha^2=x_n-\alpha$

よって　${x_{n+1}}^2=\alpha^2-\alpha+x_n$

ゆえに　$\alpha^2-\alpha-1=0$　　これを解くと　$\alpha=\dfrac{1\pm\sqrt{5}}{2}$

したがって，求める α は　$\alpha=\dfrac{1+\sqrt{5}}{2}$

(3)　すべての $n\geqq1$ について $x_n>\alpha$ であることを数学的帰納法を用いて示す。

[1]　$n=1$ のとき

$x_1=8>\dfrac{1+\sqrt{5}}{2}=\alpha$

よって，$n=1$ のとき，$x_n>\alpha$ が成り立つ。

[2]　$n=k$ のとき，$x_n>\alpha$ が成り立つとすると　　$x_k>\alpha$

このとき，(2) より　　$(x_{k+1}-\alpha)(x_{k+1}+\alpha)=x_k-\alpha>0$

$x_{k+1}>0$，$\alpha>0$ より，$x_{k+1}+\alpha>0$ であるから　　$x_{k+1}-\alpha>0$

よって　　$x_{k+1}>\alpha$

ゆえに，$n=k+1$ のときにも $x_n>\alpha$ は成り立つ。

以上より，$\alpha=\dfrac{1+\sqrt{5}}{2}$ のとき，すべての $n\geqq 1$ について $x_n>\alpha$ が成り立つ。

(4)　$x_{n+1}=\sqrt{1+x_n}$ であるから　　$x_{n+1}-\alpha=\sqrt{1+x_n}-\alpha=\dfrac{1+x_n-\alpha^2}{\sqrt{1+x_n}+\alpha}$

$\alpha^2-\alpha-1=0$ から　　$1-\alpha^2=-\alpha$

よって　　$x_{n+1}-\alpha=\dfrac{x_n-\alpha}{\sqrt{1+x_n}+\alpha}\leqq\dfrac{1}{\alpha}(x_n-\alpha)$

ゆえに　　$x_n-\alpha\leqq\dfrac{1}{\alpha}(x_{n-1}-\alpha)\leqq\cdots\cdots\leqq\left(\dfrac{1}{\alpha}\right)^{n-1}(x_1-\alpha)=\left(\dfrac{1}{\alpha}\right)^{n-1}(8-\alpha)$

また，(3) より，すべての $n\geqq 1$ について $x_n>\alpha$ であるから

$$0\leqq x_n-\alpha\leqq\left(\frac{1}{\alpha}\right)^{n-1}(8-\alpha)$$

$\dfrac{1}{\alpha}=\dfrac{2}{1+\sqrt{5}}=\dfrac{2(1-\sqrt{5})}{(1+\sqrt{5})(1-\sqrt{5})}=\dfrac{\sqrt{5}-1}{2}$ より，$2<\sqrt{5}<3$ であるから

$$\frac{1}{2}<\frac{\sqrt{5}-1}{2}<1$$

よって，$0<\left|\dfrac{1}{\alpha}\right|<1$ より　　$\displaystyle\lim_{n\to\infty}\left(\frac{1}{\alpha}\right)^{n-1}(8-\alpha)=0$

ゆえに　　$\displaystyle\lim_{n\to\infty}(x_n-\alpha)=0$　　　　したがって　　$\displaystyle\lim_{n\to\infty}x_n=\alpha=\frac{1+\sqrt{5}}{2}$

56　(1)　$a_2=ra_1+(r-1)r^3=r(r^2-12r)+(r-1)r^3=r^4-12r^2$

$a_3=ra_2+(r-1)r^5=r(r^4-12r^2)+(r-1)r^5=r^6-12r^3$

よって，$a_n=r^{2n}-12r^n$ ……① と予想できる。

これを数学的帰納法を用いて示す。

[1]　$n=1$ のとき　　$a_1=r^2-12r$

よって，$n=1$ のとき ① が成り立つ。

[2]　$n=k$ のとき，① が成り立つ，すなわち $a_k=2^{2k}-12r^k$ が成り立つと仮定すると

$$a_{k+1}=ra_k+(r-1)r^{2k+1}=r(r^{2k}-12r^k)+(r-1)r^{2k+1}$$
$$=r^{2k+2}-12r^{k+1}=r^{2(k+1)}-12r^{k+1}$$

よって，$n=k+1$ のときにも ① が成り立つ。

以上より，すべての自然数 n に対して，① が成り立つ。

したがって　　$a_n=r^{2n}-12r^n$

(2)　$b_{j+1}-b_j=\dfrac{6}{1-4j^2}=-\dfrac{6}{(2j+1)(2j-1)}=\dfrac{3}{2j+1}-\dfrac{3}{2j-1}$

よって，$j\geqq 2$ のとき　　$b_j=(b_j-b_{j-1})+(b_{j-1}-b_{j-2})+\cdots\cdots+(b_2-b_1)+b_1$

$$=\left(\frac{3}{2j-1}-\frac{3}{2j-3}\right)+\cdots\cdots+\left(\frac{3}{3}-\frac{3}{1}\right)-29=\frac{3}{2j-1}-32$$

これは $j=1$ のときにも成り立つ。

したがって　　$b_j=\dfrac{3}{2j-1}-32$

(3)　$f(x)=\dfrac{3}{2x-1}-32$ とする。

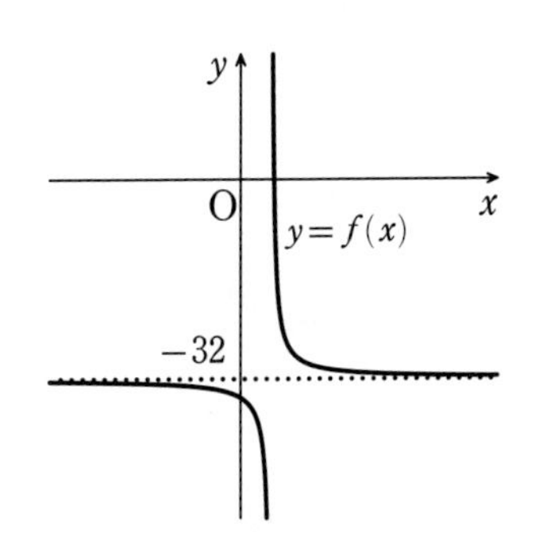

このとき　　$\displaystyle\lim_{x\to\pm\infty}f(x)=-32$

よって，$y=f(x)$ のグラフは右の図のようになる。

$j=1,\ 2,\ \cdots\cdots$ であるから，$a_n<b_j<a_{n+1}$ となる

j が無限に多く存在するとき　　$a_n\leqq -32<a_{n+1}$

(1) から　　$r^{2n}-12r^n\leqq -32<r^{2(n+1)}-12r^{n+1}$

$r^{2n}-12r^n\leqq -32$ について　　$(r^n-4)(r^n-8)\leqq 0$

ゆえに　　$4\leqq r^n\leqq 8$　　　　したがって　　$2^{\frac{2}{n}}\leqq r\leqq 2^{\frac{3}{n}}$

$r^{2(n+1)}-12r^{n+1}>-32$ について　　$(r^{n+1}-4)(r^{n+1}-8)>0$

すなわち　　$r^{n+1}<4$ または $r^{n+1}>8$

ここで，$r>1$ より，$4\leqq r^n$ のとき，$4<r^{n+1}$ であるから　　$r^{n+1}>8$

したがって　　$r>2^{\frac{3}{n+1}}$

また，不等式 $\dfrac{2}{n}\leqq\dfrac{3}{n+1}$ を解くと　　$2n+2\leqq 3n$　　　よって　　$n\geqq 2$

したがって　　$n=1$ のとき $2^2\leqq r\leqq 2^3$，$n\geqq 2$ のとき $2^{\frac{3}{n+1}}<r\leqq 2^{\frac{3}{n}}$

57　(1)　$b_1=\log_2 a_1=\log_2 2=1$

また，$a_2=\left\{\dfrac{1^6\cdot(1+1)}{{a_1}^3}\right\}^2=\left(\dfrac{1}{4}\right)^2=\dfrac{1}{16}$ であるから

$$b_2=\log_2\frac{\frac{1}{16}}{2^2}=\log_2\frac{1}{64}=-6$$

(2)　$b_{n+1}=\log_2\dfrac{a_{n+1}}{(n+1)^2}=\log_2\left[\left\{\dfrac{n^6(n+1)}{{a_n}^3}\right\}^2\cdot\dfrac{1}{(n+1)^2}\right]$

$$=\log_2\left(\frac{n^2}{a_n}\right)^6=-6\log_2\frac{a_n}{n^2}=-6b_n$$

よって，数列 $\{b_n\}$ は公比 -6 の等比数列である。

(3)　底 2 は 1 より大きいから，関数 $y=\log_2 x$ は単調に増加する。

よって，$1\leqq k\leqq n$ を満たす整数 k に対して　　$\log_2 k\leqq\log_2 n$

この不等式で，$k=1,\ 2,\ \cdots\cdots,\ n$ として辺々を加えると

$$\sum_{k=1}^{n}\log_2 k\leqq\sum_{k=1}^{n}\log_2 n=n\log_2 n$$

また，$6^{2n}>0$ であるから　　$0\leqq\dfrac{1}{6^{2n}}\displaystyle\sum_{k=1}^{n}\log_2 k\leqq\dfrac{n\log_2 n}{6^{2n}}$

ここで，$\displaystyle\lim_{n\to\infty}\dfrac{n\log_2 n}{6^{2n}}=0$ であるから　　$\displaystyle\lim_{n\to\infty}\dfrac{1}{6^{2n}}\sum_{k=1}^{n}\log_2 k=0$

(4)　(1)，(2) より，数列 $\{b_n\}$ は初項 1，公比 -6 の等比数列であるから　　$b_n=(-6)^{n-1}$

よって　　$\log_2\dfrac{a_{2k}}{(2k)^2}=(-6)^{2k-1}$　　ゆえに　　$\log_2 a_{2k}-\log_2(2k)^2=-6^{2k-1}$

整理すると　　$\log_2 a_{2k}=2(1+\log_2 k)-6^{2k-1}$

この不等式で，$k=1,\ 2,\ \cdots\cdots,\ n$ として辺々を加えると

$$\sum_{k=1}^{n}\log_2 a_{2k}=\sum_{k=1}^{n}\{2(1+\log_2 k)-6^{2k-1}\}=2n+2\sum_{k=1}^{n}\log_2 k-\frac{6(36^n-1)}{36-1}$$

よって　　$\dfrac{1}{6^{2n}}\displaystyle\sum_{k=1}^{n}\log_2 a_{2k}=\dfrac{2n}{6^{2n}}+\dfrac{2}{6^{2n}}\sum_{k=1}^{n}\log_2 k-\dfrac{6}{35}\left\{1-\left(\dfrac{1}{36}\right)^n\right\}$

ここで，$\displaystyle\lim_{n\to\infty}\dfrac{n}{6^{2n}}=\lim_{n\to\infty}\dfrac{n\log_2 n}{6^{2n}}\cdot\dfrac{1}{\log_2 n}=0$ であることと，(3) から

$$\lim_{n\to\infty}\frac{1}{6^{2n}}\sum_{k=1}^{n}\log_2 a_{2k}=-\frac{6}{35}$$

58 (1)　$a_n \leqq 1$ のとき，$a_n-1 \leqq 0$ であるから　　$a_{n+1}=-(a_n-1)+a_n-1=0$

$\alpha \leqq 1$ のとき，2 以上のすべての自然数 n に対して，$a_n=0$ となることを数学的帰納法を用いて示す。

[1]　$n=2$ のとき

$a_1=\alpha \leqq 1$ より　　$a_2=0$

よって，$n=2$ のとき，$a_n=0$ が成り立つ。

[2]　$n=k$ のとき，$a_k=0$ が成り立つと仮定する。

このとき　　$a_{k+1}=|a_k-1|+a_k-1=-(0-1)+0-1=0$

よって，$n=k+1$ のときにも $a_n=0$ が成り立つ。

以上より，2 以上のすべての自然数に対して，$a_n=0$ であるから，数列 $\{a_n\}$ は 0 に収束する。

(2)　$a_n \geqq 1$ のとき，$a_n-1 \geqq 0$ であるから　　$a_{n+1}=a_n-1+a_n-1=2a_n-2$

$\alpha>2$ のとき，すべての自然数 n に対して，$a_n>2$ が成り立つことを数学的帰納法を用いて示す。

[1]　$n=1$ のとき　　$a_1=\alpha>2$

よって，$n=1$ のとき，$a_n>2$ が成り立つ。

[2]　$n=k$ のとき，$a_k>2$ が成り立つと仮定する。

このとき　　$a_{k+1}=2a_k-2>2\cdot 2-2=2$

よって，$n=k+1$ のときにも $a_n>2$ は成り立つ。

以上より，すべての自然数 n に対して $a_n>2$ であるから　　$a_{n+1}=2a_n-2$

変形すると　　$a_{n+1}-2=2(a_n-2)$

ゆえに，数列 $\{a_n-2\}$ は初項 $\alpha-2$，公比 2 の等比数列である。

したがって　　$a_n=(\alpha-2)\cdot 2^{n-1}+2$

$\alpha>2$ から，数列 $\{a_n\}$ は正の無限大に発散する。

(3)　$1<\alpha<\dfrac{3}{2}$ のとき，$a_2=2(\alpha-1)$ であるから　　$a_2<1$

(1) と同様に 3 以上のすべての自然数 n に対して，$a_n=0$ であるから，数列 $\{a_n\}$ は 0 に収束する。

(4)　$\dfrac{3}{2} \leqq \alpha<2$ のとき，すべての自然数 n に対して，$a_n \geqq 1$ であると仮定する。

このとき，$a_{n+1}=2a_n-2$ が成り立つから，(2) より　　$a_n=(\alpha-2)\cdot 2^{n-1}+2$

$\alpha-2<0$ であるから　　$\displaystyle\lim_{n\to\infty} a_n=-\infty$

これは，すべての自然数 n に対して $a_n \geqq 1$ であることに矛盾する。

よって，$a_n < 1$ を満たす自然数 n が存在する。

このときの n を N とすると，(1) と同様に考えて，$n \geqq N+1$ となるすべての自然数 n で $a_n = 0$ となる。

ゆえに，(1) から 数列 $\{a_n\}$ は 0 に収束する。

59　1 回のさいころを投げて，コインを 2 枚獲得する事象を A，コインを 1 枚獲得する事象を B とする。

このとき，確率 $P(A) = \dfrac{2}{6} = \dfrac{1}{3}$ であり，$P(B) = \dfrac{4}{6} = \dfrac{2}{3}$ である。

(1)　p_2 は 2 回の試行において，A が 2 回または B が 2 回起こるときの確率であり，これらの事象は互いに排反であるから　　$p_2 = \left(\dfrac{1}{3}\right)^2 + \left(\dfrac{2}{3}\right)^2 = \dfrac{5}{9}$

p_3 は 3 回の試行において，A が 3 回または A が 1 回と B が 2 回起こるときの確率であり，これらの事象は互いに排反であるから　　$p_3 = \left(\dfrac{1}{3}\right)^3 + {}_3\mathrm{C}_1 \cdot \left(\dfrac{1}{3}\right) \cdot \left(\dfrac{2}{3}\right)^2 = \dfrac{13}{27}$

(2)　試行を $(n+1)$ 回行った後に，コインの合計枚数が偶数になるのは，次の 2 通りである。

[1]　試行を n 回行った後に，コインの合計枚数が偶数になり，かつ $(n+1)$ 回目に A が起こる場合

[2]　試行を n 回行った後に，コインの合計枚数が奇数になり，かつ $(n+1)$ 回目に B が起こる場合

[1]，[2] は互いに排反であることと，試行を n 回行った後に，コインの合計枚数が奇数になる確率が $1-p_n$ であることから　　$p_{n+1} = p_n \cdot \dfrac{1}{3} + (1-p_n) \cdot \dfrac{2}{3}$

よって　　$p_{n+1} = -\dfrac{1}{3}p_n + \dfrac{2}{3}$

(3)　(2) より　　$p_{n+1} - \dfrac{1}{2} = -\dfrac{1}{3}\left(p_n - \dfrac{1}{2}\right)$

ここで，$p_1 = \dfrac{1}{3}$ であるから　　$p_1 - \dfrac{1}{2} = -\dfrac{1}{6}$

よって，数列 $\left\{p_n - \dfrac{1}{2}\right\}$ は初項 $-\dfrac{1}{6}$，公比 $-\dfrac{1}{3}$ の等比数列であるから

$p_n - \dfrac{1}{2} = -\dfrac{1}{6}\left(-\dfrac{1}{3}\right)^{n-1}$　　　ゆえに　　$p_n = \dfrac{1}{2}\left\{1 + \left(-\dfrac{1}{3}\right)^n\right\}$

(4)　$\lim_{n\to\infty}\left(-\frac{1}{3}\right)^n=0$ であるから　　$\lim_{n\to\infty}p_n=\lim_{n\to\infty}\frac{1}{2}\left\{1+\left(-\frac{1}{3}\right)^n\right\}=\frac{1}{2}$

60　$a_{n+1}+\sqrt{3}\,b_{n+1}=\left(\frac{1+5\sqrt{3}}{10}\right)(a_n+\sqrt{3}\,b_n)=\frac{1+5\sqrt{3}}{10}a_n+\frac{\sqrt{3}+15}{10}b_n$

$$=\left(\frac{1}{10}a_n+\frac{3}{2}b_n\right)+\sqrt{3}\left(\frac{1}{2}a_n+\frac{1}{10}b_n\right)$$

a_n，b_n，a_{n+1}，b_{n+1} は有理数，$\sqrt{3}$ は無理数であるから

$$a_{n+1}=\frac{1}{10}a_n+\frac{3}{2}b_n,\quad b_{n+1}=\frac{1}{2}a_n+\frac{1}{10}b_n$$

よって　　$A+B+C+D=\frac{1+15}{10}+\frac{5+1}{10}={}^{ア}\frac{11}{5}$

数列 $\{a_n+\sqrt{3}\,b_n\}$ は初項 $\frac{1+5\sqrt{3}}{10}$，公比 $\frac{1+5\sqrt{3}}{10}$ の等比数列であり，数列 $\{a_n\}$，$\{b_n\}$ のすべての項は有理数であるから　　$a_1=\frac{1}{10}$，$b_1=\frac{1}{2}$

また，数列 $\{a_n-\sqrt{3}\,b_n\}$ について

$$a_{n+1}-\sqrt{3}\,b_{n+1}=\frac{a_n+15b_n}{10}-\sqrt{3}\left(\frac{5a_n+b_n}{10}\right)$$

$$=\frac{1-5\sqrt{3}}{10}a_n-\frac{\sqrt{3}(1-5\sqrt{3})}{10}b_n=\frac{1-5\sqrt{3}}{10}(a_n-\sqrt{3}\,b_n)$$

$a_1-\sqrt{3}\,b_1=\frac{1}{10}-\sqrt{3}\cdot\frac{5}{10}=\frac{1-5\sqrt{3}}{10}$ であるから，数列 $\{a_n-\sqrt{3}\,b_n\}$ は，初項 $\frac{1-5\sqrt{3}}{10}$，公比 $\frac{1-5\sqrt{3}}{10}$ の等比数列である。

よって　　$a_n-\sqrt{3}\,b_n=\left(\frac{1-5\sqrt{3}}{10}\right)^n$

これと，$a_n+\sqrt{3}\,b_n=\left(\frac{1+5\sqrt{3}}{10}\right)^n$ から　　$a_n=\frac{1}{2}\left\{\left(\frac{1+5\sqrt{3}}{10}\right)^n+\left(\frac{1-5\sqrt{3}}{10}\right)^n\right\}$

ここで，$8<5\sqrt{3}<9$ であるから

$$0<\frac{1+5\sqrt{3}}{10}<\frac{1+9}{10}=1,\quad -1<\frac{1-9}{10}<\frac{1-5\sqrt{3}}{10}<0$$

したがって　　$\lim_{n\to\infty}\sum_{i=1}^{n}a_i=\lim_{n\to\infty}\sum_{i=1}^{n}\frac{1}{2}\left\{\left(\frac{1+5\sqrt{3}}{10}\right)^i+\left(\frac{1-5\sqrt{3}}{10}\right)^i\right\}$

$$=\frac{1}{2}\left(\frac{\frac{1+5\sqrt{3}}{10}}{1-\frac{1+5\sqrt{3}}{10}}+\frac{\frac{1-5\sqrt{3}}{10}}{1-\frac{1-5\sqrt{3}}{10}}\right)$$

$$=\frac{1}{2}\left(\frac{1+5\sqrt{3}}{9-5\sqrt{3}}+\frac{1-5\sqrt{3}}{9+5\sqrt{3}}\right)=\frac{1}{2}\cdot\frac{84+84}{6}={}^{イ}14$$

補足　$\sqrt{3}$ が無理数であることは認めて用いた。

61　(1)　p_2 は次の 3 つの場合がある。

[1]　1 回目，2 回目ともに 0 か 3 が出る場合

[2]　1 回目に 1，2 回目に 2 が出る場合

[3]　1 回目に 2，2 回目に 1 が出る場合

[1]，[2]，[3] は互いに排反であるから

$$p_2=\frac{1}{2}\times\frac{1}{2}+\frac{1}{4}\times\frac{1}{4}+\frac{1}{4}\times\frac{1}{4}=\frac{1}{4}+\frac{1}{16}+\frac{1}{16}=\frac{3}{8}$$

q_2 は次の 3 つの場合がある。

[1]　1 回目に 1，2 回目に 0 か 3 が出る場合

[2]　1 回目に 2，2 回目に 2 が出る場合

[3]　1 回目に 0 か 3，2 回目に 1 が出る場合

[1]，[2]，[3] は互いに排反であるから

$$q_2=\frac{1}{4}\times\frac{1}{2}+\frac{1}{4}\times\frac{1}{4}+\frac{1}{2}\times\frac{1}{4}=\frac{1}{8}+\frac{1}{16}+\frac{1}{8}=\frac{5}{16}$$

(2)　(1) と同様に考えると p_{n+1} は次の場合がある。

[1]　操作を n 回繰り返して取り出されるカードの数字の総和が 3 で割り切れて，$n+1$ 回目の操作で 0 か 3 が出る場合

[2]　操作を n 回繰り返して取り出されるカードの数字の総和を 3 で割った余りが 1 か 2 のとき，$n+1$ 回目の操作で，それぞれ 2 と 1 が出る場合

[1]，[2] は互いに排反であるから　　$p_{n+1}=p_n\times\frac{1}{2}+(1-p_n)\times\frac{1}{4}=\frac{1}{4}p_n+\frac{1}{4}$

また，q_{n+1} は次の場合がある。

[1]　操作を n 回繰り返して取り出されるカードの数字の総和を 3 で割った余りが 1 のとき，$n+1$ 回目の操作で 0 か 3 が出る場合

[2]　操作を n 回繰り返して取り出されるカードの数字の総和を 3 で割った余りが 0 か 2 のとき，$n+1$ 回目の操作で，それぞれ 1 と 2 が出る場合

[1]，[2] は互いに排反であるから　　$q_{n+1}=q_n\times\frac{1}{2}+(1-q_n)\times\frac{1}{4}=\frac{1}{4}q_n+\frac{1}{4}$

(3)　p_1 は 1 回目に 0 か 3 が出る確率であるから　　$p_1=\frac{1}{2}$

q_1 は 1 回目に 1 が出る確率であるから　　$q_1=\frac{1}{4}$

p_n について (2) で求めた漸化式を変形すると　　$p_{n+1}-\frac{1}{3}=\frac{1}{4}\left(p_n-\frac{1}{3}\right)$

よって，数列 $\left\{p_n-\frac{1}{3}\right\}$ は初項 $p_1-\frac{1}{3}=\frac{1}{6}$，公比 $\frac{1}{4}$ の等比数列である。

ゆえに　　$p_n=\frac{1}{6}\left(\frac{1}{4}\right)^{n-1}+\frac{1}{3}$

同様に，q_n について (2) で求めた漸化式を変形すると　　$q_{n+1}-\frac{1}{3}=\frac{1}{4}\left(q_n-\frac{1}{3}\right)$

よって，数列 $\left\{q_n-\frac{1}{3}\right\}$ は初項 $q_1-\frac{1}{3}=-\frac{1}{12}$，公比 $\frac{1}{4}$ の等比数列である。

ゆえに　　$q_n=-\frac{1}{12}\left(\frac{1}{4}\right)^{n-1}+\frac{1}{3}$　　　したがって　　$\lim_{n\to\infty}p_n=\frac{1}{3}$，　$\lim_{n\to\infty}q_n=\frac{1}{3}$

62　(1)　A(1, 0, 0)，B(0, 1, 0)，C(0, 0, 1) とおき，$\overrightarrow{n_2}=(a, b, c)$ $(a>0)$ とする。

$\overrightarrow{n_2}\perp\pi_2$ から，$\overrightarrow{n_2}\perp\overrightarrow{\mathrm{AB}}$，$\overrightarrow{n_2}\perp\overrightarrow{\mathrm{AC}}$ である。

$\overrightarrow{n_2}\cdot\overrightarrow{\mathrm{AB}}=0$ より $-a+b=0$，$\overrightarrow{n_2}\cdot\overrightarrow{\mathrm{AC}}=0$ より $-a+c=0$

よって　　$\overrightarrow{n_2}=a(1, 1, 1)$　　　$\left|\overrightarrow{n_2}\right|^2=1$ であるから　　$\overrightarrow{n_2}=\frac{1}{\sqrt{3}}(1, 1, 1)$

別解　π_2 の平面の方程式は　　$x+y+z=1$

よって，$\overrightarrow{n_2}\perp\pi_2$ のとき　　$\overrightarrow{n_2}\,/\!/\,(1, 1, 1)$

ゆえに，実数 t を用いて $\overrightarrow{n_2}=t(1, 1, 1)$ と表せる。

$\left|\overrightarrow{n_2}\right|=1$ から　　$\sqrt{3}\,t=1$　　　よって　　$t=\frac{1}{\sqrt{3}}$

したがって　　$\overrightarrow{n_2}=\frac{1}{\sqrt{3}}(1, 1, 1)$

(2)　[1]　k が偶数のとき

点 $\mathrm{P}_{k+1}(x_{k+1}, y_{k+1}, z_{k+1})$ は点 $\mathrm{P}_k(x_k, y_k, z_k)$ から xy 平面である平面 π_1 に下ろした垂線と，平面 π_1 との交点であるから　　$x_{k+1}=x_k$，$y_{k+1}=y_k$，$z_{k+1}=0$

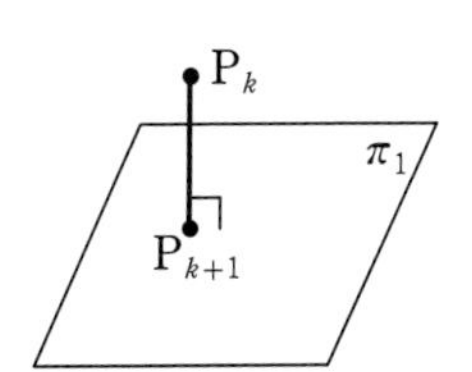

[2]　k が奇数のとき

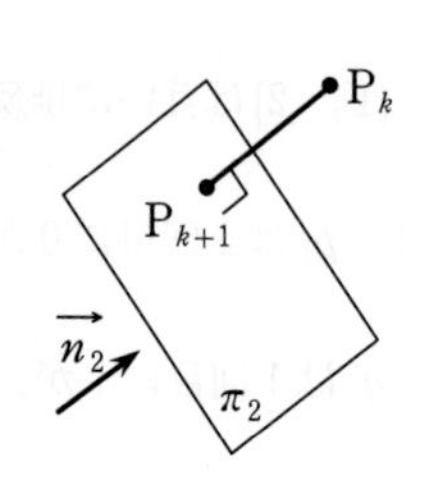

点 $P_{k+1}(x_{k+1},\ y_{k+1},\ z_{k+1})$ は点 $P_k(x_k,\ y_k,\ z_k)$ から平面 π_2 に下ろした垂線と，平面 π_2 との交点であるから，

$\overrightarrow{P_kP_{k+1}} /\!/ \overrightarrow{n_2}$ が成り立つ。

よって，実数 t を用いて $\overrightarrow{P_kP_{k+1}}=t\overrightarrow{n_2}$ と表せる。

ゆえに　$\overrightarrow{OP_{k+1}}-\overrightarrow{OP_k}=\dfrac{t}{\sqrt{3}}(1,\ 1,\ 1)$

よって　$\overrightarrow{OP_{k+1}}=\overrightarrow{OP_k}+\dfrac{t}{\sqrt{3}}(1,\ 1,\ 1)=\left(x_k+\dfrac{t}{\sqrt{3}},\ y_k+\dfrac{t}{\sqrt{3}},\ z_k+\dfrac{t}{\sqrt{3}}\right)$

また，$\overrightarrow{AP_{k+1}}\perp\overrightarrow{n_2}$ であるから，$\overrightarrow{AP_{k+1}}\cdot\overrightarrow{n_2}=0$ より

$$\left(x_k+\frac{t}{\sqrt{3}}-1\right)\times\frac{1}{\sqrt{3}}+\left(y_k+\frac{t}{\sqrt{3}}\right)\times\frac{1}{\sqrt{3}}+\left(z_k+\frac{t}{\sqrt{3}}\right)\times\frac{1}{\sqrt{3}}=0$$

ゆえに　$t=\dfrac{-x_k-y_k-z_k+1}{\sqrt{3}}$

したがって　$\overrightarrow{OP_{k+1}}=\overrightarrow{OP_k}+\dfrac{-x_k-y_k-z_k+1}{3}(1,\ 1,\ 1)$

よって　$x_{k+1}=\dfrac{1}{3}(2x_k-y_k-z_k+1)$

$y_{k+1}=\dfrac{1}{3}(-x_k+2y_k-z_k+1)$

$z_{k+1}=\dfrac{1}{3}(-x_k-y_k+2z_k+1)$

(3)　(2) より 0 以上の整数 m を用いて

$x_{2m+1}=x_{2m}$

$y_{2m+1}=y_{2m}$

$z_{2m+1}=0$

$x_{2m+2}=\dfrac{1}{3}(2x_{2m+1}-y_{2m+1}-z_{2m+1}+1)$

$y_{2m+2}=\dfrac{1}{3}(-x_{2m+1}+2y_{2m+1}-z_{2m+1}+1)$

$z_{2m+2}=\dfrac{1}{3}(-x_{2m+1}-y_{2m+1}+2z_{2m+1}+1)$

であるから　$x_{2m+2}=\dfrac{1}{3}(2x_{2m}-y_{2m}+1)$　……①

$y_{2m+2}=\dfrac{1}{3}(-x_{2m}+2y_{2m}+1)$　……②

①＋② から　　$x_{2m+2}+y_{2m+2}=\frac{1}{3}(x_{2m}+y_{2m})+\frac{2}{3}$

よって　　$(x_{2m+2}+y_{2m+2})-1=\frac{1}{3}\{(x_{2m}+y_{2m})-1\}$

ゆえに，数列 $\{x_{2m}+y_{2m}-1\}$ は初項 $x_0+y_0-1=2$，公比 $\frac{1}{3}$ の等比数列である。

したがって　　$x_{2m}+y_{2m}=2\left(\frac{1}{3}\right)^m+1$　……③

①－② から　　$x_{2m+2}-y_{2m+2}=x_{2m}-y_{2m}$

$x_0-y_0=1-2=-1$ であるから　　$x_{2m}-y_{2m}=-1$　……④

③，④ から　　$x_{2m}=\left(\frac{1}{3}\right)^m$，$y_{2m}=\left(\frac{1}{3}\right)^m+1$

以上より　　$x_{2m+1}=x_{2m}=\left(\frac{1}{3}\right)^m$

$$y_{2m+1}=y_{2m}=\left(\frac{1}{3}\right)^m+1$$

また，$z_{2m+2}=-\frac{1}{3}x_{2m+1}-\frac{1}{3}y_{2m+1}+\frac{1}{3}=-2\left(\frac{1}{3}\right)^{m+1}$ であるから

$$z_{2m}=-2\left(\frac{1}{3}\right)^m \quad (m\geqq 1)$$

よって　　$\lim_{m\to\infty}x_{2m+1}=\lim_{m\to\infty}x_{2m}=0$

$$\lim_{m\to\infty}y_{2m+1}=\lim_{m\to\infty}y_{2m}=1$$

$$z_{2m+1}=0,\quad \lim_{m\to\infty}z_{2m}=0$$

したがって　　$\lim_{k\to\infty}x_k=0$，$\lim_{k\to\infty}y_k=1$，$\lim_{k\to\infty}z_k=0$

63 (1)　$k=2$，$n=4$ のときの並べ方は

2，2　　2，1，1　　1，2，1　　^{ア}1，1，2　　^{イ}1，1，1，1

の 5 つの並べ方があり　　$F_2(4)=5$

$k=2$，$n=5$ のときの並べ方は，$k=2$，$n=3$ のときの自然数の並びの右端に 2 を並べたものと，$k=2$，$n=4$ のときの自然数の並びの右端に 1 を加えたものがあるから

$$F_2(5)=F_2(3)+F_2(4)=8$$

同様に　　$F_2(6)=F_2(4)+F_2(5)=13$

$$F_2(7)=F_2(5)+F_2(6)={}^{ウ}21$$

(2)　$k=3$，$n=1$ のとき　　$F_3(1)=1$

　$k=3$，$n=2$ のとき　　$F_3(2)=2$

　$k=3$，$n=3$ のとき　　$F_3(3)=4$

ここで，$k=3$，$n=4$ のときの並べ方は，$k=3$，$n=1$ のときの自然数の並びの右端に 3 を加えたものと，$k=3$，$n=2$ のときの自然数の並びの右端に 2 を加えたものと，$k=3$，$n=3$ のときの自然数の並びの右端に 1 を加えたものがあるから

$$F_3(4)=F_3(1)+F_3(2)+F_3(3)=7$$

同様に　$F_3(5)=F_3(2)+F_3(3)+F_3(4)={}^{エ}13$

$$F_3(6)=F_3(3)+F_3(4)+F_3(5)={}^{オ}24$$

また　$F_3(13)=F_3(10)+F_3(11)+F_3(12)=274+504+927={}^{カ}1705$

(3)　(1) と同様に考えて $F_2(1)=1$，$F_2(2)=2$ より

$$F_2(n+2)=F_2(n+1)+F_2(n)\ (n\geqq 1)\quad\cdots\cdots(*)$$

が成り立つ。

x の 2 次方程式 $x^2-x-1=0$ の解を α，$\beta\,(\alpha>\beta)$ とすると，$(*)$ は次のように変形できる。

$$\begin{cases}F_2(n+2)-\alpha F_2(n+1)=\beta\{F_2(n+1)-\alpha F_2(n)\}\\ F_2(n+2)-\beta F_2(n+1)=\alpha\{F_2(n+1)-\beta F_2(n)\}\end{cases}$$

α，β は x の 2 次方程式 $x^2-x-1=0$ の解であるから

$$\alpha={}^{キ}\frac{1+\sqrt{5}}{2},\quad \beta={}^{ク}\frac{1-\sqrt{5}}{2}$$

また　$F_2(n+1)-\alpha F_2(n)=\beta\{F_2(n)-\alpha F_2(n-1)\}=\beta^2\{F_2(n-1)-\alpha F_2(n-2)\}$

$$=\cdots\cdots=\beta^{n-1}\{F_2(2)-\alpha F_2(1)\}=\beta^{n-1}(2-\alpha)$$

よって　$\dfrac{F_2(n+1)}{F_2(n)}=\alpha+\dfrac{2-\alpha}{F_2(n)}\beta^{n-1}$

ここで，$-1<\dfrac{1-\sqrt{5}}{2}<-\dfrac{1}{2}$ であるから　$\displaystyle\lim_{n\to\infty}\beta^{n-1}=\lim_{n\to\infty}\left(\frac{1-\sqrt{5}}{2}\right)^{n-1}=0$

また，和が n となる 2 以下の自然数の並べ方の 1 つとして，2 を 1 個，1 を $n-2$ 個並べる場合を考えると，${}_{n-1}\mathrm{C}_1=n-1$ (通り)あるから　$n-1<F_2(n)$

$\displaystyle\lim_{n\to\infty}(n-1)=\infty$ より　$\displaystyle\lim_{n\to\infty}F_2(n)=\infty$

ゆえに　$\displaystyle\lim_{n\to\infty}\frac{F_2(n+1)}{F_2(n)}=\alpha={}^{ケ}\frac{1+\sqrt{5}}{2}$

(4)　$F_1(1)=1$，$F_2(2)=2$，$F_3(3)=4$ であるから，$F_n(n)=2^{n-1}$ と推測できる。

$F_n(n)=2^{n-1}$ が成り立つことを数学的帰納法を用いて示す。

[1]　$n=1$ のとき

$F_1(1)=1$ より成り立つ。

[2]　$n=m$ のとき成り立つと仮定すると　　$F_m(m)=2^{m-1}$

このとき，和が $m+1$ となる $m+1$ 以下の自然数の並べ方は次のような場合がある。

(i)　自然数 $m+1$ を1つ並べる

(ii)　$k=i$，$n=i$ $(1\leqq i<m+1)$ のときの自然数の並びの右端に，$(m+1)-i$ を加える

よって　　$F_{m+1}(m+1)=1+\sum_{i=1}^{m}F_i(i)=1+(2^m-1)=2^m$

ゆえに，$n=m+1$ のときにも成り立つ。

以上より，すべての自然数 n に対して　　$F_n(n)=$ ${}^{コ}2^{n-1}$

別解　$F_n(n)$ は，n 個の ○ の間の $n-1$ ヶ所に仕切りを入れることを考えて，区切られた部分の ○ の個数を並べた自然数の並べ方の総数と一致する。

よって　　$F_n(n)=$ ${}^{コ}2^{n-1}$

64　(1)　$\displaystyle\lim_{x\to0}\frac{\tan 3x}{\sin 5x}=\lim_{x\to0}\frac{\sin 3x}{\cos 3x}\cdot\frac{1}{\sin 5x}=\lim_{x\to0}\frac{3}{5}\cdot\frac{\sin 3x}{3x}\cdot\frac{1}{\cos 3x}\cdot\frac{5x}{\sin 5x}$

$$=\frac{3}{5}\cdot1\cdot\frac{1}{1}\cdot1=\frac{3}{5}$$

(2)
$$\frac{\sin 2x}{\log_2(x+2)-1}=2\cdot\frac{\sin 2x}{2x}\cdot\frac{x}{\log_2(x+2)-\log_2 2}$$

$$=2\cdot\frac{\sin 2x}{2x}\cdot\frac{x}{\log_2\left(1+\frac{x}{2}\right)}=2\cdot\frac{\sin 2x}{2x}\cdot\frac{2}{\frac{2}{x}\log_2\left(1+\frac{x}{2}\right)}$$

$$=2\cdot\frac{\sin 2x}{2x}\cdot\frac{2}{\log_2\left(1+\frac{x}{2}\right)^{\frac{2}{x}}}$$

$\displaystyle\lim_{x\to0}\frac{\sin 2x}{2x}=1$，$\displaystyle\lim_{x\to0}\left(1+\frac{x}{2}\right)^{\frac{2}{x}}=e$ であるから

$$\lim_{x\to0}\frac{\sin 2x}{\log_2(x+2)-1}=2\cdot1\cdot\frac{2}{\log_2 e}=4\log 2$$

65　$\lim_{x\to3}\frac{\sqrt{x+1}-a}{x-3}=b$ ……① が成り立つとする。

$\lim_{x\to3}(x-3)=0$ であるから　　$\lim_{x\to3}(\sqrt{x+1}-a)=0$

ゆえに　　$2-a=0$　　　　よって　　$a=2$

このとき　　$\lim_{x\to3}\frac{\sqrt{x+1}-2}{x-3}=\lim_{x\to3}\frac{(\sqrt{x+1}-2)(\sqrt{x+1}+2)}{(x-3)(\sqrt{x+1}+2)}$

$$=\lim_{x\to3}\frac{x-3}{(x-3)(\sqrt{x+1}+2)}=\lim_{x\to3}\frac{1}{\sqrt{x+1}+2}=\frac{1}{4}$$

したがって，$b=\frac{1}{4}$ のとき ① が成り立つ。

よって　　$a=$ ア2，$b=$ イ$\frac{1}{4}$

66　$a\leqq0$ のとき，$\lim_{x\to\infty}(\sqrt{2x^2+3x}-ax)=\infty$ であり，有限な値とならないから　　$a>0$

このとき

$$\lim_{x\to\infty}(\sqrt{2x^2+3x}-ax)=\lim_{x\to\infty}\frac{(\sqrt{2x^2+3x}-ax)(\sqrt{2x^2+3x}+ax)}{\sqrt{2x^2+3x}+ax}$$

$$=\lim_{x\to\infty}\frac{(2-a^2)x^2+3x}{\sqrt{2x^2+3x}+ax}=\lim_{x\to\infty}\frac{(2-a^2)x+3}{\sqrt{2+\frac{3}{x}}+a}\quad\cdots\cdots①$$

$\lim_{x\to\infty}\left(\sqrt{2+\frac{3}{x}}+a\right)=\sqrt{2}+a\neq0$ であるから，① が有限な値になるための条件は

$2-a^2=0$　　よって　　$a^2=2$

$a>0$ であるから　　$a=\sqrt{2}$

また，このときの極限値は　　$\lim_{x\to\infty}\frac{3}{\sqrt{2+\frac{3}{x}}+\sqrt{2}}=\frac{3}{\sqrt{2}+\sqrt{2}}=\frac{3\sqrt{2}}{4}$

67　(1)　$\lim_{x\to0}\frac{2x^2+\sin x}{x^2-\pi x}=\lim_{x\to0}\frac{2x^2+\sin x}{x(x-\pi)}=\lim_{x\to0}\left(2x+\frac{\sin x}{x}\right)\cdot\frac{1}{x-\pi}$

$$=(0+1)\cdot\left(-\frac{1}{\pi}\right)=-\frac{1}{\pi}$$

(2)　$\lim_{x\to-\pi}\frac{2x^2+\sin x}{x^2-\pi x}=\frac{2(-\pi)^2+\sin(-\pi)}{(-\pi)^2-\pi\cdot(-\pi)}=\frac{2\pi^2}{2\pi^2}=1$

(3)　$-1\leqq\sin x\leqq1$ であるから，$x\neq0$ のとき　　$-\frac{1}{x^2}\leqq\frac{\sin x}{x^2}\leqq\frac{1}{x^2}$

$\lim_{x\to\infty}\left(-\frac{1}{x^2}\right)=0$，$\lim_{x\to\infty}\frac{1}{x^2}=0$ であるから，はさみうちの原理により　$\lim_{x\to\infty}\frac{\sin x}{x^2}=0$

(4)　(3) の結果を用いて　$\lim_{x\to\infty}\frac{2x^2+\sin x}{x^2-\pi x}=\lim_{x\to\infty}\frac{2+\frac{\sin x}{x^2}}{1-\frac{\pi}{x}}=\frac{2+0}{1-0}=2$

(5)　$\lim_{x\to\infty}\frac{2x^2\sin x-\cos^2 x+1}{x^3(x-\pi)}=\lim_{x\to\infty}\frac{2x^2\sin x+\sin^2 x}{x^3(x-\pi)}=\lim_{x\to\infty}\frac{\sin x(2x^2+\sin x)}{x^2(x^2-\pi x)}$

$$=\lim_{x\to\infty}\frac{\sin x}{x^2}\cdot\frac{2x^2+\sin x}{x^2-\pi x}$$

よって，(3)，(4) の結果を用いて　$\lim_{x\to\infty}\frac{2x^2\sin x-\cos^2 x+1}{x^3(x-\pi)}=0\cdot 2=0$

68　(1)　$f'(x)=-\sin\sqrt{x+1}\cdot(\sqrt{x+1})'=-\sin\sqrt{x+1}\cdot\frac{1}{2\sqrt{x+1}}=-\frac{\sin\sqrt{x+1}}{2\sqrt{x+1}}$

(2)　$f'(x)=\frac{(x^2)'\cdot\log x-x^2\cdot(\log x)'}{(\log x)^2}=\frac{2x\cdot\log x-x^2\cdot\frac{1}{x}}{(\log x)^2}=\frac{x(2\log x-1)}{(\log x)^2}$

69　(1)　$f(x)=\sin^3 x$ から　$f'(x)=3\sin^2 x\cdot(\sin x)'=3\sin^2 x\cos x$

よって　$f'\left(\frac{\pi}{3}\right)=3\cdot\left(\frac{\sqrt{3}}{2}\right)^2\cdot\frac{1}{2}=\frac{9}{8}$

(2)　$f(x)=e^{-3x}$ から　$f'(x)=-3e^{-3x}$，$f''(x)=9e^{-3x}$

よって　$f''(x)-2f'(x)+15f(x)=9e^{-3x}-2(-3e^{-3x})+15e^{-3x}=30e^{-3x}$

70　$f^{(n)}(x)=2^{n-2}\{4x^2+4nx+n(n-1)\}e^{2x}$ ……① とする。

[1]　$n=1$ のとき

$$f^{(1)}(x)=2xe^{2x}+x^2e^{2x}\cdot 2=2(x^2+x)e^{2x}=2^{-1}(4x^2+4x)e^{2x}$$

よって，$n=1$ のとき，① は成り立つ。

[2]　$n=k$ (k は自然数) のとき，① が成り立つ，すなわち

$f^{(k)}(x)=2^{k-2}\{4x^2+4kx+k(k-1)\}e^{2x}$ ……② と仮定する。

② の両辺を x で微分すると

$$\begin{aligned}f^{(k+1)}(x)&=2^{k-2}(8x+4k)e^{2x}+2^{k-2}\{4x^2+4kx+k(k-1)\}e^{2x}\cdot 2\\&=2^{k-1}(4x+2k)e^{2x}+2^{k-1}\{4x^2+4kx+k(k-1)\}e^{2x}\\&=2^{k-1}\{4x^2+4(k+1)x+(k+1)k\}e^{2x}\end{aligned}$$

よって，$n=k+1$ のときにも，① は成り立つ。

[1]，[2] から，すべての自然数 n について，① は成り立つ。

71　$f(x)=e^{\sqrt{3}x}\cos 3x$ から

$$f^{(1)}(x)=\sqrt{3}e^{\sqrt{3}x}\cos 3x+e^{\sqrt{3}x}\cdot(-3\sin 3x)=\sqrt{3}e^{\sqrt{3}x}(\cos 3x-\sqrt{3}\sin 3x)$$

$$f^{(2)}(x)=\sqrt{3}\{\sqrt{3}e^{\sqrt{3}x}(\cos 3x-\sqrt{3}\sin 3x)+e^{\sqrt{3}x}(-3\sin 3x-3\sqrt{3}\cos 3x)\}$$

$$=-6e^{\sqrt{3}x}(\cos 3x+\sqrt{3}\sin 3x)$$

$$f^{(3)}(x)=-6\{\sqrt{3}e^{\sqrt{3}x}(\cos 3x+\sqrt{3}\sin 3x)+e^{\sqrt{3}x}(-3\sin 3x+3\sqrt{3}\cos 3x)\}$$

$$=-24\sqrt{3}e^{\sqrt{3}x}\cos 3x=-24\sqrt{3}f(x)$$

よって　　$f^{(50)}(x)=-24\sqrt{3}f^{(47)}(x)=(-24\sqrt{3})^2f^{(44)}(x)=\cdots\cdots=(-24\sqrt{3})^{16}f^{(2)}(x)$

したがって，方程式 $f^{(50)}(x)=0$ の解は，方程式 $f^{(2)}(x)=0$ の解に等しい。

$$f^{(2)}(x)=-6e^{\sqrt{3}x}(\cos 3x+\sqrt{3}\sin 3x)=-12e^{\sqrt{3}x}\sin\left(3x+\frac{\pi}{6}\right)$$

$f^{(2)}(x)=0$ かつ $e^{\sqrt{3}x}>0$ であるから　　$\sin\left(3x+\frac{\pi}{6}\right)=0$

$0\leqq x\leqq 2\pi$ のとき，$\frac{\pi}{6}\leqq 3x+\frac{\pi}{6}\leqq\frac{37}{6}\pi$ であるから

$$3x+\frac{\pi}{6}=\pi,\ 2\pi,\ 3\pi,\ 4\pi,\ 5\pi,\ 6\pi$$

よって，求める解は　　$x=\frac{5}{18}\pi,\ \frac{11}{18}\pi,\ \frac{17}{18}\pi,\ \frac{23}{18}\pi,\ \frac{29}{18}\pi,\ \frac{35}{18}\pi$

72　(1)　$f(-2)=0$ から　　$-8+4a-2b+c=0$

すなわち　　$4a-2b+c=8$　……①

$f(3)=-25$ から　　$27+9a+3b+c=-25$

すなわち　　$9a+3b+c=-52$　……②

また　　$f'(x)=3x^2+2ax+b$

$f(x)$ が $x=3$ で極小値をとるから　　$f'(3)=0$

よって　　$27+6a+b=0$

すなわち　　$6a+b=-27$　……③

①，②，③ を解くと　　$a=-3$，$b=-9$，$c=2$

よって　　$f(x)=x^3-3x^2-9x+2$

このとき　　$f'(x)=3x^2-6x-9=3(x+1)(x-3)$

$x=3$ の前後で $f'(x)$ の符号が負から正に変わるから，$f(x)$ は $x=3$ で極小値をとる。

ゆえに　$a=-3$, $b=-9$, $c=2$, $f(x)=x^3-3x^2-9x+2$

(2)　$g(x)=d\sin ex+h$, $g(x)=d\cos ex+h$ のいずれの場合も，$g(x)$ の最大値は $d+h$，最小値は $-d+h$ と表されるから　$d+h=5$, $-d+h=1$

よって，$d=2$, $h=3$ となり，$d>0$ を満たす。

[1]　$g(x)=2\sin ex+3$ のとき

$g'(x)=2e\cos ex$

$e>0$ であるから，$y=g'(x)$ のグラフは右のようになる。

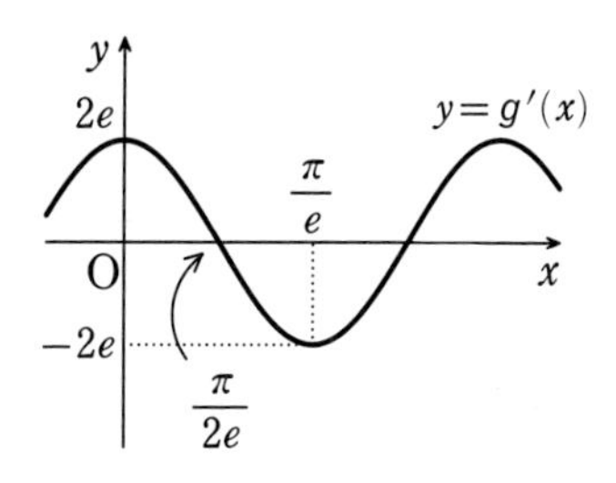

$0<x<\frac{\pi}{2e}$ のとき，$g'(x)>0$ となるから，(ii) に矛盾する。

[2]　$g(x)=2\cos ex+3$ のとき

$g'(x)=-2e\sin ex$

$e>0$ であるから，$y=g'(x)$ のグラフは右のようになる。

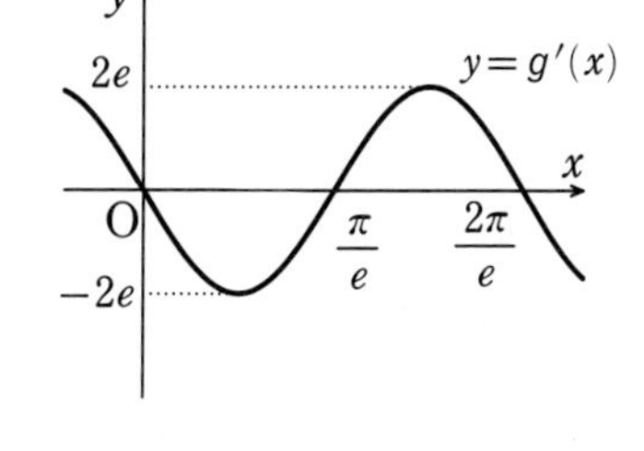

よって，(ii)，(iii) を満たすための条件は　$\frac{\pi}{e}=10$

すなわち　$e=\frac{\pi}{10}$

したがって　$g(x)=2\cos\frac{\pi}{10}x+3$

以上から　$d=2$, $e=\frac{\pi}{10}$, $h=3$, $g(x)=2\cos\frac{\pi}{10}x+3$

73　(1)　$f(x)=e^{x\cos\theta}\cos(x\sin\theta)$ から

$f'(x)=e^{x\cos\theta}\cdot\cos\theta\cdot\cos(x\sin\theta)+e^{x\cos\theta}\cdot\{-\sin(x\sin\theta)\}\cdot\sin\theta$

$=e^{x\cos\theta}\{\cos(x\sin\theta)\cos\theta-\sin(x\sin\theta)\sin\theta\}=e^{x\cos\theta}\cos({}^{ア}x\sin\theta+\theta)$

同様にして　$f''(x)=e^{x\cos\theta}\cos({}^{イ}x\sin\theta+2\theta)$

また，$\{e^{x\cos\theta}\cos(x\sin\theta-\theta)\}'=e^{x\cos\theta}\cos(x\sin\theta)$ であるから，$f(x)$ の原始関数 $F(x)$ は　$F(x)=e^{x\cos\theta}\cos({}^{ウ}x\sin\theta-\theta)+C$　(C は積分定数)

(2)　$f'(x)=f(x)$, $e^{x\cos\theta}>0$ から　$\cos(x\sin\theta+\theta)=\cos(x\sin\theta)$

よって　$x\sin\theta+\theta=x\sin\theta+2k_1\pi$　……①

または　$x\sin\theta+\theta=-x\sin\theta+2k_2\pi$　……②　(k_1, k_2 は整数)

① のとき　$\theta=2k_1\pi$

$0\leqq\theta<\pi$ であるから　$k_1=0$, $\theta=0$

②のとき　$2x\sin\theta+(\theta-2k_2\pi)=0$

これがすべての x に対して成立するとき　$2\sin\theta=0$，$\theta-2k_2\pi=0$

$0\leqq\theta<\pi$ であるから　$k_2=0$，$\theta=0$

したがって，すべての実数 x に対して等式 $f'(x)=f(x)$ が成立するのは，$\theta=^{エ}0$ のときである。

また，$f^{(3)}(x)=f(x)$ から　$\cos(x\sin\theta+3\theta)=\cos(x\sin\theta)$

よって　$x\sin\theta+3\theta=x\sin\theta+2k_3\pi$　……③

または　$x\sin\theta+3\theta=-x\sin\theta+2k_4\pi$　……④　(k_3，k_4 は整数)

③のとき　$\theta=\dfrac{2}{3}k_3\pi$

$0\leqq\theta<\pi$ であるから　$k_3=0$，1　　よって　$\theta=0$，$\dfrac{2}{3}\pi$

④のとき　$2x\sin\theta+(3\theta-2k_4\pi)=0$

これがすべての x に対して成立するとき　$2\sin\theta=0$，$3\theta-2k_4\pi=0$

$0\leqq\theta<\pi$ であるから　$k_4=0$，$\theta=0$

したがって，すべての実数 x に対して等式 $f^{(3)}(x)=f(x)$ が成立するのは，$\theta=0$ または $\theta=^{オ}\dfrac{2}{3}\pi$ のときである。

(3)　(1)から　$f'(x)=^{カ}\cos\theta f(x)+^{キ}(-\sin\theta)g(x)$

また　$g'(x)=e^{x\cos\theta}\cdot\cos\theta\cdot\sin(x\sin\theta)+e^{x\cos\theta}\cdot\cos(x\sin\theta)\cdot\sin\theta$

$$=e^{x\cos\theta}\{\sin(x\sin\theta)\cos\theta+\cos(x\sin\theta)\sin\theta\}$$

$$=^{ク}\sin\theta f(x)+^{ケ}\cos\theta g(x)$$

$f'(x)+\alpha g'(x)=\beta\{f(x)+\alpha g(x)\}$ から

$$\cos\theta f(x)-\sin\theta g(x)+\alpha\{\sin\theta f(x)+\cos\theta g(x)\}=\beta f(x)+\alpha\beta g(x)$$

よって　$(\cos\theta+\alpha\sin\theta)f(x)+(-\sin\theta+\alpha\cos\theta)g(x)=\beta f(x)+\alpha\beta g(x)$

これがすべての実数 x に対して成立するとき

$$\cos\theta+\alpha\sin\theta=\beta　……⑤$$

$$-\sin\theta+\alpha\cos\theta=\alpha\beta　……⑥$$

⑤を⑥に代入すると　$-\sin\theta+\alpha\cos\theta=\alpha(\cos\theta+\alpha\sin\theta)$

整理すると　$(\alpha^2+1)\sin\theta=0$

$0<\theta<\pi$ より，$\sin\theta\neq 0$ であるから　$\alpha^2+1=0$

よって　$\alpha=\pm i$

⑤から，$\alpha=i$ のとき　　$\beta=\cos\theta+i\sin\theta$

$\alpha=-i$ のとき　　$\beta=\cos\theta-i\sin\theta$

したがって　　$(\alpha,\ \beta)=({}^{コ}i,\ {}^{サ}\cos\theta+i\sin\theta),\ ({}^{シ}-i,\ {}^{ス}\cos\theta-i\sin\theta)$

注　$(\alpha,\ \beta)=({}^{コ}-i,\ {}^{サ}\cos\theta-i\sin\theta),\ ({}^{シ}i,\ {}^{ス}\cos\theta+i\sin\theta)$ でもよい。

74 (1)　条件(A)において，$x=y=0$ を代入すると　　$f(0)=\{f(0)\}^2-\{g(0)\}^2$　……(＊)

条件(B)において，$x=y=0$ を代入すると　　$g(0)=2f(0)g(0)$

すなわち　　$g(0)\{2f(0)-1\}=0$　……(＊＊)

[1]　$g(0)\neq0$ のとき

(＊＊)より　　$f(0)=\dfrac{1}{2}$

これを(＊)に代入すると，$\dfrac{1}{2}=\dfrac{1}{4}-\{g(0)\}^2$ であるから　　$\{g(0)\}^2=-\dfrac{1}{4}$

これは $g(x)$ が実数値関数であることに矛盾する。

[2]　$g(0)=0$ のとき

(＊)より，$f(0)=\{f(0)\}^2$ であるから　　$f(0)\{f(0)-1\}=0$

条件(C)より，$f(0)\neq0$ であるから　　$f(0)=1$

以上から　　$f(0)=1,\ g(0)=0$

(2)　$$f'(x)=\lim_{h\to0}\frac{f(x+h)-f(x)}{h}=\lim_{h\to0}\frac{f(x)f(h)-g(x)g(h)-f(x)}{h}$$

$$=\lim_{h\to0}\frac{1}{h}[f(x)\{f(h)-f(0)\}-g(x)\{g(h)-g(0)\}]$$

$$=\lim_{h\to0}\left\{f(x)\cdot\frac{f(h)-f(0)}{h}-g(x)\cdot\frac{g(h)-g(0)}{h}\right\}=f(x)f'(0)-g(x)g'(0)$$

$$=-g(x)$$

よって，$f(x)$ はすべての x の値で微分可能な関数であり，$f'(x)=-g(x)$ となる。

(3)　$\{f(x)+ig(x)\}(\cos x-i\sin x)=\{f(x)\cos x+g(x)\sin x\}+i\{g(x)\cos x-f(x)\sin x\}$

ここで，$F(x)=f(x)\cos x+g(x)\sin x$，$G(x)=g(x)\cos x-f(x)\sin x$ とおく。

$$F'(x)=f'(x)\cos x-f(x)\sin x+g'(x)\sin x+g(x)\cos x$$

$f'(x)=-g(x)$，$g'(x)=f(x)$ であるから

$$F'(x)=-g(x)\cos x-f(x)\sin x+f(x)\sin x+g(x)\cos x=0$$

よって，$F(x)$ は定数関数である。

$F(0)=f(0)\cos0+g(0)\sin0=1$ であるから　　$F(x)=1$

また　　$G'(x)=g'(x)\cos x-g(x)\sin x-f'(x)\sin x-f(x)\cos x$

$f'(x)=-g(x)$，$g'(x)=f(x)$ であるから

$$G'(x)=f(x)\cos x-g(x)\sin x+g(x)\sin x-f(x)\cos x=0$$

よって，$G(x)$ は定数関数である。

$G(0)=g(0)\cos 0-f(0)\sin 0=0$ であるから　　$G(x)=0$

したがって　　$\{f(x)+ig(x)\}(\cos x-i\sin x)=F(x)+iG(x)=1$

(4)　$$q(x+y)=e^{-\frac{a}{b}(x+y)}g\left(\frac{x+y}{b}\right)=e^{-\frac{a}{b}x-\frac{a}{b}y}\left\{f\left(\frac{x}{b}\right)g\left(\frac{y}{b}\right)+g\left(\frac{x}{b}\right)f\left(\frac{y}{b}\right)\right\}$$

$$=e^{-\frac{a}{b}x}f\left(\frac{x}{b}\right)\cdot e^{-\frac{a}{b}y}g\left(\frac{y}{b}\right)+e^{-\frac{a}{b}x}g\left(\frac{x}{b}\right)\cdot e^{-\frac{a}{b}y}f\left(\frac{y}{b}\right)$$

$$=p(x)q(y)+q(x)p(y)$$

よって，$p(x)$，$q(x)$ は条件 (B) を満たす。

また　　$$p'(0)=\lim_{h\to 0}\frac{p(h)-p(0)}{h}=\lim_{h\to 0}\frac{e^{-\frac{a}{b}h}f\left(\frac{h}{b}\right)-f(0)}{h}$$

$$=\lim_{h\to 0}\frac{e^{-\frac{a}{b}h}\left\{f\left(\frac{h}{b}\right)-f(0)\right\}+e^{-\frac{a}{b}h}f(0)-f(0)}{h}$$

$$=\lim_{h\to 0}\left\{\frac{e^{-\frac{a}{b}h}}{b}\cdot\frac{f\left(\frac{h}{b}\right)-f(0)}{\frac{h}{b}}+\frac{e^{-\frac{a}{b}h}-e^0}{-\frac{a}{b}h}\cdot\left(-\frac{a}{b}\right)\cdot f(0)\right\}$$

$$=\frac{e^0}{b}\cdot f'(0)+e^0\cdot\left(-\frac{a}{b}\right)\cdot f(0)=\frac{a}{b}-\frac{a}{b}=0$$

よって，$p(x)$ は $x=0$ で微分可能で $p'(0)=0$ である。

同様に　　$$q'(0)=\lim_{h\to 0}\frac{q(h)-q(0)}{h}=\lim_{h\to 0}\frac{e^{-\frac{a}{b}h}g\left(\frac{h}{b}\right)-g(0)}{h}$$

$$=\lim_{h\to 0}\frac{e^{-\frac{a}{b}h}\left\{g\left(\frac{h}{b}\right)-g(0)\right\}+e^{-\frac{a}{b}h}g(0)-g(0)}{h}$$

$$=\lim_{h\to 0}\left\{\frac{e^{-\frac{a}{b}h}}{b}\cdot\frac{g\left(\frac{h}{b}\right)-g(0)}{\frac{h}{b}}+\frac{e^{-\frac{a}{b}h}-e^0}{-\frac{a}{b}h}\cdot\left(-\frac{a}{b}\right)\cdot g(0)\right\}$$

$$=\frac{e^0}{b}\cdot g'(0)+e^0\cdot\left(-\frac{a}{b}\right)\cdot g(0)=1-0=1$$

よって，$q(x)$ は $x=0$ で微分可能で $q'(0)=1$ である。

したがって，$p(x)$，$q(x)$ は条件 (D) を満たす。

ゆえに，$p(x)$，$q(x)$ は条件 (A)，(B)，(C)，(D) を満たすから

$$p(x)=\cos x,\quad q(x)=\sin x$$

すなわち　$e^{-\frac{a}{b}x}f\left(\dfrac{x}{b}\right)=\cos x$，$e^{-\frac{a}{b}x}g\left(\dfrac{x}{b}\right)=\sin x$

$\dfrac{x}{b}=X$ とおくと　$e^{-aX}f(X)=\cos bX$，$e^{-aX}g(X)=\sin bX$

$$f(X)=e^{aX}\cos bX,\quad g(X)=e^{aX}\sin bX$$

よって　$f(x)={}^{ア}e^{ax}\cos bx$，$g(x)={}^{イ}e^{ax}\sin bx$

75　$f'(x)=\dfrac{1\cdot(x^2+7x+14)-(x+10)(2x+7)}{(x^2+7x+14)^2}$

$$=\frac{x^2+7x+14-(2x^2+27x+70)}{(x^2+7x+14)^2}=-\frac{x^2+20x+56}{(x^2+7x+14)^2}$$

$f(0)=\dfrac{10}{14}=\dfrac{5}{7}$，$f'(0)=-\dfrac{56}{14^2}=-\dfrac{2}{7}$ であるから，点 $(0,\ f(0))$ における接線の方程式は　$y-\dfrac{5}{7}=-\dfrac{2}{7}(x-0)$

すなわち　$y=-\dfrac{2}{7}x+\dfrac{5}{7}$　　　よって　$a={}^{ア}-\dfrac{2}{7}$，$b={}^{イ}\dfrac{5}{7}$

76　接点の座標を $(t,\ \tan t)$ $\left(0<t<\dfrac{\pi}{2}\right)$ とする。

$y=\tan x$ であるから　$y'=\dfrac{1}{\cos^2 x}$

よって，接線の方程式は　$y-\tan t=\dfrac{1}{\cos^2 t}(x-t)$

すなわち　$y=\dfrac{1}{\cos^2 t}x-\dfrac{t}{\cos^2 t}+\tan t$

これが直線 $y=4x+k$ と一致するから

$$\frac{1}{\cos^2 t}=4\ \cdots\cdots ①,\qquad -\frac{t}{\cos^2 t}+\tan t=k\ \cdots\cdots ②$$

① から　$\cos^2 t=\dfrac{1}{4}$

$0<t<\dfrac{\pi}{2}$ のとき，$\cos t>0$ であるから　$\cos t=\dfrac{1}{2}$　　よって　$t=\dfrac{\pi}{3}$

したがって，② から　$k=-\frac{\pi}{3}\cdot\frac{1}{\left(\frac{1}{2}\right)^2}+\sqrt{3}=-\frac{4}{3}\pi+\sqrt{3}$

77 (1)　$f(x)=\frac{1}{x^a}$ とすると　$f'(x)=-\frac{a}{x^{a+1}}$

$f'(1)=-a$ であるから，点 $(1,\ 1)$ における接線の方程式は　$y-1=-a(x-1)$

すなわち　$y=-ax+a+1$

よって，点 A，B の座標は　$\mathrm{A}\left(\frac{a+1}{a},\ 0\right)$，　$\mathrm{B}(0,\ a+1)$

したがって　$S(a)=\frac{1}{2}\cdot\frac{a+1}{a}\cdot(a+1)=\frac{(a+1)^2}{2a}$

(2)　$S(a)=\frac{a^2+2a+1}{2a}=\frac{a}{2}+\frac{1}{2a}+1$

$a>0$ より，$\frac{a}{2}>0$，$\frac{1}{2a}>0$ であるから，相加平均と相乗平均の大小関係により

$$S(a)=\frac{a}{2}+\frac{1}{2a}+1\geqq 2\sqrt{\frac{a}{2}\cdot\frac{1}{2a}}+1=2$$

等号が成り立つのは，$\frac{a}{2}=\frac{1}{2a}$ かつ $a>0$，すなわち $a=1$ のときである。

したがって，$a=1$ で最小値 2 をとる。

別解　$S'(a)=\frac{2(a+1)\cdot 2a-(a+1)^2\cdot 2}{4a^2}=\frac{2a^2-2}{4a^2}=\frac{(a+1)(a-1)}{2a^2}$

$a>0$ において，$S'(a)=0$ とすると　$a=1$

$S(a)$ の増減表は右のようになる。

よって，$S(a)$ は $a=1$ で最小値 2 をとる。

a	0	$\cdots$	1	$\cdots$
$S'(a)$	/	$-$	0	$+$
$S(a)$	/	↘	2	↗

78　$y=\frac{1}{2}e^{4x}+\frac{1}{2}$ から　$y'=\frac{1}{2}e^{4x}\cdot 4=2e^{4x}$

よって，点 $\mathrm{P}(0,\ 1)$ における接線 ℓ の方程式は　$y-1=2(x-0)$

すなわち　$y={}^{ア}2x+1$

点 $\left(-\frac{1}{4},\ \frac{9}{8}\right)$ と接線 $\ell:2x-y+1=0$ の距離 d は

$$d=\frac{\left|2\cdot\left(-\frac{1}{4}\right)-\frac{9}{8}+1\right|}{\sqrt{2^2+(-1)^2}}=\frac{\left|-\frac{5}{8}\right|}{\sqrt{5}}=\frac{5}{8\sqrt{5}}={}^{イ}\frac{\sqrt{5}}{8}$$

$y=-2x^2-x+1$ ……① とする。

① を変形すると　　$y=-2\left(x+\frac{1}{4}\right)^2+\frac{9}{8}$

また，① に $y=0$ を代入すると　$-2x^2-x+1=0$

すなわち　　$(2x-1)(x+1)=0$

ゆえに　　$x=\frac{1}{2},\ -1$

$x \geqq 0$ であるから，点 B の x 座標は　$\frac{1}{2}$

よって，線分 AB，線分 AP および曲線 C で囲まれた図形は，右の図の斜線部分のようになる。

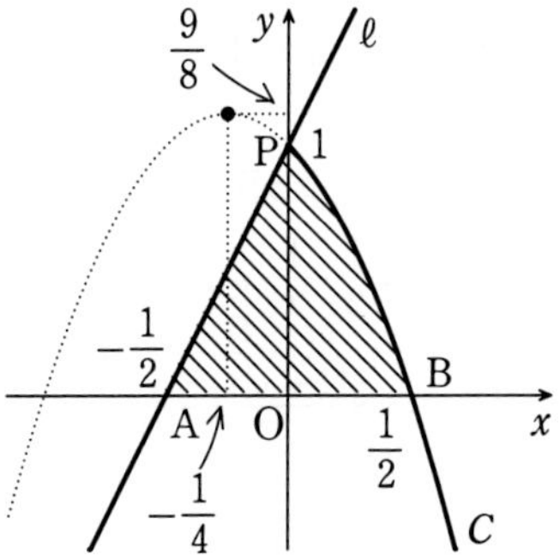

したがって，求める面積 S は

$$S=\frac{1}{2}\cdot\frac{1}{2}\cdot 1+\int_0^{\frac{1}{2}}(-2x^2-x+1)dx=\frac{1}{4}+\left[-\frac{2}{3}x^3-\frac{1}{2}x^2+x\right]_0^{\frac{1}{2}}$$

$$=\frac{1}{4}+\left(-\frac{2}{3}\cdot\frac{1}{8}-\frac{1}{2}\cdot\frac{1}{4}+\frac{1}{2}\right)={}^{ウ}\frac{13}{24}$$

79　(1)　$f(x)=a\sqrt{x^2-1}$ から　　$f'(x)=a\cdot\frac{2x}{2\sqrt{x^2-1}}=\frac{ax}{\sqrt{x^2-1}}$

よって，接線 ℓ の方程式は　　$y-a\sqrt{t^2-1}=\frac{at}{\sqrt{t^2-1}}(x-t)$

すなわち　　$y=\frac{at}{\sqrt{t^2-1}}x-\frac{a}{\sqrt{t^2-1}}$　……①

(2)　① に $y=0$ を代入すると　$\frac{at}{\sqrt{t^2-1}}x-\frac{a}{\sqrt{t^2-1}}=0$　　すなわち　$a(tx-1)=0$

$a \neq 0$，$t \neq 0$ であるから　　$x=\frac{1}{t}$　　よって，ℓ と x 軸の交点の x 座標は　$\frac{1}{t}$

(3)　① と $y=ax$ から y を消去すると　　$\frac{at}{\sqrt{t^2-1}}x-\frac{a}{\sqrt{t^2-1}}=ax$

すなわち　　$a(tx-1)=ax\sqrt{t^2-1}$

$a \neq 0$ であるから　　$tx-1=x\sqrt{t^2-1}$　　よって　　$(t-\sqrt{t^2-1})x=1$

$t \neq \sqrt{t^2-1}$ であるから　$x=\frac{1}{t-\sqrt{t^2-1}}=\frac{t+\sqrt{t^2-1}}{(t-\sqrt{t^2-1})(t+\sqrt{t^2-1})}=t+\sqrt{t^2-1}$

これを $y=ax$ に代入すると　　$y=a(t+\sqrt{t^2-1})$

ゆえに，ℓ と直線 $y=ax$ の交点の座標は　　$(t+\sqrt{t^2-1},\ a(t+\sqrt{t^2-1}))$

(4)　接線 ℓ と x 軸，および直線 $y=ax$ で囲まれた部分は，右の図の斜線部分である。

よって，求める面積 $S(t)$ は

$$S(t)=\frac{1}{2}\cdot\frac{1}{t}\cdot a\left(t+\sqrt{t^2-1}\right)$$

$$=\frac{a\left(t+\sqrt{t^2-1}\right)}{2t}$$

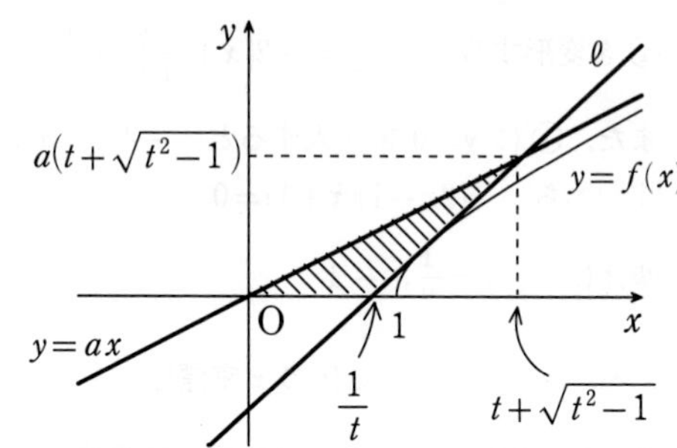

(5)　$\displaystyle\lim_{t\to\infty}S(t)=\lim_{t\to\infty}\frac{a\left(t+\sqrt{t^2-1}\right)}{2t}=\lim_{t\to\infty}\frac{a}{2}\left(1+\sqrt{1-\frac{1}{t^2}}\right)=\frac{a}{2}(1+1)=a$

80　(1)　$\vec{n}=(a,\ b)$ とする。

$|\vec{n}|=1$ であるから　　$a^2+b^2=1$

また，$\overrightarrow{PQ}=(f(t)-f(t_0),\ g(t)-g(t_0))$ より

$$\vec{n}\cdot\overrightarrow{PQ}=a\{f(t)-f(t_0)\}+b\{g(t)-g(t_0)\}$$

直線 ℓ は点 $P(f(t_0),\ g(t_0))$ を通り $\vec{n}$ に垂直な直線であるから，直線 ℓ の方程式は　　$a\{x-f(t_0)\}+b\{y-g(t_0)\}=0$

よって，$|\overrightarrow{QH}|$ は点 $Q(f(t),\ g(t))$ と直線 ℓ の距離であるから

$$|\overrightarrow{QH}|=\frac{|a\{f(t)-f(t_0)\}+b\{g(t)-g(t_0)\}|}{\sqrt{a^2+b^2}}=|a\{f(t)-f(t_0)\}+b\{g(t)-g(t_0)\}|=|\vec{n}\cdot\overrightarrow{PQ}|$$

別解　$\overrightarrow{QH}=\dfrac{\overrightarrow{QP}\cdot\vec{n}}{|\vec{n}|^2}\vec{n}=(\overrightarrow{QP}\cdot\vec{n})\vec{n}$

よって　　$|\overrightarrow{QH}|=|\overrightarrow{QP}\cdot\vec{n}||\vec{n}|=|\vec{n}\cdot\overrightarrow{PQ}|$

($\overrightarrow{QH}$ は $\overrightarrow{QP}$ の $\vec{n}$ への正射影ベクトルということもある)

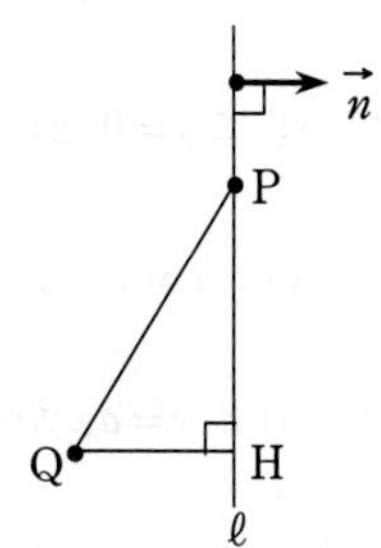

(2)　まず，ℓ が P における C の接線であるとき，$\displaystyle\lim_{t\to t_0}\frac{|\overrightarrow{QH}|}{|\overrightarrow{PQ}|}=0$ が成り立つことを示す。

ℓ が P における C の接線であるから，

ℓ の法線ベクトルの1つを $\overrightarrow{n'}$ とすると

$$\overrightarrow{n'}=(g'(t_0),\ -f'(t_0))$$

と表される。

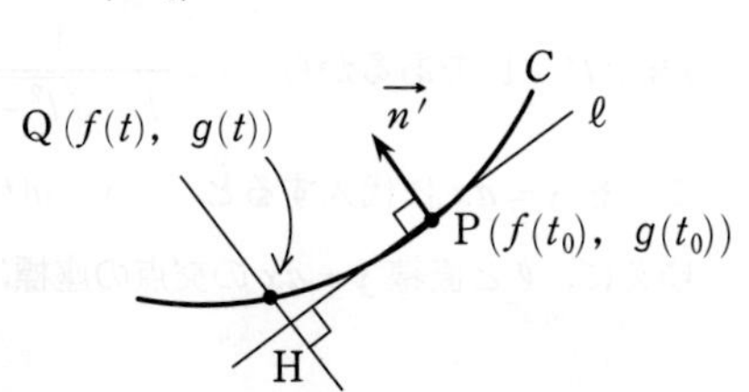

$f'(t)$, $g'(t)$ の値は同時に 0 にならないから　　$\overrightarrow{n'} \neq \vec{0}$

また　　$|\overrightarrow{n'}| = \sqrt{\{g'(t_0)\}^2 + \{f'(t_0)\}^2}$

$|\vec{n}| = 1$ より，$\vec{n} = \pm \dfrac{\overrightarrow{n'}}{|\overrightarrow{n'}|}$ であるから

$$\lim_{t \to t_0} \frac{|\overrightarrow{\mathrm{QH}}|}{|\overrightarrow{\mathrm{PQ}}|} = \lim_{t \to t_0} \frac{|\vec{n} \cdot \overrightarrow{\mathrm{PQ}}|}{|\overrightarrow{\mathrm{PQ}}|} = \pm \frac{1}{|\overrightarrow{n'}|} \times \lim_{t \to t_0} \frac{|\overrightarrow{n'} \cdot \overrightarrow{\mathrm{PQ}}|}{|\overrightarrow{\mathrm{PQ}}|}$$

よって，$\displaystyle\lim_{t \to t_0} \frac{|\overrightarrow{n'} \cdot \overrightarrow{\mathrm{PQ}}|}{|\overrightarrow{\mathrm{PQ}}|} = 0$ を示せばよい。

$\overrightarrow{\mathrm{PQ}} = (f(t) - f(t_0),\ g(t) - g(t_0))$ であるから

$$\frac{|\overrightarrow{n'} \cdot \overrightarrow{\mathrm{PQ}}|}{|\overrightarrow{\mathrm{PQ}}|} = \frac{|g'(t_0)\{f(t) - f(t_0)\} - f'(t_0)\{g(t) - g(t_0)\}|}{\sqrt{\{f(t) - f(t_0)\}^2 + \{g(t) - g(t_0)\}^2}}$$

$$= \frac{\left| g'(t_0)\left\{\dfrac{f(t) - f(t_0)}{t - t_0}\right\} - f'(t_0)\left\{\dfrac{g(t) - g(t_0)}{t - t_0}\right\} \right|}{\sqrt{\left\{\dfrac{f(t) - f(t_0)}{t - t_0}\right\}^2 + \left\{\dfrac{g(t) - g(t_0)}{t - t_0}\right\}^2}}$$

$\displaystyle\lim_{t \to t_0} \frac{f(t) - f(t_0)}{t - t_0} = f'(t_0)$，$\displaystyle\lim_{t \to t_0} \frac{g(t) - g(t_0)}{t - t_0} = g'(t_0)$ であるから

$$\lim_{t \to t_0} \frac{|\overrightarrow{n'} \cdot \overrightarrow{\mathrm{PQ}}|}{|\overrightarrow{\mathrm{PQ}}|} = \frac{|g'(t_0)f'(t_0) - f'(t_0)g'(t_0)|}{\sqrt{\{f'(t_0)\}^2 + \{g'(t_0)\}^2}} = 0$$

したがって　　$\displaystyle\lim_{t \to t_0} \frac{|\overrightarrow{\mathrm{QH}}|}{|\overrightarrow{\mathrm{PQ}}|} = 0$

次に，$\displaystyle\lim_{t \to t_0} \frac{|\overrightarrow{\mathrm{QH}}|}{|\overrightarrow{\mathrm{PQ}}|} = 0$ であるとき，ℓ が P における C の接線であることを示す。

$$\lim_{t \to t_0} \frac{|\vec{n} \cdot \overrightarrow{\mathrm{PQ}}|}{|\overrightarrow{\mathrm{PQ}}|} = \lim_{t \to t_0} \frac{|a\{f(t) - f(t_0)\} + b\{g(t) - g(t_0)\}|}{\sqrt{\{f(t) - f(t_0)\}^2 + \{g(t) - g(t_0)\}^2}}$$

$$= \lim_{t \to t_0} \frac{\left| a \cdot \dfrac{f(t) - f(t_0)}{t - t_0} + b \cdot \dfrac{g(t) - g(t_0)}{t - t_0} \right|}{\sqrt{\left\{\dfrac{f(t) - f(t_0)}{t - t_0}\right\}^2 + \left\{\dfrac{g(t) - g(t_0)}{t - t_0}\right\}^2}}$$

$$= \frac{|af'(t_0) + bg'(t_0)|}{\sqrt{\{f'(t_0)\}^2 + \{g'(t_0)\}^2}}$$

$\displaystyle\lim_{t \to t_0} \frac{|\overrightarrow{\mathrm{QH}}|}{|\overrightarrow{\mathrm{PQ}}|} = 0$ のとき，$\displaystyle\lim_{t \to t_0} \frac{|\vec{n} \cdot \overrightarrow{\mathrm{PQ}}|}{|\overrightarrow{\mathrm{PQ}}|} = 0$ であるから　　$\dfrac{|af'(t_0) + bg'(t_0)|}{\sqrt{\{f'(t_0)\}^2 + \{g'(t_0)\}^2}} = 0$

よって　　$af'(t_0)+bg'(t_0)=0$　……①

ここで，PにおけるCの接線をℓ'とすると，ℓ'の方向ベクトルは$(f'(t_0),\ g'(t_0))$であるから，①より　　$\vec{n}\perp\ell'$

また，$\vec{n}\perp\ell$であるから　　$\ell \parallel \ell'$

ℓ，ℓ'はともにPを通るから，ℓとℓ'は一致する。

したがって，ℓはPにおけるCの接線である。

ゆえに，ℓがPにおけるCの接線であるための必要十分条件は，$\displaystyle\lim_{t\to t_0}\frac{|\overrightarrow{\mathrm{QH}}|}{|\overrightarrow{\mathrm{PQ}}|}=0$である。

81　(1)　定義域は$x\neq-2$である。

$f(x)=\dfrac{x^3+18x^2}{x+2}-2$であるから

$$f'(x)=\frac{(3x^2+36x)(x+2)-(x^3+18x^2)\cdot 1}{(x+2)^2}=\frac{2x^3+24x^2+72x}{(x+2)^2}=\frac{2x(x+6)^2}{(x+2)^2}$$

$f'(x)=0$とすると　　$x=0,\ -6$

よって，$f(x)$の増減表は右のようになる。

x	$\cdots$	-6	$\cdots$	-2	$\cdots$	0	$\cdots$
$f'(x)$	$-$	0	$-$	／	$-$	0	$+$
$f(x)$	↘		↘	／	↘	極小	↗

したがって　$x=0$で極小値$f(0)=-2$

(2)　$f(t)=a\cos^3 t+\cos^2 t$から

$$f'(t)=3a\cos^2 t\cdot(-\sin t)+2\cos t\cdot(-\sin t)=-\sin t\cos t(3a\cos t+2)$$

$f(t)$が$t=\dfrac{\pi}{4}$で極値をとるとき　　$f'\left(\dfrac{\pi}{4}\right)=0$

よって　　$-\dfrac{1}{\sqrt{2}}\cdot\dfrac{1}{\sqrt{2}}\left(3a\cdot\dfrac{1}{\sqrt{2}}+2\right)=0$

$$3a\cdot\frac{1}{\sqrt{2}}+2=0$$

$$a=-\frac{2\sqrt{2}}{3}$$

このとき　　$f'(t)=2\sin t\cos t(\sqrt{2}\cos t-1)$

ゆえに，$f'(t)$の符号は$t=\dfrac{\pi}{4}$の前後で変わるから，$f(t)$は$t=\dfrac{\pi}{4}$で極値をとる。

したがって　　$a=-\dfrac{2\sqrt{2}}{3}$

82 (1)　$f(x)=\dfrac{ax+b}{x^2+1}$ から　　$f'(x)=\dfrac{a(x^2+1)-(ax+b)\cdot 2x}{(x^2+1)^2}=\dfrac{-ax^2-2bx+a}{(x^2+1)^2}$

$f(x)$ が $x=-2$ で極値 -1 をとるとき　　$f(-2)=-1$，$f'(-2)=0$

よって　　$-2a+b=-5$，$-3a+4b=0$

これを解くと　　$a=4$，$b=3$

このとき　　$f(x)=\dfrac{4x+3}{x^2+1}$

$$f'(x)=\frac{-4x^2-6x+4}{(x^2+1)^2}=-\frac{2(x+2)(2x-1)}{(x^2+1)^2}\quad\cdots\cdots①$$

$f'(x)$ の符号は $x=-2$ の前後で変わるから，$f(x)$ は $x=-2$ で極値 -1 をとる。

したがって　　$a=4$，$b=3$

(2)　① より，$f'(x)=0$ とすると　$x=-2,\ \dfrac{1}{2}$

$f(x)$ の増減表は右のようになる。

x	$\cdots$	-2	$\cdots$	$\dfrac{1}{2}$	$\cdots$
$f'(x)$	$-$	0	$+$	0	$-$
$f(x)$	↘	極小	↗	極大	↘

よって，$f(x)$ は $x\leqq-2$，$\dfrac{1}{2}\leqq x$ で単調に減少し，$-2\leqq x\leqq\dfrac{1}{2}$ で単調に増加する。

したがって，$f(x)$ は $x=-2$ で極小値 $f(-2)=-1$，$x=\dfrac{1}{2}$ で極大値 $f\left(\dfrac{1}{2}\right)=4$ をとる。

(3)　$f(x)=\dfrac{4x+3}{x^2+1}=\dfrac{\dfrac{4}{x}+\dfrac{3}{x^2}}{1+\dfrac{1}{x^2}}$ であるから　　$\displaystyle\lim_{x\to\infty}f(x)=0$，$\displaystyle\lim_{x\to-\infty}f(x)=0$

(4)　(2)，(3) の結果により，$y=f(x)$ のグラフは右の図のようになる。

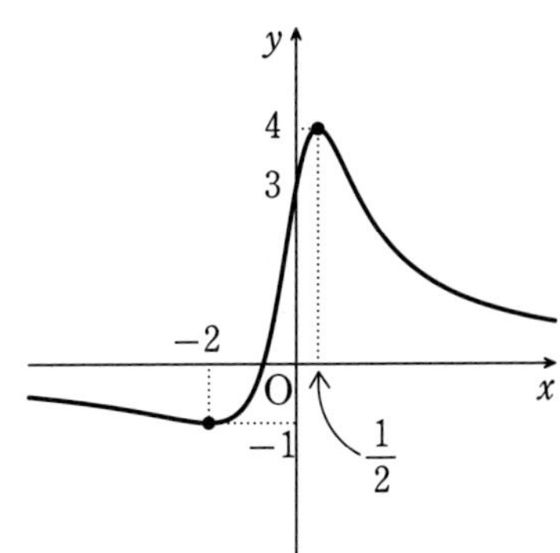

83 (1)　$f(x)=(x-1)(x-4)^2$ から

$$f'(x)=(x-4)^2+2(x-1)(x-4)=(x-4)\{(x-4)+2(x-1)\}$$
$$=3(x-2)(x-4)=3x^2-18x+24$$

$$f''(x)=6(x-3)$$

$f'(x)=0$ とすると　$x=2,\ 4$

$f''(x)=0$ とすると　$x=3$

よって，$f(x)$ の増減とグラフの凹凸は次の表のようになる。

x	$\cdots$	2	$\cdots$	3	$\cdots$	4	$\cdots$
$f'(x)$	$+$	0	$-$	$-$	$-$	0	$+$
$f''(x)$	$-$	$-$	$-$	0	$+$	$+$	$+$
$f(x)$	↗	4	↘	2	↘	0	↗

したがって，$f(x)$ は $x=2$ で極大値 4，$x=4$ で極小値 0 をとる。

また，変曲点の座標は $(3,\ 2)$ である。

以上により，グラフの概形は右の図のようになる。

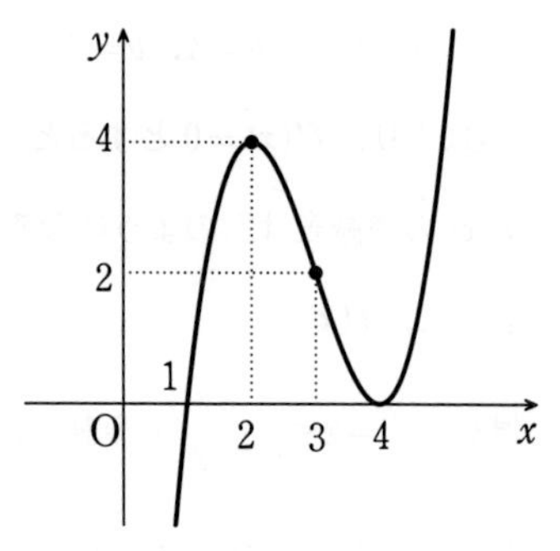

(2)　$\displaystyle\lim_{h\to 0}\frac{g(4+h)-g(4)}{h}=\lim_{h\to 0}\frac{|(3+h)h|h-0}{h}=\lim_{h\to 0}|(3+h)h|=0$

よって　　$g'(4)=0$

(3)　$x\leqq 1$，$4<x$ のとき

$$g(x)=(x-1)(x-4)^2=f(x)$$

$1<x\leqq 4$ のとき

$$g(x)=-(x-1)(x-4)^2=-f(x)$$

よって，$y=g(x)$ のグラフは右の図のようになる。

したがって，方程式 $g(x)=c$ の実数解の個数は

$c<-4$，$0<c$ のとき　　1 個

$c=-4$，0 のとき　　2 個

$-4<c<0$ のとき　　3 個

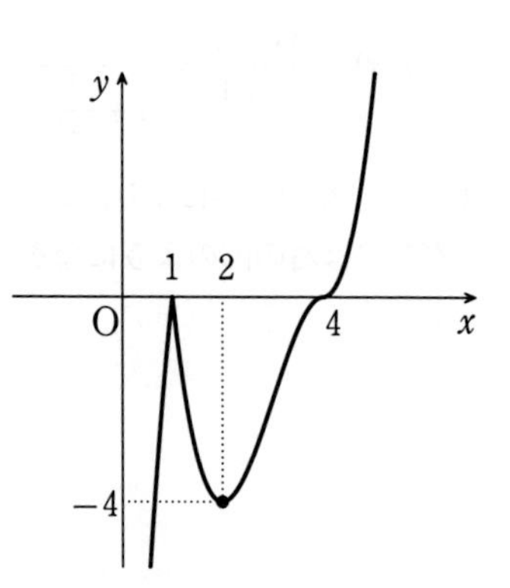

(4)　$\displaystyle\int_0^2 g(x)\,dx=\int_0^1 g(x)\,dx+\int_1^2 g(x)\,dx=\int_0^1 (x-1)(x-4)^2\,dx+\int_1^2\{-(x-1)(x-4)^2\}dx$

$$=\int_0^1 (x^3-9x^2+24x-16)\,dx+\int_1^2(-x^3+9x^2-24x+16)dx$$

$$=\left[\frac{1}{4}x^4-3x^3+12x^2-16x\right]_0^1+\left[-\frac{1}{4}x^4+3x^3-12x^2+16x\right]_1^2$$

$$=\frac{1}{4}-3+12-16+(-4+24-48+32)-\left(-\frac{1}{4}+3-12+16\right)$$

$$=\frac{1}{4}-7+4-\left(-\frac{1}{4}+7\right)=\frac{1}{2}-10=-\frac{19}{2}$$

84 (1)　$f'(x)=\dfrac{(2x)'}{2x}=\dfrac{1}{x}$ であるから　　$f'(a)=\dfrac{1}{a}$

(2)　点 $\mathrm{P}(a,\ \log(2a))$ における法線の傾きは　　$-\dfrac{1}{f'(a)}=-a$

よって，ℓ_{P} の方程式は　　$y-\log(2a)=-a(x-a)$

すなわち　　$y=-ax+a^2+\log(2a)$　……①

また，ℓ_{Q} の方程式は，① で a を $a+h$ におきかえて

$$y=-(a+h)x+(a+h)^2+\log(2(a+h))\quad\cdots\cdots②$$

(3)　①，② から y を消去して

$$-ax+a^2+\log(2a)=-(a+h)x+(a+h)^2+\log(2(a+h))$$

整理すると　　$hx=2ah+h^2+\log(2(a+h))-\log(2a)$

$$x=2a+h+\frac{1}{h}\log\left(1+\frac{h}{a}\right)$$

よって　　$x_{\mathrm{R}}=2a+h+\dfrac{1}{h}\log\left(1+\dfrac{h}{a}\right)$

$$y_{\mathrm{R}}=-ax_{\mathrm{R}}+a^2+\log(2a)$$

ここで，$\dfrac{h}{a}=k$ とおくと　　$\dfrac{1}{h}\log\left(1+\dfrac{h}{a}\right)=\dfrac{1}{a}\log\left(1+\dfrac{h}{a}\right)^{\frac{a}{h}}=\dfrac{1}{a}\log(1+k)^{\frac{1}{k}}$

$h\longrightarrow 0$ のとき，$k\longrightarrow 0$ であるから

$$\lim_{h\to 0}\frac{1}{h}\log\left(1+\frac{h}{a}\right)=\lim_{k\to 0}\frac{1}{a}\log(1+k)^{\frac{1}{k}}=\frac{1}{a}\log e=\frac{1}{a}$$

したがって　　$A=\displaystyle\lim_{h\to 0}x_{\mathrm{R}}=2a+\frac{1}{a}$

$$B=\lim_{h\to 0}y_{\mathrm{R}}=\lim_{h\to 0}\{-ax_{\mathrm{R}}+a^2+\log(2a)\}$$

$$=-a\lim_{h\to 0}x_{\mathrm{R}}+a^2+\log(2a)=-a\left(2a+\frac{1}{a}\right)+a^2+\log(2a)$$

$$=-a^2+\log(2a)-1$$

(4)　$g(a)=-a^2+\log(2a)-1$ とおくと　$g'(a)=-2a+\dfrac{1}{a}=-\dfrac{(\sqrt{2}a+1)(\sqrt{2}a-1)}{a}$

$a>0$ において，$g'(a)=0$ とすると　$a=\dfrac{1}{\sqrt{2}}$

よって，$g(a)$ の増減表は右のようになる。

したがって，B が最大となるときの a の値は

$$a=\frac{1}{\sqrt{2}}$$

a	0	…	$\frac{1}{\sqrt{2}}$	…
$g'(a)$	／	+	0	−
$g(a)$	／	↗	最大	↘

85　(1)　$f(x)=2^x-x+\dfrac{1}{2}$ から　$f'(x)=2^x\log 2-1$

(2)　$f''(x)=2^x(\log 2)^2>0$ であるから，$f'(x)$ は単調に増加する。

ここで　$f'(1)=2\log 2-1=\log 4-1$

$1<e<4$ であるから　$\log 4-1=\log 4-\log e>0$

よって　$f'(1)>0$

したがって，$x\geqq 1$ のとき　$f'(x)\geqq f'(1)>0$

(3)　$f(1)=2-1+\dfrac{1}{2}=\dfrac{3}{2}$，$f(2)=4-2+\dfrac{1}{2}=\dfrac{5}{2}$，$f(3)=8-3+\dfrac{1}{2}=\dfrac{11}{2}$

$f(x)$ は $x\geqq 1$ で連続であり，単調に増加する。

よって，$1\leqq x\leqq 2$ の範囲に，$f(x)=2$ となる x が1個，$2\leqq x\leqq 3$ の範囲に，$f(x)=3$，$f(x)=4$，$f(x)=5$ となる x が1個ずつ存在する。

したがって　$A(1)=1$，$A(2)=3$

(4)　$f(n)=2^n-n+\dfrac{1}{2}$

$$f(n+1)=2^{n+1}-(n+1)+\frac{1}{2}$$

であるから，$n\leqq x\leqq n+1$ の範囲に

$$f(x)=2^n-n+1,\ f(x)=2^n-n+2,\ \cdots\cdots,\ f(x)=2^{n+1}-(n+1)$$

となる x が1個ずつ存在する。

よって　$A(n)=\{2^{n+1}-(n+1)\}-(2^n-n+1)+1=2^{n+1}-2^n-1=2^n-1$

(5)　[1]　$n\geqq 1$ のとき，2^n-n は整数であるから，$f(n)=2^n-n+\dfrac{1}{2}$ は整数でない。

[2]　$n=0$ のとき　$f(0)=1-0+\dfrac{1}{2}=\dfrac{3}{2}$

[3]　$n=-1$ のとき　$f(-1)=\dfrac{1}{2}-(-1)+\dfrac{1}{2}=2$

[4]　$n \leqq -2$ のとき

$0<2^n \leqq \dfrac{1}{4}$ であるから　　$\dfrac{1}{2}<2^n+\dfrac{1}{2} \leqq \dfrac{3}{4}$

よって，$2^n+\dfrac{1}{2}$ は整数でないことから，$f(n)=2^n-n+\dfrac{1}{2}$ も整数でない。

以上により，x 座標と y 座標がともに整数である C 上の点の座標は，$(-1,\ 2)$ であり，そのような点はただ 1 つだけ存在する。

86　(1)　$\theta=0$ のとき，$\mathrm{P}(1,\ 0)$ より　　$\mathrm{Q}(a+1,\ 0)$　　　よって　　$f(0)=0$

$\theta=\dfrac{\pi}{2}$ のとき，$\mathrm{P}(0,\ 1)$ より　　$\mathrm{Q}\left(\sqrt{a^2-1},\ 0\right)$

よって　　$f\left(\dfrac{\pi}{2}\right)=a+1-\sqrt{a^2-1}$

$\theta=\pi$ のとき，$\mathrm{P}(-1,\ 0)$ より　　$\mathrm{Q}(a-1,\ 0)$

よって　　$f(\pi)=a+1-(a-1)=2$

(2)　$\mathrm{PQ}=a$ より，$\mathrm{PQ}^2=a^2$ であるから　　$(x-\cos\theta)^2+\sin^2\theta=a^2$

すなわち　　$(x-\cos\theta)^2=a^2-\sin^2\theta$

$x-\cos\theta>0$ であるから　　$x-\cos\theta=\sqrt{a^2-\sin^2\theta}$

よって　　$x=\cos\theta+\sqrt{a^2-\sin^2\theta}$

(3)　$f(\theta)=a+1-x=a+1-\cos\theta-\sqrt{a^2-\sin^2\theta}$

$$f'(\theta)=\sin\theta-\frac{-2\sin\theta\cos\theta}{2\sqrt{a^2-\sin^2\theta}}=\sin\theta+\frac{\sin\theta\cos\theta}{\sqrt{a^2-\sin^2\theta}}$$

$$=\sin\theta\cdot\frac{\sqrt{a^2-\sin^2\theta}+\cos\theta}{\sqrt{a^2-\sin^2\theta}}$$

$\sqrt{a^2-\sin^2\theta}+\cos\theta=x>0$ であるから，$0<\theta<2\pi$ において，$f'(\theta)=0$ とすると

$\sin\theta=0$　　　よって　　$\theta=\pi$

$0 \leqq \theta \leqq 2\pi$ における $f(\theta)$ の増減表は右のようになる。

したがって，$f(\theta)$ は $0 \leqq \theta \leqq \pi$ で単調に増加し，

$\pi \leqq \theta \leqq 2\pi$ で単調に減少する。

θ	0	$\cdots$	π	$\cdots$	2π
$f'(\theta)$	／	$+$	0	$-$	／
$f(\theta)$	0	↗	2	↘	0

参考　2 点 P，Q 間の距離は一定であるから，$0 \leqq \theta \leqq \pi$ のとき，点 Q は左に動き，$\pi \leqq \theta \leqq 2\pi$ のとき，点 Q は右に動く。

よって，$f(\theta)$ が $0 \leqq \theta \leqq \pi$ で単調に増加し，$\pi \leqq \theta \leqq 2\pi$ で単調に減少することは，直観的にもわかる。

(4)　$$\lim_{\theta\to 0}\frac{f(\theta)}{\theta^2}=\lim_{\theta\to 0}\frac{a+1-\cos\theta-\sqrt{a^2-\sin^2\theta}}{\theta^2}$$

$$=\lim_{\theta\to 0}\frac{(a+1-\cos\theta)^2-(a^2-\sin^2\theta)}{\theta^2(a+1-\cos\theta+\sqrt{a^2-\sin^2\theta})}$$

$$=\lim_{\theta\to 0}\frac{2(a+1)(1-\cos\theta)}{\theta^2(a+1-\cos\theta+\sqrt{a^2-\sin^2\theta})}$$

$$=\lim_{\theta\to 0}\frac{2(a+1)(1-\cos^2\theta)}{\theta^2(a+1-\cos\theta+\sqrt{a^2-\sin^2\theta})(1+\cos\theta)}$$

$$=\lim_{\theta\to 0}\left\{\left(\frac{\sin\theta}{\theta}\right)^2\cdot\frac{2(a+1)}{(a+1-\cos\theta+\sqrt{a^2-\sin^2\theta})(1+\cos\theta)}\right\}$$

$$=1^2\cdot\frac{2(a+1)}{(a+1-1+a)(1+1)}=\frac{a+1}{2a}$$

87　点 $(t-1,\ f(t-1))$ における接線の方程式は　　$y-f(t-1)=f'(t-1)\{x-(t-1)\}$

すなわち　　$y=f'(t-1)\{x-(t-1)\}+f(t-1)$

$x=t$ のとき，$y=f'(t-1)+f(t-1)$ であるから　$g(t)=f'(t-1)+f(t-1)$　……①

(1)　$f(x)=x^4+ax^2$ のとき　　$f'(x)=4x^3+2ax$

よって，求める $g(t)$ は，① より

$$g(t)=4(t-1)^3+2a(t-1)+(t-1)^4+a(t-1)^2=t^4+(a-6)t^2+8t-a-3$$

(2)　$f(x)\geqq g(x)$ から　　$x^4+ax^2\geqq x^4+(a-6)x^2+8x-a-3$

よって　　$6x^2-8x+a+3\geqq 0$　……②

$f(x)\geqq g(x)$ がすべての実数 x で成り立つための必要十分条件は，② が常に成り立つことである。

$6x^2-8x+a+3=0$ の判別式を D とすると

$$\frac{D}{4}=(-4)^2-6(a+3)=-6a-2=-2(3a+1)$$

② が常に成り立つのは $D\leqq 0$ のときであるから　　$-2(3a+1)\leqq 0$

よって　　$a\geqq -\dfrac{1}{3}$

(3)　$n\geqq 2$，$f(x)=x^n$ のとき　　$f'(x)=nx^{n-1}$

このとき，① から

$$g_n(x)=f'(x-1)+f(x-1)=n(x-1)^{n-1}+(x-1)^n=(x-1)^{n-1}(x-1+n)$$

よって，方程式 $g_n(x)=0$ の解は　　$x=1,\ 1-n$

また，$n\geqq 3$ のとき

$$g'_n(x)=(n-1)(x-1)^{n-2}(x-1+n)+(x-1)^{n-1}$$
$$=(x-1)^{n-2}\{(n-1)x+(n-1)^2+x-1\}=n(x-1)^{n-2}(x-2+n)=ng_{n-1}(x)$$

(4)　(3)の結果により，方程式 $g'_n(x)=0$ の解は　　$x=1,\ 2-n$

$n\geqq3$ であるから　　$2-n<1$

また，$g'_n(x)=n(x-1)^{n-2}(x-2+n)$ の符号を考えて，$g_n(x)$ の増減を調べる。

[1]　n が奇数のとき，$n-2$ も奇数であるから，$g_n(x)$ の増減表は右のようになる。

x	$\cdots$	$2-n$	$\cdots$	1	$\cdots$
$g'_n(x)$	$+$	0	$-$	0	$+$
$g_n(x)$	↗	極大	↘	極小	↗

よって，$x=2-n$ で極大となり，極大値は

$$g_n(2-n)=(2-n-1)^{n-1}(2-n-1+n)=(1-n)^{n-1}$$

[2]　n が偶数のとき，$n-2$ も偶数であるから，$g_n(x)$ の増減表は右のようになる。

x	$\cdots$	$2-n$	$\cdots$	1	$\cdots$
$g'_n(x)$	$-$	0	$+$	0	$+$
$g_n(x)$	↘	極小	↗	0	↗

よって，$g_n(x)$ は極大値をもたない。

以上により，方程式 $g_n(x)=0$ が極大値をもつための条件は，n が奇数であることであり，そのときの極大値は　　$(1-n)^{n-1}$

88　$f'(t)=2\cos2t+2\cos t=2(2\cos^2t-1)+2\cos t$
$$=2(2\cos^2t+\cos t-1)=2(\cos t+1)(2\cos t-1)$$

$f'(t)=0$ とすると　　$\cos t=-1,\ \dfrac{1}{2}$

$0\leqq t\leqq\dfrac{\pi}{2}$ であるから　　$t=\dfrac{\pi}{3}$

よって，$f(t)$ の増減表は右のようになる。

t	0	$\cdots$	$\frac{\pi}{3}$	$\cdots$	$\frac{\pi}{2}$
$f'(t)$	／	$+$	0	$-$	／
$f(t)$	0	↗	極大	↘	2

$f\left(\dfrac{\pi}{3}\right)=\sin\dfrac{2}{3}\pi+2\sin\dfrac{\pi}{3}=\dfrac{3\sqrt{3}}{2}$ であるから，$f(t)$ は $t=$ ア $\dfrac{\pi}{3}$ で最大値 イ $\dfrac{3\sqrt{3}}{2}$ をとる。

89　$t=e^x-3e^{-x}$ とする。

$\displaystyle\lim_{x\to\pm\infty}(e^x-3e^{-x})=\pm\infty$（複号同順）であるから，$t$ のとりうる値の範囲は実数全体である。

このとき　　$y=t^2-4t+4=(t-2)^2$

よって，y が最小となるのは $t=2$ のときであるから　　$e^x-3e^{-x}=2$

ゆえに　　　$(e^x)^2-2e^x-3=0$　　　　整理すると　　$(e^x+1)(e^x-3)=0$

$e^x>0$ より　　$e^x=3$　　　　すなわち　　$x=\log3$

したがって，y の最小値は ア0 であり，そのときの x の値は イ$\log3$ である。

90　$f'(x)=-1+\frac{1}{2}(4x+1)^{-\frac{1}{2}}\cdot 4=\frac{2}{\sqrt{4x+1}}-1=\frac{2-\sqrt{4x+1}}{\sqrt{4x+1}}$

$f'(x)=0$ とすると　　$x=\frac{3}{4}$

よって，$f(x)$ の増減表は右のようになる。

x	0	$\cdots$	$\frac{3}{4}$	$\cdots$
$f'(x)$	／	$+$	0	$-$
$f(x)$	0	↗	極大	↘

ここで，$f(x)=0$ とすると　　$\sqrt{4x+1}=x+1$

$x\geqq 0$ のとき，$x+1>0$ であるから，両辺を 2 乗して

$$4x+1=(x+1)^2$$

よって　　$x^2-2x=0$

ゆえに　　$x=0,\ 2$

したがって，$y=f(x)$ のグラフは右の図のようになる。

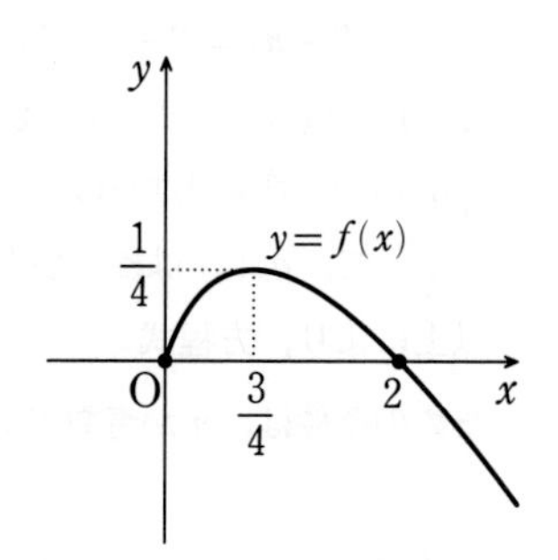

以上から，$f(x)\geqq 0$ であるための必要十分条件は

$$0\leqq x\leqq {}^{ア}2$$

また，$f\left(\frac{3}{4}\right)=-\frac{3}{4}-1+\sqrt{4}=\frac{1}{4}$ であるから，

$f(x)$ は $x=\frac{3}{4}$ で最大値 ${}^{イ}\frac{1}{4}$ をとる。

91　(1)　$x>0$ であるから

$$g(x)=\log\left(\frac{1}{\sqrt{2\pi x}}e^{-\frac{a}{2x}}\right)=\log(2\pi x)^{-\frac{1}{2}}+\log e^{-\frac{a}{2x}}=-\frac{1}{2}\log(2\pi x)-\frac{a}{2x}$$

(2)　$g'(x)=-\frac{1}{2}\cdot\frac{2\pi}{2\pi x}-\frac{a}{2}\cdot\left(-\frac{1}{x^2}\right)$

$$=\frac{a}{2x^2}-\frac{1}{2x}=\frac{a-x}{2x^2}$$

$g'(x)=0$ とすると　　$x=a$

よって，$g(x)$ の増減表は右のようになる。

x	0	$\cdots$	a	$\cdots$
$g'(x)$	／	$+$	0	$-$
$g(x)$	／	↗	極大	↘

したがって，$g(x)$ は $x=a$ で最大値をとる。

(3)　$g(x)=\log f(x)$ から　　$f(x)=e^{g(x)}$

よって，$g(x)$ が最大となるとき，$f(x)$ も最大となる。

したがって，(2) から $f(x)$ は $x=a$ で最大値 $\frac{1}{\sqrt{2\pi ea}}$ をとる。

参考　$f'(x)=\left\{-\frac{1}{2}\cdot(2\pi x)^{-\frac{3}{2}}\cdot 2\pi\right\}e^{-\frac{a}{2x}}+(2\pi x)^{-\frac{1}{2}}\cdot e^{-\frac{a}{2x}}\cdot\frac{a}{2x^2}=\frac{\pi e^{-\frac{a}{2x}}\left(\frac{a}{x}-1\right)}{(2\pi x)^{\frac{3}{2}}}$

$f'(x)=0$ とすると　　$x=a$

よって，$f(x)$ の増減表は右のようになる。

ゆえに，$f(x)$ は $x=a$ で最大値 $\dfrac{1}{\sqrt{2\pi ea}}$ をとる。

x	0	$\cdots$	a	$\cdots$
$f'(x)$	／	$+$	0	$-$
$f(x)$	／	↗	極大	↘

92 (1)　$\dfrac{\pi}{12}\leqq x\leqq\dfrac{\pi}{3}$ を満たす x に対して　　$t=\dfrac{\sin x}{\cos x}+\dfrac{\cos x}{\sin x}=\dfrac{2}{\sin 2x}$

よって　　$\dfrac{dt}{dx}=\dfrac{-2\cdot 2\cos 2x}{(\sin 2x)^2}=\dfrac{-4\cos 2x}{(\sin 2x)^2}$

$\dfrac{\pi}{12}\leqq x\leqq\dfrac{\pi}{3}$ より，$\dfrac{\pi}{6}\leqq 2x\leqq\dfrac{2}{3}\pi$ である

から，$\dfrac{dt}{dx}=0$ とすると　　$x=\dfrac{\pi}{4}$

ゆえに，t の増減表は右のようになる。

$x=\dfrac{\pi}{4}$ で $t=2$，また，$1<\sqrt{3}<2$ より

x	$\dfrac{\pi}{12}$	$\cdots$	$\dfrac{\pi}{4}$	$\cdots$	$\dfrac{\pi}{3}$
$\dfrac{dt}{dx}$	／	$-$	0	$+$	／
t	4	↘	極小	↗	$\dfrac{4\sqrt{3}}{3}$

$\dfrac{4\sqrt{3}}{3}<\dfrac{8}{3}<4$ であるから，t のとりうる値の範囲は　　$2\leqq t\leqq 4$

別解　$\dfrac{\pi}{12}\leqq x\leqq\dfrac{\pi}{3}$ を満たす x に対して

$$t=\frac{\sin x}{\cos x}+\frac{\cos x}{\sin x}=\frac{2}{\sin 2x}$$

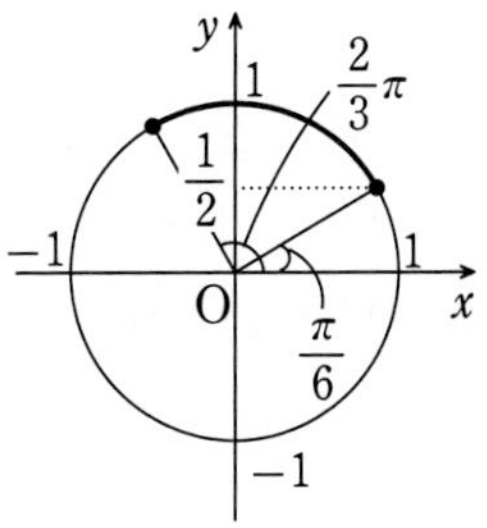

$\dfrac{\pi}{6}\leqq 2x\leqq\dfrac{2}{3}\pi$ であるから，右の図より　$\dfrac{1}{2}\leqq\sin 2x\leqq 1$

よって　　$1\leqq\dfrac{1}{\sin 2x}\leqq 2$

ゆえに　　$2\leqq\dfrac{2}{\sin 2x}\leqq 4$

したがって，t のとりうる値の範囲は　　$2\leqq t\leqq 4$

(2)　$f(x)=\left(1-\dfrac{1}{\tan x}+\dfrac{2}{\tan^2 x}-\dfrac{3}{\tan^3 x}\right)-\left(\tan x-1+\dfrac{2}{\tan x}-\dfrac{3}{\tan^2 x}\right)$

$$+\left(2\tan^2 x-2\tan x+4-\frac{6}{\tan x}\right)-(3\tan^3 x-3\tan^2 x+6\tan x-9)$$

$$=-3\left(\tan^3 x+\frac{1}{\tan^3 x}\right)+5\left(\tan^2 x+\frac{1}{\tan^2 x}\right)-9\left(\tan x+\frac{1}{\tan x}\right)+15$$

$t=\tan x+\dfrac{1}{\tan x}$ より　　$t^2=\tan^2 x+\dfrac{1}{\tan^2 x}+2$

$$t^3=\tan^3 x+\frac{1}{\tan^3 x}+3\left(\tan x+\frac{1}{\tan x}\right)$$

よって　$f(x)=-3(t^3-3t)+5(t^2-2)-9t+15=-3t^3+5t^2+5$

(3)　$g(t)=-3t^3+5t^2+5$ とおくと　$g'(t)=-9t^2+10t=-t(9t-10)$

$2<t<4$ において，$g'(t)<0$ であるから，$g'(t)$ は $2<t<4$ で単調に減少する。

よって，$g(t)$ は $t=2$ で最大値をとり，$t=4$ で最小値をとる。

ここで　$g(2)=-3\cdot2^3+5\cdot2^2+5=1$

$g(4)=-3\cdot4^3+5\cdot4^2+5=-107$

また　$t=2$ のとき，$\sin 2x=1$ から　$x=\dfrac{\pi}{4}$

$t=4$ のとき，$\sin 2x=\dfrac{1}{2}$ から　$x=\dfrac{\pi}{12}$

したがって，$f(x)$ は $x=\dfrac{\pi}{4}$ で最大値 1 をとり，$x=\dfrac{\pi}{12}$ で最小値 -107 をとる。

93　(1)　直線 OA の方程式は　$(\sin\alpha)x-(\cos\alpha)y=0$

よって　$$d=\frac{\left|\sin\alpha\left(1+\dfrac{\cos\alpha}{2}\right)-\cos\alpha\left(-\dfrac{\sin\alpha}{2}\right)\right|}{\sqrt{(\sin\alpha)^2+(-\cos\alpha)^2}}$$

$$=|\sin\alpha+\sin\alpha\cos\alpha|=|\sin\alpha(1+\cos\alpha)|$$

$0<\alpha<\pi$ より　$\sin\alpha>0$，$1+\cos\alpha>0$

ゆえに　$|\sin\alpha(1+\cos\alpha)|=\sin\alpha(1+\cos\alpha)>0$　　したがって　$d>0$

(2)　$\mathrm{OA}=\sqrt{\cos^2\alpha+\sin^2\alpha}=1$

よって，(1) から　$S=\dfrac{1}{2}\cdot\mathrm{OA}\cdot d=\dfrac{1}{2}\sin\alpha(1+\cos\alpha)$

このとき　$$\frac{dS}{d\alpha}=\frac{1}{2}\{\cos\alpha(1+\cos\alpha)+\sin\alpha(-\sin\alpha)\}$$

$$=\frac{1}{2}(\cos\alpha+\cos^2\alpha-\sin^2\alpha)$$

$$=\frac{1}{2}(2\cos^2\alpha+\cos\alpha-1)=\frac{1}{2}(\cos\alpha+1)(2\cos\alpha-1)$$

A
d
O
B

$\dfrac{dS}{d\alpha}=0$ とすると　$\cos\alpha=-1,\ \dfrac{1}{2}$

$0<\alpha<\pi$ から　$\alpha=\dfrac{\pi}{3}$

よって，S の増減表は右のようになる。

α	0	$\cdots$	$\dfrac{\pi}{3}$	$\cdots$	π
$\dfrac{dS}{d\alpha}$	／	+	0	−	／
S	／	↗	最大	↘	／

$\alpha=\dfrac{\pi}{3}$ のとき，$S=\dfrac{1}{2}\cdot\dfrac{\sqrt{3}}{2}\left(1+\dfrac{1}{2}\right)=\dfrac{3\sqrt{3}}{8}$ であるから，△OAB の面積 S は $\alpha=\dfrac{\pi}{3}$

で最大値 $\dfrac{3\sqrt{3}}{8}$ をとる。

94 (1) 時刻 t における2点 P，Q の座標は　　$\mathrm{P}(t,\ 0,\ 0)$，$\mathrm{Q}\left(0,\ \dfrac{t}{2},\ 0\right)$

[1] $0\leqq t\leqq\dfrac{1}{2}$ のとき

点 R の座標は $\mathrm{R}(0,\ 0,\ 2t)$ であるから

$\overrightarrow{\mathrm{PR}}=(-t,\ 0,\ 2t)$，$\overrightarrow{\mathrm{PQ}}=\left(-t,\ \dfrac{t}{2},\ 0\right)$

よって　　$|\overrightarrow{\mathrm{PR}}|^2=5t^2$，$|\overrightarrow{\mathrm{PQ}}|^2=\dfrac{5}{4}t^2$，$\overrightarrow{\mathrm{PQ}}\cdot\overrightarrow{\mathrm{PR}}=t^2$

ゆえに　　$S(t)=\dfrac{1}{2}\sqrt{5t^2\cdot\dfrac{5}{4}t^2-t^4}=\dfrac{1}{2}\sqrt{\dfrac{21}{4}t^4}=\dfrac{\sqrt{21}}{4}t^2$

[2] $\dfrac{1}{2}\leqq t\leqq 1$ のとき

点 R の座標は $\mathrm{R}(0,\ 0,\ 2-2t)$ であるから

$$\overrightarrow{\mathrm{PR}}=(-t,\ 0,\ 2-2t),\ \overrightarrow{\mathrm{PQ}}=\left(-t,\ \frac{t}{2},\ 0\right)$$

よって　　$|\overrightarrow{\mathrm{PR}}|^2=t^2+4-8t+4t^2=5t^2-8t+4$，$|\overrightarrow{\mathrm{PQ}}|^2=\dfrac{5}{4}t^2$，$\overrightarrow{\mathrm{PQ}}\cdot\overrightarrow{\mathrm{PR}}=t^2$

ゆえに　　$S(t)=\dfrac{1}{2}\sqrt{\dfrac{5}{4}t^2(5t^2-8t+4)-t^4}=\dfrac{1}{2}\sqrt{\dfrac{21}{4}t^4-10t^3+5t^2}$

$$=\frac{1}{4}t\sqrt{21t^2-40t+20}$$

(2) [1] $0\leqq t\leqq\dfrac{1}{2}$ のとき

$S(t)=\dfrac{\sqrt{21}}{4}t^2$ は単調に増加する。

よって，$t=\dfrac{1}{2}$ のとき　　最大値 $S\left(\dfrac{1}{2}\right)=\dfrac{\sqrt{21}}{16}$

[2] $\dfrac{1}{2}\leqq t\leqq 1$ のとき

$f(t)=21t^4-40t^3+20t^2$ とおく。

このとき，$S(t)=\dfrac{1}{4}\sqrt{f(t)}$ であるから，$S(t)$ が最大となるとき，$f(t)$ も最大となる。

また　　$f'(t)=84t^3-120t^2+40t=4t(21t^2-30t+10)$

$\frac{1}{2}<t<1$ のとき，$f'(t)=0$ とすると　　$t=\frac{15\pm\sqrt{15}}{21}$

ゆえに，$f(t)$ の増減表は次のようになる。

t	$\frac{1}{2}$	…	$\frac{15-\sqrt{15}}{21}$	…	$\frac{15+\sqrt{15}}{21}$	…	1
$f'(t)$	／	＋	0	－	0	＋	／
$f(t)$	$\frac{21}{16}$	↗	極大	↘	極小	↗	1

$\frac{21}{16}>1$ であるから，$t=\frac{15-\sqrt{15}}{21}$ で $f(t)$ は最大となる。

[1]，[2] から，$S(t)$ を最大にする t の値は　　$t=\frac{15-\sqrt{15}}{21}$

95　(1)　$y'=\log x+x\cdot\frac{1}{x}=\log x+1$

よって，点 $(t,\ t\log t)$ における C_1 の接線の方程式は　　$y-t\log t=(\log t+1)(x-t)$

すなわち　　$y=(\log t+1)x-t$

(2)　(1) で求めた接線が C_2 に接するとき，x の 2 次方程式 $(x-a)^2-\frac{1}{4}=(\log t+1)x-t$

の判別式を D とすると $D=0$ である。

この 2 次方程式を整理すると　　$x^2-(2a+\log t+1)x+a^2+t-\frac{1}{4}=0$

よって　　$D=\{-(2a+\log t+1)\}^2-4\left(a^2+t-\frac{1}{4}\right)=0$

整理すると　　$4a^2+4(\log t+1)a+(\log t+1)^2-4a^2-4t+1=0$

ゆえに　　$4(\log t+1)a=-(\log t+1)^2+4t-1$

$t>\frac{1}{e}$ より，$\log t+1>0$ であるから　　$a=-\frac{1}{4}(\log t+1)+\frac{4t-1}{4(\log t+1)}$

(3)　$f(t)=-\frac{1}{4}(\log t+1)+\frac{4t-1}{4(\log t+1)}$ とする。

$$f'(t)=-\frac{1}{4t}+\frac{1}{4}\cdot\frac{4(\log t+1)-\frac{4t-1}{t}}{(\log t+1)^2}$$

$$=\frac{-(\log t+1)^2+4t(\log t+1)-(4t-1)}{4t(\log t+1)^2}=\frac{-\log t(\log t-4t+2)}{4t(\log t+1)^2}$$

ここで，$g(t)=\log t-4t+2$ とする。

$t>\dfrac{1}{e}$，$e<3$ であるから　　$g'(t)=\dfrac{1}{t}-4<e-4<0$

よって，$g(t)$ は単調に減少する。

ゆえに，$t>\dfrac{1}{e}$ のとき　　$g(t)<g\left(\dfrac{1}{e}\right)=1-\dfrac{4}{e}<0$

したがって，$f'(t)=0$ とすると，$\log t=0$ であるから　　$t=1$

よって，$f(t)$ の増減表は右のようになる。

t	$\frac{1}{e}$	$\cdots$	1	$\cdots$
$f'(t)$	／	$-$	0	$+$
$f(t)$	／	↘	極小	↗

$f(1)=-\dfrac{1}{4}(0+1)+\dfrac{3}{4(0+1)}=\dfrac{1}{2}$ であるから，

a は $t=1$ で最小値 $\dfrac{1}{2}$ をとる。

96 (1)　A (1，0) としても一般性を失わない。

このとき，条件を満たす図形は右の図のようになる。

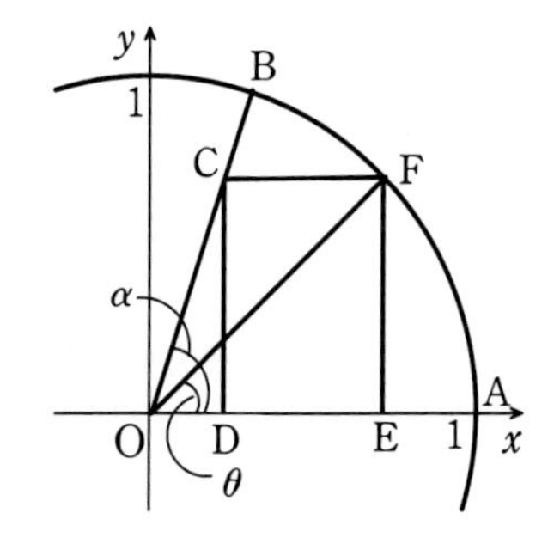

OF$=1$ から　　$\mathrm{CD}=\mathrm{EF}=\mathrm{OF}\sin\theta=\sin\theta$

$$\mathrm{DE}=\mathrm{OE}-\mathrm{OD}=\mathrm{OF}\cos\theta-\frac{\mathrm{CD}}{\tan\alpha}$$

$$=\cos\theta-\frac{\sin\theta}{\tan\alpha}$$

(2)　長方形 CDEF の面積を S とすると

$$S=\mathrm{CD}\cdot\mathrm{DE}=\sin\theta\left(\cos\theta-\frac{\sin\theta}{\tan\alpha}\right)=\sin\theta\left(\cos\theta-\frac{\cos\alpha\sin\theta}{\sin\alpha}\right)$$

$$=\frac{1}{\sin\alpha}(\sin\theta\cos\theta\sin\alpha-\sin^2\theta\cos\alpha)$$

$$=\frac{1}{\sin\alpha}\left(\frac{1}{2}\sin2\theta\sin\alpha-\frac{1-\cos2\theta}{2}\cos\alpha\right)$$

$$=\frac{1}{2\sin\alpha}(\cos2\theta\cos\alpha+\sin2\theta\sin\alpha-\cos\alpha)$$

$$=\frac{1}{2\sin\alpha}\{\cos(2\theta-\alpha)-\cos\alpha\}=\frac{1}{2\sin\alpha}\cos(2\theta-\alpha)-\frac{\cos\alpha}{2\sin\alpha}$$

したがって，長方形 CDEF の面積は　　$\dfrac{1}{2\sin\alpha}\cos(2\theta-\alpha)-\dfrac{\cos\alpha}{2\sin\alpha}$

(3)　$0<\theta<\alpha<\dfrac{\pi}{2}$ のとき，$S(\theta)=\dfrac{1}{2\sin\alpha}\cos(2\theta-\alpha)-\dfrac{\cos\alpha}{2\sin\alpha}$ とすると

$$S'(\theta)=-\frac{1}{\sin\alpha}\sin(2\theta-\alpha)$$

$-\alpha<2\theta-\alpha<\alpha$ より　$-\dfrac{\pi}{2}<-\alpha<2\theta-\alpha<\alpha<\dfrac{\pi}{2}$

よって，$S'(\theta)=0$ とすると　　$\theta=\dfrac{\alpha}{2}$

ゆえに，$S(\theta)$ の増減表は右のようになる。

θ	0	…	$\dfrac{\alpha}{2}$	…	α
$S'(\theta)$	／	+	0	−	／
$S(\theta)$	／	↗	最大	↘	／

$S\left(\dfrac{\alpha}{2}\right)=\dfrac{1}{2\sin\alpha}\cdot\cos 0-\dfrac{\cos\alpha}{2\sin\alpha}=\dfrac{1-\cos\alpha}{2\sin\alpha}$

であるから，長方形 CDEF の面積は

$\theta=\dfrac{\alpha}{2}$ で最大値 $\dfrac{1-\cos\alpha}{2\sin\alpha}$ をとる。

別解　(2) から，長方形 CDEF の面積が最大となるのは $\cos(2\theta-\alpha)$ が最大となるときである。

ここで，$0<\theta<\alpha<\dfrac{\pi}{2}$ より　　$-\alpha<2\theta-\alpha<\alpha$

すなわち　　$-\dfrac{\pi}{2}<-\alpha<2\theta-\alpha<\alpha<\dfrac{\pi}{2}$

よって，$\cos(2\theta-\alpha)$ が最大となるのは，$2\theta-\alpha=0$ すなわち $\theta=\dfrac{\alpha}{2}$ のときである。

したがって，長方形 CDEF の面積は $\theta=\dfrac{\alpha}{2}$ で最大値 $\dfrac{1-\cos\alpha}{2\sin\alpha}$ をとる。

97　$t=e^{-x^2}+\dfrac{1}{4}x^2+1$ とする。

このとき　　$f(x)=t+\dfrac{1}{t}$

$-1\leqq x\leqq 1$ における $t=g(x)$ のとりうる値の範囲を求める。

$g(-x)=g(x)$ より，$g(x)$ は偶関数であるから，$0\leqq x\leqq 1$ の範囲を考える。

$$g'(x)=-2xe^{-x^2}+\frac{1}{2}x=-2x\left(e^{-x^2}-\frac{1}{4}\right)$$

$0<e<4$ から，$0<x<1$ で　　$e^{-x^2}-\dfrac{1}{4}>\dfrac{1}{e}-\dfrac{1}{4}>0$

よって　　$g'(x)<0$

ゆえに，$g(x)$ は $0\leqq x\leqq 1$ で単調に減少する。

したがって，$0\leqq x\leqq 1$ のとき，t のとりうる値の範囲は　　$g(1)\leqq t\leqq g(0)$

すなわち　　$\dfrac{4+5e}{4e}\leqq t\leqq 2$

さらに，$h(t)=t+\dfrac{1}{t}$ とする。

t のとりうる値の範囲は，$1<\frac{4+5e}{4e}\leqq t\leqq 2$ から　　$h'(t)=1-\frac{1}{t^2}>0$

よって，$h(t)$ は $\frac{4+5e}{4e}\leqq t\leqq 2$ で単調に増加する。

ゆえに　　$h\left(\frac{4+5e}{4e}\right)\leqq h(t)\leqq h(2)$

ここで，$f(x)=t+\frac{1}{t}$ より　　$h\left(\frac{4+5e}{4e}\right)\leqq f(x)\leqq h(2)$

また，$h\left(\frac{4+5e}{4e}\right)=\frac{4+5e}{4e}+\frac{4e}{4+5e}$，$h(2)=\frac{5}{2}$ から，$f(x)$ は最大値 $\frac{5}{2}$，最小値

$\frac{4+5e}{4e}+\frac{4e}{4+5e}$ をとる。

98　(1)　$\mathrm{P}(x,\ y)$ とする。

$$S=\mathrm{AP}^2+\mathrm{BP}^2=\{(x+3)^2+(y+2)^2\}+\{(x-1)^2+(y+2)^2\}$$
$$=2(x^2+y^2)+4(x+2y)+18$$

点Pは円 $x^2+y^2=1$ 上を動くから，$x^2+y^2=1$ を代入して，S を x，y の1次式で表すと　　$S=2\cdot 1+4(x+2y)+18=4x+8y+20$

(2)　$x=\cos\theta$，$y=\sin\theta$ とおく。

また，$0\leqq\theta<2\pi$ としても一般性を失わない。

このとき　　$S=4\cos\theta+8\sin\theta+20$

$$=4\sqrt{5}\sin(\theta+\alpha)+20$$

と表せる。

ただし，α は $\sin\alpha=\frac{1}{\sqrt{5}}$，$\cos\alpha=\frac{2}{\sqrt{5}}$ を満たす実数である。

ゆえに，S が最小となるとき　　$\sin(\theta+\alpha)=-1$

このとき，$\cos(\theta+\alpha)=0$ から加法定理により　$\begin{cases}\frac{1}{\sqrt{5}}\cos\theta+\frac{2}{\sqrt{5}}\sin\theta=-1\\ \frac{2}{\sqrt{5}}\cos\theta-\frac{1}{\sqrt{5}}\sin\theta=0\end{cases}$

これを解くと　　$\cos\theta=-\frac{1}{\sqrt{5}}$，$\sin\theta=-\frac{2}{\sqrt{5}}$

したがって，S は $\mathrm{P}\left(-\frac{1}{\sqrt{5}},\ -\frac{2}{\sqrt{5}}\right)$ で最小値 $-4\sqrt{5}+20$ をとる。

(3)　(1) と同様に $x^2+y^2=1$ であるから

$$T=\frac{\mathrm{BP}^2}{\mathrm{AP}^2}=\frac{(x-1)^2+(y+2)^2}{(x+3)^2+(y+2)^2}=\frac{x^2-2x+1+y^2+4y+4}{x^2+6x+9+y^2+4y+4}$$

$$=\frac{(x^2+y^2)-2x+4y+5}{(x^2+y^2)+6x+4y+13}=\frac{-x+2y+3}{3x+2y+7}$$

(2) と同様に $x=\cos\theta$，$y=\sin\theta$ とすると　　$T=\dfrac{-\cos\theta+2\sin\theta+3}{3\cos\theta+2\sin\theta+7}$

$\sin^2\theta+\cos^2\theta=1$ であるから

$$\frac{dT}{d\theta}=\frac{(\sin\theta+2\cos\theta)(3\cos\theta+2\sin\theta+7)}{(3\cos\theta+2\sin\theta+7)^2}$$

$$-\frac{(-\cos\theta+2\sin\theta+3)(-3\sin\theta+2\cos\theta)}{(3\cos\theta+2\sin\theta+7)^2}$$

$$=\frac{8\cos\theta+16\sin\theta+8(\sin^2\theta+\cos^2\theta)}{(3\cos\theta+2\sin\theta+7)^2}=\frac{8(\cos\theta+2\sin\theta+1)}{(3\cos\theta+2\sin\theta+7)^2}$$

$\dfrac{dT}{d\theta}=0$ とすると　　$\cos\theta=-(2\sin\theta+1)$

これを $\sin^2\theta+\cos^2\theta=1$ に代入すると　　$\sin^2\theta+\{-(2\sin\theta+1)\}^2=1$

よって　　$5\sin^2\theta+4\sin\theta=0$

ゆえに　　$\sin\theta=0,\ -\dfrac{4}{5}$　　　このとき　　$\cos\theta=-1,\ \dfrac{3}{5}$

したがって，$\dfrac{dT}{d\theta}=0$ となるときの $\cos\theta$，$\sin\theta$ の値の組は

$$(\cos\theta,\ \sin\theta)=(-1,\ 0),\ \left(\frac{3}{5},\ -\frac{4}{5}\right)$$

ここで，β を $0<\beta<2\pi$ において，$\cos\beta=\dfrac{3}{5}$，$\sin\beta=-\dfrac{4}{5}$ を満たす実数とすると

$$\frac{3}{2}\pi<\beta<\frac{7}{4}\pi$$

よって，T の増減表は右のようになる。

θ	0	$\cdots$	π	$\cdots$	β	$\cdots$	2π
$\dfrac{dT}{d\theta}$	／	$+$	0	$-$	0	$+$	／
T	$\dfrac{1}{5}$	↗	極大	↘	極小	↗	／

$\theta=\beta$ のとき

$$T=\frac{-\cos\beta+2\sin\beta+3}{3\cos\beta+2\sin\beta+7}=\frac{-\dfrac{3}{5}+2\cdot\left(-\dfrac{4}{5}\right)+3}{3\cdot\dfrac{3}{5}+2\cdot\left(-\dfrac{4}{5}\right)+7}=\frac{\dfrac{4}{5}}{\dfrac{36}{5}}=\frac{1}{9}$$

$\dfrac{1}{5}>\dfrac{1}{9}$ から，T は $\mathrm{P}(\cos\beta,\ \sin\beta)$ すなわち $\mathrm{P}\left(\dfrac{3}{5},\ -\dfrac{4}{5}\right)$ で最小値 $\dfrac{1}{9}$ をとる。

99 (1)　ド・モアブルの定理により

$$z=\cos\theta+i\sin\theta,\ z^2=\cos2\theta+i\sin2\theta,\ z^3=\cos3\theta+i\sin3\theta$$

[1]　z の虚部が正であるとき　　$\sin\theta>0$

よって　　$0<\theta<\pi$

[2]　z^2 の虚部が正であるとき　　$\sin2\theta>0$

よって　　$0<\theta<\dfrac{\pi}{2},\ \pi<\theta<\dfrac{3}{2}\pi$

[3]　z^3 の虚部が正であるとき　　$\sin3\theta>0$

よって　　$0<\theta<\dfrac{\pi}{3},\ \dfrac{2}{3}\pi<\theta<\pi,\ \dfrac{4}{3}\pi<\theta<\dfrac{5}{3}\pi$

求める θ の範囲は，これらの共通範囲であるから　　$0<\theta<\dfrac{\pi}{3}$

(2)　$z=\overline{\left(\dfrac{1}{z}\right)},\ z^2=\overline{\left(\dfrac{1}{z^2}\right)},\ z^3=\overline{\left(\dfrac{1}{z^3}\right)}$ であるから，点Bと点G，点Cと点F，点Dと点Eはそれぞれ実軸に関して対称の点である。

[1]　$0<3\theta\leqq\dfrac{\pi}{2}$ すなわち $0<\theta\leqq\dfrac{\pi}{6}$ のとき

$\angle\mathrm{AOD}\leqq\dfrac{\pi}{2}$ であるから，七角形ABCDEFGは右の図のようになる。

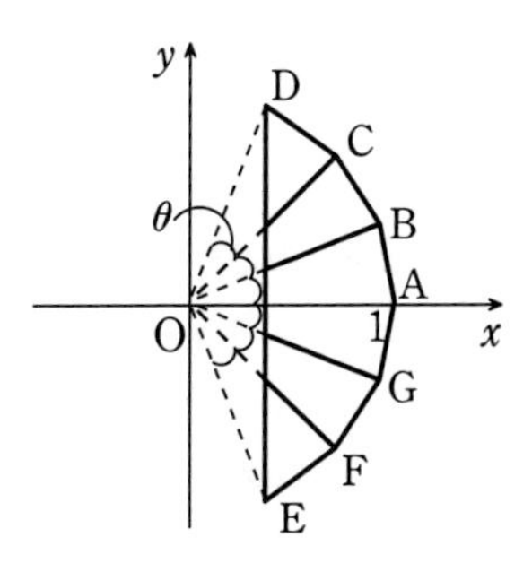

このとき，$S(\theta)$ は△OABと面積が等しい6つの三角形から，△ODEを引いたものであるから

$$S(\theta)=6\cdot\frac{1}{2}\cdot1\cdot1\cdot\sin\theta-\frac{1}{2}\cdot1\cdot1\cdot\sin6\theta$$

$$=3\sin\theta-\frac{1}{2}\sin6\theta$$

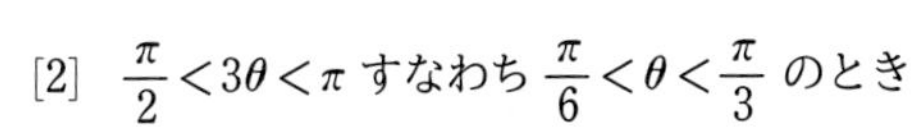
[2]　$\dfrac{\pi}{2}<3\theta<\pi$ すなわち $\dfrac{\pi}{6}<\theta<\dfrac{\pi}{3}$ のとき

$\angle\mathrm{AOD}>\dfrac{\pi}{2}$ であるから，七角形ABCDEFGは右の図のようになる。

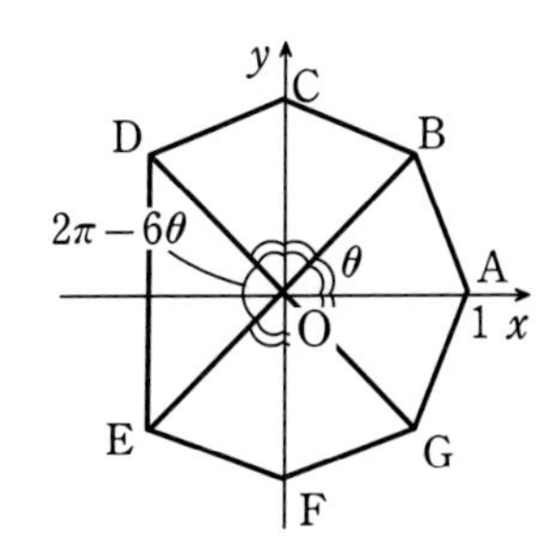

このとき，$S(\theta)$ は△OABと面積が等しい6つの三角形に，△ODEを加えたものであるから

$$S(\theta)=6\cdot\frac{1}{2}\cdot1\cdot1\cdot\sin\theta+\frac{1}{2}\cdot1\cdot1\cdot\sin(2\pi-6\theta)$$

$$=3\sin\theta-\frac{1}{2}\sin6\theta$$

[1], [2] から　　$S(\theta)=3\sin\theta-\dfrac{1}{2}\sin 6\theta$

(3)　$S'(\theta)=3\cos\theta-3\cos 6\theta=3\left\{\cos\left(\dfrac{7}{2}\theta-\dfrac{5}{2}\theta\right)-\cos\left(\dfrac{7}{2}\theta+\dfrac{5}{2}\theta\right)\right\}$

$=3\cdot 2\sin\dfrac{7}{2}\theta\sin\dfrac{5}{2}\theta$

$0<\theta<\dfrac{\pi}{3}$ より，$0<\dfrac{7}{2}\theta<\dfrac{7}{6}\pi$，$0<\dfrac{5}{2}\theta<\dfrac{5}{6}\pi$ から，$S'(\theta)=0$ とすると　　$\dfrac{7}{2}\theta=\pi$

すなわち　　$\theta=\dfrac{2}{7}\pi$

よって，$S(\theta)$ の増減表は右のようになる。

したがって，$S(\theta)$ は $\theta=\dfrac{2}{7}\pi$ で最大値をとる。

θ	0	$\cdots$	$\dfrac{2}{7}\pi$	$\cdots$	$\dfrac{\pi}{3}$
$S'(\theta)$	／	$+$	0	$-$	／
$S(\theta)$	／	↗	最大	↘	／

100　(1)　次の場合に分けて考える。

[1]　$x<0$ のとき

$f(x)=-1+x+x-(x-2)=x+1$

[2]　$0\leqq x<2$ のとき

$f(x)=-1+x-x-(x-2)=-x+1$

[3]　$x\geqq 2$ のとき

$f(x)=-1+x-x+(x-2)=x-3$

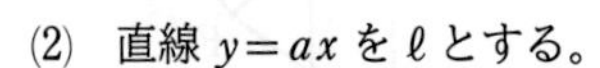

以上から，C の概形は右の図のようになる。

(2)　直線 $y=ax$ を ℓ とする。

ℓ が点 $(2,\ -1)$ を通るとき，$a=-\dfrac{1}{2}$ であり，また，C の $x<0$，$x\geqq 2$ における直線の傾きは 1 であるから，次の場合に分けて考える。

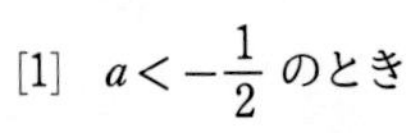

[1]　$a<-\dfrac{1}{2}$ のとき

C は ℓ と $x<0$ で共有点を 1 個もつ。

[2]　$a=-\dfrac{1}{2}$ のとき

C は ℓ と 2 点 $\left(-\dfrac{2}{3},\ \dfrac{1}{3}\right)$，$(2,\ -1)$ の共有点をもつ。

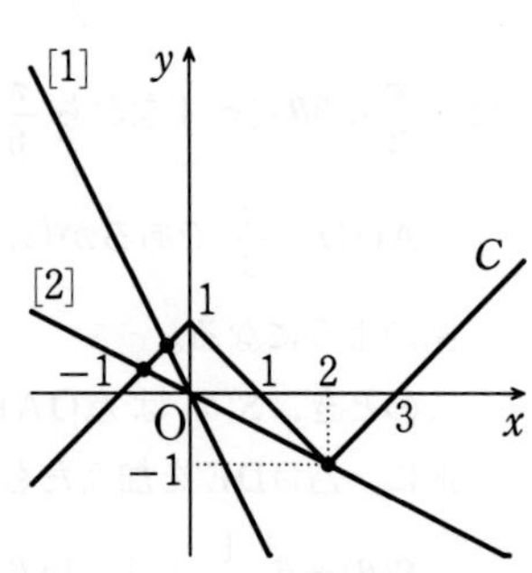

[3]　$-\dfrac{1}{2}<a<1$ のとき

C は ℓ と $x<0$，$0<x<2$，$2<x$ でそれぞれ1個ずつ，計3個の共有点をもつ。

[4]　$a \geqq 1$ のとき

C は ℓ と $0<x<2$ で共有点を1個もつ。

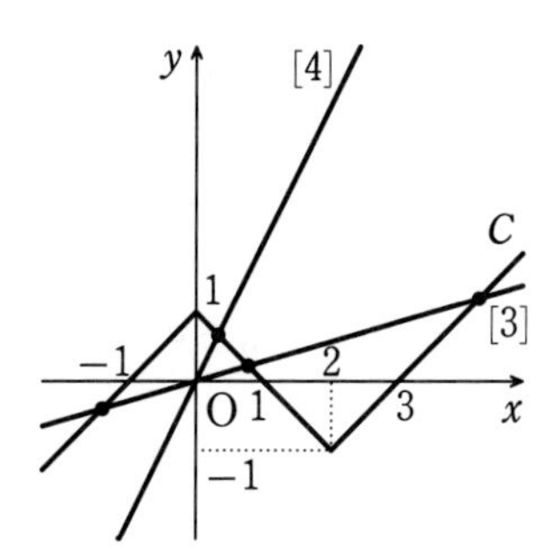

以上から，求める共有点の個数は

$a<-\dfrac{1}{2}$，$1 \leqq a$ のとき　　1個

$a=-\dfrac{1}{2}$ のとき　　2個

$-\dfrac{1}{2}<a<1$ のとき　　3個

(3)　共有点の個数が2個以上であるから　$-\dfrac{1}{2} \leqq a<1$

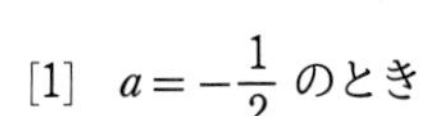

[1]　$a=-\dfrac{1}{2}$ のとき

求める面積は右の図の斜線部分であるから

$$S\left(-\frac{1}{2}\right)=\frac{1}{2}\cdot 1\cdot\left\{2-\left(-\frac{2}{3}\right)\right\}=\frac{4}{3}$$

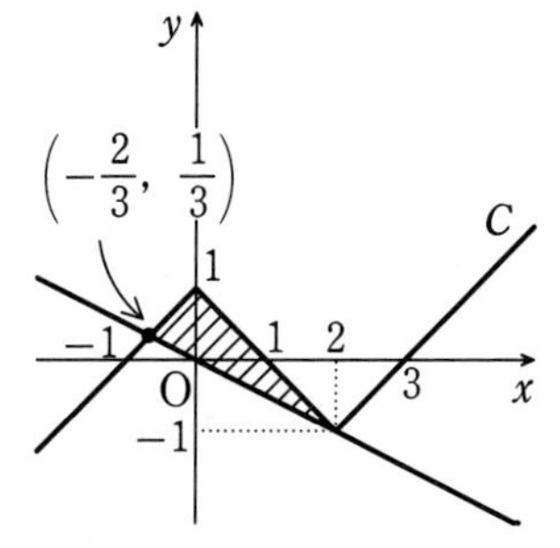

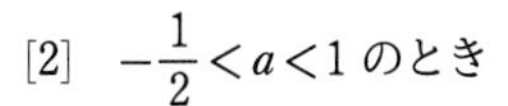

[2]　$-\dfrac{1}{2}<a<1$ のとき

C と ℓ の共有点を，x 座標が小さい順にそれぞれ P，Q，R とする。

このとき，P，Q，R の座標は $y=ax$ と $y=x+1$，$y=-x+1$，$y=x-3$ をそれぞれ連立して解いて

$$\mathrm{P}\left(\frac{1}{a-1},\ \frac{a}{a-1}\right),\ \mathrm{Q}\left(\frac{1}{a+1},\ \frac{a}{a+1}\right),\ \mathrm{R}\left(-\frac{3}{a-1},\ -\frac{3a}{a-1}\right)$$

で表される。

ここで，A(0, 1)，B(2, −1) とすると，求める面積 $S(a)$ は右の図の斜線部分である。

したがって，$S(a)=\triangle\mathrm{APQ}+\triangle\mathrm{BRQ}$ と表される。

$$\triangle\mathrm{APQ}=\frac{1}{2}\cdot 1\cdot\left(\frac{1}{a+1}-\frac{1}{a-1}\right)=\frac{1}{1-a^2}$$

$$\triangle\mathrm{BRQ}=\frac{1}{2}(2a+1)\left(-\frac{3}{a-1}-\frac{1}{a+1}\right)$$

$$=\frac{1}{2}(2a+1)\left\{-\frac{2(2a+1)}{a^2-1}\right\}=\frac{4a^2+4a+1}{1-a^2}$$

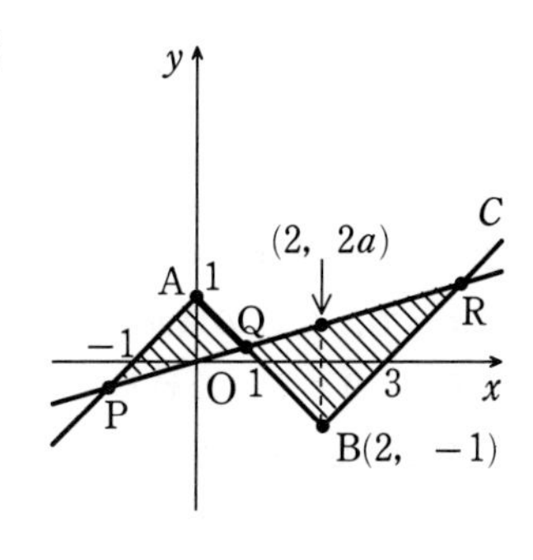

よって　　$S(a)=\dfrac{1}{1-a^2}+\dfrac{4a^2+4a+1}{1-a^2}=\dfrac{2(2a^2+2a+1)}{1-a^2}$

これは，$a=-\dfrac{1}{2}$ のときにも成り立つ。

以上から，$-\dfrac{1}{2}\leqq a<1$ で　　$S(a)=\dfrac{2(2a^2+2a+1)}{1-a^2}$

よって　　$S'(a)=2\cdot\dfrac{(4a+2)(1-a^2)-(2a^2+2a+1)(-2a)}{(1-a^2)^2}=\dfrac{4(a^2+3a+1)}{(1-a^2)^2}$

$-\dfrac{1}{2}\leqq a<1$ であるから，$S'(a)=0$ とすると　　$a=\dfrac{-3+\sqrt{5}}{2}$

$\alpha=\dfrac{-3+\sqrt{5}}{2}$ とすると，$S(a)$ の増減表は右のようになる。

a	$-\dfrac{1}{2}$	$\cdots$	α	$\cdots$	1
$S'(a)$	／	$-$	0	$+$	／
$S(a)$	$\dfrac{4}{3}$	↘	極小	↗	／

よって，$S(a)$ は $a=\alpha$ で最小となる。
ここで，α は $S'(\alpha)=0$ を満たすから，
$\alpha^2+3\alpha+1=0$ より　　$\alpha^2=-3\alpha-1$

ゆえに　　$S(\alpha)=\dfrac{2(2\alpha^2+2\alpha+1)}{1-\alpha^2}=2\cdot\dfrac{2(-3\alpha-1)+2\alpha+1}{1+(3\alpha+1)}=\dfrac{-8\alpha-2}{3\alpha+2}$

$\alpha=\dfrac{-3+\sqrt{5}}{2}$ から

$$S(\alpha)=\frac{-8\left(\dfrac{-3+\sqrt{5}}{2}\right)-2}{3\left(\dfrac{-3+\sqrt{5}}{2}\right)+2}=\frac{-8\sqrt{5}+20}{3\sqrt{5}-5}=\frac{(-8\sqrt{5}+20)(3\sqrt{5}+5)}{(3\sqrt{5}-5)(3\sqrt{5}+5)}=\sqrt{5}-1$$

したがって，$S(a)$ は $a=\dfrac{-3+\sqrt{5}}{2}$ で最小値 $\sqrt{5}-1$ をとる。

101　(1)　$f'(x)=\dfrac{(2x^2-2x+1)'}{2x^2-2x+1}-2\cdot\dfrac{1}{x}=\dfrac{4x-2}{2x^2-2x+1}-\dfrac{2}{x}$

$$=\frac{x(4x-2)-2(2x^2-2x+1)}{x(2x^2-2x+1)}=\frac{2x-2}{x(2x^2-2x+1)}$$

(2)　$f'(x)=0$ とすると　　$x=1$

よって，$f(x)$ の増減表は右のようになる。

x	0	$\cdots$	1	$\cdots$
$f'(x)$	／	$-$	0	$+$
$f(x)$	／	↘	極小	↗

$f(1)=0$ から，$f(x)$ は $x=1$ で極小値 0 をとる。
また，極大値は存在しない。

(3)　方程式 $f(x)=k$ が異なる 2 個の実数解をもつのは，$y=f(x)$ のグラフと直線 $y=k$ が 2 個の共有点をもつときである。

$$\lim_{x\to+0} f(x)=\lim_{x\to+0}\log\frac{2x^2-2x+1}{x^2}=\infty$$

$$\lim_{x\to\infty} f(x)=\lim_{x\to\infty}\log\left(2-\frac{2}{x}+\frac{1}{x^2}\right)=\log 2$$

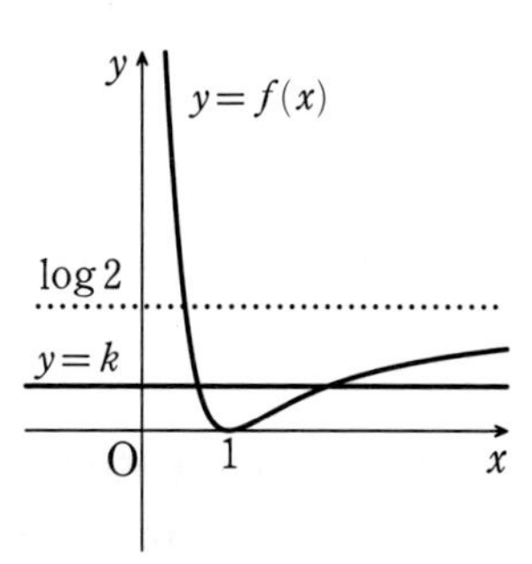

よって，(2) の増減表から，グラフは右の図のようになる。

$y=f(x)$ のグラフと直線 $y=k$ が 2 個の共有点をもつような定数 k の値の範囲は　　$0<k<\log 2$

したがって，求める定数 k の値の範囲は　　$0<k<\log 2$

102　(1)　$f(x)=1+\dfrac{1-x^2}{x^3}$ より

$$\lim_{x\to\infty} f(x)=\lim_{x\to\infty}\left(1+\frac{1}{x^3}-\frac{1}{x}\right)=1$$

$$\lim_{x\to-\infty} f(x)=\lim_{x\to-\infty}\left(1+\frac{1}{x^3}-\frac{1}{x}\right)=1$$

$$\lim_{x\to+0} f(x)=\lim_{x\to+0}\left(1+\frac{1-x^2}{x^3}\right)=\infty$$

$$\lim_{x\to-0} f(x)=\lim_{x\to-0}\left(1+\frac{1-x^2}{x^3}\right)=-\infty$$

(2)　$f(x)$ の定義域は $x\neq 0$ である。

このとき

$$f'(x)=\frac{(3x^2-2x)x^3-3x^2(x^3-x^2+1)}{x^6}$$

$$=\frac{3x^3-2x^2-3x^3+3x^2-3}{x^4}=\frac{x^2-3}{x^4}$$

$f'(x)=0$ とすると　　$x=\pm\sqrt{3}$

よって，$f(x)$ の増減表は次のようになる。

x	$\cdots$	$-\sqrt{3}$	$\cdots$	0	$\cdots$	$\sqrt{3}$	$\cdots$
$f'(x)$	$+$	0	$-$	／	$-$	0	$+$
$f(x)$	↗	極大	↘	／	↘	極小	↗

(1) から，漸近線は直線 $x=0$ と直線 $y=1$ である。

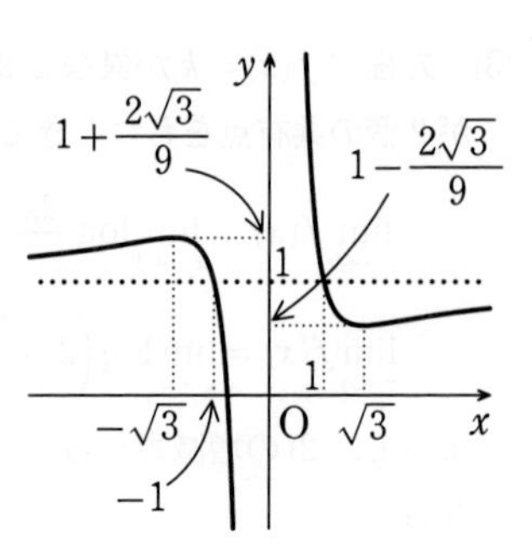

また　　$f(-\sqrt{3})=1+\dfrac{1-(-\sqrt{3})^2}{(-\sqrt{3})^3}=1+\dfrac{2\sqrt{3}}{9}$

$$f(\sqrt{3})=1+\frac{1-(\sqrt{3})^2}{(\sqrt{3})^3}=1-\frac{2\sqrt{3}}{9}$$

したがって，$y=f(x)$ のグラフは右の図のようになる。

(3)　方程式 $f(x)=k$ が異なる 3 個の実数解をもつのは，$y=f(x)$ のグラフと直線 $y=k$ が 3 個の共有点をもつときである。

このとき，(2) のグラフから右の図のようになる。

したがって，求める k の値の範囲は

$$1-\frac{2\sqrt{3}}{9}<k<1,\ 1<k<1+\frac{2\sqrt{3}}{9}$$

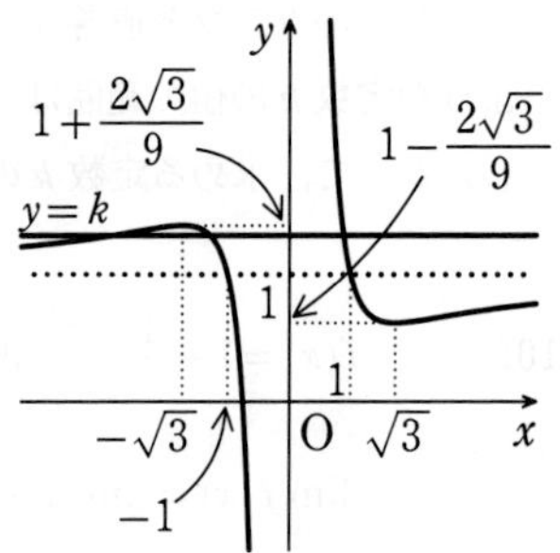

103　(1)　$f(a)-f(b)=(a^2-ka)-(b^2-kb)=(a^2-b^2)-k(a-b)$

$$=(a-b)(a+b)-k(a-b)=(a-b)(a+b-k)$$

(2)　$g'(x)=1-\dfrac{x}{\sqrt{1-x^2}}=\dfrac{\sqrt{1-x^2}-x}{\sqrt{1-x^2}}$

$g'(x)=0$ とすると　　$\sqrt{1-x^2}=x$

このとき，(左辺)$\geqq 0$ であるから　　(右辺)$\geqq 0$

よって，$x\geqq 0$ のとき，両辺を 2 乗して

$1-x^2=x^2$　　これを解くと　$x=\dfrac{1}{\sqrt{2}}$

よって，$g(x)$ の増減表は右のようになる。

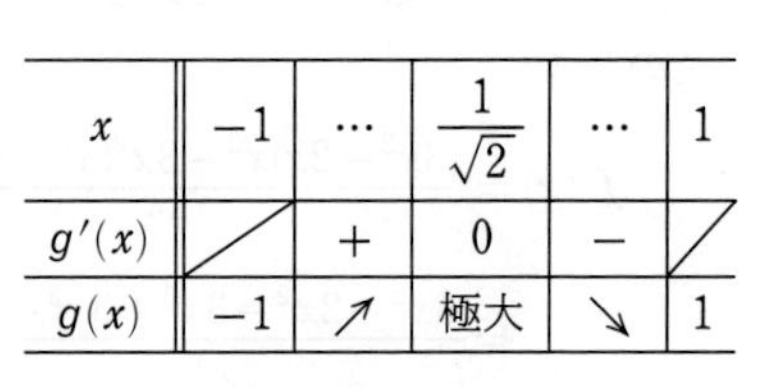

x	-1	$\cdots$	$\frac{1}{\sqrt{2}}$	$\cdots$	1
$g'(x)$	／	$+$	0	$-$	／
$g(x)$	-1	↗	極大	↘	1

また，$g\left(\dfrac{1}{\sqrt{2}}\right)=\dfrac{1}{\sqrt{2}}+\sqrt{1-\left(\dfrac{1}{\sqrt{2}}\right)^2}=\sqrt{2}$

したがって，$y=g(x)$ のグラフは右の図のようになる。

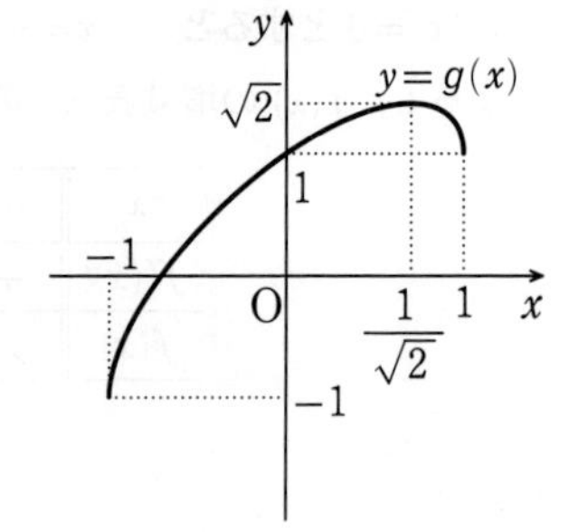

(3)　$y=f(x)$ と $y=f\left(\sqrt{1-x^2}\right)$ のグラフの共有点の個数は，x の方程式

$f(x)=f\left(\sqrt{1-x^2}\right)$ の実数解の個数と一致する。

よって　　$x^2-kx=(1-x^2)-k\sqrt{1-x^2}$

すなわち　　$x^2-(1-x^2)=k\left(x-\sqrt{1-x^2}\right)$　……①

(2) から，$x-\sqrt{1-x^2}=0$ を解くと　　$x=\dfrac{1}{\sqrt{2}}$

このとき，① の (左辺)$=0$，(右辺)$=0$ となるから，$x=\dfrac{1}{\sqrt{2}}$ は k の値によらず，常に

① の解である。

$x \neq \dfrac{1}{\sqrt{2}}$ のとき，① は

$$k=\frac{x^2-(1-x^2)}{x-\sqrt{1-x^2}}=\frac{\left(x-\sqrt{1-x^2}\right)\left(x+\sqrt{1-x^2}\right)}{x-\sqrt{1-x^2}}=x+\sqrt{1-x^2}=g(x)$$

ゆえに，$x \neq \dfrac{1}{\sqrt{2}}$ において，① の実数解の個数は，$y=g(x)$ のグラフと直線 $y=k$ の

共有点の個数と一致する。

(2) から，$y=g(x)$ のグラフは右の図のようになる。

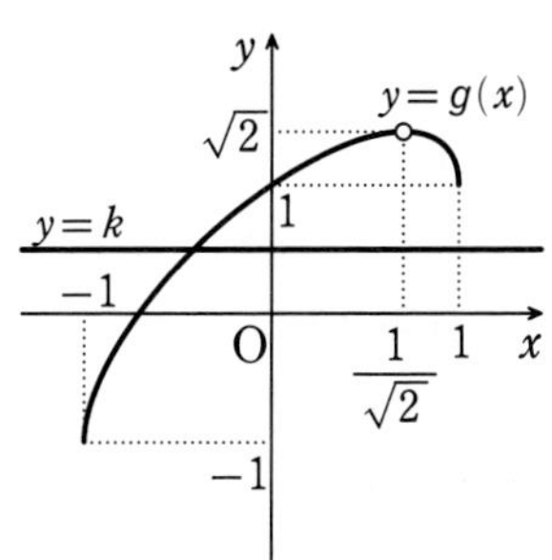

したがって，この共有点の個数は

$k<-1$，$\sqrt{2} \leqq k$ のとき　0 個

$-1 \leqq k<1$ のとき　　1 個

$1 \leqq k<\sqrt{2}$ のとき　　2 個

① の解，$x=\dfrac{1}{\sqrt{2}}$ と合わせると

$k<-1$，$\sqrt{2} \leqq k$ のとき 1 個，$-1 \leqq k<1$ のとき 2 個，$1 \leqq k<\sqrt{2}$ のとき 3 個

104　(1)　$f(x)=1+\dfrac{x}{1}+\dfrac{x^2}{2!}+\dfrac{x^3}{3!}+\cdots\cdots+\dfrac{x^n}{n\,!}$ より

$$f'(x)=\frac{1}{1}+\frac{2x}{2!}+\frac{3x^2}{3!}+\cdots\cdots+\frac{nx^{n-1}}{n\,!}$$

$$=1+\frac{x}{1}+\frac{x^2}{2!}+\cdots\cdots+\frac{x^{n-1}}{(n-1)!}=1+\sum_{k=1}^{n-1}\frac{x^k}{k\,!}$$

よって　　$g'(x)=\{f(x)e^{-x}\}'=f'(x)e^{-x}+f(x)(-e^{-x})$

$$=\{f'(x)-f(x)\}e^{-x}=-\frac{x^n e^{-x}}{n\,!}$$

(2)　n は正の偶数であるから，$x<0$ のとき　$g'(x)=-\dfrac{x^n e^{-x}}{n!}<0$

よって，$y=g(x)$ は $x<0$ で単調に減少する。

また　$g(0)=f(0)e^0=1$

したがって，$x<0$ のとき　$g(x)>1$

(3)　$x \geqq 0$ のとき，$x^k \geqq 0$ であるから　$f(x)=1+\displaystyle\sum_{k=1}^{n}\frac{x^k}{k!} \geqq 1$

よって，$x \geqq 0$ のとき，方程式 $f(x)=0$ を満たす実数解は存在しない。

(2) より，$x<0$ のとき，$g(x)>1$ であるから　$f(x)e^{-x}>1$

また，$e^{-x}>0$ であるから　$f(x)>0$

ゆえに，$x<0$ のとき，方程式 $f(x)=0$ を満たす実数解は存在しない。

したがって，方程式 $f(x)=0$ は実数解をもたない。

105　(1)　$f^{(1)}(x)=e^x+xe^x=(x+1)e^x$

$f^{(2)}(x)=e^x+(x+1)e^x=(x+2)e^x$

$f^{(3)}(x)=e^x+(x+2)e^x=(x+3)e^x$

(2)　(1) より，すべての自然数 n に対して

$$f^{(n)}(x)=(x+n)e^x \quad \cdots\cdots ①$$

と推測できる。

すべての自然数 n に対して，① が成り立つことを数学的帰納法を用いて示す。

[1]　$n=1$ のとき

$$f^{(1)}(x)=(x+1)e^x$$

よって，$n=1$ のとき，① が成り立つ。

[2]　$n=k$ のとき，① が成り立つ，すなわち $f^{(k)}(x)=(x+k)e^x$ が成り立つと仮定する。

このとき　$f^{(k+1)}(x)=e^x+(x+k)e^x=\{x+(k+1)\}e^x$

よって，$n=k+1$ のときにも ① が成り立つ。

以上より，すべての自然数 n に対して，$f^{(n)}(x)=(x+n)e^x$ が成り立つ。

また，$f^{(n)}(x)=0$ とすると，$e^x>0$ であるから　$x=-n$

ゆえに，x の方程式 $f^{(n)}(x)=0$ を満たす x の実数解の個数は 1 個である。

したがって，曲線 $y=f^{(n)}(x)$ と x 軸の共有点の個数は　1 個

(3)　$g^{(n)}(x)$ は，「実数 p_n，q_n を用いて $g^{(n)}(x)=(x^2+p_n x+q_n)e^x$ と表せる」ことを ② とする。

すべての自然数 n に対して，② が成り立つことを数学的帰納法を用いて示す。

[1]　$n=1$ のとき

$$g^{(1)}(x)=2xe^x+x^2e^x=(x^2+2x)e^x$$

$p_1=2$，$q_1=0$ から，$n=1$ のとき ② が成り立つ。

[2]　$n=k$ のとき，② が成り立つ，すなわち $g^{(k)}(x)=(x^2+p_kx+q_k)e^x$ を満たす実数 p_k，q_k が存在すると仮定する。

このとき

$$g^{(k+1)}(x)=(2x+p_k)e^x+(x^2+p_kx+q_k)e^x=\{x^2+(p_k+2)x+p_k+q_k\}e^x$$

ここで，$p_{k+1}=p_k+2$，$q_{k+1}=p_k+q_k$ は実数であるから，$n=k+1$ のときにも ② が成り立つ。

以上から，すべての自然数 n に対して，$g^{(n)}(x)$ は，実数 p_n，q_n を用いて $g^{(n)}(x)=(x^2+p_nx+q_n)e^x$ と表せる。

(4)　(3) より　　$p_{n+1}=p_n+2$

$p_1=2$ であるから，数列 $\{p_n\}$ は初項 2，公差 2 の等差数列である。

よって　　$p_n=2+2(n-1)=2n$

また，(3) より　　$q_{n+1}=p_n+q_n$

$p_n=2n$ から　　$q_{n+1}=q_n+2n$

ゆえに，$n\geqq 2$ のとき　　$q_n=q_1+\sum_{k=1}^{n-1}2k=0+2\cdot\frac{1}{2}(n-1)n=n(n-1)$

これは $n=1$ のときにも成り立つ。

よって　　$g^{(n)}(x)=\{x^2+2nx+n(n-1)\}e^x$

また，$g^{(n)}(x)=0$ とすると，$e^x>0$ であるから　　$x^2+2nx+n(n-1)=0$

この 2 次方程式の判別式を D とすると　　$\frac{D}{4}=n^2-n(n-1)=n>0$

よって，x の方程式 $g^{(n)}(x)=0$ を満たす x の実数解の個数は 2 個である。

したがって，曲線 $y=g^{(n)}(x)$ と x 軸の共有点の個数は　　2 個

106　(1)　$x-1\neq 0$ より，方程式 $e^x=\frac{2x^3}{x-1}$ の負の実数解の個数は，方程式 $(x-1)e^x=2x^3$ の負の実数解の個数と一致する。

$g(x)=2x^3-(x-1)e^x$ とする。

$$g'(x)=6x^2-xe^x=x(6x-e^x)$$

$x<0$ において，$6x-e^x<0$ であるから　　$g'(x)>0$

よって，$g(x)$ は $x<0$ で単調に増加する。

また，$g(0)=1$，$g(-1)=-2+\dfrac{2}{e}<0$ より方程式 $g(x)=0$ は $-1<x<0$ の範囲で負の実数解を1個もつ。

したがって，方程式 $e^x=\dfrac{2x^3}{x-1}$ の負の実数解の個数は　　1個

(2)　$y=x(x^2-3)$ と $y=e^x$ のグラフの $x<0$ における共有点の個数は，方程式 $x(x^2-3)=e^x$ の負の実数解の個数と一致する。

この方程式は，$x<0$ において　　$x^2-3=\dfrac{e^x}{x}$

すなわち　　$x^2-\dfrac{e^x}{x}=3$

よって，求める共有点の個数は，$y=x^2-\dfrac{e^x}{x}$ のグラフと直線 $y=3$ の $x<0$ における共有点の個数と一致する。

$h(x)=x^2-\dfrac{e^x}{x}$ とおく。

$$h'(x)=2x-\frac{xe^x-e^x}{x^2}=\frac{2x^3-(x-1)e^x}{x^2}=\frac{g(x)}{x^2}$$

$h'(x)=0$ を満たす実数 x は(1)から方程式 $g(x)=0$ のただ1つの実数解であり，これを α とすると

$$-1<\alpha<0$$

よって，$h(x)$ の増減表は右のようになる。

x	$\cdots$	α	$\cdots$	0
$h'(x)$	$-$	0	$+$	／
$h(x)$	↘	極小	↗	／

また　　$\displaystyle\lim_{x\to-\infty}h(x)=\lim_{x\to-\infty}\left(x^2-\frac{e^x}{x}\right)=\infty$

$\displaystyle\lim_{x\to-0}h(x)=\lim_{x\to-0}\left(x^2-\frac{e^x}{x}\right)=\infty$

よって，グラフは右の図のようになる。

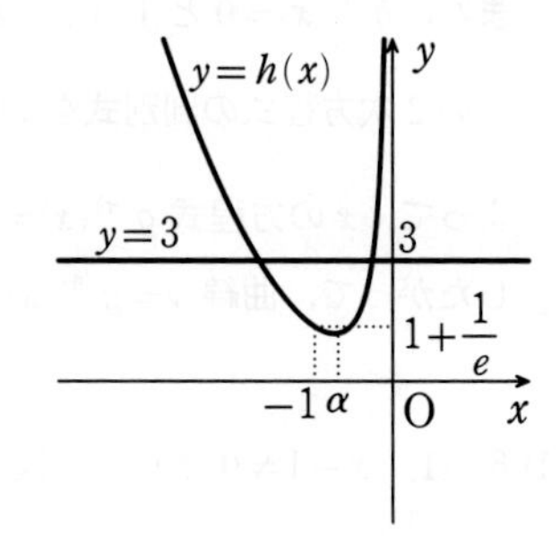

ここで，$h(-1)=1+\dfrac{1}{e}<2$ であるから，$x<0$ の範囲で $y=h(x)$ のグラフと直線 $y=3$ の共有点の個数は　　2個

したがって，求める共有点の個数は　　2個

(3)　$y=x(x^2-a)$ と $y=e^x$ のグラフの $x<0$ における共有点の個数は，方程式 $x(x^2-a)=e^x$ の負の実数解の個数と一致する。

この方程式を (2) と同様に変形すると

$$x^2-\frac{e^x}{x}=a \quad \cdots\cdots ①$$

よって，$y=x(x^2-a)$ と $y=e^x$ のグラフの $x<0$ における共有点の個数は，方程式 ① の負の実数解の個数と一致する。

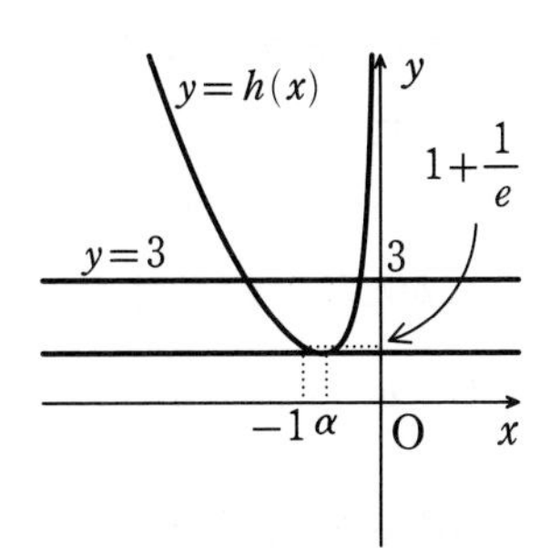

この負の実数解が 1 個のみであるとき，(2) のグラフから，a は $h(\alpha)=\alpha^2-\dfrac{e^\alpha}{\alpha}$ のただ1つ存在する。

107　(1)　方程式 $f(x)=k$ の異なる実数解の個数は，$z=f(x)$ のグラフと直線 $z=k$ の共有点の個数と一致する。

$$f'(x)=e^{-x}-xe^{-x}=(1-x)e^{-x}$$

$f'(x)=0$ とすると　　$x=1$

よって，$f(x)$ の増減表は右のようになる。

x	$\cdots$	1	$\cdots$
$f'(x)$	$+$	0	$-$
$f(x)$	↗	$\frac{1}{e}$	↘

また　　$\displaystyle\lim_{x\to-\infty}f(x)=-\infty$，$\displaystyle\lim_{x\to\infty}f(x)=0$

ゆえに，$z=f(x)$ のグラフは右の図のようになる。

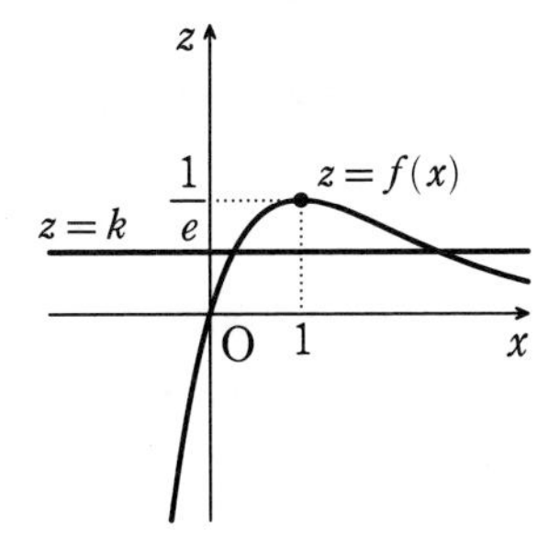

したがって，求める実数解の個数は

$0<k<\dfrac{1}{e}$ のとき　　　2 個

$k\leqq 0$，$k=\dfrac{1}{e}$ のとき　　1 個

$k>\dfrac{1}{e}$ のとき　　　0 個

(2)　$xye^{-(x+y)}=xe^{-x}ye^{-y}=f(x)f(y)$ であるから，$xye^{-(x+y)}=c$ より

$$f(x)f(y)=c \quad \cdots\cdots ①$$

① を満たす正の実数 $(x,\ y)$ の組 $(x_0,\ y_0)$ が存在すると仮定する。

このとき，① から　　$f(x_0)f(y_0)=c$　$\cdots\cdots$ ②

② は $f(y_0)f(x_0)=c$ と書けるから，$(x,\ y)=(y_0,\ x_0)$ も ① を満たす。

よって，$x_0\neq y_0$ のとき ① を満たす $(x,\ y)$ は少なくとも 2 組存在する。

$x_0=y_0$ のとき，② から　　$\{f(x_0)\}^2=c$

$x_0>0$ のとき (1) より $f(x_0)>0$ であるから　　$c>0$

ゆえに　　$f(x_0)=\sqrt{c}$　……③

$xye^{-(x+y)}=c$ を満たす正の実数 x，y の組がただ1つ存在するとき，③ を満たす正の解 x_0 がただ1つ存在する。

したがって，(1) から　　$\sqrt{c}=\dfrac{1}{e}$

求める実数 c の値は　　$c=\left(\dfrac{1}{e}\right)^2=\dfrac{1}{e^2}$

(3)　$xye^{-(x+y)}=f(x)f(y)$ であるから　　$f(x)f(y)=\dfrac{3}{e^4}$　……④

$x>0$ のとき，$f(x)>0$ から　　$f(y)=\dfrac{3}{e^4}\cdot\dfrac{1}{f(x)}$

(1) より，$x>0$ のとき，$0<f(x)\leqq\dfrac{1}{e}$ であるから　　$\dfrac{1}{f(x)}\geqq e$

よって　　$\dfrac{3}{e^3}\leqq f(y)\leqq\dfrac{1}{e}$

この不等式を満たす $z=f(y)$ のグラフは

$f(3)=\dfrac{3}{e^3}$ であるから，右の図の太線部分となる。

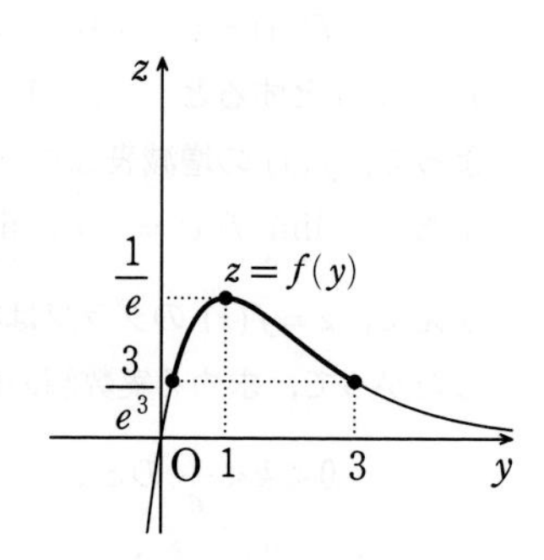

グラフから，y のとりうる値の最大値は　　3

また，$y=3$ すなわち $f(3)=\dfrac{3}{e^3}$ のとき，④ より

$$f(x)=\frac{1}{e}$$

これを満たす x は (1) のグラフから　　$x=1$

したがって，y のとりうる値の最大値は3で，そのときの x の値は1である。

108　(1)　関数 $g(t)$ を t で微分すると

$$\begin{aligned}g'(t)&=-4t\sin t+(1-2t^2)\cos t-(\cos t-t\sin t)\\&=-3t\sin t-2t^2\cos t\\&=-t(3\sin t+2t\cos t)\end{aligned}$$

(2)　$t=\dfrac{\pi}{2}$，$\dfrac{3}{2}\pi$ のとき，$\cos t=0$ であるから，$0<t<\dfrac{5}{2}\pi$，$t\neq\dfrac{\pi}{2}$，$\dfrac{3}{2}\pi$ の範囲を考える。

このとき　　$g'(t)=-t(3\sin t+2t\cos t)=-3t\cos t\left(\tan t+\dfrac{2}{3}t\right)$

$t\cos t \neq 0$ より，$g'(t)=0$ とすると　　$\tan t+\dfrac{2}{3}t=0$

よって　　$\tan t=-\dfrac{2}{3}t$

ゆえに，t の方程式 $g'(t)=0$ の実数解の個数は，$y=\tan t$ のグラフと直線 $y=-\dfrac{2}{3}t$ の共有点の個数と一致する。

右の図より，$y=\tan t$ のグラフと直線 $y=-\dfrac{2}{3}t$ の共有点の個数は　　2 個

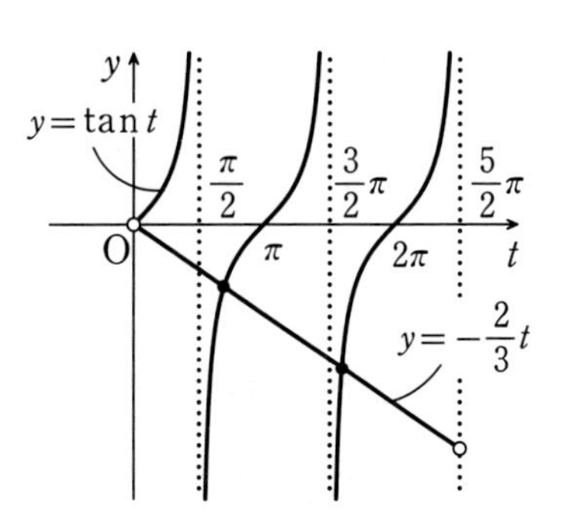

よって，求める実数解の個数は　　2 個

(3)　(2) の結果から，$0<t<\dfrac{5}{2}\pi$ における t の方程式 $g'(t)=0$ の実数解を α，β $(\alpha<\beta)$ とすると，(2) のグラフから，$\dfrac{\pi}{2}<\alpha<\pi$，$\dfrac{3}{2}\pi<\beta<2\pi$ であり，$t=\dfrac{\pi}{2}$，$\dfrac{3}{2}\pi$ も含めた $g(t)$ の増減表は次のようになる。

t	0	$\cdots$	α	$\cdots$	β	$\cdots$	$\dfrac{5}{2}\pi$
$g'(t)$	/	$-$	0	$+$	0	$-$	/
$g(t)$	/	↘	極小	↗	極大	↘	/

ここで，$g(0)=0$，$g(\pi)>0$，$g(2\pi)<0$ であるから，$g(t)$ の増減より，
$0<\alpha<\pi<\beta<2\pi$ である。
よって，t の方程式 $g(t)=0$ は，$\alpha<t<\pi$ と $\beta<t<2\pi$ でそれぞれ 1 個の実数解をもつ。
したがって，求める実数解の個数は　　2 個

(4)　$a=\dfrac{\pi}{(2n+1)^2}$ とすると　　$t=ax^2$

このとき　　$f_n(x)=\dfrac{1}{x}\sin(ax^2)$

よって

$$\frac{d}{dx}f_n(x)=-\frac{1}{x^2}\sin(ax^2)+\frac{1}{x}\cos(ax^2)\cdot 2ax=-\frac{1}{x^2}\sin(ax^2)+2a\cos(ax^2)$$

$$\frac{d^2}{dx^2}f_n(x)=\frac{2}{x^3}\sin(ax^2)-\frac{2ax}{x^2}\cos(ax^2)-4a^2x\sin(ax^2)$$

$$=\frac{2-4a^2x^4}{x^3}\sin(ax^2)-\frac{2a}{x}\cos(ax^2)$$

ゆえに　　$x^3\dfrac{d^2}{dx^2}f_n(x)=(2-4a^2x^4)\sin(ax^2)-2ax^2\cos(ax^2)$

$t=ax^2$ であるから　　$x^3\dfrac{d^2}{dx^2}f_n(x)=2(1-2t^2)\sin t-2t\cos t=2g(t)$

(5)　$0<x<5$ のとき，$x^3\dfrac{d^2}{dx^2}f_n(x)$ と $\dfrac{d^2}{dx^2}f_n(x)$ の符号は一致する。

よって，(4) から $0<x<5$ の範囲において，$\dfrac{d^2}{dx^2}f_n(x)$ と $g\left(\dfrac{\pi}{(2n+1)^2}x^2\right)$ の符号が変化する回数は一致する。

また，$t=\dfrac{\pi}{(2n+1)^2}x^2$ とすると，t は単調に増加するから，$0<x<5$ における t のとりうる値の範囲は　　$0<t<\dfrac{25}{(2n+1)^2}\pi$

ゆえに，この範囲において，$g(t)$ の符号が1回だけ変化するような自然数 n の値を求めればよい。

よって，$g(t)=0$ を満たす正の数を，小さいものから順に t_1，t_2，…… とすると，(3) から　　$\dfrac{\pi}{2}<t_1<\pi<t_2<2\pi$

[1]　$n=1$ のとき

$\dfrac{25}{(2n+1)^2}\pi=\dfrac{25}{9}\pi>2\pi$

よって，$0<t<\dfrac{25}{(2n+1)^2}\pi$ の範囲において，$g(t)$ は少なくとも2回は符号が変化する。

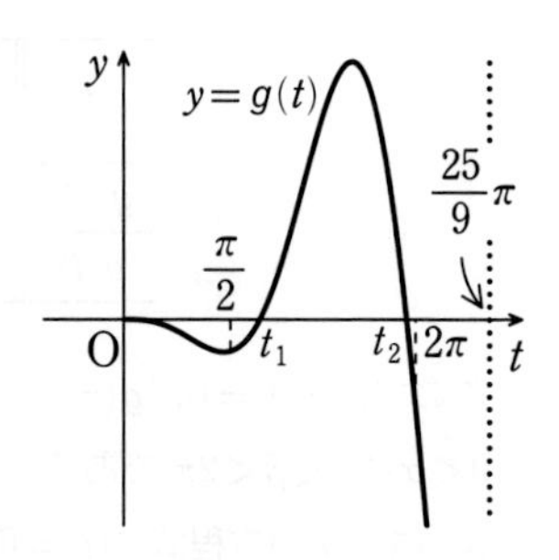

[2]　$n=2$ のとき

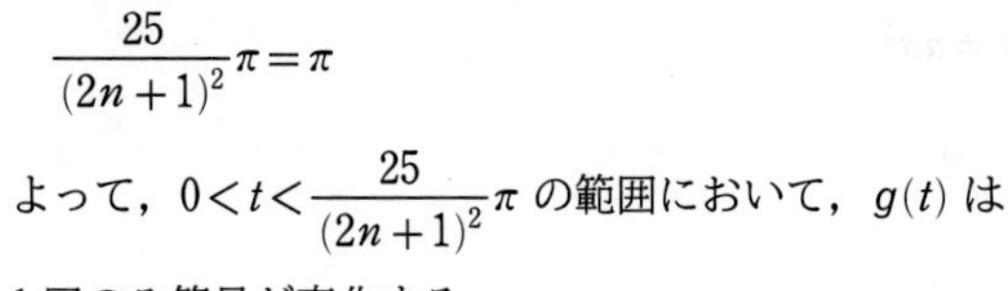

$\dfrac{25}{(2n+1)^2}\pi=\pi$

よって，$0<t<\dfrac{25}{(2n+1)^2}\pi$ の範囲において，$g(t)$ は1回のみ符号が変化する。

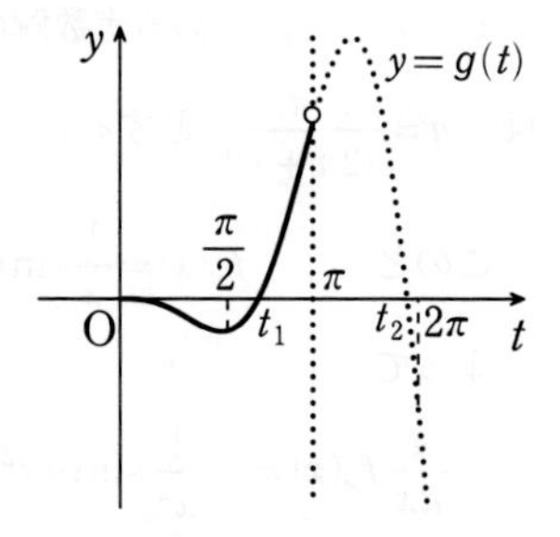

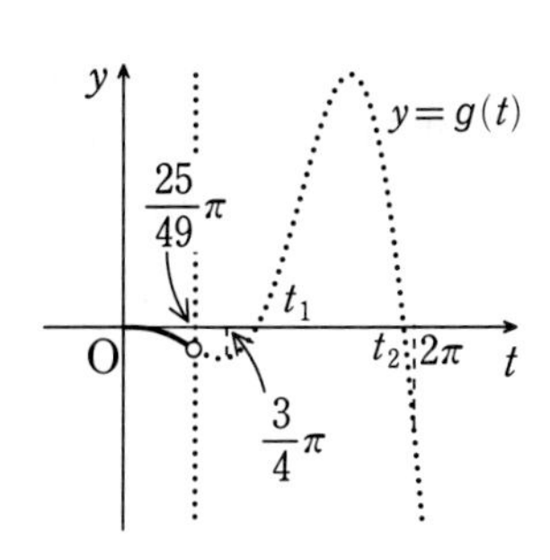

[3]　$n \geqq 3$ のとき

$$\frac{25}{(2n+1)^2}\pi \leqq \frac{25}{49}\pi < \frac{3}{4}\pi$$

ここで，$3<\pi<4$ より

$$g\left(\frac{3}{4}\pi\right)=\frac{1}{8\sqrt{2}}(8+6\pi-9\pi^2)<0$$

よって，$0<t<\dfrac{25}{(2n+1)^2}\pi$ の範囲において，$g(t)$ の符号は変化しない。

したがって，求める自然数 n は　　$n=2$

109　$f(x)=\cos x$ とすると　　$f'(x)=-\sin x$

$y=f(x)$ 上の点 $(t,\ \cos t)$ における接線の方程式は　　$y=(-\sin t)(x-t)+\cos t$

これが点 $(a,\ b)$ を通るから　　$b=(-\sin t)(a-t)+\cos t$

すなわち　　$b=(t-a)\sin t+\cos t$　……①

$N(\mathrm{P})=4$ かつ $0<a<\pi$ を満たすとき，$0<a<\pi$ で ① を満たす実数 t が $-\pi \leqq t \leqq \pi$ にちょうど 4 個存在すればよい。

ここで，$g(t)=(t-a)\sin t+\cos t$ とする。

このとき，点 P の存在範囲は，$0<a<\pi$ の範囲において，関数 $y=g(t)$ のグラフと直線 $y=b$ の共有点の個数がちょうど 4 個になるときの a，b の値の範囲を考えればよい。

$$g'(t)=1\cdot\sin t+(t-a)\cos t-\sin t=(t-a)\cos t$$

であるから，$g'(t)=0$ とすると，$-\pi \leqq t \leqq \pi$ より　　$t=-\dfrac{\pi}{2},\ \dfrac{\pi}{2},\ a$

[1]　$0<a<\dfrac{\pi}{2}$ のとき

$g(t)$ の増減表は次のようになる。

t	$-\pi$	$\cdots$	$-\dfrac{\pi}{2}$	$\cdots$	a	$\cdots$	$\dfrac{\pi}{2}$	$\cdots$	π
$g'(t)$	／	$+$	0	$-$	0	$+$	0	$-$	／
$g(t)$	-1	↗	$\dfrac{\pi}{2}+a$	↘	$\cos a$	↗	$\dfrac{\pi}{2}-a$	↘	-1

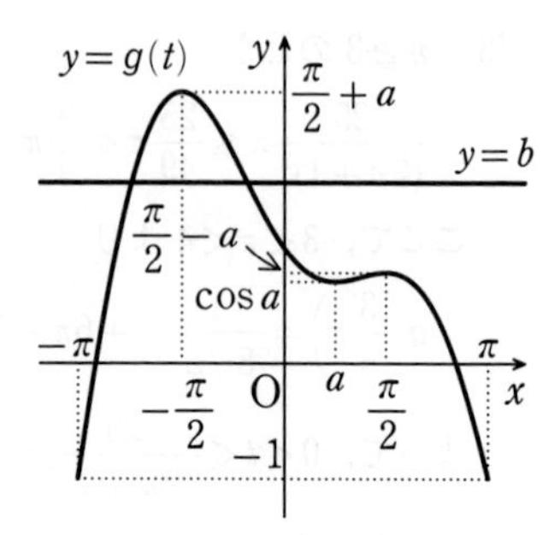

よって，グラフは右の図のようになる。
ゆえに，関数 $y=g(t)$ のグラフと直線 $y=b$ の共有点の個数がちょうど4個となるとき

$$\cos a<b<\frac{\pi}{2}-a$$

[2]　$a=\frac{\pi}{2}$ のとき

$g(t)$ の増減表は右のようになる。

t	$-\pi$	$\cdots$	$-\frac{\pi}{2}$	$\cdots$	$\frac{\pi}{2}$	$\cdots$	π
$g'(t)$	／	$+$	0	$-$	0	$-$	／
$g(t)$	-1	↗	π	↘	0	↘	-1

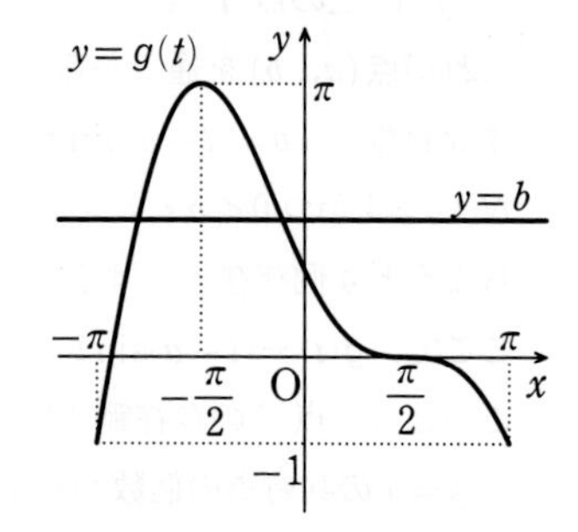

よって，グラフは右の図のようになる。
ゆえに，関数 $y=g(t)$ のグラフと直線 $y=b$ の共有点の個数がちょうど4個となるような b の値は存在しない。

[3]　$\frac{\pi}{2}<a<\pi$ のとき

$g(t)$ の増減表は次のようになる。

t	$-\pi$	$\cdots$	$-\frac{\pi}{2}$	$\cdots$	$\frac{\pi}{2}$	$\cdots$	a	$\cdots$	π
$g'(t)$	／	$+$	0	$-$	0	$+$	0	$-$	／
$g(t)$	-1	↗	$\frac{\pi}{2}+a$	↘	$\frac{\pi}{2}-a$	↗	$\cos a$	↘	-1

よって，グラフは次のような2つの場合がある。

(i)　$-1\leqq\frac{\pi}{2}-a$ のとき

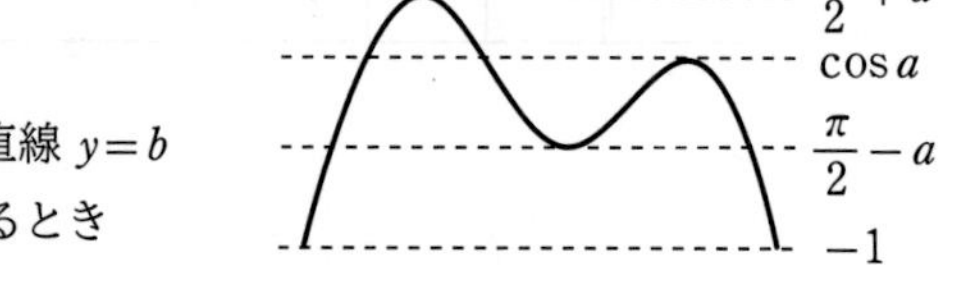

グラフは右の図のようになる。
ゆえに，関数 $y=g(t)$ のグラフと直線 $y=b$ の交点の個数がちょうど4個となるとき

$$\frac{\pi}{2}-a<b<\cos a$$

(ii) $\frac{\pi}{2}-a<-1$ のとき

グラフは右の図のようになる。

ゆえに，関数 $y=g(t)$ のグラフと直線 $y=b$ の交点の個数がちょうど4個となるとき

$$-1\leqq b<\cos a$$

以上から，点 P の存在範囲は右の図の斜線部分になる。

ただし，境界線は $b=-1$ の $\frac{\pi}{2}+1<a<\pi$ の部分のみ含み，他は含まない。

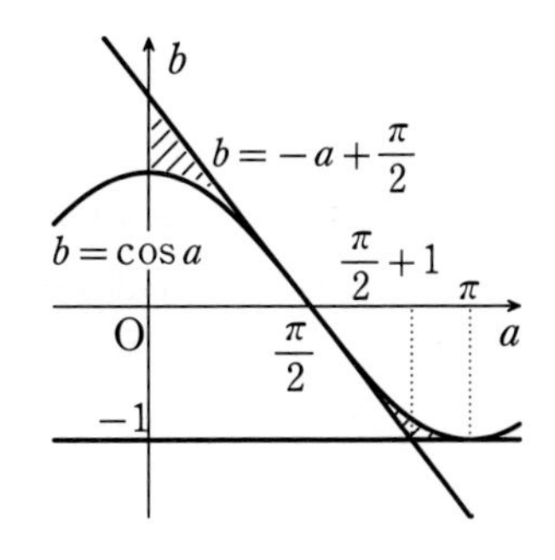

110 $f(x)=x-\frac{x^2}{2}+\frac{x^3}{3}-\log(1+x)$ とおく。

$$f'(x)=1-x+x^2-\frac{1}{1+x}=\frac{x^3}{1+x}$$

$x>0$ で $f'(x)=\frac{x^3}{1+x}>0$ であるから，$f(x)$ は $x\geqq 0$ で単調に増加する。

また，$f(0)=0$ より　　$f(x)>f(0)=0$

したがって　　$\log(1+x)<x-\frac{x^2}{2}+\frac{x^3}{3}$

111 (1) $f(2^m)=m^2-2^m$

$m=2$ とすると　　$f(2^2)=2^2-2^2=0$

$m=4$ とすると　　$f(4^2)=4^2-2^4=0$

よって　　$m=2,\ 4$

(2) $f'(x)=\frac{2\log_2 x}{x\log 2}-1=2\cdot\frac{\log x}{\log 2}\cdot\frac{1}{x\log 2}-1=\frac{2}{(\log 2)^2}\cdot\frac{\log x}{x}-1$

$$f''(x)=\frac{2}{(\log 2)^2}\cdot\frac{\frac{1}{x}\cdot x-\log x\cdot 1}{x^2}=\frac{2(1-\log x)}{x^2(\log 2)^2}$$

$x>e$ のとき，$\log x>1$ であるから　　$2(1-\log x)<0$

したがって，$x>e$ のとき，$f''(x)<0$ である。

(3)　$f''(x)=0$ とすると　　$x=e$

よって，$f'(x)$ の増減表は右のようになる。

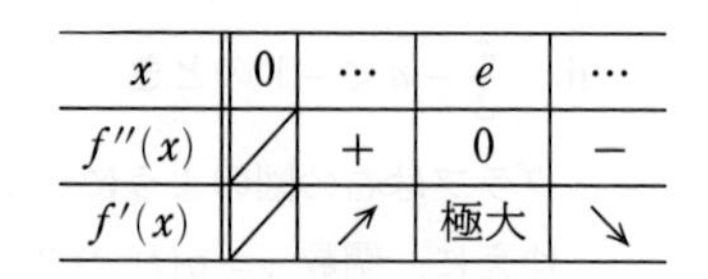

x	0	$\cdots$	e	$\cdots$
$f''(x)$	／	$+$	0	$-$
$f'(x)$	／	↗	極大	↘

また　　$f'(1)=-1<0$，$f'(2)=\dfrac{1}{\log 2}-1>0$，

$$f'(16)=\frac{1}{2\log 2}-1=\frac{1}{\log 4}-1<0,$$

$$\lim_{x\to+0} f'(x)=-\infty$$

ゆえに，$y=f'(x)$ のグラフは右の図のようになる。

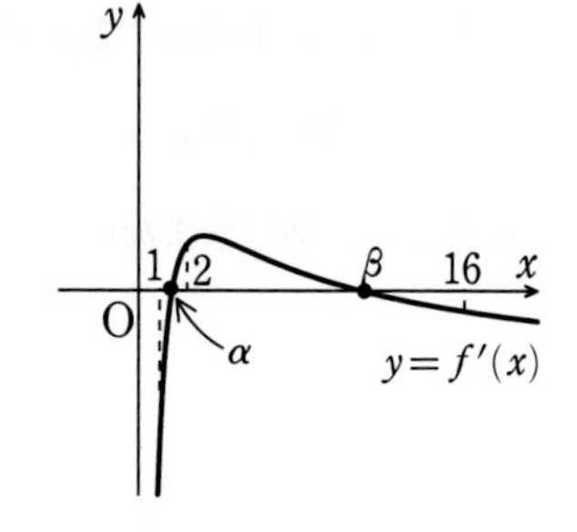

したがって，$f'(x)=0$ を満たす実数 x が $1<x<2$ に 1 個，$2<x<16$ に 1 個存在し，それらを α，β $(\alpha<\beta)$ とすると，$f(x)$ の増減表は次のようになる。

x	0	$\cdots$	α	$\cdots$	β	$\cdots$
$f'(x)$	／	$-$	0	$+$	0	$-$
$f(x)$	／	↘	極小	↗	極大	↘

ここで　　$f(1)=-1<0$，$\lim_{x\to+0} f(x)=\infty$

また，(1) より，$f(4)=f(16)=0$ であるから，

$y=f(x)$ のグラフは右の図のようになる。

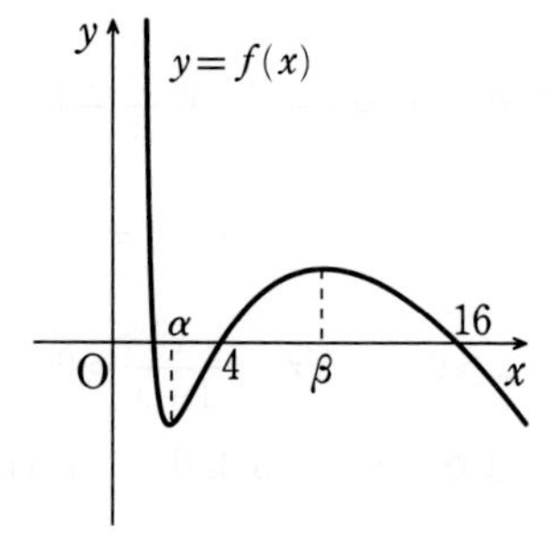

よって，$f(n)>0$ を満たす自然数 n は

$n=5,\ 6,\ \cdots\cdots,\ 15$

したがって，その個数は　　11 個

112　(1)　$f(x)=e^{x-1}-x$ とする。

$$f'(x)=e^{x-1}-1$$

$f'(x)=0$ とすると　　$x=1$

よって，$f(x)$ の増減表は右のようになる。

x	$\cdots$	1	$\cdots$
$f'(x)$	$-$	0	$+$
$f(x)$	↘	極小	↗

$f(1)=0$ であるから　　$f(x)\geqq f(1)=0$

したがって，$f(x)=e^{x-1}-x\geqq 0$ より　　$x\leqq e^{x-1}$

(2)　$x_1>0$，$x_2>0$ であるから，(1) より

$$0<x_1\leqq e^{x_1-1},\ 0<x_2\leqq e^{x_2-1}$$

また，$t_1>0$，$t_2>0$ より　　$0<{x_1}^{t_1}\leqq e^{t_1(x_1-1)}$，$0<{x_2}^{t_2}\leqq e^{t_2(x_2-1)}$

よって　　${x_1}^{t_1}{x_2}^{t_2}\leqq e^{t_1(x_1-1)}e^{t_2(x_2-1)}=e^{(t_1x_1+t_2x_2)-(t_1+t_2)}$

したがって，${x_1}^{t_1}{x_2}^{t_2}\leqq e^{(t_1x_1+t_2x_2)-(t_1+t_2)}$　が成り立つ。

(3)　$t_i>0$，$x_i>0$ $(i=1,\ 2,\ \cdots\cdots,\ n)$ とする。

(1) から　　$0<{x_i}^{t_i} \leqq e^{t_i(x_i-1)}$

このとき，(2) と同様に　　${x_1}^{t_1}{x_2}^{t_2}\cdots\cdots{x_n}^{t_n} \leqq e^{t_1(x_1-1)}e^{t_2(x_2-1)}\cdots\cdots e^{t_n(x_n-1)}$

よって　　${x_1}^{t_1}{x_2}^{t_2}\cdots\cdots{x_n}^{t_n} \leqq e^{(t_1x_1+t_2x_2+\cdots\cdots+t_nx_n)-(t_1+t_2+\cdots\cdots+t_n)}$

$t_1+t_2+\cdots\cdots+t_n=1$，$t_1x_1+t_2x_2+\cdots\cdots+t_nx_n=1$ であるから

$$e^{(t_1x_1+t_2x_2+\cdots\cdots+t_nx_n)-(t_1+t_2+\cdots\cdots+t_n)}=e^{1-1}=1$$

したがって，${x_1}^{t_1}{x_2}^{t_2}\cdots\cdots{x_n}^{t_n} \leqq 1$ が成り立つ。

(4)　$a>0$ より　　$\dfrac{t_1y_1}{a}+\dfrac{t_2y_2}{a}+\cdots\cdots+\dfrac{t_ny_n}{a}=1$

ここで，$x_i=\dfrac{y_i}{a}$ $(i=1,\ 2,\ \cdots\cdots,\ n)$ とする。

このとき，$\dfrac{y_i}{a}$ も正の実数であるから，(3) より

$$\left(\frac{y_1}{a}\right)^{t_1}\left(\frac{y_2}{a}\right)^{t_2}\cdots\cdots\left(\frac{y_n}{a}\right)^{t_n} \leqq 1$$

が成り立つ。

また，$a^{t_i}>0$ であるから，この不等式は

$$ {y_1}^{t_1}{y_2}^{t_2}\cdots\cdots{y_n}^{t_n} \leqq a^{t_1}a^{t_2}\cdots\cdots a^{t_n}=a^{t_1+t_2+\cdots\cdots+t_n}$$

ここで，$t_1+t_2+\cdots\cdots t_n=1$ より　　${y_1}^{t_1}{y_2}^{t_2}\cdots\cdots{y_n}^{t_n} \leqq a$

よって，${y_1}^{t_1}{y_2}^{t_2}\cdots\cdots{y_n}^{t_n} \leqq t_1y_1+t_2y_2+\cdots\cdots+t_ny_n$ が成り立つ。

113　(1)　$f(x)=\dfrac{\log x}{x}$ $(x>0)$ とする。

$$f'(x)=\frac{\frac{1}{x}\cdot x-\log x\cdot 1}{x^2}=\frac{1-\log x}{x^2}$$

$f'(x)=0$ とすると　　$x=e$

よって，$f(x)$ の増減表は右のようになる。

x	0	$\cdots$	e	$\cdots$
$f'(x)$	/	+	0	−
$f(x)$	/	↗	$\dfrac{1}{e}$	↘

よって，$e \leqq x$ のとき，$f(x)$ は単調に減少する。

ゆえに，$e \leqq x<y$ のとき　　$f(x)>f(y)$

したがって　　$\dfrac{\log x}{x}>\dfrac{\log y}{y}$

$x>0$，$y>0$ より，$xy>0$ であるから　　　$y\log x>x\log y$

(2)　$e \leqq 3 < \pi$ であるから，(1) の不等式で $x=3$，$y=\pi$ を代入すると　　$\pi\log 3 > 3\log\pi$

よって　　$2\sqrt{2}\,\pi\log 3 > 6\sqrt{2}\log\pi$

ゆえに　　$\log 3^{2\sqrt{2}\pi} > \log\pi^{6\sqrt{2}}$

ここで，底 e は1より大きいから　　$3^{2\sqrt{2}\pi} > \pi^{6\sqrt{2}}$

また，$e \leqq 2\sqrt{2} < 3$ であるから，(1) の不等式で $x=2\sqrt{2}$，$y=3$ を代入すると

$$3\log 2\sqrt{2} > 2\sqrt{2}\log 3$$

よって　　$3\log 2^{\frac{3}{2}} > 2\sqrt{2}\log 3$　　　　ゆえに　　$\dfrac{9}{2}\pi\log 2 > 2\sqrt{2}\,\pi\log 3$

したがって　　$\log 2^{\frac{9}{2}\pi} > \log 3^{2\sqrt{2}\pi}$

ここで，底 e は1より大きいから　　$2^{\frac{9}{2}\pi} > 3^{2\sqrt{2}\pi}$

以上より　　$\pi^{6\sqrt{2}} < 3^{2\sqrt{2}\pi} < 2^{\frac{9}{2}\pi}$

補足　$e=2.718\cdots\cdots$ であることと，$\pi=3.141\cdots\cdots$ であることは認めて用いた。

114　(1)　$f(t)=t\log\left(1+\dfrac{1}{t}\right)-1$ $(t>0)$ とする。

$$f'(t)=\log\left(1+\frac{1}{t}\right)+t\cdot\frac{-\frac{1}{t^2}}{1+\frac{1}{t}}=\log\left(1+\frac{1}{t}\right)-\frac{1}{t+1}$$

$$f''(t)=\frac{-\frac{1}{t^2}}{1+\frac{1}{t}}+\frac{1}{(t+1)^2}=\frac{-1}{t(t+1)}+\frac{1}{(t+1)^2}=-\frac{1}{t(t+1)^2}$$

$t>0$ であるから　　$f''(t)<0$

よって，$f'(t)$ は $t>0$ で単調に減少する。

また　　$\displaystyle\lim_{t\to\infty}f'(t)=\log 1-0=0$

ゆえに，$t>0$ のとき　　$f'(t)>0$

よって，$f(t)$ は $t>0$ で単調に増加する。

また　　$\displaystyle\lim_{t\to\infty}f(t)=\lim_{t\to\infty}\left\{\log\left(1+\frac{1}{t}\right)^t-1\right\}=\log e-1=0$

ゆえに，$t>0$ のとき　　$f(t)<0$

したがって　　$t\log\left(1+\dfrac{1}{t}\right)-1<0$　　　　整理すると　　$\log\left(1+\dfrac{1}{t}\right)^t<\log e$

底 e は1より大きいから　$\left(1+\dfrac{1}{t}\right)^t<e$

(2)　$g(t)=t\log\left(1+\dfrac{1}{t}\right)-\left(1-\dfrac{1}{2t}\right)$ $(t>0)$ とする。

$$g'(t)=\log\left(1+\frac{1}{t}\right)-\frac{1}{t+1}-\frac{1}{2t^2}$$

$$g''(t)=\frac{-1}{t(t+1)}+\frac{1}{(t+1)^2}+\frac{1}{t^3}=\frac{2t+1}{t^3(t+1)^2}$$

$t>0$ であるから　$g''(t)>0$

よって，$g'(t)$ は $t>0$ で単調に増加する。

また　$\displaystyle\lim_{t\to\infty}g'(t)=\log 1-0-0=0$　　ゆえに，$t>0$ のとき　$g'(t)<0$

よって，$g(t)$ は $t>0$ で単調に減少する。

また　$\displaystyle\lim_{t\to\infty}g(t)=\lim_{t\to\infty}\left\{\log\left(1+\frac{1}{t}\right)^t-\left(1-\frac{1}{2t}\right)\right\}=\log e-1=0$

ゆえに，$t>0$ のとき　$g(t)>0$

したがって　$t\log\left(1+\dfrac{1}{t}\right)-\left(1-\dfrac{1}{2t}\right)>0$　　整理すると　$\log\left(1+\dfrac{1}{t}\right)^t>1-\dfrac{1}{2t}$

底 e は1より大きいから　$\left(1+\dfrac{1}{t}\right)^t>e^{1-\frac{1}{2t}}$

115　(1)　$g(x)=f(x)-(1-x)$ とおくと，$x>0$ で

$$g'(x)=f'(x)+1=1-e^{-x}$$

$x>0$ のとき，$e^{-x}<1$ より　$g'(x)>0$

よって，$g(x)$ は $x>0$ で単調に増加するから，

$x>0$ のとき　$g(x)>g(0)=0$

ゆえに　$g(x)>0$

したがって　$1-x<f(x)$

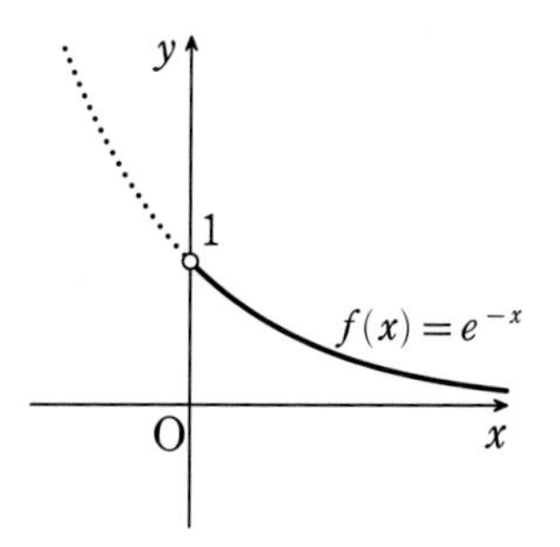

また，$h(x)=\left(1-x+\dfrac{x^2}{2}\right)-f(x)$ とおくと，$x>0$ で

$$h'(x)=(-1+x)-f'(x)=e^{-x}-(1-x)=g(x)>0$$

よって，$h(x)$ は $x>0$ で単調に増加するから，$x>0$ のとき　$h(x)>h(0)=0$

ゆえに　$h(x)>0$　　したがって　$f(x)<1-x+\dfrac{x^2}{2}$

以上より，$1-x<f(x)<1-x+\dfrac{x^2}{2}$ が成り立つ。

(2)　(1)から，$n \leqq k$ となる整数 k について $1-\dfrac{1}{k}<f\left(\dfrac{1}{k}\right)<1-\dfrac{1}{k}+\dfrac{1}{2k^2}$ が成り立つ。

$\dfrac{1}{k^2-1}>0$ であるから，$1-\dfrac{1}{k}<f\left(\dfrac{1}{k}\right)$ より　　$\dfrac{1}{k^2-1}\left(1-\dfrac{1}{k}\right)<\dfrac{1}{k^2-1}f\left(\dfrac{1}{k}\right)$

よって　$\dfrac{1}{k(k+1)}<\dfrac{1}{k^2-1}f\left(\dfrac{1}{k}\right)$　　　ゆえに　$\dfrac{1}{k}-\dfrac{1}{k+1}<\dfrac{1}{k^2-1}f\left(\dfrac{1}{k}\right)$　……①

$\dfrac{1}{k^2-1}>0$ であるから，$f\left(\dfrac{1}{k}\right)<1-\dfrac{1}{k}+\dfrac{1}{2k^2}$ より

$$\begin{aligned}\frac{1}{k^2-1}f\left(\frac{1}{k}\right)&<\frac{1}{k^2-1}\left(1-\frac{1}{k}+\frac{1}{2k^2}\right)\\&=\frac{1}{k(k+1)}+\frac{1}{k(k+1)}\cdot\frac{1}{2k(k-1)}\\&\leqq\frac{1}{k(k+1)}\cdot\left\{1+\frac{1}{2n(n-1)}\right\}\end{aligned}$$

よって　　$\dfrac{1}{k^2-1}f\left(\dfrac{1}{k}\right)<\dfrac{1}{k(k+1)}\cdot\left\{1+\dfrac{1}{2n(n-1)}\right\}$　……②

①，②について，$k=n$，$n+1$，……，N として和をとると

①より　　$\displaystyle\sum_{k=n}^{N}\left(\frac{1}{k}-\frac{1}{k+1}\right)<\sum_{k=n}^{N}\frac{1}{k^2-1}f\left(\frac{1}{k}\right)$

②より　　$\displaystyle\sum_{k=n}^{N}\frac{1}{k^2-1}f\left(\frac{1}{k}\right)<\sum_{k=n}^{N}\left(\frac{1}{k}-\frac{1}{k+1}\right)\left\{1+\frac{1}{2n(n-1)}\right\}$

となるから，これらを合わせて

$$\frac{1}{n}-\frac{1}{N+1}<S_{n,\ N}<\left(\frac{1}{n}-\frac{1}{N+1}\right)\left\{1+\frac{1}{2n(n-1)}\right\}$$

(3)　$\displaystyle\lim_{N\to\infty}\left(\frac{1}{n}-\frac{1}{N+1}\right)=\frac{1}{n}$，$\displaystyle\lim_{N\to\infty}S_{n,\ N}=S_n$ であるから，(2)で示した不等式は

$$\frac{1}{n}\leqq S_n\leqq\frac{1}{n}\left\{1+\frac{1}{2n(n-1)}\right\}$$

$n=9$ のとき　　$\dfrac{1}{9}\leqq S_9\leqq\dfrac{1}{9}\left(1+\dfrac{1}{2\cdot9\cdot8}\right)$

ここで　　$\dfrac{1}{9}=0.1111\cdots\cdots$

$$\frac{1}{9}\left(1+\frac{1}{2\cdot9\cdot8}\right)=0.1118\cdots\cdots$$

したがって，S_9 を小数第3位まで求めると　　0.111

116 (1) $f(x)$ の $x=a$ における微分係数は

$$f'(a)=\lim_{h\to 0}\frac{f(a+h)-f(a)}{h}=\lim_{h\to 0}\frac{(a+h)^4-a^4}{h}=\lim_{h\to 0}\frac{4a^3h+6a^2h^2+4ah^3+h^4}{h}$$
$$=\lim_{h\to 0}(4a^3+6a^2h+4ah^2+h^3)=4a^3$$

(2) $$\lim_{h\to +0}\frac{g(0+h)-g(0)}{h}=\lim_{h\to +0}\frac{|h|\sqrt{h^2+1}-0}{h}=\lim_{h\to +0}\frac{h\sqrt{h^2+1}}{h}=\lim_{h\to +0}\sqrt{h^2+1}=1$$

$$\lim_{h\to -0}\frac{g(0+h)-g(0)}{h}=\lim_{h\to -0}\frac{|h|\sqrt{h^2+1}-0}{h}=\lim_{h\to -0}\frac{-h\sqrt{h^2+1}}{h}$$
$$=\lim_{h\to -0}(-\sqrt{h^2+1})=-1$$

$\displaystyle\lim_{h\to +0}\frac{g(0+h)-g(0)}{h}\neq\lim_{h\to -0}\frac{g(0+h)-g(0)}{h}$ であるから，$\displaystyle g'(0)=\lim_{h\to 0}\frac{g(0+h)-g(0)}{h}$ は存在しない。

よって，$g(x)$ は $x=0$ で微分可能ではない。

(3) $0\leqq a<b\leqq 1$ を満たす任意の実数 a，b について関数 $h(x)$ は閉区間 $[0,\ 1]$ で連続で，開区間 $(0,\ 1)$ で微分可能であるから，閉区間 $[a,\ b]$ における平均値の定理により

$$\frac{h(b)-h(a)}{b-a}=h'(c),\quad 0\leqq a<c<b\leqq 1$$

を満たす実数 c が存在する。

ここで，$h'(c)<0$ であるから　$\displaystyle\frac{h(b)-h(a)}{b-a}<0$

よって，$h(b)-h(a)<0$ より　$h(a)>h(b)$

ゆえに，$0\leqq a<b\leqq 1$ を満たす任意の実数 a，b に対して，$h(a)>h(b)$ が成り立つから，$h(x)$ は閉区間 $[0,\ 1]$ で減少する。

117 (1) $\sqrt{x-1}=t$ とおくと，$x-1=t^2$ から　$x=t^2+1$，$dx=2tdt$

よって $$\int\frac{x^2}{\sqrt{x-1}}dx=\int\frac{(t^2+1)^2}{t}\cdot 2tdt=2\int(t^4+2t^2+1)dt$$
$$=2\left(\frac{t^5}{5}+\frac{2}{3}t^3+t\right)+C=\frac{2}{15}t(3t^4+10t^2+15)+C$$
$$=\frac{2}{15}\sqrt{x-1}\{3(x-1)^2+10(x-1)+15\}+C$$
$$=\frac{2}{15}\sqrt{x-1}(3x^2+4x+8)+C\ (C\text{ は積分定数})$$

(2) $$\int\frac{\sin x}{1-\cos^2 x}dx=\int\frac{\sin x}{(1-\cos x)(1+\cos x)}dx=\frac{1}{2}\int\left(\frac{\sin x}{1-\cos x}+\frac{\sin x}{1+\cos x}\right)dx$$

$$=\frac{1}{2}\int\left\{\frac{(1-\cos x)'}{1-\cos x}-\frac{(1+\cos x)'}{1+\cos x}\right\}dx$$

$$=\frac{1}{2}(\log|1-\cos x|-\log|1+\cos x|)+C$$

$$=\frac{1}{2}\log\frac{|1-\cos x|}{|1+\cos x|}+C=\frac{1}{2}\log\frac{1-\cos x}{1+\cos x}+C\quad (C\text{は積分定数})$$

118　(1)　$\displaystyle\int_{-2}^{0}\log(x+3)dx=\int_{-2}^{0}(x+3)'\log(x+3)dx$

$$=\Big[(x+3)\log(x+3)\Big]_{-2}^{0}-\int_{-2}^{0}(x+3)\cdot\frac{1}{x+3}dx$$

$$=3\log 3-\Big[x\Big]_{-2}^{0}=3\log 3-2$$

(2)　$\displaystyle\int_{0}^{\frac{\pi}{2}}\sin^2 x\cos^5 x\,dx=\int_{0}^{\frac{\pi}{2}}\sin^2 x(1-\sin^2 x)^2\cos x\,dx$

$$=\int_{0}^{\frac{\pi}{2}}(\sin^2 x-2\sin^4 x+\sin^6 x)(\sin x)'dx$$

$$=\left[\frac{1}{3}\sin^3 x-\frac{2}{5}\sin^5 x+\frac{1}{7}\sin^7 x\right]_{0}^{\frac{\pi}{2}}=\frac{1}{3}-\frac{2}{5}+\frac{1}{7}$$

$$=\frac{35-42+15}{105}=\frac{8}{105}$$

(3)　$1\leqq x\leqq 4$ のとき，$\log(x^2)=2\log x$ であるから

$$\int_{1}^{4}\sqrt{x}\log(x^2)dx=2\int_{1}^{4}\sqrt{x}\log x\,dx=2\int_{1}^{4}\left(\frac{2}{3}x^{\frac{3}{2}}\right)'\log x\,dx$$

$$=2\left\{\left[\frac{2}{3}x^{\frac{3}{2}}\log x\right]_{1}^{4}-\int_{1}^{4}\frac{2}{3}x^{\frac{3}{2}}\cdot\frac{1}{x}dx\right\}$$

$$=2\left(\frac{32}{3}\log 2-\left[\frac{4}{9}x^{\frac{3}{2}}\right]_{1}^{4}\right)=2\left\{\frac{32}{3}\log 2-\left(\frac{4}{9}\cdot 4^{\frac{3}{2}}-\frac{4}{9}\right)\right\}$$

$$=2\left(\frac{32}{3}\log 2-\frac{4\cdot 2^3-4}{9}\right)=\frac{64}{3}\log 2-\frac{56}{9}$$

119　$f(x)=x+\tan x$ とすると　　$f(-x)=(-x)+\tan(-x)=-x-\tan x=-f(x)$

よって，$f(x)$ は奇関数である。

したがって　　$\displaystyle\int_{-\frac{\pi}{3}}^{\frac{\pi}{3}}(x+\tan x)dx={}^{ア}0$

また，$|f(-x)|=|-f(x)|=|f(x)|$ であるから，$|f(x)|$ は偶関数である。

さらに，$0\leqq x\leqq\frac{\pi}{3}$ で $x+\tan x\geqq 0$ であるから

$$\int_{-\frac{\pi}{3}}^{\frac{\pi}{3}}|x+\tan x|dx=2\int_0^{\frac{\pi}{3}}(x+\tan x)dx=2\int_0^{\frac{\pi}{3}}\left\{x-\frac{(\cos x)'}{\cos x}\right\}dx$$

$$=2\left[\frac{1}{2}x^2-\log|\cos x|\right]_0^{\frac{\pi}{3}}=2\left(\frac{\pi^2}{18}-\log\frac{1}{2}\right)$$

$$=\frac{\pi^2}{9}-2\log 2^{-1}={}^{イ}\frac{\pi^2}{9}+2\log 2$$

120 $\sqrt{a_n{}^2-x^2}=t$ とおくと，$a_n{}^2-x^2=t^2$ から　$xdx=-tdt$

x と t の対応は右のようになる。

x	$0\longrightarrow a_n$
t	$a_n\longrightarrow 0$

よって　$\displaystyle\int_0^{a_n}x\sqrt{a_n{}^2-x^2}\,dx=\int_{a_n}^0-t^2dt=\int_0^{a_n}t^2dt=\left[\frac{1}{3}t^3\right]_0^{a_n}={}^{ア}\frac{1}{3}a_n{}^3$

ゆえに，数列 $\{a_n\}$ は，$a_1=2$，$a_{n+1}=a_n{}^3$ を満たす。

また，$\log a_n=b_n$ であるから　$b_{n+1}=\log a_{n+1}=\log a_n{}^3=3\log a_n=3b_n$

したがって，数列 $\{b_n\}$ は初項 $\log 2$，公比 3 の等比数列であるから　$b_n={}^{イ}3^{n-1}\log 2$

121 $a+b-x=t$ とおくと　$dx=-dt$

よって，x と t の対応は右のようになる。

x	$a\longrightarrow b$
t	$b\longrightarrow a$

ゆえに　$\displaystyle\int_a^b f(a+b-x)dx=-\int_b^a f(t)dt=\int_a^b f(t)dt$

したがって　$\displaystyle\int_a^b f(x)dx=\int_a^b f(a+b-x)dx$ ……(＊)

ここで，$a=1$，$b=2$ とすると，(＊) より　$\displaystyle\int_1^2 f(x)dx=\int_1^2 f(3-x)dx$

また，$f(x)=\dfrac{x^2}{x^2+(3-x)^2}$ とおくと　$f(3-x)=\dfrac{(3-x)^2}{(3-x)^2+x^2}$

よって，$I=\displaystyle\int_1^2 f(x)dx$ とすると，$I=\displaystyle\int_1^2 f(x)dx=\int_1^2 f(3-x)dx$ であるから

$$I+I=\int_1^2\frac{x^2}{x^2+(3-x)^2}dx+\int_1^2\frac{(3-x)^2}{(3-x)^2+x^2}dx=\int_1^2\frac{x^2+(3-x)^2}{x^2+(3-x)^2}dx=\Big[x\Big]_1^2=1$$

ゆえに　$2I=1$　　すなわち　$I=\dfrac{1}{2}$

したがって　$\displaystyle\int_1^2 \frac{x^2}{x^2+(3-x)^2}dx=\frac{1}{2}$

122　(1)　$f'(x)=(e^{-x})'\sin 2x+e^{-x}(\sin 2x)'=-e^{-x}\sin 2x+2e^{-x}\cos 2x$

$=e^{-x}(2\cos 2x-\sin 2x)$

(2)　$\displaystyle I=\int_0^{\frac{\pi}{2}} e^{-x}\sin 2x\,dx=\Big[-e^{-x}\sin 2x\Big]_0^{\frac{\pi}{2}}+2\int_0^{\frac{\pi}{2}} e^{-x}\cos 2x\,dx$

$\displaystyle =(0-0)+2\int_0^{\frac{\pi}{2}} e^{-x}\cos 2x\,dx$

したがって　$\displaystyle I=2\int_0^{\frac{\pi}{2}} e^{-x}\cos 2x\,dx$

(3)　(2) より，$\displaystyle I=2\int_0^{\frac{\pi}{2}} e^{-x}\cos 2x\,dx$ であるから

$\displaystyle I=\int_0^{\frac{\pi}{2}} f(x)dx=2\int_0^{\frac{\pi}{2}} e^{-x}\cos 2x\,dx=2\left(\Big[-e^{-x}\cos 2x\Big]_0^{\frac{\pi}{2}}-2\int_0^{\frac{\pi}{2}} e^{-x}\sin 2x\,dx\right)$

$=2\left(e^{-\frac{\pi}{2}}+1-2I\right)=2e^{-\frac{\pi}{2}}+2-4I$

よって　$5I=2e^{-\frac{\pi}{2}}+2$　　　したがって　$\displaystyle\int_0^{\frac{\pi}{2}} f(x)dx=\frac{2}{5}\left(e^{-\frac{\pi}{2}}+1\right)$

123　(1)　$f(x)=\sqrt{3}\sin\left(\frac{2}{3}x\right)-\cos\left(\frac{2}{3}x\right)=2\sin\left(\frac{2}{3}x-\frac{\pi}{6}\right)$

$0\leqq x\leqq 2\pi$ のとき　$-\frac{\pi}{6}\leqq\frac{2}{3}x-\frac{\pi}{6}\leqq\frac{7}{6}\pi$

よって，$f(x)\geqq 0$ とすると　$0\leqq\frac{2}{3}x-\frac{\pi}{6}\leqq\pi$

したがって，求める x の値の範囲は　$\frac{\pi}{4}\leqq x\leqq\frac{7}{4}\pi$

(2)　$\displaystyle\int_0^{2\pi} f(x)dx=\int_0^{2\pi} 2\sin\left(\frac{2}{3}x-\frac{\pi}{6}\right)dx=\left[-3\cos\left(\frac{2}{3}x-\frac{\pi}{6}\right)\right]_0^{2\pi}=\frac{3\sqrt{3}}{2}-\left(-\frac{3\sqrt{3}}{2}\right)$

$=3\sqrt{3}$

(3)　(1) より，$0\leqq x<\frac{\pi}{4}$，$\frac{7}{4}\pi<x\leqq 2\pi$ のとき $f(x)<0$，また，$\frac{\pi}{4}\leqq x\leqq\frac{7}{4}\pi$ のとき

$f(x)\geqq 0$ であるから

$$\int_0^{2\pi}|f(x)|dx=\int_0^{\frac{\pi}{4}}\{-f(x)\}dx+\int_{\frac{\pi}{4}}^{\frac{7}{4}\pi}f(x)dx+\int_{\frac{7}{4}\pi}^{2\pi}\{-f(x)\}dx$$

$$=-\int_0^{\frac{\pi}{4}}f(x)dx-\int_{\frac{\pi}{4}}^{\frac{7}{4}\pi}f(x)dx-\int_{\frac{7}{4}\pi}^{2\pi}f(x)dx+2\int_{\frac{\pi}{4}}^{\frac{7}{4}\pi}f(x)dx$$

$$=-\int_0^{2\pi}f(x)dx+2\int_{\frac{\pi}{4}}^{\frac{7}{4}\pi}f(x)dx=-3\sqrt{3}+\left[-6\cos\left(\frac{2}{3}x-\frac{\pi}{6}\right)\right]_{\frac{\pi}{4}}^{\frac{7}{4}\pi}$$

$$=-3\sqrt{3}+6-(-6)=12-3\sqrt{3}$$

124 (1) $f'(x)=4txe^{-tx^2}+2tx^2\cdot(-2tx)e^{-tx^2}=4tx(1-tx^2)e^{-tx^2}$

$t>0$ から，$f'(x)=0$ とすると

$$x=0,\ \pm\frac{1}{\sqrt{t}}$$

よって，$f(x)$ の増減表は右のようになる。

x	$\cdots$	$-\frac{1}{\sqrt{t}}$	$\cdots$	0	$\cdots$	$\frac{1}{\sqrt{t}}$	$\cdots$
$f'(x)$	$+$	0	$-$	0	$+$	0	$-$
$f(x)$	↗	極大	↘	0	↗	極大	↘

また，$f\left(-\frac{1}{\sqrt{t}}\right)=f\left(\frac{1}{\sqrt{t}}\right)=2e^{-1}=\frac{2}{e}$ であるから，$f(x)$ は $x=\pm\frac{1}{\sqrt{t}}$ で極大値 $\frac{2}{e}$，$x=0$ で極小値 0 をとる。

(2) $\int_1^{\sqrt{t}}4tx(1-tx^2)e^{-tx^2}\log x\,dx=\int_1^{\sqrt{t}}f'(x)\log x\,dx=\Big[f(x)\log x\Big]_1^{\sqrt{t}}-\int_1^{\sqrt{t}}f(x)\cdot\frac{1}{x}dx$

$$=f(\sqrt{t})\log\sqrt{t}-\int_1^{\sqrt{t}}2txe^{-tx^2}dx$$

$$=2t^2e^{-t^2}\log\sqrt{t}-\Big[-e^{-tx^2}\Big]_1^{\sqrt{t}}$$

$$=t^2e^{-t^2}\log t+e^{-t^2}-e^{-t}$$

(3) $g(t)=t^2e^{-t^2}\log t+e^{-t^2}-e^{-t}$ から

$$g(t)-\left\{\left(t^{\frac{5}{2}}-t^2+1\right)e^{-t^2}-e^{-t}\right\}=t^2e^{-t^2}\log t-t^{\frac{5}{2}}e^{-t^2}+t^2e^{-t^2}$$

$$=(\log t-\sqrt{t}+1)t^2e^{-t^2}$$

$1<t<4$ のとき，$t^2e^{-t^2}>0$ であるから，$h(t)=\log t-\sqrt{t}+1$ が，$1<t<4$ において $h(t)>0$ であることを示せばよい。

$$h'(t)=\frac{1}{t}-\frac{1}{2\sqrt{t}}=\frac{2-\sqrt{t}}{2t}$$

$1<t<4$ のとき，$h'(t)>0$ であるから，$h(t)$ は単調に増加する。
また，$h(1)=0$ から　　$h(t)>h(1)=0$

したがって，$1<t<4$ のとき　　$g(t)>\left(t^{\frac{5}{2}}-t^2+1\right)e^{-t^2}-e^{-t}$

125　(1)　$f'(x)=e^{2x}\cdot(2x)'-4e^x=2e^{2x}-4e^x$

(2)　$f(x)=(e^x-1)(e^x-3)$ であるから，$g(x)=\dfrac{1}{f(x)}$ の定義域は $x\neq 0$，$x\neq \log 3$ である。

このとき　　$g'(x)=\dfrac{-f'(x)}{\{f(x)\}^2}=\dfrac{-2e^{2x}+4e^x}{(e^x-1)^2(e^x-3)^2}=\dfrac{-2e^x(e^x-2)}{(e^x-1)^2(e^x-3)^2}$

$e^x>0$ から，$g'(x)=0$ とすると　　$x=\log 2$
よって，$g(x)$ の増減表は次のようになる。

x	$\cdots$	0	$\cdots$	$\log 2$	$\cdots$	$\log 3$	$\cdots$
$g'(x)$	$+$	／	$+$	0	$-$	／	$-$
$g(x)$	↗	／	↗	極大	↘	／	↘

$g(\log 2)=\dfrac{1}{f(\log 2)}=\dfrac{1}{4-4\cdot 2+3}=-1$ であるから，$g(x)$ は $x=\log 2$ で極大値 -1 をとる。

(3)　等式 $\dfrac{t}{(t-1)(t-3)}=\dfrac{A}{t-1}+\dfrac{B}{t-3}$ が t についての恒等式ならば，その両辺に $(t-1)(t-3)$ を掛けて得られる等式 $t=A(t-3)+B(t-1)$ も t についての恒等式である。
右辺を t について整理すると　　$t=(A+B)t-(3A+B)$
両辺の同じ次数の項の係数が等しいから　　$1=A+B$，$0=3A+B$
これを解いて　　$A=-\dfrac{1}{2}$，$B=\dfrac{3}{2}$

(4)　$\displaystyle\int_{\log 4}^{\log 5}\frac{e^{2x}}{f(x)}dx=\int_{\log 4}^{\log 5}\frac{e^{2x}}{e^{2x}-4e^x+3}dx$

ここで，$e^x=t$ とすると　　$e^x dx=dt$　　　　すなわち　　$dx=\dfrac{1}{t}dt$

よって，x と t の対応は右のようになる。

x	$\log 4 \longrightarrow \log 5$
t	$4 \longrightarrow 5$

ゆえに　　$\displaystyle\int_{\log 4}^{\log 5}\frac{e^{2x}}{e^{2x}-4e^x+3}dx=\int_4^5\frac{t^2}{t^2-4t+3}\cdot\frac{1}{t}dt$

$$=\int_4^5\frac{t}{t^2-4t+3}dt$$

ここで，(3) から

$$\int_4^5 \frac{t}{t^2-4t+3}dt=\int_4^5\left(-\frac{1}{2}\cdot\frac{1}{t-1}+\frac{3}{2}\cdot\frac{1}{t-3}\right)dt$$

$$=\left[-\frac{1}{2}\log|t-1|+\frac{3}{2}\log|t-3|\right]_4^5$$

$$=-\frac{1}{2}\log 4+\frac{3}{2}\log 2-\left(-\frac{1}{2}\log 3\right)=\frac{1}{2}\log 2+\frac{1}{2}\log 3$$

$$=\frac{1}{2}(\log 2+\log 3)=\frac{1}{2}\log 6$$

したがって　$\displaystyle\int_{\log 4}^{\log 5}\frac{e^{2x}}{f(x)}dx=\frac{1}{2}\log 6$

126　(1)　$\displaystyle(\tan\theta)'=\left(\frac{\sin\theta}{\cos\theta}\right)'=\frac{(\sin\theta)'\cdot\cos\theta-\sin\theta\cdot(\cos\theta)'}{\cos^2\theta}$

$$=\frac{\sin^2\theta+\cos^2\theta}{\cos^2\theta}=\frac{1}{\cos^2\theta}$$

よって，$(\tan\theta)'=\dfrac{1}{\cos^2\theta}$ が成り立つ。

したがって　$\displaystyle\int_0^{\frac{\pi}{4}}\frac{1}{\cos^2\theta}d\theta=\Big[\tan\theta\Big]_0^{\frac{\pi}{4}}=1$

(2)　$\displaystyle\frac{\cos\theta}{1+\sin\theta}+\frac{\cos\theta}{1-\sin\theta}=\frac{\cos\theta(1-\sin\theta)+\cos\theta(1+\sin\theta)}{(1+\sin\theta)(1-\sin\theta)}$

$$=\frac{2\cos\theta}{1-\sin^2\theta}=\frac{2\cos\theta}{\cos^2\theta}=\frac{2}{\cos\theta}$$

よって，$\dfrac{\cos\theta}{1+\sin\theta}+\dfrac{\cos\theta}{1-\sin\theta}=\dfrac{2}{\cos\theta}$ が成り立つ。

ゆえに　$\displaystyle\int_0^{\frac{\pi}{6}}\frac{1}{\cos\theta}d\theta=\frac{1}{2}\int_0^{\frac{\pi}{6}}\left(\frac{\cos\theta}{1+\sin\theta}+\frac{\cos\theta}{1-\sin\theta}\right)d\theta$

$$=\frac{1}{2}\int_0^{\frac{\pi}{6}}\left\{\frac{(1+\sin\theta)'}{1+\sin\theta}-\frac{(1-\sin\theta)'}{1-\sin\theta}\right\}d\theta$$

$$=\frac{1}{2}\left\{\Big[\log(1+\sin\theta)\Big]_0^{\frac{\pi}{6}}-\Big[\log(1-\sin\theta)\Big]_0^{\frac{\pi}{6}}\right\}$$

$$=\frac{1}{2}\left(\log\frac{3}{2}-\log\frac{1}{2}\right)=\frac{1}{2}\log 3$$

(3)
$$\int_0^{\frac{\pi}{6}}\frac{1}{\cos^3\theta}d\theta=\int_0^{\frac{\pi}{6}}\left(\frac{1}{\cos^2\theta}\cdot\frac{1}{\cos\theta}\right)d\theta=\int_0^{\frac{\pi}{6}}(\tan\theta)'\left(\frac{1}{\cos\theta}\right)d\theta$$

$$=\left[\tan\theta\cdot\frac{1}{\cos\theta}\right]_0^{\frac{\pi}{6}}-\int_0^{\frac{\pi}{6}}\tan\theta\left(\frac{1}{\cos\theta}\right)'d\theta$$

$$=\frac{1}{\sqrt{3}}\cdot\frac{2}{\sqrt{3}}-\int_0^{\frac{\pi}{6}}\left(\frac{\sin\theta}{\cos\theta}\cdot\frac{\sin\theta}{\cos^2\theta}\right)d\theta=\frac{2}{3}-\int_0^{\frac{\pi}{6}}\frac{1-\cos^2\theta}{\cos^3\theta}d\theta$$

$$=\frac{2}{3}-\int_0^{\frac{\pi}{6}}\frac{1}{\cos^3\theta}d\theta+\int_0^{\frac{\pi}{6}}\frac{1}{\cos\theta}d\theta$$

よって　$2\int_0^{\frac{\pi}{6}}\frac{1}{\cos^3\theta}d\theta=\frac{2}{3}+\int_0^{\frac{\pi}{6}}\frac{1}{\cos\theta}d\theta$

(2)から　$2\int_0^{\frac{\pi}{6}}\frac{1}{\cos^3\theta}d\theta=\frac{2}{3}+\frac{1}{2}\log 3$　　したがって　$\int_0^{\frac{\pi}{6}}\frac{1}{\cos^3\theta}d\theta=\frac{1}{3}+\frac{1}{4}\log 3$

127　$x\geqq 0$ のとき，$0<\frac{1}{x+e^x}\leqq\frac{1}{e^x}$ であるから

$$\int_0^{2023}\frac{2}{x+e^x}dx\leqq\int_0^{2023}\frac{2}{e^x}dx=\left[-2e^{-x}\right]_0^{2023}=2-\frac{2}{e^{2023}}<2$$

$f(x)=e^x-(x+1)$ とすると　　$f'(x)=e^x-1$

$x\geqq 0$ のとき，$e^x\geqq 1$ より　$f'(x)\geqq 0$

よって，$f(x)$ は $x\geqq 0$ で単調に増加する。

ゆえに，$x\geqq 0$ のとき　　$f(x)\geqq f(0)=0$

したがって，$x\geqq 0$ のとき　　$e^x\geqq 1+x$

これより　　$x+e^x\leqq(e^x-1)+e^x=2e^x-1$　　　よって　　$\frac{2}{x+e^x}\geqq\frac{2}{2e^x-1}$

ゆえに　　$\int_0^{2023}\frac{2}{x+e^x}dx\geqq\int_0^{2023}\frac{2}{2e^x-1}dx$

また　　$\int_0^{2023}\frac{2}{2e^x-1}dx=\int_0^{2023}\frac{2e^{-x}}{2-e^{-x}}dx=\int_0^{2023}\frac{2\cdot(2-e^{-x})'}{2-e^{-x}}dx$

$$=\left[2\log(2-e^{-x})\right]_0^{2023}=2\log(2-e^{-2023})=\log(2-e^{-2023})^2$$

$$=\log\left(4-\frac{4}{e^{2023}}+\frac{1}{e^{4046}}\right)$$

$2<e<3$ より，$4<e^2<e^{2023}$ であるから　　$\dfrac{4}{e^{2023}}<1$

よって　$\displaystyle\int_0^{2023}\frac{2}{2e^x-1}dx=\log\left(4-\frac{4}{e^{2023}}+\frac{1}{e^{4046}}\right)>\log(4-1+0)=\log 3>\log e=1$

ゆえに　　$\displaystyle\int_0^{2023}\frac{2}{x+e^x}dx\geqq\int_0^{2023}\frac{2}{2e^x-1}dx>1$

以上から　　$\displaystyle 1<\int_0^{2023}\frac{2}{x+e^x}dx<2$

したがって，求める整数部分は　　1

参考　定積分 $\displaystyle\int_0^{2023}\frac{2}{x+e^x}dx$ の値は　　1.61279……

128　$\displaystyle\int_0^1 f(t)dt=a$ とおくと　　$f'(x)=2e^{2x}-e^x-a$

よって　　$\displaystyle f(x)=\int(2e^{2x}-e^x-a)dx=e^{2x}-e^x-ax+C$　(C は積分定数)

$f(0)=1-1-0+C$ と $f(0)=0$ から　　$C=0$

ゆえに　　$f(x)=e^{2x}-e^x-ax$

したがって　　$\displaystyle\int_0^1 f(t)dt=\int_0^1(e^{2t}-e^t-at)dt=\left[\frac{1}{2}e^{2t}-e^t-\frac{1}{2}at^2\right]_0^1$

$$=\frac{1}{2}e^2-e-\frac{1}{2}a+\frac{1}{2}=\frac{1}{2}(e-1)^2-\frac{1}{2}a$$

これより，$\dfrac{1}{2}(e-1)^2-\dfrac{1}{2}a=a$ であるから　　$a=\dfrac{1}{3}(e-1)^2$

以上から　　$f(x)=e^{2x}-e^x-\dfrac{1}{3}(e-1)^2x$

129　(1)　$\displaystyle S_1=\int_1^e\log x\,dx=\int_1^e x'\log x\,dx=\Big[x\log x\Big]_1^e-\int_1^e x\cdot\frac{1}{x}dx=e-(e-1)=1$

(2)　「$S_n=a_ne+b_n$，ただし a_n，b_n はいずれも整数と表せる」ことを ① とする。
すべての自然数 n に対して，① が成り立つことを数学的帰納法を用いて示す。

[1]　$n=1$ のとき

$S_1=1$ であるから，$a_1=0$，$b_1=1$ と定めると，$S_1=0\cdot e+1$ と表せる。

よって，$n=1$ のとき ① が成り立つ。

[2]　$n=k$ のとき ① が成り立つ，すなわち $S_k=a_ke+b_k$ と表せると仮定する。

このとき　$S_{k+1}=\int_1^e(\log x)^{k+1}dx=\int_1^e x'(\log x)^{k+1}dx$

$$=\Big[x(\log x)^{k+1}\Big]_1^e-(k+1)\int_1^e x(\log x)^k\cdot\frac{1}{x}dx=e-(k+1)S_k$$

$$=e-(k+1)(a_ke+b_k)=\{1-(k+1)a_k\}e-(k+1)b_k$$

$a_{k+1}=1-(k+1)a_k$，$b_{k+1}=-(k+1)b_k$ と定めると，a_{k+1}，b_{k+1} は整数であるから，$n=k+1$ のときにも ① が成り立つ。

以上から，すべての自然数 n に対して，① が成り立つ。

130 (1) $\int t\cos t\,dt=\int t(\sin t)'dt=t\sin t-\int\sin t\,dt=t\sin t+\cos t+C$ (C は積分定数)

(2) $0\leqq t\leqq\frac{\pi}{2}$ を考えると，$\frac{\pi}{2}<x\leqq\pi$ のとき　$|x-t|=x-t$

よって　$f(x)=\int_0^{\frac{\pi}{2}}|x-t|\cos t\,dt=\int_0^{\frac{\pi}{2}}(x-t)\cos t\,dt=x\int_0^{\frac{\pi}{2}}\cos t\,dt-\int_0^{\frac{\pi}{2}}t\cos t\,dt$

$$=x\Big[\sin t\Big]_0^{\frac{\pi}{2}}-\Big[t\sin t+\cos t\Big]_0^{\frac{\pi}{2}}=x-\left(\frac{\pi}{2}-1\right)=x-\frac{\pi}{2}+1$$

(3) $0\leqq t\leqq\frac{\pi}{2}$ を考えると，$0\leqq x\leqq\frac{\pi}{2}$ のとき　$|x-t|=\begin{cases}x-t & (0\leqq t\leqq x)\\ t-x & \left(x<t\leqq\frac{\pi}{2}\right)\end{cases}$

よって　$f(x)=\int_0^{\frac{\pi}{2}}|x-t|\cos t\,dt=\int_0^x(x-t)\cos t\,dt+\int_x^{\frac{\pi}{2}}(t-x)\cos t\,dt$

$$=x\int_0^x\cos t\,dt-\int_0^x t\cos t\,dt+\int_x^{\frac{\pi}{2}}t\cos t-x\int_0^{\frac{\pi}{2}}\cos t\,dt$$

$$=x\Big[\sin t\Big]_0^x-\Big[t\sin t+\cos t\Big]_0^x+\Big[t\sin t+\cos t\Big]_x^{\frac{\pi}{2}}-x\Big[\sin t\Big]_x^{\frac{\pi}{2}}$$

$$=x\sin x-\{(x\sin x+\cos x)-1\}+\left\{\frac{\pi}{2}-(x\sin x+\cos x)\right\}-x(1-\sin x)$$

$$=-x-2\cos x+\frac{\pi}{2}+1$$

(4) (2)，(3) から，$f(x)$ は次のようになる。

$$f(x)=\begin{cases}-x-2\cos x+\frac{\pi}{2}+1 & \left(0\leqq x\leqq\frac{\pi}{2}\right)\\ x-\frac{\pi}{2}+1 & \left(\frac{\pi}{2}<x\leqq\pi\right)\end{cases}$$

[1]　$0 \leqq x \leqq \dfrac{\pi}{2}$ のとき

$$f'(x)=2\sin x-1$$

$f'(x)=0$ とすると　　$x=\dfrac{\pi}{6}$

[2]　$\dfrac{\pi}{2}<x \leqq \pi$ のとき，$f(x)$ は単調に増加する。

以上から，$f(x)$ の増減表は右のようになる。

x	0	$\cdots$	$\dfrac{\pi}{6}$	$\cdots$	$\dfrac{\pi}{2}$	$\cdots$	π
$f'(x)$	／	$-$	0	$+$	／	$+$	／
$f(x)$		↘	極小	↗	1	↗	

ここで　$f(0)=\dfrac{\pi}{2}-1$

$$f\left(\frac{\pi}{6}\right)=-\frac{\pi}{6}-2\cos\frac{\pi}{6}+\frac{\pi}{2}+1=\frac{\pi}{3}+1-\sqrt{3}$$

$$f(\pi)=\pi-\frac{\pi}{2}+1=\frac{\pi}{2}+1$$

よって，$f(0)<f(\pi)$ であるから，$f(x)$ は $x=\dfrac{\pi}{6}$ で最小値 $\dfrac{\pi}{3}+1-\sqrt{3}$，$x=\pi$ で最大値 $\dfrac{\pi}{2}+1$ をとる。

131　(1)　$I_n+I_{n+2}=\displaystyle\int_0^{\frac{\pi}{4}}(\tan^{n-1}x+\tan^{n+1}x)dx=\int_0^{\frac{\pi}{4}}\tan^{n-1}x(1+\tan^2 x)dx$

$$=\int_0^{\frac{\pi}{4}}\tan^{n-1}x\cdot\frac{1}{\cos^2 x}dx=\int_0^{\frac{\pi}{4}}\tan^{n-1}x\cdot(\tan x)'dx$$

$$=\left[\frac{1}{n}\tan^n x\right]_0^{\frac{\pi}{4}}=\frac{1}{n}$$

(2)　$0<x \leqq \dfrac{\pi}{4}$ において，$\tan^{n+1}x>0$ であるから　　$\displaystyle\int_0^{\frac{\pi}{4}}\tan^{n+1}x dx>0$

すなわち　　$I_{n+2}>0$

(1) より，$I_n+I_{n+2}=\dfrac{1}{n}$ であるから　　$I_n<\dfrac{1}{n}$

(3)　$(I_1+I_3)-(I_3+I_5)+\cdots\cdots+(-1)^{n-1}(I_{2n-1}+I_{2n+1})=I_1-(-1)^n I_{2n+1}$　……①

また，(1) より，$I_n+I_{n+2}=\dfrac{1}{n}$ であるから

$$(I_1+I_3)-(I_3+I_5)+\cdots\cdots+(-1)^{n-1}(I_{2n-1}+I_{2n+1})$$
$$=1-\frac{1}{3}+\cdots\cdots+(-1)^{n-1}\frac{1}{2n-1}\quad\cdots\cdots②$$

①，② から　$I_1-(-1)^nI_{2n+1}=1-\frac{1}{3}+\cdots\cdots+(-1)^{n-1}\frac{1}{2n-1}$

(4)　(2) から　$0<I_{2n+1}<\frac{1}{2n+1}$

よって　$-\frac{1}{2n+1}<(-1)^{n-1}I_{2n+1}<\frac{1}{2n+1}$

$\lim_{n\to\infty}\frac{1}{2n+1}=0$ であるから　$\lim_{n\to\infty}(-1)^{n-1}I_{2n+1}=0$

また，$I_1=\int_0^{\frac{\pi}{4}}dx=\frac{\pi}{4}$ より，(3) の等式の左辺は　$\lim_{n\to\infty}\{I_1-(-1)^nI_{2n+1}\}=I_1=\frac{\pi}{4}$

したがって，(3) の等式の両辺について $n\longrightarrow\infty$ の極限を考えると

$$\frac{\pi}{4}=\frac{1}{1}-\frac{1}{3}+\frac{1}{5}+\cdots\cdots+(-1)^{n-1}\frac{1}{2n-1}+\cdots\cdots$$

が成り立つ。

132　(1)　$\tan x=t$ とおくと　$f(x)=t^2-(\sqrt{3}-1)t-\sqrt{3}$

$g(t)=t^2-(\sqrt{3}-1)t-\sqrt{3}$ とする。

不等式 $g(t)\leqq 0$ を変形すると　$(t+1)(t-\sqrt{3})\leqq 0$

よって　$-1\leqq t\leqq\sqrt{3}$

(2)　$(\tan x)'=\frac{1}{\cos^2 x}$ であるから　$\frac{dt}{dx}=\frac{1}{\cos^2 x}$

(3)　$\tan x=t$ とおくと　$\frac{dx}{\cos^2 x}=dt$

また，x と t の対応は右のようになる。

x	$-\frac{\pi}{3}\longrightarrow\frac{\pi}{3}$
t	$-\sqrt{3}\longrightarrow\sqrt{3}$

したがって　$\int_{-\frac{\pi}{3}}^{\frac{\pi}{3}}\frac{f(x)}{\cos^2 x}dx=\int_{-\sqrt{3}}^{\sqrt{3}}\{t^2-(\sqrt{3}-1)t-\sqrt{3}\}dt$

$$=\int_{-\sqrt{3}}^{\sqrt{3}}(t^2-\sqrt{3})dt-\int_{-\sqrt{3}}^{\sqrt{3}}(\sqrt{3}-1)tdt$$

$y=t^2-\sqrt{3}$ は偶関数，$y=(\sqrt{3}-1)t$ は奇関数であるから

$$\int_{-\frac{\pi}{3}}^{\frac{\pi}{3}}\frac{f(x)}{\cos^2 x}dx=2\int_0^{\sqrt{3}}(t^2-\sqrt{3})dt=2\left[\frac{1}{3}t^3-\sqrt{3}t\right]_0^{\sqrt{3}}=2(\sqrt{3}-3)=2\sqrt{3}-6$$

(4) $\tan x=t$ とおくと　$\dfrac{dx}{\cos^2 x}=dt$

x	$-\frac{\pi}{4} \to \frac{\pi}{3}$
t	$-1 \to \sqrt{3}$

また，x と t の対応は右のようになる。

よって　$\displaystyle\int_{-\frac{\pi}{4}}^{\frac{\pi}{3}}\frac{|f(x)|}{\cos^2 x}dx=\int_{-1}^{\sqrt{3}}|(t+1)(t-\sqrt{3})|dt$

$-1 \leqq t \leqq \sqrt{3}$ で $(t+1)(t-\sqrt{3}) \leqq 0$ であるから

$$\int_{-\frac{\pi}{4}}^{\frac{\pi}{3}}\frac{|f(x)|}{\cos^2 x}dx=-\int_{-1}^{\sqrt{3}}(t+1)(t-\sqrt{3})dt=\frac{1}{6}(\sqrt{3}+1)^3=\frac{3\sqrt{3}+5}{3}$$

(5) $\displaystyle\int_{-\frac{\pi}{3}}^{\frac{\pi}{3}}h(x)\tan x\,dx=a$ とおくと　$h(x)=\dfrac{f(x)}{\cos^2 x}+a$

よって　$\displaystyle\int_{-\frac{\pi}{3}}^{\frac{\pi}{3}}\left\{\frac{f(x)}{\cos^2 x}+a\right\}\tan x\,dx=a$

すなわち　$\displaystyle\int_{-\frac{\pi}{3}}^{\frac{\pi}{3}}\frac{f(x)}{\cos^2 x}\tan x\,dx+\int_{-\frac{\pi}{3}}^{\frac{\pi}{3}}a\tan x\,dx=a$

$y=\tan x$ は奇関数であるから　$\displaystyle\int_{-\frac{\pi}{3}}^{\frac{\pi}{3}}a\tan x\,dx=0$

ゆえに　$\displaystyle a=\int_{-\frac{\pi}{3}}^{\frac{\pi}{3}}\frac{f(x)}{\cos^2 x}\tan x\,dx$

$\tan x=t$ とおくと，(3) の計算から

$$a=\int_{-\frac{\pi}{3}}^{\frac{\pi}{3}}\frac{f(x)}{\cos^2 x}\tan x\,dx=\int_{-\sqrt{3}}^{\sqrt{3}}\{t^2-(\sqrt{3}-1)t-\sqrt{3}\}t\,dt$$

$$=\int_{-\sqrt{3}}^{\sqrt{3}}\{t^3-(\sqrt{3}-1)t^2-\sqrt{3}t\}dt=\int_{-\sqrt{3}}^{\sqrt{3}}(t^3-\sqrt{3}t)dt-\int_{-\sqrt{3}}^{\sqrt{3}}(\sqrt{3}-1)t^2dt$$

$y=t^3-\sqrt{3}t$ は奇関数，$y=(\sqrt{3}-1)t^2$ は偶関数であるから

$$a=-2\int_0^{\sqrt{3}}(\sqrt{3}-1)t^2dt=-2\left[\frac{\sqrt{3}-1}{3}t^3\right]_0^{\sqrt{3}}=-2(3-\sqrt{3})=2\sqrt{3}-6$$

したがって　$\displaystyle\int_{-\frac{\pi}{3}}^{\frac{\pi}{3}} h(x)\tan x\,dx=2\sqrt{3}-6$

133　(1)　$\displaystyle\int_1^e f(t)dt=a$ とおくと　$f(x)=(\log x)^2-a$

よって　$\displaystyle\int_1^e f(t)dt=\int_1^e\{(\log t)^2-a\}dt=\int_1^e(\log t)^2dt-a(e-1)$

$$=\Big[t(\log t)^2\Big]_1^e-\int_1^e t\cdot 2\log t\cdot\frac{1}{t}dt-a(e-1)$$

$$=e-2\int_1^e\log t\,dt-a(e-1)=e-2\Big[t\log t-t\Big]_1^e-a(e-1)$$

$$=e-2(0+1)-ae+a$$

これより，$e-2-ae+a=a$ であるから　$ae=e-2$

ゆえに　$a=\dfrac{e-2}{e}$

したがって　$f(x)=(\log x)^2-\dfrac{e-2}{e}$

(2)　$e^x=t$ とおくと　$e^x dx=dt$，$dx=\dfrac{dt}{t}$

また，x と t の対応は右のようになる。

x	$\log\frac{\pi}{4}\to\log\frac{\pi}{2}$
t	$\frac{\pi}{4}\to\frac{\pi}{2}$

よって　$\displaystyle\int_{\log\frac{\pi}{4}}^{\log\frac{\pi}{2}}\frac{e^{2x}}{\{\sin(e^x)\}^2}dx=\int_{\frac{\pi}{4}}^{\frac{\pi}{2}}\frac{t^2}{\sin^2 t}\cdot\frac{dt}{t}=\int_{\frac{\pi}{4}}^{\frac{\pi}{2}}\frac{t}{\sin^2 t}dt$

ここで，$\dfrac{\pi}{2}-t=u$ とおくと，$t=\dfrac{\pi}{2}-u$ から　$dt=-du$

また，t と u の対応は右のようになる。

t	$\frac{\pi}{4}\to\frac{\pi}{2}$
u	$\frac{\pi}{4}\to 0$

したがって

$$\int_{\frac{\pi}{4}}^{\frac{\pi}{2}}\frac{t}{\sin^2 t}dt=\int_{\frac{\pi}{4}}^{0}\frac{\frac{\pi}{2}-u}{\sin^2\left(\frac{\pi}{2}-u\right)}\cdot(-du)=\int_0^{\frac{\pi}{4}}\frac{1}{\cos^2 u}\left(\frac{\pi}{2}-u\right)du$$

$$=\int_0^{\frac{\pi}{4}}(\tan u)'\left(\frac{\pi}{2}-u\right)du=\Big[\tan u\cdot\left(\frac{\pi}{2}-u\right)\Big]_0^{\frac{\pi}{4}}+\int_0^{\frac{\pi}{4}}\tan u\,du$$

$$=\frac{\pi}{4}-\Big[\log|\cos u|\Big]_0^{\frac{\pi}{4}}=\frac{\pi}{4}-\log\frac{1}{\sqrt{2}}=\frac{\pi}{4}+\frac{1}{2}\log 2$$

134 (1) $a_{m,\ 1}=\int_{-1}^{1}(x-1)^m(x+1)^1dx=\int_{-1}^{1}(x-1)^m\{(x-1)+2\}dx$

$$=\int_{-1}^{1}\{(x-1)^{m+1}+2(x-1)^m\}dx$$

$$=\left[\frac{1}{m+2}(x-1)^{m+2}+\frac{2}{m+1}(x-1)^{m+1}\right]_{-1}^{1}$$

$$=-\frac{(-2)^{m+2}}{m+2}-\frac{2(-2)^{m+1}}{m+1}=\frac{(-2)^{m+2}\{-(m+1)+(m+2)\}}{(m+2)(m+1)}$$

$$=\frac{(-2)^{m+2}}{(m+2)(m+1)}$$

(2) $(x-1)^{m+1}(x+1)^{n-1}=(x-1)^m(x+1)^{n-1}(x-1)=(x-1)^m(x+1)^{n-1}\{(x+1)-2\}$

$$=(x-1)^m(x+1)^n-2(x-1)^m(x+1)^{n-1}$$

であるから

$$\int_{-1}^{1}(x-1)^{m+1}(x+1)^{n-1}dx=\int_{-1}^{1}(x-1)^m(x+1)^ndx-2\int_{-1}^{1}(x-1)^m(x+1)^{n-1}dx$$

よって　$a_{m+1,\ n-1}=a_{m,\ n}-2a_{m,\ n-1}$

ここで　$a_{m+1,\ n-1}=\int_{-1}^{1}(x-1)^{m+1}(x+1)^{n-1}dx$

$$=\left[\frac{1}{n}(x-1)^{m+1}(x+1)^n\right]_{-1}^{1}-\frac{m+1}{n}\int_{-1}^{1}(x-1)^m(x+1)^ndx$$

$$=-\frac{m+1}{n}a_{m,\ n}$$

ゆえに　$-\frac{m+1}{n}a_{m,\ n}=a_{m,\ n}-2a_{m,\ n-1}$

m, n は自然数より　$a_{m,\ n}=\frac{2n}{m+n+1}a_{m,\ n-1}$

(3) (2) から　$a_{m,\ n}=\frac{2n}{m+n+1}a_{m,\ n-1}=\frac{2n}{m+n+1}\times\frac{2(n-1)}{m+n}a_{m,\ n-2}$

$$=\cdots\cdots$$

$$=\frac{2^{n-1}n\,!}{(m+n+1)\times\cdots\cdots\times(m+3)}a_{m,\ 1}$$

(1) から　$a_{m,\ n}=\frac{2^{n-1}n\,!(-2)^{m+2}}{(m+n+1)\times\cdots\cdots\times(m+3)(m+2)(m+1)}$

$$=\frac{2^{n-1}(-2)^{m+2}m\,!n\,!}{(m+n+1)!}=\frac{(-1)^m\cdot 2^{m+n+1}m\,!n\,!}{(m+n+1)!}$$

135　$f(x)=\int_1^x te^{-2t}dt=\int_1^x t\left(-\frac{1}{2}e^{-2t}\right)'dt=\left[-\frac{1}{2}te^{-2t}\right]_1^x+\int_1^x \frac{1}{2}e^{-2t}dt$

$$=-\frac{1}{2}xe^{-2x}+\frac{1}{2}e^{-2}+\left[-\frac{1}{4}e^{-2t}\right]_1^x=-\frac{1}{2}xe^{-2x}+\frac{1}{2}e^{-2}-\frac{1}{4}e^{-2x}+\frac{1}{4}e^{-2}$$

$$={}^{ア}-\frac{1}{2}xe^{-2x}-\frac{1}{4}e^{-2x}+\frac{3}{4}e^{-2}$$

また　$\lim_{x\to\infty}xe^{-2x}=\lim_{x\to\infty}\frac{x}{e^{2x}}=0$，$\lim_{x\to\infty}e^{-2x}=\lim_{x\to\infty}\frac{1}{e^{2x}}=0$

であるから　$\lim_{x\to\infty}f(x)={}^{イ}\frac{3}{4}e^{-2}$

136　(1)　$I_0=\int_0^x e^{-t}dt=\left[-e^{-t}\right]_0^x=1-e^{-x}$

$$I_1=\int_0^x te^{-t}dt=\int_0^x t(-e^{-t})'dt=\left[-te^{-t}\right]_0^x+\int_0^x e^{-t}dt$$

$$=-xe^{-x}+1-e^{-x}=1-(x+1)e^{-x}$$

(2)　$n\geqq1$ のとき

$$I_n=\frac{1}{n!}\int_0^x t^ne^{-t}dt=\frac{1}{n!}\int_0^x t^n(-e^{-t})'dt$$

$$=\frac{1}{n!}\left[-t^ne^{-t}\right]_0^x+\frac{1}{(n-1)!}\int_0^x t^{n-1}e^{-t}dt=-\frac{1}{n!}x^ne^{-x}+I_{n-1}$$

よって　$I_n=I_{n-1}-\frac{1}{n!}x^ne^{-x}$

(3)　$n\geqq1$ のとき

$$I_n=I_0+\sum_{k=1}^n\left(-\frac{1}{k!}x^ke^{-x}\right)=1-e^{-x}-\frac{1}{e^x}\sum_{k=1}^n\frac{x^k}{k!}$$

$$=1-\frac{1}{e^x}\left(1+x+\frac{x^2}{2!}+\cdots\cdots+\frac{x^n}{n!}\right)\quad\cdots\cdots①$$

$I_0=1-e^{-x}$ であるから，① は $n=0$ のときにも成り立つ。

よって　$I_n=1-\frac{1}{e^x}\left(1+x+\frac{x^2}{2!}+\cdots\cdots+\frac{x^n}{n!}\right)$

137　(1)　$f(x)=\int_{x^2}^1\frac{\log t}{t}dt=\left[\frac{1}{2}(\log t)^2\right]_{x^2}^1=-\frac{1}{2}(\log x^2)^2$

$$=-\frac{1}{2}(2\log x)^2=-2(\log x)^2$$

$$g(x)=\int_{x^2}^{1}\frac{\log t}{\sqrt{t}}dt=\Big[2t^{\frac{1}{2}}\log t\Big]_{x^2}^{1}-\int_{x^2}^{1}2t^{\frac{1}{2}}\cdot\frac{1}{t}\,dt=-2x\log x^2-\int_{x^2}^{1}2t^{-\frac{1}{2}}\,dt$$

$$=-4x\log x-\Big[4t^{\frac{1}{2}}\Big]_{x^2}^{1}=-4x\log x+4x-4$$

(2)　$h(x)=\dfrac{g(x)}{f(x)}$ とおくと　　$h(x)=\dfrac{-4x\log x+4x-4}{-2(\log x)^2}=2\cdot\dfrac{x\log x-x+1}{(\log x)^2}$

$$h'(x)=2\cdot\frac{(\log x)\cdot(\log x)^2-(x\log x-x+1)\cdot\dfrac{2\log x}{x}}{(\log x)^4}$$

$$=2\cdot\frac{x(\log x)^2-2x\log x+2x-2}{x(\log x)^3}$$

ここで，$k(x)=x(\log x)^2-2x\log x+2x-2$ とおくと

$$k'(x)=(\log x)^2+x\cdot\frac{2\log x}{x}-2\log x-2+2=(\log x)^2$$

$0<x<1$ のとき　　$k'(x)>0$

よって，$k(x)$ は $0<x\leqq1$ で単調に増加する。

このことと，$k(1)=0$ から，$0<x<1$ のとき　　$k(x)<0$

また，$0<x<1$ のとき，$x(\log x)^3<0$ であるから　　$h'(x)>0$

よって，$h(x)=\dfrac{g(x)}{f(x)}$ は開区間 $(0,\ 1)$ で増加する。

138　(1)　$S(0)=0$ であるから　　$\displaystyle\lim_{x\to0}\frac{S(x)}{x}=\lim_{x\to0}\frac{S(x)-S(0)}{x-0}=S'(0)$

また，$S'(x)=\dfrac{d}{dx}\displaystyle\int_0^x\frac{dt}{\sqrt{1-t^2}}=\frac{1}{\sqrt{1-x^2}}$ であるから　　$S'(0)=1$

よって　　$\displaystyle\lim_{x\to0}\frac{S(x)}{x}=1$

(2)　$S\left(\dfrac{1}{\sqrt{2}}\right)=\displaystyle\int_0^{\frac{1}{\sqrt{2}}}\frac{dt}{\sqrt{1-t^2}}$

$t=\sin\theta$ とおくと　　$dt=\cos\theta\,d\theta$

t と θ の対応は右のようになる。

t	$0\ \to\ \dfrac{1}{\sqrt{2}}$
θ	$0\ \to\ \dfrac{\pi}{4}$

$0\leqq\theta\leqq\dfrac{\pi}{4}$ のとき，$\cos\theta>0$ であるから

$$\sqrt{1-t^2}=\sqrt{1-\sin^2\theta}=\sqrt{\cos^2\theta}=\cos\theta$$

よって　　$S\left(\frac{1}{\sqrt{2}}\right)=\int_0^{\frac{\pi}{4}}\frac{\cos\theta}{\cos\theta}d\theta=\int_0^{\frac{\pi}{4}}d\theta=\Big[\theta\Big]_0^{\frac{\pi}{4}}=\frac{\pi}{4}$

(3)　$\int\frac{t}{\sqrt{1-t^2}}dt=\int t(1-t^2)^{-\frac{1}{2}}dt=\int(1-t^2)^{-\frac{1}{2}}(1-t^2)'\cdot\left(-\frac{1}{2}\right)dt$

$$=-(1-t^2)^{\frac{1}{2}}+C=-\sqrt{1-t^2}+C\quad(C\text{ は積分定数})$$

(4)　$\int_0^{\frac{1}{\sqrt{2}}}S(x)dx=\int_0^{\frac{1}{\sqrt{2}}}(x)'S(x)dx=\Big[xS(x)\Big]_0^{\frac{1}{\sqrt{2}}}-\int_0^{\frac{1}{\sqrt{2}}}xS'(x)dx$

$$=\frac{1}{\sqrt{2}}S\left(\frac{1}{\sqrt{2}}\right)-\int_0^{\frac{1}{\sqrt{2}}}\frac{x}{\sqrt{1-x^2}}dx$$

(2)，(3) の結果より

$$\int_0^{\frac{1}{\sqrt{2}}}S(x)dx=\frac{1}{\sqrt{2}}\cdot\frac{\pi}{4}-\Big[-\sqrt{1-x^2}\Big]_0^{\frac{1}{\sqrt{2}}}=\frac{\pi}{4\sqrt{2}}-\left(-\sqrt{1-\frac{1}{2}}+1\right)$$

$$=\frac{\pi}{4\sqrt{2}}+\frac{1}{\sqrt{2}}-1$$

139　(1)　$n=2$ とすると　　$\sum_{k=1}^{2}f_k(x)=a^x\{1-(1-a^x)^2\}$

ゆえに　　$f_1(x)+f_2(x)=a^x(2a^x-a^{2x})$

よって　　$f_2(x)=a^x(2a^x-a^{2x})-a^{2x}=a^{2x}-a^{3x}=a^{2x}(1-a^x)$

(2)　$n\geqq 2$ のとき

$$f_n(x)=\sum_{k=1}^{n}f_k(x)-\sum_{k=1}^{n-1}f_k(x)=a^x\{1-(1-a^x)^n\}-a^x\{1-(1-a^x)^{n-1}\}$$

$$=a^x(1-a^x)^{n-1}\{1-(1-a^x)\}=a^{2x}(1-a^x)^{n-1}\quad\cdots\cdots①$$

$a^{2x}(1-a^x)^0=a^{2x}$ であるから，① は $n=1$ のときにも成り立つ。

よって　　$f_n(x)=a^{2x}(1-a^x)^{n-1}$

(3)　$t=1-a^x$ から　　$\frac{dt}{dx}=-a^x\log a=(t-1)\log a$

$0<x<1$ において，$a^x\neq 0$ であるから　　$t\neq 1$

よって　　$\frac{dx}{dt}=\frac{1}{(t-1)\log a}$

また，x と t の対応は右のようになる。

x	$0\to 1$
t	$0\to 1-a$

したがって　　$I_n=\int_0^1 f_n(x)dx=\int_0^1 a^{2x}(1-a^x)^{n-1}dx$

$$=\int_0^{1-a}(1-t)^2\cdot t^{n-1}\cdot\frac{dt}{(t-1)\log a}$$

$$=\frac{1}{\log a}\int_0^{1-a}(t^n-t^{n-1})dt=\frac{1}{\log a}\left[\frac{t^{n+1}}{n+1}-\frac{t^n}{n}\right]_0^{1-a}$$

$$=\frac{1}{\log a}\left\{\frac{(1-a)^{n+1}}{n+1}-\frac{(1-a)^n}{n}\right\}$$

(4) $\displaystyle\sum_{k=1}^{n}I_k=\frac{1}{\log a}\left\{\frac{(1-a)^2}{2}+a-1\right\}+\frac{1}{\log a}\left\{\frac{(1-a)^3}{3}-\frac{(1-a)^2}{2}\right\}+\cdots\cdots$

$$+\frac{1}{\log a}\left\{\frac{(1-a)^{n+1}}{n+1}-\frac{(1-a)^n}{n}\right\}$$

$$=\frac{1}{\log a}\left\{\frac{(1-a)^{n+1}}{n+1}+a-1\right\}$$

$1<a<2$ より，$-1<1-a<0$ であるから　$\displaystyle\lim_{n\to\infty}(1-a)^{n+1}=0$

よって　$\displaystyle\lim_{n\to\infty}\frac{(1-a)^{n+1}}{n+1}=0$

ゆえに　$\displaystyle\lim_{n\to\infty}\sum_{k=1}^{n}I_k=\lim_{n\to\infty}\frac{1}{\log a}\left\{\frac{(1-a)^{n+1}}{n+1}+a-1\right\}=\frac{a-1}{\log a}$

140 (1) $\displaystyle\int_p^{f(x)}\frac{a}{u(a-u)}du=\int_p^{f(x)}\left(\frac{1}{u}+\frac{1}{a-u}\right)du=\Big[\log|u|-\log|a-u|\Big]_p^{f(x)}$

$$=\left[\log\left|\frac{u}{a-u}\right|\right]_p^{f(x)}=\log\left|\frac{f(x)}{a-f(x)}\right|-\log\left|\frac{p}{a-p}\right|$$

$$=\log\left|\frac{f(x)(a-p)}{p\{a-f(x)\}}\right|$$

$0<f(x)<a$，$0<p<a$ であるから　$\displaystyle\int_p^{f(x)}\frac{a}{u(a-u)}du=\log\frac{(a-p)f(x)}{p\{a-f(x)\}}$

よって　$\displaystyle\log\frac{(a-p)f(x)}{p\{a-f(x)\}}=bx$　　すなわち　$\displaystyle\frac{(a-p)f(x)}{p\{a-f(x)\}}=e^{bx}$

整理すると　$\displaystyle f(x)=\frac{ape^{bx}}{pe^{bx}+a-p}$　……①

このとき　$\displaystyle f(0)=\frac{ap}{p+a-p}=\frac{ap}{a}=p$

また，$pe^{bx}+a-p>pe^{bx}$ であるから　$\displaystyle f(x)<\frac{ape^{bx}}{pe^{bx}}=a$

よって，$f(0)=p$，$0<f(x)<a$ を満たすから，① が求める $f(x)$ である。

(2) $f(-1)=\dfrac{1}{2}$ から　$\displaystyle\frac{ape^{-b}}{pe^{-b}+a-p}=\frac{1}{2}$　　整理すると　$(a-p)e^b=(2a-1)p$

よって　　$e^b=\dfrac{(2a-1)p}{a-p}$　……②

$f(1)=1$ から　　$\dfrac{ape^b}{pe^b+a-p}=1$　　整理すると　　$(a-1)pe^b=a-p$

$a=1$ のとき，$0=a-p$ すなわち $a=p$ となる。

これは $p<a$ であることに矛盾するから　　$a\fallingdotseq 1$

よって　　$e^b=\dfrac{a-p}{(a-1)p}$　……③

$f(3)=\dfrac{3}{2}$ から　　$\dfrac{ape^{3b}}{pe^{3b}+a-p}=\dfrac{3}{2}$　　整理すると　　$(2a-3)pe^{3b}=3(a-p)$

$a=\dfrac{3}{2}$ のとき，$0=3(a-p)$ すなわち $a=p$ となる。

これは $p<a$ であることに矛盾するから　　$a\fallingdotseq\dfrac{3}{2}$

よって　　$e^{3b}=\dfrac{3(a-p)}{(2a-3)p}$　……④

②×③ から　　$e^{2b}=\dfrac{2a-1}{a-1}$　……⑤　　④÷③ から　　$e^{2b}=\dfrac{3(a-1)}{2a-3}$　……⑥

⑤，⑥ より　　$\dfrac{2a-1}{a-1}=\dfrac{3(a-1)}{2a-3}$

$$(2a-1)(2a-3)=3(a-1)^2$$

整理すると　　$a(a-2)=0$　　$a>0$ であるから　　$a=2$

⑤ に代入すると　　$e^{2b}=3$　　よって　　$b=\dfrac{1}{2}\log 3$

また，$e^b=\sqrt{3}$ であるから，③ より　　$\sqrt{3}=\dfrac{2-p}{p}$

ゆえに　　$(\sqrt{3}+1)p=2$

よって　　$p=\dfrac{2}{\sqrt{3}+1}=\sqrt{3}-1$

したがって　　$a=2$，$b=\dfrac{1}{2}\log 3$，$p=\sqrt{3}-1$

(3)　$b=\dfrac{1}{2}\log 3>0$ であるから　　$\displaystyle\lim_{x\to-\infty}e^{bx}=0$，$\displaystyle\lim_{x\to\infty}e^{-bx}=0$

よって　　$\displaystyle\lim_{x\to-\infty}f(x)=\lim_{x\to-\infty}\frac{ape^{bx}}{pe^{bx}+a-p}=\frac{0}{0+a-p}=0$

$$\lim_{x\to\infty}f(x)=\lim_{x\to\infty}\frac{ape^{bx}}{pe^{bx}+a-p}=\lim_{x\to\infty}\frac{ap}{p+(a-p)e^{-bx}}=\frac{ap}{p+0}=a=2$$

141 (1)　$J_n(x)=\int_0^n e^{-t}\sin(tx)\,dt$ とおく。

$$I_n(x)=\int_0^n(-e^{-t})'\cos(tx)\,dt=\Big[-e^{-t}\cos(tx)\Big]_0^n-\int_0^n e^{-t}\cdot x\sin(tx)\,dt$$

$$=-e^{-n}\cos(nx)+1-xJ_n(x)\quad\cdots\cdots ①$$

$$J_n(x)=\int_0^n(-e^{-t})'\sin(tx)\,dt=\Big[-e^{-t}\sin(tx)\Big]_0^n+\int_0^n e^{-t}\cdot x\cos(tx)\,dt$$

$$=-e^{-n}\sin(nx)+xI_n(x)\quad\cdots\cdots ②$$

② を ① に代入すると　　$I_n(x)=-e^{-n}\cos(nx)+1-x\{-e^{-n}\sin(nx)+xI_n(x)\}$

整理すると　　$(x^2+1)I_n(x)=-e^{-n}\cos(nx)+xe^{-n}\sin(nx)+1$

よって　　$I_n(x)=\dfrac{1}{x^2+1}\{-e^{-n}\cos(nx)+xe^{-n}\sin(nx)+1\}$

(2)　(1) から　　$I_n(x)=\dfrac{1}{x^2+1}\left\{-\dfrac{\cos(nx)}{e^n}+x\cdot\dfrac{\sin(nx)}{e^n}+1\right\}$

$-1\leqq\cos(nx)\leqq 1$，$-1\leqq\sin(nx)\leqq 1$ であるから

$$-\frac{1}{e^n}\leqq\frac{\cos(nx)}{e^n}\leqq\frac{1}{e^n},\quad -\frac{1}{e^n}\leqq\frac{\sin(nx)}{e^n}\leqq\frac{1}{e^n}$$

$\displaystyle\lim_{n\to\infty}\left(-\frac{1}{e^n}\right)=\lim_{n\to\infty}\frac{1}{e^n}=0$ であるから，はさみうちの原理により

$$\lim_{n\to\infty}\frac{\cos(nx)}{e^n}=\lim_{n\to\infty}\frac{\sin(nx)}{e^n}=0$$

したがって　　$M(x)=\displaystyle\lim_{n\to\infty}I_n(x)=\frac{1}{x^2+1}$

(3)　$y=\dfrac{1}{x^2+1}$ から　$y'=-\dfrac{2x}{(x^2+1)^2}$

$$y''=-\frac{2(x^2+1)^2-2x\cdot 2(x^2+1)\cdot 2x}{(x^2+1)^4}=\frac{6x^2-2}{(x^2+1)^3}=\frac{2(3x^2-1)}{(x^2+1)^3}$$

$y'=0$ とすると　　$x=0$　　　　　$y''=0$ とすると　　$x=\pm\dfrac{1}{\sqrt{3}}$

よって，y の増減，グラフの凹凸は，次の表のようになる。

x	$\cdots$	$-\dfrac{1}{\sqrt{3}}$	$\cdots$	0	$\cdots$	$\dfrac{1}{\sqrt{3}}$	$\cdots$
y'	$+$	$+$	$+$	0	$-$	$-$	$-$
y''	$+$	0	$-$	$-$	$-$	0	$+$
y	⤴	$\dfrac{3}{4}$	↗	1	↘	$\dfrac{3}{4}$	⤵

したがって，y は $x=0$ で極大値 1 をとる。

変曲点は 2 点 $\left(-\dfrac{1}{\sqrt{3}},\ \dfrac{3}{4}\right)$，$\left(\dfrac{1}{\sqrt{3}},\ \dfrac{3}{4}\right)$

である。

また，$\displaystyle\lim_{x\to\infty}\frac{1}{x^2+1}=\lim_{x\to-\infty}\frac{1}{x^2+1}=0$ であるから，$y=M(x)$ のグラフは右の図のようになる。

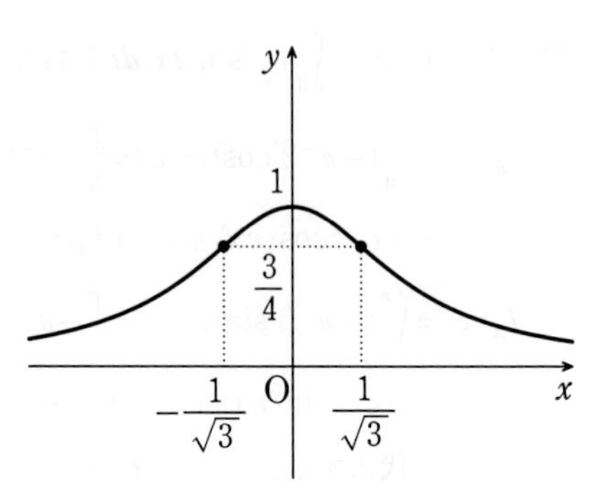

142　(1)　$f(0)=1+0=1$

(2)　$\{\log f(x)\}'=\dfrac{f'(x)}{f(x)}=\dfrac{e^x(1+x)f(x)}{f(x)}=e^x(1+x)$

(3)　(2) より　　$\displaystyle\log f(x)=\int e^x(1+x)dx=\int (e^x)'(1+x)dx=e^x(1+x)-\int e^x dx$

$$=e^x(1+x)-e^x+C=xe^x+C\quad (C\text{ は積分定数})$$

(1) より，$f(0)=1$ であるから　　$\log f(0)=C$　　　すなわち　　$C=0$

よって　　$\log f(x)=xe^x$

したがって　　$f(x)=e^{xe^x}$

(4)　$f(x)=\dfrac{1}{\sqrt{2}}$ から　　$e^{xe^x}=\dfrac{1}{\sqrt{2}}$

両辺の自然対数をとると　　$xe^x=\log\dfrac{1}{\sqrt{2}}$　　　すなわち　　$xe^x=\dfrac{1}{2}\log\dfrac{1}{2}$

$s=e^x$ $(s>0)$ とおくと　　$x=\log s$

よって　　$s\log s=\dfrac{1}{2}\log\dfrac{1}{2}$　……①

① を満たす s の値を調べる。

$g(s)=s\log s$ $(s>0)$ とおくと，$g\left(\dfrac{1}{2}\right)=\dfrac{1}{2}\log\dfrac{1}{2}$，$g\left(\dfrac{1}{4}\right)=\dfrac{1}{4}\log\dfrac{1}{4}=\dfrac{1}{2}\log\dfrac{1}{2}$ であるから，$s=\dfrac{1}{4}$，$\dfrac{1}{2}$ は ① を満たす。

ここで，① を満たす s が $s=\dfrac{1}{4}$，$\dfrac{1}{2}$ だけであることを確かめる。

$g'(s)=\log s+1$ であるから，$g'(s)=0$ とすると　　$s=\dfrac{1}{e}$

$g(s)$ の増減表は右のようになる。

s	0	$\cdots$	$\dfrac{1}{e}$	$\cdots$
$g'(s)$	／	$-$	0	$+$
$g(s)$	／	↘	$-\dfrac{1}{e}$	↗

よって，$g(s)$ は $0<s<\dfrac{1}{e}$ で単調に減少し，$\dfrac{1}{e}<s$ で単調に増加する。

したがって，$0<\dfrac{1}{4}<\dfrac{1}{e}<\dfrac{1}{2}$ であり，$s=\dfrac{1}{4},\ \dfrac{1}{2}$ は①を満たすことから，① を満たす s は，$s=\dfrac{1}{4},\ \dfrac{1}{2}$ だけであることが確かめられる。

ゆえに　　$e^x=\dfrac{1}{4},\ \dfrac{1}{2}$

$$x=\log\frac{1}{4},\ \log\frac{1}{2}$$

よって　　$x=-2\log 2,\ -\log 2$

参考　$y=g(s)$ のグラフの概形を調べる。

まず，$\displaystyle\lim_{s\to+0} s\log s$ の値を求める。

$s=\dfrac{1}{u}$ とおくと　　$\displaystyle\lim_{s\to+0} s\log s=\lim_{u\to\infty}\frac{1}{u}\log\frac{1}{u}=\lim_{u\to\infty}\left(-\frac{\log u}{u}\right)$

さらに，$h(u)=\sqrt{u}-\log u\ \ (u>0)$ とおく。

$$h'(u)=\frac{1}{2\sqrt{u}}-\frac{1}{u}=\frac{\sqrt{u}-2}{2u}$$

$h'(u)=0$ とすると　　$u=4$

$h(u)$ の増減表は右のようになる。

u	0	$\cdots$	4	$\cdots$
$h'(u)$	／	$-$	0	$+$
$h(u)$	／	↘	最小	↗

よって　　$h(4)=2-\log 4=2(1-\log 2)>0$

$u>0$ のとき　　$h(u)>0$

したがって，$u>1$ のとき　　$0<\log u<\sqrt{u}$

ゆえに　　$0<\dfrac{\log u}{u}<\dfrac{1}{\sqrt{u}}$

$\displaystyle\lim_{u\to\infty}\frac{1}{\sqrt{u}}=0$ から，はさみうちの原理により

$$\lim_{u\to\infty}\frac{\log u}{u}=0$$

よって　　$\displaystyle\lim_{s\to+0} s\log s=0$

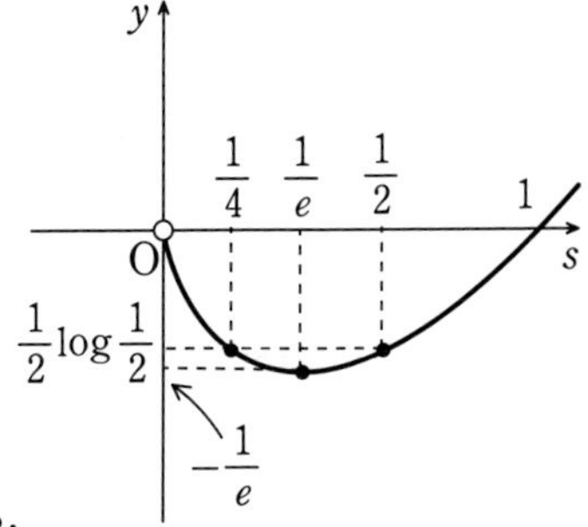

したがって，$\dfrac{1}{2}\log\dfrac{1}{2}=-\dfrac{1}{2}\log 2<0$ であるから，

$y=g(s)$ のグラフの概形は，右の図のようになる。

143　(1)　$F(x)=\int_0^x \frac{\cos t}{3+2\sin t}dt=\int_0^x \frac{1}{2}\cdot\frac{(3+2\sin t)'}{3+2\sin t}dt=\left[\frac{1}{2}\log|3+2\sin t|\right]_0^x$

$$=\frac{1}{2}\log(3+2\sin x)-\frac{1}{2}\log 3=\frac{1}{2}\log\frac{3+2\sin x}{3}$$

$F'(x)=f(x)=\frac{\cos x}{3+2\sin x}$ であるから，$0<x<2\pi$ において $F'(x)=0$ とすると

$$x=\frac{\pi}{2},\ \frac{3}{2}\pi$$

$F(x)$ の増減表は右のようになる。

x	0	$\cdots$	$\frac{\pi}{2}$	$\cdots$	$\frac{3}{2}\pi$	$\cdots$	2π
$F'(x)$	／	$+$	0	$-$	0	$+$	／
$F(x)$	0	↗	最大	↘	最小	↗	0

したがって，$F(x)$ の最小値は

$$F\left(\frac{3}{2}\pi\right)=\frac{1}{2}\log\frac{3+2\cdot(-1)}{3}=\frac{1}{2}\log\frac{1}{3}=-\frac{1}{2}\log 3$$

また，そのときの x の値は　　$x=\frac{3}{2}\pi$

(2)　$f'(x)=\frac{-\sin x\cdot(3+2\sin x)-\cos x\cdot 2\cos x}{(3+2\sin x)^2}$

$$=\frac{-3\sin x-2(\sin^2 x+\cos^2 x)}{(3+2\sin x)^2}=-\frac{3\sin x+2}{(3+2\sin x)^2}$$

よって，$f'(x)=0$ とすると　　$3\sin x+2=0$

すなわち　　$\sin x=-\frac{2}{3}$

$0<x<2\pi$ において，$\sin x=-\frac{2}{3}$ を満たす x を p，q $(p<q)$ とする。

$f(x)$ の増減表は右のようになる。

x	0	$\cdots$	p	$\cdots$	q	$\cdots$	2π
$f'(x)$	／	$-$	0	$+$	0	$-$	／
$f(x)$	$\frac{1}{3}$	↘	最小	↗	最大	↘	$\frac{1}{3}$

よって，$f(x)$ が最大となるのは，
$x=q$ のときである。

$\sin q=-\frac{2}{3}$，$\frac{3}{2}\pi<q<2\pi$ であるから

$$\cos q=\sqrt{1-\left(-\frac{2}{3}\right)^2}=\frac{\sqrt{5}}{3}$$

よって，$f(x)$ の最大値は　　$f(q)=\frac{\cos q}{3+2\sin q}=\frac{\frac{\sqrt{5}}{3}}{3+2\cdot\left(-\frac{2}{3}\right)}=\frac{\sqrt{5}}{5}$

(3)　α は(2)で定めた q である。

$I=\lim_{n\to\infty}\frac{\alpha}{n}\sum_{k=1}^{n} f\left(\frac{k}{n}\alpha\right)F\left(\frac{k}{n}\alpha\right)$ とおくと

$$I=\int_0^1 \alpha f(\alpha x)F(\alpha x)\,dx=\int_0^1 \{F(\alpha x)\}'F(\alpha x)\,dx=\left[\frac{1}{2}\{F(\alpha x)\}^2\right]_0^1$$

$$=\frac{1}{2}\{F(\alpha)\}^2-\frac{1}{2}\{F(0)\}^2=\frac{1}{2}\{F(\alpha)\}^2$$

ここで　$F(\alpha)=\dfrac{1}{2}\log\dfrac{3+2\sin q}{3}=\dfrac{1}{2}\log\dfrac{3+2\cdot\left(-\dfrac{2}{3}\right)}{3}=\dfrac{1}{2}\log\dfrac{5}{9}$

したがって　$I=\dfrac{1}{2}\left(\dfrac{1}{2}\log\dfrac{5}{9}\right)^2=\dfrac{1}{8}\left(\log\dfrac{5}{9}\right)^2$

144 (1) 点 P_1，P_2 は右の図のような位置にある。

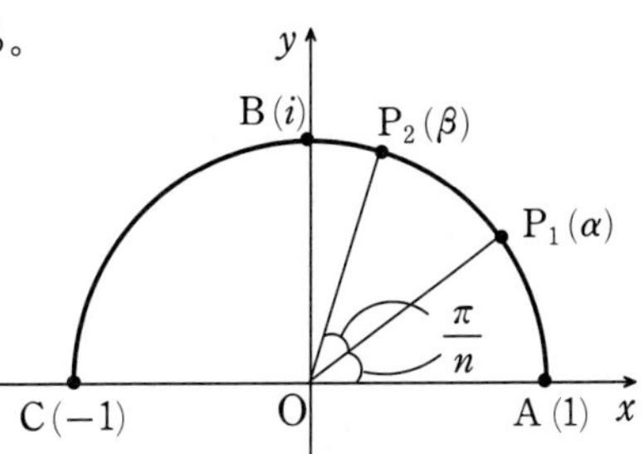

$\triangle OP_1P_2=\dfrac{1}{2}\cdot 1\cdot 1\cdot\sin\dfrac{\pi}{n}=\dfrac{1}{2}\sin\dfrac{\pi}{n}$

$\triangle OP_1P_2=\dfrac{1}{4}$ のとき　$\dfrac{1}{2}\sin\dfrac{\pi}{n}=\dfrac{1}{4}$

よって　$\sin\dfrac{\pi}{n}=\dfrac{1}{2}$

$n\geqq 2$ より，$0<\dfrac{\pi}{n}\leqq\dfrac{\pi}{2}$ であるから

$\dfrac{\pi}{n}=\dfrac{\pi}{6}$　　ゆえに　$n=6$

よって　$\alpha=\cos\dfrac{\pi}{6}+i\sin\dfrac{\pi}{6}=\dfrac{\sqrt{3}}{2}+\dfrac{1}{2}i$

$\beta=\cos\dfrac{\pi}{3}+i\sin\dfrac{\pi}{3}=\dfrac{1}{2}+\dfrac{\sqrt{3}}{2}i$

(2) $AP_k\leqq CP_k$ であるから　$\angle AOP_k\leqq\angle COP_k$

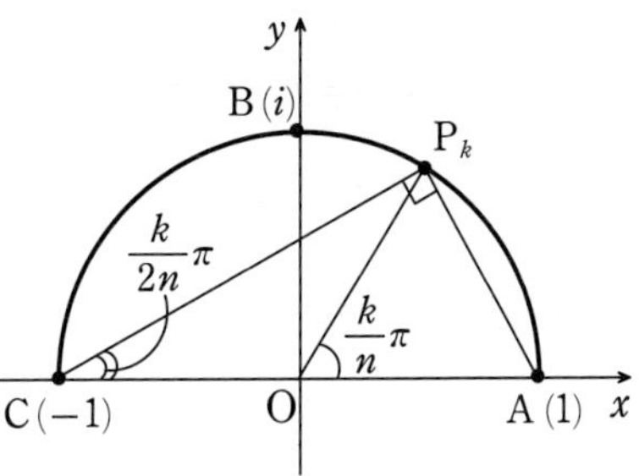

よって　$0<\dfrac{k}{n}\pi\leqq\dfrac{\pi}{2}$　……①

また，$\angle ACP_k=\dfrac{1}{2}\angle AOP_k=\dfrac{k}{2n}\pi$ である

から　$AP_k=2\sin\dfrac{k}{2n}\pi$，$CP_k=2\cos\dfrac{k}{2n}\pi$

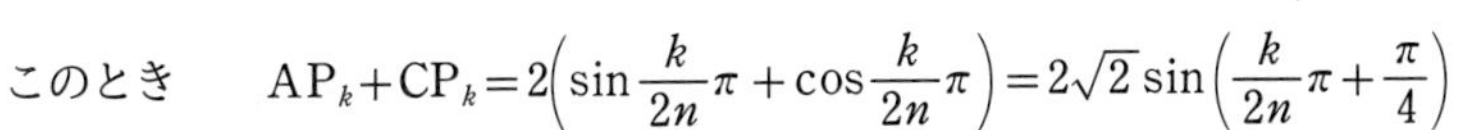

このとき　$AP_k+CP_k=2\left(\sin\dfrac{k}{2n}\pi+\cos\dfrac{k}{2n}\pi\right)=2\sqrt{2}\sin\left(\dfrac{k}{2n}\pi+\dfrac{\pi}{4}\right)$

$AP_k+CP_k=\sqrt{6}$ であるから　$2\sqrt{2}\sin\left(\dfrac{k}{2n}\pi+\dfrac{\pi}{4}\right)=\sqrt{6}$

$$\sin\left(\frac{k}{2n}\pi+\frac{\pi}{4}\right)=\frac{\sqrt{3}}{2}$$

① より，$0<\frac{k}{2n}\pi\leqq\frac{\pi}{4}$ であるから　$\frac{\pi}{4}<\frac{k}{2n}\pi+\frac{\pi}{4}\leqq\frac{\pi}{2}$

よって　$\frac{k}{2n}\pi+\frac{\pi}{4}=\frac{\pi}{3}$　　したがって　$\frac{k}{n}=\frac{1}{6}$

(3)　$S_k=\frac{1}{2}\mathrm{AP}_k\cdot\mathrm{CP}_k=2\sin\frac{k}{2n}\pi\cos\frac{k}{2n}\pi=\sin\frac{k}{n}\pi$

よって

$$\lim_{n\to\infty}\frac{S_1+S_2+\cdots\cdots+S_{n-1}}{n}=\lim_{n\to\infty}\frac{1}{n}\sum_{k=1}^{n-1}S_k=\lim_{n\to\infty}\frac{1}{n}\sum_{k=1}^{n-1}\sin\frac{k}{n}\pi=\lim_{n\to\infty}\frac{1}{n}\sum_{k=1}^{n}\sin\frac{k}{n}\pi$$

$$=\int_0^1\sin\pi x\,dx=\left[-\frac{1}{\pi}\cos\pi x\right]_0^1=\frac{2}{\pi}$$

(4)　$z=\left(\cos\frac{\pi}{3}+i\sin\frac{\pi}{3}\right)i=\left(\cos\frac{\pi}{3}+i\sin\frac{\pi}{3}\right)\left(\cos\frac{\pi}{2}+i\sin\frac{\pi}{2}\right)=\cos\frac{5}{6}\pi+i\sin\frac{5}{6}\pi$

$z^6=\cos 5\pi+i\sin 5\pi=-1$，$z^{12}=(z^6)^2=1$ であるから

$$z^{2023}=(z^{12})^{168}\cdot z^7=z^7=z^6\cdot z=-z=-\left(\cos\frac{5}{6}\pi+i\sin\frac{5}{6}\pi\right)=\frac{\sqrt{3}}{2}-\frac{1}{2}i$$

別解　$\arg z=\frac{5}{6}\pi$ であるから　$\arg z^{2023}=\frac{5}{6}\pi\cdot 2023=842\cdot 2\pi+\frac{11}{6}\pi$

これと $|z|=1$ から　$z^{2023}=\cos\frac{11}{6}\pi+i\sin\frac{11}{6}\pi=\frac{\sqrt{3}}{2}-\frac{1}{2}i$

145　(1)　$x^2+y^2=\frac{1}{n^2}$　……①

$x\sin\theta_k(n)-y\cos\theta_k(n)=0$　……②

C_n と $L_{k,\,n}$ の交点の座標は，①，② を同時に満たす。

$1\leqq k\leqq n$ のとき，$0\leqq 1-\frac{k}{n}<1$ であるから　$0\leqq\theta_k(n)<\frac{\pi}{2}$

$\cos\theta_k(n)>0$ より，② から　$y=\frac{\sin\theta_k(n)}{\cos\theta_k(n)}x$

① に代入すると　$x^2+\frac{\sin^2\theta_k(n)}{\cos^2\theta_k(n)}x^2=\frac{1}{n^2}$

すなわち　$\frac{x^2}{\cos^2\theta_k(n)}=\frac{1}{n^2}$　　ゆえに　$x^2=\frac{\cos^2\theta_k(n)}{n^2}$

よって　$x=\pm\frac{\cos\theta_k(n)}{n}$

したがって　$x_k(n)=\frac{\cos\theta_k(n)}{n}=\frac{1}{n}\cos\left\{\left(1-\frac{k}{n}\right)\frac{\pi}{2}\right\}=\frac{1}{n}\sin\frac{k\pi}{2n}$

(2) $A_1(1)=\sum_{k=1}^{1} x_k(k+1)=x_1(2)=\frac{1}{2}\sin\frac{\pi}{4}=\frac{^{ア}\sqrt{2}}{4}$

$A_2(1)=\sum_{k=1}^{1} x_k(k+2)=x_1(3)=\frac{1}{3}\sin\frac{\pi}{6}=\frac{^{イ}1}{6}$

また　$B_1=\sum_{t=0}^{0} A_t(1-t)=A_0(1)=x_1(1)$

$B_2=\sum_{t=0}^{1} A_t(2-t)=A_0(2)+A_1(1)=x_1(1)+x_2(2)+x_1(2)$

$B_3=\sum_{t=0}^{2} A_t(3-t)=A_0(3)+A_1(2)+A_2(1)$

$=x_1(1)+x_2(2)+x_3(3)+x_1(2)+x_2(3)+x_1(3)$

よって　$B_2-B_1=x_2(2)+x_1(2)=\frac{1}{2}\sin\frac{2}{4}\pi+\frac{\sqrt{2}}{4}=\frac{^{ウ}2+\sqrt{2}}{4}$

$B_3-B_2=x_3(3)+x_2(3)+x_1(3)=\frac{1}{3}\sin\frac{3}{6}\pi+\frac{1}{3}\sin\frac{2}{6}\pi+\frac{1}{3}\sin\frac{\pi}{6}$

$=\frac{1}{3}\left(1+\frac{\sqrt{3}}{2}+\frac{1}{2}\right)=\frac{^{エ}3+\sqrt{3}}{6}$

さらに

$$B_N-B_{N-1}=\sum_{t=0}^{N-1} A_t(N-t)-\sum_{t=0}^{N-2} A_t(N-1-t)$$

$$=\sum_{t=0}^{N-2}\{A_t(N-t)-A_t(N-1-t)\}+A_{N-1}(1)$$

$$=\sum_{t=0}^{N-2}\left\{\sum_{k=1}^{N-t} x_k(k+t)-\sum_{k=1}^{N-1-t} x_k(k+t)\right\}+x_1(N)=\sum_{t=0}^{N-2} x_{N-t}(N)+x_1(N)$$

$$=\sum_{t=0}^{N-1} x_{N-t}(N)=\sum_{t=1}^{N} x_t(N)=\sum_{k=1}^{N} x_k(N)=\frac{1}{N}\sum_{k=1}^{N}{}^{オ}\sin\frac{k\pi}{2N}$$

(3) $\lim_{N\to\infty}(B_N-B_{N-1})=\lim_{N\to\infty}\frac{1}{N}\sum_{k=1}^{N}\sin\left(\frac{\pi}{2}\cdot\frac{k}{N}\right)=\int_0^1\sin\frac{\pi}{2}x\,dx$

$=\left[-\frac{2}{\pi}\cos\frac{\pi}{2}x\right]_0^1=-\frac{2}{\pi}\cdot 0+\frac{2}{\pi}\cdot 1=\frac{2}{\pi}$

146 (1) $y=c^x$ とおく。

両辺の自然対数をとって　$\log y=x\log c$

両辺を x で微分して　$\frac{y'}{y}=\log c$　よって　$y'=y\log c=c^x\log c$

(2) $f(x)=\dfrac{1}{2}\left\{b\left(\dfrac{a}{b}\right)^x+a\left(\dfrac{b}{a}\right)^x\right\}$

(1) から $\left\{\left(\dfrac{a}{b}\right)^x\right\}'=\left(\dfrac{a}{b}\right)^x\log\dfrac{a}{b}$，$\left\{\left(\dfrac{b}{a}\right)^x\right\}'=\left(\dfrac{b}{a}\right)^x\log\dfrac{b}{a}$

よって $f'(x)=\dfrac{1}{2}\left\{b\left(\dfrac{a}{b}\right)^x\log\dfrac{a}{b}+a\left(\dfrac{b}{a}\right)^x\log\dfrac{b}{a}\right\}$

$$=\frac{1}{2}\left\{b\left(\frac{a}{b}\right)^x\log\frac{a}{b}-a\left(\frac{b}{a}\right)^x\log\frac{a}{b}\right\}=\frac{1}{2}\left\{b\left(\frac{a}{b}\right)^x-a\left(\frac{b}{a}\right)^x\right\}\log\frac{a}{b}$$

$$f''(x)=\frac{1}{2}\left\{b\left(\frac{a}{b}\right)^x\log\frac{a}{b}-a\left(\frac{b}{a}\right)^x\log\frac{b}{a}\right\}\log\frac{a}{b}$$

$$=\frac{1}{2}\left\{b\left(\frac{a}{b}\right)^x\log\frac{a}{b}+a\left(\frac{b}{a}\right)^x\log\frac{a}{b}\right\}\log\frac{a}{b}=\frac{1}{2}\left\{b\left(\frac{a}{b}\right)^x+a\left(\frac{b}{a}\right)^x\right\}\left(\log\frac{a}{b}\right)^2$$

(3) $\log\dfrac{a}{b}\neq 0$ であるから，$f'(x)=0$ とすると $b\left(\dfrac{a}{b}\right)^x-a\left(\dfrac{b}{a}\right)^x=0$

よって $\left(\dfrac{a}{b}\right)^{2x}=\dfrac{a}{b}$

$1<a<b$ より，$\dfrac{a}{b}>0$ であるから $2x=1$ ゆえに $x=\dfrac{1}{2}$

よって，$f(x)$ の増減表は右のようになる。
したがって，$f(x)$ は $x=0$，1 で最大値 $\dfrac{a+b}{2}$，$x=1$ で最小値 $\sqrt{ab}$ をとる。

x	0	…	$\frac{1}{2}$	…	1
$f'(x)$		$-$	0	$+$	
$f(x)$	$\frac{a+b}{2}$	↘	$\sqrt{ab}$	↗	$\frac{a+b}{2}$

(4) $\displaystyle\int_0^1 f(x)\,dx=\frac{1}{2}\int_0^1\left\{b\left(\frac{a}{b}\right)^x+a\left(\frac{b}{a}\right)^x\right\}dx=\frac{1}{2}\left[\frac{b}{\log\frac{a}{b}}\left(\frac{a}{b}\right)^x+\frac{a}{\log\frac{b}{a}}\left(\frac{b}{a}\right)^x\right]_0^1$

$$=\frac{1}{2}\left(\frac{a}{\log\frac{a}{b}}+\frac{b}{\log\frac{b}{a}}-\frac{b}{\log\frac{a}{b}}-\frac{a}{\log\frac{b}{a}}\right)=\frac{1}{2}\left(\frac{a-b}{\log\frac{a}{b}}+\frac{b-a}{\log\frac{b}{a}}\right)$$

$$=\frac{1}{2}\left(\frac{a-b}{\log a-\log b}+\frac{b-a}{\log b-\log a}\right)=\frac{b-a}{\log b-\log a}$$

(5) (3) から，$0\leqq x\leqq 1$ のとき $\sqrt{ab}\leqq f(x)\leqq\dfrac{a+b}{2}$

よって $\displaystyle\int_0^1\sqrt{ab}\,dx\leqq\int_0^1 f(x)\,dx\leqq\int_0^1\frac{a+b}{2}\,dx$

(4) から $\sqrt{ab}\leqq\dfrac{b-a}{\log b-\log a}\leqq\dfrac{a+b}{2}$

147 (1) $a_3=\dfrac{1}{a_2}+a_1=1+1=2$，$a_4=\dfrac{1}{a_3}+a_2=\dfrac{1}{2}+1=\dfrac{3}{2}$，

$a_5=\dfrac{1}{a_4}+a_3=\dfrac{2}{3}+2=\dfrac{8}{3}$

(2) $1<a_n<n$ ……① とする。

[1] $n=3$ のとき

$a_3=2$ であるから　　$1<a_3<3$

よって，$n=3$ のとき，① は成り立つ。

[2] $n=4$ のとき

$a_4=\dfrac{3}{2}$ であるから　　$1<a_4<4$

よって，$n=4$ のとき，① は成り立つ。

[3] $k\geqq 4$ として，$n=k-1$，k のとき，① が成り立つ，すなわち $1<a_{k-1}<k-1$，$1<a_k<k$ と仮定する。

$n=k+1$ のとき　　$a_{k+1}=\dfrac{1}{a_k}+a_{k-1}$

$\dfrac{1}{k}<\dfrac{1}{a_k}<1$，$1<a_{k-1}<k-1$ であるから　　$\dfrac{1}{k}+1<\dfrac{1}{a_k}+a_{k-1}<k$

すなわち　　$\dfrac{1}{k}+1<a_{k+1}<k$　　　　よって　　$1<a_{k+1}<k+1$

したがって，$n=k+1$ のときにも ① が成り立つ。

以上から，$n\geqq 3$ のとき，① が成り立つ。

(3) $a_{n+1}=\dfrac{1}{a_n}+a_{n-1}$ $(n=2,\ 3,\ 4\cdots\cdots)$ から

$$a_{2n+1}=\frac{1}{a_{2n}}+a_{2n-1}$$

$$a_{2n+1}-a_{2n-1}=\frac{1}{a_{2n}}\quad (n=1,\ 2,\ 3\cdots\cdots)$$

よって　　$\displaystyle\sum_{k=2}^{n}(a_{2k+1}-a_{2k-1})=\sum_{k=2}^{n}\frac{1}{a_{2k}}$

$$a_{2n+1}-a_3=\frac{1}{a_4}+\frac{1}{a_6}+\cdots\cdots+\frac{1}{a_{2n}}$$

(2) より，$n\geqq 3$ のとき $1<a_n<n$ が成り立つから

$$\frac{1}{a_4}+\frac{1}{a_6}+\cdots\cdots+\frac{1}{a_{2n}}>\frac{1}{4}+\frac{1}{6}+\cdots\cdots+\frac{1}{2n}=\frac{1}{2}\left(\frac{1}{2}+\frac{1}{3}+\cdots\cdots+\frac{1}{n}\right)$$

したがって　$a_{2n+1}>a_3+\frac{1}{2}\left(\frac{1}{2}+\frac{1}{3}+\cdots\cdots+\frac{1}{n}\right)=2+\frac{1}{2}\left(\frac{1}{2}+\frac{1}{3}+\cdots\cdots+\frac{1}{n}\right)$

$$>\frac{1}{2}\left(1+\frac{1}{2}+\cdots\cdots+\frac{1}{n}\right)$$

ここで，自然数 l に対して，$l\leqq x\leqq l+1$ のとき　$\frac{1}{l}\geqq\frac{1}{x}$

また，等号は常には成り立たないから　$\int_l^{l+1}\frac{1}{l}dx>\int_l^{l+1}\frac{1}{x}dx$

すなわち　$\frac{1}{l}>\int_l^{l+1}\frac{dx}{x}$

ゆえに　$\sum_{l=1}^{n}\frac{1}{l}>\sum_{l=1}^{n}\int_l^{l+1}\frac{dx}{x}=\int_1^{n+1}\frac{dx}{x}=\Big[\log|x|\Big]_1^{n+1}=\log(n+1)$

したがって　$1+\frac{1}{2}+\cdots\cdots+\frac{1}{n}>\log(n+1)$

よって　$a_{2n+1}>\frac{1}{2}\log(n+1)$

ゆえに，$\lim_{n\to\infty}\frac{1}{2}\log(n+1)=\infty$ であるから　$\lim_{n\to\infty}a_{2n+1}=\infty$

148　(1)　$\alpha>1$ であるから，自然数 k に対して，$k\leqq x\leqq k+1$ のとき

$$\frac{1}{(k+1)^{\alpha}}\leqq\frac{1}{x^{\alpha}}\leqq\frac{1}{k^{\alpha}}$$

$$\int_k^{k+1}\frac{1}{(k+1)^{\alpha}}dx\leqq\int_k^{k+1}\frac{1}{x^{\alpha}}dx\leqq\int_k^{k+1}\frac{1}{k^{\alpha}}dx$$

すなわち　$\frac{1}{(k+1)^{\alpha}}\leqq\int_k^{k+1}\frac{1}{x^{\alpha}}dx\leqq\frac{1}{k^{\alpha}}$　……①

① から　$\int_k^{k+1}\frac{1}{x^{\alpha}}dx\leqq\frac{1}{k^{\alpha}}$　　よって　$\sum_{k=1}^{n}\int_k^{k+1}\frac{1}{x^{\alpha}}dx\leqq\sum_{k=1}^{n}\frac{1}{k^{\alpha}}$

すなわち　$\int_1^{n+1}\frac{1}{x^{\alpha}}dx\leqq\sum_{k=1}^{n}\frac{1}{k^{\alpha}}$

また　$\int_1^{n+1}\frac{1}{x^{\alpha}}dx=\left[-\frac{1}{\alpha-1}x^{-(\alpha-1)}\right]_1^{n+1}=\frac{1}{\alpha-1}\left\{1-\frac{1}{(n+1)^{\alpha-1}}\right\}$

したがって　$\frac{1}{\alpha-1}\left\{1-\frac{1}{(n+1)^{\alpha-1}}\right\}\leqq\sum_{k=1}^{n}\frac{1}{k^{\alpha}}$

$\alpha-1>0$ であるから　$1-\frac{1}{(n+1)^{\alpha-1}}\leqq(\alpha-1)\sum_{k=1}^{n}\frac{1}{k^{\alpha}}$　……②

また，① から　$\frac{1}{(k+1)^{\alpha}}\leqq\int_k^{k+1}\frac{1}{x^{\alpha}}dx$

$n \geqq 2$ のとき　$\displaystyle\sum_{k=1}^{n-1}\frac{1}{(k+1)^{\alpha}} \leqq \sum_{k=1}^{n-1}\int_{k}^{k+1}\frac{1}{x^{\alpha}}dx$

$$\sum_{k=1}^{n}\frac{1}{k^{\alpha}} \leqq 1+\int_{1}^{n}\frac{1}{x^{\alpha}}dx$$

$\displaystyle\int_{1}^{n}\frac{1}{x^{\alpha}}dx=\frac{1}{\alpha-1}\left(1-\frac{1}{n^{\alpha-1}}\right)$ であるから　$\displaystyle\sum_{k=1}^{n}\frac{1}{k^{\alpha}} \leqq 1+\frac{1}{\alpha-1}\left(1-\frac{1}{n^{\alpha-1}}\right)$

よって　$\displaystyle(\alpha-1)\sum_{k=1}^{n}\frac{1}{k^{\alpha}} \leqq \alpha-\frac{1}{n^{\alpha-1}}$　……③

②，③から　$\displaystyle 1-\frac{1}{(n+1)^{\alpha-1}} \leqq (\alpha-1)\sum_{k=1}^{n}\frac{1}{k^{\alpha}} \leqq \alpha-\frac{1}{n^{\alpha-1}}$

(2)　自然数 k に対して，$k \leqq x \leqq k+1$ のとき，(1) と同様に考えると

$$\frac{1}{k+1} \leqq \int_{k}^{k+1}\frac{1}{x}dx \leqq \frac{1}{k} \quad \cdots\cdots ④$$

が得られる。

④から　$\displaystyle\frac{1}{k+1} \leqq \int_{k}^{k+1}\frac{1}{x}dx$

$n \geqq 2$ のとき　$\displaystyle\sum_{k=1}^{n-1}\frac{1}{k+1} \leqq \sum_{k=1}^{n-1}\int_{k}^{k+1}\frac{1}{x}dx$　　すなわち　$\displaystyle\sum_{k=1}^{n}\frac{1}{k} \leqq 1+\int_{1}^{n}\frac{1}{x}dx$

$\displaystyle\int_{1}^{n}\frac{1}{x}dx=\Big[\log x\Big]_{1}^{n}=\log n$ であるから　$\displaystyle\sum_{k=1}^{n}\frac{1}{k} \leqq 1+\log n$

よって　$\displaystyle\sum_{k=1}^{n}\frac{1}{k}-\log n \leqq 1$　……⑤

また，④から　$\displaystyle\int_{k}^{k+1}\frac{1}{x}dx \leqq \frac{1}{k}$

$n \geqq 3$ のとき　$\displaystyle\sum_{k=3}^{n}\int_{k}^{k+1}\frac{1}{x}dx \leqq \sum_{k=3}^{n}\frac{1}{k}$　　すなわち　$\displaystyle 1+\frac{1}{2}+\int_{3}^{n+1}\frac{1}{x}dx \leqq \sum_{k=1}^{n}\frac{1}{k}$

$\displaystyle\int_{3}^{n+1}\frac{1}{x}dx=\Big[\log x\Big]_{3}^{n+1}=\log(n+1)-\log 3$ であるから

$$1+\frac{1}{2}+\{\log(n+1)-\log 3\} \leqq \sum_{k=1}^{n}\frac{1}{k}$$

すなわち　$\displaystyle\frac{3}{2}-\log 3 \leqq \sum_{k=1}^{n}\frac{1}{k}-\log(n+1)$

$\log n \leqq \log(n+1)$ であるから　$\displaystyle\sum_{k=1}^{n}\frac{1}{k}-\log(n+1) \leqq \sum_{k=1}^{n}\frac{1}{k}-\log n$

よって　$\displaystyle\frac{3}{2}-\log 3 \leqq \sum_{k=1}^{n}\frac{1}{k}-\log n$　……⑥

⑤，⑥から　$\displaystyle\frac{3}{2}-\log 3 \leqq \sum_{k=1}^{n}\frac{1}{k}-\log n \leqq 1$

149　(1)　$A_k=\int_{\sqrt{k\pi}}^{\sqrt{(k+1)\pi}}|\sin(x^2)|dx$ について，$x^2=t$ とおくと　　$2xdx=dt$

x と t の対応は右のようになる。

x	$\sqrt{k\pi}\ \longrightarrow\ \sqrt{(k+1)\pi}$
t	$k\pi\ \longrightarrow\ (k+1)\pi$

$x>0$ のとき，$x=\sqrt{t}$ であるから　　$dx=\dfrac{1}{2\sqrt{t}}dt$

よって　　$A_k=\displaystyle\int_{k\pi}^{(k+1)\pi}\frac{|\sin t|}{2\sqrt{t}}\,dt$

$k\pi\leqq t\leqq(k+1)\pi$ であるから　　$0<\sqrt{k\pi}\leqq\sqrt{t}\leqq\sqrt{(k+1)\pi}$

これと $|\sin t|\geqq 0$ から　　$\dfrac{|\sin t|}{2\sqrt{(k+1)\pi}}\leqq\dfrac{|\sin t|}{2\sqrt{t}}\leqq\dfrac{|\sin t|}{2\sqrt{k\pi}}$

この不等式が閉区間 $[k\pi,\ (k+1)\pi]$ で成り立つから，$I_k=\displaystyle\int_{k\pi}^{(k+1)\pi}|\sin t|\,dt$ とおくと

$$\frac{I_k}{2\sqrt{(k+1)\pi}}\leqq A_k\leqq\frac{I_k}{2\sqrt{k\pi}}$$

k は整数であるから，閉区間 $[k\pi,\ (k+1)\pi]$ において，$\sin t$ は常に 0 以上の値，または常に 0 以下の値をとる。

よって　$I_k=\left|\displaystyle\int_{k\pi}^{(k+1)\pi}\sin t\ dt\right|=\left|\Big[-\cos t\Big]_{k\pi}^{(k+1)\pi}\right|=|-(-1)^{k+1}+(-1)^k|=|2(-1)^k|=2$

したがって　　$\dfrac{1}{\sqrt{(k+1)\pi}}\leqq A_k\leqq\dfrac{1}{\sqrt{k\pi}}$　……①

(2)　$B_n=\dfrac{1}{\sqrt{n}}\displaystyle\sum_{k=n}^{2n-1}A_k$ が成り立つ。

また　　$S_n=\dfrac{1}{\sqrt{n}}\displaystyle\sum_{k=n}^{2n-1}\frac{1}{\sqrt{(k+1)\pi}}$，$T_n=\dfrac{1}{\sqrt{n}}\displaystyle\sum_{k=n}^{2n-1}\frac{1}{\sqrt{k\pi}}$

とおくと，① より　　$S_n\leqq B_n\leqq T_n$

ここで　　$\displaystyle\lim_{n\to\infty}S_n=\lim_{n\to\infty}\frac{1}{n}\sum_{k=n}^{2n-1}\frac{1}{\sqrt{\pi\cdot\dfrac{k+1}{n}}}=\lim_{n\to\infty}\frac{1}{n}\sum_{k=n+1}^{2n}\frac{1}{\sqrt{\pi\cdot\dfrac{k}{n}}}$

$$=\int_1^2\frac{dx}{\sqrt{\pi x}}=\left[\frac{2\sqrt{x}}{\sqrt{\pi}}\right]_1^2=\frac{2(\sqrt{2}-1)}{\sqrt{\pi}}$$

$$\lim_{n\to\infty}T_n=\lim_{n\to\infty}\frac{1}{n}\sum_{k=n}^{2n-1}\frac{1}{\sqrt{\pi\cdot\dfrac{k}{n}}}=\int_1^2\frac{dx}{\sqrt{\pi x}}=\frac{2(\sqrt{2}-1)}{\sqrt{\pi}}$$

したがって，はさみうちの原理により　　$\displaystyle\lim_{n\to\infty}B_n=\frac{2(\sqrt{2}-1)}{\sqrt{\pi}}$

150 (1) $0 \leqq x \leqq 1$ のとき，$-x \neq 1$ であるから

$$\sum_{k=2}^{n}(-x)^{k-1}=\frac{-x\{1-(-x)^{n-1}\}}{1-(-x)}=\frac{-x-(-x)^n}{x+1}$$

よって
$$(-1)^n\left\{\frac{1}{x+1}-1-\sum_{k=2}^{n}(-x)^{k-1}\right\}=(-1)^n\left\{\frac{1}{x+1}-1-\frac{-x-(-x)^n}{x+1}\right\}$$
$$=(-1)^n\cdot\frac{1-(x+1)+x+(-x)^n}{x+1}$$
$$=(-1)^n\cdot\frac{(-x)^n}{x+1}=\frac{x^n}{x+1}$$

したがって，$\frac{1}{2}x^n \leqq \frac{x^n}{x+1} \leqq x^n-\frac{1}{2}x^{n+1}$ を示せばよい。

$0 \leqq x \leqq 1$ のとき　$\frac{x^n}{x+1}-\frac{1}{2}x^n=\frac{2x^n-x^n(x+1)}{2(x+1)}=\frac{x^n(1-x)}{2(x+1)} \geqq 0$

また　$\left(x^n-\frac{1}{2}x^{n+1}\right)-\frac{x^n}{x+1}=\frac{2(x+1)x^n-x^{n+1}(x+1)-2x^n}{2(x+1)}=\frac{x^{n+1}-x^{n+2}}{2(x+1)}$
$$=\frac{x^{n+1}(1-x)}{2(x+1)} \geqq 0$$

よって，与えられた不等式は成り立つ。

(2) (1) より
$$\int_0^1 \frac{1}{2}x^n dx \leqq \int_0^1 (-1)^n\left\{\frac{1}{x+1}-1-\sum_{k=2}^{n}(-x)^{k-1}\right\}dx \leqq \int_0^1\left(x^n-\frac{1}{2}x^{n+1}\right)dx$$

ここで
$$\int_0^1 \frac{1}{2}x^n dx=\frac{1}{2}\left[\frac{1}{n+1}x^{n+1}\right]_0^1=\frac{1}{2(n+1)}$$
$$\int_0^1 (-1)^n\left\{\frac{1}{x+1}-1-\sum_{k=2}^{n}(-x)^{k-1}\right\}dx$$
$$=(-1)^n\left\{\int_0^1\left(\frac{1}{x+1}-1\right)dx-\sum_{k=2}^{n}(-1)^{k-1}\int_0^1 x^{k-1}dx\right\}$$
$$=(-1)^n\left\{\Big[\log|x+1|-x\Big]_0^1-\sum_{k=2}^{n}(-1)^{k-1}\left[\frac{x^k}{k}\right]_0^1\right\}$$
$$=(-1)^n\left\{\log 2-1-\sum_{k=2}^{n}\frac{(-1)^{k-1}}{k}\right\}=(-1)^n\left\{\log 2-\sum_{k=1}^{n}\frac{(-1)^{k-1}}{k}\right\}$$
$$=(-1)^n(\log 2-a_n)$$
$$\int_0^1\left(x^n-\frac{1}{2}x^{n+1}\right)dx=\left[\frac{1}{n+1}x^{n+1}-\frac{1}{2(n+2)}x^{n+2}\right]_0^1=\frac{1}{n+1}-\frac{1}{2(n+2)}$$

よって
$$\frac{1}{2(n+1)} \leqq (-1)^n(\log 2-a_n) \leqq \frac{1}{n+1}-\frac{1}{2(n+2)}$$

各辺に $-n\ (<0)$ を掛けると　$-\frac{n}{n+1}+\frac{n}{2(n+2)} \leqq (-1)^n n(a_n-\log 2) \leqq -\frac{n}{2(n+1)}$

ここで　$\lim_{n\to\infty}\left\{-\frac{n}{n+1}+\frac{n}{2(n+2)}\right\}=\lim_{n\to\infty}\left\{-\frac{1}{1+\frac{1}{n}}+\frac{1}{2\left(1+\frac{2}{n}\right)}\right\}=-1+\frac{1}{2}=-\frac{1}{2}$

$$\lim_{n\to\infty}\left\{-\frac{n}{2(n+1)}\right\}=\lim_{n\to\infty}\frac{-1}{2\left(1+\frac{1}{n}\right)}=-\frac{1}{2}$$

したがって，はさみうちの原理により　$\lim_{n\to\infty}(-1)^n n(a_n-\log 2)=-\frac{1}{2}$

151　(1)　$g(x)=e^x-(1+x)$ とおくと　$g'(x)=e^x-1$

$0\leqq x\leqq 1$ のとき，$g'(x)\geqq 0$ であるから，$g(x)$ は $0\leqq x\leqq 1$ で単調に増加する。

$g(0)=e^0-1=0$ であるから，$0\leqq x\leqq 1$ のとき　$g(x)\geqq 0$

よって　$1+x\leqq e^x$　……①

また，$h(x)=1+2x-e^x$ とおくと　$h'(x)=2-e^x$

$0\leqq x\leqq 1$ で $h'(x)=0$ とすると　$2-e^x=0$

よって　$x=\log 2$

$h(x)$ の増減表は右のようになる。

x	0	…	$\log 2$	…	1
$h'(x)$	／	+	0	−	／
$h(x)$	0	↗	最大	↘	$3-e$

$2<e<3$ であるから　$3-e>0$

よって，$0\leqq x\leqq 1$ のとき，$h(x)\geqq 0$ であるから　$e^x\leqq 1+2x$　……②

①，② から　$1+x\leqq e^x\leqq 1+2x$

(2)　$\sum_{k=0}^{n}\frac{x^k}{k!}\leqq e^x\leqq\sum_{k=0}^{n}\frac{x^k}{k!}+\frac{x^n}{n!}$　……③

$0\leqq x\leqq 1$ において，③ が成り立つことを数学的帰納法を用いて証明する。

[1]　$n=1$ のとき

③ は，$1+x\leqq e^x\leqq 1+2x$ となる。

(1) より，$n=1$ のとき ③ は成り立つ。

[2]　$n=l$ のとき，③ が成り立つ，すなわち $\sum_{k=0}^{l}\frac{x^k}{k!}\leqq e^x\leqq\sum_{k=0}^{l}\frac{x^k}{k!}+\frac{x^l}{l!}$ と仮定する。

$A_n(x)=e^x-\sum_{k=0}^{n}\frac{x^k}{k!}$，$B_n(x)=\sum_{k=0}^{n}\frac{x^k}{k!}+\frac{x^n}{n!}-e^x$ とおくと，$n=l+1$ のとき

$$A_{l+1}'(x)=e^x-\sum_{k=1}^{l+1}\frac{x^{k-1}}{(k-1)!}=e^x-\sum_{k=0}^{l}\frac{x^k}{k!}\geqq 0$$

$$B_{l+1}'(x)=\sum_{k=1}^{l+1}\frac{x^{k-1}}{(k-1)!}+\frac{x^l}{l!}-e^x=\sum_{k=0}^{l}\frac{x^k}{k!}+\frac{x^l}{l!}-e^x\geqq 0$$

よって，$A_{l+1}(x)$，$B_{l+1}(x)$ は $0\leqq x\leqq 1$ において単調に増加し，$A_{l+1}(0)=0$，

$B_{l+1}(0)=0$ であるから，$0\leqq x\leqq 1$ で　　$A_{l+1}(x)\geqq 0$，$B_{l+1}(x)\geqq 0$

よって，$n=l+1$ のときにも，③ が成り立つ。

以上により，すべての自然数 n について，$0\leqq x\leqq 1$ で ③ が成り立つ。

(3)　(2) から　　$\displaystyle\sum_{k=0}^{n}\frac{x^k}{k!}-1\leqq e^x-1\leqq\sum_{k=0}^{n}\frac{x^k}{k!}-1+\frac{x^n}{n!}$

$$\sum_{k=1}^{n}\frac{x^k}{k!}\leqq e^x-1\leqq\sum_{k=1}^{n}\frac{x^k}{k!}+\frac{x^n}{n!}$$

$0<x\leqq 1$ のとき，各辺を x で割ると　　$\displaystyle\sum_{k=1}^{n}\frac{x^{k-1}}{k!}\leqq\frac{e^x-1}{x}\leqq\sum_{k=1}^{n}\frac{x^{k-1}}{k!}+\frac{x^{n-1}}{n!}$

ここで，$\displaystyle\lim_{x\to+0}\frac{e^x-1}{x}=\lim_{x\to+0}\frac{e^x-e^0}{x-0}=e^0=1$ であるから，$0\leqq x\leqq 1$ で $f(x)$ は連続である。

よって，$\displaystyle\int_0^1\frac{e^x-1}{x}dx=\int_0^1 f(x)dx$ であるから

$$\sum_{k=1}^{n}\int_0^1\frac{x^{k-1}}{k!}dx\leqq\int_0^1 f(x)dx\leqq\sum_{k=1}^{n}\int_0^1\frac{x^{k-1}}{k!}dx+\int_0^1\frac{x^{n-1}}{n!}dx$$

$$\sum_{k=1}^{n}\left[\frac{x^k}{k\cdot k!}\right]_0^1\leqq\int_0^1 f(x)dx\leqq\sum_{k=1}^{n}\left[\frac{x^k}{k\cdot k!}\right]_0^1+\left[\frac{x^n}{n\cdot n!}\right]_0^1$$

$$\sum_{k=1}^{n}\frac{1}{k\cdot k!}\leqq\int_0^1 f(x)dx\leqq\sum_{k=1}^{n}\frac{1}{k\cdot k!}+\frac{1}{n\cdot n!}$$

この不等式を用いて，$\displaystyle\int_0^1 f(x)dx$ の近似値を求めるとき，誤差は $\dfrac{1}{n\cdot n!}$ 以下になるから，$\dfrac{1}{n\cdot n!}\leqq 10^{-3}$ を満たす n を調べる。

$n=5$ のとき　　$\dfrac{1}{5\cdot 5!}=0.00166\cdots\cdots>10^{-3}$

$n=6$ のとき　　$\dfrac{1}{6\cdot 6!}=0.00023\cdots\cdots<10^{-3}$

したがって　　$\displaystyle\sum_{k=1}^{6}\frac{1}{k\cdot k!}=1+\frac{1}{4}+\frac{1}{18}+\frac{1}{96}+\frac{1}{600}+\frac{1}{4320}=1.3178\cdots\cdots$

$$\sum_{k=1}^{6}\frac{1}{k\cdot k!}+\frac{1}{6\cdot 6!}=1.3181\cdots\cdots$$

ゆえに，$\displaystyle\int_0^1 f(x)dx$ の近似値は，1.318 であり，真の値は，1.3178…… 以上 1.3181…… 以下であることから，この近似値と真の値との誤差は 10^{-3} 以下である。

152 (1) $y'=\dfrac{1}{x}$ より，C 上の点 $(a,\ \log a)$ における接線 ℓ の方程式は

$$y-\log a=\frac{1}{a}(x-a)\qquad よって\qquad y=\frac{x}{a}+\log a-1$$

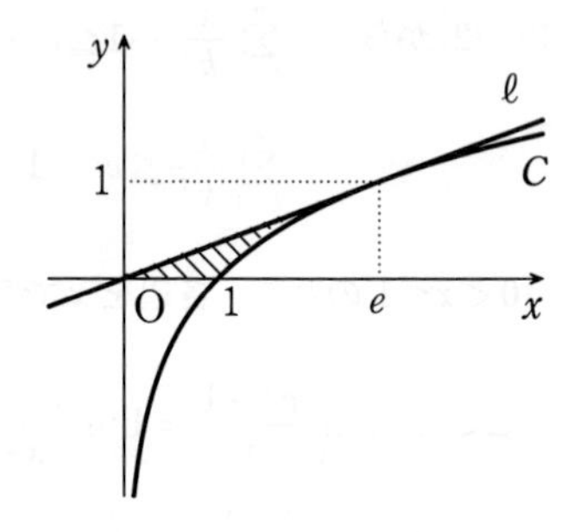

(2) $y=\dfrac{x}{a}+\log a-1$ に $x=0$，$y=0$ を代入して

$$\log a-1=0\qquad よって\qquad a=e$$

(3) $\displaystyle\int_1^e \log x\,dx=\Big[x\log x-x\Big]_1^e=(e-e)-(0-1)=1$

(4) 求める面積は右の図の斜線部分の面積である。

よって　$S=\dfrac{1}{2}\cdot e\cdot 1-\displaystyle\int_1^e \log x\,dx=\dfrac{e}{2}-1$

153 (1) 真数は正であるから　$x>0$

$f(x)=0$ から　$(\log x)^2-\log x-2=0$

すなわち　$(\log x-2)(\log x+1)=0$

よって　$\log x=2,\ -1$　　ゆえに　$x=e^2,\ e^{-1}$

したがって，求める x 座標は　$e^2,\ \dfrac{1}{e}$

(2) $f'(x)=2\log x\cdot\dfrac{1}{x}-\dfrac{1}{x}=\dfrac{2\log x-1}{x}$

$f'(x)=0$ とすると，$2\log x-1=0$ から　$x=\sqrt{e}$

よって，$f(x)$ の増減表は右のようになる。

x	0	$\cdots$	$\sqrt{e}$	$\cdots$
$f'(x)$	／	$-$	0	$+$
$f(x)$	／	↘	$-\dfrac{9}{4}$	↗

したがって，$f(x)$ は $x=\sqrt{e}$ で極小値 $-\dfrac{9}{4}$ をとる。

(3) $\displaystyle\int(\log x)^2dx=x(\log x)^2-\int x\cdot 2(\log x)\cdot\frac{1}{x}\cdot dx=x(\log x)^2-2\int\log x\,dx$

$$=x(\log x)^2-2(x\log x-x)+C$$
$$=x(\log x)^2-2x\log x+2x+C\quad(C は積分定数)$$

(4) (1)，(2) より，$y=f(x)$ のグラフは右の図の太線部分のようになる。

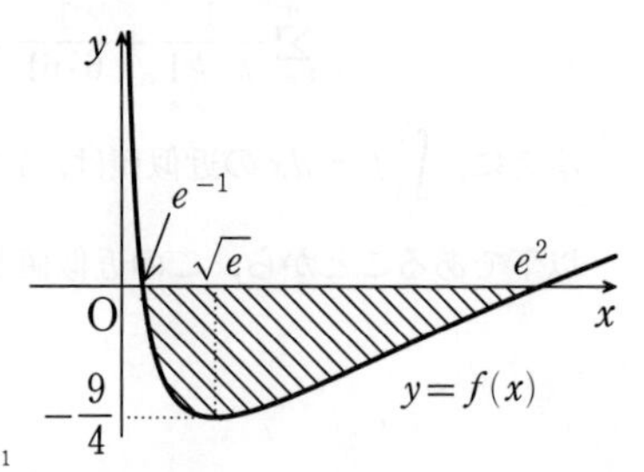

よって，求める面積は

$$\int_{e^{-1}}^{e^2}\{-f(x)\}dx=\int_{e^{-1}}^{e^2}\{-(\log x)^2+\log x+2\}dx$$

$$=\Big[-x(\log x)^2+2x\log x-2x+x\log x-x+2x\Big]_{e^{-1}}^{e^2}$$

$$=\left[-x(\log x)^2+3x\log x-x\right]_{e^{-1}}^{e^2}=(-4e^2+6e^2-e^2)-(-e^{-1}-3e^{-1}-e^{-1})=e^2+\frac{5}{e}$$

154 (1) $f(x)=\sin x$，$g(x)=k+\cos x$ とする。

ℓ と C_1 の接点の x 座標を x_1 とおくと，$f'(x)=\cos x$ から　　$\cos x_1=-\frac{1}{2}$

$0\leqq x_1\leqq\pi$ であるから　　$x_1=\frac{2}{3}\pi$

よって，ℓ と C_1 の接点の x 座標は　　$\frac{2}{3}\pi$

(2) $g'(x)=-\sin x$ である。

ℓ の傾きは $-\frac{1}{2}$ であり，ℓ は C_2 と点 $(t,\ k+\cos t)$ で接しているから

$$-\sin t=-\frac{1}{2}\qquad よって\qquad \sin t=\frac{1}{2}$$

$0<t<\frac{\pi}{2}$ より　　$t=\frac{\pi}{6}$

ℓ は傾きが $-\frac{1}{2}$ であり，点 $\left(\frac{2}{3}\pi,\ \frac{\sqrt{3}}{2}\right)$ で C_1 と接するから，ℓ の方程式は

$$y-\frac{\sqrt{3}}{2}=-\frac{1}{2}\left(x-\frac{2}{3}\pi\right)$$

すなわち　　$y=-\frac{1}{2}x+\frac{\pi}{3}+\frac{\sqrt{3}}{2}$　……①

① は点 $\left(\frac{\pi}{6},\ k+\frac{\sqrt{3}}{2}\right)$ を通るから　　$k+\frac{\sqrt{3}}{2}=-\frac{\pi}{12}+\frac{\pi}{3}+\frac{\sqrt{3}}{2}$

よって　　$k=\frac{\pi}{4}$

(3) C_1 と C_2 の共有点が $\mathrm{P}(a,\ b)$ であるから　　$b=\sin a$，$b=\frac{\pi}{4}+\cos a$

すなわち　　$\sin a=b$，$\cos a=b-\frac{\pi}{4}$

これを $\sin^2 a+\cos^2 a=1$ に代入して　　$\left(b-\frac{\pi}{4}\right)^2+b^2=1$

整理して　　$32b^2-8\pi b+\pi^2-16=0$

よって　　$b=\frac{4\pi\pm\sqrt{16\pi^2-32(\pi^2-16)}}{32}=\frac{4\pi\pm4\sqrt{32-\pi^2}}{32}=\frac{\pi\pm\sqrt{32-\pi^2}}{8}$

$\pi^2-(32-\pi^2)=2\pi^2-32<2\cdot4^2-32=0$ より　　$\pi-\sqrt{32-\pi^2}<0$

$b>0$ であるから　　$b=\dfrac{\pi+\sqrt{32-\pi^2}}{8}$

(4)　求める面積は右の図の斜線部分の面積である。

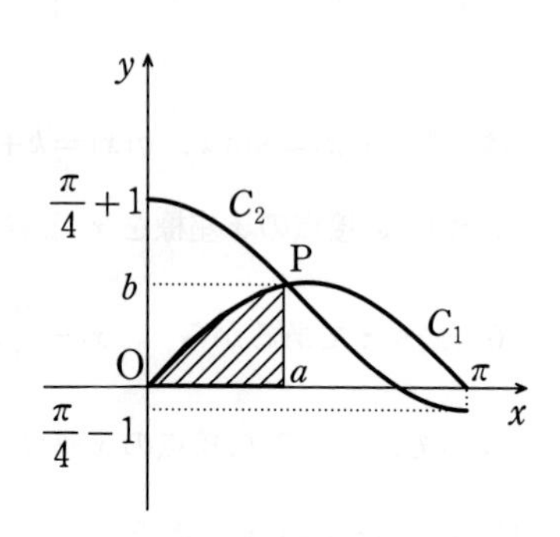

よって　　$\displaystyle\int_0^a \sin x\,dx=\Big[-\cos x\Big]_0^a=-\cos a+1$

$\displaystyle=-\left(b-\frac{\pi}{4}\right)+1=\frac{\pi}{4}+1-b$

$\displaystyle=\frac{\pi}{4}+1-\frac{\pi+\sqrt{32-\pi^2}}{8}$

$\displaystyle=\frac{\pi+8-\sqrt{32-\pi^2}}{8}$

155　(1)　$(\cos x)^n=(\sin x)^n$　……①

$\cos x=0$ と仮定すると，$0\leqq x\leqq\dfrac{\pi}{2}$ より　　$x=\dfrac{\pi}{2}$

このとき，① は $0=1$ となって矛盾する。

よって $\cos x\neq 0$ である。

① より　　$\left(\dfrac{\sin x}{\cos x}\right)^n=1$　　　すなわち　$(\tan x)^n=1$

$0\leqq x\leqq\dfrac{\pi}{2}$ より，$\tan x\geqq 0$ であるから　　$\tan x=1$　　　よって　　$x=\dfrac{\pi}{4}$

(2)　$n=4$ のときの C_1，C_2 の概形は右の図のようになる。

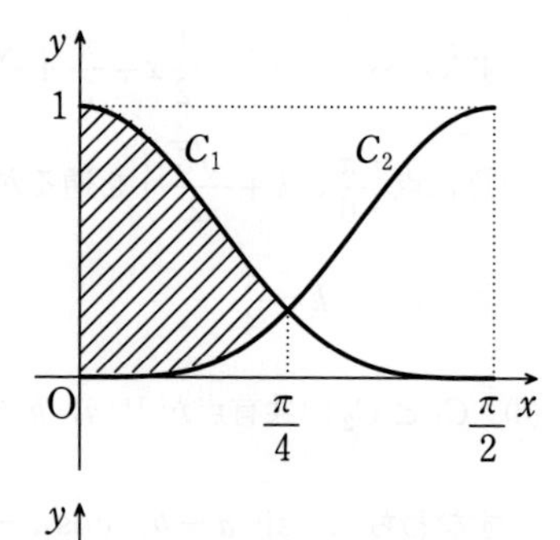

求める面積は図の斜線部分の面積であるから

$\displaystyle\int_0^{\frac{\pi}{4}}(\cos^4 x-\sin^4 x)dx$

$\displaystyle=\int_0^{\frac{\pi}{4}}(\cos^2 x+\sin^2 x)(\cos^2 x-\sin^2 x)dx$

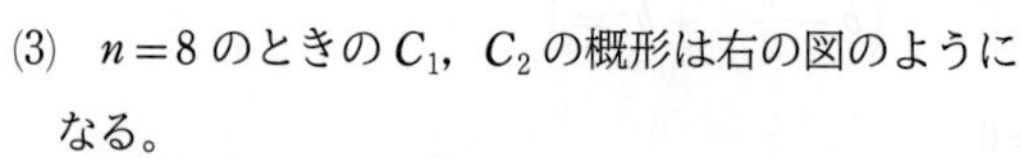

$\displaystyle=\int_0^{\frac{\pi}{4}}1\cdot\cos 2x\,dx=\left[\frac{1}{2}\sin 2x\right]_0^{\frac{\pi}{4}}=\frac{1}{2}$

(3)　$n=8$ のときの C_1，C_2 の概形は右の図のようになる。

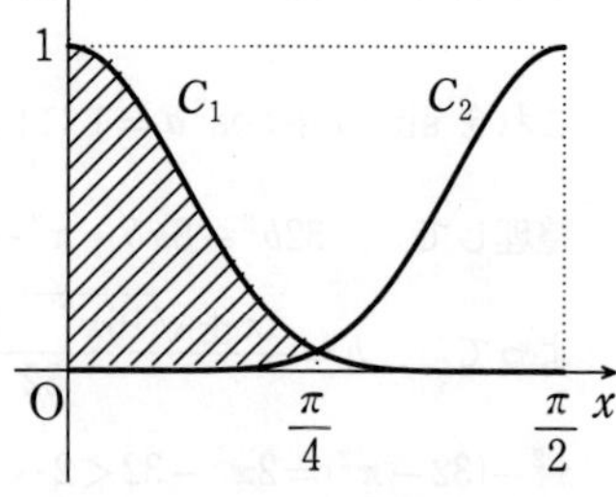

求める面積を S とすると，S は図の斜線部分の面積であるから

$$S=\int_0^{\frac{\pi}{4}}(\cos^8 x-\sin^8 x)dx=\int_0^{\frac{\pi}{4}}(\cos^4 x+\sin^4 x)(\cos^4 x-\sin^4 x)dx$$

ここで

$$\cos^4 x+\sin^4 x=(\cos^2 x+\sin^2 x)^2-2(\sin x\cos x)^2=1^2-2\left(\frac{1}{2}\sin 2x\right)^2=1-\frac{1}{2}\sin^2 2x$$

よって　$S=\int_0^{\frac{\pi}{4}}\left(1-\frac{1}{2}\sin^2 2x\right)\cos 2x\,dx=\int_0^{\frac{\pi}{4}}\left\{\cos 2x-\frac{1}{2}\sin^2 2x\cdot\left(\frac{1}{2}\sin 2x\right)'\right\}dx$

$$=\frac{1}{2}\left[\sin 2x-\frac{1}{6}\sin^3 2x\right]_0^{\frac{\pi}{4}}=\frac{1}{2}\left(1-\frac{1}{6}\right)=\frac{5}{12}$$

156 (1)　$x=t^2+3t$，$y=4-t^2$ より　$\dfrac{dx}{dt}=2t+3$，$\dfrac{dy}{dt}=-2t$

$|t|\leqq 1$ すなわち $-1\leqq t\leqq 1$ の範囲において $\dfrac{dx}{dt}\fallingdotseq 0$ であるから

$$\frac{dy}{dx}=\frac{\frac{dy}{dt}}{\frac{dx}{dt}}={}^{ア}-\frac{2t}{2t+3}$$

また，$y=4-t^2$ であるから，$-1\leqq t\leqq 1$ において，$t=0$ で最大値 4，$t=\pm 1$ で最小値 3 をとる。

したがって，曲線 C 上の点の y 座標の最大値は ${}^{イ}4$，最小値は ${}^{ウ}3$ である。

(2)　曲線 C 上の点 $(t^2+3t, 4-t^2)$ における接線の傾きが $\dfrac{1}{2}$ であるとすると，(1) より

$$-\frac{2t}{2t+3}=\frac{1}{2}$$

$$-4t=2t+3$$

これを解いて　$t=-\dfrac{1}{2}$

これは $|t|\leqq 1$ を満たす。

よって，曲線 C 上の点 $\left(-\dfrac{5}{4}, \dfrac{15}{4}\right)$ における接線の方程式は

$$y-\frac{15}{4}=\frac{1}{2}\left\{x-\left(-\frac{5}{4}\right)\right\}$$

すなわち　$y=\dfrac{1}{2}x+{}^{エ}\dfrac{35}{8}$

(3)　曲線 C 上の点 $(t^2+3t, 4-t^2)$ における C の法線の方程式は

$$(2t+3)\{x-(t^2+3t)\}-2t\{y-(4-t^2)\}=0$$

すなわち　　$(2t+3)(x-t^2-3t)-2t(y-4+t^2)=0$

これが原点 O を通るから　　$(2t+3)(0-t^2-3t)-2t(0-4+t^2)=0$

整理して　　$4t^3+9t^2+t=0$

$$t(4t^2+9t+1)=0$$

これを解いて　　$t=\dfrac{-9\pm\sqrt{65}}{8}$，0

$\dfrac{-9-\sqrt{65}}{8}<-1<\dfrac{-9+\sqrt{65}}{8}<0$ であるから　　$t=\dfrac{-9+\sqrt{65}}{8}$，0

したがって，t の値は小さい方から　　$^{オ}\dfrac{-9+\sqrt{65}}{8}$，$^{カ}0$

(4)　$-1\leqq t\leqq 1$ における t の値の変化に対応した x，y の値の変化は次の表のようになる。

t	-1	$\cdots$	0	$\cdots$	1
$\dfrac{dx}{dt}$		$+$	$+$	$+$	
x	-2	→	0	→	4
$\dfrac{dy}{dt}$		$+$	0	$-$	
y	3	↑	4	↓	3

よって，曲線 C の概形は右の図の太線部分のようになる。

したがって，求める面積を S とすると

$$S=\int_{-2}^{4}(y-3)dx=\int_{-1}^{1}(1-t^2)\cdot\frac{dx}{dt}dt$$

$$=\int_{-1}^{1}(1-t^2)(2t+3)dt$$

$$=\int_{-1}^{1}(-2t^3-3t^2+2t+3)dt$$

$$=2\int_{0}^{1}(-3t^2+3)dt=2\Big[-t^3+3t\Big]_0^1={}^{キ}4$$

157　(1)　$f(x)=\dfrac{(x+2)(x-1)+2}{x-1}=\dfrac{x(x+1)}{x-1}$

$f(x)=0$ とすると　　　$x=-1$，0

$f'(x)=1-\dfrac{2}{(x-1)^2}$ より，$f'(x)=0$ とすると　　$(x-1)^2=2$

すなわち　　$x=1\pm\sqrt{2}$

また　　$f''(x)=\dfrac{2\cdot 2(x-1)}{(x-1)^4}=\dfrac{4}{(x-1)^3}$

したがって，$f(x)$ の増減，グラフの凹凸は次のようになる。

x	$\cdots$	$1-\sqrt{2}$	$\cdots$	1	$\cdots$	$1+\sqrt{2}$	$\cdots$
$f'(x)$	$+$	0	$-$	／	$-$	0	$+$
$f''(x)$	$-$	$-$	$-$	／	$+$	$+$	$+$
$f(x)$	↗	極大 $3-2\sqrt{2}$	↘	／	↘	極小 $3+2\sqrt{2}$	↗

直線 $x=1$ が漸近線である。

また　$\displaystyle\lim_{x\to\infty}\{f(x)-(x+2)\}=\lim_{x\to\infty}\frac{2}{x-1}=0$,

$\displaystyle\lim_{x\to-\infty}\{f(x)-(x+2)\}=\lim_{x\to-\infty}\frac{2}{x-1}$

$=0$

よって，y 軸に平行でない漸近線は

直線 $y=x+2$ である。

以上より，$y=f(x)$ のグラフは右の図のようになる。

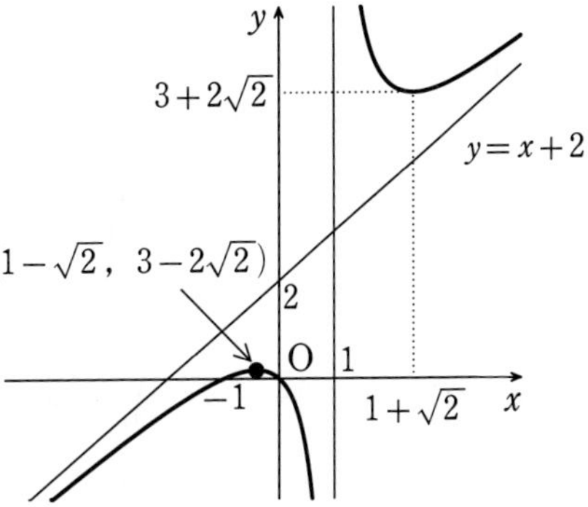

グラフと x 軸の共有点は　　$(0,\ 0)$，$(-1,\ 0)$

変曲点はなし。

漸近線は　　$x=1$，$y=x+2$

(2)　方程式 $f(x)=k$ の異なる実数解の個数は，$y=f(x)$ のグラフと直線 $y=k$ の共有点の個数に等しい。

よって　　$k<3-2\sqrt{2}$，$3+2\sqrt{2}<k$ のとき　　2 個

$k=3\pm2\sqrt{2}$ のとき　　1 個

$3-2\sqrt{2}<k<3+2\sqrt{2}$ のとき　　0 個

(3)　$\log f(x)=\log 6$ とすると　　$f(x)=6$

よって　　$\dfrac{x(x+1)}{x-1}=6$

整理して　　$x^2-5x+6=0$

すなわち　　$(x-2)(x-3)=0$　　　　ゆえに　　$x=2,\ 3$

$x>1$ で $f(x)>0$，$\{\log f(x)\}'=\dfrac{f'(x)}{f(x)}$ であるから，

$\{\log f(x)\}'$ と $f'(x)$ の正負は一致する。

よって，$x>1$ における $y=\log f(x)$ のグラフの概形は右の図のようになる。

S は図の斜線部分の面積であるから

$$S=\int_2^3\{\log 6-\log f(x)\}dx=\log 6-\int_2^3(x)'\log f(x)\,dx$$

$$=\log 6-\left\{\Big[x\log f(x)\Big]_2^3-\int_2^3 x\cdot\frac{f'(x)}{f(x)}dx\right\}$$

$$=\log 6-\left(\log 6-\int_2^3\frac{x^2-2x-1}{x^2-1}dx\right)=\int_2^3\left(1-\frac{2x}{x^2-1}\right)dx=\Big[x-\log|x^2-1|\Big]_2^3$$

$$=3-\log 8-(2-\log 3)=\log 3-3\log 2+1$$

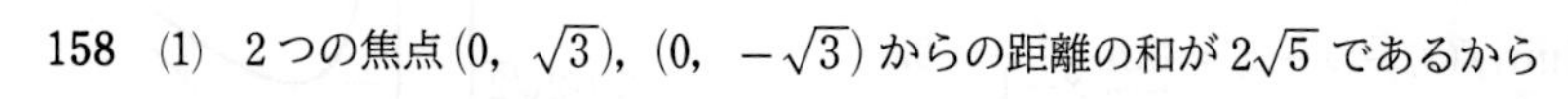

158 (1)　2つの焦点 $(0,\ \sqrt{3})$，$(0,\ -\sqrt{3})$ からの距離の和が $2\sqrt{5}$ であるから

$2b=2\sqrt{5}$　　　したがって　　$b=\sqrt{5}$

(2)　$x=\sqrt{2}\sin\theta$ とおくと　　$\dfrac{dx}{d\theta}=\sqrt{2}\cos\theta$

また，x と θ の値の対応は右のようになる。

x	$0 \to 1$
θ	$0 \to \frac{\pi}{4}$

したがって　$\displaystyle\int_0^1\sqrt{2-x^2}\,dx=\int_0^{\frac{\pi}{4}}\sqrt{2(1-\sin^2\theta)}\cdot\sqrt{2}\cos\theta\cdot d\theta=2\int_0^{\frac{\pi}{4}}\cos^2\theta\,d\theta$

$$=\int_0^{\frac{\pi}{4}}(1+\cos 2\theta)d\theta=\left[\theta+\frac{1}{2}\sin 2\theta\right]_0^{\frac{\pi}{4}}=\frac{\pi}{4}+\frac{1}{2}$$

(3)　$\dfrac{x^2}{2}+\dfrac{y^2}{5}=1$ の両辺を x で微分して　　$x+\dfrac{2}{5}y\cdot\dfrac{dy}{dx}=0$

接点の座標を $(s,\ t)$ とすると，この点における接線の傾きが $-\dfrac{\sqrt{10}}{2}$ であるから

$s+\dfrac{2}{5}t\cdot\left(-\dfrac{\sqrt{10}}{2}\right)=0$　　　よって　　$s=\dfrac{\sqrt{10}}{5}t$

これを $\dfrac{s^2}{2}+\dfrac{t^2}{5}=1$ に代入して　　$\dfrac{1}{2}\cdot\dfrac{2}{5}t^2+\dfrac{t^2}{5}=1$

すなわち　　$t^2=\dfrac{5}{2}$　　　よって　　$t=\pm\dfrac{\sqrt{10}}{2}$

$t=\dfrac{\sqrt{10}}{2}$ のとき　　$s=1$

点$\left(1,\ \dfrac{\sqrt{10}}{2}\right)$は直線 $y=-\dfrac{\sqrt{10}}{2}x+k$ 上にあるから　　$\dfrac{\sqrt{10}}{2}=-\dfrac{\sqrt{10}}{2}+k$

よって　　$k=\sqrt{10}$

$t=-\dfrac{\sqrt{10}}{2}$ のときも同様にして s，k を求めると　　$s=-1$，$k=-\sqrt{10}$

これは $k>0$ より不適。

したがって，$k=\sqrt{10}$ で接点の x 座標は　　1

(4)　曲線 C の概形は右の図の太線部分のようになる。

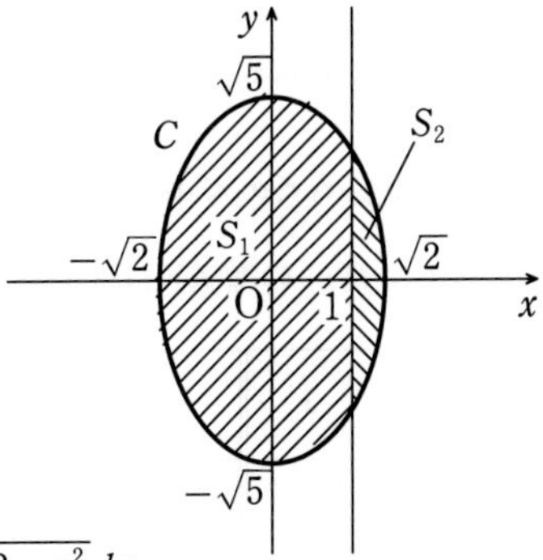

$\dfrac{x^2}{2}+\dfrac{y^2}{5}=1$ より

$$y=\pm\sqrt{5}\sqrt{1-\frac{x^2}{2}}=\pm\frac{\sqrt{10}}{2}\sqrt{2-x^2}$$

曲線 C は x 軸に関して対称であるから

$$S_1-S_2=2\int_{-\sqrt{2}}^{1}\frac{\sqrt{10}}{2}\sqrt{2-x^2}\,dx-2\int_{1}^{\sqrt{2}}\frac{\sqrt{10}}{2}\sqrt{2-x^2}\,dx$$

$$=\sqrt{10}\left(\int_{-1}^{\sqrt{2}}\sqrt{2-x^2}\,dx-\int_{1}^{\sqrt{2}}\sqrt{2-x^2}\,dx\right)$$

$$=\sqrt{10}\int_{-1}^{1}\sqrt{2-x^2}\,dx=2\sqrt{10}\int_{0}^{1}\sqrt{2-x^2}\,dx$$

(2) より，$\displaystyle\int_0^1\sqrt{2-x^2}\,dx=\frac{\pi}{4}+\frac{1}{2}$ であるから

$$S_1-S_2=2\sqrt{10}\left(\frac{\pi}{4}+\frac{1}{2}\right)=\sqrt{10}\left(\frac{\pi}{2}+1\right)$$

159　(1)　$f(x)=g(x)$ より　　$\sin 2x\cos x=\sin x$

よって　　$2\sin x\cos^2 x=\sin x$

$(2\cos^2 x-1)\sin x=0$

ゆえに　　$\cos 2x\sin x=0$　　　　したがって　　$\cos 2x=0$ または $\sin x=0$

$0\leqq x\leqq\pi$ より $0\leqq 2x\leqq 2\pi$ であるから　　$2x=\dfrac{\pi}{2}$，$\dfrac{3}{2}\pi$ または $x=0$，π

すなわち　　$x=$ ${}^{ア}0$，${}^{イ}\dfrac{\pi}{4}$，${}^{ウ}\dfrac{3}{4}\pi$，${}^{エ}\pi$

(2)　$f'(x)=2\cos 2x\cos x-\sin 2x\sin x=2\cos 2x\cos x-2\sin^2 x\cos x$

$=2(\cos 2x-\sin^2 x)\cos x=2\{2\cos^2 x-1-(1-\cos^2 x)\}\cos x$

$=2(3\cos^2 x-2)\cos x$

$f'(x)=0$ のとき　　$\cos x=\pm\dfrac{\sqrt{6}}{3}$，0

$0\leqq\alpha_1<\alpha_2<\alpha_3\leqq\pi$ であるから　　$\cos\alpha_3<\cos\alpha_2<\cos\alpha_1$

よって　　$\cos\alpha_1=$ ${}^{オ}\dfrac{\sqrt{6}}{3}$，$\cos\alpha_2=$ ${}^{カ}0$，$\cos\alpha_3=$ ${}^{キ}-\dfrac{\sqrt{6}}{3}$

(3)　(2)より，$\cos\alpha_2=0$ であるから　　$\alpha_2=\dfrac{\pi}{2}$

これと $0\leqq\alpha_1<\alpha_2<\alpha_3\leqq\pi$ から　　$\alpha_1<\dfrac{\pi}{2}<\alpha_3$

よって，$f(x)$ の増減表は次のようになる。

x	0	…	α_1	…	$\dfrac{\pi}{2}$	…	α_3	…	π
$f'(x)$		+	0	−	0	+	0	−	
$f(x)$	0	↗	$f(\alpha_1)$	↘	0	↗	$f(\alpha_3)$	↘	0

また，$\cos\alpha_1=-\cos\alpha_3$ より $\alpha_3=\pi-\alpha_1$ であるから

$f(\alpha_3)=\sin 2\alpha_3\cos\alpha_3=\sin 2(\pi-\alpha_1)\cos(\pi-\alpha_1)$

$\quad=-\sin 2\alpha_1\cdot(-\cos\alpha_1)=f(\alpha_1)$

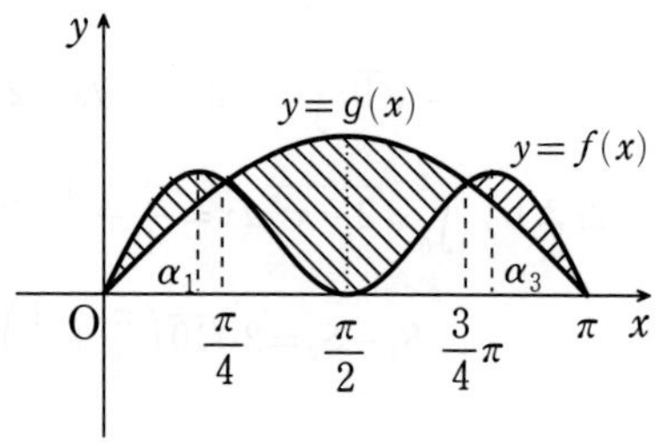

したがって，$0\leqq x\leqq\pi$ における $y=f(x)$，$y=g(x)$ のグラフは右の図のようになり，求める面積は斜線部分の面積である。

また，斜線部分は直線 $x=\dfrac{\pi}{2}$ に関して対称である。

ここで　　$\displaystyle\int\{f(x)-g(x)\}dx=\int(\sin 2x\cos x-\sin x)dx=\int(2\sin x\cos^2 x-\sin x)dx$

$$=-\frac{2}{3}\cos^3 x+\cos x+C\quad(C\text{ は積分定数})$$

よって，$0\leqq x\leqq\dfrac{\pi}{4}$ における面積は

$$\int_0^{\frac{\pi}{4}}\{f(x)-g(x)\}dx=\left[-\frac{2}{3}\cos^3 x+\cos x\right]_0^{\frac{\pi}{4}}$$

$$=-\frac{2}{3}\left(\frac{\sqrt{2}}{4}-1\right)+\left(\frac{\sqrt{2}}{2}-1\right)={}^{ク}\frac{\sqrt{2}-1}{3}$$

$\dfrac{\pi}{4}\leqq x\leqq\dfrac{3}{4}\pi$ における面積は

$$\int_{\frac{\pi}{4}}^{\frac{3}{4}\pi}\{g(x)-f(x)\}dx=2\int_{\frac{\pi}{4}}^{\frac{\pi}{2}}\{g(x)-f(x)\}dx=2\left[\frac{2}{3}\cos^3 x-\cos x\right]_{\frac{\pi}{4}}^{\frac{\pi}{2}}$$

$$=0-2\left(-\frac{2}{3}\cdot\frac{\sqrt{2}}{4}-\frac{\sqrt{2}}{2}\right)={}^{ケ}\frac{2\sqrt{2}}{3}$$

$\frac{3}{4}\pi\leqq x\leqq\pi$ における面積は，直線 $x=\frac{\pi}{2}$ に関する対称性から，$0\leqq x\leqq\frac{\pi}{4}$ における面積と等しい。

したがって　　${}^{コ}\frac{\sqrt{2}-1}{3}$

160 (1) $f'(x)=1\cdot\sqrt{6-x^2}+x\cdot\frac{-2x}{2\sqrt{6-x^2}}=\frac{2(3-x^2)}{\sqrt{6-x^2}}$

(2) $f'(x)=0$ とすると　　$x=\pm\sqrt{3}$

よって，$-\sqrt{6}\leqq x\leqq\sqrt{6}$ における $f(x)$ の増減表は次のようになる。

x	$-\sqrt{6}$	$\cdots$	$-\sqrt{3}$	$\cdots$	$\sqrt{3}$	$\cdots$	$\sqrt{6}$
$f'(x)$	／	$-$	0	$+$	0	$-$	／
$f(x)$	0	↘	-3	↗	3	↘	0

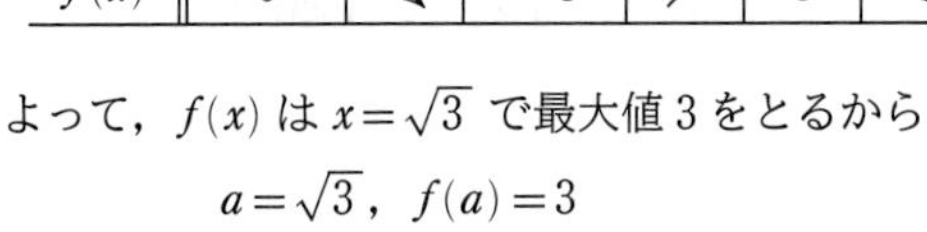

よって，$f(x)$ は $x=\sqrt{3}$ で最大値 3 をとるから

$a=\sqrt{3}$，$f(a)=3$

また，C の概形は右の図のようになる。

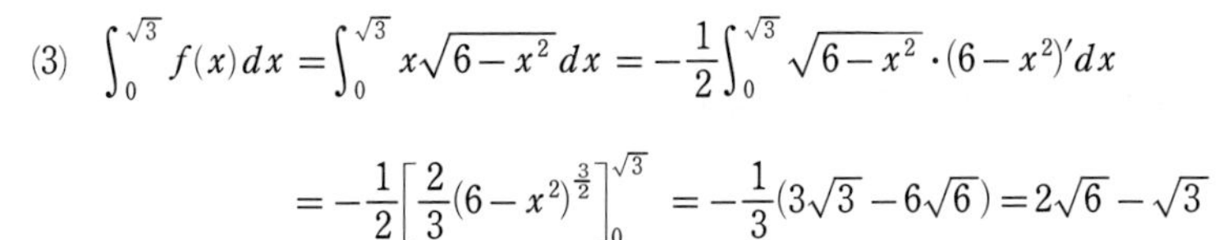

(3) $\int_0^{\sqrt{3}}f(x)dx=\int_0^{\sqrt{3}}x\sqrt{6-x^2}\,dx=-\frac{1}{2}\int_0^{\sqrt{3}}\sqrt{6-x^2}\cdot(6-x^2)'dx$

$$=-\frac{1}{2}\left[\frac{2}{3}(6-x^2)^{\frac{3}{2}}\right]_0^{\sqrt{3}}=-\frac{1}{3}(3\sqrt{3}-6\sqrt{6})=2\sqrt{6}-\sqrt{3}$$

(4) 点 $(\sqrt{3},\ 3)$ における C の接線 ℓ の方程式は　　$y=3$

また，$|f(-x)|=|-x\sqrt{6-(-x)^2}|=|x\sqrt{6-x^2}|=|f(x)|$ であるから，$y=|f(x)|$ のグラフは y 軸に関して対称である。

よって，$y=|f(x)|$ と ℓ の概形は右の図のようになる。

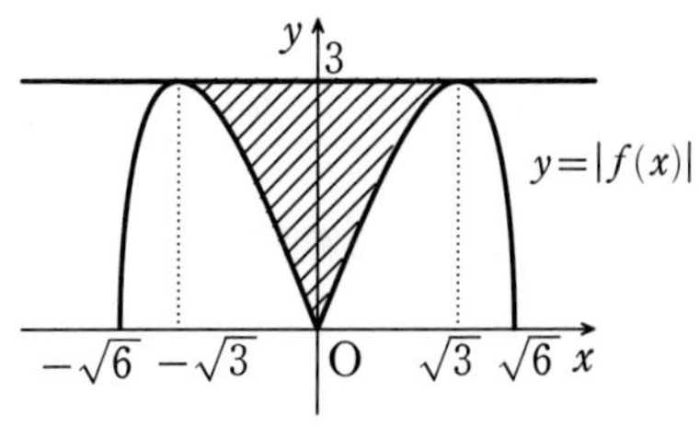

したがって　　$S=2\left(3\sqrt{3}-\int_0^{\sqrt{3}}f(x)dx\right)$

$=6\sqrt{3}-2(2\sqrt{6}-\sqrt{3})$

$=8\sqrt{3}-4\sqrt{6}$

161　(1)　$g'(x)=e^x-e^{-x}$ であるから，$g'(x)=0$ とすると

$$e^{-x}(e^{2x}-1)=0$$

$e^{-x}>0$ から　　$e^{2x}=1$　　すなわち　$x=0$

よって，$g(x)$ の増減表は右のようになる。

x	$\cdots$	0	$\cdots$
$g'(x)$	$-$	0	$+$
$g(x)$	↘	2	↗

したがって，$g(x)$ は $x=0$ で最小値 2 をとる。

別解　$e^x>0$，$e^{-x}>0$ から，相加平均と相乗平均の大小関係により

$$e^x+e^{-x}\geqq 2\sqrt{e^x\cdot e^{-x}}=2$$

等号が成立するのは $e^x=e^{-x}$ のときである。

よって　　$e^{2x}=1$　　したがって　　$x=0$

(2)　$f(x)=e^{2x}+e^{-2x}-4=(e^x+e^{-x})^2-6=t^2-6$

(3)　(2) より　　$f(x)=t^2-6$，$g(x)=t$

よって，$f(x)=g(x)$ のとき　　$t^2-6=t$

整理して　　$(t+2)(t-3)=0$

すなわち　　$t=-2$，3

(1) より $t\geqq 2$ であるから　　$t=3$

$t=3$ すなわち $e^x+e^{-x}=3$ を満たす x を x_0 とすると，$f(x_0)=g(x_0)=3$ である。

よって，C_1 と C_2 の共有点の座標は $(x_0,\ 3)$ となるから，共有点の y 座標は　　3

(4)　$f(x)\leqq g(x)$ のとき　　$t^2-6\leqq t$

$t\geqq 2$ であるから　　$2\leqq t\leqq 3$

つまり　　$2\leqq e^x+e^{-x}\leqq 3$

(1) より，$2\leqq e^x+e^{-x}$ はすべての実数 x で成り立つ。

$e^x+e^{-x}\leqq 3$ について，$e^x>0$ より　　$e^{2x}+1\leqq 3e^x$

すなわち　　$e^{2x}-3e^x+1\leqq 0$

$e^{2x}-3e^x+1=0$ とおくと　　$e^x=\dfrac{3\pm\sqrt{5}}{2}$

よって　　$\dfrac{3-\sqrt{5}}{2}\leqq e^x\leqq\dfrac{3+\sqrt{5}}{2}$

$\dfrac{3-\sqrt{5}}{2}>0$ より　　$\log\dfrac{3-\sqrt{5}}{2}\leqq x\leqq\log\dfrac{3+\sqrt{5}}{2}$

以上より，求める範囲は　　$\log\dfrac{3-\sqrt{5}}{2}\leqq x\leqq\log\dfrac{3+\sqrt{5}}{2}$

(5)　C_1 と C_2 の概形は右の図のようになる。

よって，S は右の図の斜線部分の面積であり，斜線部分の領域は y 軸に関して対称であるから

$$S=2\int_0^{\log\frac{3+\sqrt{5}}{2}}\{g(x)-f(x)\}dx$$

$$=2\int_0^{\log\frac{3+\sqrt{5}}{2}}\{e^x+e^{-x}-(e^{2x}+e^{-2x}-4)\}dx$$

$$=2\left[e^x-e^{-x}-\frac{1}{2}e^{2x}+\frac{1}{2}e^{-2x}+4x\right]_0^{\log\frac{3+\sqrt{5}}{2}}$$

$$=\left[2e^x-2e^{-x}-e^{2x}+e^{-2x}+8x\right]_0^{\log\frac{3+\sqrt{5}}{2}}$$

$$=3+\sqrt{5}-\frac{4}{3+\sqrt{5}}-\left(\frac{3+\sqrt{5}}{2}\right)^2+\left(\frac{2}{3+\sqrt{5}}\right)^2+8\log\frac{3+\sqrt{5}}{2}$$

$$=8\log\frac{3+\sqrt{5}}{2}-\sqrt{5}$$

162　(1)　$f(x)=e^x+e^{-x}-4$ とおくと

$$f'(x)=e^x-e^{-x}=e^{-x}(e^{2x}-1)=e^{-x}(e^x+1)(e^x-1)$$

$e^{-x}>0$，$e^x+1>0$ より，$f'(x)=0$ となるのは $e^x=1$ すなわち $x=0$ のときである。

よって，$f(x)$ の増減表は右のようになる。

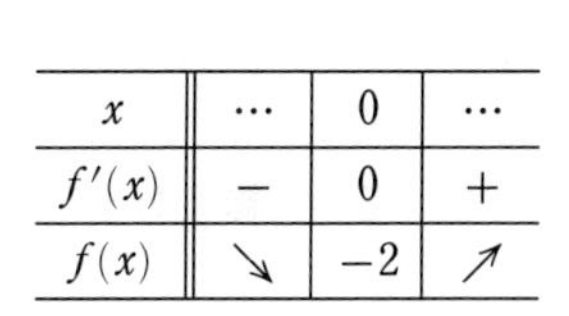

x	$\cdots$	0	$\cdots$
$f'(x)$	$-$	0	$+$
$f(x)$	↘	-2	↗

また，$f(x)=0$ とすると　　$e^x+e^{-x}-4=0$

$$e^{2x}-4e^x+1=0$$

よって　　$e^x=2\pm\sqrt{3}$

すなわち　　$x=\log(2\pm\sqrt{3})$

与えられた不等式は $f(x)\leqq y\leqq -f(x)$ と表すことができ，$y=-f(x)$ のグラフは $y=f(x)$ のグラフと x 軸に関して対称であるから，D は右の図の斜線部分である。ただし，境界線を含む。

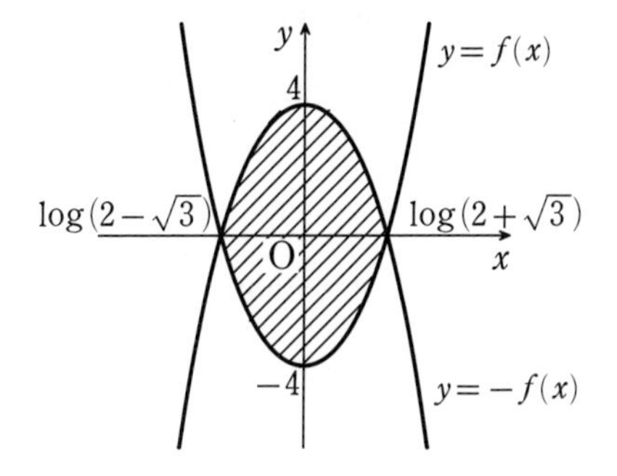

(2)　$f(-x)=e^{-x}+e^{-(-x)}-4=e^{x}+e^{-x}-4=f(x)$

よって，D は x 軸，y 軸に関してそれぞれ対称であるから，求める面積は

$$4\int_0^{\log(2+\sqrt{3})}(4-e^{x}-e^{-x})dx=4\Big[4x-e^{x}+e^{-x}\Big]_0^{\log(2+\sqrt{3})}$$

$$=4\left\{4\log(2+\sqrt{3})-(2+\sqrt{3}-1)+\left(\frac{1}{2+\sqrt{3}}-1\right)\right\}$$

$$=4\{4\log(2+\sqrt{3})-2-\sqrt{3}+2-\sqrt{3}\}$$

$$=16\log(2+\sqrt{3})-8\sqrt{3}$$

(3)　$x+y=k$ とおくと　　$y=-x+k$

これは傾きが -1，y 切片が k の直線を表す。

この直線を ℓ とすると，右の図より，k は

D と ℓ が第1象限で接するときに最大となり，

第3象限で接するときに最小になる。

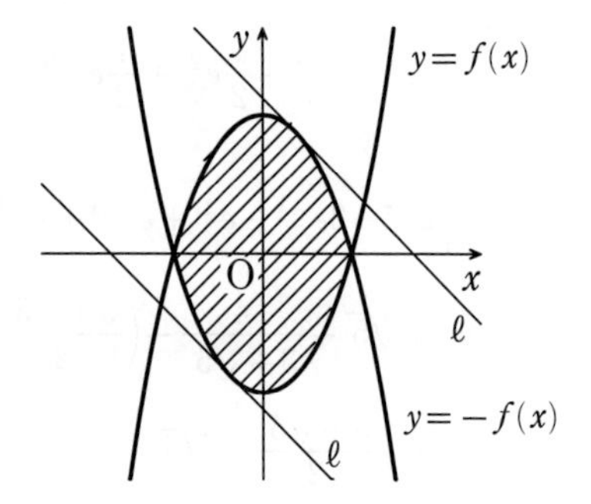

直線 ℓ が $y=f(x)$ のグラフと接するとき，

その接点の x 座標は $f'(x)=-1$ を満たす。

よって　　　　$e^{x}-e^{-x}=-1$

すなわち　　　$e^{2x}+e^{x}-1=0$

したがって　　$e^{x}=\dfrac{-1\pm\sqrt{5}}{2}$　　　$e^{x}>0$ より　　$e^{x}=\dfrac{-1+\sqrt{5}}{2}$

ゆえに　　　　$x=\log\dfrac{-1+\sqrt{5}}{2}$　　　このとき　　$f\left(\log\dfrac{-1+\sqrt{5}}{2}\right)=\sqrt{5}-4$

したがって，直線 ℓ が $y=f(x)$ と接するとき，接点は $\left(\log\dfrac{-1+\sqrt{5}}{2},\ \sqrt{5}-4\right)$ である。

このとき　　$k=\log\dfrac{-1+\sqrt{5}}{2}+\sqrt{5}-4$

また，D が原点に関して対称であることから，ℓ が $y=-f(x)$ と接するとき，接点は $\left(-\log\dfrac{-1+\sqrt{5}}{2},\ -\sqrt{5}+4\right)$ である。

このとき　　$k=-\log\dfrac{-1+\sqrt{5}}{2}-\sqrt{5}+4$

したがって，$x+y$ は

$x=\log\dfrac{-1+\sqrt{5}}{2}$，$y=\sqrt{5}-4$ で最小値 $\log\dfrac{-1+\sqrt{5}}{2}+\sqrt{5}-4$，

$x=-\log\dfrac{-1+\sqrt{5}}{2}$，$y=-\sqrt{5}+4$ で最大値 $-\log\dfrac{-1+\sqrt{5}}{2}-\sqrt{5}+4$ をとる。

163 (1) $f'(x)=3x^2e^{-x^2}+x^3\cdot(-2xe^{-x^2})=x^2e^{-x^2}(3-2x^2)$

$f'(x)=0$ とすると　　$x=0,\ \pm\dfrac{\sqrt{6}}{2}$

よって，$f(x)$ の増減表は次のようになる。

x	$\cdots$	$-\dfrac{\sqrt{6}}{2}$	$\cdots$	0	$\cdots$	$\dfrac{\sqrt{6}}{2}$	$\cdots$
$f'(x)$	$-$	0	$+$	0	$+$	0	$-$
$f(x)$	↘	$-\dfrac{3\sqrt{6}}{4}e^{-\frac{3}{2}}$	↗	0	↗	$\dfrac{3\sqrt{6}}{4}e^{-\frac{3}{2}}$	↘

よって，$f(x)$ は $x=-\dfrac{\sqrt{6}}{2}$ で極小値 $-\dfrac{3\sqrt{6}}{4}e^{-\frac{3}{2}}$，$x=\dfrac{\sqrt{6}}{2}$ で極大値 $\dfrac{3\sqrt{6}}{4}e^{-\frac{3}{2}}$ をとる。

(2) $a>0$，$e^{x^2}-ax^3=0$ より　　$x^3e^{-x^2}=\dfrac{1}{a}$

よって，$e^{x^2}-ax^3=0$ の異なる実数解の個数と，$y=f(x)$ のグラフと直線 $y=\dfrac{1}{a}$ の共有点の個数は等しい。

また　　$\displaystyle\lim_{x\to\infty}x^3e^{-x^2}=0$

$x=-t$ とおくと　$\displaystyle\lim_{x\to-\infty}x^3e^{-x^2}=\lim_{t\to\infty}(-t^3)e^{-t^2}=0$

よって，(1) の増減表から，$y=f(x)$ のグラフの概形は右の図のようになる。

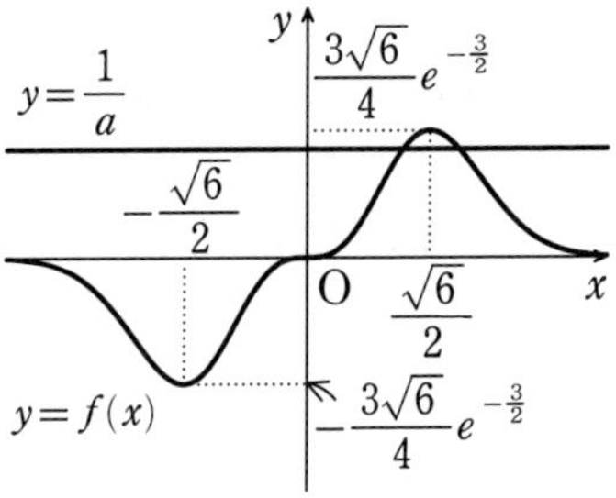

$a>0$ より $\dfrac{1}{a}>0$ であるから，$y=f(x)$ のグラフと直線 $y=\dfrac{1}{a}$ の共有点の個数は

$0<\dfrac{1}{a}<\dfrac{3\sqrt{6}}{4}e^{-\frac{3}{2}}$ のとき 2 個，$\dfrac{1}{a}=\dfrac{3\sqrt{6}}{4}e^{-\frac{3}{2}}$ のとき 1 個，

$\dfrac{3\sqrt{6}}{4}e^{-\frac{3}{2}}<\dfrac{1}{a}$ のとき 0 個

ゆえに，$e^{x^2}-ax^3=0$ の実数解の個数は

$0<a<\dfrac{2\sqrt{6}}{9}e^{\frac{3}{2}}$ のとき 0 個，$a=\dfrac{2\sqrt{6}}{9}e^{\frac{3}{2}}$ のとき 1 個，

$\dfrac{2\sqrt{6}}{9}e^{\frac{3}{2}}<a$ のとき 2 個

(3)　求める面積は右の図の斜線部分の面積である。

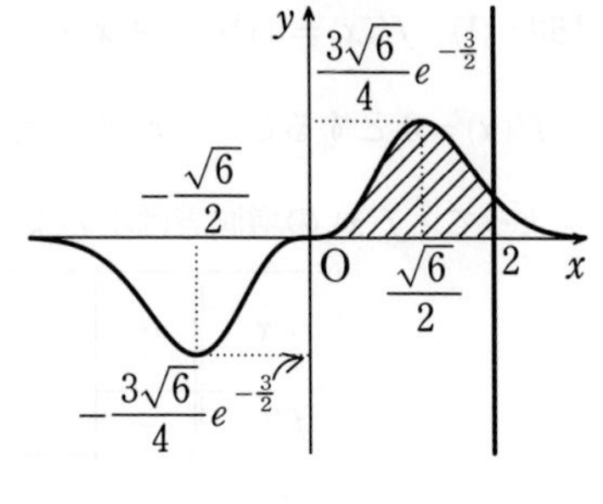

求める面積を S とすると　　$S=\int_0^2 x^3e^{-x^2}dx$

$x^2=t$ とおくと　　$dt=2xdx$

x と t の値の対応は次のようになる。

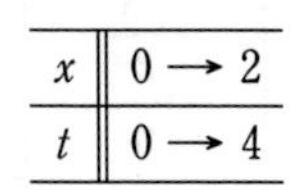

x	$0 \to 2$
t	$0 \to 4$

よって　　$S=\frac{1}{2}\int_0^2 x^2e^{-x^2}\cdot 2xdx=\frac{1}{2}\int_0^4 te^{-t}dt$

$$=\frac{1}{2}\left\{\left[-te^{-t}\right]_0^4+\int_0^4 e^{-t}dt\right\}=\frac{1}{2}\left\{(-4e^{-4}+0)+\left[-e^{-t}\right]_0^4\right\}$$

$$=-2e^{-4}+\frac{1}{2}(-e^{-4}+1)=\frac{1-5e^{-4}}{2}=\frac{e^4-5}{2e^4}$$

164　(1)　$f(x)=x^a$，$g(x)=e^{bx}$ とおく。

2つの曲線 $y=f(x)$ と $y=g(x)$ が点 $\mathrm{P}(t,\ t^a)$ で接するための条件は　　$\begin{cases} f(t)=g(t) \\ f'(t)=g'(t) \end{cases}$

$f'(x)=ax^{a-1}$，$g'(x)=be^{bx}$ であるから　　$\begin{cases} t^a=e^{bt} & \cdots\cdots ① \\ at^{a-1}=be^{bt} & \cdots\cdots ② \end{cases}$

① を ② に代入すると　　$at^{a-1}=bt^a$　　　よって　　$t^{a-1}(bt-a)=0$

$t=0$ とすると，① から $0=1$ となり矛盾するから　　$t \neq 0$

したがって　　$bt-a=0$　　　$b>0$ より　　$t=\frac{a}{b}$　$\cdots\cdots$ ③

③ を ① に代入すると　　$\left(\frac{a}{b}\right)^a=e^a$

$\frac{a}{b}>0$ より　　$\frac{a}{b}=e$　$\cdots\cdots$ ④

③，④ から　　$t=e$　　　したがって　　$\mathrm{P}(e,\ e^a)$

また，$0<a\leqq e$ であるから，点Pがとりうる範囲は右の図の実線部分である。

ただし，端点は点 $(e,\ e^e)$ は含み点 $(e,\ 1)$ は含まない。

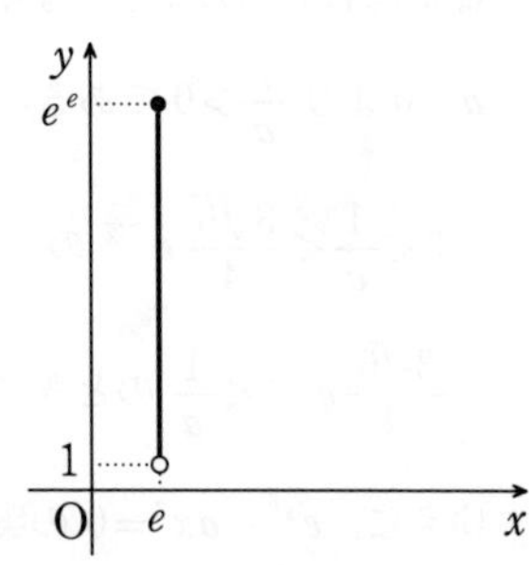

(2)　$h(x)=\sqrt{2x}$ とおく。

2つの曲線 $y=g(x)$ と $y=h(x)$ が点 $\mathrm{Q}(s,\ \sqrt{2s})$ で接するための条件は

$$\begin{cases} g(s)=h(s) \\ g'(s)=h'(s) \end{cases}$$

$h'(x)=\dfrac{1}{\sqrt{2x}}$ であるから　$\begin{cases} e^{bs}=\sqrt{2s} & \cdots\cdots ⑤ \\ be^{bs}=\dfrac{1}{\sqrt{2s}} & \cdots\cdots ⑥ \end{cases}$

⑤ を ⑥ に代入すると　$b\sqrt{2s}=\dfrac{1}{\sqrt{2s}}$　　よって　$b=\dfrac{1}{2s}$

これを ⑤ に代入すると　$e^{\frac{1}{2}}=\sqrt{2s}$

したがって　$s=\dfrac{1}{2}e$　　よって　$\mathrm{Q}\left(\dfrac{1}{2}e,\ \sqrt{e}\right)$

また，$b=\dfrac{1}{e}$ であるから，これを ④ に代入すると　$a=1$

(3)　直線 $y=x$ と曲線 $y=\sqrt{2x}$ の交点の

x 座標は　$x=\sqrt{2x}$

$x(x-2)=0$

よって　$x=0,\ 2$

求める面積は，右の図の斜線部分の面積である。

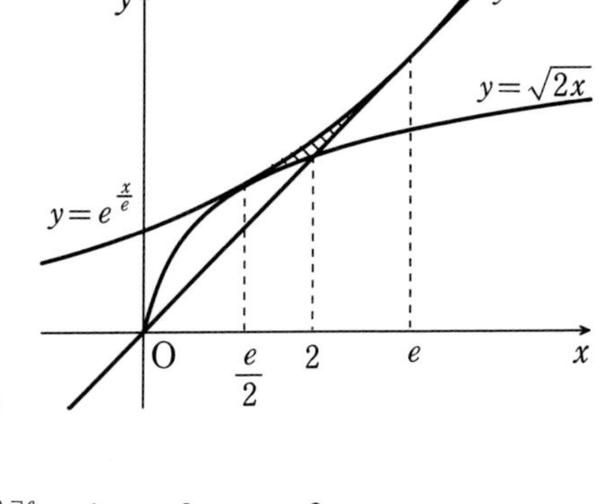

したがって

$$S=\int_{\frac{e}{2}}^{2}\left(e^{\frac{x}{e}}-\sqrt{2x}\right)dx+\int_{2}^{e}\left(e^{\frac{x}{e}}-x\right)dx$$

$$=\left[e\cdot e^{\frac{x}{e}}-\frac{2\sqrt{2}}{3}x^{\frac{3}{2}}\right]_{\frac{e}{2}}^{2}+\left[e\cdot e^{\frac{x}{e}}-\frac{x^2}{2}\right]_{2}^{e}=\frac{1}{2}e^2-\frac{2}{3}e\sqrt{e}-\frac{2}{3}$$

165　(1)　$\displaystyle\lim_{x\to-\infty}f(x)=\lim_{x\to-\infty}\frac{2-\frac{1}{x}-\frac{1}{x^2}}{1+\frac{2}{x}+\frac{2}{x^2}}=2,\ \lim_{x\to\infty}f(x)=\lim_{x\to\infty}\frac{2-\frac{1}{x}-\frac{1}{x^2}}{1+\frac{2}{x}+\frac{2}{x^2}}=2$

(2)　$f'(x)=\dfrac{(4x-1)(x^2+2x+2)-(2x^2-x-1)(2x+2)}{(x^2+2x+2)^2}=\dfrac{5x(x+2)}{(x^2+2x+2)^2}$

(3)　$f'(x)=0$ とすると　$x=0,\ -2$

よって，$f(x)$ の増減表は右のようになる。

x	$\cdots$	-2	$\cdots$	0	$\cdots$
$f'(x)$	$+$	0	$-$	0	$+$
$f(x)$	$\nearrow$	$\dfrac{9}{2}$	$\searrow$	$-\dfrac{1}{2}$	$\nearrow$

また，(1) より　$\displaystyle\lim_{x\to-\infty}f(x)=\lim_{x\to\infty}f(x)=2$

したがって，$f(x)$ は $x=-2$ で最大値 $\dfrac{9}{2}$，

$x=0$ で最小値 $-\dfrac{1}{2}$ をとる。

(4)　$f(x)=0$ とすると　　$2x^2-x-1=0$

すなわち　　$(2x+1)(x-1)=0$

よって　　$x=-\dfrac{1}{2},\ 1$

したがって，$y=f(x)$ のグラフの概形は右の図のようになる。

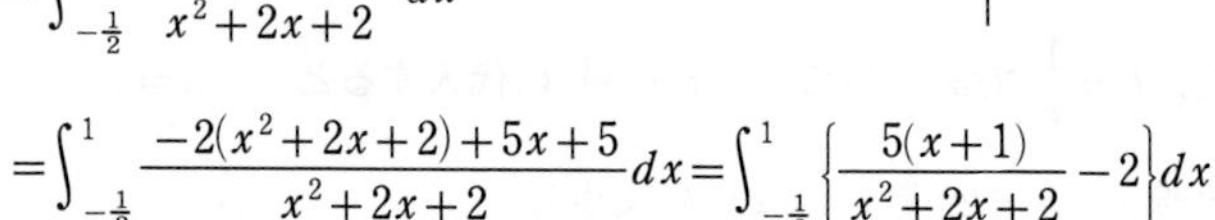

求める面積は図の斜線部分の面積であるから

$$\int_{-\frac{1}{2}}^{1}\{-f(x)\}dx=\int_{-\frac{1}{2}}^{1}\frac{-2x^2+x+1}{x^2+2x+2}dx$$

$$=\int_{-\frac{1}{2}}^{1}\frac{-2(x^2+2x+2)+5x+5}{x^2+2x+2}dx=\int_{-\frac{1}{2}}^{1}\left\{\frac{5(x+1)}{x^2+2x+2}-2\right\}dx$$

ここで，$\dfrac{5(x+1)}{x^2+2x+2}=\dfrac{5}{2}\cdot\dfrac{(x^2+2x+2)'}{x^2+2x+2}$ から

$$\int_{-\frac{1}{2}}^{1}\left\{\frac{5(x+1)}{x^2+2x+2}-2\right\}dx=\left[\frac{5}{2}\log|x^2+2x+2|-2x\right]_{-\frac{1}{2}}^{1}$$

$$=\left(\frac{5}{2}\log 5-2\right)-\left(\frac{5}{2}\log\frac{5}{4}+1\right)=5\log 2-3$$

166　(1)　$f'(x)=\dfrac{1\cdot(1+x^2)-x\cdot 2x}{(1+x^2)^2}=\dfrac{1-x^2}{(1+x^2)^2}$

$$f''(x)=\frac{-2x\cdot(1+x^2)^2-(1-x^2)\cdot 2(1+x^2)\cdot 2x}{(1+x^2)^4}$$

$$=\frac{-2x(1+x^2)-4x(1-x^2)}{(1+x^2)^3}$$

$$=\frac{2x(x^2-3)}{(1+x^2)^3}$$

(2)　(1) より，曲線 C の原点 O における接線の傾きは　　$f'(0)=1$

よって，直線 $y=ax$ が曲線 C に原点 O で接するとき　　$a=f'(0)=1$

また　　$x-f(x)=x-\dfrac{x}{1+x^2}=\dfrac{x(1+x^2-1)}{1+x^2}=\dfrac{x^3}{1+x^2}$

$x>0$ のとき，$\dfrac{x^3}{1+x^2}>0$ であるから　　$x>f(x)$

(3)　$f'(x)=\dfrac{1-x^2}{(1+x^2)^2}$，$f''(x)=\dfrac{2x(x^2-3)}{(1+x^2)^3}$ より，$f(x)$ の増減，曲線 C の凹凸は次のようになる。

x	$\cdots$	$-\sqrt{3}$	$\cdots$	-1	$\cdots$	0	$\cdots$	1	$\cdots$	$\sqrt{3}$	$\cdots$
$f'(x)$	$-$	$-$	$-$	0	$+$	$+$	$+$	0	$-$	$-$	$-$
$f''(x)$	$-$	0	$+$	$+$	$+$	0	$-$	$-$	$-$	0	$+$
$f(x)$	↘	$-\dfrac{\sqrt{3}}{4}$	↘	極小 $-\dfrac{1}{2}$	↗	0	↗	極大 $\dfrac{1}{2}$	↘	$\dfrac{\sqrt{3}}{4}$	↘

変曲点は　　3点 $\left(-\sqrt{3},\ -\dfrac{\sqrt{3}}{4}\right)$，$(0,\ 0)$，$\left(\sqrt{3},\ \dfrac{\sqrt{3}}{4}\right)$

また　　$\displaystyle\lim_{x\to\infty}f(x)=\lim_{x\to\infty}\frac{x}{1+x^2}=\lim_{x\to\infty}\frac{\frac{1}{x}}{\frac{1}{x^2}+1}=0$

$t=-x$ とおくと，$x\longrightarrow-\infty$ のとき $t\longrightarrow\infty$ であるから

$\displaystyle\lim_{x\to-\infty}f(x)=\lim_{t\to\infty}\left(-\frac{t}{1+t^2}\right)=0$

つまり，漸近線は　　直線 $y=0$

よって，曲線 C の概形は右のようになる。

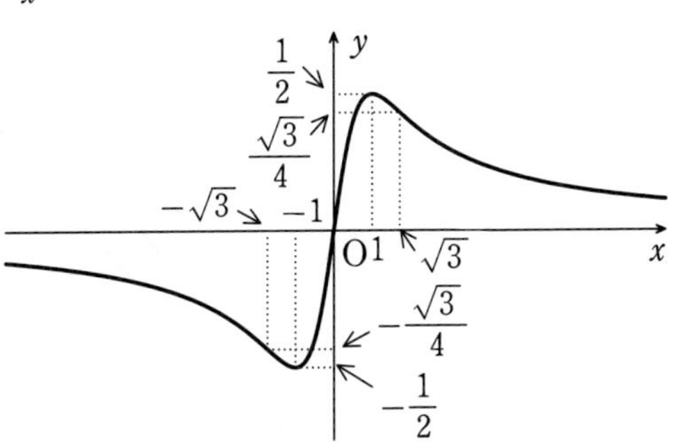

(4)　(2) より $x>0$ において $x>f(x)$ であるから，S は右の図の斜線部分の面積である。

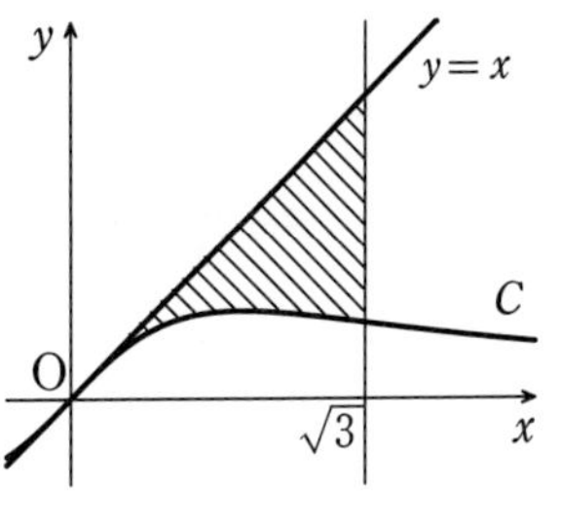

$$S=\int_0^{\sqrt{3}}\{x-f(x)\}dx=\left[\frac{1}{2}x^2\right]_0^{\sqrt{3}}-\int_0^{\sqrt{3}}\frac{x}{1+x^2}dx$$

$$=\frac{3}{2}-\frac{1}{2}\int_0^{\sqrt{3}}\frac{(1+x^2)'}{1+x^2}dx=\frac{3}{2}-\frac{1}{2}\Big[\log(1+x^2)\Big]_0^{\sqrt{3}}$$

$$=\frac{3}{2}-\frac{1}{2}\log 4=\frac{3}{2}-\log 2$$

167 (1)　$f(g(x))=e^{\log x+2-2}=e^{\log x}=x\ (x>0)$

$g(f(x))=\log e^{x-2}+2=(x-2)+2=x$

よって，$f(x)$ と $g(x)$ はそれぞれ互いの逆関数である。

(2)　$h(x)=f(x)-x$ とおくと　　$h(x)=e^{x-2}-x$，$h'(x)=e^{x-2}-1$

$h'(x)=0$ とすると　　$x-2=0$　　すなわち　$x=2$

よって，$h(x)$ の増減表は右のようになる。

x	$\cdots$	2	$\cdots$
$h'(x)$	$-$	0	$+$
$h(x)$	↘	-1	↗

ここで，$2<e<3$ より $h(0)=e^{-2}>0$，$h(2)=-1<0$，

$h(4)=e^2-4>2^2-4=0$ であり，$h(x)$ は連続であるから，

増減表により $h(x)=0$ となる x が $0<x<2$，$2<x<4$ の範囲に1つずつ存在する。

すなわち，$f(x)=x$ となる x が $0<x<2$，$2<x<4$ の範囲に1つずつ存在する。

したがって，直線 $y=x$ と C_1 は2点で交わる。

(3)　(1) より，C_1，C_2 は直線 $y=x$ に関して対称である。

これと (2) から，直線 $y=x$ と C_1，C_2 の概形は次の図のようになる。

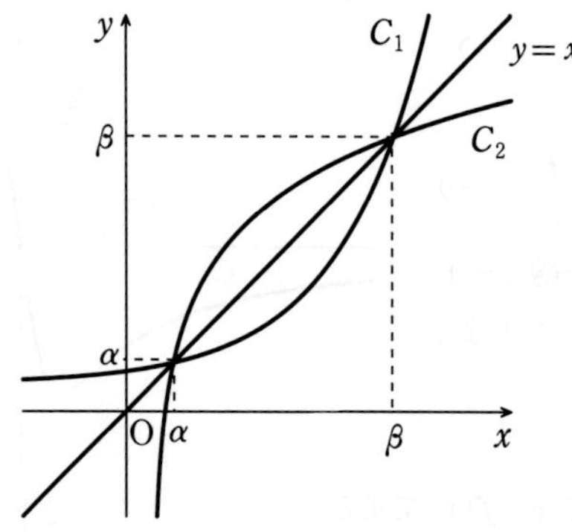

(4)　C_1 と C_2 に囲まれた図形は，直線 $y=x$ に関して対称であるから，求める面積を S とすると

$$S=2\int_{\alpha}^{\beta}(x-e^{x-2})dx=2\left[\frac{x^2}{2}-e^{x-2}\right]_{\alpha}^{\beta}$$

$$=\beta^2-\alpha^2-2(e^{\beta-2}-e^{\alpha-2})$$

ここで，α，β は方程式 $e^{x-2}=x$ の解であるから

$$e^{\alpha-2}=\alpha,\quad e^{\beta-2}=\beta$$

したがって　　$S=\beta^2-\alpha^2-2(\beta-\alpha)$

168 (1)　$f_n'(x)=(n-1)x^{n-2}\cdot e^{-x}+x^{n-1}\cdot(-e^{-x})$

$=x^{n-2}e^{-x}\{(n-1)-x\}$

$f_n'(x)=0$ とすると，$x>0$ より　　$x=n-1$

よって，$f_n(x)$ の増減表は右のようになる。

x	0	$\cdots$	$n-1$	$\cdots$
$f_n'(x)$	／	$+$	0	$-$
$f_n(x)$	／	↗	$(n-1)^{n-1}e^{-(n-1)}$	↘

したがって，$x>0$ において $f_n(x)$ は $x=n-1$ で最大値 $(n-1)^{n-1}e^{-(n-1)}$ をとるから　　$m_n=(n-1)^{n-1}e^{-(n-1)}$

(2)　$x>0$ において $0<xf_n(x)\leqq m_{n+1}$ が成り立つから　　$0<f_n(x)\leqq\dfrac{m_{n+1}}{x}$

$\displaystyle\lim_{x\to\infty}\frac{m_{n+1}}{x}=0$ であるから，はさみうちの原理により　　$\displaystyle\lim_{x\to\infty}f_n(x)=0$

参考　(1) より，$0<f_{n+1}(x)\leqq m_{n+1}$ であるから

$f_{n+1}(x)=x\cdot x^{n-1}e^{-x}=xf_n(x)$

よって　　$0<xf_n(x)\leqq m_{n+1}$

(3)　① より　　$xe^{-x}=a$　　　　すなわち　　$f_2(x)=a$

よって，① の異なる正の実数解の個数は，$y=f_2(x)$ のグラフと直線 $y=a$ の $x>0$ における共有点の個数に等しい。

(1) と $\displaystyle\lim_{x\to+0}f_2(x)=0$，$\displaystyle\lim_{x\to\infty}f_2(x)=0$ から，$y=f_2(x)$ のグラフの概形は右の図のようになる。

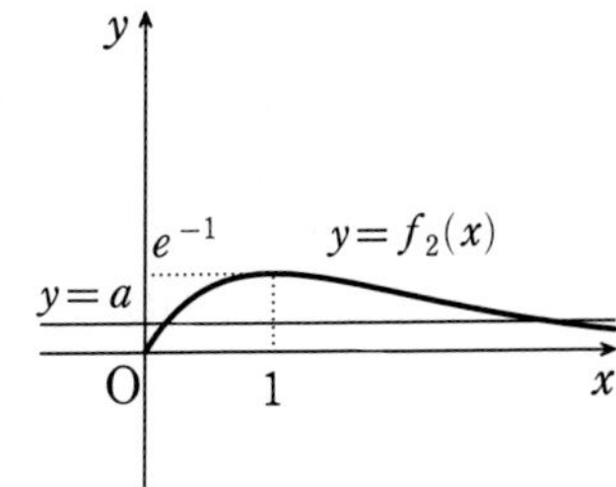

したがって　　$0<a<e^{-1}$ のとき　2 個

$a=e^{-1}$ のとき　　1 個

$e^{-1}<a$ のとき　　0 個

(4)　$\beta-\alpha=\log 2>0$ より　　$\alpha<\beta$

α，β は ① の解であるから　　$\alpha=ae^{\alpha}$，$\beta=ae^{\beta}$

$\alpha>0$ より　　$\dfrac{\beta}{\alpha}=\dfrac{ae^{\beta}}{ae^{\alpha}}=e^{\beta-\alpha}=e^{\log 2}=2$

すなわち　　$\beta=2\alpha$

これと $\beta-\alpha=\log 2$ を解いて　　$\alpha=\log 2$，$\beta=2\log 2$

また　　$a=\alpha e^{-\alpha}=(\log 2)\cdot e^{\log\frac{1}{2}}=\dfrac{1}{2}\log 2$

(5)　求める面積を S とすると，S は，右の図の斜線部分の面積である。

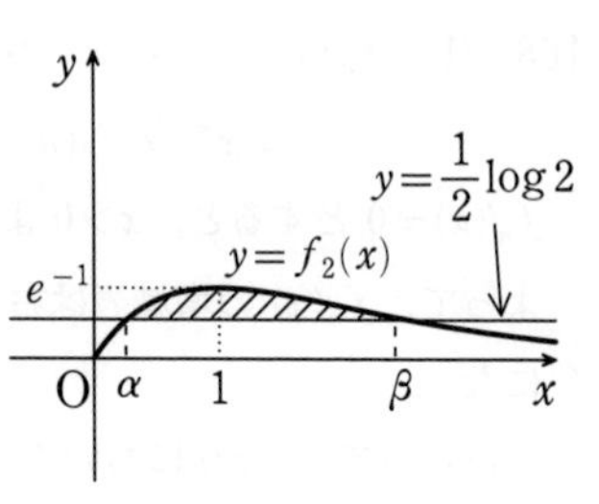

$$S=\int_{\alpha}^{\beta}(xe^{-x}-a)dx=\int_{\alpha}^{\beta}x(-e^{-x})'dx-\int_{\alpha}^{\beta}adx$$

$$=\Big[-xe^{-x}\Big]_{\alpha}^{\beta}+\int_{\alpha}^{\beta}e^{-x}dx-a(\beta-\alpha)$$

$$=-\beta e^{-\beta}+\alpha e^{-\alpha}+\Big[-e^{-x}\Big]_{\alpha}^{\beta}-a(\beta-\alpha)$$

$$=-\beta e^{-\beta}+\alpha e^{-\alpha}-e^{-\beta}+e^{-\alpha}-a(\beta-\alpha)$$

$$=-(2\log 2)\cdot\frac{1}{4}+(\log 2)\cdot\frac{1}{2}-\frac{1}{4}+\frac{1}{2}-\frac{1}{2}(\log 2)^2$$

$$=\frac{1}{4}-\frac{1}{2}(\log 2)^2$$

169　(1)　$\mathrm{A}(0,\ a)\ (a<0)$ とおくと，$\mathrm{AP}=2$ から

$$\cos^2\theta+(\sin\theta-a)^2=4$$

$$1-\sin^2\theta+(a-\sin\theta)^2=4$$

$$(a-\sin\theta)^2=3+\sin^2\theta$$

$$a-\sin\theta=\pm\sqrt{3+\sin^2\theta}$$

よって　$a=\sin\theta\pm\sqrt{3+\sin^2\theta}$

$a<0$ より　$a=\sin\theta-\sqrt{3+\sin^2\theta}$

したがって　$\mathrm{A}\left(0,\ \sin\theta-\sqrt{3+\sin^2\theta}\right)$

$\overrightarrow{\mathrm{AQ}}=4\overrightarrow{\mathrm{AP}}$ から　$\overrightarrow{\mathrm{OQ}}=-3\overrightarrow{\mathrm{OA}}+4\overrightarrow{\mathrm{OP}}$

よって　$\overrightarrow{\mathrm{OQ}}=-3\left(0,\ \sin\theta-\sqrt{3+\sin^2\theta}\right)+4(\cos\theta,\ \sin\theta)$

$$=\left(4\cos\theta,\ 3\sqrt{3+\sin^2\theta}+\sin\theta\right)$$

ゆえに　$\mathrm{Q}\left(4\cos\theta,\ 3\sqrt{3+\sin^2\theta}+\sin\theta\right)$

(2)　点 Q の x 座標は　$4\cos\theta$

$-\dfrac{\pi}{2}\leqq\theta\leqq\dfrac{\pi}{2}$ であるから，点 Q の x 座標は，$\theta=0$ で最大値 4，$\theta=\pm\dfrac{\pi}{2}$ で最小値 0 をとる。

また，点 Q の y 座標は　$3\sqrt{3+\sin^2\theta}+\sin\theta$

$y=3\sqrt{3+\sin^2\theta}+\sin\theta$ とおくと

$$y'=3\cdot\frac{1}{2}(3+\sin^2\theta)^{-\frac{1}{2}}\cdot 2\sin\theta\cos\theta+\cos\theta=\frac{3\sin\theta\cos\theta}{\sqrt{3+\sin^2\theta}}+\cos\theta$$

$$=\frac{(3\sin\theta+\sqrt{3+\sin^2\theta})\cos\theta}{\sqrt{3+\sin^2\theta}}$$

$-\frac{\pi}{2}<\theta<\frac{\pi}{2}$ において，$\frac{\cos\theta}{\sqrt{3+\sin^2\theta}}>0$ であるから，$y'=0$ とすると

$$3\sin\theta+\sqrt{3+\sin^2\theta}=0$$

$$\iff \sqrt{3+\sin^2\theta}=-3\sin\theta$$

$$\iff 3+\sin^2\theta=9\sin^2\theta \text{ かつ } \sin\theta<0$$

$$\iff \sin^2\theta=\frac{3}{8} \text{ かつ } \sin\theta<0$$

$$\iff \sin\theta=-\frac{\sqrt{6}}{4}$$

$-\frac{\pi}{2}<\theta<\frac{\pi}{2}$ において，$\sin\theta=-\frac{\sqrt{6}}{4}$ を満たす θ はただ1つ存在するから，それを α とおく。

このとき，y の増減表は右のようになる。

θ	$-\frac{\pi}{2}$	$\cdots$	α	$\cdots$	$\frac{\pi}{2}$
y'	／	$-$	0	$+$	／
y	5	↘	最小	↗	7

$\theta=\alpha$ のとき，y の値は

$$y=3\sqrt{3+\sin^2\alpha}+\sin\alpha$$

$$=3\sqrt{3+\frac{3}{8}}-\frac{\sqrt{6}}{4}=2\sqrt{6}$$

よって，Q の y 座標の最大値は 7，最小値は $2\sqrt{6}$ である。

(3)　$x=4\cos\theta$，$y=3\sqrt{3+\sin^2\theta}+\sin\theta$ とする。

$\frac{dx}{d\theta}=-4\sin\theta$ と，(2) の結果より，$-\frac{\pi}{2}\leqq\theta\leqq\frac{\pi}{2}$ における θ の値の変化に対応した x，y の値の変化は，次の表のようになる。

θ	$-\frac{\pi}{2}$	$\cdots$	α	$\cdots$	0	$\cdots$	$\frac{\pi}{2}$
$\frac{dx}{d\theta}$	／	$+$	$+$	$+$	0	$-$	／
x	0	→	$\sqrt{10}$	→	4	←	0
$\frac{dy}{d\theta}$	／	$-$	0	$+$	$+$	$+$	／
y	5	↓	$2\sqrt{6}$	↑	$3\sqrt{3}$	↑	7

よって，点 Q の軌跡は右の図の太線部分のようになる。

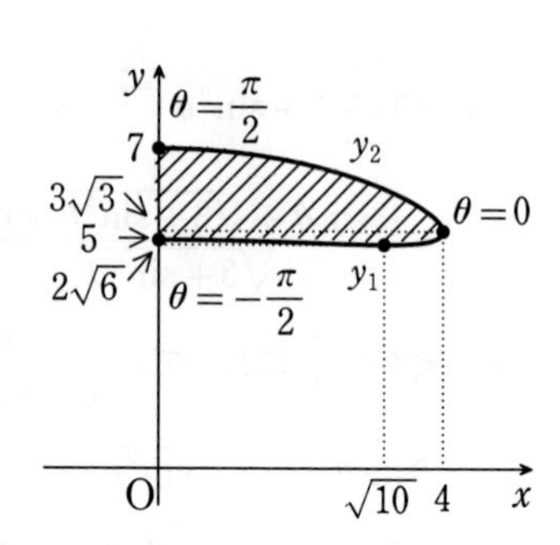

点 Q の軌跡のうち，$-\frac{\pi}{2}\leqq\theta\leqq 0$ の部分の y を y_1，$0\leqq\theta\leqq\frac{\pi}{2}$ の部分の y を y_2 とし，求める面積を S とすると

$$S=\int_0^4 y_2dx-\int_0^4 y_1dx$$

$$=\int_{\frac{\pi}{2}}^0 y\frac{dx}{d\theta}d\theta-\int_{-\frac{\pi}{2}}^0 y\frac{dx}{d\theta}d\theta=-\int_{-\frac{\pi}{2}}^{\frac{\pi}{2}} y\frac{dx}{d\theta}d\theta$$

$$=-\int_{-\frac{\pi}{2}}^{\frac{\pi}{2}}\left(3\sqrt{3+\sin^2\theta}+\sin\theta\right)(-4\sin\theta)d\theta$$

$$=4\int_{-\frac{\pi}{2}}^{\frac{\pi}{2}}\left(3\sin\theta\sqrt{3+\sin^2\theta}+\sin^2\theta\right)d\theta$$

ここで，$3\sin\theta\sqrt{3+\sin^2\theta}$ は奇関数，$\sin^2\theta$ は偶関数であるから

$$S=8\int_0^{\frac{\pi}{2}}\sin^2\theta\,d\theta=8\int_0^{\frac{\pi}{2}}\frac{1-\cos 2\theta}{2}d\theta=4\left[\theta-\frac{1}{2}\sin 2\theta\right]_0^{\frac{\pi}{2}}=2\pi$$

170　(1)　$y'=-\frac{1}{x^2}$ より，点 $\left(t,\ \frac{1}{t}\right)$ における法線の傾きは　　t^2

よって，この点における法線の方程式は　　$y-\frac{1}{t}=t^2(x-t)$

すなわち　　$y=t^2x-t^3+\frac{1}{t}$　……(*)

(2)　(1) で求めた法線が点 $(k,\ k)$ を通るとすると　　$k=t^2k-t^3+\frac{1}{t}$

整理して　　$-tk(t^2-1)+t^4-1=0$　　　すなわち　　$(t^2-1)(t^2-tk+1)=0$

$t=1$ のとき，法線の方程式は $y=x$ となるから　　$t\neq 1$

さらに，$t>0$ より $t\neq -1$ であるから　　$t^2-1\neq 0$

よって　　$t^2-tk+1=0$

(*) において，異なる t の値に対応する接線はそれぞれ異なる。

ゆえに，$(k,\ k)$ を通る C の接線が $y=x$ 以外にちょうど 2 つ存在するための条件は，

$t^2-tk+1=0$ が $t>0$ の範囲に $t\neq 1$ を満たす異なる2つの実数解をもつことである。

$f(t)=t^2-tk+1$ とおくと　　$f(t)=\left(t-\dfrac{k}{2}\right)^2-\dfrac{k^2}{4}+1$

右の図より，満たすべき条件は

$$-\frac{k^2}{4}+1<0,\ \frac{k}{2}>0,\ f(1)\neq 0$$

$-\dfrac{k^2}{4}+1<0$ より　　$(k+2)(k-2)>0$

すなわち　　$k<-2,\ 2<k$　……①

$\dfrac{k}{2}>0$ より　　$k>0$　……②

また　　$f(1)=1-k+1=2-k\neq 0$　　　　よって　　$k\neq 2$　……③

①，②，③ の共通部分を求めて　　$k>2$

(3)　(2) より，$k=\dfrac{5}{2}$ のとき $t^2-\dfrac{5}{2}t+1=0$ すなわち $2t^2-5t+2=0$ が成り立つ。

これを変形して　　$(2t-1)(t-2)=0$

よって　　$t=\dfrac{1}{2},\ 2$

したがって，点 $\left(\dfrac{5}{2},\ \dfrac{5}{2}\right)$ を通る C の法線で，$y=x$ とは異なるものの方程式は

$$y=\frac{1}{4}x+\frac{15}{8},\ y=4x-\frac{15}{2}$$

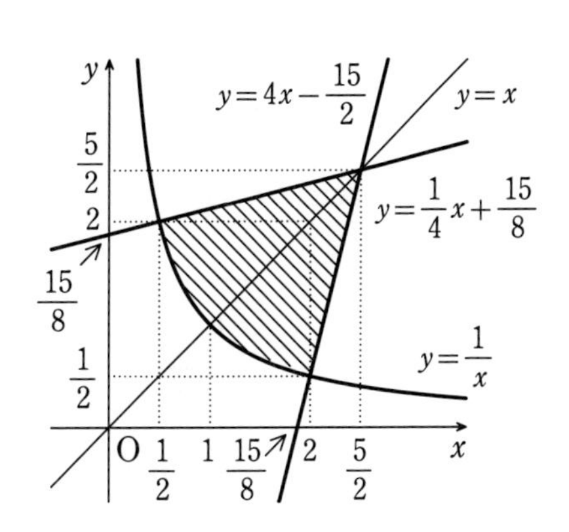

よって，これらと曲線 C で囲まれた図形は右の図の斜線部分である。

求める面積を S とすると，斜線部分は直線 $y=x$ に関して対称であるから

$$\frac{S}{2}=\int_1^2\left(x-\frac{1}{x}\right)dx+\frac{1}{2}\cdot\left(\frac{5}{2}-2\right)\cdot\left(2-\frac{1}{2}\right)$$

$$=\left[\frac{1}{2}x^2-\log|x|\right]_1^2+\frac{1}{2}\cdot\frac{1}{2}\cdot\frac{3}{2}$$

$$=\frac{1}{2}(4-1)-(\log 2-0)+\frac{3}{8}$$

$$=\frac{3}{2}-\log 2+\frac{3}{8}=\frac{15}{8}-\log 2$$

したがって　　$S=\dfrac{15}{4}-2\log 2$

171 (1) $x=t+2\sin^2 t=t+1-\cos 2t$ より $\quad \dfrac{dx}{dt}=1+2\sin 2t$

曲線 C に接する直線が y 軸に平行なとき，$\dfrac{dx}{dt}=0$ であるから $\quad 1+2\sin 2t=0$

したがって $\quad \sin 2t=-\dfrac{1}{2}$

$0<t<\pi$ より $0<2t<2\pi$ であるから $\quad 2t=\dfrac{7}{6}\pi,\ \dfrac{11}{6}\pi$

よって $\quad t=\dfrac{7}{12}\pi,\ \dfrac{11}{12}\pi$

$t=\dfrac{7}{12}\pi$ のとき $\quad x=\dfrac{7}{12}\pi+1+\dfrac{\sqrt{3}}{2}$

$t=\dfrac{11}{12}\pi$ のとき $\quad x=\dfrac{11}{12}\pi+1-\dfrac{\sqrt{3}}{2}$

よって，曲線 C に接する直線のうち，y 軸に平行なものは 2 つ存在し，それらは異なっている。

(2) $\alpha=\dfrac{7}{12}\pi+1+\dfrac{\sqrt{3}}{2}$，$\beta=\dfrac{11}{12}\pi+1-\dfrac{\sqrt{3}}{2}$ とおく。

$\dfrac{dx}{dt}=1+2\sin 2t$，$\dfrac{dy}{dt}=1+\cos t$ より，$0<t<\pi$ における，t の値の変化に対応した x，y の値の変化は次の表のようになる。

t	0	$\cdots$	$\frac{7}{12}\pi$	$\cdots$	$\frac{11}{12}\pi$	$\cdots$	π
$\frac{dx}{dt}$	／	$+$	0	$-$	0	$+$	／
x	／	→	α	←	β	→	／
$\frac{dy}{dt}$	／	$+$	$+$	$+$	$+$	$+$	／
y	／	↑		↑		↑	／

ただし $\quad \displaystyle\lim_{t\to+0}x=0,\ \lim_{t\to+0}y=0,\ \lim_{t\to\pi-0}x=\pi,\ \lim_{t\to\pi-0}y=\pi$

$y\leqq x$ より $\quad t+\sin t\leqq t+2\sin^2 t$

整理して $\quad (2\sin t-1)\sin t\geqq 0$

$0<t<\pi$ より，$\sin t>0$ であるから $\quad \sin t\geqq\dfrac{1}{2}$

したがって　　$\dfrac{\pi}{6} \leqq t \leqq \dfrac{5}{6}\pi$

よって，曲線 C のうち $y \leqq x$ の領域にあるのは $\dfrac{\pi}{6} \leqq t \leqq \dfrac{5}{6}\pi$ の部分であるから，求める面積を S とすると，S は次の図の斜線部分の面積である。

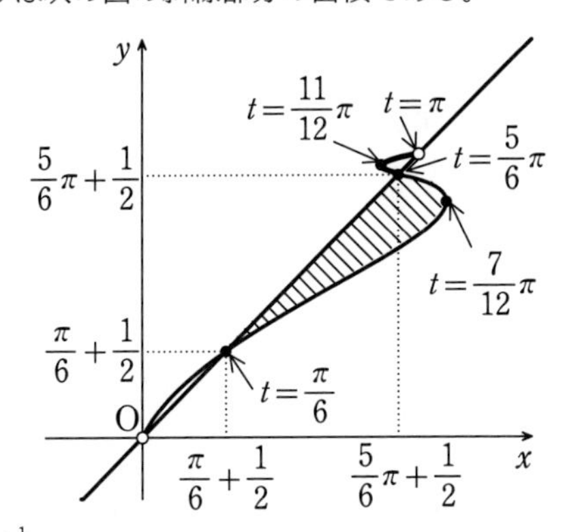

したがって　　$S=\displaystyle\int_{\frac{\pi}{6}+\frac{1}{2}}^{\frac{5}{6}\pi+\frac{1}{2}} x\,dy-\frac{1}{2}\left\{\left(\frac{5}{6}\pi+\frac{1}{2}\right)+\left(\frac{\pi}{6}+\frac{1}{2}\right)\right\}\left\{\left(\frac{5}{6}\pi+\frac{1}{2}\right)-\left(\frac{\pi}{6}+\frac{1}{2}\right)\right\}$

$$=\int_{\frac{\pi}{6}+\frac{1}{2}}^{\frac{5}{6}\pi+\frac{1}{2}} x\,dy-\frac{\pi}{3}(\pi+1)$$

ここで　　$\displaystyle\int_{\frac{\pi}{6}+\frac{1}{2}}^{\frac{5}{6}\pi+\frac{1}{2}} x\,dy=\int_{\frac{\pi}{6}}^{\frac{5}{6}\pi}(t+1-\cos 2t)\frac{dy}{dt}\cdot dt=\int_{\frac{\pi}{6}}^{\frac{5}{6}\pi}(t+1-\cos 2t)(1+\cos t)\,dt$

$$=\int_{\frac{\pi}{6}}^{\frac{5}{6}\pi}(t+1-\cos 2t+t\cos t+2\sin^2 t\cos t)\,dt$$

また　　$\displaystyle\int t\cos t\,dt=t\sin t-\int \sin t\,dt=t\sin t+\cos t+C$　（C は積分定数）

よって

$$\int_{\frac{\pi}{6}}^{\frac{5}{6}\pi}(t+1-\cos 2t+t\cos t+2\sin^2 t\cos t)\,dt$$

$$=\left[\frac{1}{2}t^2+t-\frac{1}{2}\sin 2t+t\sin t+\cos t+\frac{2}{3}\sin^3 t\right]_{\frac{\pi}{6}}^{\frac{5}{6}\pi}=\frac{\pi^2}{3}+\pi-\frac{\sqrt{3}}{2}$$

したがって　　$S=\dfrac{\pi^2}{3}+\pi-\dfrac{\sqrt{3}}{2}-\dfrac{\pi}{3}(\pi+1)=\dfrac{2}{3}\pi-\dfrac{\sqrt{3}}{2}$

172　(1)　$\dfrac{dx}{dt}=\cos t$

$$\frac{dy}{dt}=-\sin\left(t-\frac{\pi}{6}\right)\sin t+\cos\left(t-\frac{\pi}{6}\right)\cos t=\cos\left(2t-\frac{\pi}{6}\right)$$

$\dfrac{dx}{dt}=0$ のとき　　$\cos t=0$　　　$0\leqq t\leqq\pi$ から　　$t=\dfrac{\pi}{2}$

$\dfrac{dy}{dt}=0$ のとき　　$\cos\left(2t-\dfrac{\pi}{6}\right)=0$

$-\dfrac{\pi}{6}\leqq 2t-\dfrac{\pi}{6}\leqq\dfrac{11}{6}\pi$ から　　$2t-\dfrac{\pi}{6}=\dfrac{\pi}{2}$, $\dfrac{3}{2}\pi$

よって　　$t=\dfrac{\pi}{3}$, $\dfrac{5}{6}\pi$

したがって，$\dfrac{dx}{dt}=0$ または $\dfrac{dy}{dt}=0$ となる t の値は　　$t=\dfrac{\pi}{3}$, $\dfrac{\pi}{2}$, $\dfrac{5}{6}\pi$

(2)　$0\leqq t\leqq\pi$ における，t の値の変化に対応した x，y の値の変化は次の表のようになる。

t	0	$\cdots$	$\dfrac{\pi}{3}$	$\cdots$	$\dfrac{\pi}{2}$	$\cdots$	$\dfrac{5}{6}\pi$	$\cdots$	π
$\dfrac{dx}{dt}$	／	$+$	$+$	$+$	0	$-$	$-$	$-$	／
x	0	→	$\dfrac{\sqrt{3}}{2}$	→	1	←	$\dfrac{1}{2}$	←	0
$\dfrac{dy}{dt}$	／	$+$	0	$-$	$-$	$-$	0	$+$	／
y	0	↑	$\dfrac{3}{4}$	↓	$\dfrac{1}{2}$	↓	$-\dfrac{1}{4}$	↑	0

よって，曲線 C の概形は次のようになる。

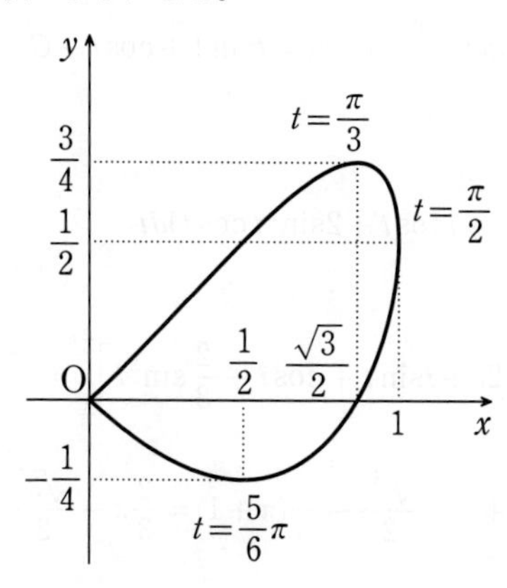

(3) $y=0$ のとき　$\cos\left(t-\frac{\pi}{6}\right)\sin t=0$

よって　$\cos\left(t-\frac{\pi}{6}\right)=0$ または $\sin t=0$

$0 \leqq t \leqq \pi$，$-\frac{\pi}{6} \leqq t-\frac{\pi}{6} \leqq \frac{5}{6}\pi$ であるから

$$t-\frac{\pi}{6}=\frac{\pi}{2} \text{ または } t=0,\ \pi$$

すなわち　$t=0,\ \frac{2}{3}\pi,\ \pi$

$t=0,\ \pi$ のとき $x=0$，$t=\frac{2}{3}\pi$ のとき $x=\frac{\sqrt{3}}{2}$

であるから，求める面積は右の図の斜線部分の面積である。

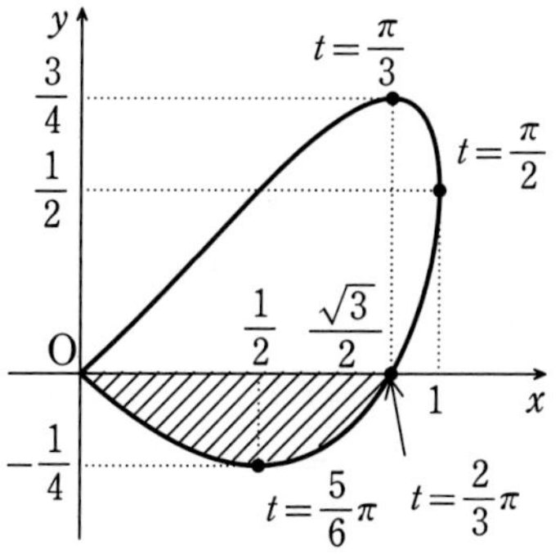

したがって

$$\int_0^{\frac{\sqrt{3}}{2}}(-y)dx=-\int_{\pi}^{\frac{2}{3}\pi}\cos\left(t-\frac{\pi}{6}\right)\sin t\cdot\frac{dx}{dt}\cdot dt$$

$$=\int_{\frac{2}{3}\pi}^{\pi}\cos\left(t-\frac{\pi}{6}\right)\sin t\cos t\,dt=\frac{1}{2}\int_{\frac{2}{3}\pi}^{\pi}\cos\left(t-\frac{\pi}{6}\right)\sin 2t\,dt$$

$$=\frac{1}{2}\int_{\frac{2}{3}\pi}^{\pi}\frac{1}{2}\left\{\sin\left(3t-\frac{\pi}{6}\right)+\sin\left(t+\frac{\pi}{6}\right)\right\}dt$$

$$=\frac{1}{4}\left[-\frac{1}{3}\cos\left(3t-\frac{\pi}{6}\right)-\cos\left(t+\frac{\pi}{6}\right)\right]_{\frac{2}{3}\pi}^{\pi}$$

$$=\frac{1}{4}\cdot\frac{\sqrt{3}}{3}=\frac{\sqrt{3}}{12}$$

173 (1) $f(x)=\begin{cases} xe^{-x} & (x \geqq 0) \\ xe^{x} & (x<0) \end{cases}$ であるから，$f'(x)=\begin{cases} e^{-x}(1-x) & (x>0) \\ e^{x}(1+x) & (x<0) \end{cases}$ である。

よって，$f(x)$ の増減表は右のようになる。

x	$\cdots$	-1	$\cdots$	0	$\cdots$	1	$\cdots$
$f'(x)$	$-$	0	$+$		$+$	0	$-$
$f(x)$	↘	$-e^{-1}$	↗	0	↗	e^{-1}	↘

また，$\lim_{x\to\infty} f(x)=\lim_{x\to\infty} xe^{-x}=0$

であり，$x=-t$ とおくと

$$\lim_{x\to-\infty} f(x)=\lim_{x\to-\infty} xe^{x}=\lim_{t\to\infty}(-te^{-t})=0$$

したがって，$y=f(x)$ のグラフの概形は右の図のようになる。

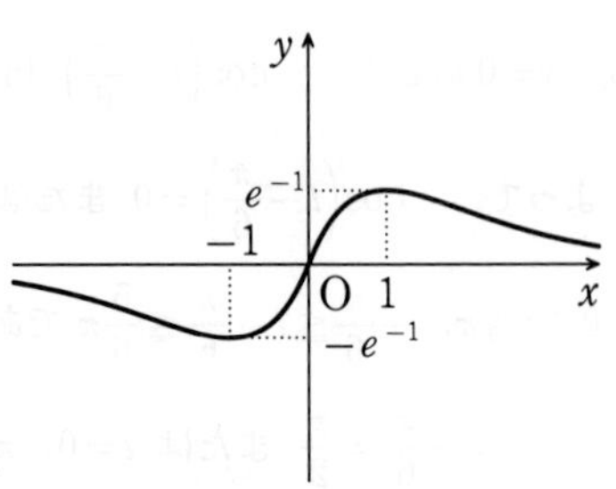

(2)　$x>0$ において，$f(x)=g(x)$ より　　$xe^{-x}=ax$

よって　　$e^{-x}=a$

$$x=-\log a$$

$0<a<1$ より $\log a<0$ であるから，$x=-\log a$ は $x>0$ を満たす。

よって，$y=f(x)$，$y=g(x)$ のグラフの概形は次の図の太線部分のようになる。

$y=f(x)$，$y=g(x)$ のグラフはともに原点に関して対称であるから，図の斜線部分の面積を S とおくと

$$S=2\int_0^{-\log a}\{f(x)-g(x)\}dx$$

$$=2\int_0^{-\log a}(xe^{-x}-ax)dx$$

$$=2\int_0^{-\log a}xe^{-x}dx-a\int_0^{-\log a}2xdx$$

$$=2\Big[-xe^{-x}\Big]_0^{-\log a}-2\int_0^{-\log a}(-e^{-x})dx-a\Big[x^2\Big]_0^{-\log a}$$

$$=2a\log a-2\Big[e^{-x}\Big]_0^{-\log a}-a(\log a)^2=2a\log a-2(a-1)-a(\log a)^2$$

174　(1)　$\dfrac{dx}{dt}=f'(t)=ke^{kt}\cos t-e^{kt}\sin t$

$$\frac{dy}{dt}=g'(t)=ke^{kt}\sin t+e^{kt}\cos t$$

C 上の点 $(a,\ b)$ に対応する t の値を t_0 とすると　　$a=e^{kt_0}\cos t_0$，$b=e^{kt_0}\sin t_0$

$ka\neq b$ より　　$f'(t_0)=ke^{kt_0}\cos t_0-e^{kt_0}\sin t_0=ka-b\neq 0$

よって，接線 ℓ の傾きは　　$\dfrac{g'(t_0)}{f'(t_0)}=\dfrac{ke^{kt_0}\sin t_0+e^{kt_0}\cos t_0}{ke^{kt_0}\cos t_0-e^{kt_0}\sin t_0}=\dfrac{kb+a}{ka-b}$

(2)　ℓ の傾きが $\dfrac{kb+a}{ka-b}$ であるから，その方向ベクトルの 1 つを $\vec{d}=(ka-b,\ kb+a)$ とおくと，$\vec{d}$ は $\overrightarrow{\mathrm{PQ}}$ と平行である。

また，$\overrightarrow{\mathrm{OP}}=(a,\ b)$ であるから

$$|\overrightarrow{\mathrm{OP}}|=\sqrt{a^2+b^2}=\sqrt{e^{2kt_0}(\cos^2 t_0+\sin^2 t_0)}=e^{kt_0}\neq 0$$

よって　$$|\cos\theta|=\frac{|\overrightarrow{\mathrm{OP}}\cdot\vec{d}|}{|\overrightarrow{\mathrm{OP}}||\vec{d}|}=\frac{|-a(ka-b)-b(kb+a)|}{\sqrt{a^2+b^2}\sqrt{(ka-b)^2+(kb+a)^2}}$$

$$=\frac{|-k(a^2+b^2)|}{\sqrt{a^2+b^2}\sqrt{(k^2+1)(a^2+b^2)}}=\frac{|-k|}{\sqrt{k^2+1}}=\frac{k}{\sqrt{k^2+1}}$$

(3)　$\tan\alpha=k$，$0<\alpha<\dfrac{\pi}{2}$ より　　$\sin\alpha=\dfrac{k}{\sqrt{k^2+1}}$，$\cos\alpha=\dfrac{1}{\sqrt{k^2+1}}$

よって

$$f'(t)=e^{kt}\sqrt{k^2+1}\left(\frac{k}{\sqrt{k^2+1}}\cos t-\frac{1}{\sqrt{k^2+1}}\sin t\right)$$

$$=e^{kt}\sqrt{k^2+1}(\sin\alpha\cos t-\cos\alpha\sin t)$$

$$=-e^{kt}\sqrt{k^2+1}(\sin t\cos\alpha-\cos t\sin\alpha)=-e^{kt}\sqrt{k^2+1}\sin(t-\alpha)$$

$\alpha\leqq t\leqq\dfrac{\pi}{2}$，$0<\alpha<\dfrac{\pi}{2}$ より $0\leqq t-\alpha\leqq\dfrac{\pi}{2}-\alpha<\dfrac{\pi}{2}$ であるから　　$\sin(t-\alpha)\geqq 0$

よって，$\alpha\leqq t\leqq\dfrac{\pi}{2}$ において　　$f'(t)<0$

したがって，$f(t)$ は $\alpha\leqq t\leqq\dfrac{\pi}{2}$ において単調に減少する。

(4)　$0\leqq t\leqq\dfrac{\pi}{2}$ において，$\sin t\geqq 0$，$\cos t\geqq 0$ であるから　　$g'(t)>0$

よって，$0\leqq t\leqq\dfrac{\pi}{2}$ における，t の値の変化に対応した x，y の値の変化は次の表のようになる。

t	0	$\cdots$	α	$\cdots$	β	$\cdots$	$\dfrac{\pi}{2}$
$\dfrac{dx}{dt}$	／	$+$	0	$-$	$-$	$-$	／
x	1	→	$f(\alpha)$	←	x_1	←	0
$\dfrac{dy}{dt}$	／	$+$	$+$	$+$	$+$	$+$	／
y	0	↑	$g(\alpha)$	↑	$g(\beta)$	↑	$e^{\frac{k\pi}{2}}$

したがって，曲線 C の概形は右の図のようになり，求める面積は斜線部分の面積である。

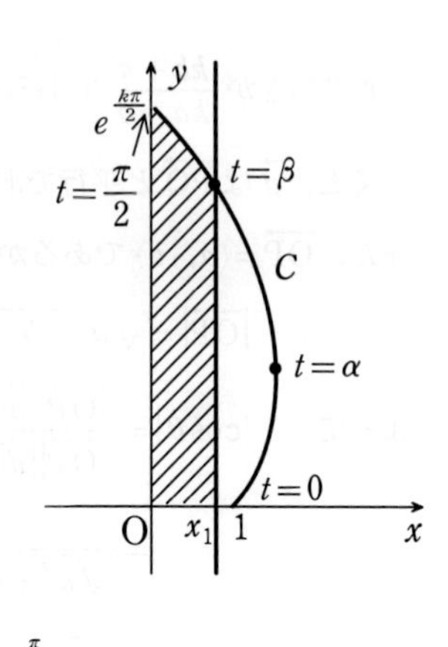

その値を S とすると

$$S=\int_0^{x_1} ydx=\int_{\frac{\pi}{2}}^{\beta} e^{kt}\sin t\cdot\frac{dx}{dt}\cdot dt$$

$$=\int_{\frac{\pi}{2}}^{\beta} e^{kt}\sin t\cdot e^{kt}(k\cos t-\sin t)\cdot dt$$

$$=\int_{\beta}^{\frac{\pi}{2}} e^{2kt}(\sin^2 t-k\sin t\cos t)dt$$

$$=\int_{\beta}^{\frac{\pi}{2}} e^{2kt}\left(\frac{1-\cos 2t}{2}-\frac{k}{2}\sin 2t\right)dt=\frac{1}{2}\int_{\beta}^{\frac{\pi}{2}} e^{2kt}dt-\frac{1}{2}\int_{\beta}^{\frac{\pi}{2}} e^{2kt}(\cos 2t+k\sin 2t)dt$$

$$=\frac{1}{2}\left[\frac{1}{2k}e^{2kt}\right]_{\beta}^{\frac{\pi}{2}}-\frac{1}{2}\int_{\beta}^{\frac{\pi}{2}} g'(2t)dt=\frac{1}{4k}(e^{k\pi}-e^{2k\beta})-\frac{1}{2}\left[\frac{1}{2}g(2t)\right]_{\beta}^{\frac{\pi}{2}}$$

$$=\frac{1}{4k}(e^{k\pi}-e^{2k\beta})+\frac{1}{4}e^{2k\beta}\sin 2\beta$$

175　(1)　$f'(x)=e^x-3e^{-x}$ であるから，$|f'(t)|\leqq 2$ より　　$|e^t-3e^{-t}|\leqq 2$

よって　　$-2\leqq e^t-3e^{-t}\leqq 2$

$e^t>0$ であるから　　$-2e^t\leqq e^{2t}-3\leqq 2e^t$

$-2e^t\leqq e^{2t}-3$ より　　$e^{2t}+2e^t-3\geqq 0$

$(e^t+3)(e^t-1)\geqq 0$

$e^t+3>0$ より　　$e^t\geqq 1$　　　　よって　　$t\geqq 0$　……①

$e^{2t}-3\leqq 2e^t$ より　　$e^{2t}-2e^t-3\leqq 0$

$(e^t+1)(e^t-3)\leqq 0$

$e^t+1>0$ より　　$e^t\leqq 3$　　　　よって　　$t\leqq\log 3$　……②

①，② の共通部分を求めて　　$0\leqq t\leqq\log 3$

(2)　接線 ℓ_t の方程式は　　$y-f(t)=f'(t)(x-t)$

すなわち　　$y=(e^t-3e^{-t})(x-t)+e^t+3e^{-t}$

$x=0$ を代入して　　$y=-t(e^t-3e^{-t})+e^t+3e^{-t}$

よって　　$v=-t(e^t-3e^{-t})+e^t+3e^{-t}$

$$\frac{dv}{dt}=-1\cdot(e^t-3e^{-t})-t(e^t+3e^{-t})+e^t-3e^{-t}=-t(e^t+3e^{-t})$$

$\dfrac{dv}{dt}=0$ とすると，$e^t+3e^{-t}>0$ より　　$t=0$

また，$0<t\leqq\log 3$ において $\dfrac{dv}{dt}<0$ であるから，v は $0\leqq t\leqq\log 3$ で単調に減少する。

したがって，v は $t=0$ で最大値 4，$t=\log 3$ で最小値 $4-2\log 3$ をとる。

(3)　(1) より，$|f'(t)|\leqq 2$ から　　$0\leqq t\leqq\log 3$

ℓ_t が点 $(1,\ w)$ を通るとき

$$w=(e^t-3e^{-t})(1-t)+e^t+3e^{-t}=-t(e^t-3e^{-t})+2e^t$$

$$\frac{dw}{dt}=-1\cdot(e^t-3e^{-t})-t(e^t+3e^{-t})+2e^t$$

$$=-t(e^t+3e^{-t})+e^{-t}+3e^{-t}=(1-t)(e^t+3e^{-t})$$

$\dfrac{dw}{dt}=0$ とおくと，$e^t+3e^{-t}>0$ より　　$t=1$

よって，$0\leqq t\leqq\log 3$ における w の増減表は右のようになる。

t	0	$\cdots$	1	$\cdots$	$\log 3$
$\dfrac{dw}{dt}$		$+$	0	$-$	
w	2	↗	$e+3e^{-1}$	↘	$6-2\log 3$

ここで，$1<\log 3<2$ より

$2<6-2\log 3$

したがって，w のとりうる値の範囲は　　$2\leqq w\leqq e+3e^{-1}$

(4)　条件 (ii) より，$|f'(t)|\leqq 2$ から　　$0\leqq t\leqq\log 3$

p を 1 つ固定して考える。

ℓ_t が点 $(p,\ q)$ を通るとき　　$q=(e^t-3e^{-t})(p-t)+e^t+3e^{-t}$

t が $0\leqq t\leqq\log 3$ を満たすとき，q のとりうる値の範囲を調べる。

$$\frac{dq}{dt}=(e^t+3e^{-t})(p-t)-(e^t-3e^{-t})+e^t-3e^{-t}=(p-t)(e^t+3e^{-t})$$

$\dfrac{dq}{dt}=0$ とすると，$e^t+3e^{-t}>0$ より　　$t=p$

$0\leqq p\leqq 1$ から，$0\leqq t\leqq\log 3$ における q の増減表は右のようになる。

t	0	$\cdots$	p	$\cdots$	$\log 3$
$\dfrac{dq}{dt}$		$+$	0	$-$	
q	$-2p+4$	↗	e^p+3e^{-p}	↘	

$t=\log 3$ のとき　$q=2p+4-2\log 3$

$-2p+4\geqq 2p+4-2\log 3$ を解くと

$p\leqq\dfrac{1}{2}\log 3$

$0\leqq p\leqq 1$ であるから，$0\leqq p\leqq\dfrac{1}{2}\log 3$ のとき　　$2p+4-2\log 3\leqq q\leqq e^p+3e^{-p}$

$-2p+4 \leqq 2p+4-2\log 3$ を解くと

$$p \geqq \frac{1}{2}\log 3$$

$0 \leqq p \leqq 1$ であるから，$\frac{1}{2}\log 3 \leqq p \leqq 1$ のとき

$$-2p+4 \leqq q \leqq e^{p}+3e^{-p}$$

したがって，xy 平面に領域 D を図示すると，右の図の斜線部分のようになる。

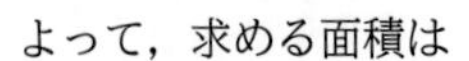

よって，求める面積は

$$\int_0^1 (e^x+3e^{-x})dx$$

$$-\frac{1}{2}\{(4-2\log 3)+(4-\log 3)\}\cdot\frac{1}{2}\log 3-\frac{1}{2}\{(4-\log 3)+2\}\cdot\left(1-\frac{1}{2}\log 3\right)$$

$$=\Big[e^x-3e^{-x}\Big]_0^1-\frac{1}{4}(8-3\log 3)\log 3-\frac{1}{4}(6-\log 3)(2-\log 3)$$

$$=e-3e^{-1}+2-\frac{1}{2}\{6-(\log 3)^2\}=e-3e^{-1}-1+\frac{1}{2}(\log 3)^2$$

176　(1)　$f'(x)=-\frac{1}{2}+\frac{24}{(6x+1)^2}$

求める接線と曲線 $y=f(x)$ との接点の x 座標を t とすると，条件から

$$f'(t)=1,\ t>0$$

よって　　$-\frac{1}{2}+\frac{24}{(6t+1)^2}=1$

$$(6t+1)^2=16$$

$$6t+1=\pm 4$$

$$t=-\frac{5}{6},\ \frac{1}{2}$$

$t>0$ であるから　　$t=\frac{1}{2}$

$f\left(\frac{1}{2}\right)=-\frac{5}{4}$ であるから，求める接線の方程式は　　$y-\left(-\frac{5}{4}\right)=1\cdot\left(x-\frac{1}{2}\right)$

すなわち　　$y=x-\frac{7}{4}$

(2)　$f'(x)=0$ とおくと　　$-\dfrac{1}{2}+\dfrac{24}{(6x+1)^2}=0$

ゆえに　　$(6x+1)^2=48$

よって　　$x=\dfrac{-1\pm4\sqrt{3}}{6}$

したがって，$0\leqq x\leqq 2$ における $f(x)$ の増減表は右のようになる。

x	0	…	$\dfrac{-1+4\sqrt{3}}{6}$	…	2
$f'(x)$		+	0	−	
$f(x)$	−4	↗	極大	↘	$-\dfrac{17}{13}$

$y=f(x)$ のグラフを x 軸方向に 1，y 軸方向に 1 だけ平行移動させたグラフを表す関数を $y=g(x)$ とすると，点 Q はこの曲線上に存在する。

よって，線分 PQ の通過した領域は次の図の斜線部分のようになる。

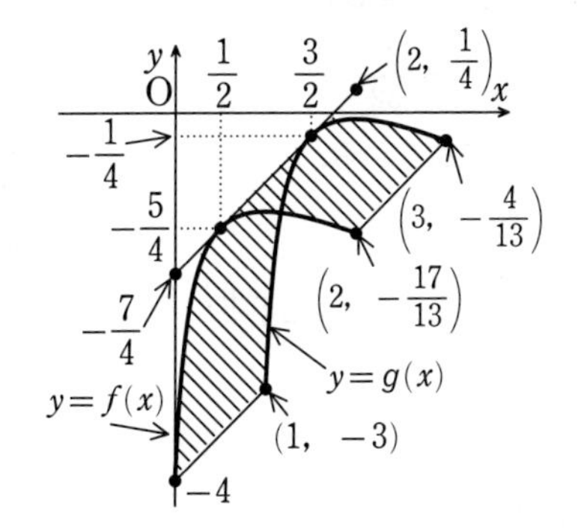

斜線部分の面積を次の 2 つの領域 D_1，D_2 に分けて求める。

[1]　右の図の斜線部分を D_1 とする。

図において，線分 AB，曲線 $y=f(x)$，線分 AE に囲まれた部分の面積と，線分 CD，曲線 $y=g(x)$，線分 DF に囲まれた部分の面積は等しい。

よって，D_1 の面積は平行四辺形 ABCD の面積と等しいから

$$\left\{-\frac{7}{4}-(-4)\right\}\cdot1=\frac{9}{4}$$

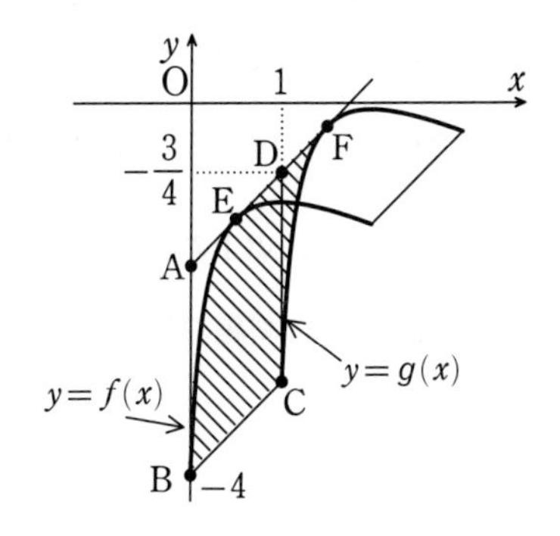

[2]　右の図の斜線部分を D_2 とする。

D_2 の面積は，線分 EF，線分 GH，曲線 $y=f(x)$，曲線 $y=g(x)$ で囲まれた部分の面積 S から，線分 EF，曲線 $y=f(x)$，曲線 $y=g(x)$ に囲まれた部分の面積 T を除いて求められる。

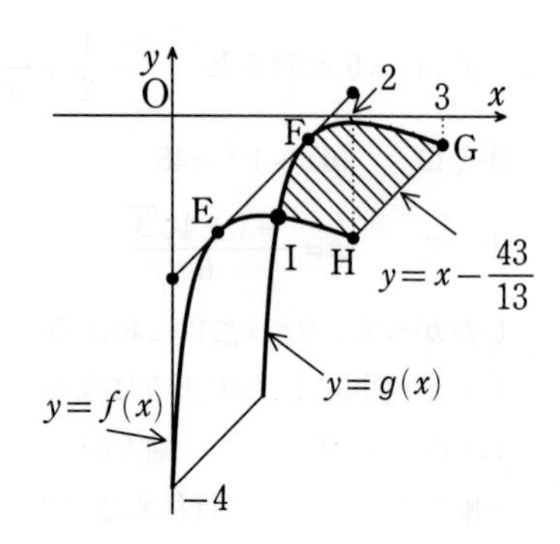

S は右の図の斜線部分の面積である。

S の面積は平行四辺形 AKJD に等しいから

$$S=1\cdot\left\{\left(-\frac{7}{4}\right)-\left(-\frac{43}{13}\right)\right\}=\frac{81}{52}$$

また，$g(x)=f(x-1)+1$ であるから，

$f(x)=g(x)$ とすると

$$-\frac{1}{2}x-\frac{4}{6x+1}=-\frac{1}{2}(x-1)-\frac{4}{6x-5}+1$$

よって　$$\frac{4}{6x-5}-\frac{4}{6x+1}=\frac{3}{2}$$

$$\frac{24}{(6x+1)(6x-5)}=\frac{3}{2}$$

すなわち　$(6x+1)(6x-5)=16$

整理して　$12x^2-8x-7=0$

よって　$(6x-7)(2x+1)=0$　　$x>0$ であるから　$x=\frac{7}{6}$

したがって，点 I の x 座標は　$\frac{7}{6}$

T は右の図の斜線部分の面積である。

よって

$$T=\int_{\frac{1}{2}}^{\frac{7}{6}}\left\{x-\frac{7}{4}-f(x)\right\}dx+\int_{\frac{7}{6}}^{\frac{3}{2}}\left\{x-\frac{7}{4}-g(x)\right\}dx$$

$$=\int_{\frac{1}{2}}^{\frac{3}{2}}\left(x-\frac{7}{4}\right)dx-\int_{\frac{1}{2}}^{\frac{7}{6}}f(x)\,dx-\int_{\frac{7}{6}}^{\frac{3}{2}}\{f(x-1)+1\}dx$$

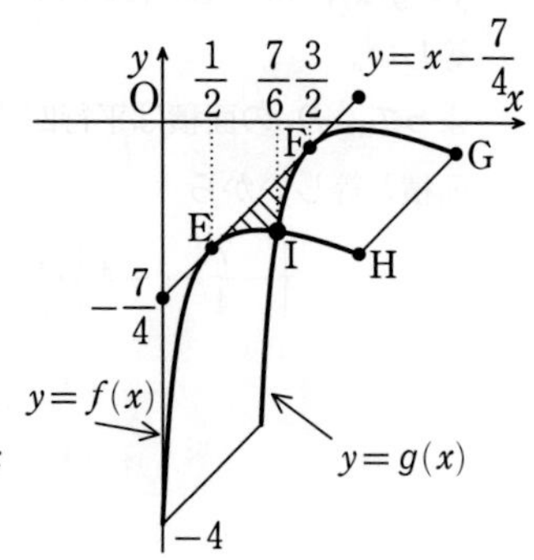

$$=\left[\frac{1}{2}x^2-\frac{7}{4}x\right]_{\frac{1}{2}}^{\frac{3}{2}}-\int_{\frac{1}{2}}^{\frac{7}{6}}f(x)\,dx-\int_{\frac{7}{6}}^{\frac{3}{2}}f(x-1)\,dx-\frac{1}{3}$$

$$=-\frac{3}{4}-\int_{\frac{1}{2}}^{\frac{7}{6}}f(x)\,dx-\int_{\frac{7}{6}}^{\frac{3}{2}}f(x-1)\,dx-\frac{1}{3}=-\frac{13}{12}-\int_{\frac{1}{2}}^{\frac{7}{6}}f(x)\,dx-\int_{\frac{7}{6}}^{\frac{3}{2}}f(x-1)\,dx$$

ここで，$s=x-1$ とおくと　　$dx=ds$

また，x と s の値の対応は右のようになるから

x	$\frac{7}{6}\to\frac{3}{2}$
s	$\frac{1}{6}\to\frac{1}{2}$

$$\int_{\frac{7}{6}}^{\frac{3}{2}}f(x-1)\,dx=\int_{\frac{1}{6}}^{\frac{1}{2}}f(s)\,ds$$

ゆえに　　$T=-\frac{13}{12}-\int_{\frac{1}{2}}^{\frac{7}{6}}f(x)\,dx-\int_{\frac{1}{6}}^{\frac{1}{2}}f(x)\,dx=-\frac{13}{12}-\int_{\frac{1}{6}}^{\frac{7}{6}}f(x)\,dx$

$$=-\frac{13}{12}-\int_{\frac{1}{6}}^{\frac{7}{6}}\left(-\frac{1}{2}x-\frac{4}{6x+1}\right)dx=-\frac{13}{12}+\left[\frac{1}{4}x^2+\frac{2}{3}\log|6x+1|\right]_{\frac{1}{6}}^{\frac{7}{6}}$$

$$=-\frac{13}{12}+\frac{1}{4}\cdot\frac{4}{3}+\frac{2}{3}(\log 8-\log 2)=-\frac{3}{4}+\frac{4}{3}\log 2$$

したがって，D_2 の面積は　　$S-T=\frac{81}{52}-\left(-\frac{3}{4}+\frac{4}{3}\log 2\right)=\frac{30}{13}-\frac{4}{3}\log 2$

[1]，[2] から，求める面積は　　$\frac{9}{4}+\frac{30}{13}-\frac{4}{3}\log 2=\frac{237}{52}-\frac{4}{3}\log 2$

177　(1)　$f'(x)=-\frac{-e^{-x}}{(1+e^{-x})^2}=\frac{e^{-x}}{(1+e^{-x})^2}$

$$f''(x)=\frac{-e^{-x}(1+e^{-x})^2-e^{-x}\cdot 2(1+e^{-x})\cdot(-e^{-x})}{(1+e^{-x})^4}=\frac{-e^{-x}-e^{-2x}+2e^{-2x}}{(1+e^{-x})^3}$$

$$=\frac{-e^{-x}+e^{-2x}}{(1+e^{-x})^3}=\frac{e^{-x}(e^{-x}-1)}{(1+e^{-x})^3}$$

$f''(x)=0$ とすると　　$e^{-x}=1$　　　　よって　　$x=0$

$x>0$ のとき $f''(x)<0$，$x<0$ のとき $f''(x)>0$ であるから，点 $(0,\ f(0))$ は曲線 C の変曲点である。

$f(0)=\frac{1}{2}$ より　　$\mathrm{P}\left(0,\ \frac{1}{2}\right)$

(2)　曲線 C の点Pにおける接線 ℓ の方程式は　　$y-f(0)=f'(0)(x-0)$

よって　　$y-\dfrac{1}{2}=\dfrac{1}{4}(x-0)$　　　すなわち　　$y=\dfrac{1}{4}x+\dfrac{1}{2}$

また，これに $y=1$ を代入して　　$1=\dfrac{1}{4}x+\dfrac{1}{2}$

これを解いて　　$x=2$

したがって，直線 ℓ と直線 $y=1$ の交点の x 座標 a は　　$a=2$

(3)　(2) より $a=2$ であるから，$b>2$ である。

すべての実数 x に対して $f'(x)>0$ であるから，$f(x)$ は単調に増加する。

また　$\displaystyle\lim_{x\to\infty}f(x)=\frac{1}{1+0}=1$，$\displaystyle\lim_{x\to-\infty}f(x)=\lim_{x\to-\infty}\frac{e^x}{e^x+1}=\frac{0}{0+1}=0$

であるから，曲線 C の概形は右の図の太線部分のようになる。

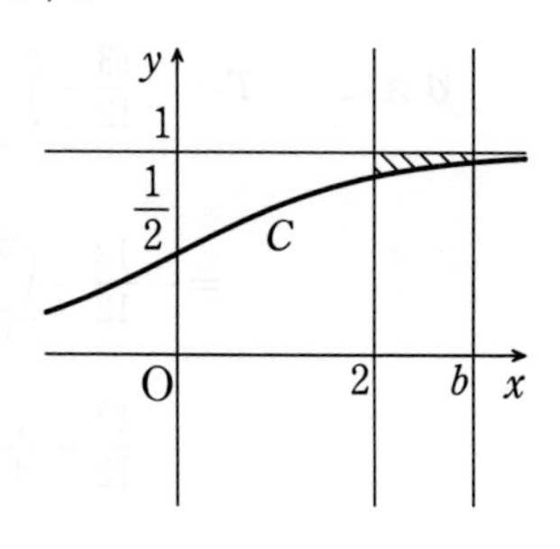

したがって，求める面積 $S(b)$ は

$$S(b)=\int_2^b\left(1-\frac{1}{1+e^{-x}}\right)dx=\int_2^b\frac{e^{-x}}{1+e^{-x}}dx$$

$$=-\int_2^b\frac{(1+e^{-x})'}{1+e^{-x}}dx=-\Big[\log(1+e^{-x})\Big]_2^b$$

$$=-\log(1+e^{-b})+\log(1+e^{-2})=\log\frac{1+e^{-2}}{1+e^{-b}}$$

(4)　$\displaystyle\lim_{b\to\infty}\frac{1+e^{-2}}{1+e^{-b}}=\frac{1+e^{-2}}{1+0}=1+e^{-2}$ であるから

$$\lim_{b\to\infty}S(b)=\lim_{b\to\infty}\log\frac{1+e^{-2}}{1+e^{-b}}=\log(1+e^{-2})$$

178　(1)　$f(x)>0$ であるから　　$g(t)=\displaystyle\int_t^{t+h}f(x)dx$

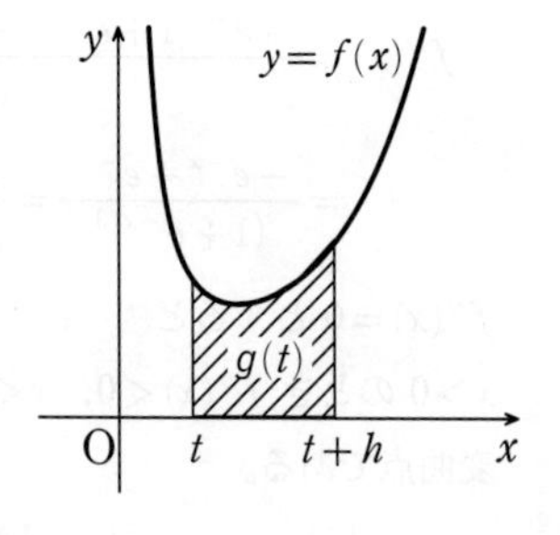

ここで，$f(x)$ の原始関数を $F(x)$ とすると

$$g(t)=\Big[F(x)\Big]_t^{t+h}=F(t+h)-F(t)$$

よって

$$g'(t)=F'(t+h)\cdot(t+h)'-F'(t)=f(t+h)-f(t)$$

$$=(t+h)^{-2}e^{t+h}-t^{-2}e^t=\frac{t^2e^{t+h}-(t+h)^2e^t}{t^2(t+h)^2}$$

$$=\frac{\{(e^h-1)t^2-2ht-h^2\}e^t}{t^2(t+h)^2}$$

(2)　$t^2(t+h)^2>0$ かつ $e^t>0$ より，$g'(t)$ の符号は，$(e^h-1)t^2-2ht-h^2$ の符号と一致する。

$H(t)=(e^h-1)t^2-2ht-h^2$ とおく。

$h>0$ より $e^h-1>0$ であるから，t の 2 次方程式 $H(t)=0$ を解くと

$$t=\frac{h\pm\sqrt{h^2e^h}}{e^h-1}=\frac{h(1\pm\sqrt{e^h})}{e^h-1}$$

さらに　$\dfrac{h(1-\sqrt{e^h})}{e^h-1}<0$，$\dfrac{h(1+\sqrt{e^h})}{e^h-1}>0$

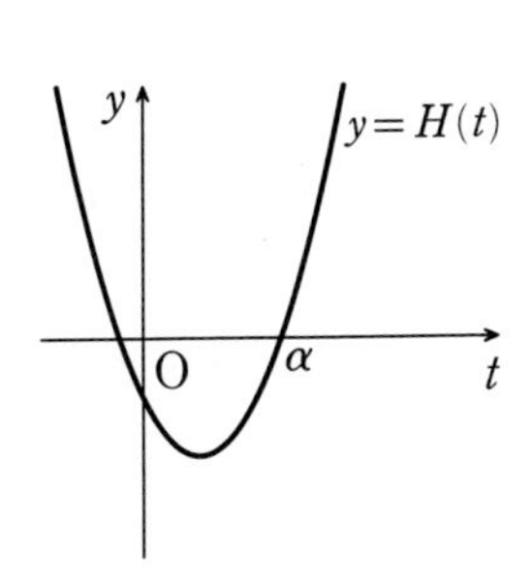

よって，$t>0$ を満たすものは　$t=\dfrac{h(1+\sqrt{e^h})}{e^h-1}$

また，放物線 $y=H(t)$ は下に凸である。

したがって，$\alpha=\dfrac{h(1+\sqrt{e^h})}{e^h-1}$ とおくと，

$H(t)$ の符号は α の前後で負から正に変化する。

よって，$g(t)$ の増減表は右のようになる。

したがって，$g(t)$ を最小にする t はただ 1 つ存在し，

その値は　$\dfrac{h(1+\sqrt{e^h})}{e^h-1}$

t	0	$\cdots$	α	$\cdots$
$g'(t)$	／	$-$	0	$+$
$g(t)$	／	↘	最小	↗

(3)　$\displaystyle\lim_{h\to+0}\frac{e^h-1}{h}=1$ であるから

$$\lim_{h\to+0}t(h)=\lim_{h\to+0}\frac{h(1+\sqrt{e^h})}{e^h-1}=\lim_{h\to+0}\frac{1+\sqrt{e^h}}{\frac{e^h-1}{h}}=\frac{1+\sqrt{1}}{1}=2$$

179　(1)　$\dfrac{1}{x}=t$ とおくと　$dx=-\dfrac{dt}{t^2}$

また，x と t の値の対応は右のようになる。

x	$\frac{1}{a}\longrightarrow a$
t	$a\longrightarrow\frac{1}{a}$

したがって　$\displaystyle\int_{\frac{1}{a}}^{a}\frac{f\left(\frac{1}{x}\right)}{1+x^2}dx=\int_{a}^{\frac{1}{a}}\frac{f(t)}{1+\left(\frac{1}{t}\right)^2}\cdot\left(-\frac{1}{t^2}\right)\cdot dt$

$$=\int_{\frac{1}{a}}^{a}\frac{f(t)}{t^2+1}dt=\int_{\frac{1}{a}}^{a}\frac{f(x)}{1+x^2}dx$$

したがって　$\displaystyle\int_{\frac{1}{a}}^{a}\frac{f(x)}{1+x^2}dx=\int_{\frac{1}{a}}^{a}\frac{f\left(\frac{1}{x}\right)}{1+x^2}dx$

(2)　(1)で示した等式において，$a=\sqrt{3}$，$f(x)=1+\dfrac{1}{x}$ とすれば

$$I=\int_{\frac{1}{\sqrt{3}}}^{\sqrt{3}}\frac{1+x}{x(1+x^2)}dx=\int_{\frac{1}{\sqrt{3}}}^{\sqrt{3}}\frac{1+\frac{1}{x}}{1+x^2}dx$$

$$=\int_{\frac{1}{\sqrt{3}}}^{\sqrt{3}}\frac{f(x)}{1+x^2}dx=\int_{\frac{1}{\sqrt{3}}}^{\sqrt{3}}\frac{f\left(\frac{1}{x}\right)}{1+x^2}dx$$

$$=\int_{\frac{1}{\sqrt{3}}}^{\sqrt{3}}\frac{1+x}{1+x^2}dx$$

$x=\tan\theta$ とおくと　　$dx=\dfrac{d\theta}{\cos^2\theta}$

また，x と θ の値の対応は右のようになる。

x	$\frac{1}{\sqrt{3}}\to\sqrt{3}$
θ	$\frac{\pi}{6}\to\frac{\pi}{3}$

よって　$I=\displaystyle\int_{\frac{\pi}{6}}^{\frac{\pi}{3}}\frac{1+\tan\theta}{1+\tan^2\theta}\cdot\frac{d\theta}{\cos^2\theta}=\int_{\frac{\pi}{6}}^{\frac{\pi}{3}}\frac{1+\tan\theta}{1+\tan^2\theta}\cdot(1+\tan^2\theta)d\theta$

$$=\int_{\frac{\pi}{6}}^{\frac{\pi}{3}}(1+\tan\theta)d\theta=\int_{\frac{\pi}{6}}^{\frac{\pi}{3}}\left(1+\frac{\sin\theta}{\cos\theta}\right)d\theta=\int_{\frac{\pi}{6}}^{\frac{\pi}{3}}\left\{1-\frac{(\cos\theta)'}{\cos\theta}\right\}d\theta$$

$$=\Big[\theta-\log|\cos\theta|\Big]_{\frac{\pi}{6}}^{\frac{\pi}{3}}=\frac{\pi}{3}-\frac{\pi}{6}-\left(\log\frac{1}{2}-\log\frac{\sqrt{3}}{2}\right)=\frac{1}{2}\log 3+\frac{\pi}{6}$$

(3)　$g'(x)=\dfrac{\frac{1}{x}\cdot(1+x^2)-(\log x)\cdot 2x}{(1+x^2)^2}=\dfrac{1+x^2-2x^2\log x}{x(1+x^2)^2}$

$h(x)=1+x^2-2x^2\log x$ とおくと　　$h'(x)=2x-2\left(2x\log x+x^2\cdot\dfrac{1}{x}\right)=-4x\log x$

$h'(x)=0$ とすると，$x>0$ より　　$x=1$

よって，$0<x\leqq\sqrt{e}$ における $h(x)$ の増減表は右のようになる。

x	0	$\cdots$	1	$\cdots$	$\sqrt{e}$
$h'(x)$	／	$+$	0	$-$	／
$h(x)$	／	↗	2	↘	1

ここで，$0<x<1$ において $\log x<0$ であるから

$$h(x)=1+x^2-x^2\log x>0$$

したがって，$0<x\leqq\sqrt{e}$ において　　$h(x)>0$

さらに，$x(1+x^2)^2>0$ より $g'(x)>0$ であるから，$0<x\leqq\sqrt{e}$ において $g(x)$ は単調に増加する。

(4)　(3) より，曲線 C の概形は右の図のようになる。

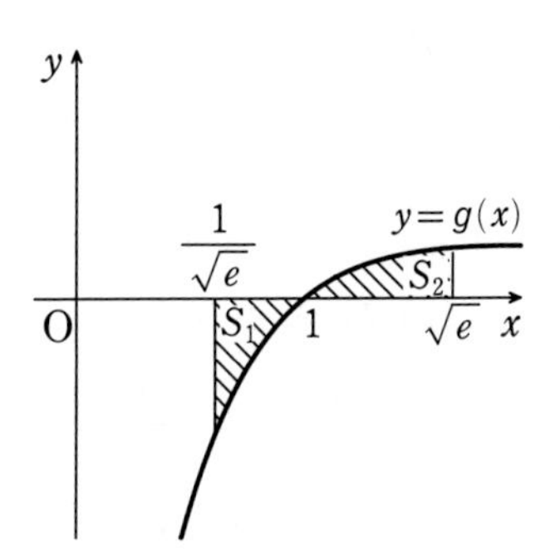

したがって　　$S_1=-\int_{\frac{1}{\sqrt{e}}}^{1} g(x)dx$，$S_2=\int_{1}^{\sqrt{e}} g(x)dx$

よって　　$S_2-S_1=\int_{\frac{1}{\sqrt{e}}}^{1} g(x)dx+\int_{1}^{\sqrt{e}} g(x)dx$

$$=\int_{\frac{1}{\sqrt{e}}}^{\sqrt{e}} \frac{\log x}{1+x^2}dx$$

ここで，(1) の等式において $a=\sqrt{e}$，$f(x)=\log x$ と

すると　　$\int_{\frac{1}{\sqrt{e}}}^{\sqrt{e}} \frac{\log x}{1+x^2}dx=\int_{\frac{1}{\sqrt{e}}}^{\sqrt{e}} \frac{\log\frac{1}{x}}{1+x^2}dx\ =\int_{\frac{1}{\sqrt{e}}}^{\sqrt{e}} \frac{-\log x}{1+x^2}dx$

すなわち　　$\int_{\frac{1}{\sqrt{e}}}^{\sqrt{e}} \frac{\log x}{1+x^2}dx=-\int_{\frac{1}{\sqrt{e}}}^{\sqrt{e}} \frac{\log x}{1+x^2}dx$

ゆえに　　$\int_{\frac{1}{\sqrt{e}}}^{\sqrt{e}} \frac{\log x}{1+x^2}dx=0$

したがって，$S_2-S_1=0$ であるから　　$S_1=S_2$

180　(1)　領域 D_n は右の図の斜線部分のようになる。

ただし，境界線を含む。

したがって，D_n の面積 $T(n)$ は

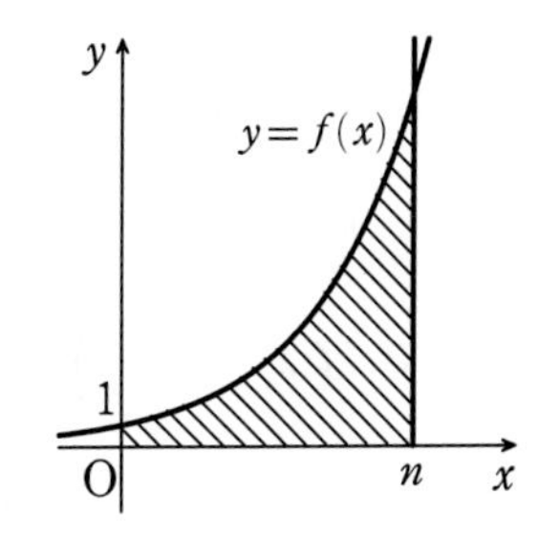

$$T(n)=\int_0^n f(x)\ dx=\int_0^n e^{ax}dx$$

$$=\left[\frac{1}{a}e^{ax}\right]_0^n=\frac{1}{a}(e^{an}-1)$$

(2)　$f(k)=e^{ak}=(e^a)^k$ であるから，$e^a \neq 1$ より　　$R(n)=\sum_{k=0}^{n}(e^a)^k=\frac{(e^a)^{n+1}-1}{e^a-1}$

$\frac{R(n)}{e^{an}}=\frac{e^a-e^{-an}}{e^a-1}$ であり，$a>0$ より $\lim_{n\to\infty} e^{-an}=0$ であるから

$$\lim_{n\to\infty}\frac{R(n)}{e^{an}}=\frac{e^a}{e^a-1}$$

(3)　実数 x に対して，x を超えない最大の整数を $[x]$ で表すと，$[x]\leqq x<[x]+1$ から，

$x-1<[x]\leqq x$ である。

D_n の点 $(x,\ y)$ は $0\leqq x\leqq n$ を満たす。

この範囲にある整数の1つを $k\,(0\leqq k\leqq n)$ とおく。
直線 $x=k$ 上の $0\leqq y\leqq f(k)$ の範囲にある格子点の個数を b_k とおくと　　$b_k=[f(k)]+1$

よって　　$f(k)<b_k\leqq f(k)+1$

これを $k=0,\ 1,\ \cdots\cdots,\ n$ として各辺足し合わせると

$$\sum_{k=0}^{n}f(k)<\sum_{k=0}^{n}b_k\leqq\sum_{k=0}^{n}\{f(k)+1\}$$

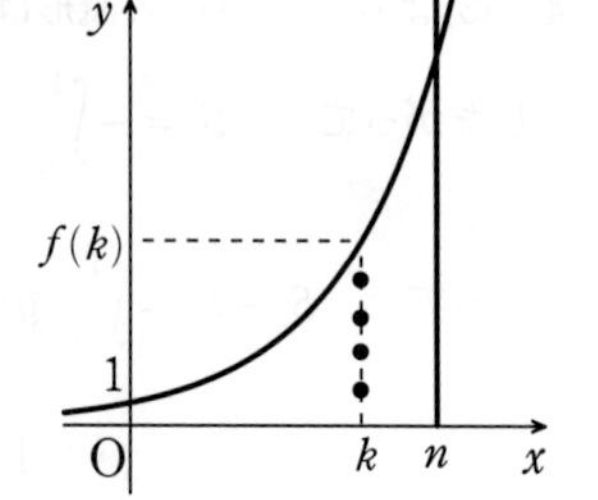

ここで，$\displaystyle\sum_{k=0}^{n}b_k=S(n)$ であるから　　$R(n)<S(n)\leqq R(n)+n+1$

$e^{an}>0$ であるから　　$\dfrac{R(n)}{e^{an}}<\dfrac{S(n)}{e^{an}}\leqq\dfrac{R(n)}{e^{an}}+\dfrac{n}{e^{an}}+\dfrac{1}{e^{an}}$

$\displaystyle\lim_{n\to\infty}\frac{R(n)}{e^{an}}=\frac{e^a}{e^a-1}$，$\displaystyle\lim_{n\to\infty}\left(\frac{R(n)}{e^{an}}+\frac{n}{e^{an}}+\frac{1}{e^{an}}\right)=\frac{e^a}{e^a-1}$ であるから，はさみうちの原理により　　$\displaystyle\lim_{n\to\infty}\frac{S(n)}{e^{an}}=\frac{e^a}{e^a-1}$

これと (1) の結果により

$$\lim_{n\to\infty}\frac{S(n)}{T(n)}=\lim_{n\to\infty}\frac{S(n)}{\frac{1}{a}(e^{an}-1)}=\lim_{n\to\infty}\left\{\frac{S(n)}{e^{an}}\cdot\frac{a}{1-e^{-an}}\right\}=\frac{e^a}{e^a-1}\cdot a=\frac{ae^a}{e^a-1}$$

181　(1)　$h(x)=e^{-\frac{x}{n}}f(x)$ より

$$h'(x)=-\frac{1}{n}e^{-\frac{x}{n}}f(x)+e^{-\frac{x}{n}}f'(x)=e^{-\frac{x}{n}}\left\{-\frac{1}{n}f(x)+f'(x)\right\}$$

ここで，$\displaystyle f(x)=x+\frac{1}{n}\int_0^x f(t)\,dt$ の両辺を x で微分すると　　$f'(x)=1+\dfrac{1}{n}f(x)$

よって　　$h'(x)=e^{-\frac{x}{n}}\left\{-\dfrac{1}{n}f(x)+1+\dfrac{1}{n}f(x)\right\}=e^{-\frac{x}{n}}$

また　　$\displaystyle h(x)=\int h'(x)\,dx=\int e^{-\frac{x}{n}}dx=-ne^{-\frac{x}{n}}+C$　(C は積分定数)

$\displaystyle f(x)=x+\frac{1}{n}\int_0^x f(t)\,dt$ に $x=0$ を代入して　　$f(0)=0$

よって，$h(0)=e^0f(0)=0$，$h(0)=-n+C$ であるから　　$C=n$

したがって　　$h(x)=-ne^{-\frac{x}{n}}+n$

(2)　(1) より　　$f(x)=e^{\frac{x}{n}}h(x)=ne^{\frac{x}{n}}-n$　　　　よって　　$f'(x)=e^{\frac{x}{n}}$

また　　$g'(x)=-\dfrac{a}{n}e^{-\frac{x}{n}}$

2つの曲線 $y=f(x)$ と $y=g(x)$ の共有点の x 座標を s とすると，この点における接線が直交するから　$f'(s)g'(s)=-1$

よって　　$e^{\frac{s}{n}}\cdot\left(-\dfrac{a}{n}e^{-\frac{s}{n}}\right)=-1$　　　したがって　　$a=n$

(3)　(2) より　　$g(x)=ne^{-\frac{x}{n}}+n$

$f(s)=g(s)$ であるから　　$ne^{\frac{s}{n}}-n=ne^{-\frac{s}{n}}+n$

$$e^{\frac{s}{n}}-1=e^{-\frac{s}{n}}+1$$

整理して　　$\left(e^{\frac{s}{n}}\right)^2-2e^{\frac{s}{n}}-1=0$　　　よって　　$e^{\frac{s}{n}}=1\pm\sqrt{2}$

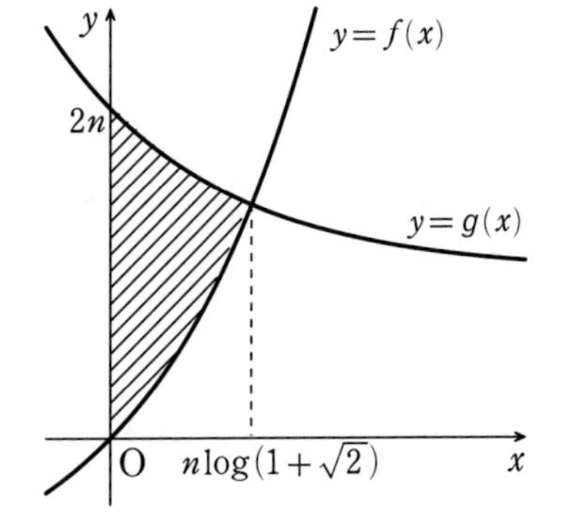

$e^{\frac{s}{n}}>0$ であるから　　$e^{\frac{s}{n}}=1+\sqrt{2}$

したがって　　$s=n\log(1+\sqrt{2})$

また，$f(x)$ は単調に増加し，$g(x)$ は単調に減少するから，S_n は右の図の斜線部分の面積である。

よって　　$S_n=\displaystyle\int_0^{n\log(1+\sqrt{2})}\{g(x)-f(x)\}dx$

$$=n\int_0^{n\log(1+\sqrt{2})}\left(e^{-\frac{x}{n}}-e^{\frac{x}{n}}+2\right)dx$$

$$=n\Big[-ne^{-\frac{x}{n}}-ne^{\frac{x}{n}}+2x\Big]_0^{n\log(1+\sqrt{2})}$$

$$=-n^2\{e^{-\log(1+\sqrt{2})}+e^{\log(1+\sqrt{2})}-2\log(1+\sqrt{2})\}-(-2n^2)$$

$$=-n^2\left\{\frac{1}{1+\sqrt{2}}+1+\sqrt{2}-2\log(1+\sqrt{2})-2\right\}$$

$$=-n^2\{-1+\sqrt{2}-1+\sqrt{2}-2\log(1+\sqrt{2})\}$$

$$=2n^2\{1-\sqrt{2}+\log(1+\sqrt{2})\}$$

したがって，$T_n=\dfrac{S_1+S_2+\cdots\cdots+S_n}{n^3}$ とおくと

$$T_n=\frac{1}{n^3}\sum_{k=1}^{n}S_k=2\{1-\sqrt{2}+\log(1+\sqrt{2})\}\cdot\frac{1}{n^3}\sum_{k=1}^{n}k^2$$

ここで　　$\displaystyle\lim_{n\to\infty}\frac{1}{n^3}\sum_{k=1}^{n}k^2=\lim_{n\to\infty}\frac{1}{n^3}\cdot\frac{1}{6}n(n+1)(2n+1)=\lim_{n\to\infty}\frac{1}{6}\left(1+\frac{1}{n}\right)\left(2+\frac{1}{n}\right)=\frac{1}{3}$

よって　$\lim_{n\to\infty} T_n = 2\{1-\sqrt{2}+\log(1+\sqrt{2})\}\cdot\lim_{n\to\infty}\frac{1}{n^3}\sum_{k=1}^{n}k^2$

$$= 2\{1-\sqrt{2}+\log(1+\sqrt{2})\}\cdot\frac{1}{3} = \frac{2}{3}\{1-\sqrt{2}+\log(1+\sqrt{2})\}$$

182　(1)　$f'(x)=1+2\cos x$

$f'(x)=0$ とすると　$\cos x = -\frac{1}{2}$　　$0 \leqq x \leqq 2\pi$ であるから　$x=\frac{2}{3}\pi,\ \frac{4}{3}\pi$

$0 \leqq x \leqq 2\pi$ における $f(x)$ の増減表は次のようになる。

x	0	$\cdots$	$\frac{2}{3}\pi$	$\cdots$	$\frac{4}{3}\pi$	$\cdots$	2π
$f'(x)$	／	$+$	0	$-$	0	$+$	／
$f(x)$	0	↗	$\frac{2}{3}\pi+\sqrt{3}$	↘	$\frac{4}{3}\pi-\sqrt{3}$	↗	2π

よって，$f(x)$ は $x=\frac{2}{3}\pi$ で極大値 $\frac{2}{3}\pi+\sqrt{3}$，

$x=\frac{4}{3}\pi$ で極小値 $\frac{4}{3}\pi-\sqrt{3}$ をとる。

(2)　D は右の図の斜線部分のようになる。

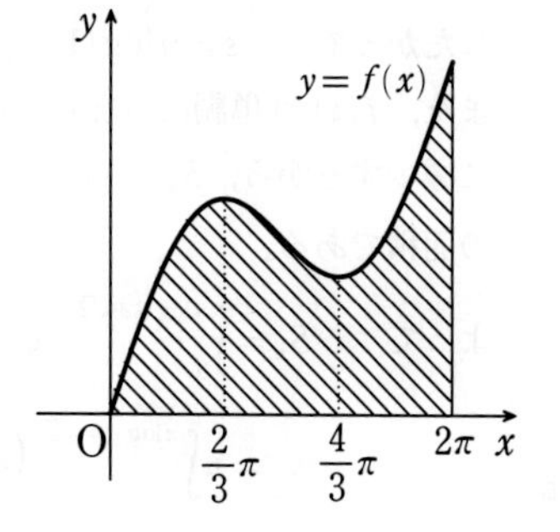

D の面積は

$$\int_0^{2\pi}(x+2\sin x)dx = \left[\frac{1}{2}x^2-2\cos x\right]_0^{2\pi}$$

$$=2\pi^2-2-(0-2)=2\pi^2$$

(3)　$\int x\sin x\,dx = -x\cos x+\int\cos x\,dx = -x\cos x+\sin x+C$　（C は積分定数）

(4)　求める体積を V とすると

$$V=\pi\int_0^{2\pi}(x+2\sin x)^2dx=\pi\int_0^{2\pi}(x^2+4x\sin x+4\sin^2 x)dx$$

ここで　$\int_0^{2\pi}x^2dx=\left[\frac{1}{3}x^3\right]_0^{2\pi}=\frac{8}{3}\pi^3$

$$\int_0^{2\pi}x\sin x\,dx=\Big[-x\cos x+\sin x\Big]_0^{2\pi}=-2\pi$$

$$\int_0^{2\pi}\sin^2 x\,dx=\int_0^{2\pi}\frac{1-\cos 2x}{2}dx=\left[\frac{1}{2}\left(x-\frac{1}{2}\sin 2x\right)\right]_0^{2\pi}=\pi$$

よって　$V=\pi\left(\frac{8}{3}\pi^3-4\cdot 2\pi+4\pi\right)=\frac{4}{3}\pi^2(2\pi^2-1)$

183 (1)　$y'=e^x\sin x+e^x\cos x=e^x(\sin x+\cos x)=\sqrt{2}e^x\sin\left(x+\dfrac{\pi}{4}\right)$

$y'=0$ とすると　　$\sin\left(x+\dfrac{\pi}{4}\right)=0$

よって，k を整数として　　$x+\dfrac{\pi}{4}=k\pi$　　　　すなわち　　$x=-\dfrac{\pi}{4}+k\pi$

$0<x<\pi$ の範囲で $y'=0$ となるのは $k=1$ のときの $x=\dfrac{3}{4}\pi$ のみであり，この値の前後で y' の符号が変わるから，y は $x=\dfrac{3}{4}\pi$ のときに極値をとる。

よって，求める a の値は　　$a={}^{ア}\dfrac{3}{4}\pi$

また，右の図の斜線部分を x 軸の周りに1回転させてできる立体の体積が V である。

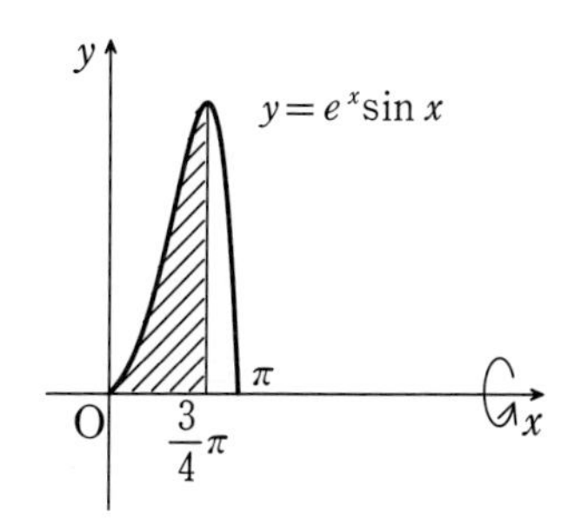

したがって

$$V=\pi\int_0^{\frac{3}{4}\pi}(e^x\sin x)^2dx=\frac{\pi}{2}\int_0^{\frac{3}{4}\pi}e^{2x}(1-\cos 2x)dx$$

$$=\frac{\pi}{2}\left[\frac{e^{2x}}{2}\right]_0^{\frac{3}{4}\pi}-\frac{\pi}{2}\int_0^{\frac{3}{4}\pi}e^{2x}\cos 2x\,dx$$

$$=\frac{e^{\frac{3}{2}\pi}-1}{4}\pi-\frac{\pi}{2}\int_0^{\frac{3}{4}\pi}e^{2x}\cos 2x\,dx$$

$I=\displaystyle\int_0^{\frac{3}{4}\pi}e^{2x}\cos 2x\,dx$ とおくと

$$I=\left[\frac{e^{2x}}{2}\cos 2x\right]_0^{\frac{3}{4}\pi}-\int_0^{\frac{3}{4}\pi}\frac{e^{2x}}{2}(-2\sin 2x)dx=-\frac{1}{2}+\int_0^{\frac{3}{4}\pi}e^{2x}\sin 2x\,dx$$

$$=-\frac{1}{2}+\left[\frac{e^{2x}}{2}\sin 2x\right]_0^{\frac{3}{4}\pi}-\int_0^{\frac{3}{4}\pi}\frac{1}{2}e^{2x}\cdot 2\cos 2x\,dx$$

$$=-\frac{e^{\frac{3}{2}\pi}+1}{2}-I$$

よって　　$I=-\dfrac{e^{\frac{3}{2}\pi}+1}{4}$

したがって　　$V=\dfrac{e^{\frac{3}{2}\pi}-1}{4}\pi-\dfrac{\pi}{2}I=\dfrac{e^{\frac{3}{2}\pi}-1}{4}\pi+\dfrac{e^{\frac{3}{2}\pi}+1}{8}\pi={}^{イ}\dfrac{3e^{\frac{3}{2}\pi}-1}{8}\pi$

184　(1)　$f(x)=(\log x)^2$ とおくと　　$f'(x)=2(\log x)\cdot\dfrac{1}{x}=\dfrac{2\log x}{x}$

よって，曲線 C 上の点 $\mathrm{P}(a,\ (\log a)^2)$ における接線 L の方程式は

$$y-(\log a)^2=\frac{2\log a}{a}(x-a)\qquad\text{すなわち}\qquad y=\frac{2\log a}{a}x+(\log a)^2-2\log a$$

(2)　(1) で求めた接線 L の方程式に $y=0$ を代入して　　$0=\dfrac{2\log a}{a}x+(\log a)^2-2\log a$

すなわち　　$\left(\dfrac{2}{a}x+\log a-2\right)\log a=0$

$a>1$ より $\log a\neq 0$ であるから　　$\dfrac{2}{a}x+\log a-2=0$

よって　　$x=\dfrac{a(2-\log a)}{2}$

したがって，接線 L と x 軸の交点の x 座標を $g(a)$ とすると　　$g(a)=\dfrac{a(2-\log a)}{2}$

$$g'(a)=\frac{1}{2}\left\{1\cdot(2-\log a)+a\cdot\left(-\frac{1}{a}\right)\right\}=\frac{1-\log a}{2}$$

$g'(a)=0$ とすると　　$a=e$

したがって，$g(a)$ の $a>1$ における増減表は右のようになる。

a	1	$\cdots$	e	$\cdots$
$g'(a)$	／	$+$	0	$-$
$g(a)$	／	↗	$\dfrac{e}{2}$	↘

増減表から，$g(a)$ は $a=e$ で最大値 $\dfrac{e}{2}$ をとるから，

接線 L と x 軸の交点の x 座標が最大となるときの a の値 a_0 は　　$a_0=e$

(3)　(1) より　　$f'(x)=\dfrac{2\log x}{x}$

$f'(x)=0$ とすると　　$x=1$

したがって，$f(x)$ の増減表は右のようになる。

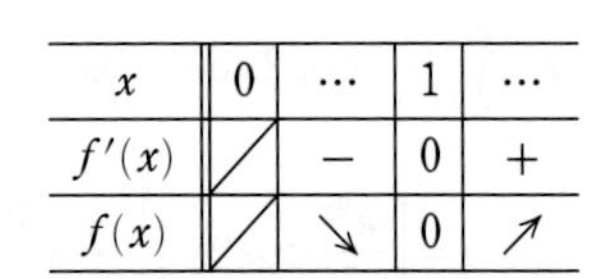

x	0	$\cdots$	1	$\cdots$
$f'(x)$	／	$-$	0	$+$
$f(x)$	／	↘	0	↗

また，(1) で求めた接線 L の方程式に $a=e$ を代入して　　$y=\dfrac{2}{e}x-1$

よって，求める体積は次の図の斜線部分を x 軸の周りに 1 回転させてできる図形の体積である。

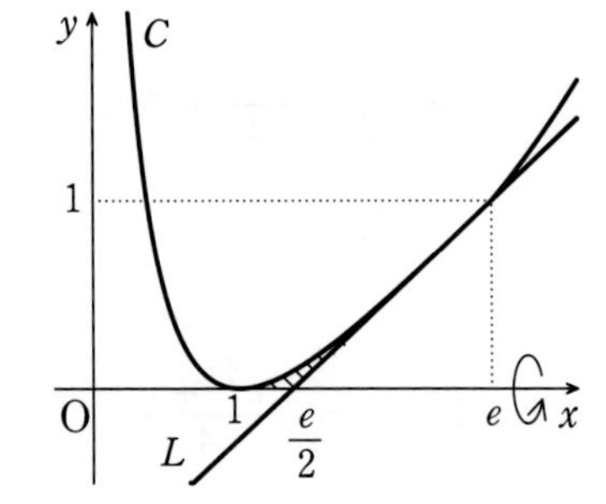

したがって，その体積を V とすると

$$V=\pi\int_1^e\{(\log x)^2\}^2dx-\frac{1}{3}\pi\cdot 1^2\cdot\left(e-\frac{e}{2}\right)$$

$$=\pi\int_1^e(\log x)^4dx-\frac{\pi e}{6}$$

$$\int_1^e (\log x)^4 dx = \int_1^e (x)'(\log x)^4 dx$$

$$= \Big[x(\log x)^4\Big]_1^e - \int_1^e x\cdot 4(\log x)^3\cdot\frac{1}{x}dx$$

$$= e - 4\int_1^e (\log x)^3 dx = e - 4\int_1^e (x)'(\log x)^3 dx$$

$$= e - 4\left\{\Big[x(\log x)^3\Big]_1^e - 3\int_1^e (\log x)^2 dx\right\} = e - 4\left\{e - 3\int_1^e (x)'(\log x)^2 dx\right\}$$

$$= -3e + 12\left\{\Big[x(\log x)^2\Big]_1^e - 2\int_1^e \log x\, dx\right\}$$

$$= -3e + 12\left\{e - 2\Big[x\log x - x\Big]_1^e\right\} = 9e - 24(0+1) = 9e - 24$$

したがって　　$V = \pi(9e-24) - \dfrac{\pi e}{6} = \left(\dfrac{53}{6}e - 24\right)\pi$

185　(1)　$f'(x) = \dfrac{(2x+3)(x+2) - (x^2+3x+a)\cdot 1}{(x+2)^2} = \dfrac{x^2+4x+6-a}{(x+2)^2}$

$f(x)$ は $x=0$ で極値をとるから　　$f'(0)=0$

よって　　$\dfrac{6-a}{4}=0$　　　すなわち　　$a=6$

逆に，$a=6$ のとき $f(x)$ は $x=0$ で極値をとる。

したがって　　$a=6$

(2)　(1) より $a=6$ であるから　　$f'(x) = \dfrac{x(x+4)}{(x+2)^2}$

$f'(x)=0$ とすると　　$x=0,\ -4$

よって，$f(x)$ の増減表は次のようになる。

x	$\cdots$	-4	$\cdots$	-2	$\cdots$	0	$\cdots$
$f'(x)$	$+$	0	$-$	／	$-$	0	$+$
$f(x)$	↗	-5	↘	／	↘	3	↗

したがって，$f(x)$ は $x=-4$ で極大値 -5，$x=0$ で極小値 3 をとる。

(3)　$\dfrac{x^2+3x+6}{x+2}=4$ より，両辺に $x+2$ を掛けて　　$x^2+3x+6=4(x+2)$

整理して　　$x^2-x-2=0$　　　すなわち　　$(x-2)(x+1)=0$

ゆえに　　$x=2,\ -1$

したがって，曲線 C と直線 ℓ の交点の x 座標は　　$-1,\ 2$

(4)　(2), (3) より，$x>-2$ において曲線 C と直線 ℓ は右の図のようになる。

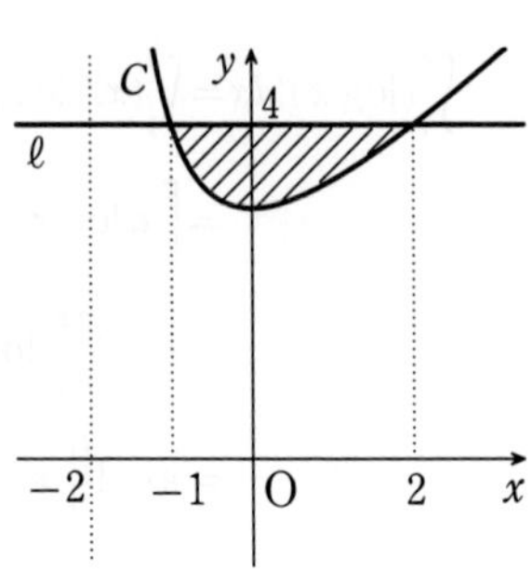

S は右の図の斜線部分の面積であるから

$$S=\int_{-1}^{2}\{4-f(x)\}dx$$

$$=\int_{-1}^{2}\left(4-\frac{x^2+3x+6}{x+2}\right)dx$$

$$=\int_{-1}^{2}\left\{4-\frac{(x+2)(x+1)+4}{x+2}\right\}dx$$

$$=\int_{-1}^{2}\left\{4-(x+1)-\frac{4}{x+2}\right\}dx=\int_{-1}^{2}\left(3-x-\frac{4}{x+2}\right)dx$$

$$=\left[3x-\frac{1}{2}x^2-4\log|x+2|\right]_{-1}^{2}=4-4\log 4-\left(-\frac{7}{2}\right)$$

$$=\frac{15}{2}-8\log 2$$

(5)　曲線 C と直線 ℓ をそれぞれ y 軸方向に -4 だけ平行移動させたものを C', ℓ' とおくと，求める体積は曲線 C' を ℓ'，すなわち x 軸の周りに1回転させてできる立体の体積に等しい。

したがって

$$V=\pi\int_{-1}^{2}\{f(x)-4\}^2dx=\pi\int_{-1}^{2}\left(x-3+\frac{4}{x+2}\right)^2dx$$

$$=\pi\int_{-1}^{2}\left\{(x-3)^2+\frac{8(x-3)}{x+2}+\frac{16}{(x+2)^2}\right\}dx$$

$$=\pi\int_{-1}^{2}\left\{(x-3)^2+8-\frac{40}{x+2}+\frac{16}{(x+2)^2}\right\}dx$$

$$=\pi\left[\frac{1}{3}(x-3)^3\right]_{-1}^{2}+24\pi-40\pi\Big[\log|x+2|\Big]_{-1}^{2}+16\pi\left[-\frac{1}{x+2}\right]_{-1}^{2}$$

$$=\frac{\pi}{3}(-1+64)+24\pi-40\pi\cdot 2\log 2+16\pi\left(-\frac{1}{4}+1\right)$$

$$=21\pi+24\pi-80\pi\log 2+12\pi=(57-80\log 2)\pi$$

186　(1)　$f(-x)g(-x)=\{-x+a\sin(-x)\}\{b\cos(-x)\}$

$$=-(x+a\sin x)b\cos x=-f(x)g(x)$$

よって，$f(x)g(x)$ は奇関数であるから　$\displaystyle\int_{-\pi}^{\pi}f(x)g(x)dx=0$

(2) $\displaystyle\int_{-\pi}^{\pi}\{f(x)+g(x)\}^2dx-\int_{-\pi}^{\pi}\{f(x)\}^2dx=\int_{-\pi}^{\pi}[2f(x)g(x)+\{g(x)\}^2]dx$

$$=2\int_{-\pi}^{\pi}f(x)g(x)dx+\int_{-\pi}^{\pi}\{g(x)\}^2dx$$

(1) より $\displaystyle\int_{-\pi}^{\pi}f(x)g(x)dx=0$ であるから

$$\int_{-\pi}^{\pi}\{f(x)+g(x)\}^2dx-\int_{-\pi}^{\pi}\{f(x)\}^2dx=\int_{-\pi}^{\pi}\{g(x)\}^2dx$$

$-\pi\leqq x\leqq\pi$ において $\{g(x)\}^2\geqq0$ であるから　$\displaystyle\int_{-\pi}^{\pi}\{g(x)\}^2dx\geqq0$

よって　$\displaystyle\int_{-\pi}^{\pi}\{f(x)+g(x)\}^2dx\geqq\int_{-\pi}^{\pi}\{f(x)\}^2dx$

(3) $\displaystyle V=\pi\int_{-\pi}^{\pi}|f(x)+g(x)|^2dx=\pi\int_{-\pi}^{\pi}\{f(x)+g(x)\}^2dx$

(2) より $\displaystyle\int_{-\pi}^{\pi}\{f(x)+g(x)\}^2dx\geqq\int_{-\pi}^{\pi}\{f(x)\}^2dx$ であるから

$$V\geqq\pi\int_{-\pi}^{\pi}\{f(x)\}^2dx \quad\cdots\cdots ①$$

ここで　$\{f(-x)\}^2=\{-x+a\sin(-x)\}^2=(-x-a\sin x)^2=(x+a\sin x)^2=\{f(x)\}^2$

よって，$\{f(x)\}^2$ は偶関数であるから

$$\int_{-\pi}^{\pi}\{f(x)\}^2dx=2\int_0^{\pi}\{f(x)\}^2dx=2\int_0^{\pi}(x+a\sin x)^2dx$$

$$=2\int_0^{\pi}(x^2+2ax\sin x+a^2\sin^2 x)dx$$

$$\int_0^{\pi}x^2dx=\left[\frac{1}{3}x^3\right]_0^{\pi}=\frac{\pi^3}{3}$$

$$\int_0^{\pi}x\sin x\,dx=\Big[-x\cos x\Big]_0^{\pi}-\int_0^{\pi}(-\cos x)dx=\pi+\Big[\sin x\Big]_0^{\pi}=\pi$$

$$\int_0^{\pi}\sin^2 x\,dx=\frac{1}{2}\int_0^{\pi}(1-\cos 2x)dx=\frac{1}{2}\left[x-\frac{1}{2}\sin 2x\right]_0^{\pi}=\frac{\pi}{2}$$

よって　$\displaystyle\int_{-\pi}^{\pi}\{f(x)\}^2dx=\frac{2}{3}\pi^3+4\pi a+\pi a^2$

$$=\pi(a+2)^2+\frac{2}{3}\pi(\pi^2-6)\geqq\frac{2}{3}\pi(\pi^2-6)$$

したがって　$\displaystyle\pi\int_{-\pi}^{\pi}\{f(x)\}^2dx\geqq\frac{2}{3}\pi^2(\pi^2-6)$　$\cdots\cdots$ ②

①，② より　$\displaystyle V\geqq\frac{2}{3}\pi^2(\pi^2-6)$

等号が成り立つのは，① と ② の等号が同時に成り立つときである。

(2) より，① の等号が成り立つのは，$-\pi \leqq x \leqq \pi$ を満たすすべての x に対して

$$\{g(x)\}^2=0 \qquad すなわち \qquad b^2\cos^2 x=0$$

が成り立つときであるから　　$b=0$

また，② の等号が成り立つとき　　$a=-2$

ゆえに，等号が成り立つのは $a=-2$ かつ $b=0$ のときである。

187　(1)　$0 \leqq \theta \leqq \dfrac{\pi}{2}$ より　　$0 \leqq 2\theta \leqq \pi$

よって，$y=\sin 2\theta$ は $\theta=\dfrac{\pi}{4}$ で最大値 1，$\theta=0,\ \dfrac{\pi}{2}$ で最小値 0 をとる。

したがって，y 座標の値が最大となる点は　　$\left(3\cos\dfrac{\pi}{4},\ \sin\dfrac{\pi}{2}\right)$

すなわち　　$\left(\dfrac{3\sqrt{2}}{2},\ 1\right)$

y 座標の値が最小値となる点は　　$(3\cos 0,\ \sin 0)$，$\left(3\cos\dfrac{\pi}{2},\ \sin\pi\right)$

すなわち　　$(3,\ 0)$，$(0,\ 0)$

(2)　$\dfrac{dx}{d\theta}=-3\sin\theta$，$\dfrac{dy}{d\theta}=2\cos 2\theta$

よって，$0 \leqq \theta \leqq \dfrac{\pi}{2}$ における θ の値の変化に対応した x，y の値の変化は次のようになる。

θ	0	$\cdots$	$\frac{\pi}{4}$	$\cdots$	$\frac{\pi}{2}$
$\frac{dx}{d\theta}$	／	$-$	$-$	$-$	／
x	3	$\leftarrow$	$\frac{3\sqrt{2}}{2}$	$\leftarrow$	0
$\frac{dy}{d\theta}$	／	$+$	0	$-$	／
y	0	$\uparrow$	1	$\downarrow$	0

したがって，曲線 C の概形は右の図のようになり，求める面積は右の図の斜線部分の面積である。

したがって

$$S=\int_0^3 y\,dx=\int_{\frac{\pi}{2}}^0 \sin 2\theta\cdot\frac{dx}{d\theta}\cdot d\theta$$

$$=3\int_0^{\frac{\pi}{2}}\sin\theta\sin 2\theta\,d\theta=6\int_0^{\frac{\pi}{2}}\sin^2\theta\cos\theta\,d\theta=6\left[\frac{1}{3}\sin^3\theta\right]_0^{\frac{\pi}{2}}=2$$

(3)　求める体積は右の図の斜線部分を x 軸の周りに1回転させてできる立体の体積である。

したがって

$$V=\pi\int_0^3 y^2dx=\pi\int_{\frac{\pi}{2}}^0 \sin^2 2\theta\cdot\frac{dx}{d\theta}\cdot d\theta$$

$$=3\pi\int_0^{\frac{\pi}{2}}\sin\theta\sin^2 2\theta\,d\theta$$

$$=12\pi\int_0^{\frac{\pi}{2}}\sin^3\theta\cos^2\theta\,d\theta=12\pi\int_0^{\frac{\pi}{2}}(1-\cos^2\theta)\cos^2\theta\sin\theta\,d\theta$$

$$=12\pi\int_0^{\frac{\pi}{2}}(\cos^2\theta-\cos^4\theta)(-\cos\theta)'d\theta=12\pi\left[-\frac{1}{3}\cos^3\theta+\frac{1}{5}\cos^5\theta\right]_0^{\frac{\pi}{2}}$$

$$=12\pi\left(\frac{1}{3}-\frac{1}{5}\right)=\frac{8}{5}\pi$$

188　(1)　$\dfrac{dx}{d\theta}=1-2\cos\theta$

$\dfrac{dx}{d\theta}=0$ とすると　　$\cos\theta=\dfrac{1}{2}$　　　$0\leqq\theta\leqq 2\pi$ より　　$\theta=\dfrac{\pi}{3},\ \dfrac{5}{3}\pi$

よって，$0\leqq\theta\leqq 2\pi$ における x の増減表は次のようになる。

θ	0	$\cdots$	$\frac{\pi}{3}$	$\cdots$	$\frac{5}{3}\pi$	$\cdots$	2π
$\frac{dx}{d\theta}$	/	$-$	0	$+$	0	$-$	/
x	0	↘	$\frac{\pi}{3}-\sqrt{3}$	↗	$\frac{5}{3}\pi+\sqrt{3}$	↘	2π

したがって，x の値の範囲は　　$\dfrac{\pi}{3}-\sqrt{3}\leqq x\leqq\dfrac{5}{3}\pi+\sqrt{3}$

(2)　(1) と $\dfrac{dy}{d\theta}=2\sin\theta$ から，θ の値の変化に対応した x，y の値の変化は次のようになる。

θ	0	$\cdots$	$\dfrac{\pi}{3}$	$\cdots$	π	$\cdots$	$\dfrac{5}{3}\pi$	$\cdots$	2π
$\dfrac{dx}{d\theta}$	／	$-$	0	$+$	$+$	$+$	0	$-$	／
x	0	←	$\dfrac{\pi}{3}-\sqrt{3}$	→	π	→	$\dfrac{5}{3}\pi+\sqrt{3}$	←	2π
$\dfrac{dy}{d\theta}$	／	$+$	$+$	$+$	0	$-$	$-$	$-$	／
y	0	↑	1	↑	4	↓	1	↓	0

よって，曲線 C の概形は右の図のようになる。

したがって，S は図の斜線部分の面積である。

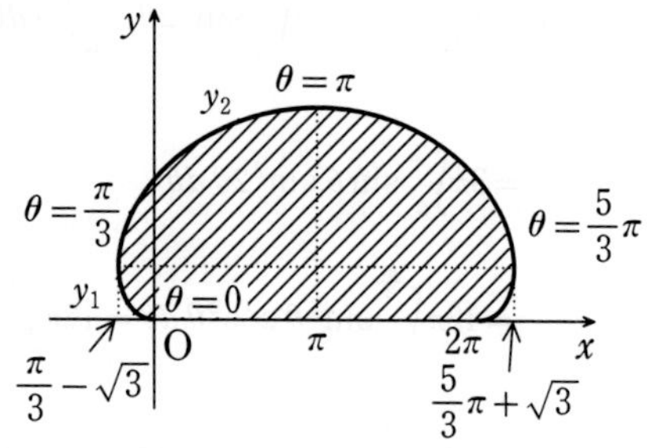

曲線 C の $0\leqq\theta\leqq\dfrac{\pi}{3}$ の部分の y を y_1，

$\dfrac{\pi}{3}\leqq\theta\leqq\pi$ の部分の y を y_2 とすると，

斜線部分は直線 $x=\pi$ に関して対称であるから

$$\frac{S}{2}=\int_{\frac{\pi}{3}-\sqrt{3}}^{\pi}y_2dx-\int_{\frac{\pi}{3}-\sqrt{3}}^{0}y_1dx=\int_{\frac{\pi}{3}}^{\pi}(2-2\cos\theta)\frac{dx}{d\theta}d\theta-\int_{\frac{\pi}{3}}^{0}(2-2\cos\theta)\frac{dx}{d\theta}d\theta$$

$$=\int_{\frac{\pi}{3}}^{\pi}(2-2\cos\theta)\frac{dx}{d\theta}d\theta+\int_{0}^{\frac{\pi}{3}}(2-2\cos\theta)\frac{dx}{d\theta}d\theta$$

$$=\int_{0}^{\pi}(2-2\cos\theta)(1-2\cos\theta)d\theta=2\int_{0}^{\pi}(2\cos^2\theta-3\cos\theta+1)d\theta$$

$$=2\int_{0}^{\pi}(\cos 2\theta+1-3\cos\theta+1)d\theta=2\int_{0}^{\pi}(\cos 2\theta-3\cos\theta+2)d\theta$$

$$=2\left[\frac{1}{2}\sin 2\theta-3\sin\theta+2\theta\right]_{0}^{\pi}=4\pi$$

よって　　$S=8\pi$

(3)　求める体積を V とすると，(2) の図形を x 軸の周りに 1 回転させてできる立体は，直線 $x=\pi$ に関して対称であるから

$$\frac{V}{2}=\pi\int_{\frac{\pi}{3}-\sqrt{3}}^{\pi}{y_2}^2dx-\pi\int_{\frac{\pi}{3}-\sqrt{3}}^{0}{y_1}^2dx$$

$$=\pi\int_{\frac{\pi}{3}}^{\pi}(2-2\cos\theta)^2\frac{dx}{d\theta}d\theta-\pi\int_{\frac{\pi}{3}}^{0}(2-2\cos\theta)^2\frac{dx}{d\theta}d\theta$$

$$=\pi\int_{\frac{\pi}{3}}^{\pi}(2-2\cos\theta)^2\frac{dx}{d\theta}d\theta+\pi\int_{0}^{\frac{\pi}{3}}(2-2\cos\theta)^2\frac{dx}{d\theta}d\theta$$

$$=\pi\int_{0}^{\pi}(2-2\cos\theta)^2(1-2\cos\theta)d\theta=\pi\int_{0}^{\pi}(-8\cos^3\theta+20\cos^2\theta-16\cos\theta+4)d\theta$$

$$=\pi\int_{0}^{\pi}\{-8\cos\theta(1-\sin^2\theta)+10(1+\cos 2\theta)-16\cos\theta+4\}d\theta$$

$$=\pi\int_{0}^{\pi}(8\sin^2\theta\cos\theta+10\cos 2\theta-24\cos\theta+14)d\theta$$

$$=\pi\left[\frac{8}{3}\sin^3\theta+5\sin 2\theta-24\sin\theta+14\theta\right]_0^{\pi}=14\pi^2$$

したがって　　$V=28\pi^2$

189　(1)　$f'(x)=\dfrac{2x}{(1-x^2)^2}$ である。

曲線 C 上の点 $\left(t,\ \dfrac{1}{1-t^2}\right)$ における接線の方程式は　　$y-\dfrac{1}{1-t^2}=\dfrac{2t}{(1-t^2)^2}(x-t)$

すなわち　　$y=\dfrac{2t}{(1-t^2)^2}x+\dfrac{1-3t^2}{(1-t^2)^2}$　　…… ①

この直線が原点を通るとき，$x=0$，$y=0$ を ① に代入して　　$\dfrac{1-3t^2}{(1-t^2)^2}=0$

これを解いて　　$t=\pm\dfrac{1}{\sqrt{3}}$

$t=\dfrac{1}{\sqrt{3}}$ のとき，① より　　$y=\dfrac{3\sqrt{3}}{2}x$

$t=-\dfrac{1}{\sqrt{3}}$ のとき，① より　　$y=-\dfrac{3\sqrt{3}}{2}x$

したがって，原点から曲線 C に引いた接線の方程式は　　$y=\pm\dfrac{3\sqrt{3}}{2}x$

(2)　(1) から，$f'(x)=0$ とすると　　$x=0$

よって，$-1<x<1$ における $f(x)$ の増減表は右のようになる。

x	-1	$\cdots$	0	$\cdots$	1
$f'(x)$	／	$-$	0	$+$	／
$f(x)$	／	↘	1	↗	／

したがって，(1) で求めた直線と曲線 C の概形は右の図のようになる。
図形 D は図の斜線部分であり，y 軸に関して対称である。
よって，その面積を S とすると

$$\frac{S}{2}=\int_0^{\frac{1}{\sqrt{3}}}\frac{1}{1-x^2}dx-\frac{1}{2}\cdot\frac{1}{\sqrt{3}}\cdot\frac{3}{2}$$

$$=\int_0^{\frac{1}{\sqrt{3}}}\frac{1}{2}\left(\frac{1}{1-x}+\frac{1}{1+x}\right)dx-\frac{\sqrt{3}}{4}$$

$$=\frac{1}{2}\Big[-\log|1-x|+\log|1+x|\Big]_0^{\frac{1}{\sqrt{3}}}-\frac{\sqrt{3}}{4}=\frac{1}{2}\left[\log\left|\frac{1+x}{1-x}\right|\right]_0^{\frac{1}{\sqrt{3}}}-\frac{\sqrt{3}}{4}$$

$$=\frac{1}{2}\log\left|\frac{1+\frac{1}{\sqrt{3}}}{1-\frac{1}{\sqrt{3}}}\right|-\frac{\sqrt{3}}{4}=\frac{1}{2}\log\frac{\sqrt{3}+1}{\sqrt{3}-1}-\frac{\sqrt{3}}{4}$$

$$=\frac{1}{2}\log\frac{(\sqrt{3}+1)^2}{2}-\frac{\sqrt{3}}{4}=\frac{1}{2}\log(2+\sqrt{3})-\frac{\sqrt{3}}{4}$$

したがって　　$S=\log(2+\sqrt{3})-\dfrac{\sqrt{3}}{2}$

(3)　(2) の図の斜線部分を y 軸の周りに 1 回転させてできる図形の体積を V とすると

$$V=\frac{1}{3}\cdot\pi\cdot\left(\frac{1}{\sqrt{3}}\right)^2\cdot\frac{3}{2}-\pi\int_1^{\frac{3}{2}}x^2dy=\frac{\pi}{6}-\pi\int_1^{\frac{3}{2}}x^2dy$$

ここで，$y=\dfrac{1}{1-x^2}$ より　　$x^2=1-\dfrac{1}{y}$

よって　　$V=\dfrac{\pi}{6}-\pi\displaystyle\int_1^{\frac{3}{2}}\left(1-\frac{1}{y}\right)dy=\frac{\pi}{6}-\pi\Big[y-\log|y|\Big]_1^{\frac{3}{2}}$

$$=\frac{\pi}{6}-\pi\left(\frac{3}{2}-\log\frac{3}{2}-1+0\right)=\left(\log\frac{3}{2}-\frac{1}{3}\right)\pi$$

190　(1)　曲線 C の方程式は $f(x)=-(x-a)^2+b$ とおける。
C が x 軸と接するから　　$b=0$
また　　$f'(x)=-2(x-a)$
曲線 C は直線 ℓ と接するから，その接点の x 座標を t とすると

$$f(t)=t\ \text{かつ}\ f'(t)=1$$

$f'(t)=1$ より　　$-2(t-a)=1$　　　すなわち　　$t=a-\frac{1}{2}$

$f(t)=t$ に代入して　　$f\left(a-\frac{1}{2}\right)=a-\frac{1}{2}$

$$-\left(a-\frac{1}{2}-a\right)^2=a-\frac{1}{2}$$

$$-\frac{1}{4}=a-\frac{1}{2}$$

よって　　$a=\frac{1}{4}$　　　したがって　　$a=\frac{1}{4}$，$b=0$

このとき，曲線 C の方程式は $y=-\left(x-\frac{1}{4}\right)^2$ であり，

$t=-\frac{1}{4}$ であるから，S は右の図の斜線部分の面積である。

ゆえに　　$S=\int_{-\frac{1}{4}}^{\frac{1}{4}}\left(x-\frac{1}{4}\right)^2dx-\frac{1}{2}\cdot\frac{1}{4}\cdot\frac{1}{4}$

$$=\left[\frac{1}{3}\left(x-\frac{1}{4}\right)^3\right]_{-\frac{1}{4}}^{\frac{1}{4}}-\frac{1}{32}=\frac{1}{3}\left\{-\left(-\frac{1}{2}\right)^3\right\}-\frac{1}{32}=\frac{1}{96}$$

(2)　$a=2$，$b=4$ より，曲線 C を表す関数は　　$f(x)=-(x-2)^2+4=-x^2+4x$

よって　　$f'(x)=-2(x-2)$

$f'(0)=4\neq 0$ であるから，曲線 C の原点における法線は直線 $x=0$ ではない。

したがって，原点を通る曲線 C の法線の方程式は $y=mx$ とおける。

この法線と曲線 C の共有点の x 座標を求めると　　$-x^2+4x=mx$

整理して　　$x(x+m-4)=0$　　　すなわち　　$x=0$，$-m+4$

$x=0$ のとき，曲線 C 上の点 $(0,\ f(0))$ における接線と $y=mx$ は直交するから

$$mf'(0)=-1$$

よって　　$4m=-1$　　　すなわち　　$m=-\frac{1}{4}$

$x=-m+4$ のとき，曲線 C 上の点 $(-m+4,\ f(-m+4))$ における接線と $y=mx$ は直交するから　　$mf'(-m+4)=-1$　　　すなわち　　$-2m(-m+2)=-1$

整理して　　$2m^2-4m+1=0$　　　よって　　$m=\frac{2\pm\sqrt{2}}{2}$

以上より，求める法線の方程式は　　$y=-\frac{1}{4}x$，$y=\frac{2\pm\sqrt{2}}{2}x$

(3)　$y=-(x-2)^2+4$ と $y=x$ の共有点の x 座標を求めると

$$-(x-2)^2+4=x$$
$$-x^2+4x=x$$

整理して　　$x(x-3)=0$　　　　すなわち　$x=0,\ 3$

よって，曲線 C と直線 ℓ は右の図のようになる。

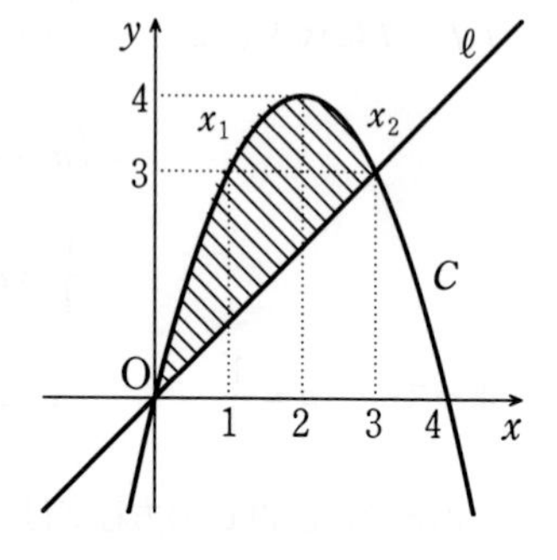

曲線 C の $0\leqq x\leqq 2$ の部分の x を x_1，$2\leqq x\leqq 3$ の部分の x を x_2 とする。

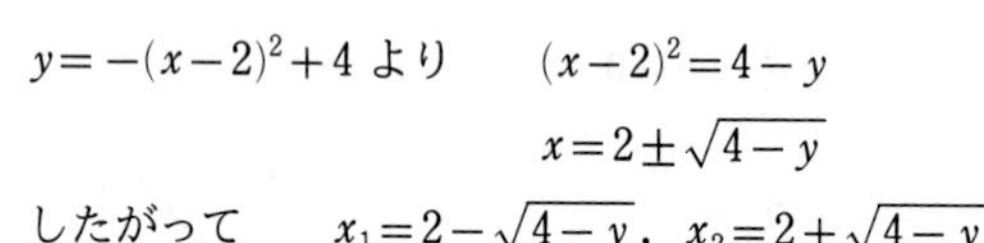

$y=-(x-2)^2+4$ より　　$(x-2)^2=4-y$

$$x=2\pm\sqrt{4-y}$$

したがって　　$x_1=2-\sqrt{4-y}$，$x_2=2+\sqrt{4-y}$

V は図の斜線部分を y 軸の周りに 1 回転させてできる図形の体積であるから

$$V=\frac{1}{3}\cdot\pi\cdot 3^2\cdot 3+\pi\int_3^4 {x_2}^2dy-\pi\int_0^4 {x_1}^2dy$$
$$=9\pi+\pi\int_3^4(2+\sqrt{4-y})^2dy-\pi\int_0^4(2-\sqrt{4-y})^2dy$$
$$=9\pi+\pi\int_3^4(8-y+4\sqrt{4-y})dy-\pi\int_0^4(8-y-4\sqrt{4-y})dy$$
$$=9\pi-\pi\int_0^3(8-y)dy+4\pi\int_3^4\sqrt{4-y}\,dy+4\pi\int_0^4\sqrt{4-y}\,dy$$
$$=9\pi-\pi\left[8y-\frac{1}{2}y^2\right]_0^3+4\pi\left[-\frac{2}{3}(4-y)^{\frac{3}{2}}\right]_3^4+4\pi\left[-\frac{2}{3}(4-y)^{\frac{3}{2}}\right]_0^4$$
$$=9\pi-\pi\left(24-\frac{9}{2}\right)-\frac{8}{3}\pi\cdot(-1)-\frac{8}{3}\pi\cdot(-8)=\frac{27}{2}\pi$$

191　(1)　$\{f(x)\}^2=(3sx^4+35tx^2+15)^2$

$$=9s^2x^8+1225t^2x^4+225+210stx^6+1050tx^2+90sx^4$$

よって　$I=\int_0^1\{f(x)\}^2dx=\int_0^1(9s^2x^8+1225t^2x^4+225+210stx^6+1050tx^2+90sx^4)dx$

$$=\Big[s^2x^9+245t^2x^5+225x+30stx^7+350tx^3+18sx^5\Big]_0^1$$
$$=s^2+245t^2+30st+18s+350t+225$$

(2)　$I=s^2+6(5t+3)s+245t^2+350t+225$

$$=\{s+3(5t+3)\}^2-9(5t+3)^2+245t^2+350t+225$$
$$=\{s+3(5t+3)\}^2+20t^2+80t+144=\{s+3(5t+3)\}^2+20(t+2)^2+64$$

よって，I は $s=-3(5t+3)$ かつ $t=-2$，すなわち $s=21$，$t=-2$ のとき最小値 64 を

とる。

ゆえに　　$s=21$，$t=-2$

(3)　$s=21$，$t=-2$ であるから　　$f(x)=63x^4-70x^2+15$

$f(x)$ は偶関数であるから，$x \geqq 0$ のときで考える。

$$f'(x)=252x^3-140x=28x(9x^2-5)$$

$f'(x)=0$ とすると，$x \geqq 0$ より　　$x=0$，$\dfrac{\sqrt{5}}{3}$

よって，$f(x)$ の $x \geqq 0$ における増減表は右のようになる。

x	0	…	$\frac{\sqrt{5}}{3}$	…
$f'(x)$	0	−	0	+
$f(x)$	15	↘	$-\frac{40}{9}$	↗

また，曲線 $y=f(x)$ と直線 $y=15$ の共有点の x 座標を求めると

$$63x^4-70x^2+15=15$$

$$7x^2(9x^2-10)=0$$

よって　　$x=0$，$\pm\dfrac{\sqrt{10}}{3}$

したがって，曲線 $y=f(x)$ と直線 $y=15$ は右の図のようになる。

V は右の図の斜線部分を y 軸の周りに 1 回転させてできる図形の体積である。

ここで，$y=63x^4-70x^2+15$ とおくと

$$63x^4-70x^2+15-y=0$$

よって　　$x^2=\dfrac{35\pm\sqrt{35^2-63(15-y)}}{63}=\dfrac{5}{9}\pm\dfrac{\sqrt{280+63y}}{63}$

したがって，$y=f(x)$ の $0 \leqq x \leqq \dfrac{\sqrt{5}}{3}$ の部分の x を x_1，$\dfrac{\sqrt{5}}{3} \leqq x \leqq \dfrac{\sqrt{10}}{3}$ の部分の x を x_2 とおくと　　${x_1}^2=\dfrac{5}{9}-\dfrac{\sqrt{280+63y}}{63}$，${x_2}^2=\dfrac{5}{9}+\dfrac{\sqrt{280+63y}}{63}$

ゆえに

$$V=\pi\int_{-\frac{40}{9}}^{15}{x_2}^2dy-\pi\int_{-\frac{40}{9}}^{15}{x_1}^2dy=\pi\int_{-\frac{40}{9}}^{15}({x_2}^2-{x_1}^2)dy=\pi\int_{-\frac{40}{9}}^{15}\frac{2\sqrt{280+63y}}{63}dy$$

$$=\frac{2}{63}\pi\left[\frac{2}{3}\cdot\frac{1}{63}(280+63y)^{\frac{3}{2}}\right]_{-\frac{40}{9}}^{15}=\frac{4\pi}{3\cdot 63^2}\left\{(280+63\cdot 15)^{\frac{3}{2}}-(280-280)^{\frac{3}{2}}\right\}$$

$$=\frac{4\pi}{3\cdot 63^2}\{35(8+27)\}^{\frac{3}{2}}=\frac{4\cdot 35^3}{3\cdot 63^2}\pi=\frac{4\cdot 5^2\cdot 35}{3\cdot 9^2}\pi=\frac{3500}{243}\pi$$

192　(1)　C と ℓ の共有点の x 座標は，$x=\sqrt{x}$ を解いて

$x=0,\ 1$

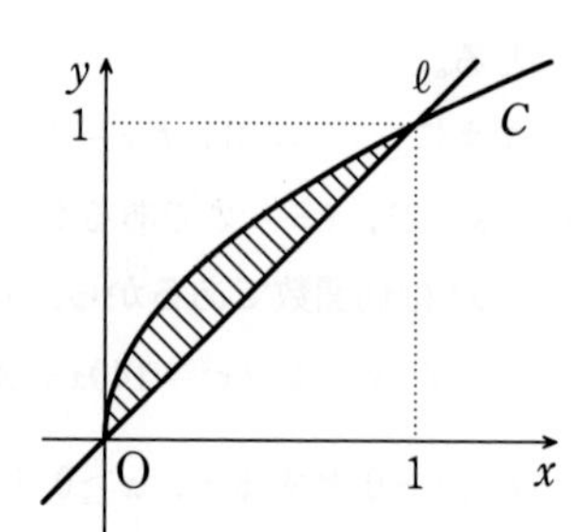

求める面積は右の図の斜線部分の面積である。

よって

$$\int_0^1(\sqrt{x}-x)dx=\left[\frac{2}{3}x^{\frac{3}{2}}-\frac{1}{2}x^2\right]_0^1=\frac{2}{3}-\frac{1}{2}=\frac{1}{6}$$

(2)　線分 PQ の長さは点 P と直線 $y=x$ の距離に等しいから

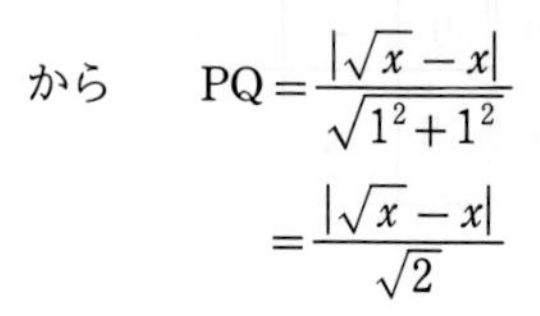

$$PQ=\frac{|\sqrt{x}-x|}{\sqrt{1^2+1^2}}=\frac{|\sqrt{x}-x|}{\sqrt{2}}$$

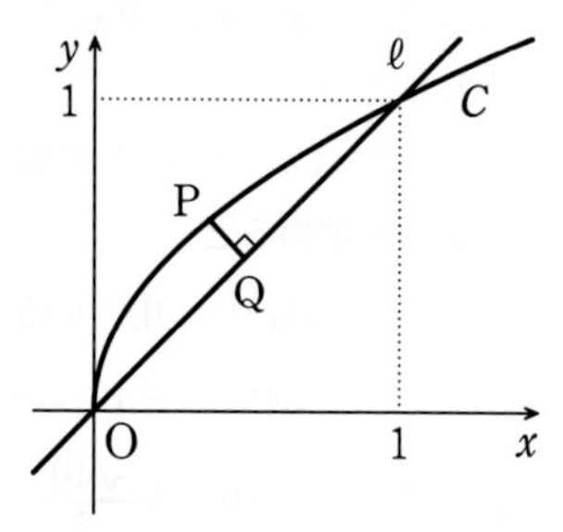

$0\leqq x\leqq 1$ において $\sqrt{x}\geqq x$ であるから

$$PQ=\frac{\sqrt{x}-x}{\sqrt{2}}$$

(3)　求める体積は，右の図の斜線部分を直線 ℓ の周りに1回転させてできる図形の体積である。

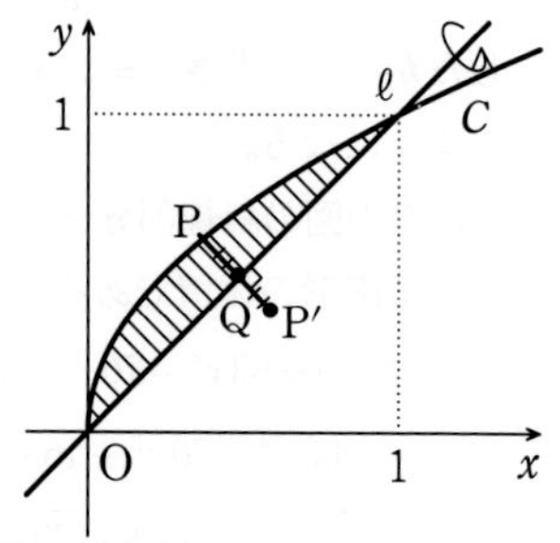

点 P と直線 $y=x$ に関して対称な点 P′ をとると

$P'(\sqrt{x},\ x)$

点 Q は線分 PP′ の中点であるから

$$Q\left(\frac{x+\sqrt{x}}{2},\ \frac{x+\sqrt{x}}{2}\right)$$

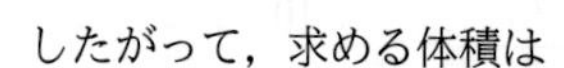

よって，$OQ=t\ (0\leqq t\leqq\sqrt{2})$ とおくと　　$t=\dfrac{\sqrt{2}(x+\sqrt{x})}{2}$

したがって，求める体積は

$$\pi\int_0^{\sqrt{2}}PQ^2dt=\pi\int_0^1\left(\frac{\sqrt{x}-x}{\sqrt{2}}\right)^2\frac{dt}{dx}dx=\pi\int_0^1\frac{(\sqrt{x}-x)^2}{2}\cdot\frac{\sqrt{2}}{2}\left(1+\frac{1}{2\sqrt{x}}\right)dx$$

$$=\frac{\sqrt{2}}{4}\pi\int_0^1(x-2x\sqrt{x}+x^2)\left(1+\frac{1}{2\sqrt{x}}\right)dx$$

$$=\frac{\sqrt{2}}{4}\pi\int_0^1\left(\frac{\sqrt{x}}{2}-\frac{3}{2}x\sqrt{x}+x^2\right)dx$$

$$=\frac{\sqrt{2}}{4}\pi\left[\frac{1}{2}\cdot\frac{2}{3}x^{\frac{3}{2}}-\frac{3}{2}\cdot\frac{2}{5}x^{\frac{5}{2}}+\frac{1}{3}x^3\right]_0^1$$

$$=\frac{\sqrt{2}}{4}\pi\left(\frac{1}{3}-\frac{3}{5}+\frac{1}{3}\right)=\frac{\sqrt{2}}{60}\pi$$

193 (1) $\dfrac{x^2}{a^2}+\dfrac{y^2}{a^2-1}=1$ ……① とおく。

$a^2>a^2-1$ より，楕円 C の焦点のうち，x 座標が正のものは　$\sqrt{a^2-(a^2-1)}=1$

よって，C の焦点の座標は　$(\pm1,0)$

したがって，双曲線 D の焦点の座標は $(\pm1,0)$ である。

$b<1$ であり，D は点 $(b,0)$ を通るから，点 $(-b,\ 0)$ も通る。

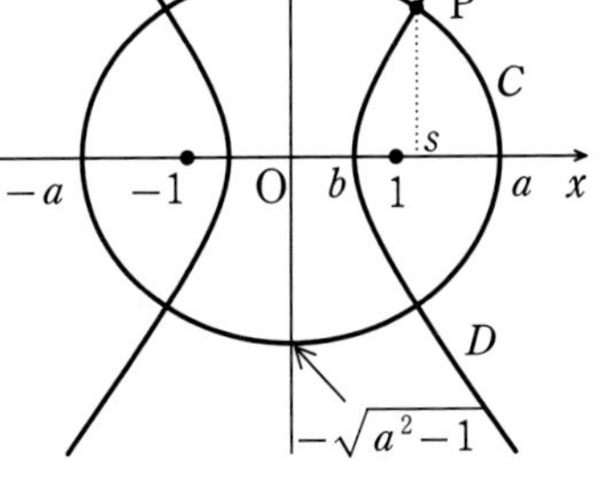

よって，D を表す方程式は $\dfrac{x^2}{b^2}-\dfrac{y^2}{c^2}=1$ と表される。

D の焦点の x 座標が ±1 であるから　$b^2+c^2=1$

すなわち　$c^2=1-b^2$

したがって，双曲線 D の方程式は　$\dfrac{x^2}{b^2}-\dfrac{y^2}{1-b^2}=1$　……②

① の両辺に a^2-1 を掛けて　$\left(1-\dfrac{1}{a^2}\right)x^2+y^2=a^2-1$　……①′

② の両辺に $1-b^2$ を掛けて　$\left(\dfrac{1}{b^2}-1\right)x^2-y^2=1-b^2$　……②′

①′+②′より　$\left(\dfrac{1}{b^2}-\dfrac{1}{a^2}\right)x^2=a^2-b^2$

$$\frac{a^2-b^2}{a^2b^2}x^2=a^2-b^2$$

$b<a$ より $a^2-b^2\neq0$ であるから　$x^2=a^2b^2$　　すなわち　$x=\pm ab$

$s>0$ より　$s=ab$

(2) C と D の共有点の y 座標は，①′ に $x=ab$ を代入して

$$\left(1-\frac{1}{a^2}\right)a^2b^2+y^2=a^2-1$$

$$(a^2-1)b^2+y^2=a^2-1$$　すなわち　$y^2=(a^2-1)(1-b^2)$

点 P は第 1 象限にあるから　$\mathrm{P}\left(ab,\sqrt{(a^2-1)(1-b^2)}\right)$

点 P における C の接線の方程式は　$\dfrac{ab}{a^2}x+\dfrac{\sqrt{(a^2-1)(1-b^2)}}{a^2-1}y=1$

点 P における D の接線の方程式は　$\dfrac{ab}{b^2}x-\dfrac{\sqrt{(a^2-1)(1-b^2)}}{1-b^2}y=1$

したがって　$\dfrac{ab}{a^2}\cdot\dfrac{ab}{b^2}+\dfrac{\sqrt{(a^2-1)(1-b^2)}}{a^2-1}\cdot\left\{-\dfrac{\sqrt{(a^2-1)(1-b^2)}}{1-b^2}\right\}=1-1=0$

よって，点 P における C の接線と D の接線は垂直である。

(3)　K は右の図の斜線部分であり，V_K はこの部分を x 軸の周りに 1 回転させてできる立体の体積である。

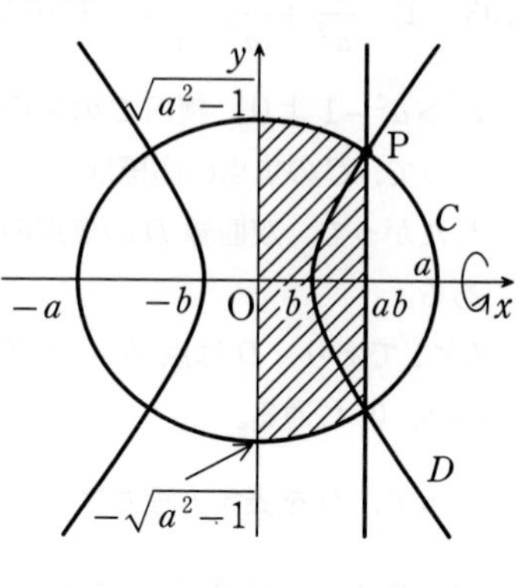

①′ より　　$y^2=(a^2-1)\left(1-\dfrac{x^2}{a^2}\right)$

よって

$$V_K=\pi\int_0^{ab} y^2dx=\pi\int_0^{ab}(a^2-1)\left(1-\frac{x^2}{a^2}\right)dx$$

$$=\pi(a^2-1)\left[x-\frac{x^3}{3a^2}\right]_0^{ab}=\pi(a^2-1)\left(ab-\frac{ab^3}{3}\right)$$

$$=\frac{\pi ab(a^2-1)(3-b^2)}{3}$$

(4)　L は右の図の斜線部分であり，V_L はこの部分を x 軸の周りに 1 回転させてできる立体の体積である。

②′ より　　$y^2=(1-b^2)\left(\dfrac{x^2}{b^2}-1\right)$

$s=1$ より $ab=1$ であるから　　$b=\dfrac{1}{a}$

$$V_L=\pi\int_b^1 y^2dx=\pi\int_b^1(1-b^2)\left(\frac{x^2}{b^2}-1\right)dx$$

$$=\pi(1-b^2)\left[\frac{x^3}{3b^2}-x\right]_b^1$$

$$=\pi(1-b^2)\left\{\left(\frac{1}{3b^2}-1\right)-\left(\frac{b}{3}-b\right)\right\}=\pi(1-b^2)\left(\frac{1}{3b^2}-1+\frac{2}{3}b\right)$$

$$=\pi\left(1-\frac{1}{a^2}\right)\left(\frac{a^2}{3}-1+\frac{2}{3a}\right)=\frac{\pi(a^2-1)(a^3-3a+2)}{3a^3}$$

また　　$V_K=\dfrac{\pi}{3}(a^2-1)\left(3-\dfrac{1}{a^2}\right)=\dfrac{\pi(a^2-1)(3a^2-1)}{3a^2}$

よって　　$\dfrac{V_L}{V_K}=\dfrac{\dfrac{\pi(a^2-1)(a^3-3a+2)}{3a^3}}{\dfrac{\pi(a^2-1)(3a^2-1)}{3a^2}}=\dfrac{a^3-3a+2}{a(3a^2-1)}$

したがって　　$\displaystyle\lim_{a\to\infty}\frac{V_L}{V_K}=\lim_{a\to\infty}\frac{a^3-3a+2}{3a^3-a}=\lim_{a\to\infty}\frac{1-\dfrac{3}{a^2}+\dfrac{2}{a^3}}{3-\dfrac{1}{a^2}}=\frac{1}{3}$

194 (1) 直線 PQ と球面 S の接点を H とする。

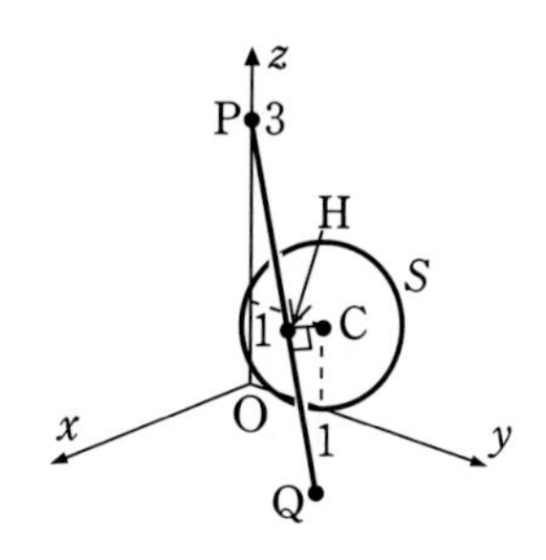

$\overrightarrow{PH}$ と $\overrightarrow{PQ}$ は同じ向きであり，$\overrightarrow{HC}\perp\overrightarrow{PQ}$ であるから

$$\overrightarrow{PC}\cdot\overrightarrow{PQ}=(\overrightarrow{PH}+\overrightarrow{HC})\cdot\overrightarrow{PQ}$$
$$=\overrightarrow{PH}\cdot\overrightarrow{PQ}+\overrightarrow{HC}\cdot\overrightarrow{PQ}$$
$$=|\overrightarrow{PH}||\overrightarrow{PQ}|\cos 0+0=|\overrightarrow{PH}||\overrightarrow{PQ}|$$

$\overrightarrow{PC}=(0,\ 1,\ -2)$ より　　$|\overrightarrow{PC}|=\sqrt{5}$

点 H は S 上の点であるから　　$|\overrightarrow{CH}|=1$

よって　　$|\overrightarrow{PH}|=\sqrt{|\overrightarrow{PC}|^2-|\overrightarrow{CH}|^2}$

$$=\sqrt{(\sqrt{5})^2-1^2}=2$$

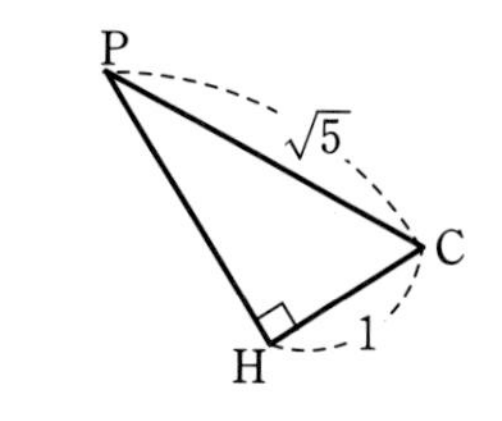

したがって，$\overrightarrow{PC}\cdot\overrightarrow{PQ}=2|\overrightarrow{PQ}|$ と表されるから　　$t={}^{ア}2$

点 Q は xy 平面上にあるから，Q $(X,\ Y,\ 0)$ とおく。

$\overrightarrow{PQ}=(X,\ Y,\ -3)$ であり，$\overrightarrow{PC}\cdot\overrightarrow{PQ}=2|\overrightarrow{PQ}|$ であるから

$$0\cdot X+1\cdot Y+(-2)\cdot(-3)=2\sqrt{X^2+Y^2+(-3)^2}$$

すなわち　　$Y+6=2\sqrt{X^2+Y^2+9}$

$Y<-6$ のとき，この式を満たす実数 X，Y は存在しないから，$Y\geqq -6$ のもとで両辺を 2 乗すると　　$(Y+6)^2=4(X^2+Y^2+9)$

整理して　　$4X^2+3Y^2-12Y=0$

$$4X^2+3(Y-2)^2=12$$

$$\frac{X^2}{3}+\frac{(Y-2)^2}{4}=1$$

逆に，この等式を満たす Y は $Y\geqq -6$ を満たす。

よって，点 Q は楕円 $\dfrac{x^2}{3}+\dfrac{(y-2)^2}{4}=1$ 上にある。

すなわち　　$a={}^{イ}3$，$b={}^{ウ}0$，$c={}^{エ}4$，$d={}^{オ}-2$

また，線分 PR の通過領域は右の図の斜線部分のようになる。

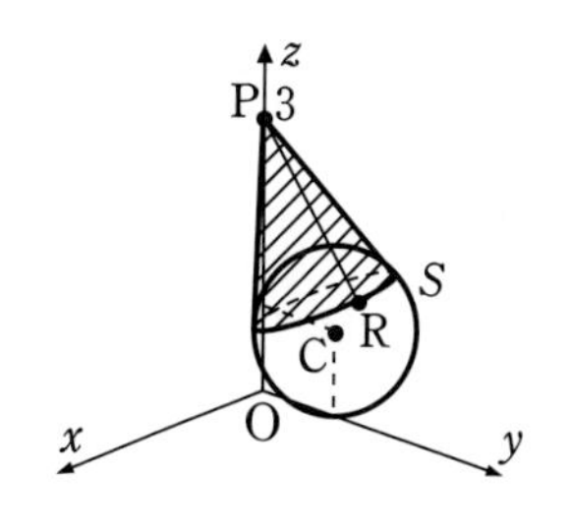

yz 平面での断面を考えると右の図のようになる。線分 PR が通過してできる図形の断面は図の D_1 である。

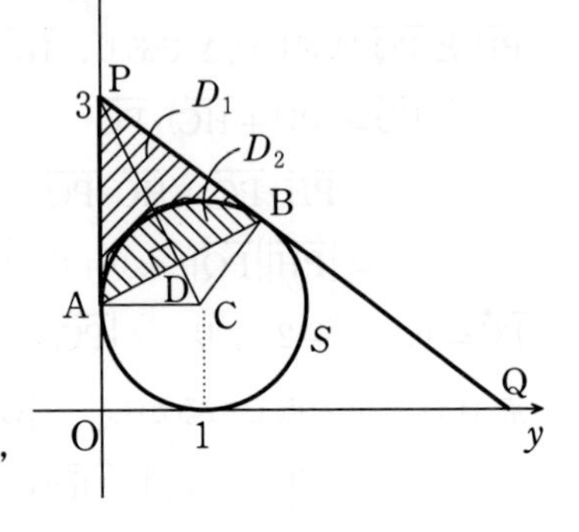

求める体積を V とし，$D_1 \cup D_2$，D_2をそれぞれ線分 PD の周りに 1 回転させてできる立体の体積をそれぞれ v_1，v_2 とすると　　$V=v_1-v_2$

$\triangle$ACD ∽ $\triangle$PCA であり，AC：PC$=1:\sqrt{5}$ であるから　$\mathrm{AD}=\dfrac{\mathrm{AP}}{\sqrt{5}}=\dfrac{2}{\sqrt{5}}$，$\mathrm{CD}=\dfrac{\mathrm{AC}}{\sqrt{5}}=\dfrac{1}{\sqrt{5}}$，

$$\mathrm{PD}=\mathrm{PC}-\mathrm{CD}=\sqrt{5}-\frac{1}{\sqrt{5}}=\frac{4\sqrt{5}}{5}$$

よって　　$v_1=\dfrac{1}{3}\cdot\pi\left(\dfrac{2}{\sqrt{5}}\right)^2\cdot\dfrac{4\sqrt{5}}{5}=\dfrac{16\sqrt{5}}{75}\pi$

また，$\mathrm{CD}=\dfrac{1}{\sqrt{5}}$ より，v_2 は右の図の斜線部分を x 軸の周りに 1 回転させてできる立体の体積と等しい。

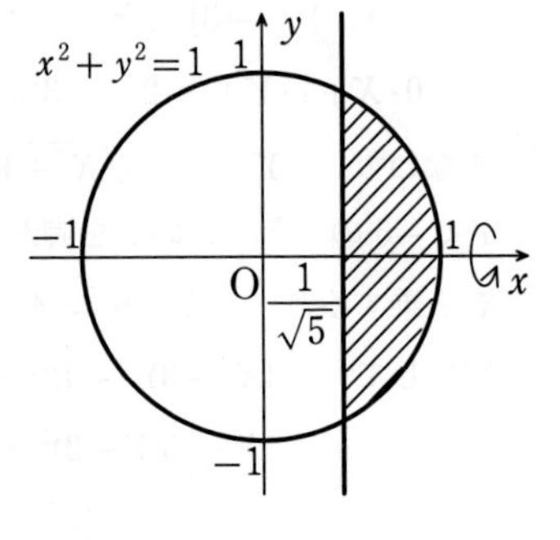

よって　　$v_2=\pi\displaystyle\int_{\frac{1}{\sqrt{5}}}^{1}(\sqrt{1-x^2})^2dx$

$$=\pi\int_{\frac{1}{\sqrt{5}}}^{1}(1-x^2)dx$$

$$=\pi\left[x-\frac{x^3}{3}\right]_{\frac{1}{\sqrt{5}}}^{1}=\left(\frac{2}{3}-\frac{14\sqrt{5}}{75}\right)\pi$$

以上より　　$V=v_1-v_2=\dfrac{16\sqrt{5}}{75}\pi-\left(\dfrac{2}{3}-\dfrac{14\sqrt{5}}{75}\right)\pi=$ ${}^{カ}\dfrac{6\sqrt{5}-10}{15}\pi$

195　(1)　$\overrightarrow{\mathrm{AB}}=(-2,\ 2,\ -2)$，$\overrightarrow{\mathrm{AC}}=(-2,\ -4,\ -2)$

よって　　$\overrightarrow{\mathrm{AB}}\cdot\overrightarrow{\mathrm{AC}}=(-2)^2+2\cdot(-4)+(-2)^2=0$

したがって　　$\angle\mathrm{BAC}=\dfrac{\pi}{2}$

(2)　点 P は線分 AB 上にあるから $\overrightarrow{\mathrm{AP}}=s\overrightarrow{\mathrm{AB}}$ $(0\leqq s\leqq 1)$ と表される。

よって　　$\overrightarrow{\mathrm{OP}}=\overrightarrow{\mathrm{OA}}+\overrightarrow{\mathrm{AP}}=\overrightarrow{\mathrm{OA}}+s\overrightarrow{\mathrm{AB}}=(2,\ 1,\ 2)+s(-2,\ 2,\ -2)$

$$=(2-2s,\ 1+2s,\ 2-2s)$$

$0\leqq s\leqq 1$ より，$0\leqq 2-2s\leqq 2$ であり，点 P は平面 $x=h$ 上にあるから　　$2-2s=h$

よって　　$2s=2-h$　　　　したがって　　$\overrightarrow{\mathrm{OP}}=(h,\ 3-h,\ h)$

また，点Qは線分AC上にあるから，同様にして

$$\overrightarrow{\mathrm{OQ}}=(2-2t,\ 1-4t,\ 2-2t)\quad(0\leqq t\leqq 1)$$

と表される。

$0\leqq t\leqq 1$ より，$0\leqq 2-2t\leqq 2$ であり，点Qも平面 $x=h$ 上にあるから　　$2-2t=h$

よって　　$2t=2-h$　　　　したがって　　$\overrightarrow{\mathrm{OQ}}=(h,\ -3+2h,\ h)$

以上より　　$\mathrm{P}(h,\ 3-h,\ h)$，$\mathrm{Q}(h,\ -3+2h,\ h)$

(3)　$\mathrm{H}(h,\ 0,\ 0)$ とおく。

(2) より，平面 $x=h$ 上で考えると，点P，Qはそれぞれ直線 $y=-z+3$，直線 $y=2z-3$ 上の点である。

線分PQは直線 $z=h$ の一部であり，右の図から次の2つの場合に分けられる。

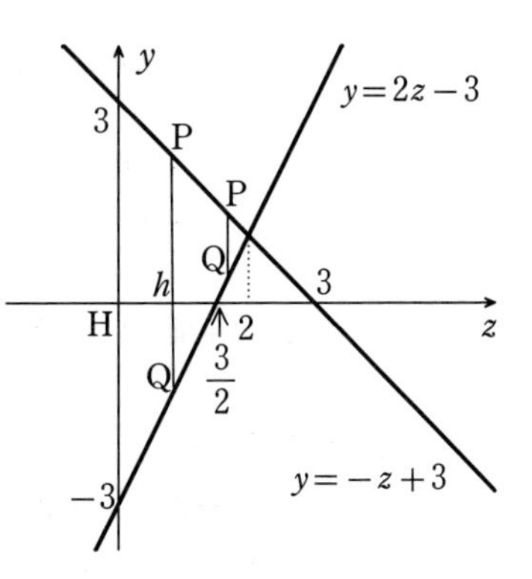

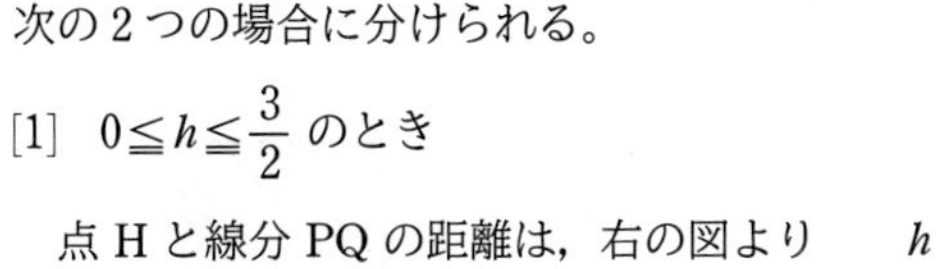

[1]　$0\leqq h\leqq\dfrac{3}{2}$ のとき

点Hと線分PQの距離は，右の図より　　h

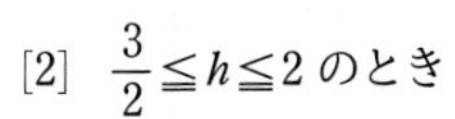

[2]　$\dfrac{3}{2}\leqq h\leqq 2$ のとき

$\mathrm{PH}^2-\mathrm{QH}^2=(3-h)^2+h^2-\{(-3+2h)^2+h^2\}=3h(2-h)\geqq 0$

よって，$\mathrm{PH}\geqq\mathrm{QH}$ であるから，点Hと線分PQの距離は，QHの長さに等しい。

その長さは　　$\sqrt{(-3+2h)^2+h^2}=\sqrt{5h^2-12h+9}$

[1]，[2] より，点Hと線分PQの距離は

$0\leqq h\leqq\dfrac{3}{2}$ のとき　　h

$\dfrac{3}{2}\leqq h\leqq 2$ のとき　　$\sqrt{5h^2-12h+9}$

(4)　平面 $x=h$ における立体の断面積を $S(h)$ とおくと，$S(h)$ は平面 $x=h$ 上で線分PQを点Hを中心に1回転させてできる図形 S の面積に等しい。

$0\leqq h\leqq\dfrac{3}{2}$ のとき，S は中心がH，半径PHの円から，中心がH，半径 h の円を除いた部分であるから

$$S(h)=\pi\mathrm{PH}^2-\pi h^2=\pi\{(3-h)^2+h^2\}-\pi h^2$$
$$=\pi(3-h)^2$$

$\dfrac{3}{2} \leqq h \leqq 2$ のとき，S は中心が H，半径 PH の円から，

中心がH，半径 QH の円を除いた部分であるから

$$S(h) = \pi \mathrm{PH}^2 - \pi \mathrm{QH}^2$$
$$= \pi\{(3-h)^2 + h^2\} - \pi\{(-3+2h)^2 + h^2\}$$
$$= 3\pi h(2-h)$$

以上より，求める体積は

$$\int_0^2 S(h)\,dh = \int_0^{\frac{3}{2}} \pi(3-h)^2 dh + \int_{\frac{3}{2}}^2 3\pi h(2-h)\,dh = \pi\left[-\frac{1}{3}(3-h)^3\right]_0^{\frac{3}{2}} + \pi\Big[h^2(3-h)\Big]_{\frac{3}{2}}^2$$

$$= -\frac{\pi}{3}\left(\frac{27}{8} - 27\right) + \pi\left(4\cdot 1 - \frac{9}{4}\cdot\frac{3}{2}\right) = \frac{17}{2}\pi$$

196 (1)　K を xy 平面上に図示すると，右の図の斜線部分である。

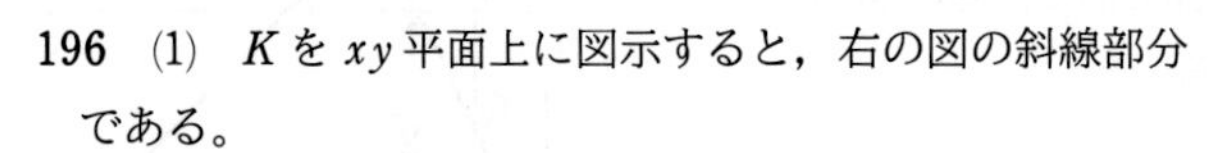

ただし，境界線を含む。

K_x は右の図の斜線部分を x 軸の周りに 1 回転させた立体であるから，底面の半径が 1，高さが 1 の円柱である。

したがって，その体積は　　$\pi\cdot 1^2\cdot 1 = \pi$

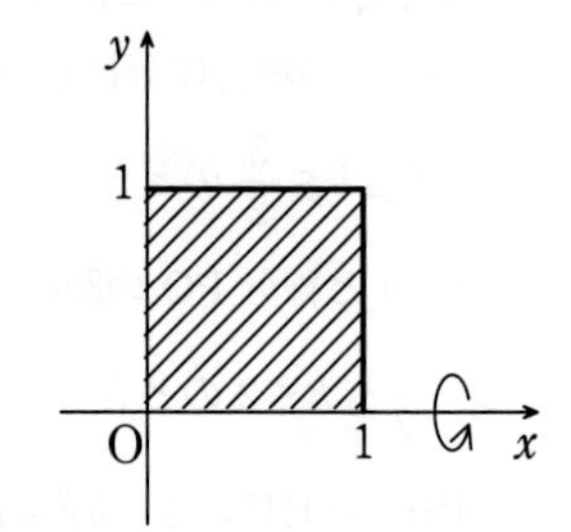

(2)　K_x の内部または表面に点 $(x,\ y,\ z)$ をとると

$$y^2 + z^2 \leqq 1 \text{ かつ } 0 \leqq x \leqq 1$$

を満たす。

平面 $z=t$ が K_x と共有点をもつとき，yz 平面上の領域 $y^2+z^2 \leqq 1$ と直線 $z=t$ が共有点をもつから

$$-1 \leqq t \leqq 1$$

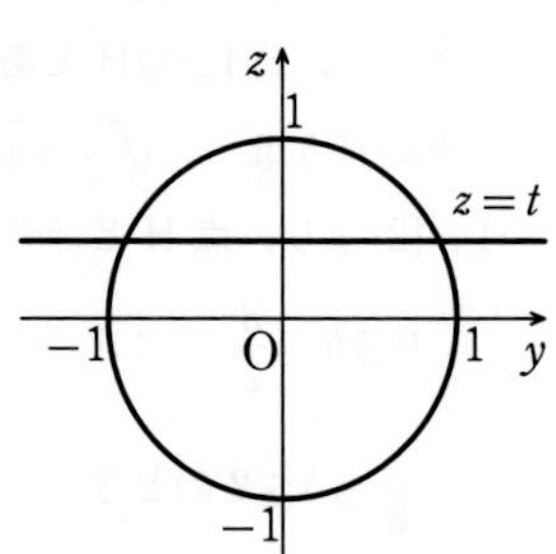

また，t を $-1 \leqq t \leqq 1$ で固定すると，K_x を平面 $z=t$ で切った断面は　　$y^2+t^2 \leqq 1$ かつ $0 \leqq x \leqq 1$

すなわち $-\sqrt{1-t^2} \leqq y \leqq \sqrt{1-t^2}$ かつ $0 \leqq x \leqq 1$ で表される領域である。

これを平面 $z=t$ に図示すると，$A(t)$ は右の図の斜線部分の面積である。

したがって　　$A(t) = 2\sqrt{1-t^2}$

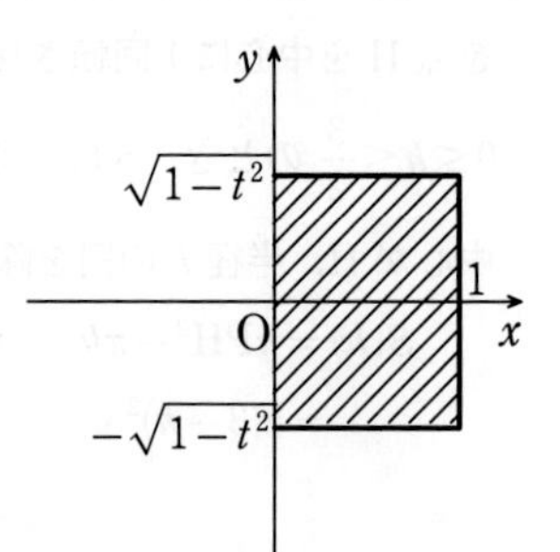

(3)　K_y の内部または表面上に点 $(x,\ y,\ z)$ をとると $x^2+z^2 \leqq 1$ かつ $0 \leqq y \leqq 1$ を満たす。

K_x と同様に考えると，K_y が平面 $z=t$ と共有点をもつとき，$-1 \leqq t \leqq 1$ である。

K_x と K_y がともに平面 $z=t$ と共有点をもつとき，L は平面 $z=t$ と共有点をもつから，

求める t の範囲は　　$-1 \leqq t \leqq 1$

t を $-1 \leqq t \leqq 1$ で固定すると，K_y を平面 $z=t$ で切った断面は

$$-\sqrt{1-t^2} \leqq x \leqq \sqrt{1-t^2} \text{ かつ } 0 \leqq y \leqq 1$$

で表される領域であるから，K_x，K_y を平面 $z=t$ で切った断面を図示すると，右の図のようになる。

よって，L を平面 $z=t$ で切った断面は図の斜線部分であるから，その面積は

$$B(t)=\left(\sqrt{1-t^2}\right)^2=1-t^2$$

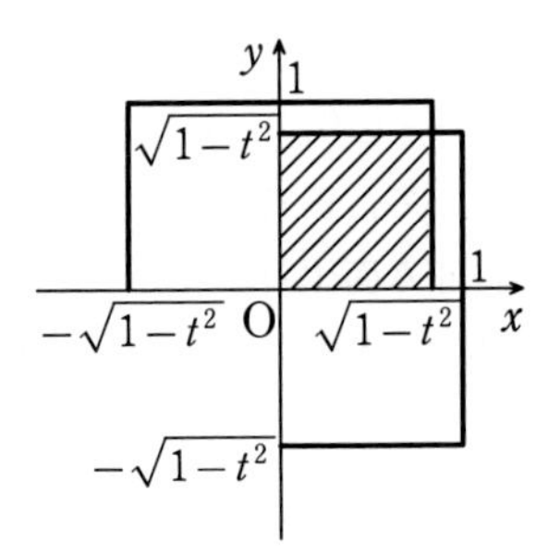

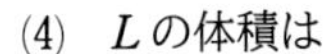

(4)　L の体積は

$$\int_{-1}^{1} B(t)\,dt=\int_{-1}^{1}(1-t^2)\,dt=2\int_{0}^{1}(1-t^2)\,dt$$

$$=2\left[t-\frac{1}{3}t^3\right]_0^1=2\left(1-\frac{1}{3}\right)=\frac{4}{3}$$

(5)　M の体積は，K_x と K_y の体積の和から，共通部分である L の体積を引いて求められる。

K_y の体積は K_x の体積と等しいから，求める体積は　　$\pi+\pi-\dfrac{4}{3}=2\pi-\dfrac{4}{3}$

197　(1)　条件 (a)，(b) をともに満たす凸多面体を X とする。

X の 1 つの頂点を共有する正三角形と正方形の面の数をそれぞれ a，b とすると，X は凸多面体より，1 つの頂点に集まる内角の和が 360° 未満である。

よって　　$60° \times a+90° \times b<360°$

すなわち　　$2a+3b<12$

a，b は 0 以上の整数，$a+b \geqq 3$ より

$(a,\ b)=(0,\ 3),\ (1,\ 2),\ (1,\ 3),\ (2,\ 1),\ (2,\ 2),\ (3,\ 0),\ (3,\ 1),\ (4,\ 0),\ (4,\ 1),$
$(5,\ 0)$

条件 (b) を満たすのは　　$(a,\ b)=(2,\ 2)$

よって，X の 1 つの頂点を共有する面の数は $a+b=4$ である。

(2)　正三角形と正方形の面の数をそれぞれ m，n とする。

X の 1 つの頂点を共有する面の数は 4 であるから，頂点の数は　　$\dfrac{3m+4n}{4}$

Xの1つの辺を共有する面の数は2であるから，辺の数は　$\dfrac{3m+4n}{2}$

また，面の数は　$m+n$

オイラーの多面体定理により　$\dfrac{3m+4n}{4}-\dfrac{3m+4n}{2}+(m+n)=2$

よって　$m=8$

(1) より1つの頂点を共有する面の数は，正三角形，正方形が2つずつであるから

$$3m=4n$$

$m=8$ を代入して　$n=6$

よって，正三角形8枚，正方形6枚である。

(3)　正八面体の各頂点に集まる4本の辺の中点を通る平面で切断し，四角錐を6つ切り取ると，条件を満たす凸多面体が得られる。

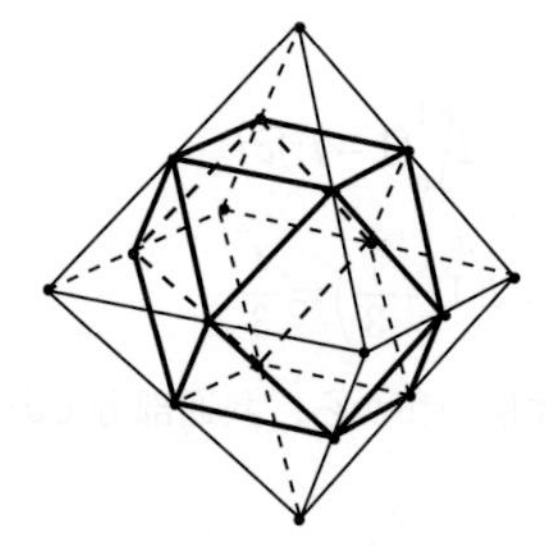

(4)　凸多面体 F は1辺の長さが2の正八面体において，(3) のように切断して得られ，球 B は，正八面体に内接している。

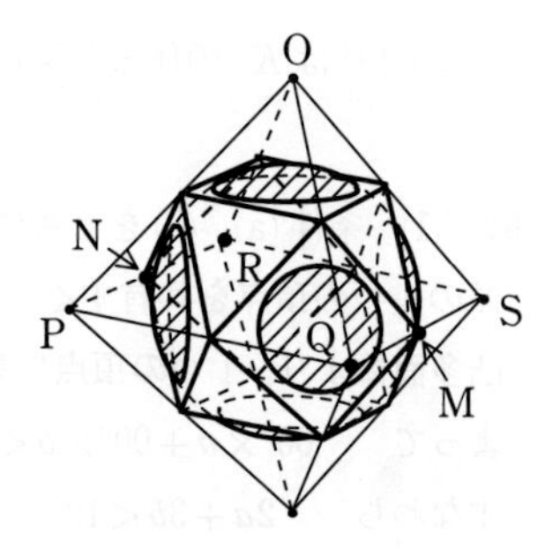

よって，B と F の共通部分の体積は，球 B の体積から右の図の斜線部分の体積を引いて求められる。

また，斜線部分の立体は F の正方形の面上にあり，すべて合同である。

図のように点 M，N，O，P，Q，R，S をとる。

ただし，M，N はそれぞれ辺 QS，PR の中点である。

球 B の半径を r とする。

正八面体の体積は　$\dfrac{1}{3}\cdot 2^2\cdot\sqrt{2}\times 2=\dfrac{8\sqrt{2}}{3}$

また，正八面体の1つの面の表面積は　$\dfrac{1}{2}\cdot 2\cdot 2\cdot\sin 60^\circ=\sqrt{3}$

よって，この正八面体は底面の面積が $\sqrt{3}$，高さが r の三角錐8個に分割されるから

$$\frac{1}{3}\cdot\sqrt{3}\cdot r\cdot 8=\frac{8\sqrt{2}}{3} \qquad \text{すなわち} \qquad r=\frac{\sqrt{6}}{3}$$

よって，球 B の体積は　　$\dfrac{4}{3}\pi\cdot\left(\dfrac{\sqrt{6}}{3}\right)^3=\dfrac{8\sqrt{6}}{27}\pi$

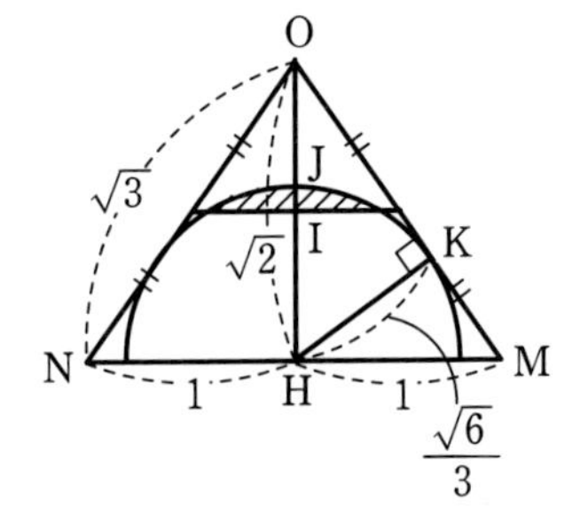

次に，3 点 O，M，N を含む平面による切り口を考えると，右の図のようになる。
図のように点 H，I，J，K をとると

$$\mathrm{OH}=\sqrt{2},\ \mathrm{KH}=\frac{\sqrt{6}}{3}$$

また　$\mathrm{JH}=\mathrm{KH}=\dfrac{\sqrt{6}}{3}$，$\mathrm{IH}=\dfrac{1}{2}\mathrm{OH}=\dfrac{\sqrt{2}}{2}$

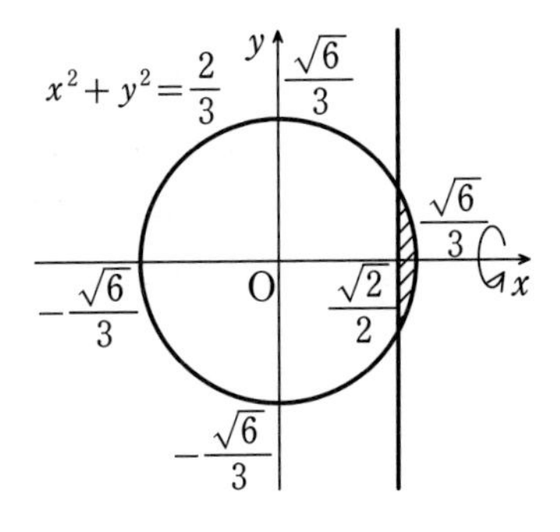

切り口の斜線部分を OH の周りに 1 回転させてできる立体の体積は，右の図の斜線部分を x 軸の周りに 1 回転させてできる図形の体積に等しい。

$y^2=\dfrac{2}{3}-x^2$ であるから

$$\pi\int_{\frac{\sqrt{2}}{2}}^{\frac{\sqrt{6}}{3}}\left(\frac{2}{3}-x^2\right)dx=\pi\left[\frac{2}{3}x-\frac{1}{3}x^3\right]_{\frac{\sqrt{2}}{2}}^{\frac{\sqrt{6}}{3}}$$

$$=\left(\frac{4\sqrt{6}}{27}-\frac{\sqrt{2}}{4}\right)\pi$$

したがって，B と F の共通部分の体積は

$$\frac{8\sqrt{6}}{27}\pi-6\left(\frac{4\sqrt{6}}{27}-\frac{\sqrt{2}}{4}\right)\pi=\left(\frac{3\sqrt{2}}{2}-\frac{16\sqrt{6}}{27}\right)\pi$$

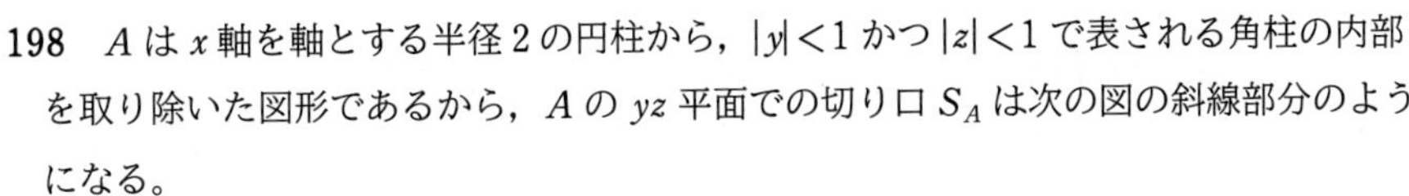

198　A は x 軸を軸とする半径 2 の円柱から，$|y|<1$ かつ $|z|<1$ で表される角柱の内部を取り除いた図形であるから，A の yz 平面での切り口 S_A は次の図の斜線部分のようになる。

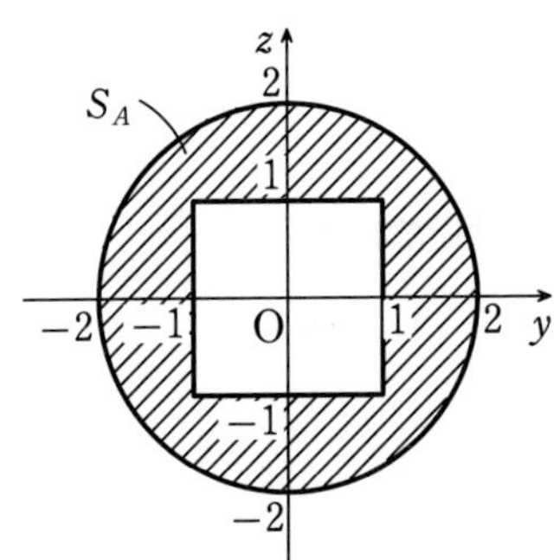

また，A を x 軸の周りに $45°$ 回転させた立体を A' とする。
A' の yz 平面での切り口は，次の図の斜線部分のようになる。

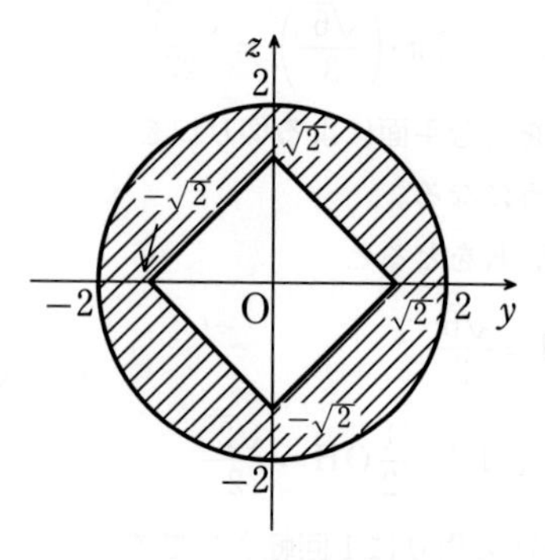

このとき，$|y|<1$ かつ $|z|<1$ で表される角柱を x 軸の周りに $45°$ 回転させた立体の切り口は，4つの直線 $z=y\pm\sqrt{2}$，$z=-y\pm\sqrt{2}$ で囲まれた部分である。
B は A' を z 軸の周りに $90°$ 回転させた立体であるから，B の zx 平面での切り口 S_B は次の図の斜線部分のようになる。

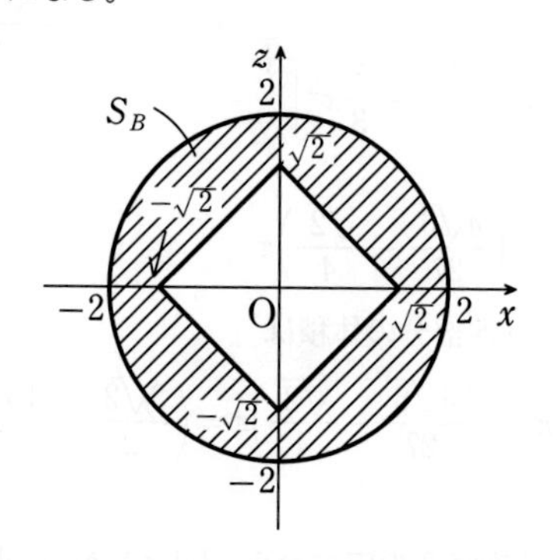

A，B はともに xy 平面に関して対称であるから，$z\geqq 0$ の範囲で考える。
平面 $z=t$ が S_A，S_B と共有点をもつ範囲を考えると，次の3つの場合に分けられる。

[1]　$0\leqq t\leqq 1$ のとき

x 軸方向から見て考えると，S_A と平面 $z=t$ は右の図のようになる。
よって，S_A と平面 $z=t$ の共通部分は

$$-\sqrt{4-t^2}\leqq y\leqq -1 \text{ または } 1\leqq y\leqq \sqrt{4-t^2}$$

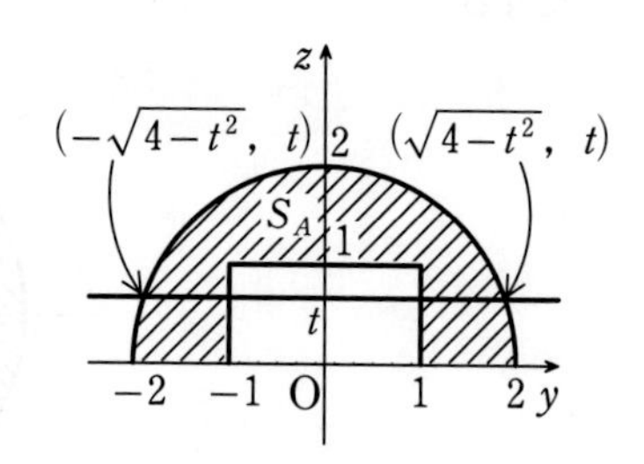

また，y 軸方向から見て考えると，S_B と平面 $z=t$ は右の図のようになる。

よって，S_B と平面 $z=t$ の共通部分は

$$-\sqrt{4-t^2} \leqq x \leqq t-\sqrt{2}$$

$$\text{または } -t+\sqrt{2} \leqq x \leqq \sqrt{4-t^2}$$

したがって，平面 $z=t$ における A と B の共通部分の断面は右の図の斜線部分である。

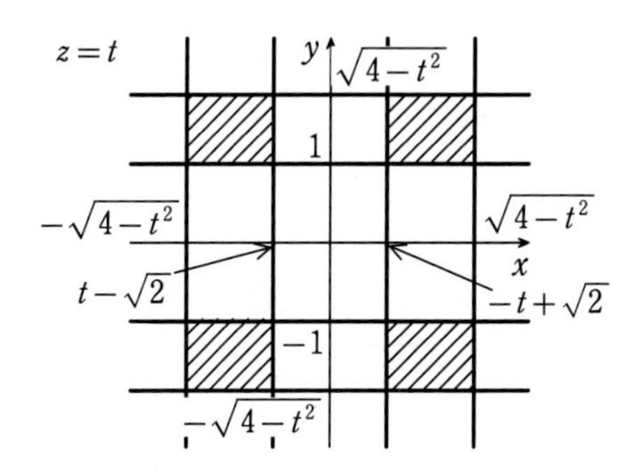

この斜線部分の面積を $S_1(t)$ とすると

$$S_1(t)=4\{\sqrt{4-t^2}-(-t+\sqrt{2})\}(\sqrt{4-t^2}-1)$$

$$=4\{4-t^2-\sqrt{4-t^2}+(t-\sqrt{2})\sqrt{4-t^2}-t+\sqrt{2}\}$$

[2]　$1 \leqq t \leqq \sqrt{2}$ のとき

S_A と平面 $z=t$ の共通部分は右の図より

$$-\sqrt{4-t^2} \leqq y \leqq \sqrt{4-t^2}$$

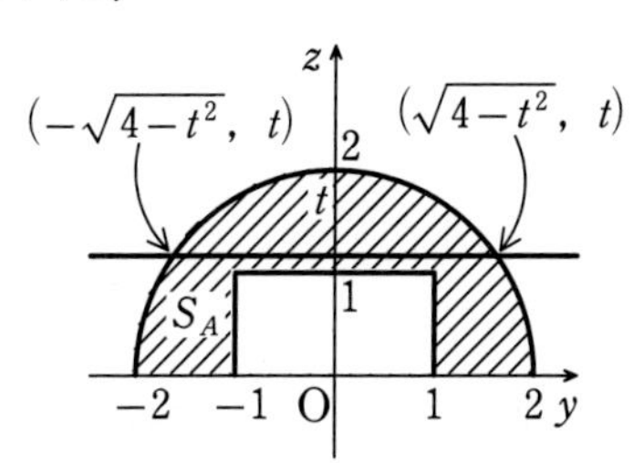

また，S_B と平面 $z=t$ の共通部分は，右の図より

$$-\sqrt{4-t^2} \leqq x \leqq t-\sqrt{2}$$

$$\text{または } -t+\sqrt{2} \leqq x \leqq \sqrt{4-t^2}$$

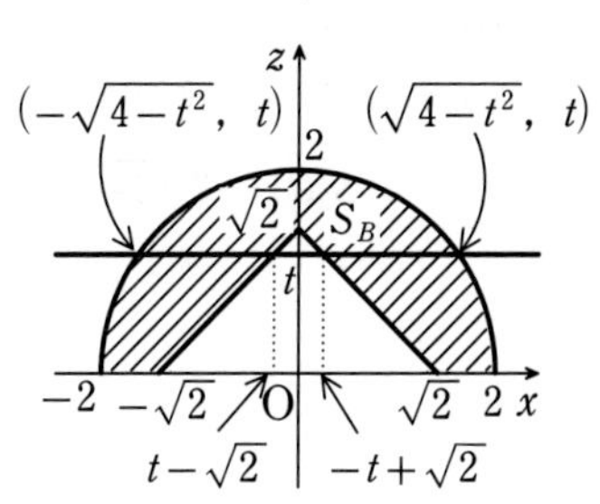

よって，平面 $z=t$ における A と B の共通部分の断面は右の図の斜線部分である。

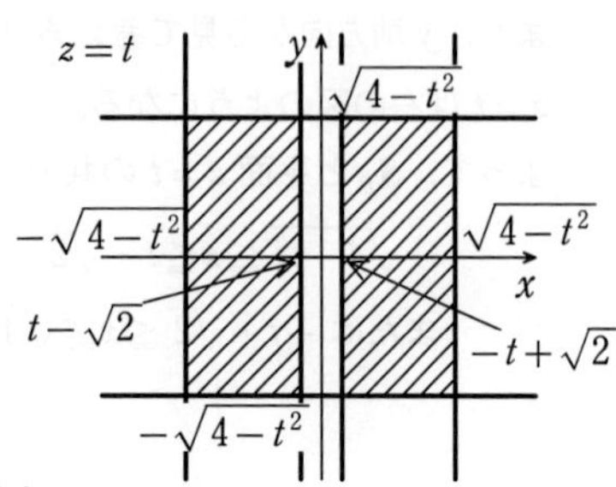

したがって，この斜線部分の面積を $S_2(t)$ とすると

$$S_2(t)=2\cdot 2\sqrt{4-t^2}\{\sqrt{4-t^2}-(-t+\sqrt{2})\}$$
$$=4\{4-t^2+(t-\sqrt{2})\sqrt{4-t^2}\}$$

[3]　$\sqrt{2}\leqq t\leqq 2$ のとき

S_A と平面 $z=t$ の共通部分は，右の図より

$$-\sqrt{4-t^2}\leqq y\leqq\sqrt{4-t^2}$$

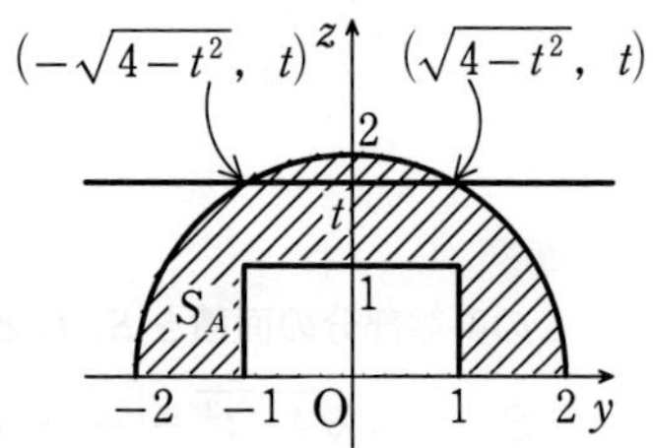

また，S_B と 平面 $z=t$ の共通部分は右の図より

$$-\sqrt{4-t^2}\leqq x\leqq\sqrt{4-t^2}$$

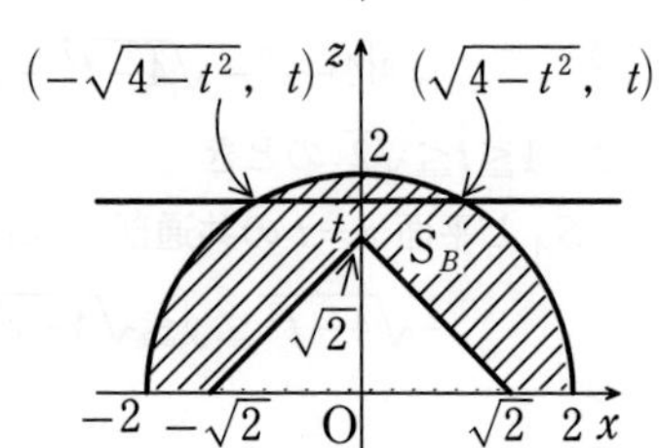

よって，平面 $z=t$ における A と B の共通部分の断面は右の図の斜線部分である。

したがって，この斜線部分の面積を $S_3(t)$ とすると

$$S_3(t)=(2\sqrt{4-t^2})^2=4(4-t^2)$$

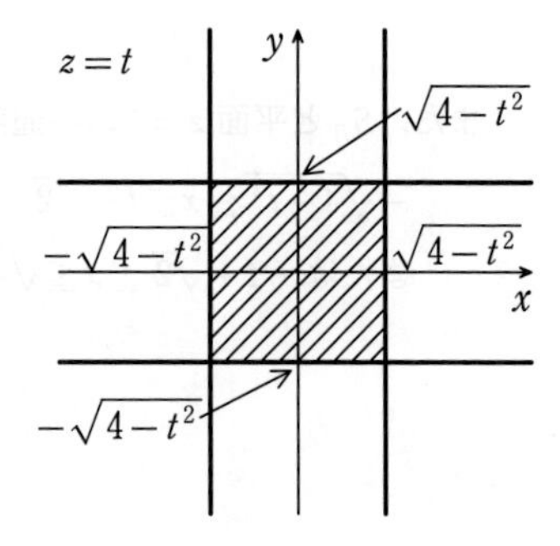

[1], [2], [3] より，求める体積を V とすると，xy 平面に関する対称性に注意して

$$\frac{V}{2}=\int_0^1 S_1(t)\,dt+\int_1^{\sqrt{2}} S_2(t)\,dt+\int_{\sqrt{2}}^2 S_3(t)\,dt$$

$$=4\int_0^1(4-t^2)dt-4\int_0^1\sqrt{4-t^2}\,dt+4\int_0^1(t-\sqrt{2})\sqrt{4-t^2}\,dt+4\int_0^1(-t+\sqrt{2})dt$$

$$+4\int_1^{\sqrt{2}}(4-t^2)dt+4\int_1^{\sqrt{2}}(t-\sqrt{2})\sqrt{4-t^2}\,dt+4\int_{\sqrt{2}}^2(4-t^2)dt$$

$$=4\int_0^2(4-t^2)dt-4\int_0^1\sqrt{4-t^2}\,dt+4\int_0^1(-t+\sqrt{2})dt-4\sqrt{2}\int_0^{\sqrt{2}}\sqrt{4-t^2}\,dt$$

$$+4\int_0^{\sqrt{2}}t\sqrt{4-t^2}\,dt$$

ここで，$\int_0^1\sqrt{4-t^2}\,dt$ は右の図の斜線部分の面積と等しいから

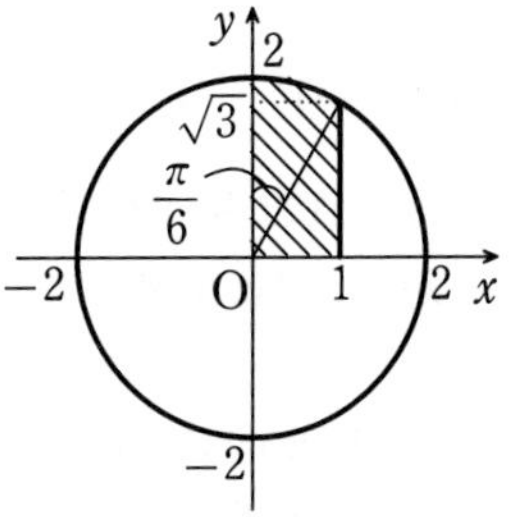

$$\int_0^1\sqrt{4-t^2}\,dt=\frac{1}{2}\cdot1\cdot\sqrt{3}+\frac{1}{2}\cdot2^2\cdot\frac{\pi}{6}$$

$$=\frac{\sqrt{3}}{2}+\frac{\pi}{3}$$

また，$\int_0^{\sqrt{2}}\sqrt{4-t^2}\,dt$ は右の図の斜線部分の面積であるから　$\int_0^{\sqrt{2}}\sqrt{4-t^2}\,dt=\frac{1}{2}\cdot\sqrt{2}\cdot\sqrt{2}+\frac{1}{2}\cdot2^2\cdot\frac{\pi}{4}=1+\frac{\pi}{2}$

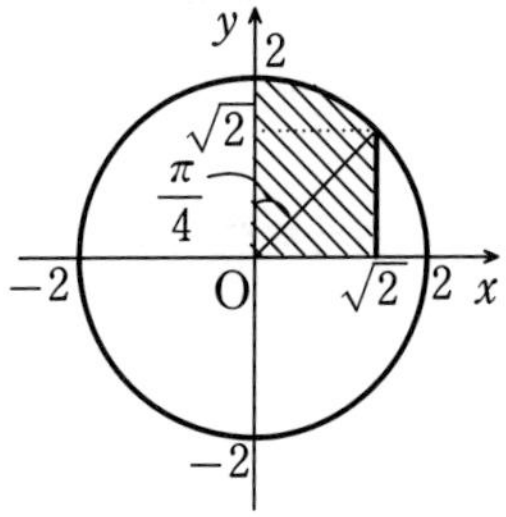

さらに　$\int_0^{\sqrt{2}}t\sqrt{4-t^2}\,dt=-\frac{1}{2}\int_0^{\sqrt{2}}(4-t^2)^{\frac{1}{2}}\cdot(-2t)dt$

$$=-\frac{1}{2}\int_0^{\sqrt{2}}(4-t^2)^{\frac{1}{2}}\cdot(4-t^2)'dt$$

$$=-\frac{1}{2}\left[\frac{2}{3}(4-t^2)^{\frac{3}{2}}\right]_0^{\sqrt{2}}=-\frac{1}{3}\left(2^{\frac{3}{2}}-4^{\frac{3}{2}}\right)=\frac{8-2\sqrt{2}}{3}$$

よって　$\frac{V}{2}=4\left[4t-\frac{1}{3}t^3\right]_0^2-4\left(\frac{\sqrt{3}}{2}+\frac{\pi}{3}\right)+4\left[-\frac{1}{2}t^2+\sqrt{2}\,t\right]_0^1-4\sqrt{2}\left(1+\frac{\pi}{2}\right)$

$$=\frac{64}{3}-4\left(\frac{\sqrt{3}}{2}+\frac{\pi}{3}\right)+4\left(\sqrt{2}-\frac{1}{2}\right)-4\sqrt{2}\left(1+\frac{\pi}{2}\right)+\frac{4}{3}(8-2\sqrt{2})$$

$$=30-2\sqrt{3}-\frac{8\sqrt{2}}{3}-\left(\frac{4}{3}+2\sqrt{2}\right)\pi$$

ゆえに　$V=60-4\sqrt{3}-\frac{16\sqrt{2}}{3}-\left(\frac{8}{3}+4\sqrt{2}\right)\pi$

199 (1) 円 C, D の半径はそれぞれ r, b であり，この2円の中心間の距離は a であるから，C と D が2点で交わるとき　$|r-b|<a<r+b$

$|r-b|<a$ より　$-a<r-b<a$

すなわち　$b-a<r<a+b$

$b-a<0$, $r>0$ から　$0<r<a+b$ ……①

$a<r+b$ より　$a-b<r$ ……②

①，②の共通部分を求めて　$a-b<r<a+b$

(2) 円 C：$x^2+y^2=r^2$ ……③，　円 D：$(x-a)^2+y^2=b^2$ ……④

③－④ より　$2ax-a^2=r^2-b^2$

$2ax=r^2+a^2-b^2$

$a>0$ より　$x=\dfrac{r^2+a^2-b^2}{2a}$　　よって　$h(r)=\dfrac{r^2+a^2-b^2}{2a}$

(3) 図形 A は右の図の斜線部分である。

P から x 軸に垂線を引き，その交点を H とすると，$\mathrm{H}(h(r),\ 0)$である。

$V(r)$ は右の図の斜線部分を x 軸の周りに1回転して得られる立体の体積であるから

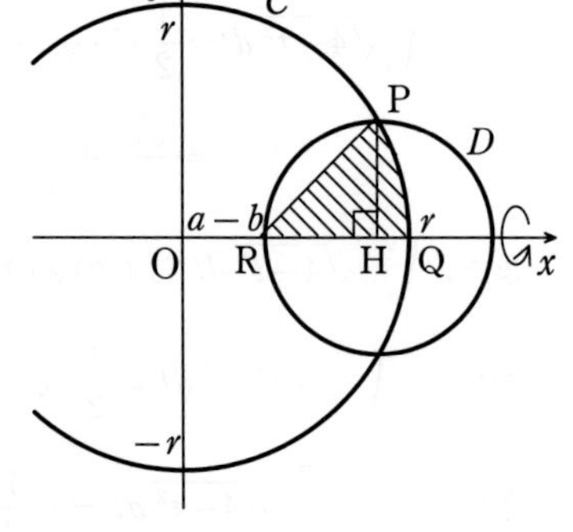

$$V(r)=\frac{1}{3}\pi\cdot\mathrm{PH}^2\cdot\mathrm{RH}+\pi\int_{h(r)}^{r}(r^2-x^2)dx$$

$$=\frac{1}{3}\pi\{r^2-(h(r))^2\}\{h(r)-(a-b)\}$$

$$+\pi\left[r^2x-\frac{1}{3}x^3\right]_{h(r)}^{r}$$

$$=\frac{1}{3}\pi(r-h(r))(r+h(r))\{h(r)-(a-b)\}+\pi r^2(r-h(r))-\frac{1}{3}\pi\{r^3-(h(r))^3\}$$

$$=\frac{\pi}{3}(r-h(r))\{2r^2-(a-b)(r+h(r))\}$$

(4) $h'(r)=\dfrac{r}{a}$ から

$$V'(r)=\frac{\pi}{3}(1-h'(r))\{2r^2-(a-b)(r+h(r))\}+\frac{\pi}{3}(r-h(r))\{4r-(a-b)(1+h'(r))\}$$

$$=\frac{\pi}{3}\cdot\frac{a-r}{a}\left\{2r^2-(a-b)\cdot\frac{r^2+2ar+a^2-b^2}{2a}\right\}$$

$$+\frac{\pi}{3}\cdot\frac{-r^2+2ar-a^2+b^2}{2a}\left\{4r-\frac{(a-b)(a+r)}{a}\right\}$$

整理して　　$V'(r)=-\dfrac{\pi r}{3a^2}\{r-(a-b)\}\{(3a+b)r-(3a^2+2ab+b^2)\}$

$a>0$，$b>0$ より　　$\dfrac{3a^2+2ab+b^2}{3a+b}-(a-b)=\dfrac{2b(2a+b)}{3a+b}>0$

$$a+b-\frac{3a^2+2ab+b^2}{3a+b}=\frac{2ab}{3a+b}>0$$

よって，$a-b<\dfrac{3a^2+2ab+b^2}{3a+b}<a+b$ であるから，$a-b<r<a+b$ において

$V'(r)=0$ とすると　　$r=\dfrac{3a^2+2ab+b^2}{3a+b}$

したがって，$a-b<r<a+b$ における $V(r)$ の増減表は次のようになる。

r	$a-b$	$\cdots$	$\dfrac{3a^2+2ab+b^2}{3a+b}$	$\cdots$	$a+b$
$V'(r)$	／	$+$	0	$-$	／
$V(r)$	／	↗	最大	↘	／

よって，$V(r)$ は $r=\dfrac{3a^2+2ab+b^2}{3a+b}$ で最大値をとるから　　$r(a)=\dfrac{3a^2+2ab+b^2}{3a+b}$

ゆえに　　$\displaystyle\lim_{a\to\infty}(r(a)-a)=\lim_{a\to\infty}\left(\frac{3a^2+2ab+b^2}{3a+b}-a\right)=\lim_{a\to\infty}\frac{ab+b^2}{3a+b}$

$$=\lim_{a\to\infty}\frac{b+\dfrac{b^2}{a}}{3+\dfrac{b}{a}}=\frac{b}{3}$$

200　線分 PQ が通過してできる立体を K とし，その体積を V とする。

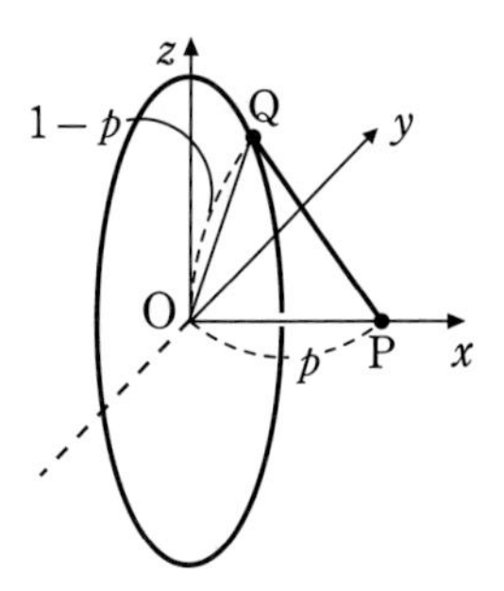

まず，点 P が $x\geqq 0$ の範囲を動く場合を考える。

$\mathrm{P}(p,\ 0,\ 0)\ (0\leqq p\leqq 1)$ とおき，p を 1 つ固定する。

$\mathrm{OP}=p$ であるから，$\mathrm{OQ}=1-p$ である。

このとき，点 Q は原点中心，半径 $1-p$ の円周上を動く。

よって，線分 PQ の x 軸に関する対称性から，点 Q が y 軸上に存在するときの線分 PQ の通過領域を考え，それを x 軸の周りに 1 回転させてできる立体の体積を求めればよい。

したがって，xy 平面上で線分 PQ を考える。

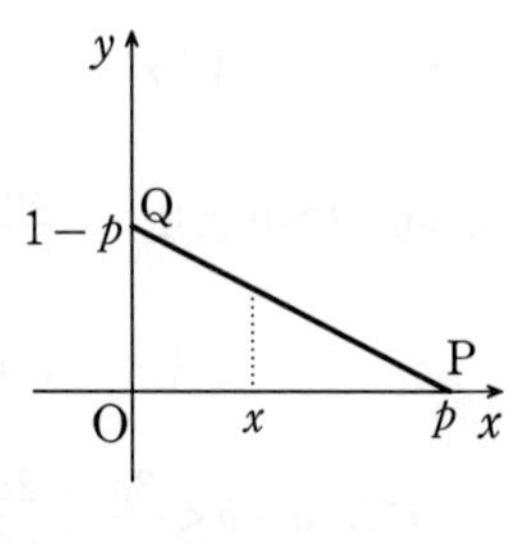

P$(p,\ 0)$，Q$(0,\ 1-p)$ であるから，線分 PQ の方程式は

$$(1-p)x+py-p(1-p)=0 \quad (0\leqq x\leqq p)$$

$p=0$ のとき，この方程式は直線 $x=0$ $(0\leqq y\leqq 1)$ を表す。

$0<p\leqq 1$ のとき，線分 PQ の方程式は

$$py=-(1-p)x+p(1-p)$$

すなわち　　$y=\left(1-\dfrac{1}{p}\right)x+1-p$

x を $0\leqq x\leqq p$ で1つ固定し，p を $x\leqq p\leqq 1$ で動かすときの y の値の範囲を調べる。

よって　　$\dfrac{dy}{dp}=\dfrac{x}{p^2}-1$　　　　$\dfrac{dy}{dp}=0$ とすると　　$p=\pm\sqrt{x}$

$0<p\leqq 1$，$0\leqq x\leqq p$ より $0<x\leqq 1$ であるから　　$x\leqq\sqrt{x}\leqq 1$

したがって，p が $x\leqq p\leqq 1$ の範囲で変化したときの y の増減表は右のようになる。

p	x	$\cdots$	$\sqrt{x}$	$\cdots$	1
$\dfrac{dy}{dp}$	／	$+$	0	$-$	／
y	0	↗	$(1-\sqrt{x})^2$	↘	0

したがって，$0<p\leqq 1$ のとき

$$0\leqq y\leqq (1-\sqrt{x})^2$$

$p=0$ のとき，$x=0$ $(0\leqq y\leqq 1)$ であり，

これは $0\leqq y\leqq (1-\sqrt{x})^2$ に含まれるから，

$0\leqq p\leqq 1$ のとき　　$0\leqq y\leqq (1-\sqrt{x})^2$

したがって，xy 平面上での線分 PQ の通過領域は右の図の斜線部分である。

ただし，境界線を含む。

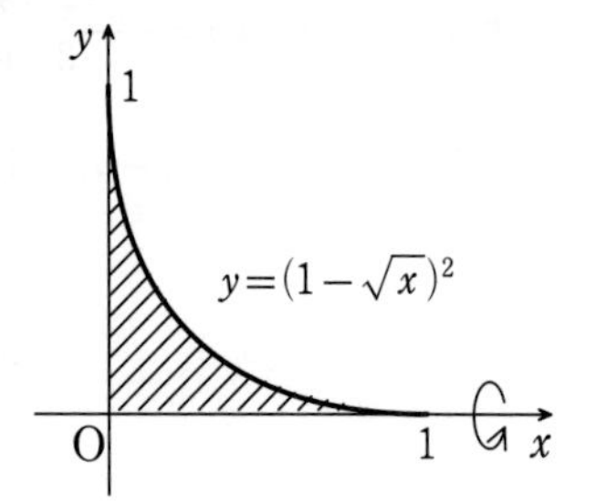

この斜線部分を x 軸の周りに1回転させた立体の体積を V_0 とすると　　$V_0=\pi\displaystyle\int_0^1(1-\sqrt{x})^4dx$

$\sqrt{x}=s$ とすると，$dx=2s\cdot ds$ であり，x と s の対応は右のようになるから　　$V_0=\pi\displaystyle\int_0^1(1-s)^4\cdot 2s\cdot ds=2\pi\int_0^1 s(1-s)^4ds$

x	$0\to 1$
s	$0\to 1$

ここで　　$s(1-s)^4=s(1-s)^4-(1-s)^4+(1-s)^4$

$$=-(1-s)^4(1-s)+(1-s)^4=-(1-s)^5+(1-s)^4$$

よって　　$V_0=2\pi\displaystyle\int_0^1\{-(1-s)^5+(1-s)^4\}ds=2\pi\left[\frac{1}{6}(1-s)^6-\frac{1}{5}(1-s)^5\right]_0^1$

$$=2\pi\left(-\frac{1}{6}+\frac{1}{5}\right)=\frac{1}{15}\pi$$

点 P が $x\leqq 0$ の範囲を動く場合についても同様にして求められるから　$V=2V_0=\dfrac{2}{15}\pi$

201　(1)　条件 (i) より，点 P は $x^2+y^2+z^2\leqq 3$ で表される球 B に含まれている。

このとき，条件 (ii) について考える。

不等式 $|x|\leqq 1$，$|y|\leqq 1$，$|z|\leqq 1$ の表す立方体を U とすると，U は B に内接している。

点 P が U に含まれているとき，条件 (ii) を満たすから，点 P が U に含まれないときを考える。

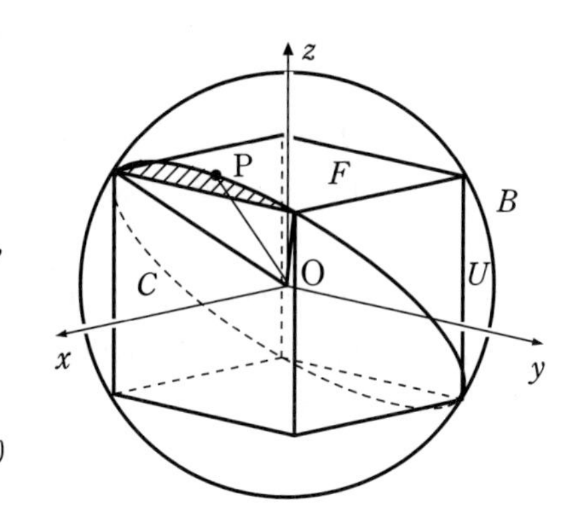

このとき，線分 OP は U の表面のうち，S でない部分，すなわち不等式 $|x|\leqq 1$，$|y|\leqq 1$，$z=1$ で表される正方形 F と共有点をもつ。

特に，線分 OP が F の 1 辺と共有点をもつときの点 P の存在範囲を考える。

その 1 辺と原点を通る平面による球 B の切り口を円 C とすると，点 P の存在範囲は右の図の斜線部分のようになる。

F の各辺について同様に考えられるから，点 P が U に含まれないときの点 P の存在範囲は右の図のようになる。

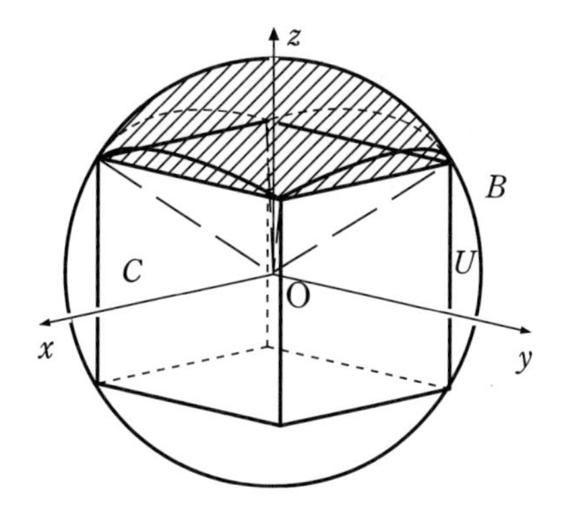

U の 6 つの表面について，この斜線部分と合同な立体を考えることができ，それらは互いに共通部分をもたないから，斜線部分の体積は　$\dfrac{1}{6}\left\{\dfrac{4}{3}\pi\cdot(\sqrt{3})^3-2^3\right\}=\dfrac{2\sqrt{3}}{3}\pi-\dfrac{4}{3}$

したがって，V の体積は

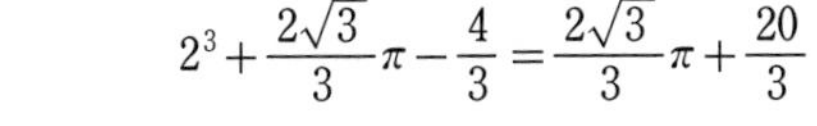

$$2^3+\frac{2\sqrt{3}}{3}\pi-\frac{4}{3}=\frac{2\sqrt{3}}{3}\pi+\frac{20}{3}$$

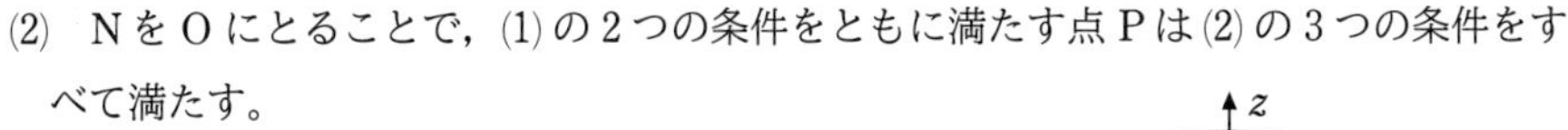

(2)　N を O にとることで，(1) の 2 つの条件をともに満たす点 P は (2) の 3 つの条件をすべて満たす。

よって，$V\subset W$ である。

点 P が $W\cap\overline{V}$ にあるときを考える。

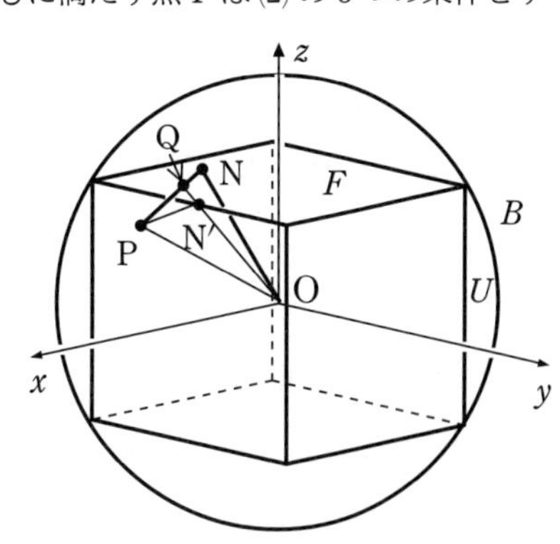

このときの点 N は点 O，点 P のいずれとも異なり，直線 OP 上にないとしてよい。

条件 (iv)，(v) より，線分 ON は正方形 F と共有点をもつ。

3 点 O，N，P を通る平面と F の 1 辺との交点を N′ とし，線分 NP と直線 ON′ の

交点を Q とおくと

$$\mathrm{ON}+\mathrm{NP}=\mathrm{ON}+\mathrm{NQ}+\mathrm{QP} \geqq \mathrm{OQ}+\mathrm{QP}=\mathrm{ON'}+\mathrm{N'Q}+\mathrm{QP} \geqq \mathrm{ON'}+\mathrm{N'P}$$

よって，点 N と点 P が条件 (iii)，(iv) を満たすとき，前ページの図のように F の周上の点 N′ をとると，点 N′ と点 P は条件 (iii)，(iv) を満たす。

逆に，F の周上に点 N が存在するとき，条件 (iii)，(iv) はともに満たされる。

したがって，F の周上に点 N が存在するときを考えればよい。

3 点 O，N，P が同一平面上にあるときを考える。

条件 (iii) より $\mathrm{OP} \leqq \mathrm{ON}+\mathrm{NP} \leqq \sqrt{3}$ であるから，(1) と同様にして，点 P の存在範囲は右の図の斜線部分である。

この領域を D とする。

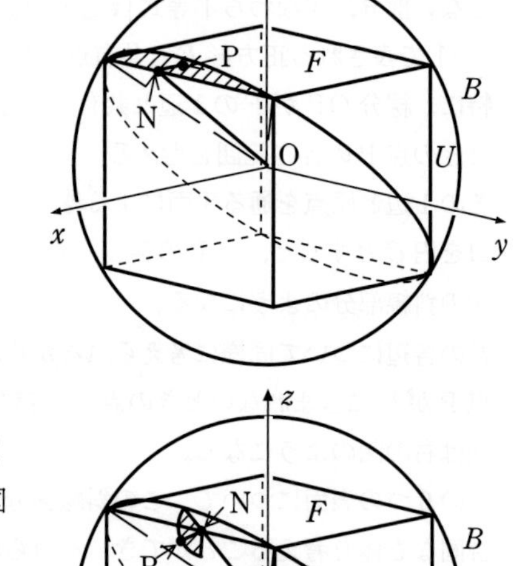

次に，点 N を F の周上に 1 つ固定して，点 N を通り，点 N が存在する F の辺に垂直な平面で考えると，点 P の存在範囲は右の図の斜線部分のようになる。

ゆえに，点 P の存在範囲は，領域 D を F の 1 辺の周りに $\dfrac{3}{4}\pi$ だけ回転させてできる立体である。

この立体を X とし，その体積を v とする。

F の 1 辺の中点を M，MN$=t$ とすると，X を点 N を通り F の 1 辺に垂直な平面で切った断面は半径 $\sqrt{3-t^2}-\sqrt{2}$，中心角 $\dfrac{3}{4}\pi$ のおうぎ形であるから，その面積は

$$\frac{1}{2}(\sqrt{3-t^2}-\sqrt{2})^2\cdot\frac{3}{4}\pi=\frac{3}{8}\pi(\sqrt{3-t^2}-\sqrt{2})^2$$

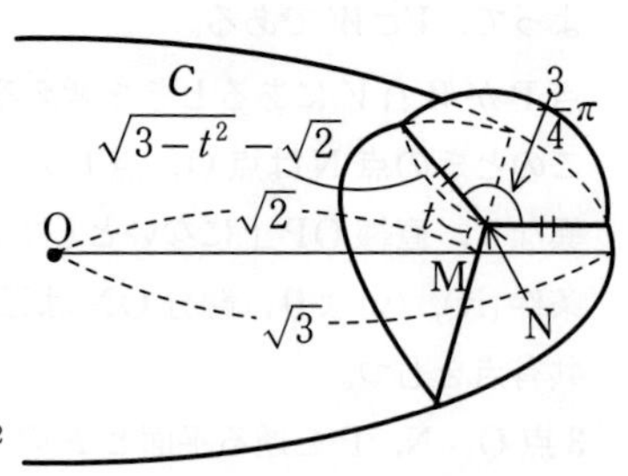

したがって　　$v=2\cdot\dfrac{3}{8}\pi\displaystyle\int_0^1(\sqrt{3-t^2}-\sqrt{2})^2\,dt=\dfrac{3}{4}\pi\int_0^1(5-t^2-2\sqrt{2}\sqrt{3-t^2})\,dt$

$$=\frac{3}{4}\pi\left[5t-\frac{1}{3}t^3\right]_0^1-\frac{3\sqrt{2}}{2}\pi\int_0^1\sqrt{3-t^2}\,dt$$

$$=\frac{7}{2}\pi-\frac{3\sqrt{2}}{2}\pi\int_0^1\sqrt{3-t^2}\,dt$$

$\displaystyle\int_0^1\sqrt{3-t^2}\,dt$ は右の図の斜線部分の面積に等しいから

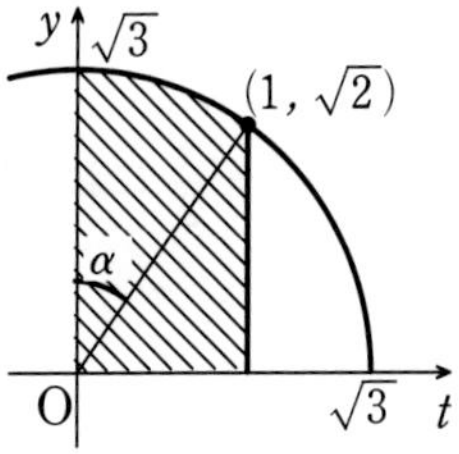

$$\int_0^1\sqrt{3-t^2}\,dt=\frac{1}{2}\cdot1\cdot\sqrt{2}+\frac{1}{2}(\sqrt{3})^2\alpha=\frac{\sqrt{2}}{2}+\frac{3}{2}\alpha$$

よって　　$v=\dfrac{7}{2}\pi-\dfrac{3\sqrt{2}}{2}\pi\left(\dfrac{\sqrt{2}}{2}+\dfrac{3}{2}\alpha\right)=2\pi-\dfrac{9\sqrt{2}}{4}\alpha\pi$

F の各辺について同様の立体が得られるから，$W\cap\overline{V}$ の部分の体積は　　$4v$

これと (1) で求めた V の体積から，W の体積は

$$\left(\frac{2\sqrt{3}}{3}\pi+\frac{20}{3}\right)+4v=\frac{20}{3}+\left(8+\frac{2\sqrt{3}}{3}-9\sqrt{2}\,\alpha\right)\pi$$

202　　$x=t^2-2t$，$y=\dfrac{t^3}{3}-t^2$ より　　$\dfrac{dx}{dt}=2t-2$，$\dfrac{dy}{dt}=t^2-2t$

よって　　$\left(\dfrac{dx}{dt}\right)^2+\left(\dfrac{dy}{dt}\right)^2=(2t-2)^2+(t^2-2t)^2=4t^2-8t+4+(t^2-2t)^2$

$$=(t^2-2t)^2+4(t^2-2t)+4=(t^2-2t+{}^{ア}2)^2$$

また，$\dfrac{d^2x}{dt^2}=2$，$\dfrac{d^2y}{dt^2}=2t-2$ より

$$\left(\frac{d^2x}{dt^2}\right)^2+\left(\frac{d^2y}{dt^2}\right)^2=2^2+(2t-2)^2={}^{イ}4t^2-8t+8=4(t-1)^2+4>0$$

よって　　$\sqrt{\left(\dfrac{d^2x}{dt^2}\right)^2+\left(\dfrac{d^2y}{dt^2}\right)^2}=\sqrt{4(t-1)^2+4}$

したがって，点 P の加速度の大きさは $t={}^{ウ}1$ で最小となる。

さらに，点 P が $t=0$ から $t=1$ まで動く道のり s は $t^2-2t+2=(t-1)^2+1>0$ に注意して　　$s=\displaystyle\int_0^1\sqrt{\left(\frac{dx}{dt}\right)^2+\left(\frac{dy}{dt}\right)^2}\,dt=\int_0^1\sqrt{(t^2-2t+2)^2}\,dt$

$$=\int_0^1(t^2-2t+2)dt=\left[\frac{1}{3}t^3-t^2+2t\right]_0^1={}^{エ}\frac{4}{3}$$

203　(1)　時刻 t における点 P の座標を $x(t)$ とすると　　$x'(t)=v=tf(t)$，$x(0)=0$

ここで $\int_0^{\frac{\pi}{2}} x'(t)dt = x\left(\frac{\pi}{2}\right) - x(0)$ より

$$x\left(\frac{\pi}{2}\right) = \int_0^{\frac{\pi}{2}} x'(t)dt + x(0) = \int_0^{\frac{\pi}{2}} tf(t)dt = \int_0^{\frac{\pi}{2}} (t^2 - t\sin t)dt$$

$$= \left[\frac{1}{3}t^3\right]_0^{\frac{\pi}{2}} + \left[t\cos t\right]_0^{\frac{\pi}{2}} - \int_0^{\frac{\pi}{2}} \cos t\,dt = \frac{\pi^3}{24} - \left[\sin t\right]_0^{\frac{\pi}{2}} = \frac{\pi^3}{24} - 1$$

よって，$t=\frac{\pi}{2}$ における点 P の座標は　　$\frac{\pi^3}{24}-1$

(2)　t が 0 から $\frac{\pi}{2}$ まで動く間に Q が動く道のりは

$$\int_0^{\frac{\pi}{2}} |v|dt = \int_0^{\frac{\pi}{2}} \left|-6f\left(2t-\frac{2}{3}\pi\right)\right|dt = 6\int_0^{\frac{\pi}{2}} \left|f\left(2t-\frac{2}{3}\pi\right)\right|dt$$

$f\left(2t-\frac{2}{3}\pi\right) = 2t-\frac{2}{3}\pi - \sin\left(2t-\frac{2}{3}\pi\right)$ より

$$f'\left(2t-\frac{2}{3}\pi\right) = 2 - 2\cos\left(2t-\frac{2}{3}\pi\right) = 2\left\{1-\cos\left(2t-\frac{2}{3}\pi\right)\right\} \geqq 0$$

よって，$f\left(2t-\frac{2}{3}\pi\right)$ は単調に増加する。

$f(0)=0$ から，$2t-\frac{2}{3}\pi=0$ すなわち $t=\frac{\pi}{3}$ のとき　　$f\left(2t-\frac{2}{3}\pi\right)=0$

したがって，$t\leqq\frac{\pi}{3}$ で常に $f\left(2t-\frac{2}{3}\pi\right)\leqq 0$，$t\geqq\frac{\pi}{3}$ で常に $f\left(2t-\frac{2}{3}\pi\right)\geqq 0$ である。

ゆえに，求める道のりは

$$6\int_0^{\frac{\pi}{2}} \left|f\left(2t-\frac{2}{3}\pi\right)\right|dt = 6\left\{-\int_0^{\frac{\pi}{3}} f\left(2t-\frac{2}{3}\pi\right)dt + \int_{\frac{\pi}{3}}^{\frac{\pi}{2}} f\left(2t-\frac{2}{3}\pi\right)dt\right\}$$

$$= -\int_0^{\frac{\pi}{3}} \left\{12t-4\pi-6\sin\left(2t-\frac{2}{3}\pi\right)\right\}dt + \int_{\frac{\pi}{3}}^{\frac{\pi}{2}} \left\{12t-4\pi-6\sin\left(2t-\frac{2}{3}\pi\right)\right\}dt$$

$$= -\left[6t^2-4\pi t+3\cos\left(2t-\frac{2}{3}\pi\right)\right]_0^{\frac{\pi}{3}} + \left[6t^2-4\pi t+3\cos\left(2t-\frac{2}{3}\pi\right)\right]_{\frac{\pi}{3}}^{\frac{\pi}{2}}$$

$$= \frac{5}{6}\pi^2 - 6$$

204 (1)　$f(t)=\log\left(t+\sqrt{t^2+1}\right)$ より

$$f'(t)=\frac{1+\dfrac{2t}{2\sqrt{t^2+1}}}{t+\sqrt{t^2+1}}=\frac{\sqrt{t^2+1}+t}{\left(t+\sqrt{t^2+1}\right)\sqrt{t^2+1}}={}^{ア}\frac{1}{\sqrt{t^2+1}}$$

$g(t)=t\sqrt{t^2+1}+\log\left(t+\sqrt{t^2+1}\right)$ より

$$g'(t)=1\cdot\sqrt{t^2+1}+t\cdot\frac{2t}{2\sqrt{t^2+1}}+\frac{1}{\sqrt{t^2+1}}=\sqrt{t^2+1}+\frac{t^2+1}{\sqrt{t^2+1}}={}^{イ}2\sqrt{t^2+1}$$

(2)　曲線 C 上の点 $(\cos^4\theta,\ \sin^4\theta)$ と原点の距離は

$$\sqrt{(\cos^4\theta)^2+(\sin^4\theta)^2}=\sqrt{\cos^8\theta+\sin^8\theta}$$

$\cos^8\theta+\sin^8\theta=(\cos^2\theta)^4+(\sin^2\theta)^4=(\cos^2\theta)^4+(1-\cos^2\theta)^4$

$\cos^2\theta=a$ とおくと　　$\cos^8\theta+\sin^8\theta=a^4+(1-a)^4$

であり，$0\leqq\theta\leqq\dfrac{\pi}{2}$ より　　$0\leqq a\leqq 1$

$r(a)=a^4+(1-a)^4$ とおき，$r(a)$ が $0\leqq a\leqq 1$ において最小となる a の値を求める。

$$\begin{aligned}r'(a)&=4a^3-4(1-a)^3=4\{a^3-(1-a)^3\}\\&=4\{a-(1-a)\}\{a^2+a(1-a)+(1-a)^2\}=4(2a-1)(a^2-a+1)\end{aligned}$$

$r'(a)=0$ とすると，$a^2-a+1=\left(a-\dfrac{1}{2}\right)^2+\dfrac{3}{4}>0$ より　　$a=\dfrac{1}{2}$

よって，$0\leqq a\leqq 1$ における $r(a)$ の増減表は右のようになる。

a	0	$\cdots$	$\frac{1}{2}$	$\cdots$	1
$r'(a)$	／	$-$	0	$+$	／
$r(a)$	1	↘	$\frac{1}{8}$	↗	1

したがって，$r(a)$ は $a=\dfrac{1}{2}$ で最小値をとる。

$a=\dfrac{1}{2}$ のとき　　$\cos^2\theta=\dfrac{1}{2}$

すなわち　　$\cos\theta=\pm\dfrac{1}{\sqrt{2}}$　　$0\leqq\theta\leqq\dfrac{\pi}{2}$ より　　$\theta=\dfrac{\pi}{4}$

ゆえに，曲線 C 上の点で最も原点に近い点の座標は　　$\left(\cos^4\dfrac{\pi}{4},\ \sin^4\dfrac{\pi}{4}\right)$

すなわち　　$\left({}^{ウ}\dfrac{1}{4},\ {}^{エ}\dfrac{1}{4}\right)$

さらに，$x=\cos^4\theta$，$y=\sin^4\theta$ より　　$\dfrac{dx}{d\theta}=4\cos^3\theta\cdot(-\sin\theta)={}^{オ}-4\sin\theta\cos^3\theta$

$$\frac{dy}{d\theta}={}^{カ}4\sin^3\theta\cos\theta$$

よって　$L=\int_0^{\frac{\pi}{2}}\sqrt{\left(\frac{dx}{d\theta}\right)^2+\left(\frac{dy}{d\theta}\right)^2}\,d\theta=\int_0^{\frac{\pi}{2}}\sqrt{(-4\sin\theta\cos^3\theta)^2+(4\sin^3\theta\cos\theta)^2}\,d\theta$

$$=4\int_0^{\frac{\pi}{2}}\sin\theta\cos\theta\sqrt{\cos^4\theta+\sin^4\theta}\,d\theta$$

$s=\sin^2\theta$ とおくと　$\frac{ds}{d\theta}=2\sin\theta\cos\theta$

よって　$\frac{1}{2}ds=\sin\theta\cos\theta\,d\theta$

また，θ と s の値の対応は右のようになる。

θ	$0 \to \frac{\pi}{2}$
s	$0 \to 1$

したがって

$$L=4\int_0^1\sqrt{(1-s)^2+s^2}\cdot\frac{1}{2}ds=2\int_0^1\sqrt{{}^{キ}2s^2-2s+1}\,ds=2\int_0^1\sqrt{2\left(s-\frac{1}{2}\right)^2+\frac{1}{2}}\,ds$$

$$=2\int_0^1\frac{1}{\sqrt{2}}\sqrt{4\left(s-\frac{1}{2}\right)^2+1}\,ds=\sqrt{2}\int_0^1\sqrt{\left\{2\left(s-\frac{1}{2}\right)\right\}^2+1}\,ds$$

ここで，$2\left(s-\frac{1}{2}\right)=t$ とおくと，$ds=\frac{1}{2}dt$ であり，s と t の値の対応は右のようになる。

s	$0 \to 1$
t	$-1 \to 1$

また，(1) から　$\int 2\sqrt{t^2+1}\,dt=t\sqrt{t^2+1}+\log\left(t^2+\sqrt{t^2+1}\right)+C$　(C は積分定数)

よって　$L=\sqrt{2}\int_{-1}^1\sqrt{t^2+1}\cdot\frac{1}{2}dt=\frac{\sqrt{2}}{4}\int_{-1}^1 2\sqrt{t^2+1}\,dt=\frac{\sqrt{2}}{2}\int_0^1 2\sqrt{t^2+1}\,dt$

$$=\frac{\sqrt{2}}{2}\left[t\sqrt{t^2+1}+\log\left(t+\sqrt{t^2+1}\right)\right]_0^1$$

$$=\frac{\sqrt{2}}{2}\{\sqrt{2}+\log(1+\sqrt{2})\}={}^{ク}1+\frac{\sqrt{2}}{2}\log(\sqrt{2}+1)$$

205　糸と半円が接する部分の端の点のうち，A でない方を Q とする。

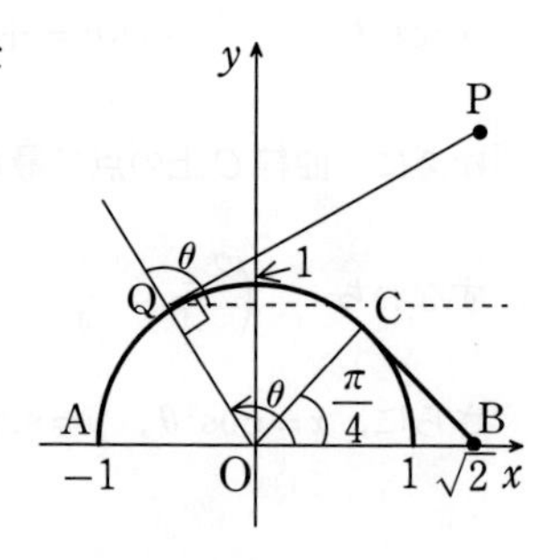

このとき　$\overrightarrow{OP}=\overrightarrow{OQ}+\overrightarrow{QP}$

$\angle BOQ=\theta$ とすると　$\overrightarrow{OQ}=(\cos\theta,\ \sin\theta)$

また，動かす方の端である点 P が B にあるとき，糸と半円の接点を C とする。

このとき，$CO=1$，$OB=\sqrt{2}$，$\angle OCB=\frac{\pi}{2}$ より

$\triangle BCO$ は $CO=CB$ の直角二等辺三角形である。

よって，$\angle \mathrm{COB}=\dfrac{\pi}{4}$ より　　$\dfrac{\pi}{4}\leqq\theta\leqq\pi$

また，扇形 OCQ の半径は1，中心角 $\theta-\dfrac{\pi}{4}$ であるから　　$\overset{\frown}{\mathrm{CQ}}=\theta-\dfrac{\pi}{4}$

よって　　$\mathrm{QP}=\overset{\frown}{\mathrm{CQ}}+\mathrm{BC}=\theta-\dfrac{\pi}{4}+1$

さらに，点 Q を通り，x 軸に平行な直線を考えると，$\overrightarrow{\mathrm{QP}}$ と x 軸の正の方向のなす角は　　$\theta-\dfrac{\pi}{2}$

したがって　　$\overrightarrow{\mathrm{QP}}=\left(\left(\theta-\dfrac{\pi}{4}+1\right)\cos\left(\theta-\dfrac{\pi}{2}\right),\ \left(\theta-\dfrac{\pi}{4}+1\right)\sin\left(\theta-\dfrac{\pi}{2}\right)\right)$

$$=\left(\left(\theta-\frac{\pi}{4}+1\right)\sin\theta,\ -\left(\theta-\frac{\pi}{4}+1\right)\cos\theta\right)$$

よって

$$\overrightarrow{\mathrm{OP}}=\overrightarrow{\mathrm{OQ}}+\overrightarrow{\mathrm{QP}}=\left(\left(\theta-\frac{\pi}{4}+1\right)\sin\theta+\cos\theta,\ -\left(\theta-\frac{\pi}{4}+1\right)\cos\theta+\sin\theta\right)$$

よって，$\theta=\pi$ のとき，点 Q は点 A と一致し，$\mathrm{P}\left(-1,\ \dfrac{3}{4}\pi+1\right)$ である。

さらに糸を x 軸と重なるまで動かすとき，糸の端が通過する部分は，$\mathrm{R}\left(-1,\ \dfrac{3}{4}\pi+1\right)$，$\mathrm{S}\left(-\dfrac{3}{4}\pi-2,\ 0\right)$ とおくと，扇形 ARS の弧である。

したがって，曲線 C は右の図のようになる。

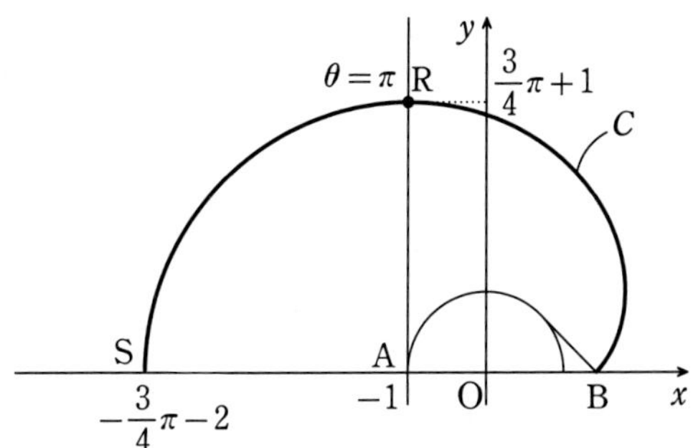

$$\begin{cases} x=\left(\theta-\dfrac{\pi}{4}+1\right)\sin\theta+\cos\theta \\ y=-\left(\theta-\dfrac{\pi}{4}+1\right)\cos\theta+\sin\theta \end{cases}$$

とおく。

曲線 C の長さを L とすると

$$L=\int_{\frac{\pi}{4}}^{\pi}\sqrt{\left(\frac{dx}{d\theta}\right)^2+\left(\frac{dy}{d\theta}\right)^2}\,d\theta+\left(\frac{3}{4}\pi+1\right)\cdot\frac{\pi}{2}$$

ここで　　$\dfrac{dx}{d\theta}=1\cdot\sin\theta+\left(\theta-\dfrac{\pi}{4}+1\right)\cos\theta-\sin\theta=\left(\theta-\dfrac{\pi}{4}+1\right)\cos\theta$

$$\frac{dy}{d\theta}=-\left\{1\cdot\cos\theta+\left(\theta-\frac{\pi}{4}+1\right)\cdot(-\sin\theta)\right\}+\cos\theta=\left(\theta-\frac{\pi}{4}+1\right)\sin\theta$$

よって　$\left(\dfrac{dx}{d\theta}\right)^2+\left(\dfrac{dy}{d\theta}\right)^2=\left(\theta-\dfrac{\pi}{4}+1\right)^2\cos^2\theta+\left(\theta-\dfrac{\pi}{4}+1\right)^2\sin^2\theta$

$$=\left(\theta-\frac{\pi}{4}+1\right)^2(\cos^2\theta+\sin^2\theta)=\left(\theta-\frac{\pi}{4}+1\right)^2$$

$\dfrac{\pi}{4}\leqq\theta\leqq\pi$ のとき，$\theta-\dfrac{\pi}{4}+1>0$ であるから　$\sqrt{\left(\dfrac{dx}{d\theta}\right)^2+\left(\dfrac{dy}{d\theta}\right)^2}=\theta-\dfrac{\pi}{4}+1$

したがって

$$\int_{\frac{\pi}{4}}^{\pi}\sqrt{\left(\frac{dx}{d\theta}\right)^2+\left(\frac{dy}{d\theta}\right)^2}\,d\theta=\int_{\frac{\pi}{4}}^{\pi}\left(\theta-\frac{\pi}{4}+1\right)d\theta=\left[\frac{1}{2}\left(\theta-\frac{\pi}{4}+1\right)^2\right]_{\frac{\pi}{4}}^{\pi}$$

$$=\frac{1}{2}\left(\frac{3}{4}\pi+1\right)^2-\frac{1}{2}=\frac{9}{32}\pi^2+\frac{3}{4}\pi$$

ゆえに　$L=\left(\dfrac{9}{32}\pi^2+\dfrac{3}{4}\pi\right)+\dfrac{3}{8}\pi^2+\dfrac{\pi}{2}=\dfrac{21}{32}\pi^2+\dfrac{5}{4}\pi$

206　(1)　$f(x)=x^2(x^2-1)=x^4-x^2$

よって　$f'(x)=4x^3-2x=2x(2x^2-1)$

$f'(x)=0$ とすると　$x=0,\ \pm\dfrac{1}{\sqrt{2}}$

よって，$f(x)$ の増減表は右のようになる。

x	$\cdots$	$-\frac{1}{\sqrt{2}}$	$\cdots$	0	$\cdots$	$\frac{1}{\sqrt{2}}$	$\cdots$
$f'(x)$	$-$	0	$+$	0	$-$	0	$+$
$f(x)$	↘	$-\frac{1}{4}$	↗	0	↘	$-\frac{1}{4}$	↗

したがって，$f(x)$ は $x=\pm\dfrac{1}{\sqrt{2}}$ で最小値 $-\dfrac{1}{4}$ をとるから

$m=$ ア $-\dfrac{1}{4}$

(2)　(i)　(1) より，$y=f(x)$ のグラフは右の図のようになる。$-\dfrac{1}{4}\leqq a\leqq 0$ のとき，p，q を方程式 $x^2(x^2-1)=a$ すなわち $x^4-x^2-a=0$ の解とする。ただし，$0\leqq p\leqq q$ である。

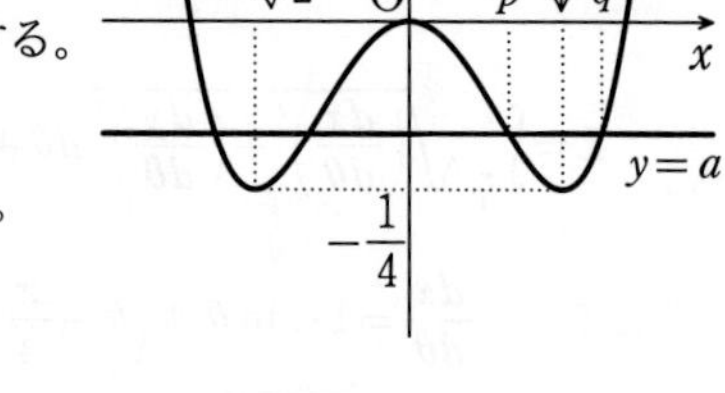

このとき，水面の面積は $\pi q^2-\pi p^2$ と表される。

$(x^2)^2-x^2-a=0$ であり，$-\dfrac{1}{4}\leqq a\leqq 0$ より

$0\leqq 4a+1\leqq 1$ であるから，解の公式により　$x^2=\dfrac{1\pm\sqrt{4a+1}}{2}$

$p \leqq q$ であるから　　$p^2=\dfrac{1-\sqrt{4a+1}}{2}$，$q^2=\dfrac{1+\sqrt{4a+1}}{2}$

したがって　　$\pi q^2-\pi p^2=\pi\left(\dfrac{1+\sqrt{4a+1}}{2}-\dfrac{1-\sqrt{4a+1}}{2}\right)={}^{イ}\pi\sqrt{4a+1}$

(ii)　水面が $y=0$ になったときの水の体積は

$$\int_{-\frac{1}{4}}^{0}\pi\sqrt{4y+1}\,dy=\pi\left[\frac{2}{3}(4y+1)^{\frac{3}{2}}\cdot\frac{1}{4}\right]_{-\frac{1}{4}}^{0}=\frac{\pi}{6}(1-0)={}^{ウ}\frac{\pi}{6}$$

(iii)　水面が $y=a\left(-\dfrac{1}{4}\leqq a\leqq 0\right)$ のときの水面の面積を S，水の体積を V とすると

$$S=\pi\sqrt{4a+1}$$

$$V=\int_{-\frac{1}{4}}^{a}\pi\sqrt{4y+1}\,dy=\pi\left[\frac{1}{6}(4y+1)^{\frac{3}{2}}\right]_{-\frac{1}{4}}^{a}=\frac{\pi}{6}(4a+1)^{\frac{3}{2}}$$

単位時間当たりに注がれる水の量を v，水を注ぎ始めてからの時間を T とすると，注がれた水の体積は　　vT

$V=vT$ となるときを考えると　　$\dfrac{\pi}{6}(4a+1)^{\frac{3}{2}}=vT$

$4a+1=\left(\dfrac{S}{\pi}\right)^2$ であるから　　$\dfrac{\pi}{6}\left(\dfrac{S}{\pi}\right)^3=vT$　　S について解くと　　$S=(6\pi^2v)^{\frac{1}{3}}T^{\frac{1}{3}}$

v が一定の値のとき，$(6\pi^2v)^{\frac{1}{3}}$ は定数であるから，水面の面積は水を注ぎ始めてからの時間の ${}^{エ}\dfrac{1}{3}$ 乗に比例する。

(iv)　$0\leqq a\leqq 2$ のとき，r を方程式 $x^2(x^2-1)=a$ すなわち $x^4-x^2-a=0$ の解とする。
ただし，$r>0$ である。
このとき，水面の面積は πr^2 と表される。
$1\leqq 4a+1$ であるから，解の公式より

$$x^2=\frac{1\pm\sqrt{4a+1}}{2}$$

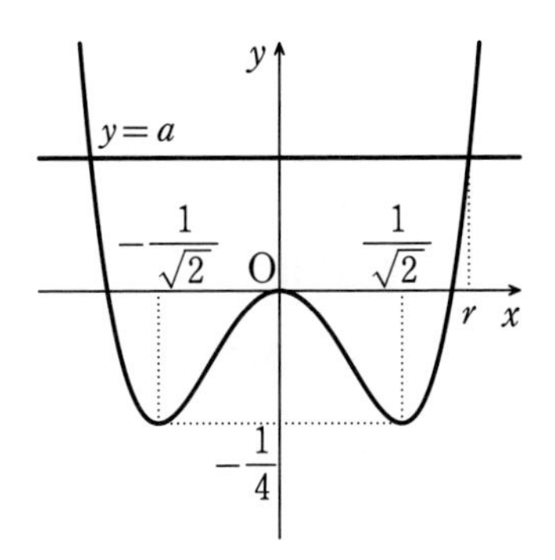

$r^2>0$ であるから　　$r^2=\dfrac{1+\sqrt{4a+1}}{2}$

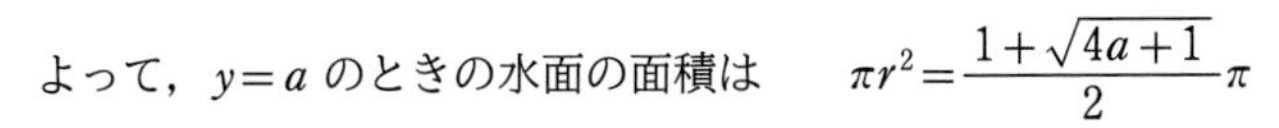

よって，$y=a$ のときの水面の面積は　　$\pi r^2=\dfrac{1+\sqrt{4a+1}}{2}\pi$

したがって，$y=2$ が水面になったときの水面の面積は　　$\dfrac{1+\sqrt{4\cdot 2+1}}{2}\pi={}^{オ}2\pi$

また，このときの水の体積は

$$\int_{-\frac{1}{4}}^{0} \pi\sqrt{4y+1}\,dy+\int_{0}^{2}\frac{1+\sqrt{4y+1}}{2}\pi\,dy=\frac{\pi}{6}+\frac{\pi}{2}\left[y+\frac{1}{6}(4y+1)^{\frac{3}{2}}\right]_{0}^{2}$$

$$=\frac{\pi}{6}+\frac{\pi}{2}\left(2+\frac{1}{6}\cdot 9^{\frac{3}{2}}-\frac{1}{6}\right)={}^{カ}\frac{10}{3}\pi$$

※解答・解説は数研出版株式会社が作成したものです。

2023
数学 Ⅲ
入試問題集
解答編

編　者　数研出版編集部
発行者　星野 泰也
発行所　**数研出版株式会社**
〒101-0052 東京都千代田区神田小川町2丁目3番地3
〔振替〕00140-4-118431
〒604-0861 京都市中京区烏丸通竹屋町上る大倉町205番地
〔電話〕代表 (075) 231-0161
ホームページ　https://www.chart.co.jp
印刷　創栄図書印刷株式会社

230701

乱丁本・落丁本はお取り替えいたします。
本書の一部または全部を許可なく複写・複製すること，および本書の解説書ならびにこれに類するものを無断で作成することを禁じます。

ISBN978-4-410-14168-3

Ⅲ入試(上)　解答編

14168A

数研出版
https://www.chart.co.jp